AF577537

Alleinige Verantwortung für den Inhalt:

Dr. Peter Plichta

Wissenschaftliche Mitarbeit:

5. Buch
Bernhard Hidding, Dr. rer. nat., Dipl. Phys.

6. Buch
Erika Kirgis, Dr. med., Ärztin
Stefan Queckbörner, Dipl. Math.
Bernhard Hidding, Dr. rer. nat. Dipl. Phys. (S. 264 – 277)

5. Buch 3. korrigierte und erweiterte Auflage
6. Buch 2. erweiterte Auflage
Erweiterung von Band III um das sechste Buch

Quadropol Verlag und Patentverwertung GmbH
Düsseldorf
www.plichta.de

ISBN 978-3-9802808-4-6

Satz: Dipl.-Desig. U. Volkenannt, P. Plichta, B. Hidding, S. Queckbörner und V. Uffelmann

Satzbelichtung: Lettern Service Düsseldorf

Druck: Finidr s.r.o.

Printed in Czech Republic 2009

PETER PLICHTA

DAS PRIM ZAHL KREUZ

III

Quadropol Verlag
Düsseldorf
1998 und 2004 und 2009

Band III

Die 4 Pole der Ewigkeit

Das schönste Glück des denkenden Menschen ist das Erforderliche erforscht zu haben und das Unerforschliche innig zu verehren.

J.W. von Goethe

Inhalt des Dritten Bandes

Fünftes Buch: Der Schutz-Gott des Genius

Sechstes Buch: Die Indices modulo 19

Geometrie, Potenzmatrizen, Potenzinvertierung und Modulmatrizen

Fünftes Buch

Der kleine Fermatsche Satz

Der große Fermatsche Satz

Die Bernoulli-Zahlen und der Begriff „Potenzinvertierung"

Der Satz von Wilson und seine Verknüpfung mit der Zahl 24

Die Zahlen von der Form 4n + 1
und der Satz von Pythagoras, der Kreisgleichung

Die Reziprok-Pseudoprimzahlen und
die Periodenlänge reziproker Primzahlen

Die Eulersche Zeta-Funktion

Die Fibonacci-Zahlen, das Pascalsche Dreieck
und das Dezimalsystem

Sechstes Buch

Die Eulersche Phi-Funktion und das Dezimalsystem

Der Satz von Euler-Fermat

Die Indices der primitiven Wurzeln

Das Eulersche Kriterium

Quadratische Reste

Die Zahlen von der Form 4n + 1 und 4n – 1
und von der Form 4n + 0 und 4n + 2 und die
vier radioaktiven Zerfallsreihen

Das quadratische Reziprozitätsgesetz
von Euler, Legendre und Gauß, die beiden
Ergänzungssätze und der α - und β - Zerfall

Die nichteuklidische konvex - komplexe Geometrie des Neutrons, der β - Zerfall und die Ab-
spaltung des Elektrons mit der Ladung – 1 und
des Antineutrinos mit der Masse 0

Das reziproke Quadratgesetz von Newton und seine
Umkehrung: das quadratische Reziprozitätsgesetz von Gauß

Die vierte Quantenzahl: h/4πi (Sommerfeld, Plichta)

Fünftes Buch

1991 – 1998
Der Schutzgott des Genius

Kapitel 1

Die Gefangene der Vernunft

Zu Beginn des Dreißigjährigen Krieges befand sich ein junger französischer Offizier mit dem Namen René Descartes in der Nähe von Ulm in einem Gasthof, festgehalten durch den harten Winter. Er, der im darauffolgenden Jahr nach der Einnahme von Prag vergeblich versuchen würde, Johannes Kepler zu treffen, hatte in der Nacht des 10. Novembers 1619 in seinem schwäbischen Quartier eine wunderbare Vision. Ein „Blitz göttlicher Erleuchtung“ erfüllte ihn mit überirdischem Enthusiasmus. Er muß einen Blick hinter jenen Vorhang geworfen haben, der die Wahrheit verbirgt: hinter der Natur steckt eine Scientia Mirabilis.

Noch hatte die Katholische Kirche die Macht, und es war gefährlich über Wahrheiten zu reden zu jenen, die die göttliche Wahrheit ja längst besaßen. Aber der Untergang der Scholastik, dieser von Dogmatik geprägten menschlichen Verblendung, war nicht mehr aufzuhalten.

1619 hatte Kepler gerade sein wissenschaftliches Hauptwerk „Die Weltharmonik“ (s. Band II, S. 78) vollendet und befand sich auf dem Höhepunkt seines platonischen Schaffens. Vor allem ihn meint Newton später, wenn er schreibt, daß er auf den Rücken von Riesen gestanden habe. Kepler und Descartes hätten sich nicht verstanden, denn die im Humanismus wieder aufgelebten platonischen Vorstellungen eines mathematischen Bauplanes dieser Welt werden später von Descartes scharf bekämpft. Er ist der neue Aristoteles, der im Gegensatz zu seinem Vorgänger nicht nur Naturwissenschaftler und Philosoph, sondern wie Kepler auch Mathematiker ist. Beide leiten nach dem Humanismus und der Reformation durch die wissenschaftliche Revolution die Neuzeit ein, und wieder fand die Dialektik, die in Athen begonnen hatte, ihre Fortsetzung. Am Ende der Neuzeit, vor dem wir heute stehen, hat der Aristotelismus gesiegt. Descartes und sein Nachfolger Leibniz wollten Kirche und Wissenschaften trennen, sie wollten Gott nicht abschaffen. Die Dogmen in der Mathematik und den Naturwissenschaften unseres Zeitalters hätten sie mit Abscheu erfüllt.

Descartes, der das abendländische Denken revolutionieren sollte, fand heraus: „Wir finden in unseren Seelen den Begriff des Unendlichen vor, der nicht allein aus einem begrenzten Wesen (dem Menschen) stammen kann, folglich existiert Gott und somit besitzt die Physik ein sicheres Fundament.“ Wie weit haben wir uns von der

Logik dieses Gottesbeweises entfernt, indem wir nicht im Unendlichen – im unendlich Großen und im unendlich Kleinen – die Lösung der Welträtsel gesucht haben, sondern in der Endlichkeit jener geistigen Entgleisungen von Urknall, Nicht-Euklidischen Räumen, dem „Leim“ (Neutronen), der die Atomkerne stabil halten soll und den vielen anderen Peinlichkeiten auf dem Gebiet der Logik, der Mathematik und der Naturwissenschaften. Aber indem Descartes die Natur mathematisierte, wurde er gleichzeitig zum Führer in eine göttliche Falle, weil die Zahlen und die Mathematik ihr Unendlichkeitsmerkmal und damit ihre ‘Göttlichkeit’ in der Folgezeit verloren und zunehmend den Charakter menschlicher Erfindungen annahmen.

> „Der berechtigte Wunsch, ein positives Kriterium für Wahrheit zu finden, ließ Descartes behaupten, daß ich nur das als wahr akzeptieren kann, was ich mit Klarheit und Unterscheidungsvermögen als solches sehen kann. Diese Behauptung kann nicht umgekehrt werden, denn dann würde Wahrheit *ausschließlich* als das betrachtet, was ich mit klarem Unterscheidungsvermögen sehen kann. Genau dies aber tat Descartes bei dem Versuch, aus der ganzen Vielfalt unvereinbarer Meinungen ein einziges Wahrheitskriterium herauszugreifen. Das heißt, in dem Moment, in dem mir die Gewißheit mehr Anliegen ist als die Wahrheit, werde ich nicht mehr nur danach fragen müssen, was zutrifft, sondern auch danach, was mir Gewißheit verschafft, daß dies zutrifft. Dies brachte Descartes, fast unabsichtlich, dazu, diesen Satz umzukehren, und er zog aus dem erkenntnistheoretischen Rat, nur das als wahr anzusehen, was klar und deutlich unterschieden werden kann, die ontologische Schlußfolgerung, daß Wahrheit nur das ist, was das menschliche Denkvermögen mit klarer Urteilskraft erkennen kann. Von diesem Moment an war *die Wahrheit die Gefangene der menschlichen Vernunft*[1].“

Wer war dieser Mann, der sämtliche Wissenschaften revolutionierte und der mit der *Vernunft* die Aufklärung vorbereitete? Eine Ölskizze von Frans Hals zeigt einen eher häßlichen Menschen mit klugen Augen. Obwohl von Kindheit an mit einem Atemleiden behaftet, übt er sich sehr früh in der Kunst des Fechtens. Klein und schmal von

---

[1] Panikkar, Raimon: Der Dreiklang der Wirklichkeit. Die kosmotheandrische Offenbarung, Salzburg 1995, S. 50.

Statur wird er wegen seiner Geschwindigkeit von Duellgegnern in ganz Europa gefürchtet. Aber nicht nur mit dem Rapier kann er zustoßen. Frauenaffären en masse, Alkohol, Glücksspiel, lauter Details, die Historiker gerne unterschlagen – bei den Genies. Aber noch lieber als die Unterschlagung allzu menschlicher Eigenschaften, wird Descartes' 'Vision bei klarem Verstande' aus jener Martinsnacht in den Bereich halluzinierender Traumerlebnisse heruntergespielt.

*

Auf die Begriffe Genie und Vision soll an dieser Stelle näher eingegangen werden. Was bedeutet Genie?

> „Der Genius zählt zu den großen Geheimnissen des Menschentums. Alle Bemühungen, sein Wesen zu ergründen, beginnen und enden in der Metaphysik, in der philosophischen Überlegung, alle Versuche, das Geheimnis seines Seins lebensgesetzlich zu erfassen, sind zum Scheitern verurteilt. (…) *Eine* Fähigkeit scheint darunter für jeden Genius unabdingbar notwendig: die Gabe, hinter das Wesen der Dinge zu schauen, wo die anderen Menschen nur die äußere Form oder den Vorgang wahrnehmen können. (…) In ihm sind so viele Geheimnisse wirksam, daß im Grunde nur einer ihn ganz verstehen kann: er selbst. Und gerade *er* wird oft in seinen schicksalhaften Stunden vergebens sich Rechenschaft zu geben suchen über das »Warum« oder »Wohin« seiner entscheidenden Taten, weil er diese im Dunkel seiner Wege, geleitet von seinem Schutz-Gott, plant, faßt und vollbringt[1]."

Es gibt noch eine weitere Sorte Menschen, die noch seltener auf dieser Erde verweilen: die Heiligen.

> „Die meisten Menschen zeigen sich unwürdig der Gnade, die sie dadurch empfangen haben, daß die Natur sie über die Tiere erhoben hat. (...) Von den vier Stufen des menschlichen Sichverhaltens, dem Wahren, dem Schönen, dem Guten und dem Heiligen, nimmt das Heilige die höchste Stufe in unserer Rangordnung ein. Diese Stufe zu ersteigen,

---

[1] Goldschmit-Jentner, R. K.: Die Begegnung mit dem Genius, Hamburg 1961, S. 8 f.

ist Gnade des Schicksals oder Gottes und kann nur erstrebt, nicht durch Wissen oder Können erreicht werden. Neben den Tat- und den Werkgenies steht also das *Seins-Genie*[1]."

Mein Zutun ist nur noch, anhand dieser meisterlichen Darlegungen für die gesamte Menschheit klar die Dreifachheit

Normale Menschen
Genies
Heilige

zu apostrophieren, deren Kommentierung ich hier unterlassen möchte[2], um auf Descartes' merkwürdige Erlebnisse zurückzukommen und den Bogen zu spannen zu meinen eigenen Visionen über einen Zeitraum von fast 40 Jahren.

Visionen und Auditionen (Hörerlebnisse) bei klarem Verstand oder im Traum sind bei genialen Wissenschaftlern nur selten beschrieben, was bedeuten kann, daß sie eben kaum vorkommen oder aus Vorsicht oder gar Scham verschwiegen werden. Auch Descartes hatte über seinen zweiten Traum, der als Geburt der Analytischen Geometrie[3] bezeichnet wird, nur vage Andeutungen hinterlassen.

*

---

[1] Goldschmit-Jentner, R. K.: Vollender und Verwandler, Hamburg 1957, S. 12.

[2] Um nicht Mißverständnisse aufkommen zu lassen: 1.) Als Normale Menschen definiere ich alle Menschen, von jenen mit höchstem Intelligenzgrad bis hin zu den Bedauernswerten (Debile oder Geisteskranke). 2.) Zum Genie wird man geboren und nicht gemacht (Voltaire). Von den Medien zu 'Genies' erklärte Wissenschaftler – mit und ohne Nobelpreis – wären ohne ihre Universitätsposten nichts geworden. 3.) Heilige sind z. B. nicht jene Menschen, die von der Römischen Kirche dazu erklärt wurden! „Die Heiligen waren fast alle Häretiker, sie vertraten das Wesentliche des Christentums gegenüber den Satzungen der Kirche." (R. K. Goldschmit-Jentner)

[3] Mathematik läßt sich ohne ein zahlenskaliertes Achsenkreuz überhaupt nicht betreiben, aber dies hat nie jemanden dazu geführt, das Kreuzelement der Analytischen Geometrie mit der Struktur des unendlichen Raumes in Verbindung zu bringen, außer vielleicht unbewußt den Philosophen und Mathematiker Hugo Dingler.

Ich hatte mein erstes visionäres Traumerlebnis mit 17 Jahren. Meine Klasse hatte damals einen neuen Lateinlehrer, mit dem ich so übel aneinandergeraten war, daß ich mir um die Versetzung in die Unterprima Sorgen machen mußte. Damals mußten nämlich Schüler, die die elfte Klasse nicht geschafft hatten, die Schule verlassen. Da ich zu gute Lateinkenntnisse hatte, mußte der Lehrer Dr. Klein zu Tricks greifen, wie ständige mündliche Prüfungen, die in der Regel zu einem „Ungenügend" führten. Er hatte längst einen befreundeten Kollegen gefunden, den Geschichtslehrer, der mich im zweiten Fach absägen sollte.

Eines Tages teilte Dr. Klein der Klasse mit, daß eine Klassenarbeit geschrieben werde, die den Spreu vom Weizen trennen solle. Wir arbeiteten damals mit einem großen Lesebuch, das ausgewählte Stükke aller großen lateinischen Politiker, Historiker, Dichter und Lyriker enthielt. In ungewöhnlich auffallender Weise hielt er immer wieder dieses Buch hoch, mit dem Hinweis, wer ein ausgewähltes Stück hieraus nicht übersetzen könne, habe das Abitur überhaupt nicht verdient. „Aber ich werde gnädig sein", formulierte er mit überschlagender Stimme, „und werde Euch einen einfachen Text vorsetzen." Sein Geschwätz wollte und wollte nicht aufhören, und plötzlich machte er einen Versprecher. Der Name Julius Cäsar war gefallen. Wie irritiert brach er seinen Vortrag über die Wichtigkeit dieser Klassenarbeit ab und ging zum normalen Unterricht über. Die ganze Klasse hatte natürlich seinen Versprecher mitbekommen: Cäsar. Jeder würde jetzt zu Hause jene ausgewählten Kapitel von Cäsartexten, die das Buch enthielt, mit den kleinformatigen Übersetzungsseiten des deutschen Textes spicken, um am nächsten Tag für die wichtige Klassenarbeit gewappnet zu sein.

Dr. Klein würde die Klasse betreten, eine bestimmte Seite aus dem Buch nennen und die Anzahl der Zeilen des zu übersetzenden Textes. Jeder würde dann aus der aufgeschlagenen Seite das kleine Blatt mit der deutschen Übersetzung herausnehmen und irgendwie unter der Manschette oder dem Pulloverärmel verschwinden lassen.

Mir war klar, daß an der ganzen Sache etwas nicht stimmte. Dieser Bösewicht hatte nicht den allerkleinsten Grund für eine Klassenarbeit mit solch sonderbarer Bedeutung. Und Cäsartexte paßten zu diesem parfümierten Vogel überhaupt nicht. Der liebte nämlich homoerotische Gedichte von Catull. Er hatte sich bewußt verplappert, denn er hatte einen Plan. Ich war das Opfer.

In der Nacht zum darauffolgenden Tag träumte ich davon,
wie ich in meinem Klassenzimmer in der ersten Schul-

bankreihe saß und einen ausgewählten Cäsartext übersetzte. Die Übersetzung lief gut, denn ich hatte – so wie alle meine Klassenkameraden – heimlich den deutschen Text aus dem aufgeschlagenen Buch herausgenommen, oder besser, ich hatte ihn herausgerissen, weil er nämlich mit Klebstoff von mir Seite für Seite vorher dort eingeklebt worden war. Vorne vor den Bankreihen marschierte Dr. Klein auf und ab, so als wüßte er nicht, daß die gesamte Klasse bei dieser Entscheidungsklassenarbeit pfuschte, was das Zeug hielt. Dann trat der Lehrer auf mich zu, und ich schaute im Traum in sein Gesicht, das freundlich – aber in Wirklichkeit böse – lächelte. Jetzt nahm er das schwere gebundene Buch und klappte es zu, dann drehte er es um, hielt es mit der linken Hand am Buchrücken hoch in die Luft und zeigte es der ganzen Klasse. Ich spürte im Traum, wie alle erschauderten, denn dieser Schurke würde jetzt mit dem Finger durch die nach unten hängenden Buchseiten fahren, um den Peter Plichta bei einem schweren Täuschungsversuch zu ertappen. Dr. Klein war hundertprozentig überzeugt, daß die ganze Klasse seinen Versprecher registriert und in die Tat umgesetzt hatte. Aus meinem Buch mußten die hineingelegten Seiten der deutschen Übersetzung herausfallen und auf die Erde flattern. Keiner in der Klasse, das wußte ich, hatte es gewagt, die Seiten einzukleben, weil dann bei einer allgemeinen Buchkontrolle die Seiten nicht schnell genug zu entfernen waren.

Aus meinem Buch fiel trotz heftigen Hin- und Herblätterns nichts heraus. Der Lehrer erstarrte, und ich blickte ihm ruhig, als wenn nichts passiert sei, in die Augen, weil er das Buch ja jetzt hätte umdrehen können, um von oben zu blättern. Und jetzt lief er mir in die Falle: Er wollte sich vor der Klasse kein zweites Mal blamieren und legte das Buch wieder auf seinen Platz zurück. Ich schlug vor seinen Augen gekonnt die richtige Seite auf, übersetzte weiter, und der Traum brach ab.

Am nächsten Morgen in der Frühe suchte ich meinen Uhukleber und begann, eine Reihe von Seiten mit Lineal und Rasierklinge aus meiner deutschen Übersetzung zu entfernen und im Lateinbuch sorgsam einzukleben. In der Schule zeigte ich meinen Klassenkameraden mein präpariertes Lateinbuch. Alle waren entsetzt. „Plichta, wenn der Klein Dein Lateinbuch durchblättert, ist Dein Schulverweis eine beschlossene Sache." Das wußte ich auch. Mein geplantes Chemiestudium war in Gefahr. Ich wollte Zeugen haben. Jetzt war dafür gesorgt, daß die ganze Klasse erschaudern würde, wenn Dr. Klein mein Lateinbuch konfisziert und durchblättert. Ich verrate ihnen nicht, daß er dieses Buch umgedreht durchblättern wird, weil er diese theatralische Geste zu lieben scheint.

Alles läuft ab, wie ich es schon erlebt habe. Wir beginnen mit der Übersetzung. Ich bin innerlich ganz ruhig und warte, bis Dr. Klein seinen Auf- und Abmarsch unterbricht und auf mich zutritt. Er zögert einen Moment und ergreift dann wie spielerisch mein Buch. Die ganze Klasse blickt auf. So wie die Löwen sich immer ein Zebra holen und die anderen Zebras davonkommen, so hat es jetzt eben mich erwischt. Sie hatten mich ja gewarnt. Die Szene läuft bis zu dem Moment, in dem ich Dr. Klein ruhig, freundlich und mit erfrorenen Gefühlen in die Augen schaue. Er hat verloren.

Nach der Klassenarbeit, der Lehrer war gerade aus dem Raum, bricht dann der Tumult los: „Woher hast Du das gewußt?"

*

Ich habe diesen Traum für mich behalten und lange über seine Bedeutung nachgedacht. Das Chemiestudium war in Gefahr gewesen und der Traum ein Hilfselement, diese abzuwenden. Anscheinend mußte der Lateinlehrer seine Chance erhalten, sein boshaftes Vorgehen auch durchzuführen. Er hätte ja auch am Tage vor der Klassenarbeit vor ein Auto laufen können. Aber das hätte eben einen Eingriff bedeutet. Ein visionärer Traum hingegen stellt keinen Eingriff dar, sondern etwas, was uns letztlich unerklärlich bleibt.

Mir wurde damals klar, daß bestimmte Menschen zur Durchführung einer Aufgabe, die erfüllt werden muß, Schutz brauchen. Ich verdanke diesem Erlebnis unendlich viel, weil ich mich von da an auf diesen „Schutzengel" unbeirrt verlassen habe. Ich würde mein Bestes geben, aber für unlösbare Probleme vertraute ich auf 'laissez-faire'.

Da mir mit 17 Jahren schon längst klar war, daß ich mich später mit tiefen, ungelösten Fragen beschäftigen würde, war mir der Glaube an eine übernatürliche Hilfe, über deren Hintergrund ich mich lieber weigerte nachzudenken, eine ungeheure Motivation. Wie ich vorgehen würde, war mir allerdings unklar. In der Physik z. B. ist es üblich, gute Theorien zu entwickeln und diese dann mit geeigneten Experimenten abzusichern. Für mich war es jedenfalls schon damals völlig ausgeschlossen, später bloß neue Theorien zu entwickeln, sondern die hinter den Dingen verborgene Wirklichkeit aufzudecken.

*

Michael Felten und ich waren Anfang Oktober 1989 mit einem Wohnmobil nach Sardinien gereist, um dort südlich von Olbia am Sandstrand mit Seewasser, das Farben wie sonst nur in den Tropen hervorbringt, mathematische Publikationen zu schreiben. Ich hatte etwa eine Seite über den neuen mathematischen Raumbegriff diktiert, als Michael ziemlich zornig zu reden begann: „So geht das nicht, Peter. Deine Formulierungen verstoßen gegen die Grundelemente der Vektoranalysis, auf denen sich die Mathematik aufbaut."

Da diese Angelegenheit keinen Kompromiß zuließ, erklärte ich sehr offen meine Meinung: „Ich halte die Vektoranalysis und ebenso die Cantorsche Mengenlehre für menschliche Erfindungen, die nichts mit der wirklichen, in der Natur verankerten Mathematik zu tun haben."

Michael unterbrach: „Du versuchst, die großartigsten Sachen, die in der Mathematik entwickelt worden sind, als falsch zu bezeichnen. Da kann ich nicht mitmachen!"

„Wir leben auf dem Stand des jeweils gültigen Irrtums. Die Mengenlehre ist zu Beginn ungeheuer heftig bekämpft worden. Ob man für oder gegen eine Theorie ist, sagt doch nichts über deren Wahrheit aus. Cantor jedenfalls ist von seinen Feinden[1] Kronecker und Poincaré fertiggemacht worden und mußte immer häufiger in eine Irrenanstalt eingeliefert werden. Den ersehnten Lehrstuhl in Berlin hat er nie erhalten. Mengenlehre und erst recht Vektorräume sind menschliche Erfindungen und gehören in den Bereich der Phantasie, was nicht ausschließt, daß sie bis heute eine praktische Grundlage für die Mathematik darstellen. Die Mathematik, nach der Du und ich gesucht haben, ist aber keine menschliche Erfindung, die Axiome benö-

[1] Leopold Kronecker (s. Band II, S. 147) schrieb den ganzen Zahlen gottgeschaffene Realexistenz zu. Dagegen lehnte er irrationale und transzendente Zahlen als irrsinnige Phantasiegebilde ab. Konsequenterweise hielt er den Hermite-Lindemann-Beweis für die Transzendenz von e und π für mathematischen Unfug, was heute kaum nachvollzogen werden kann.

Jules Henri Poincaré (1854-1912) gilt als der letzte große Mathematiker im Range von Euler und Gauß. Er hat Einsteins (spezielle) Relativitätstheorie scharf abgelehnt. So erhielt Einstein erst 1913 durch Planck einen Direktorposten am Kaiser-Wilhelm-Institut in Berlin (sic!).

tigt. Wir haben nur das gefunden, was die Natur bisher als tiefes Geheimnis gehütet hat."

Michael verließ den Computer und begann einen Strandspaziergang, der 3 Tage dauern sollte. Mal war er ein Punkt an dem riesigen sichelförmigen Strand, mal ging er gerade auf der Höhe des Wohnmobils vorbei. Er mußte die Entscheidung selber treffen.

Wir redeten in den 3 Tagen kaum miteinander, und dann sagte er plötzlich: „Wir können weiterarbeiten."

Ich entgegnete: „Und was sollen wir mit Deinen Vektorräumen machen?"

„Die habe ich auf den Müll geschmissen."

Seltsam berührt blickte ich ihn an.

„Ich glaube, wir werden an diesen Publikationen nicht weiterschreiben. Mir ist nämlich etwas aufgefallen. Wir haben, wenn überhaupt, erst die Hälfte des Bauplans entdeckt. Die ganzen Zahlen auf dem Primzahlkreuz haben uns zur Struktur des vierdimensionalen Raumes geführt. Da es von jeder ganzen Zahl aber auch ihren Kehrwert gibt, liegen die unendlich vielen Kehrwerte alle auf der endlichen Strecke zwischen 1 und 0. Wir haben uns bisher nie mit den reziproken Zahlen beschäftigt. Ich habe das Gefühl, daß der dreidimensionale Raum, der unser Zuhause ist, etwas mit reziproken Zahlen zu tun haben könnte. Die Gashülle unseres Planeten ist z. B. ein dreidimensionaler Raum. Wenn wir uns in den Weltraum begeben, müssen wir einen gasgefüllten Schutzanzug tragen. Wir können unsere Dreidimensionalität nicht verlassen. Der gasgefüllte Raum, die Stoßprozesse der Gasmoleküle, die Thermodynamik, lassen sich ohne den natürlichen Logarithmus überhaupt nicht mathematisch beschreiben."

Michael unterbricht mich aufgeregt: „Das Integral von 1/x liefert aber gerade den natürlichen Logarithmus. Das heißt nichts anderes, als daß die Aufsummierung von reziproken Zahlen mit dem Logarithmus verknüpft ist."

„Ja," sage ich, „die Zahl e hat etwas mit der Ordnung der ganzen Zahlen zu tun, und die Umkehrung von e, der natürliche Logarithmus, hat etwas mit den reziproken Zahlen zu tun. Und das Tollste ist, die Abnahme der Primzahlen ist streng an den natürlichen Logarithmus gebunden."

Michael schreit auf: „Du hast ja vollkommen recht. Wir müssen noch einmal von vorne anfangen und uns die reziproken Zahlen vorknöpfen."

„Aber zuerst gehen wir einmal Asti Spumante, Bier, Mortadella, Parmaschinken und Parmesan kaufen und veranstalten ein Jubelfest", brülle ich. Die Geschichte mit den geplanten mathematischen Publikationen hatte begonnen, einen ganz anderen Verlauf zu nehmen, als wir damals ahnen konnten. Wir verstauten den Computer und begannen zu faulenzen.

*

In diesem Sommer hatte Michael seine Diplomprüfung gemacht, wobei er in den drei mathematischen Hauptfächern mündliche Examen ablegen mußte. Mir war klar, daß er sich dort dreimal die Note 1,0 abholen würde. Aber nachdem er im ersten und auch im zweiten Fach die Note 0,7 – die Höchstnote – erzielt hatte, war ich dann doch sehr gespannt auf die dritte Prüfung. Ich hatte an diesem Morgen vor, ihn nach der Prüfung an der Universität Dortmund zu besuchen und hatte ein Geschenk vorbereitet. Die Prüfung war für elf Uhr angesetzt. Ich erschien etwa eine Viertelstunde später im Institut und fand dort einen vollkommen aufgeregten Kandidaten vor. Der Prüfer und sein Beisitzer waren nicht erschienen, wahrscheinlich steckten sie irgendwo im Stau.

Ich begann mit Michael ein Gespräch über Primzahlen und verschiedene mathematische Sätze, und plötzlich war er wieder in seinem Element. Die ganze Aufregung war verschwunden, und er sprühte mit seinen Kenntnissen. Eine Viertelstunde später kamen seine Prüfer, um dann mit großer Gestik über das Zuspätkommen in den Dienstraum zu verschwinden, hinter ihnen Michael, der vor Mathematikbesessenheit fast sprudelte. Was für ein Segen, daß ich da noch hatte eingreifen können. Die dritte Note lautete wieder 0,7. Das hatte es an den mathematischen Instituten zwar noch nie gegeben, aber diesmal eben doch.

Danach wollte Michael natürlich das Thema seiner Diplomarbeit nicht mehr von neuem aufgreifen und zu einer Doktorarbeit erweitern, sondern eine Arbeit anpacken, bei der er sein ganzes mathematisches Talent zum Ausdruck bringen konnte.

Einen Tag vor Beginn der Reise nach Sardinien hatte sich Michael entschlossen, seinen Doktorvater zu wechseln, ein recht ungewöhnliches Vorgehen, das sein ganzes weiteres Leben beeinflussen sollte.

So sagte ich zu ihm: „Hier steht die IBM, schreib' Deinem Professor einen freundlichen Brief. Danach suchst Du einen der beiden anderen Prüfer auf und bittest ihn um Erlaubnis, in einem Thema Deiner Wahl promovieren zu dürfen."

Zwei Monate später fragte ihn der neue Doktorvater, über welches Stoffgebiet er denn arbeiten wolle. Als Michael das Thema nannte, schreckte der Mathematiker auf: „Herr Felten, tun Sie das um Gottes willen nicht!“

In der Tat war das hier angeschnittene ungelöste mathematische Problem wohl aussichtslos und stellte somit für die angestrebte Promotion eine Gefahr dar. Dennoch fragte Michael kühn: „Warum denn nicht?“

„Dabei laufen Sie ins offene Messer.“

„Das ist mir doch vollkommen gleichgültig“, lautete Michael Feltens Antwort.

Damit hatte er einen Satz benutzt, den auch ich schon einmal in einer ähnlichen Situation gelassen ausgesprochen habe.

*

Ich erzählte Michael die Geschichte von meinem letzten Besuch bei dem Kernchemiker Professor Herr 1980 in Köln, den ich seit 1970 bei unserer Diskussion über den Sand vom Mond nicht mehr wiedergesehen hatte.

Er hatte die Nachmittagsstunden über mit meiner Tochter am Stereomikroskop gesessen und ihr eine Fülle von wunderschönen, farbigen Splittern und Gesteinschliffen vom Mond gezeigt. Abends begleitete er dann das zehnjährige Mädchen und mich zu meinem Auto. Beim Abschied entschloß ich mich, etwas von meinen Plänen zu verraten.

„Professor Herr, ich habe jetzt mit 40 Jahren vor, mich an die tiefen Fragen vorzuwagen.“

Er lächelte fein: „Das hatte ich mir schon gedacht.“

Er zögerte einen Moment.

„Darf ich Sie höflichst fragen, wie Sie vorhaben vorzugehen?“

„Ich werde so vorgehen, wie es Arnold Sommerfeld begonnen hat: zahlentheoretisch.“

In diesem Moment schreit er auf, packt mich an den Schultern:

„Um Gottes willen, tun Sie das nicht. Denken Sie daran, daß Ihr wunderbares Kind nur noch den Vater hat. Ich beschwöre Sie, hören Sie auf mich.“

Ich frage kühl: „Was haben Sie gegen eine zahlentheoretische Untersuchung der ungeklärten Fragen in der Atomphysik und der Kernchemie? Sie selbst haben mir den Blick dafür geöffnet, daß wir über die Isotopie nichts wissen außer Zahlen.“

Er wirkt vollkommen verängstigt.

„Herr Plichta, alle, die versucht haben, diese ungeklärten Fragen zahlentheoretisch zu untersuchen, sind dabei verrückt geworden.“

„Das ist mir doch vollkommen gleichgültig. Einer muß schließlich die Sache endlich einmal anfassen und lösen.“

*

Mit der Arbeit über die Theorie der reziproken Zahlen bzw. Primzahlen begannen wir im Dezember 1989.

Man kann auf dem Primzahlkreuz jeden der Kreise als aus 24 Teilen bestehend betrachten. Jedes dieser 24-stel steht aber immer in Beziehung zu der 1 der zugrundeliegenden nullten Schale. Bildet man aus der Zahl 1 und der Kreisteilungszahl 1/24 die Summe 1 + 1/24, liefert das Produkt dieses Ausdrucks, 24 mal mit sich selbst malgenommen, das Binom

$$\left(1+\frac{1}{24}\right)^{24}=2{,}6\ldots$$

Bei immer mehr Schalen und ihren Einteilungen (48, 72, 96, ...) würde immer genauer der Wert der Eulerschen Zahl e = 2,718 ... entstehen. Eine solche Vorgehensweise, die fortlaufenden ganzen Zahlen auf dem Primzahlkreuz reziprok als Kreisteilungsproblem zu behandeln, zeigt sehr deutlich, was die Zahl e mit den auf Kreisen liegenden reziproken Zahlen verbindet: eben die Ordnung der fortlaufenden Zahlen. Auch die Verknüpfung der Zahlen e und π deutet sich hier schon an.

Wir sind damals nicht auf diese naheliegende Idee gekommen, sondern haben einen anderen Weg gewählt (Band II, S. 139). Dabei trat aber im Februar 1990 eine Situation ein, die mich in eine tiefe Verzweiflung stürzte. Wenn nämlich die Zahl e die Ordnung der Primzahlen von der Form $6n \pm 1$ auf dem Primzahlkreuz darstellt, müssen die kombinatorischen Produkte dieser Zahlen (sowie der Primzahlen 2 und 3) die teilbaren Zahlen zwischen diesen Primzahlen liefern.

Da die Zahl e sich nur über ein Stellenwertsystem darstellen läßt, und das Dezimalsystem im Primzahlkreuz verankert ist, kam ich zu einer logisch notwendigen Vermutung: Die Zahl e müßte, mit einer großen Dezimalzahl exponenziert, Werte liefern, die die Zahlenordnung des Exponenten widerspiegeln.

Weil aber meine logische Argumentation mit der Wirklichkeit, den Zahlenwerten, nicht übereinstimmte, versuchte ich eine Zeitlang, das Problem vor mir selbst herunterzuspielen, zumal mir Michael dabei nicht helfen konnte. Je mehr ich versuchte, diese leidige Aufgabe zu verdrängen, oder vielleicht eben doch als fehlerhaft zu analysieren, desto stärker packte mich die Einsicht, daß ich ohne Lösung dieses Problems meine ganze bisherige Arbeit und auch die zukünftige in Gefahr bringen würde.

*

Ich war jetzt 50 Jahre alt. Die 10 Jahre, die ich als Limit festgesetzt hatte, waren bald abgelaufen. Bei der Beschäftigung mit reziproken Zahlen waren wir erst am Anfang. Wenn sich jetzt die vor uns liegenden mathematischen Probleme nicht ruckzuck innerhalb weniger Jahre abschließen ließen, würde die Suche nach dem Bauplan dieser Welt eine endlose Geschichte, die ich auch kräftemäßig gar nicht durchstehen könnte. Je mehr mir das klar wurde, desto deutlicher sah ich, daß es besser war, die Arbeit lieber ganz abzubrechen. Am Ende dieser Gedankenkette war ich so verzweifelt, daß ich in Panik geriet.

Plötzlich hatte ich einen erlösenden Gedanken. Ich würde von meinem Wohnzimmer, in dem ich seit Stunden auf- und abmarschierte, die Treppe hochsteigen in jenes Schlafzimmer mit dem Giebeldach, in dem ich einmal, vor 20 Jahren, die Vision von dem Mann gehabt habe, *der alles herausgefunden hat, und dessen Frau dafür in Umkehrung früh gestorben ist.* Das Wort *Umkehrung* bekam auf einmal eine Bedeutung. Reziproke Zahlen sind umgekehrte Zahlen. Mir war längst klar, daß das Geheimnis des Bauplans eben darin besteht, daß er sich aus zwei Teilen zusammensetzt, die durch einen Umkehrgedanken verknüpft sind. Jene Vision, verknüpft mit einer Audition im Schlafzimmer damals (Band I, S. 146 f.), war eine gewaltige und gleichzeitig brutale Wegweisung für mein Leben und bleibt gleichwohl für den Rest meines Lebens unerklärlich. Vielleicht war es jetzt an der Zeit, dort oben eine Forderung zu stellen.

Ich stieg die steile Treppe hoch, setzte mich auf das Bett und begann erst einmal, vor Erschöpfung und Ratlosigkeit furchtbar zu weinen. Nachdem ich mich beruhigt hatte, vollzog ich gedanklich nochmals die Logik meiner Argumentation für die e-Funktion nach, stand auf und straffte mich. Im Zimmer stehend, sagte ich laut: „Entweder ich muß meine Arbeit abbrechen, sofort, oder ich erhalte Hilfe bei dieser Aufgabe, die ich selbst nicht lösen kann."

In diesem Moment sagte eine Stimme laut und deutlich: „Hast du es denn auch mit den reziproken Werten großer Zahlen versucht?"

Es blieb mir keine Zeit, darüber nachzudenken, wer da gesprochen hatte. Nicht einmal für die Heiligkeit eines solchen Momentes blieb ein Augenblick der Besinnung, weil ich sofort die Lösung des

Problems vor Augen hatte. Ich wußte, daß ich vergessen hatte, e mit den Kehrwerten großer Zahlen zu exponenzieren. Ich machte einen Satz zur Treppe und sprang sie wie ein Artist hinunter, packte mir meinen Taschenrechner und tippte den Wert für e hoch 1/81000 ein. Auf dem Display erschien der Wert 1,0000123457..., der auf 5 Stellen mit dem Exponenten 0,00012345... übereinstimmt, wobei zu beachten ist, daß 81000 selbst eine 5-stellige Dezimalzahl ist (Band II, S. 140).

Ich stellte eine kurze Betrachtung an, warum diese Idee in der Mathematik unbekannt ist, oder warum diejenigen, die diese Beziehung längst vor mir entdeckt hatten, den Zusammenhang zwischen der Zahl e und dem Stellenwert eines Rechensystems nicht durchschaut haben. Dann rief ich Michael an, der sofort ins Schwärmen geriet.

*

In den darauffolgenden Tagen hatte ich Muße, mich mit dem Erlebnis oben im Schlafzimmer zu beschäftigen und beschloß, die Angelegenheit erst einmal für mich zu behalten. Im „Primzahlkreuz" Band II, der damals in Arbeit war, würde ich dieses mystische Stimmerlebnis nicht beschreiben. Mir blieb auch gar nicht viel Zeit für tiefere Überlegungen, da Michael einige Tage darauf bei einem weiteren Telefongespräch ziemlich kleinlaut feststellte, daß unser neuer Gedanke nur für einen winzigen Teil der e-Funktion gültig sei. Es war ein früher Sonntagnachmittag, mich traf seine Bemerkung wie ein Schock. Er hatte also die Sache nicht wirklich verstanden.

„Bist Du diesen Nachmittag die ganze Zeit in Dortmund in Deiner Wohnung?", fragte ich.

„Ja."

„Gut, ich bin in 30 Minuten da."

Ich rief Ingrid Bergmannshoff, die inzwischen bei mir wohnte, seit Christina Burckhart ins Allgäu gezogen war, schnappte mir den Sibirien Husky und donnerte in Ingrids Sechszylinder über die Autobahn, ohne ein Wort zu reden. Ingrid war Apothekenleiterin und arbeitete damals zusammen mit mir und Michael am Band II. In Dortmund schüttelte ich Michael kurz die Hand und bat Ingrid, mit Amigo eine Stunde spazieren zu gehen.

Michael und ich standen uns in seinem Arbeitszimmer gegenüber. An der Wand hing ein Foto in breitem Goldrahmen, das ihn vor dem kleinen Ölgemälde des blonden, blauäugigen jungen Carl Friedrich Gauß zeigt. Dieses Bild von Gauß hängt in seinem ehemaligen

Arbeitszimmer im Institut für Astronomie in Göttingen, das nach den Plänen von Gauß gebaut worden ist und an welches er auch seine privaten Wohnräume angegliedert hat. Ich habe an den Rahmen des Fotos ein Messingschild anbringen lassen, mit einer Gravur in rotem Lack: *Sommer 1989*. Es ist das Jahr, in dem wir die Eulersche Zahl e aus dem Primzahlkreuz heraus abgeleitet haben.

„Michael, Du weißt ja, daß die Ableitung der Exponentialfunktion über die MacLaurin-Reihe überhaupt nur möglich ist, weil man den Funktionswert an der Stelle x = 0 kennt. Nun ist der Punkt e hoch 0 gleich 1 der einzige, den wir überhaupt angeben können. Befindet man sich aber einmal auf einem noch so winzigen Stück der e-Funktion, hat man alle ihre unendlich vielen Punkte im Griff. Du hast Dein Diplom mit Auszeichnung gemacht, es hängt Dir jetzt wie ein Ritterkreuz am Hals, also denke auch wie ein Hochdekorierter. Das Wesen der Mathematik sind die ganzen Zahlen, die zum unendlich Großen führen, und die reziproken Zahlen, deren unvorstellbar kleine Werte auf der Strecke zwischen 1 und 0 die Zahl Null nie erreichen können. Je mehr Nullen bei unseren Exponenten nach dem Komma kommen, desto größer ist die Übereinstimmung mit der Ziffernfolge der transzendenten Werte, die die e-Funktion liefert. Während Du bemängelst, daß die Übereinstimmung immer genauer wird für Werte, die gegen e hoch 0 streben, ist das gerade das Geheimnis der e-Funktion und ihrer Verknüpfung mit dem Dezimalsystem. Das haben diese mathematisch-akademischen Esel an den Universitäten niemals analytisch scharf erfaßt[1]."

Während ich mit freundlicher, aber scharfer Stimme auf ihn einrede, beginnt sich sein Gesicht zu verzerren, sein Mund öffnet sich, er steht da, als wenn diesmal er eine Erscheinung hat.

Plötzlich schreit er auf: „Mein Gott, bin ich dumm. Peter, entschuldige. Ich weiß nicht, wie mir das passieren konnte. Du hast ja vollkommen recht."

Ich nehme erst einmal erschöpft Platz. Erst jetzt wird mir die Bedeutung des 'Eingriffs' einige Tage vorher wirklich klar. Vielleicht werde ich so etwas nie wieder erleben, weil ich weiß, daß Michael

---

[1] Bei der Wahl von Exponenten $x << 1$ ist für Mathematiker über die Newtonsche Reihenentwicklung leicht einzusehen, warum als Ergebnis angenähert der Wert $1 + x$ herauskommen muß. Genau dies verhindert aber die Einschätzung, daß e die Zahlenordnungskonstante schlechthin ist. Hat man dies einmal erkannt, wird auch klar, warum es dann nur noch auf die Ordnung der Primzahlen 2, 3, 5, 7, ... ankommt, e^x also primzahlzählend ist.

und ich alle noch vor uns liegenden Probleme ohne weitere Hilfe lösen werden.

*

Zum zentralen Punkt unserer Arbeit über reziproke Zahlen wird die Frage, warum die Primzahlen überhaupt über den natürlichen Logarithmus abnehmen. Würde man die Frage den 10 besten Mathematikern dieses ausgehenden Jahrhunderts stellen, wäre keiner von ihnen in der Lage, eine befriedigende Antwort zu geben. Das heißt aber gleichzeitig, daß niemand von ihnen unsere Lösung verstehen wird, weil ihnen Antworten auf Fragen, die sie nicht kennen, als sinnlos erscheinen. Da Michael und mir im Gegenzug dafür die Beschränktheit dieser Mathematiker vollkommen gleichgültig ist, einfach weil wir neugierige Forscher sind, die die Wahrheit herausfinden wollen, entsteht jetzt mit atemberaubender Schnelligkeit in der Zeit von Anfang 1990 bis zum Herbst 1991 der zweite Teil von Band II mit dem Titel: Der Reziproke Zahlenraum. Die einzelnen Beweise werden nicht in der Reihenfolge von uns entdeckt, wie sie im Buch angeordnet sind, sondern nach Art eines Mosaiks, das ich in meinem Kopf trage. Parallel dazu lektoriere ich beide Bände mit dem Philosophen, Theologen und Semiotiker Dr. phil. habil. Johannes Heinrichs, der wegen des zeitlichen Aufwandes gleich auf der Bruhnstraße einzieht. Er stellt auch den Kontakt zu einem Verleger her.

Manfred Huber ist eigentlich Bauingenieur, seine Frau und er besitzen aber auch einen esoterischen Verlag. Mein Plan ist es, einen eigenen Verlag zu gründen, den die Firma Henkel dann nicht einfach aufkaufen kann und anschließend schließen. Da ich aber mit einem Verlag noch nicht über ein Vertriebssystem verfüge, kommen Herr Huber und ich überein, eine GmbH zu gründen, in der ich die Mehrheit besitze und in der Huber, Felten und Burckhart Mitgesellschafter sind. Das Primzahlkreuz soll dann durch das Vertriebssystem von Herrn Hubers Verlag verbreitet werden.

Der Band I enthält massive strafrechtliche Vorwürfe gegen Industrielle, Professoren, Juristen und Politiker. Da ist einmal der Mordanschlag auf meine ehemalige Frau Helga Plichta und zum anderen der starke Verdacht, daß der Contergan-Fall den größten Gerichts- bzw. Prozeßbetrug Nachkriegsdeutschlands darstellt. In diesen ist neben dem Industriellen Konrad Henkel vor allen Dingen ein FDP-Politiker verwickelt, der im ersten Band noch nicht namentlich genannt wird. Er ist, so wie Konrad Henkel, Ehrenbürger von Düsseldorf. Es handelt sich um den späteren Außenminister und Bundespräsidenten Walter Scheel. Lediglich der Justizminister des Landes Nordrhein-Westfalen, der ehemalige Strafverteidiger der Grünenthal-Angeklagten, Dr. Dr. Neuberger, wird als Drahtzieher von mir mitbeschuldigt. Daß man ihn bewußt zum Justizminister machte, weil er als Jude im Nachkriegsdeutschland über jeden Verdacht erhaben war, wird nicht nur bei unseren jüdischen Mitbürgern Entsetzen verursachen, wenn sie es erfahren und über das entsprechende Rechtsbewußtsein verfügen.

Die bei Henkel wissen, daß ich seit Jahren an meinem Buch schreibe. Ich wiege sie in Sicherheit und lasse niemanden ahnen, daß ich die Entdeckungsgeschichte der Primzahlentschlüsselung, die in diesem Band weitergeführt wird, autobiographisch gestalte. Von denen hat nie einer Montesquieu gelesen, der jenen Satz hinterlassen hat, den er für mich geschrieben haben könnte.

„Wer seinen schlimmsten Feinden entkommen will,
muß verrückt scheinen und weise sein.“

In der Firma Henkel und beim leitenden Oberstaatsanwalt von Düsseldorf, Eberhard Knipfer, von dem noch die Rede sein wird, wird mit Erscheinen des ersten Bandes eine Granate einschlagen. Sie werden mich entweder sofort umbringen lassen oder mich wieder einmal unterschätzen – was ich zu meinen Gunsten stark hoffe – und in die Falle laufen, die ich für sie vorbereitet habe.

*

Manfred Hubers Frau ist stark durch einen ärztlichen Kunstfehler gezeichnet. Man hatte ihr nach langem Warten eine Spenderniere implantiert. Danach war der Chefchirurg in Urlaub gefahren. Weil jetzt die Mäuse auf dem Tisch tanzten, schickte man die frisch Operierte einfach in die Röntgenabteilung, wo sie stundenlang neben irgendwelchen Infizierten warten mußte, um sich dann wieder in die keimfreie Atmosphäre der Intensivstation zu begeben. Die mitgebrachte Gehirnhautentzündung wurde dort trotz eindeutiger Symptome übersehen und statt Antibiotika zu geben, wurde die Cortison-Dosis erhöht. Am Ende mußte die Niere, die zuvor gut funktioniert hatte, wieder herausgenommen werden und landete in der Mülltonne.

Weil Manfred Huber als Bauingenieur den Gedanken, daß hinter der Welt ein Bauplan steht, sehr einsichtig fand, und weil er in einem Krankenhaus schon Sachen erlebt hatte, die in einen Gespensterroman gehören, fand er auch die Geschichte vom Leben und Sterben lassen der Helga Plichta glaubwürdig. Daß dies auf Anweisung eines Chemieindustriellen geschehen sei, ohne den, zumindest in Nordrhein-Westfalen, nichts geht, veranlaßte ihn lediglich zu der Frage nach der Möglichkeit der Beschlagnahmung des ersten Bandes durch die Düsseldorfer Behörden. Ich wiegelte ab: Im Falle einer einstweiligen Verfügung müsse der Antragsteller Dr. Henkel namentlich in Erscheinung treten und mir würde die Gelegenheit geboten, in der Hauptverhandlung mein Buch als Beweismittel für Straftaten schwerster Art zu benutzen. Danach habe der Waschpulver-Mogul endgültig die Presse am Hals, die normalerweise nur berichten darf, was hier in Deutschland von den heimlichen Cäsaren erlaubt wird[1].

Der Gedanke, daß in Deutschland Skandale bei den wirklich Mächtigen überhaupt in die Medien gelangen dürfen, ist vollkommen naiv. Berichtet werden darf nur über das, was von den Mächtigen erlaubt wird. Da diese untereinander oft verfeindet sind, wird allenfalls manchmal jemand zum Abschuß freigegeben. Das täuscht dann eine sogenannte 'freie Presse' vor, in Wirklichkeit sind die Medien völlig korrumpiert. Sie sind zur größten Hure der deutschen Geschichte verkommen.

Damit sind Manfred Hubers Bedenken, juristische Schwierigkeiten zu bekommen, zerstreut. Das Primzahlkreuz ist finanziert und wird erscheinen. Der Henkel-Konzern wird keine Möglichkeit haben, dagegen vorzugehen.

*

Der Aufstieg des Industriellen Konrad Henkel begann nach seiner zweiten Heirat. Immer wieder in der Geschichte hat es Frauen wie Gabriele Henkel gegeben, deren Machtgier so ausgeprägt war, daß sie die verborgenen Triebe in der dunklen Seele ihrer Männer ins Dämonische gesteigert haben.

---

[1] Liedtke, Rüdiger: Wem gehört die Republik? Frankfurt 1994, S. 200: „Obwohl der Enkel des Firmengründers Ende 1990 seine Ämter an die vierte Generation weitergab, geht zumindestens in Nordrhein-Westfalen auch in Zukunft so gut wie nichts ohne das mächtige Ehepaar Konrad und Gabriele Henkel." Da der Autor nur das schreiben darf, was ihm die Firma Henkel an Material zukommen läßt – sonst wäre er sofort persona non grata – ist dieser oben angeführte Satz mit Sicherheit bewußt im Buch lanciert. Damit weiß dann aber auch der Ministerpräsident von NRW, wer in diesem Land das Sagen hat.

Der Vater Konrad Henkels, Hugo Henkel, war zusammen mit Adolf Hitler Ehrenbürger von Düsseldorf. Der Führer hatte nämlich 1932 im Industrieclub Düsseldorf seine berühmte Rede gehalten, die die Industriellen davon überzeugt hatte, daß es in seinem Reich keine Enteignung geben werde, sondern satte Gewinne. Der Industrieclub Düsseldorf neben dem Steigenberger Hotel, dahinter steckt natürlich die Firma Henkel. In den führenden Hitler-Biographien wird angedeutet, daß Hitler Düsseldorf mit einem Koffer voll Geld verlassen hat. Die NSDAP war damals Pleite. Man hatte sich fast zu Tode gesiegt. Hitler stand das Wasser bis zum Hals. Darauf hatten die anderen Parteien gewartet, eben daß seine gigantische Wahlpropaganda unbezahlbar würde, bevor die absolute Mehrheit erreicht war. Das Geld soll von den Ruhrbaronen geflossen sein, schreiben die Historiker – ohne Quellenangabe. Eines der vielen Rätsel, die Hitler so sehr liebte?

Mit dem Geld in Hülle und Fülle, das da plötzlich aus einer Düsseldorfer Quelle zur Verfügung stand, begann nicht nur der Aufstieg Hitlers, sondern auch der Firma Henkel. Die Firmen der Tycoons Thyssen, Krupp und Flick sind heute anonyme Kapitalgesellschaften. Henkel dagegen ist eine Familiengesellschaft, deren stimmberechtigte Aktien nur Familienmitgliedern gehören dürfen, zumindestens solange Konrad Henkel lebt.

Als mein Bruder in die Familie einheiratete, lag der Umsatz des Konzerns bei 2 Milliarden. Heute (1998) sind es 20 Milliarden. Auch wenn sich die Umsätze u. a. inflationsbedingt vergrößert haben, ist die weltweite Machtsteigerung in erster Linie eine Leistung des Chemikers Dr. Henkel. Erst kommt die Macht und dann der Mißbrauch. Das Ausmaß von Konrad Henkels Gier, wie sein Vater in die deutsche Politik einzugreifen, war unvorstellbar, sein Vorgehen vollkommen lautlos und unsichtbar. Eine Ikone der deutschen Sozialdemokraten, der spätere Friedensnobelpreisträger Willy Brandt, gelangte durch Henkel an die Macht. Fast hätte Henkel später auch noch F. J. Strauß mit Hilfe von Biedenkopf zum Bundeskanzler gemacht und Biedenkopf dann zu dessen Nachfolger, wenn ihn das Schicksal nicht mit einer Wahlentscheidung durch die ahnungslosen Bürger gestoppt hätte (s. Kapitel 11).

*

In diesem Buch wird nicht nur die Entdeckungsgeschichte der Entschlüsselung des Primzahlrätsels beschrieben, sondern auch die Geschichte des Contergan-Falles, der den Untergang des Hauses

Henkel einleiten könnte. Warum dieser feige angezettelte Justizskandal eine solche Bedeutung für mein Leben haben sollte, ist mir lange verborgen geblieben. Vielleicht liegt das ganze Geheimnis dieses schrecklichen chemisch-pharmazeutischen Geschehens in der chemischen Formel des Thalidomids (int. Bezeichnung für Contergan). Die chemische Substanz, die später noch abgebildet wird, besitzt nämlich ein sterisches Kohlenstoffatom und tritt deswegen schon bei der Herstellung als Zwillingsverbindung auf. Da die Arzneimittelsubstanz ein Abkömmling des Schlafmittels Doriden war, das ebenfalls als Zwillingsform (Racemat) im Handel war und keinen Anlaß zu Mißtrauen gegeben hatte, war Contergan zugelassen worden als ein pharmakologisches, stereochemisches Zweikomponentengemisch, wobei jedoch nur der eine Zwilling süßen Schlaf garantierte, aber der andere, still verborgen, das Grauen.

Ich bin über die Stereochemie zur Mathematik gelangt und damit zu den Zahlen, die sich von der ± 1 ableiten, den Primzahlen. In den Primzahlzwillingen fand ich den ersten Hinweis für das Geheimnis der Elektronenpaarzwillinge. Ohne meine Zwillingsgeburt hätte ich nie eine Chance gehabt, zu diesen faszinierenden Gedanken vorzustoßen. Das konnte mein Bruder natürlich nicht wissen. Es übersteigt einfach sein Verständnis, damals so wie heute.

Als ich meinen Zwillingsbruder Paul zwang, in die Familie Henkel einzuheiraten – denn er wollte lieber kleiner Postbeamter werden als Verbrecher (Band I, S. 95) –, befahl ich ihm, in Zürich auf der Bahnhofsstraße einen Brillantring zu kaufen – lupenrein, river (feinstes blau-weiß) – von 0,50 Karat. Ich habe ihm nicht verraten, warum ich dieses Gewicht gewählt habe; sowohl er als auch seine Frau besitzen kein Empfinden für reziproke Zahlen. Der Kehrwert von 0,5 ist die Zahl 2. Die Milliardärserbin Christa würde zwar den Paul heiraten, aber ohne Wollen und Wissen dessen Zwillingsbruder Peter in einem wie in der Stereochemie umgedrehten Sinne auch.

Kapitel 2

Die Fälscher

Mit Schreiben vom 12. 7. 1990 erhielt ich vom stellvertretenden Chefredakteur der Zeitschrift „Der Stern“ (Gruner + Jahr AG), Herrn Michael Seufert, eine Einladung, die ich dann zusammen mit Michael Felten am 7. 8. 1990 in Hamburg wahrnahm. Wir waren für 13 Uhr in der Chefredaktion eingeladen, um über unsere Entdeckungen zu berichten. Die Einladung war nur möglich gewesen, weil eine frühere Freundin von mir Herrn Seufert persönlich kannte.

„Der Stern“ hatte mit dem Ankauf von erbärmlich schlechten Fälschungen angeblicher Hitlertagebücher im Mai 1983 viel von seinem Glanz als führende Illustrierte Deutschlands verloren; gerade deswegen reizte mich der Gedanke, ihm meine Geschichte anzubieten. Man sollte nämlich annehmen, daß eine Chefredaktion, die sich einmal durch Fehlbeurteilung von Büchern eine blutige Nase geholt hat, Sorge dafür tragen würde, nicht ein zweites Mal die Gefährlichkeit einer brisanten Autobiographie falsch einzuschätzen.

Ich hatte zur Darlegung unserer Forschungsergebnisse eine Reihe von Originalwerken u. a. von Newton und Gauß mitgebracht, um in einem etwa zweistündigen Vortrag darzulegen, wie sehr bestimmte Bücher unser wissenschaftliches Weltbild beeinflußt haben. Herrn Seuferts Tätigkeit beim Stern hatte damals wirklich nichts mit jenen Artikeln zu tun, die aus der wissenschaftlichen Abteilung dieses Verlagshauses stammen. Er war ganz oben eher für juristische Dinge zuständig, und genau da wollte ich den Hebel ansetzen. Er würde eine Kopie des nicht lektorierten ersten Bandes des Primzahlkreuzes erhalten und damit nicht nur die Entstehungsgeschichte der Primzahlentschlüsselung, sondern auch die näheren Einzelheiten zum Contergan-Skandal und damit meine intimen Kenntnisse des politischen Machtmißbrauchs in der Firma Henkel. Da dieser Chemiegigant weltweit für blütenweiße Wäsche wirbt, müßten Details über die schmutzig-schwarzen Geschäfte von Konrad Henkel ein Enthüllungsblatt wie den Stern eigentlich faszinieren.

Ich schlug Herrn Seufert vor, diesen Aspekt zunächst einmal hinten anzustellen und statt dessen die Primzahlentschlüsselung als ‘deutsche Antwort’ auf Stephen Hawkings „Eine kurze Geschichte der Zeit – Die Suche nach der Urkraft des Universums“ im Stern vorzustellen. Mit ‘deutsch’ ist natürlich keine nationale Gesinnung gemeint, sondern der Hinweis, daß Deutschland einmal das Land der Dichter und Denker war und ich diese Tradition fortsetzen möchte.

Schon einmal hat es nämlich einen epochalen Streit zwischen einem englischen und einem deutschen Gelehrten gegeben, den Mathematikern Newton und Leibniz, der ganz Europa in zwei Lager spaltete. Während es damals zunächst um einen peinlichen Prioritätsstreit ging, den beide Männer nicht wollten, geht es diesmal um eine gnadenlose Abrechnung mit dem modernen physikalischen Weltbild, bei dem Eitelkeit und Ruhmsucht die Frage nach der Wahrheit längst zum Schweigen gebracht haben. (Der in Kapitel 11 kommentierte Briefwechsel hat mit dem Prioritätsstreit inhaltlich nichts zu tun.)

Ich erzählte in Hamburg, auf welche Weise Newton seinen Lehrstuhl erhalten hat. Sein Lehrer, Isaac Barrow, besaß sein Amt auf Lebenszeit, und Newton wäre in den Wirren der damaligen Zeit wahrscheinlich untergegangen, wenn sein Vorgänger nicht aus einer einzigartigen geistigen Haltung heraus dem Schüler den Lehrstuhl geschenkt hätte. Barrow hatte den Blick für den Genius, gab die Lucas-Professur in Cambridge auf, und wandte sich Gott zu. Der heutige Inhaber dieser berühmten Professur hingegen hängt bis zum letzten Atemzug an seinem Lehrstuhl und faselt mitleiderregend wirres Zeug über schwarze Löcher. Seine Zuhörer verfolgen solche närrischen Überlegungen wie z. B. jene, was aus einem Astronauten wird, wenn er in ein schwarzes Loch hineinfällt, mit ehrfürchtigem Staunen – und ich mit Grausen.

Herr Seufert, dem schwarze Löcher wahrscheinlich völlig gleichgültig sind (aber aus einem anderen Grund als mir), hatte eine schwierige Entscheidung zu fällen. Meine Geschichte vom universellen Bauplan wäre für den Stern Gold wert, wenn sie aus einer amerikanischen Eliteuniversität stammen würde und nicht von einem Düsseldorfer Privatgelehrten. Mit Schreiben vom 5. 11. 1990 teilte er mir mit,

> (...) „daß es bei einer möglichen Veröffentlichung eine Fülle juristischer Probleme geben würde. Denn die Rahmenhandlung enthält, Sie wissen es besser als ich, schwere strafrechtliche Anschuldigungen gegen diverse Personen. Aber abgesehen davon bin ich nach der Lektüre noch nicht in der Lage zu entscheiden, ob sich Ihre naturwissenschaftlichen Erkenntnisse für eine Veröffentlichung im STERN eignen, weil ich den zweiten Teil Ihres Buches nicht kenne. Können Sie mir den noch zukommen lassen?"

Diese Bitte lehnte ich ab. Wäre man sich in Hamburg wirklich darüber im Klaren, daß es eine mögliche Lösung für das materielle

Rätsel dieser Welt gibt, würde der erste Band völlig ausreichen, journalistisch auf die prägnante Formulierung reduziert:

„Primzahlen = Welträtsel“

Aber auf Wahrheiten kommt es der Chefredaktion in Hamburg doch sowieso nicht an. Für die gilt nur billige Sensation, und auch die nur jeweils eine Woche lang. Sie werden sich nun in Düsseldorf an den Anführer der ‘diversen Personen’ wenden. „Der Stern“ wird zum Vertuscher des Contergan-Falles werden.

Im Herbst 1991 erschien dann eine groß aufgemachte Buchbesprechung, aber nicht über „Das Primzahlkreuz“. Der übrige Teil der Ausgabe war außer den farbigen Werbeanzeigen in schwarzweiß gehalten, so daß sich die Buchbesprechung mit etwa 15 Farbseiten dem Leser wie ein grelles Szenario, ein visuelles Spektakel, darbot. Layout vom Feinsten und ein Werbefeuerwerk für Henkel – das hat viel Geld gekostet. Bei der Buchbesprechung ging es um Tischdekorationen, die von Frau Gabriele Henkel entworfen worden waren. Warum soll der Stern, der so oft die aufgedunsenen Bäuche verhungernder Kinder gezeigt hat, nicht einmal Tischdekorationen bringen, deren Geschmacklosigkeiten nur noch von der totalen Überflüssigkeit überboten werden? Das Verdutzen der Leser wird möglicherweise deswegen nicht in Empörungsgeschrei umgeschlagen sein, weil die Menschen entnervt über einen solchen Unsinn hinwegblättern. Die Dame lebt im falschen Jahrhundert. Unter einem Renaissance-Papst gab es in Rom Feste, wo man auf dem Höhepunkt goldenes Tafelgeschirr aus dem Fenster warf, nicht ohne unterhalb der Fenster Fischernetze zu spannen, weil man sich vor der Volkswut fürchtete.

Schlimm kam es nur für die nordrhein-westfälische Landesregierung. Die mußte jetzt Frau Henkel dank ihrer Beiträge zur postmodernen deutschen Kultur zur Professorin ernennen.

*

Die großen Fälscher des deutschen Journalismus waren einmal auf einen kleinen Fälscher hereingefallen. Hätte einer dieser journalistischen Nieten die Tinte der Hitlertagebücher von einem Kind mit einem Chemiebaukasten überprüfen lassen, hätten sie sieben Millionen Mark gespart. Den Eulenspiegel Konrad Kujau und den ‘Stern-Starreporter’ Gerd Heidemann steckte man ins Gefängnis, aber Gerd Schulte-Hillen wurde Vorstandsvorsitzender von Gruner + Jahr. Dort, in den höchsten Etagen des deutschen Journalismus, paktierte man mit Henkel, obwohl ich das Wirken dieses Mannes deutlich als kriminell beschrieben habe.

Der Schritt, mich an den Stern zu wenden, hatte somit schon 1991 zur Folge, daß Henkel von meinem Buch Kenntnis besaß. Das Manuskript würde kein deutscher Verleger zu drucken wagen. Also machten sie sich wahrscheinlich auch wenig Sorgen, und ich mir in meiner Rolle als Verleger ebenfalls keine.

Im Herbst 1991 verfilmten wir die Postscript-Dateien direkt vom Computer, wobei die CAD-Zeichnungen eingebunden waren. Heute klingt das nicht sehr aufregend, aber damals war es ein neues Verfahren, das wirklich Nerven kostete. Mein ursprünglicher Wunsch, das Primzahlkreuz bis zum Druck selbst zu gestalten, hatte sich dank Michaels Computerfachkenntnissen erfüllt.

Ende des Jahres 1991 hielt ich dann die gedruckten Exemplare, den ersten und zweiten Band, in meinen Händen. Ich wandte mich jetzt schriftlich an eine Reihe von Personen, die im Band I namentlich vorkommen. Wichtig waren für mich die Zeugen, Dipl. Ing. Heinz Ring, Patentanwalt, und Dr. med. Ingrid Baumeister, Chefärztin, beide Düsseldorf, die ich durch mein Buch in Lebensgefahr brachte. Weitere Schreiben erhielten Ruth Thorbecke, geb. Henkel, Düsseldorf, und Prof. Dr. Dr. h. c. mult. Horst Böhme, Marburg, sowie Prof. Dr. Dr. h. c. mult. Ernst Otto Fischer, München, denen ich zu tiefer Dankbarkeit verpflichtet bin, desweiteren eine Reihe von Professoren der Universität Köln. Lediglich Herr Böhme bat mich, ihm ein Exemplar zu senden und beurteilte den Band I so, wie ich es von diesem großen Mann erwartet hatte – mit einem mehrseitigen Handschreiben.

Kurze Zeit später erhielt ich einen Brief von meinem Bruder, Dr. med. Paul Plichta, Genf, mit dem ich seit 10 Jahren keinen Kontakt mehr hatte. Er hatte von seiner Schwiegermutter erfahren, daß ich ein Buch geschrieben habe, und bat um ein Exemplar. Da unsere Mutter zu Weihnachten immer in Genf weilte, gab ich der alten Dame die beiden Bände mit, und sie legte die Bücher dann unter den Christbaum. So fand sie mein Bruder, und damit hatte sich das frohe Fest jäh in einen Alptraum verwandelt.

Paul und Christa mußten mit dem Corpus delicti nach Düsseldorf eilen und die Angelegenheit dem Henkel-Clan vortragen. Dort gab es dann einen furchtbaren Knall, denn der Persil-König hatte im Jahr 1991 eigentlich geglaubt, endlich die Justiz vom Hals zu haben. Denn am 25. 8. 1991 war sein Steuerstrafverfahren nach zehnjähriger Prozeßverschleppung – in genau der gleichen Weise wie im Contergan-Prozeß – von führenden Düsseldorfer Juristen durch Ablauf der 10-jährigen Verjährungsfrist zur Einstellung gebracht worden. In diesen

10 Jahren 1981 - 1991, die ich für die Primzahlentschlüsselung gebraucht hatte, war Konrad Henkel von Staatsanwalt Helmut Druckmann, Bonn, mit einem Strafbefehl von 3,6 Millionen Mark wegen Steuerhinterziehung belangt worden und somit eigentlich längst ein vorbestrafter Täter.

*

Gegen Konrad Henkel war von der Bonner Staatsanwaltschaft ermittelt worden, weil er den Staat von 1974 bis 1979 mit verdeckten Parteispenden hauptsächlich zugunsten der CDU um über 4 Millionen Mark (1,8 Mio. Steuerhinterziehung) geprellt haben soll. Vorausgegangen war die Flick-Affäre, die ein ungeheures Vorspiel hat.

Der alte Flick, gemeint ist der Industrielle Friedrich Flick, besaß in Düsseldorf eine Holding-Gesellschaft. Nach der Entflechtung der Eisen- und Stahlindustrie ab dem Jahre 1945 gelang es Flick, sein vermeintliches Unglück in ungeheuren finanziellen Wohlstand zu verwandeln. Statt Stahl-Aktien gehörten ihm jetzt Daimler-Benz AG (40 %), Feldmühle AG, Dynamit Nobel AG und andere Firmen.

Das Finanzgenie Flick wußte sehr wohl, daß sein Sohn Friedrich Karl nicht das Zeug geerbt hatte, ein solches Imperium klug zu verwalten und es vor Schaden zu bewahren. Er enterbte seinen einzigen Sohn zugunsten zweier junger Männer der nächsten Generation, die in der Schickimicki-Welt Mick und Muck genannt wurden, was auch nicht gerade zukünftige industrielle Tatmenschen verhieß. Der Schachzug des Alten, begleitet von fähigen Notaren, wäre in jeder anderen Stadt wahrscheinlich glücklich ausgegangen, nicht aber in Düsseldorf. Am dortigen Oberlandesgericht landete nämlich der Erbschaftsstreit, und dort wiederum haben die Flicks und die Henkels das Sagen. Der Alte wird sich im Grab herumgedreht haben, als sein Testament auf den Kopf gestellt wurde: Mick und Muck traten von der Erbschaft zurück, begnügten sich mit einem Batzen Bares, und Dr. Dipl.-Kaufmann F. K. Flick wurde doch alleiniger Erbe.

Aber nun erfüllten sich die Kassandra-Voraussagungen des Alten, daß seinem Sohn Friedrich Karl das Imperium unter den Fingern zerinnen würde. Friedrich Karl Flick hatte einen Generalbevollmächtigten, Eberhard von Brauchitsch (Sohn des Generalfeldmarschalls Walther von Brauchitsch, der bis 1941 Oberbefehlshaber des Heeres unter Adolf Hitler gewesen war). Mit dem fähigen Industriemanager von Brauchitsch hätte Flick in aller Ruhe seinen trinkfesten Neigungen nachgehen können, aber er versuchte, es den Henkels nachzumachen und mischte sich in die Politik ein – ohne die Erfahrung der

Henkels und natürlich ohne deren absolute Verschlagenheit und Machtlust.

Mit der Beschlagnahmung des Notizbuches eines Flick-Konzern-Buchhalters begann in Düsseldorf die Parteispendenaffäre (1981), ein Skandal, der die ganze Republik erschüttern sollte. In dem Büchlein wimmelte es nur so von Namen deutscher Politiker aller drei Parteien. Jetzt mußte die Bonner Staatsanwaltschaft natürlich eigentlich den Großindustriellen Friedrich Karl Flick vor Gericht bringen, aber wie im Falle Contergan wurde nicht der Firmeninhaber angeklagt, sondern die Mitarbeiter. Von Brauchitsch, führende Politiker und Industrielle mußten sich vor Gericht verantworten. Im Gegenzug mußte Flick Düsseldorf verlassen und seine Konzern AG versilbern. Jetzt hatte er zwar genug Geld (rund 5,4 Milliarden), aber die Macht war verloren. Nachdem vor ihm schon der Industrielle Helmut Horten unter merkwürdigen Umständen aus Düsseldorf verschwunden war, hatten die Henkels jetzt endlich das alleinige Sagen. Es sieht so aus, als wenn jemand dem 'F. K. F.' eine Falle gebaut hat.

Bei den Ermittlungen der deutschen Steuerfahndung, die im Gegensatz zu den Staatsanwaltschaften noch nicht vollends korrumpiert ist, war herausgekommen, daß in Dr. Henkels Familiensitz in Düsseldorf-Hösel mit bekannten deutschen Politikern, von denen noch die Rede sein wird, wilde politische Ränke geschmiedet worden waren. Den Henkelanern mußten die ungeheuren Geldmengen, mit denen Flick um sich warf, wie Wahnsinn vorgekommen sein. Also spendete Henkel auch, aber eben nur ein paar Milliönchen, wobei nicht der Geiz, sondern die Raffinesse im Vordergrund stand.

Das Interessanteste an dieser Industrietragödie war, Konrad Henkel nicht vor Gericht zu bringen, sondern ihm einen bombastischen Strafbefehl ins Haus zu schicken. Auf die Weise schützte ihn die Staatsanwaltschaft vor einem unangenehmen Strafverfahren. Der höchste je in Deutschland ausgestellte Strafbefehl war in Wirklichkeit eine juristische Finte. Jetzt hatte der Ehrenbürger sogar noch die Möglichkeit, seine Macht in den drei Düsseldorfer Instanzen spielen zu lassen.

Gegen den Strafbefehl wurde am Amtsgericht (!) Einspruch eingelegt. Die Sache wurde jahrelang verschaukelt, bis dann in der Verhandlung, die klammheimlich stattfand, die zuständige Richterin (Frau Schmidt-Zahl) so forsch gegen den Angeklagten Henkel vorging, daß seine Verteidiger, der Präsident der Rechtsanwaltskammer Düsseldorf und ein Juraprofessor aus München, endlich die Chance erhielten, die Richterin laut lamentierend wegen Befangenheit abzulehnen. Ich war bei dem Spuk dabei und drauf und dran, einen

Lachanfall zu kriegen. Der Richter, der über diese Befangenheit zu urteilen hatte, folgte der Verteidigung, nicht ohne sich selbst gleich mit für befangen zu erklären, weil sein Vater bei Henkel beschäftigt gewesen sei und seine Mutter eine Werkspension bezöge. Die Sache landete schließlich beim Oberlandesgericht und bei einer Wirtschaftskammer des Landgerichts und wurde so lange hin- und hergeschoben, bis im zehnten Jahr ein ärztliches Attest Herrn Henkel nur noch wenige Verhandlungsstunden pro Woche bescheinigte. Damit hatte der letzte Richter natürlich gerechnet, konnte seine Hände in Unschuld waschen und das Verfahren einstellen.

*

In meinem Buch ging es nun um ganz andere Straftaten. Wegen der Contergan-Affäre machte man sich erst einmal keine Sorgen, wohl aber in der Angelegenheit Anstiftung zum Mord, begangen an der ehemaligen Realschullehrerin Helga Plichta, geb. Ring. Die Sache war von mir zu detailliert geschildert, als daß meine Vorwürfe gegen Henkel und die Düsseldorfer Staatsanwaltschaft einfach als bloßer Racheakt abgetan werden konnten.

Verbieten ließ sich das Buch nicht. Henkel wählte eine andere Taktik. Die deutsche Presse würde die Vorwürfe gegen Henkel nicht aufgreifen, dafür wurde gesorgt. Dabei unterlief ihnen jedoch ein Fehler. Neben den Tages- und Wochenzeitungen und der Boulevardpresse, die der Leser am Kiosk bezahlt, oder die ihm im Abonnement zugestellt wird, ist in den letzten Jahren eine Zeitungsform entstanden, die sich nur noch über Werbeanzeigen finanziert.

Im Mai 1992 rief mich der Redakteur eines solchen Anzeigenblattes an, dessen Auflage ungefähr 300000 beträgt. Thomas Pregl war neu beim Düsseldorfer Anzeiger und zuständig für Berichte auf der Titelseite, die er zusammen mit dem Karikaturisten Weiland recht pfiffig gestaltete. Herr Pregl hatte durch Zufall in Düsseldorfs größter Buchhandlung, dem Stern Verlag, den Band I des Primzahlkreuzes in die Hände genommen. (Der Band stand in der Abteilung für esoterische Literatur und nicht bei den wissenschaftlichen Neuerscheinungen.)

„Herr Plichta, wie kommt es, daß dieses Buch nicht längst verboten ist?"

Ich erteilte die nötige Auskunft.

„Erlauben Sie mir, über Ihr Buch zu berichten?"

„Sie müssen neu in Düsseldorf sein. Sie scheinen nicht zu wissen, daß den Henkels die ganze Stadt gehört und NRW noch dazu."

„Das ist mir völlig gleichgültig. Die kriegen es mit mir zu tun."

„Seien Sie um Gottes willen vorsichtig."

Was dann passierte, verblüffte auch mich. Unter der Schlagzeile „Skandalbuch über Prominenz" ging Pregl zur Sache: „Die Skandalgeschichte des Jahres. Ein klarer Fall für die Staatsanwaltschaft. Die Henkel-Familie und ihre Spießgesellen." In der Mitte des Artikels fand sich die köstliche Karikatur eines Chemikers mit Laborkolben, der auf seinem Rücken ein Fadenkreuz trägt und in das ein ominöser Unbekannter mit einem langen Messer sticht. Gewehre und Galgenstricke ragen in das Bild. Untertitel: „Düsseldorfer Giftcocktail - der Stoff, aus dem die Alpträume sind."

Ich machte vor Freude einen Luftsprung, denn an die Anzeigenblätter hatten die Henkels nicht gedacht. Pregl war natürlich zu seinem Chef gegangen und hatte in dieser Angelegenheit um Genehmigung gebeten. Der wiederum hatte bei den Eigentümern des Anzeigenblattes ihre Einwilligung holen müssen. Miteigentümer ist die Rheinische Post, die auflagenstärkste Tageszeitung von Nordrhein-Westfalen. Die Rheinische Post ist ein CDU-Blatt, das über Henkels Machtpolitik seit Jahrzehnten Bescheid weiß, und damit über die Verbindung zwischen Biedenkopf und Henkel (s. auch Kapitel 11).

Biedenkopf war einmal CDU-Generalsekretär und ist damals seinem Freund Helmut Kohl in den Rücken gefallen, als er Franz-Josef Strauß zum Kanzlerkandidaten kürte. Als Strauß dann die Wahl verloren hatte und nach Bayern ins Asyl ging, errang Kohl erneut die Macht in der CDU. Seine erste Amtshandlung war, Biedenkopf zu entlassen. Der floh daraufhin nach Düsseldorf zu seinem guten Freund Konrad und brachte die ganze CDU-Landtagsfraktion durch zwei verlorene Wahlen durcheinander. Henkel hat sich in Düsseldorf und auch in Bonn Feinde geschaffen[1]. Niemand wagt, gegen ihn zu opponieren, aber ihn einmal kräftig ärgern, da warten alle drauf. Sie lassen Pregl in sein Unglück stürzen.

Am darauffolgenden Montag ruft dieser mich an.

„Herr Plichta, mein Telefon ist tot."

„Funktioniert es nicht ?"

„Nein, es müßte explodieren von den Anrufen meiner Kollegen. Stattdessen ruft mich niemand mehr an."

„Ich habe Ihnen doch gesagt, daß Sie neu sind hier in Düssel-

[1] Geistiges Mittelmaß, Menschenverachtung und Hochmut waren die Gründe für das Scheitern des Ehepaars Konrad und Gabriele Henkel. Am Ende ihres machtgierigen Lebens steht eine Ruine: Sie selbst.

dorf, daß die anderen Journalisten nichts über mich bringen dürfen."

„Jetzt will ich es wissen. Kann ich Ihnen eine Fotoreporterin schicken? Ich bringe einen weiteren Artikel über Sie."

In der gleichen Woche erscheint die Fortsetzung: „In der Düsseldorfer Uni-Klinik soll eine Frau vor 15 Jahren einem Mordkomplott zum Opfer gefallen sein. Drahtzieher des Anschlags sei, so steht es jedenfalls in einem 'autobiographischen Buch' des Chemikers Peter Plichta, der Waschmittelmilliardär Konrad Henkel gewesen." Dazu bringt der Anzeiger ein 10 cm großes Foto von mir und den beiden Bänden.

Am nächsten Montag rufe ich Herrn Pregl an. Er arbeitet nicht mehr in der Redaktion, erfahre ich. Ich fahre zur Klosterstraße 81 und spreche mit seinen Kollegen. Pregl hat auf Anweisung von oben die sofortige Kündigung erhalten. Sie haben also dem einzigen mutigen Journalisten von Düsseldorf das Maul gestopft. Die Rheinische Post hat so getan, als wüßte sie von nichts. In der Chefetage reiben sie sich die Hände. Thomas Pregl ist für die doch nur ein blödes Schwein. Hauptsache, man hat dem Persil-König eins ausgewischt.

Ich rufe Herrn Pregl privat an.

„Ich habe Sie gewarnt, und ich kann Ihnen zum augenblicklichen Zeitpunkt nicht helfen. Aber ich verspreche Ihnen, daß der Tag kommt, wo Sie für den journalistischen Mut, den Sie bewiesen haben, Anerkennung finden werden. Ich brauche noch eine Reihe von Jahren. Herzlichen Dank."

*

Michael Felten hatte vom Herbst 1989 bis Herbst 1991 sehr viel mit mir gearbeitet und mußte sich nun unbedingt um seine Promotion kümmern. Somit war ich ab 1992 zum erstenmal seit 12 Jahren ohne mathematische Beschäftigung. Im zweiten Band hatten sich ein paar ärgerliche Fehler eingeschlichen. Einer davon befand sich auf Seite 185 in der Tabelle 6. Wir hatten bei der Faktorisierung der Nenner der Bernoulli-Zahlen bei 2730, 510 und 2730 dreimal vergessen, die Zahl 3 einzutippen. Fast ein bißchen mystisch, und da ich nicht mehr an Zufall glaubte, rief ich Michael an, um seine Meinung zu hören.

„Das ist doch egal. Das passiert in mathematischen Publikationen doch andauernd. Das korrigieren wir in der zweiten Auflage."

Ahnungsvoll fragte ich: „Und fällt Dir nichts dabei auf, dreimal die 3?"

„Was soll denn daran wichtig sein?"

„Naja, dann sind halt alle Nenner der Bernoulli-Zahlen (außer

B_1) in unserer Tabelle durch 2 und durch 3 teilbar, also durch 6."

„Was findest Du an der Teilbarkeit durch 6 so wichtig?"

„Die Frage, ob alle unendlich vielen Nenner durch die Zahl 6 teilbar sind."

„Wahrscheinlich."

„Kann man das auch beweisen ?"

„Ich denke schon."

„Dann haben wir ein neues Problem. Unsere Tabelle ist nämlich ab der 4. Bernoulli-Zahl primzahlzählend für die Primzahlen von der Form 6n ± 1."

„Worauf willst Du hinaus?"

„Bei den ganzen Zahlen größer als 3 liegen alle Primzahlen immer um eine Zahl, die ein Vielfaches der Zahl 6 darstellt. Dieser einfache Zusammenhang scheint eine Umkehrung zu besitzen. Die Nenner der Bernoulli-Zahlen sind bei ihrer Faktorisierung immer durch die Zahl 6, die Kombinatorik vorausgegangener Primzahlen und durch die jeweils nächstgrößere Primzahl teilbar. Nach dem Satz von Staudt gilt, daß sie sich als Summe von reziproken Primzahlen darstellen lassen. Damit sind sie natürlich Partialbrüche und müssen etwas mit dem natürlichen Logarithmus zu tun haben. Dafür spricht auch, daß sie alternieren (das Vorzeichen wechseln). Neben der Welt der ganzen Zahlen gibt es noch eine andere, uns völlig fremde Welt. Das sind nicht einfach die reziproken Zahlen."

„Wie meinst Du das genau?"

„Der Hauptsatz der Zahlentheorie sagt, daß jede ganze Zahl auf eine, und nur auf eine Weise als Produkt von Primzahlen darstellbar oder selbst eine Primzahl ist, wobei der Sechsertakt die Primzahlen ordnet. Bei den Bernoulli-Zahlen scheint sich dieser fundierende Gedanke zu wiederholen, nur gewissermaßen umgedreht. In der Mathematik werden die Bernoulli-Zahlen einfach eingeführt als notwendige, nicht wegdenkbare Brüche, über die man sich am besten keine Gedanken macht, weil die Zähler sehr schnell unvorstellbar groß werden."

„Was meinst Du mit einer anderen, völlig fremden Welt?"

„Nun, die Zahl 20 ist beispielsweise das Produkt aus den Primzahlen 2 · 2 · 5. Wenn ich den Bruch 1/20 faktorisiere, erhalte ich das gleiche Produkt, das diesmal aus Brüchen besteht. Dadurch ist gar nichts Neues gewonnen. Im Reziproken Zahlenraum scheinen nicht die reziproken Zahlen (Brüche), sondern die Faktorisierungsregeln der Nenner der Bernoulli-Zahlen die Umkehrung des Hauptsatzes der Zahlentheorie darzustellen. Auf eine solche, ungeheure Vermutung konnte ich überhaupt nur kommen, weil wir dreimal die 3 vergessen hatten und ich dadurch auf die Frage gestoßen bin, ob alle Bernoulli-Zahlen (außer der ersten) durch 6 teilbar sein müssen[1]."

Mir wird schlagartig klar, daß meine mathematischen Untersuchungen mit dem Band II nicht abgeschlossen sind. Die Beschreibung der Fundamentierung der Mathematik durch die Ordnung der fortlaufenden Primzahlen wird eine Fortsetzung haben.

*

Mir war natürlich auch klar, daß ich dieses Problem und seine weitreichenden Folgen erst einmal auf Eis legen mußte, denn Michael wollte sich auf seine Doktorarbeit konzentrieren. Ich mußte mir unbedingt ein völlig anderes, nicht-mathematisches Arbeitsgebiet aussuchen, um meine Ruhe zu bewahren.

Als Schüler hatte ich Mitte der 50er Jahre die ganze zukünftige Raumfahrt bis zur Landung eines Menschen auf dem Mond vorausgesehen. Eines Tages erhielten wir im Deutschunterricht unsere Aufsätze zurück. In meiner Klassenarbeit hatte allerlei über futuristische Entwicklungen gestanden, es war von Satelliten die Rede, mit denen man um die ganze Welt Fernsehprogramme senden konnte. Unter dem Aufsatz stand mit roter Tinte: „Science Fiction! Mangelhaft". Ich beschwerte mich bei meinem Deutschlehrer, weil just an diesem Tag die Welt von dem Sputnik-Start erschüttert worden war. Der spätere Oberstudiendirektor Hüben schaute mich an wie ein Irrsinniger und lief davon.

Da ich zu diesem Zeitpunkt schon einen Raketendiskus entwickelt hatte (Band I, S. 42 ff.), habe ich die Entwicklung der großen Mehrstufenraketen in den 60er Jahren mit sehr gemischten Gefühlen verfolgt. Im Rausch der Weltraumeuphorie, die damals herrschte, wäre ich mit meiner Scheibe überall ausgelacht worden. Für einen solchen Gedanken lebte ich einfach im falschen Zeitalter.

*

[1] Auch der indische Mathematiker Srinivasa Ramanujan, der die höhere Mathematik in Unkenntnis von ihm nicht zugänglichen Lehrbüchern für sich selbst entwickelte, entdeckte die merkwürdigen alternierenden (Bernoulli-) Zahlen und ihre Teilbarkeit durch 6, ohne allerdings hieraus eine Beziehung zum Sechsertakt der Primzahlen abzuleiten. Vgl. Kanigel, Robert: Der das Unendliche kannte, Braunschweig 1993.

Im Sommer 1971, als das Ende der Mondflüge schon absehbar war, passierte etwas, das mir meine Leidenschaft für die Weltraumfahrt jäh in Erinnerung brachte.

Ich war für den 1. September bei der Firma Henkel eingestellt und hatte einen mir bekannten Düsseldorfer Psychologen, Herrn Dr. Gondolatsch, gebeten, ein großes psychologisches Persönlichkeitsgutachten über mich anzufertigen, weil ich meine Begabung hinsichtlich einer Karriere im Marketing testen wollte. Da mich die chemische Industrieforschung gelangweilt hätte, wollte ich unbedingt ins chemische Marketing. Die Kosten waren unwichtig, denn solche Unternehmungen zahlte Paul grundsätzlich.

Viele Tage verbrachte ich damit, Testbögen auszufüllen, Wissensfragen zu beantworten, Bausteine zusammenzusetzen und alle möglichen psychologischen Tests mit meinem Prüfer durchzugehen. Die Hauptaufgabe aber bestand darin, eine Unmenge von Aufsätzen zu verfassen, die wohl dazu dienten, meine bewußten und unbewußten Neigungen aufzuspüren. Nach dem Abschluß schüttelten der Psychologe und ich uns die Hände. „Ich werde mich in etwa 14 Tagen bei Ihnen melden.“, meinte er. Ich fuhr nach Hause und dachte nicht mehr viel über die Sache nach.

In einer Samstagnacht um 2 Uhr klingelte bei mir im Wohnzimmer das Telefon. Ich fuhr ärgerlich aus dem Bett und stieg die Treppe vom Schlafzimmer hinunter, hob den Hörer ab und sagte unwirsch: „Plichta.“

„Hier Gondolatsch. Herr Plichta, ich habe eine sehr wichtige Nachricht für sie.“

„Und was?“

Derweil rief Helga von oben: „Wer ist denn da?“

„Ich habe Ihre Aufsätze und Testergebnisse ausgewertet. Sie müssen sofort packen.“

„Was soll ich packen?“

„Sie müssen Ihre Frau und Ihr Kind wecken und Ihre Koffer packen.“

„Und wo soll ich dann mit den Koffern hin?“

„Zum Düsseldorfer Flughafen.“

„Und wohin soll ich fliegen?“

„Nach Houston, Texas!“

Der Blitz des Begreifens packte mich. Der Psychologe, vom Typ her eher nüchtern und reserviert, war gar nicht betrunken oder hatte sonst etwas geschluckt, was seine Psyche verwirrt haben konnte. Der mußte beim Lesen meiner Aufsätze etwas gemerkt haben, was ich bisher bewußt immer schön verborgen hatte.

„Haben Sie beim Lesen der Aufsätze etwas über meine Leidenschaft für futuristische Ideen entdeckt, Fragen nach der Rätselhaftigkeit der Welt und der Raumfahrt?"

„Ja, Herr Plichta", und seine Stimme, die wie gehetzt geklungen hatte, begann sich zu beruhigen. „Sie wollen doch in die chemische Industrie zu Henkel ins Marketing. Da dürfen Sie unter keinen Umständen hin. Sie würden dort umkommen."

„Wo gehöre ich Ihrer Meinung nach hin?"

„Sie gehören dahin, wo jetzt die Zukunft geschmiedet wird, in die amerikanische Raumfahrt. Lassen Sie alles stehen und liegen, nehmen Sie nur die wichtigsten Dinge und gehen Sie weg von hier. Jeder Tag, den Sie länger in Düsseldorf verweilen, ist verlorene Zeit."

Mein Herz klopfte heftig vor Rührung. Eine abgrundtiefe Traurigkeit überfiel mich; etwas, das ich mir selbst nie eingestanden hatte, sprach ein psychologischer Könner in dieser Nacht aus. Natürlich gehörte ich nicht in dieses Land. Diese verdammten, bornierten Deutschen hatte ich immer verachtet, so wie dies Goethe auch getan hat, der gar bedauert hat, daß er in Deutsch schreiben mußte, wohl wissend, daß der Faust I und II überhaupt nur in dieser Sprache geschrieben werden konnte.

„Herr Doktor Gondolatsch, weil es sehr spät ist, habe ich den Grund Ihres Anrufes zuerst nicht verstanden, aber ich kann wohl mit Ihnen Klartext reden. Ich weiß auch, daß ich nicht in einen Waschpulverladen gehöre, aber auch nicht in irgendein Universitätsinstitut. Klar würde ich meine Koffer packen und mich bei der NASA bewerben. Aber was glauben Sie, was die von meinen Ideen halten? Wenn die riesigen Saturn-Raketen zu Ende gebaut sind, wird man die nächsten 20 oder 30 Jahre auf ein Raketensystem setzen, dessen Pläne längst fertiggestellt sind. Die Gelder dafür sind schon in den Bewilligungsausschüssen. Soll ich denen sagen, daß sie dabei sind, auf ein System zu setzen, das bei Baubeginn schon veraltet sein wird? Die haben zähneknirschend ertragen, daß eine Handvoll deutscher Raketeningenieure die Mondlandung ermöglicht hat. Die wollen nicht schon wieder einen Deutschen, der alles besser weiß."

„Ja, können Sie dann nicht zur deutschen Raumfahrt gehen?"

„Zu denen noch weniger als zu den Amerikanern. Die Deutschen hassen ihre Erfinder. Außerdem fehlt mir der für Deutschland obligatorische Titel eines Dr. Ing. Ich bin zu vorsichtig, um in diese Falle zu laufen."

„Aber wenn Sie zu Henkel gehen, werden die Jahre vergehen, ohne daß Sie die eigentliche Aufgabe Ihres Lebens auch nur angepackt haben."

„Ich muß irgendeinen Job ausüben. Für mich ist das eine Übergangszeit. Ich bin vor zwei Jahren auf dem Gebiet der Stereochemie auf einen verblüffend neuartigen Gedanken gekommen. Ich weiß noch nicht, wie ich diese Sache anpacken will. Ich hatte eigentlich nicht vor, jemandem davon zu erzählen. Es handelt sich um eine völlig neue geometrische Überlegung, die den absoluten Raum betrifft. Diese Angelegenheit ist für mich auf jeden Fall wichtiger als die Raumfahrt."

„Herr Plichta, davon verstehe ich nichts."

Mir schien, er wertete meinen Themenwechsel als Flucht vor der harten Entscheidung, zu der er mich hatte drängen wollen. Vielleicht hatte er auch plötzlich gemerkt, wie komisch es wirken muß, wenn ein Psychologe nachts die Person seiner Fallstudie anruft und ihn auffordert, mit Frau und Kind zum Flughafen zu eilen.

Damit war das Gespräch beendet. Wir haben nie wieder über den Vorfall geredet.

*

Seit diesem Gespräch waren fast 21 Jahre vergangen. In der Zwischenzeit war 1981 die erste Space Shuttle gestartet. Damals sah es so aus, als ob die europäische Raumfahrt erledigt wäre. Aber dann hatte sich das Shuttle-System in ein technisches Desaster verwandelt. Bei der Konstruktion dieser Raumfähren fehlt nämlich die Möglichkeit, sowohl die Piloten als auch die wissenschaftliche Besatzung während der Startphase aus dem Raumschiff zu sprengen.

Das Transportsystem besteht aus einem riesigen Tank für den Treibstoff flüssigen Wasserstoff. An den Tank ist die Landefähre senkrecht aufgehängt, was jede Leichtbauweise verhindert. Damit diese Konstruktion überhaupt von der Startrampe hochkommt, wird der Tank durch zwei bärenstarke Feststoffraketen mitbeschleunigt. Diese Feststoffraketen erzeugen im Inneren starke Drücke und benötigen deswegen längs des Rumpfes eine Serie von Spanten, ähnlich wie ein Bierfaß. Durch den Riß dieser Konstruktion war es zur Explosion der Challenger gekommen. Daraufhin wurden die Sicherheitsvorkehrungen für jeden Flug so gewaltig verschärft, daß die Kosten eines einzigen Fluges 1,5 Milliarden Dollar erreichen. Die vier Raumfähren benötigen inzwischen 35000 Angestellte für Wartung und Start.

So lange es sich bei den Astronauten um ehemalige stramme Armeepiloten gehandelt hatte, wäre der Verlust einer Shuttle und einer Handvoll Astronauten nichts juristisch Aufregendes gewesen.

Fast täglich stürzt weltweit irgendeine Militärmaschine ab. Aber an Bord des explodierten Raumschiffs waren Zivilisten gewesen, sogar eine Grundschullehrerin. Für den Tod von Zivilisten sind Zivilgerichte zuständig. Der Verlust einer weiteren Shuttle könnte das Flugverbot für weitere Zivilisten bedeuten und damit das Aus für diese Form der Weltraumfahrt.

Für die europäische Raumfahrt hatten sich die explodierten Kosten bei den Amerikanern in einen wahren Segen verwandelt, da aus aller Welt Aufträge zur Satellitenbeförderung eintrafen. Ursprünglich war als Treibstoff Hydrazin geplant gewesen, statt des –250° C kalten kondensierten Wasserstoffs, der einen wahrhaft höllischen Treibstoff darstellt, weil er beim Verdampfen mit Luft Knallgas bildet.

Eine mit flüssigem Wasserstoff betankte Rakete muß innerhalb einer sehr kurzen Zeit starten oder der Treibstoff muß wieder aus der Rakete herausgepumpt werden. Die Startverschiebungen für dieses Rein- und Rauspumpen entfallen beim Hydrazin. Da der Stoff chemisch unangenehme Eigenschaften hat, wich man auf ein Derivat aus, das Dimethylhydrazin (DMH). Mit diesem Flüssigtreibstoff, der mit flüssigen Stickoxiden selbstständig zündet, stand eine sehr sichere Treibstoffkombination zur Verfügung, wenn nicht der flüssige Wasserstoff so überlegene Eigenschaften hätte. Flüssiger Wasserstoff läßt sich, wie die Saturn V-Triebwerke gezeigt haben, in monströs großen Brennkammern verfeuern. Aufgrund seiner spezifischen Leichtigkeit wäre er allen anderen bekannten Treibstoffen überlegen, wenn da nicht seine Gefährlichkeit wäre, die immer wieder von Dummköpfen versucht wird wegzudiskutieren.

Nach langen Kämpfen in der Deutschen Versuchsanstalt für Luft- und Raumfahrt (heute DLR) untereinander oder gegen die französische Raumfahrt setzte sich schließlich ein Transportsystem durch, die Ariane 4, die sowohl DMH als auch Wasserstoff benutzt (in verschiedenen Stufen). Dieses reine Satellitentransportsystem wurde 1996 durch eine Zweistufenrakete erweitert, die Ariane 5. Hierbei ist die erste Stufe überdimensional groß und verfügt – was Kosten spart – nur über eine einzige unterdimensionierte Brennkammer für flüssigen Wasserstoff. Damit die Rakete überhaupt abheben kann, befinden sich wie bei der Space Shuttle links und rechts zwei sehr hohe Feststoffraketen. Die zweite Stufe arbeitet mit einem relativ kleinen Raketenmotor auf der Basis DMH. Man kann diesen Stand der Technik als endgültig ausgereift betrachten.

So besitzen also die Amerikaner eine Weltraumtechnik, die Menschen in den Raum befördern kann (und nebenbei Satelliten aussetzt, um ein wenig Geld reinzuholen), und bei der jeder Start der letzte sein kann. Da die Shuttle nur auf eine Höhe von 250 km kommt, müßte zum weiteren Vordringen in den Weltraum dort oben ein sekundäres Raketenfahrzeug gebaut werden. Damit wäre die Shuttle nur Träger von Nutzlast – und das zu Preisen, die vielleicht fünfmal so teuer sind wie bei herkömmlichen Raketen[1]. Die Europäer dagegen verfügen über eine völlig andere Technik, die nur Satelliten befördern kann.

Dies war, knapp umrissen, der Stand der Technik und meine strategische Ausgangssituation im Frühjahr 1992.

*

Ich verabredete mich mit einem technischen Zeichner, mit dem ich die Konstruktion eines Raketendiskus so lange und ausführlich besprach, daß eine vernünftige technische Skizze dabei herauskommen würde. Der Diskus besaß am Rande 4 über Kreuz stehende Strahlturbinen (welch Parallele zum Primzahlkreuz!), die 2 um den Diskus gelagerte gegenläufige Turbinenschaufelkränze in Rotation versetzen sollten. Damit war diese Scheibe in der Lage zu schweben und könnte mit einem herausklappbaren Raketenmotor seitlich beschleunigt werden. Ab etwa 250 km/h würde das kreisrunde Transportsystem dann mit seiner Unterseite auf der Luft liegen und diese somit das Gewicht dieser eigenartigen Weltraumrakete tragen. Von diesem Moment an könnten die Strahlturbinen abgestellt werden.

Anders als bei herkömmlichen Raketensystemen würde nicht senkrecht beschleunigt, sondern horizontal. Da die Erde eine Kugel ist, kommt es nur darauf an, eine sehr große geradlinige Geschwindigkeit zu erreichen, um auf große Höhe zu kommen. Stufenraketen oder Shuttlesysteme müssen ihr ganzes Gewicht mit Hilfe eines Schubmotors tragen. So hatte zum Beispiel die Saturn V-Rakete beim Abwurf ihrer ersten Stufe in ca. 50 km Höhe erst eine Geschwindigkeit von 6000 km/h, aber dabei schon 75% ihres Treibstoffs (und ihrer Baukosten) verbraucht. Bei dem hier geschilderten Verfahren sollten die 6000 km/h oder noch höhere Geschwindigkeiten innerhalb der Lufthülle der Erde erreicht werden. Auch wenn der Luftdruck in einer Höhe zwischen 20 und 50 km exponentiell sehr schnell abnimmt, würde durch die exponentiell ansteigende Geschwindigkeitsvergrößerung der Auftrieb erhalten bleiben. Wenn es gelänge, diese

---

[1] Rußland wäre durchaus dazu in der Lage, Transportsysteme anzubieten, die die Kosten irgendwie in Grenzen halten, daran ist aber im Westen niemand interessiert.

hohe Geschwindigkeit zu erreichen, und zu diesem Zeitpunkt erst 25% des Treibstoffs verbraucht wären, ließe sich mit den übriggebliebenen 75% Treibstoff mit einem unterhalb des Diskus gelegenen Raketentriebwerk einstufig in den Weltraum gelangen.

*

Ich saß vor der technischen Zeichnung und merkte, daß ich ein entscheidendes aerodynamisches Moment in der Angelegenheit übersehen hatte.

Die rotierenden Schaufelelemente hatte ich nach dem Ausschalten der Antriebsturbinen irgendwie nach oben in den Rumpf hochklappen wollen, da sie sonst im Überschallbereich unlösbare Schwierigkeiten verursachen würden. Aber bei genauer technischer Überlegung zeigte sich, daß ein Verschwindenlassen der Schaufelelemente so nicht zu realisieren war. Langsam kam mir mein Diskus wie eine große Lebenslüge vor, eine Idee, an die man ein Leben lang glaubt und die man doch nie realisiert.

In diesem Moment ertönte die Türklingel. Beim Öffnen der Haustür stand vor mir ein Mann, der sich mit dem Namen Walter Büttner vorstellte und einem Händedruck wie ein Schraubstock. Er habe die beiden Bände „Das Primzahlkreuz“ in einer Düsseldorfer Buchhandlung gesehen und dort erfahren, daß ich hier in Düsseldorf wohne. Ob er wohl die Bücher direkt vom Autor mit Widmung kaufen könne.

„Kommen Sie mit mir rauf.“

Oben nahmen wir Platz und ich fragte: „Was machen Sie beruflich?“

„Ich bin Hydraulikingenieur.“

„Hydraulik, wie merkwürdig?“ dachte ich. „Ich suche doch einen Hydraulikfachmann!“ und fragte ahnungsvoll: „Interessieren Sie sich für Raumfahrt?“

„Aber ja. Ich war früher Starfighter-Pilot und habe in Amerika ein Ingenieurexamen abgelegt. Weltraumfahrt hat mich immer fasziniert.“

Ich legte ihm meine technische Zeichnung vor und sagte: „Was Sie hier sehen, ist das Ergebnis einer sehr langen mathematischen Überlegung und ihrer Kopplung mit einem neuartigen Treibstoff. Ich habe zusammen mit einem anderen Mathematiker etwas über die Verknüpfung der Eulerschen Zahl e mit der Kreiszahl π herausgefunden. Eine herkömmliche Rakete arbeitet nach einer logarithmischen Gleichung, die die Basis e hat; ich aber möchte mit einer zyklischen

Raketenform diese Raketengleichung umgehen."

Wir diskutierten das Verfahren ausführlich. Da kam er von alleine auf das aerodynamische Problem zu sprechen.

„So geht das nicht."

„Das weiß ich auch. Haben Sie eine Lösung?"

„Ja. Man muß den ganzen Diskus ummanteln und diese Mantelelemente hydraulisch ausfahren, damit der Rotorkranz arbeiten kann. Wenn der Diskus dann auf der Lufthülle liegt, werden die hydraulischen Elemente eingezogen und so der ganze Kranz dicht umhüllt."

Ich legte einen Moment den Kopf in die Hände und dachte daran, welche Kette von Zufällen wohl nötig war, damit ein mir fremder Ingenieur just in dem Moment an meiner Haustür klingelt, als ich ziemlich deprimiert vor meiner technischen Zeichnung saß.

„Ich habe vor, eine Patentanmeldung zu formulieren. Haben Sie Lust, dieses Patent mit mir zusammen anzumelden? Ich übernehme die Kosten."

„Gerne, nur Sie haben viel mehr geistige Arbeit in diese wiederverwendbare Fähre gesteckt."

„Was nutzt es denn, beim Patentamt Prüfungsantrag zu stellen für eine fliegende Untertasse, die nur zu 90% technisch einwandfrei ist? Ohne Ihre Ummantelung kommt man mit dem Ding nicht ins Weltall. Ich formuliere den Antrag, und Sie machen die technischen Zeichnungen."

Dann schüttelten wir uns die Hände und umarmten uns.

Ich hatte in den 70er Jahren zwei Patente erteilt bekommen, einmal für die Darstellung der Silanöle und für ein neuartiges, rein chemisches Bohrverfahren, das ohne mechanische Drehelemente arbeitet. Hierbei wird die Silizium-Sauerstoff-Verbindung durch eine Fluorwasserstoff-Flamme gespalten und hartes Gestein wie zum Beispiel Granit in gasförmige Produkte zersetzt (Band I, S. 223 f.). Beide Patente waren erloschen. Wenn es mir jetzt gelingen würde, aus dem Silanöl einen Raketentreibstoff zu machen, und das Bohrverfahren so zu beschreiben, daß deutlich würde, daß man damit elegant und umweltfreundlich ohne Bohrturm oder Bohrinseln nach Öl bohren könnte, ließen sich natürlich daraus neue Patenterteilungen machen. So etwas hätte nur einen Sinn, wenn nach der Patenterteilung innerhalb der gesetzlichen Fristen international angemeldet würde. Das würde jedoch unglaublich teuer. Ein Erfinder, der Geld in seine eigenen Patente steckt, hat schon verloren. Ich müßte jemanden finden, der so etwas finanziert. Selbst dann wäre die Sache nur sinnvoll, wenn das reingesteckte Geld irgendwie wieder zurückfließen würde. Ich hatte das Gefühl, daß ein neuer Lebensabschnitt begonnen hatte.

*

Aber auch die Gegenseite hatte eine neue Aktion gestartet. Die Henkels hatten durch mein Buch ein Problem. Konrad Henkel wurde von mir als Drahtzieher eines Politskandals bezeichnet, der in der Bevölkerung lediglich als Arzneimittelskandal bekannt war. Gleichzeitig wurde er wegen Anstiftung zum Mord belastet und war im strafrechtlichen Sinne selbstverständlich dazu verpflichtet, gegen den infamen Verleumder und Buchautor vorzugehen. Natürlich waren alle Personen, die ich mit dem Mord in Verbindung gebracht hatte, Professor Dr. med. K. Heinrich, Professor Dr. med. K. Kremer und der 'Schlachter' von Düsseldorf, Professor Dr. med. A. Jünemann (jetzt in Freiburg), ebenfalls verpflichtet, mir juristisch den Mund stopfen zu lassen. Der Clou war eben, es war ihnen von Henkel strikt verboten worden. Konrad Henkel wollte nämlich im Sinne einer Selbstanzeige vorsorglich überzeugend darlegen, daß meine strafrechtlichen Vorwürfe erfundene Behauptungen waren, daß ich aus irrationalen Gründen im Wahnsinn einen Rachefeldzug gegen einen Ehrenbürger von Düsseldorf angezettelt hätte.

Unangenehme Probleme mit der Staatsanwaltschaft Düsseldorf haben die Henkels nie gehabt, weil sie dorthin schon immer einen Draht gespannt hatten. Auch der Leitende Oberstaatsanwalt von Düsseldorf, Eberhard Knipfer (pensioniert 1996), der immerhin 400 Mitarbeiter beschäftigte, hat sein einflußreiches Pöstchen durch Konrad Henkel erhalten. Während des Contergan-Prozesses wurde er nämlich auf Veranlassung des Justizministeriums Düsseldorf dem Leitenden Staatsanwalt Dr. Haverts unterstellt. Zusammen mit einem anderen jungen Staatsanwalt erhielt er dann die Riesenchance, hinter dem Rücken seines Chefs den Nebenklägern einen Vergleich anzubieten, bei dem es um sehr viel Geld ging. Die Eltern der geschädigten Kinder hatten sich nämlich in der Hoffnung auf Schadensersatz zusammengeschlossen (vgl. Kapitel 3). Sie wurden betrogen und die Vertreter jener Berufsgruppe, die 'im Namen des Volkes' spricht, wurden belohnt.

Henkel schaltete Lehrstuhlinhaber der Universität Düsseldorf ein und ließ dort den Band I und II untersuchen. Ließe sich dort gutachterlich feststellen, daß meine wissenschaftlichen 'Erkenntnisse' falsch bzw. völlig unsinnig seien, könnte man sich mit der Staatsanwaltschaft so einigen, daß davon abzusehen sei, die strafrechtlichen Anschuldigungen ernst zu nehmen. Da das ganze Buch offenbar unglaubhaft sei, sei es dem Ehrenbürger und den übrigen Beschuldigten auch nicht zuzumuten, juristisch gegen Dr. Plichta vorzugehen, da dies höchstens Reklame für sein Buch bedeuten würde.

Auch zur Universität Düsseldorf hat Konrad Henkel nämlich die allerbesten Beziehungen; dorthin hatte er viel Geld gepumpt. Ursprünglich besaß Düsseldorf nur eine medizinische Akademie, in der man ab dem Physikum studieren durfte. Um dort vor den klinischen Semestern studieren zu können, brauchte man auch naturwissenschaftliche Lehrstühle. Diese wurden größtenteils von Henkel eingerichtet und auch die Gebäude finanziert. Die eigentlichen Universitätsgebäude, in die die Institute dann später umzogen, wurden erst sehr viel später gebaut. Konrad Henkel erhielt sofort die Ehrendoktorwürde und ist heute noch Kuratoriumsmitglied. Auch die Gerda-Henkel-Stiftung (die Mutter von K. Henkel und R. Thorbecke) hatte von Anfang an den richtigen Einfluß auf eine Universität, die eigentlich dem Land Nordrhein-Westfalen gehören sollte.

Normalerweise hätte sich kein Professor der Universität Düsseldorf dazu herabgelassen, sich mit meinen Überlegungen zur Primzahlentschlüsselung gedanklich auch nur zu befassen. Dazu haben solche Herrschaften gar nicht das Format. Jetzt aber passierte etwas Unglaubliches. Das, was sie niemals begreifen würden, mußten sie plötzlich beurteilen. Selbst wenn es wahr wäre, mußte es falsch sein.

*

Die Rechtsanwälte der Firma Henkel, die Juristen der Staatsanwaltschaft und Generalstaatsanwaltschaft Düsseldorf, das Polizeipräsidium und das LKA, die höchsten Beamten verschiedener Ministerien von Nordrhein-Westfalen sind in eine Falle von homerischem Ausmaß gelaufen.

Es geht um meine Kenntnisse über den Contergan-Skandal. Dieser wurde im Band I nur so vorsichtig behandelt, daß man bei Henkel davon ausging, daß die Angelegenheit in einem dritten Band nicht noch einmal aufgerollt würde, zumal im Band II überhaupt keine strafrechtlichen Anschuldigungen gemacht wurden. Wenn jetzt der Inhalt des folgenden Kapitels wieder irgendwie totgeschwiegen wird, würde das bedeuten, daß die Bundesrepublik aufgelöst werden müßte, weil ihre Verfassung vorschreibt, daß gegen mutmaßliche Straftäter, und seien sie noch so hochrangig, ermittelt werden muß.

1998 wird Dr. Henkel 83 Jahre alt. Da er eine Reihe von Bypässen implantiert bekommen hat, ging ich 1992 davon aus, daß dieser Täter wenige Jahre später möglicherweise nicht mehr unter den Lebenden weilen würde. Selbst wenn jemand unter dem Sauerstoffzelt liegt, muß die Strafjustiz ermitteln, nur durch Tod entgeht man einer Strafverfolgung.

Umgekehrt gilt aber für den milliardenschweren Chemiker, daß er seinen Erzfeind nur dann endgültig los ist, wenn er diesen umbringen läßt. Ein Toter kann nämlich keine eidesstattlichen Erklärungen abgeben. Er hat diese in letzter Konsequenz notwendige Maßnahme nicht ergriffen, weil er mich unterschätzt und gezögert hat, vielleicht auch, weil er den Zwillingsbruder Paul Plichta ebenfalls hätte umbringen lassen müssen. Die Schergen, die ihn bei all seinen Untaten begleitet haben, hätten jedoch auch einen Zwillingsmord gedeckt. Die Presse hätte die Doppeltat auf Anweisung von oben kaum zur Kenntnis genommen.

Der Zwillingsbruder Paul ist, ohne daß er es selber will, zur größten Gefahr seines Onkels Konrad geworden. Er wird nämlich eidesstattliche Aussagen machen müssen, um selbst den Kopf aus der Schlinge zu ziehen. Er muß wählen zwischen Mitwisserschaft oder Kronzeugenregelung. Das weiß Dr. Henkel natürlich, und deswegen hätte er auf Nummer Sicher gehen müssen. Wenn aber den Plichta-Zwillingen etwas passiert, weiß nicht nur Konrads Schwester endgültig, wer ihr Bruder wirklich ist.

Auf dem Kaiser-Friedrich-Ring in Düsseldorf-Oberkassel, einer schönen Allee am Rhein, wohnt im Haus Nr. 38 Frau Ruth Thorbekke. Im Haus Nr. 70 hat mein ehemaliger Schwager Heinz Ring seine große Patentanwaltsozietät. Im Nachbarhaus wurde am 1. 4. 1991 der Treuhandanstalt-Chef D. C. Rohwedder durch die Wohnzimmerscheibe aus einem (möglicherweise) gegenüberliegenden Schrebergartenhaus von einem Gewehrschützen mit Zielfernrohr erschossen. Der Mord war in meinen Augen eine Profi-Auftragsarbeit. Es gab keine Spuren, genau wie damals (Band I, S. 309 f.), als in dem Haus Nr. 38 ein Henkel-Teppich gestohlen wurde.

Nicht nur die Ehefrau, promovierte Richterin am Düsseldorfer Landgericht, die ich als Kundin in meiner Apotheke kannte, wurde durch den lautlosen Schuß brutal mit der „Düsseldorfer Realität" konfrontiert, sondern auch der benachbarte Patentanwalt. Dieser war bereits in der Sterbestunde seiner Schwester damit bedroht worden, daß man seine beiden kleinen Töchter erschießen werde, wenn er nicht schweigen würde wie ein Grab (Band I, S. 269 f. u. 383). Mit Erscheinen des ersten Bandes wurde Heinz Ring wieder an diese Dinge erinnert. Der Band III wird auch ihn endgültig vor die Entscheidung stellen: Mitwisser oder Kronzeuge.

Für die Bundesanwaltschaft bedeutet der Band III die Beschäftigung mit der Frage, ob die Düsseldorfer Behörden überhaupt noch in der Lage sind, ihre Aufgaben in Stadt und Land zu erfüllen, oder ob nicht wie beim Zusammenbruch der DDR das ganze System ausgetauscht werden muß.

Kapitel 3

Maß und Anmaß

Am Anfang eines Chemieunfalls steht immer eine Formel und die Unfähigkeit, die potentielle Gefahr einer chemischen Verbindung richtig einzuschätzen. So erzeugte zum Beispiel ein gelber Farbstoff (Buttergelb, ein Azofarbstoff), der bis zum Verbot 1936 der farblosen Winterbutter beigemischt wurde, Krebs und damit unvorstellbares Leid. Auch das erste synthetische weibliche Hormon Diaethylstilboestrol, vor allem in Amerika unverantwortlich oft verordnet, erzeugte Krebs (Cervix und Vagina) und zwar nicht nur bei den Anwenderinnen, sondern auch bei deren Töchtern! Über solche Horrorgeschichten und ihre Vertuschungen ließe sich ein dickes Werk schreiben, eine Arbeit, die mich wahrlich nicht reizt.

Hier soll vielmehr der Versuch unternommen werden, den Historikern für zeitgenössische Geschichte sowie der geistigen Elite dieses Landes und last not least dem Mann auf der Straße klarzumachen, daß die deutsche Nachkriegsgeschichte in der Hauptsache von Drahtziehern aus der Kaste der Superreichen dirigiert wurde. Daß ich nur das Wirken aus dem Verborgenen eines einzigen dieser Milliardäre schildern kann, darf mir nicht zum Vorwurf gemacht werden. Ich konnte die sorgsam verwischten Spuren eines Dr. Henkel überhaupt nur untersuchen, weil ich durch Einheirat meines Zwillingsbruders in den Henkel-Clan die Möglichkeit dazu hatte. Zu anderen mächtigen Clans in Deutschland hatte ich nie Kontakt. Es wäre allerdings närrisch zu behaupten, anderen mächtigen Kreisen seien klammheimliche Aktivitäten wie die der Henkels fremd.

Wenn Konrad Henkel seine Machtgier öffentlich demonstriert hätte, könnte ihm das nicht angelastet werden. Aber schließlich verkauft er Persil, das von Jahr zu Jahr reiner wäscht, und somit wären offene politische Aktivitäten schlecht fürs Geschäft. Die Geschichte lehrt, daß alle heimlich betriebenen machtpolitischen Aktivitäten auf Feigheit basieren und immer im feigen Mordenlassen enden.

Diese Untersuchung wird sich mit der Frage nach dem cui bono[1]

---

[1] lat.: Wem nutzt es? In der römischen Antike wurde diese Frage immer, aus einem klugen Volksempfinden heraus, (mehr oder weniger offen) diskutiert, ob es nun um wirtschaftliches, politisches, kriegerisches oder sonstiges Geschehen ging. Bei den Kommentaren unserer Presse und anderer Medien hat man das Gefühl, daß die Ereignisse nur noch wichtigtuerisch beschwätzt werden. Daß sich auf die-

für die Beteiligten beschäftigen. Aber auch für mich gilt dies. Welchen Nutzen habe ich davon, einen über 35 Jahre alten Arzneimittelskandal so zu sezieren, daß sich die Konturen der Hauptübeltäter abzeichnen? Fest steht, daß ich in meinem Leben etwas Verborgenes über die substanzielle Welt herausfinden wollte. Begleitet wurde die Entschlüsselung des Primzahlzwillingcodes von den persönlichen Erlebnissen der Zwillinge Peter und Paul. Ohne diese Geburtenkonstellation wären mir die sterischen Contergan-Zwillingsformeln so wie anderen Wissenschaftlern überhaupt nicht aufgefallen. Die Suche nach einer ewigen Information, die tief verborgen existiert, wurde parallel begleitet durch das Aufdecken einer Handlung, die tief geheim abgelaufen ist.

Die zweifache Welt, die hier angedeutet wird, kennen wir alle auf einer anderen Ebene. Wir Menschen nehmen tagsüber Eindrücke und Empfindungen wahr, handeln, oder werden einfach in Handlungsabläufe verwickelt, was wir dann häufig nachts im Traum noch einmal wie in einem surrealistischen Film wiedererleben, in dem zum Beispiel ein Objekt zum Symbol für eine Person wird. Im Traum verschmilzt Vergangenes, Gegenwärtiges, gar Zukünftiges zu einem oft überaus farbigen Szenario. Zeitlich umgekehrt erleben wir dafür in der Wirklichkeit oft Déjà-vu-Erlebnisse oder haben ahnungsvolles Empfinden für zukünftige Ereignisse. Wir besitzen im Schlaf Zauberkräfte, empfinden Glück oder Leid und haben bei völligem Ich-Bewußtsein oft nicht mehr die Fähigkeit, zwischen Traum und Wirklichkeit zu unterscheiden.

*

In den Jahren 1958 - 1961 hatte die Firma Grünenthal, eine Tochtergesellschaft der Dalli-Waschmittelwerke, das in allen Apotheken frei verkäufliche Schlafmittel Contergan in den Handel gebracht. Der Wirkstoff Thalidomid, ein Piperidindion-Derivat, war zum Patent angemeldet und von den Gesundheitsbehörden wegen seiner ungewöhnlich niedrigen Toxizität freigegeben worden. Mit einfachen Worten: Man konnte sich mit diesem Schlafmittel kaum umbringen.

Nachdem etwa 10000 Kinder (in Deutschland ungefähr 4000) mit Mißbildungen oder völligem Fehlen von Gliedmaßen oder gar

---

ser Welt nichts tut, wenn es nicht irgendjemandem nützt, und wenn er nur die Hand aufhält, ist großen Bevölkerungskreisen aus dem Bewußtsein verschwunden. Cui bono?

Organen geboren worden waren (die zahllosen Aborte und Totgeburten fehlen in der offiziellen Statistik), wurde das Schlafmittel weltweit aus dem Handel gezogen, weil seine teratogene Wirkung nicht länger verheimlicht werden konnte. Am 27. 11. 1961 wurde den hartnäckigen Verzögerungen der Firma Grünenthal ein Ende bereitet und einen Monat später ein staatsanwaltschaftliches Ermittlungsverfahren eröffnet. Die Hauptverhandlung begann allerdings erst am 18. 1. 1968, also über 6 Jahre später. Im folgenden ist wichtig, die Verjährungsfrist von 10 Jahren im Auge zu behalten.

In Abbildung 27 kann auch der Leser ohne Kenntnisse der organischen Chemie erkennen, daß es sich bei der Substanz Thalidomid eigentlich um 2 verschiedene Stoffe handelt. Sie sind links- und rechtsgebaut wie unsere beiden Arme oder Beine, wobei makabererweise eine der beiden Spiegelformen in die Bildung unserer spiegelbildlichen Extremitäten eingreift.

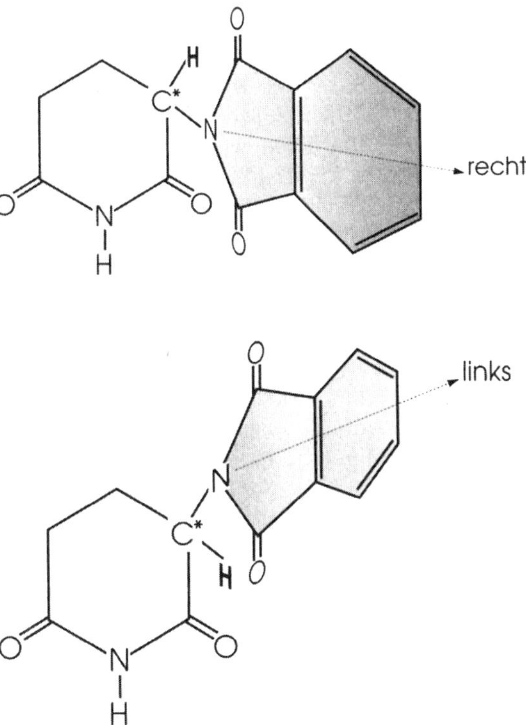

Abbildung 27

Genau dieser Aspekt wurde aber ab 1961 von den strafermittelnden Behörden, ihren Juristen, vielen forensischen Medizinern und Chemikern und erst recht nicht von der Presse als ursächlich für die Mißbildungen angesehen, weil ihnen der stereochemische Effekt fremd war. Daran hat sich bis heute nichts geändert.

*

Am 20. Februar 1956 hatte sich in Düsseldorf eine politische Sensation ereignet. Ein Mißtrauensvotum gegen den amtierenden Ministerpräsidenten Karl Arnold (CDU) hatte zur Folge, daß 102 Abgeordnete Fritz Steinhoff (SPD) zum neuen Ministerpräsidenten wählten, also mit den Stimmen der SPD, der FDP und sogar 2 Stimmen von CDU und Zentrum. Der verborgene Hintermann, der diesen Coup gelandet hatte, hatte es gründlich gemacht.

Vorausgegangen war, daß der junge Berufspolitiker Walter Scheel, Jahrgang 1919, gelernter Bankkaufmann ohne jede Bankkarriere und seit 1953 MdB, in Düsseldorf Finanzminister wurde. In der Düsseldorfer Wohnung dieses Mannes war dann die Konspiration, der 56er Koalitionswechsel, zusammen mit Wolfgang Döring, Willy Weyer und Siegfried Zoglmann geplant worden.

1958 übernahm in NRW aufgrund ihrer absoluten Mehrheit dann wieder die CDU das Ruder. 1962 kam es zur erneuten Koalitionsbildung mit der FDP. In diese Zeit fällt der prächtige Absatz des Arzneimittels Contergan, das auch in anderen Ländern sehr schnell zugelassen wurde.

Mit Beginn der staatsanwaltschaftlichen Ermittlungen schäumte die Presse über vor Enthüllungen im Hause „Chemie Grünenthal GmbH". Da gegen keine geschäftsführenden Gesellschafter Anklage erhoben wurde, sondern nur gegen Mitarbeiter der Arzneimittelfirma, wurde mir zum damaligen Zeitpunkt klar, daß hier Justiz, Politik und Wirtschaft tief miteinander verstrickt waren. Der Strafverteidiger des Hauses Grünenthal hieß Josef Neuberger aus der Anwaltsozietät Dr. Dr. Neuberger und Dr. Pick. Da ich häufig in der Privatwohnung Neubergers mit diesem die Prozeßakten meines Vaters bearbeitet hatte, wußte ich bereits 1963, daß Neuberger Justizminister von NRW werden würde. Der Strafverteidiger Dr. Dr. Neuberger hielt als designierter Minister die Grabrede meines Vaters (Band I, S. 89 f.). Daß dieses groteske Vorhaben, einen Strafverteidiger in einem politisch relevanten Prozeß zum Justizminister zu machen, niemanden gestört hat, ist mir damals gar nicht richtig bewußt geworden.

Sogar in den Düsseldorfer Zeitungen stand, daß SPD und FDP

dies schon beschlossen hätten, dabei bildeten sie noch nicht die Regierung, und bis zur nächsten Wahl waren es noch 3 Jahre! Fast wäre aus dem früh gefaßten Plan nichts geworden, denn in Düsseldorf koalierte die FDP im Sommer 1966 erneut mit der siegreichen CDU.

Doch am 27. 10. 1966 platzte eine politische Bombe: Die vier FDP-Politiker E. Mende, E. Bucher, R. Dahlgrün und W. Scheel traten geschlossen von ihren Ministerposten in der Bonner CDU-FDP-Koalitionsregierung zurück. Anführer des dreisten Kabinettstücks war, wie 10 Jahre zuvor, Walter Scheel.

Wir wollen seinen Biographen Arnulf Baring zitieren[1]:

> (...) Wenn es schwierig wurde, war er es, der Vermittlungsvorschläge machte, die improvisiert schienen, aber vorher mit allen Seiten abgesprochen waren – leise, unter oder hinter der Hand. (...) Beim Sturz des Bundeskanzlers Ludwig Erhard 1966 war Scheel es, er ganz allein, der die Regierungskrise auslöste, der alle und alles ins Rutschen, die Verhältnisse in Bewegung brachte. Plötzlich schob er nämlich alle taktischen Raffinessen und listigen Winkelzüge beiseite und erklärte schlicht: „Er drohe nie mit Rücktritt. Er trete zurück. Und zwar hiermit auf der Stelle!"

Dies hat in Bonn am 1. 12. 1966 zur „Großen Koalition" von CDU und SPD geführt. Walter Scheel und seine drei Ministerkollegen verloren auf diese Weise 'freiwillig' ihre Ministerposten und damit nicht nur Amt und Würden, sondern auch viel Gehalt.

Auch in NRW wurde wenig später, am 8. 12. 1966, der damalige Ministerpräsident Franz Meyers (gegen den Wählerwillen!) durch ein konstruktives Mißtrauensvotum gestürzt.

Stratege dieses Landtagskoalitionsbruches, infolgedessen Neuberger zum NRW-Justizminister gemacht werden konnte, war wiederum Walter Scheel. Dieser war 1953 aus sehr bescheidenen Verhältnissen in Solingen direkt nach Düsseldorf-Benrath, einem Villenvorort, gezogen, weil er 1952 Landesschatzmeister der FDP geworden war. Das hatte ihm Kontakt zu Industriellen verschafft (Arnulf Baring). Er war seit 1961 unter Adenauer Bundesminister für wirtschaftliche Zusammenarbeit und hatte diese Position auch im Kabinett Ludwig Erhards behalten.

---

[1] Heiterkeit und Härte: Walter Scheel in seinen Reden u. im Urteil von Zeitgenossen; Festschr. Zum 65. Geburtstag / hrsg. von Hans-Dietrich Genscher, Stuttgart, 1984.

Neben Bundesminister a. D. Scheel hatten auch die übrigen drei Minister a. D., u. a. über den MdB Siegfried Zoglmann (Scheel und Zoglmann kannte ich persönlich), die allerbesten Beziehungen nach Düsseldorf. Alle vier Herren gleichzeitig haben mit Sicherheit nicht aus politischer Verantwortung – es ging um läppische Steuererhöhungen – heraus ihre Pfründe abgegeben, um auf der Oppositionsbank von ihren Abgeordnetengeldern zu leben. Die Zeit bis zu den Neuwahlen wurde großzügig von Henkel aus Düsseldorf-Holthausen (in Nachbarschaft zu Düsseldorf-Benrath) finanziert.

Dadurch, daß die SPD Regierungsverantwortung erhielt, bekam der ehemalige Oppositionsführer Willy Brandt eine neue politische Chance. Er hatte nämlich nach 2 verlorenen Wahlen (1961 und 1965) längst „unwiderruflich" seinen Verzicht auf eine weitere Kanzlerkandidatur erklären müssen.

Jetzt waren zwei wichtige Bedingungen für den weiteren Verlauf des Contergan-Prozesses erfüllt. Der Strafverteidiger der Grünenthals war jetzt Justizminister von NRW, und in Bonn hatte der Vorsitzende der SPD, Willy Brandt, endlich die Chance, sich als Außenminister politisch zu profilieren. Nur auf diesem Weg konnte der Berufssozialdemokrat bei seinem dritten Anlauf als Kanzlerkandidat 1969 die richtigen Voraussetzungen für das Image als Volkstribun erlangen. Die Geschichte klappte, und auch Walter Scheels unaufhaltsamer Aufstieg verlief präzise weiter. 3 Koalitionsbrüche gehen auf sein Konto. Seit 1968 schon FDP-Vorsitzender und ehemaliger Vizepräsident des deutschen Bundestages, gelang ihm nun der Sprung ins Außenministerium. Es blieb nicht aus, daß seine spätere zweite Frau Dr. med. Mildred Scheel, geb. Wirtz, die Gunst von Gabriele Henkel errang.

*

Die Sozialdemokratische Partei Deutschlands hatte das große Ziel der Nachkriegszeit erreicht, endlich waren sie politisch wirklich gesellschaftsfähig geworden, denn sie stellten zum ersten Mal den Bundeskanzler. Auf den Kanzler aber kam es an für den großen Drahtzieher in Düsseldorf. Der nordrhein-westfälische Justizminister konnte den Fall zwar von oben verschleppen, bis er verjährt war, aber diese Lösung hätte die deutsche Bevölkerung dann doch durchschaut. Genügend mutige Stimmen in der Presse hatten nämlich deutlich darauf hingewiesen, daß die deutsche chemische Industrie noch nie im Falle eines Chemieunfalls juristisch unterlegen war. Kurzum, es gab keinen Präzedenzfall. Wenn auch diesmal wieder alle ungestraft davonkämen, würde es Ärger geben, das war den CDU-Politikern in Düsseldorf und in Bonn von Anfang an klar gewesen. Deswegen hatte Konrad Henkel SPD-Politiker vorgezogen, die die Sehnsucht nach politischer Führung blind machte.

Eine Verfahrenseinstellung mit einer für damalige Verhältnisse großzügigen Entschädigung war nicht durchführbar, weil dies Rechtsbeugung gewesen wäre. Wenn aber von ganz oben her die Gesetze geändert würden, und das ging nur mit Hilfe des Kanzlers und des Koalitionspartners Walter Scheel, dann hätte die deutsche chemische Industrie den Fall, den sie nicht gewinnen konnten, dennoch zu ihren Gunsten entschieden. Verlierer wären somit die Opfer.

Bis es 1971 unter Willy Brandt soweit war, mußte aber erst der Strafprozeß in seiner ganzen Verlogenheit und Scheinheiligkeit zu Ende geführt werden. Ein Film von Gero Gemballa (siehe Nachtrag), der 20 Jahre nach Contergan gedreht wurde, beschreibt das Leben eines der Opfer, des Jurastudenten Andreas Meyer, der ohne Arme und Beine von der Sozialhilfe lebt. In dieser Fernsehdokumentation kam der Staatsanwalt Dr. Haverts, der damals die Anklage vertrat, zur Sache. Auf die Frage, wie es denn möglich war, daß dieser Prozeß über 10 Jahre verschleppt werden konnte, reagierte er in deftigem Dialekt und in ehrlichem Zorn zurückblickend (frei zitiert):

> „Was soll ich Ihnen sagen, was ich damals erlebt habe. Die Gegenseite hatte 40 Rechtsanwälte aufgeboten, die jeden Tag von neuem Beweisanträge stellten. Ich war der einzige Staatsanwalt und bin in den Akten fast erstickt. Und eines Tages war der Anführer von denen, der Neuberger, plötzlich von heute auf morgen Justizminister und damit mein oberster Dienstherr. Danach wurde das alles noch schlimmer. Erst im letzten Jahr haben die mir 2 junge Staatsanwälte als Gehilfen zur Verfügung gestellt, und die haben mich hinter meinem Rücken betrogen. Die haben nämlich den Nebenklägern eingeheizt, daß es nach Ablauf der 10-jährigen Frist nichts mehr von Grünenthal zu holen gibt. Dadurch, daß die Nebenkläger zu einem Vergleich gedrängt worden sind, haben sie auf alle ihre Rechte verzichtet. Ohne Urteil gibt es keine Rechtsmittel. Ich habe sie gewarnt, aber niemand hat auf mich gehört. Für die beiden jungen Staatsanwälte jedenfalls hat sich die Sache gelohnt, der eine ist jetzt ganz oben beim BGH, und der andere ist Leitender Oberstaatsanwalt von Düsseldorf.“

Dr. Haverts hat genau den juristischen Punkt getroffen: Ohne Urteil keine Rechtsmittel. Das Verfahren war auf Antrag der Verteidigung mit Zustimmung der Staatsanwaltschaft und den Nebenklägervertretern kurz vor Ablauf der Verjährungsfrist durch einen unanfechtbaren Gerichtsbeschluß **wegen Geringfügigkeit** eingestellt worden. Der Mann im Hintergrund, der Waschmittelproduzent Konrad Henkel, hatte das Unmögliche geschafft: Es gab keine Schuldigen und damit keinen Präzendenzfall.

Grünenthal hatte in den 10 Jahren die Möglichkeit, 100 Millionen DM Rückstellungen zu bilden und damit keine Steuern zu bezahlen. Die Berufspolitiker Brandt und Scheel packten noch 150 Millionchen aus dem Steuertopf obendrauf und demonstrierten so ihr Mitleid für die Opfer.

Durch Gesetz vom 17. 12. 1971 wurde die Stiftung „Hilfswerk für behinderte Kinder“ geschaffen und die Geschädigten erhielten statt ihrer Ansprüche an die Herstellerfirma Grünenthal Ansprüche gegen die Stiftung (§§ 13, 23). Um diesen juristischen Bluff, eine der gemeinsten Taten deutscher Politik, perfekt zu machen, wurde anschließend dieses Gesetz noch auf Verfassungsmäßigkeit beim Bundesverfassungsgericht überprüft.

Eine Prozeßlawine der getäuschten Eltern und Organisationen lief fast unbemerkt von der Öffentlichkeit durch die Instanzen. Übrig blieben waggonweise Gerichtsakten, ungeheure Kosten und Leid. Wer nämlich glaubt, die Geschädigten hätten Schadenersatz erhalten, irrt. Außer einer Rente (maximal 850 Mark monatlich) hat es nichts gegeben.

*

Konrad Henkel und seine Verbündeten aus der deutschen Wirtschaft, höchste Beamte der Strafverfolgungsbehörden, die Spitzen der deutschen Justizbehörden, Landes- und Bundesminister, die bis heute glauben, diesen Fall für immer im See versenkt zu haben, haben etwas nicht bedacht. Wenn nämlich auf einen Strafprozeß mit betrügerischen Mitteln von verborgenen Tätern Einfluß genommen worden ist, wird der ganze Prozeß bei Aufdeckung des Betruges ungültig. Der Contergan-Prozeß war von Anfang an ein Gerichtsbetrug und muß deswegen vollkommen neu aufgerollt werden. Diesmal allerdings muß nicht gegen das Haus Grünenthal vorgegangen werden – für die ist die Sache sowieso verjährt –, sondern gegen den Familienkonzern Henkel und seine Spießgesellen aus Wirtschaft, Verwaltung und Politik.

Skeptiker mögen hier einwenden, daß die Spitzen der deutschen Gesellschaft aus Politik und Wirtschaft niemals zulassen werden, daß gegen sie ermittelt wird. Es ist deswegen wichtig, an andere Politskandale zu erinnern, wie an den Prozeß um das Diamanthalsband von 2800 Karat, das Marie-Antoinette für 1,6 Millionen Livres angeboten worden war, und dessen Ankauf sie abgelehnt hatte. Selbst Unschuld schützt nicht vor dem Skandal und dem Fallmesser der Guillotine, wenn das wütende Volk erst einmal eine Vertuschung wittert. Der Fall wurde zur 'cause célèbre' des Jahrhunderts in Frankreich und erschütterte das Land, so wie 100 Jahre später die Affäre um den französischen Hauptmann A. Dreyfus. Das mutige J'accuse („Ich klage an") von Emile Zola und seinem Verleger Georges Clemenceau für den zu Unrecht Verurteilten führte zur totalen Staatskrise.

Man sollte auch bedenken, daß zur Zeit der mehrfache Ministerpräsident Italiens, G. Andreotti, wegen Beteiligung an der Ermordung des Staatspräsidenten Aldo Mori durch die Mafia vor Gericht steht, weil in der italienischen Justiz eine neue Kraft gewachsen ist. Mit Blick darauf erscheint eine Abrechnung mit jenen in Deutschland, die sich anmaßten, Politik heimlich zu betreiben, nicht ausgeschlossen.

Die Schurken aller Zeiten haben ihre Sicherheit immer aus der 'scheinbaren Unmöglichkeit' der Aufdeckung bezogen, und aus Mangel an Intellekt und in ihrer Uneinsichtigkeit verkannt, daß sich stets das Unvermeidliche durchsetzt.

*

Während sich der Kanzler Ludwig Erhard noch verzweifelt an die deutsche Nation gewandt hatte, Maß zu halten, begann mit der Brandt-Scheel-Ära eine Inflation, finanzpolitisch wie kulturell. Der Begriff Maß wurde zum Objekt, dem maßlosen Bierseidel. Universitäten wurden aus der Erde gestampft und Lehrstühle wie am Fließband eingerichtet. Beförderungen vom Regierungsrat bis hinauf zum Ministerialrat wurden mit dem richtigen Parteibuch so einfach wie Bockspringen.

Walter Scheels Karriere gipfelte 1974 mit der Wahl zum Bundespräsidenten[1]. Jetzt hatte Konrad Henkel endlich die richtigen Be-

[1] Inzwischen will erneut ein Politiker das Präsidentenamt als Belohnung für seine Dienste. Es handelt sich um den Ministerpräsidenten a. D. Johannes Rau, der – wie viele andere – wegen Mitwisserschaft vor ein Gericht gehört. Die jüdische Gemeinde Düsseldorf verlieh ihm als Erstem die Josef-Neuberger-Medaille.

sucher in seinem Golfclub, wo die Brüder Paul und Peter 1965 die Einheirat in den Henkel-Clan gefeiert hatten.

An diesem Hochzeitstag verlor ich meine Naivität und den Glauben an das Edle jeder Wissenschaft, so lange sie durch Menschen mißbraucht wird. Ich hatte damals jene Vision (Band I, S. 108 ff.), daß ich später eine neue Chemie entwickeln würde, ohne daß ich damals in der Lage gewesen wäre, den Begriff 'neu' näher zu definieren. Eigentümlich für mich war, wie mir zunehmend chemische Formeln, wie sie mir seit meiner Kindheit vertraut waren, als immer vordergründiger erschienen. Immer tiefer spürte ich ahnungsvoll hinter den Formeln das Maß aller Dinge, die Zahlen – das pythagoräische Erbe.

*

Chemiker benutzen chemische Formeln wie eine Arbeitssprache, so daß ein Stoff wie Essigsäure die Formel CH_3COOH besitzt. Das besondere an dieser Formel sind die 2 C-Atome (Kohlenstoff), die sich chemisch binden. Dies klingt für einen Chemiker trivial, so lange die konzentrierte Essigsäure für ihn ein Stoff ist, den man irgendwie in einer Flasche aufbewahrt und möglichst nicht daran riecht. In der Natur des Lebens ist aber die Essigsäure kein Stoff in irgendeiner Flasche, sie riecht auch nicht, sondern dient dazu, daß die beiden gebundenen Kohlenstoffatome in 2 einzelne C-Atome gespalten werden und innerhalb eines lebenswichtigen zyklischen Prozesses ein chemischer Energiespeicher produziert wird. Aus 2 mach 1, das könnte ein Chemiker auch, wenn er die Essigsäure in reinem Sauerstoff verbrennt, nur läßt sich so kein Lebensprozeß steuern. Beide Vorgänge lassen sich nicht miteinander vergleichen.

Die Grundlage der Natur dieses Planeten sind zyklische Abläufe, auch Kreisprozesse genannt. Noch am einfachsten ist der Wasserkreislauf. Wasser verdampft durch Sonneneinstrahlung an der Meeresoberfläche, durch die Rotation der Erde um ihre Achse werden die gebildeten Wolken mit Hilfe von Luftströmungen immer wieder über das Festland getrieben und regnen dort ab.

Dieser erste Kreislauf erlaubt einen weiteren Kreislauf höherer Ordnung, den zwischen Pflanzen und Tieren. Hierbei wird ständig Kohlendioxid und Wasser mit Hilfe von Sonnenlicht in den Zellen der Blätter in Kohlenhydrate (Zucker) umgesetzt. Umgekehrt werden dann von den Tieren (und den Menschen) die Zucker und die daraus gebauten Fette und Eiweiße wieder in Wasser und Kohlendioxid gespalten. Der Abbau verläuft über den sogenannten Zitronensäurezyklus, wobei dieser ein großes Sammelbecken für Zwischenprodukte darstellt, die entweder zum Aufbau neuer Stoffe dienen oder beim Abbau Energie liefern. Dieser Zyklus verläuft über 8 Stufen und ist so genial angelegt, daß er nicht von einem Chemiker hätte erdacht werden können. Es war Chemikern nur möglich, ihn biochemisch und physiologisch aufzuklären.

Eingespeist wird immer eine Verbindung, die aus **2** Kohlenstoffatomen besteht (aktivierte Essigsäure), die in Verbindung mit einem Körper aus **4** Kohlenstoffatomen (Oxalacetat) in das Salz der Zitronensäure übergeht, die ihrerseits aus **6** Kohlenstoffatomen besteht. Am Ende des zyklischen Prozesses liegt die ursprüngliche C_4-Verbindung wieder vor. Zweck des Kreisprozesses ist es, den eingespeisten C_2-Körper in 2 C_1-Atome (Kohlendioxidmoleküle) zu zerlegen und in Verbindung mit der Atmungskette Stoffe zu liefern, die chemische Energie speichern können.

*

Biochemikern sind diese Vorgänge so geläufig, daß ein enorm wichtiger Gesichtspunkt in Vergessenheit gerät. Damit ein chemischer Körper in einen Körper anderer chemischer Art übergehen kann, damit 2 verschiedene Stoffe miteinander zu einem neuen Stoff reagieren können, bedarf es Bewegungsenergie. Das heißt, die Stoffe müssen sich im Raum stoßen, was als Reaktionskinetik bezeichnet wird.

In einem chemischen Labor wird dies dadurch erreicht, daß der Chemiker in einen Kolben mit Lösungsmittel Stoffe einfüllt und dann eine bestimmte Zeit erhitzt. Um eine Grundchemikalie wie Anilin herzustellen, wird er Benzol mit einer Mischung von konzentrierter Salpeter- und Schwefelsäure behandeln. Das so gewonnene Nitrobenzol wird er dann nach Abtrennung und Destillation in einem zweiten Schritt hydrieren und erneut abtrennen und destillieren. Der Endstoff Anilin ist letztenendes entstanden, weil der Chemiker dem Reaktionssystem Wärme zugeführt hat, die weit über jener Temperatur liegen muß, die in lebenden Zellen herrscht.

Eine solche experimentelle Vorgehensweise, willkürlich bestimmte Chemikalien herzustellen, ist der Naturchemie nicht möglich. Dort sind alle Auf- und Abbaureaktionen, die hunderttausende von chemischen Einzelschritten umfassen, genetisch gespeichert, wobei die Matrizen, die hierfür nötig sind, jeweils immer von Neuem stereochemisch aufgebaut werden. Auf diesen räumlichen (lebenden) Körpern finden dann, wie an einem Fließband, die Produktionsabläufe statt. Alles in den Zellen der Pflanzen, Tiere und Menschen läuft nach chemischen Programmen ab, die uns in ungläubiges Erstaunen versetzen müßten, denn wir haben sie nicht entwickelt und könnten es auch nicht.

Der **8**er-Zyklus mit den oben genannten Zahlen **2**, **4** und **6** wurde folglich von seinen Entdeckern nur im Sinne einer chemischen Strukturaufklärung anzahlmäßig registriert, die chemische Zweckmäßigkeit wurde zur Begründung. Gäbe es noch elegantere Auf- und Abbaureaktionen in der organischen Chemie, so folgerte man, hätte die Natur eben einen anderen Zyklus im Laufe der Evolution gefunden, und dann würden wir heute eben andere Zahlen registrieren.

Dabei übersehen sie gänzlich, daß die Geometrie von Zyklen, der Kreis, mathematisch an eine transzendente Naturkonstante π geknüpft ist, wobei π selbst nur durch unendliche (Zahlen-)Reihen entwickelt werden kann. Mit einfachen Worten: Woher kennt die Natur die Kreisform?

*

Genau hier sah ich die Parallele zur Theorie der Elektronenschalen, der Grundlage der Chemie und Atomphysik. Auch hier wird ja die **8**er-Schale der Edelgaskonfiguration, Grundlage aller molekularer Bindung, lediglich registriert und ebenso ihre Differenzierung in **2** s-Elektronen und **6** p-Elektronen, die sich nach L. Pauling im Falle ihrer Hybridisierung (deutsch: Bastardisierung) zu **4** gleichen sp^3-Orbitalen aufbauen. Wieder einmal wurde eine unerklärliche Beobachtung zu einer 'genialen' Deutung erklärt, die von heutigen Studenten im ersten Semester kollektiv widerspruchslos aufgenommen wird.

Unter neuer Chemie verstand ich nicht jenen Fortschrittsglauben, der die Geschichte der Naturwissenschaften kennzeichnet, denn immer wieder hat es wissenschaftliche Revolutionen gegeben. Mit neu meinte ich, zuerst ahnungsweise, die Antwort auf die Frage, warum es denn überhaupt 2 Chemien gibt: unsere Laborchemie und die Chemie der lebenden Zellen.

Durch meine experimentellen Arbeiten auf dem Gebiet der Disilan- und Digermanchemie mit 2 optischen Zentren erhielt ich, wie in Band I beschrieben, Racemate von Spiegelformen. Daß die Natur umgekehrt vorgeht und reine, einzelne sterische Verbindungen erzeugt, zeugt deutlich von der Tatsache der 2 voneinander unabhängigen, oben beschriebenen Chemien.

Hieraus formte ich später den Gedanken, aus dem Abstand **2** eines Primzahlzwillings, z. B. 5 – 7, seiner Differenz **4** zum nächsten Primzahlzwilling, hier 11 – 13, sowie dem damit notwendigen **6**er-Takt die Kreuzgeometrie des 4-dimensionalen unendlichen Raumes um einen Punkt endlicher Größe zu entwickeln (Band I, S. 323 ff.).

Da man 3 geometrische Punkte, die nicht auf einer Linie liegen, immer nur zu einem Dreieck verbinden kann, entsteht der Trugschluß zu glauben, 4 Punkte könnte man nur zu einem Viereck verknüpfen. 4 Punkte lassen sich nämlich auch kreuzförmig miteinander verbinden, wobei sich bei symmetrischen Abständen der 4 Punkte die 2 Linien rechtwinklig schneiden.

Als ich den Gedanken ausgebaut hatte, daß es wegen der Dualität der ganzen und reziproken Zahlen auch immer zwei Räume mit zwei verschiedenen Geometrien geben muß, hatte ich gleichzeitig den Beweis für die Notwendigkeit zweier verschiedener Physiken. Hierbei wird die Ausbreitung bspw. einer elektromagnetischen Welle im 4-dimensionalen Zahlenraum durch das reziproke Quadratgesetz

$$\frac{1}{r^2}$$

bestimmt, während im 3-dimensionalen gasgefüllten Raum die Stoßprozesse der obigen Formel insofern entsprechen, daß der quadratische Exponent zur Basis wird (Band II, S. 152).

$$\frac{1}{2^r}$$

Es sei an dieser Stelle vermerkt, daß uns 1991 Martin Gardners Buch „Mathematischer Karneval“ (1975) unbekannt war, so daß wir zu diesem Zeitpunkt die fraktale Geometrie des Pascalschen Dreiecks (ebenfalls eine **2**, **4**, **6** – Kombinatorik), auf die später eingegangen wird, noch nicht mit der zu ihr ‘reziproken’ Geometrie des Primzahlkreuzes in Verbindung bringen konnten[1].

---

[1] In dem Kapitel „Pascals Dreieck“, S. 199 ff., ist ein geometrisches Strichmuster abgebildet, das es erlaubt, die Fibonacci-Zahlen aus dem Pascalschen Dreieck auszulesen. (Der Hinweis auf die Primzahlkodierung durch ihre Indizes fehlt hier.) Weiterhin wird der Zusammenhang mit den Mersennschen Primzahlen und den vollkommenen Zahlen anhand eines 100-zeiligen Sierpinski-Dreiecks gezeigt, ohne daß der faszinierende Gedanke der Verankerung der vollkommenen Zahlen in der Geometrie (und damit in der Natur) von Gardner

So aber nahm die Auflösung der Frage nach den 2 Chemien einen anderen, zweifachen Verlauf. Einmal begleitete mich als Beobachter ein im Prinzip unwichtiges Medikament mit sterischem Zentrum (und damit 2 Spiegelformen), das mir ohne meinen Vater und meinen Zwillingsbruder wahrscheinlich so gleichgültig geblieben wäre wie anderen Menschen auch. Um hinter den Bauplan der Natur zu kommen, mußte ich dann auch noch mit der Stereochemie der Silane in Berührung kommen. Es kam aber noch ein drittes Erlebnis hinzu, das sogar einen unmittelbareren Zusammenhang aufzeigte zwischen dem verhängnisvollen Medikament, dessen klammheimliche Schadensabwendung für die chemische Industrie einem Chemiker und Milliardär so wichtig war, und dem Chemiker Prof. Alfred Stock, der die Silane entwickelt hat.

*

Ein in Deutschland populärer Showmaster, Frank Elstner, hat über Jahre hinweg eine Fernsehsendung moderiert, in der er wissenschaftliche Nobelpreisträger interviewte. Die hier besprochene Sendung hatte ich nur zufällig eingeschaltet und hätte somit fast einen der wichtigsten Zusammenhänge meines ereignisreichen Lebens mit der Chemie bzw. Pharmazie nicht erkannt.

Interviewt wurde der amerikanische Chemiker W. N. Lipscomb, der 1976 für seine Beiträge zur Chemie der Borwasserstoffe (Borane) den Nobelpreis erhalten hatte. Ursprünglich entdeckt und isoliert hatte diese Borhydride – wie die Silane – wiederum Alfred Stock (Band I, S. 116).

Da es kaum jemanden in Deutschland gibt, der weiß, was Borane sind oder was man damit anfangen kann, und es außerdem als chic gilt, keine Ahnung von Chemie zu haben, wäre das Interview zwischen Lipscomb und Elstner, dem die Chemie ebenfalls ein Buch mit sieben Siegeln ist, wahrscheinlich sterbenslangweilig verlaufen, wenn der Chemiker nicht seine interessante Lebensgeschichte erzählt hätte. Er war nämlich nur zufällig Chemiker geworden und damit auch nur zufällig Nobelpreisträger für Chemie, was sich dann im Verlauf seiner Erzählung für mich als das Gegenteil von Zufall herausstellte.

---

erahnt wird. Auf die 8-Zeiligkeit des hier nicht so benannten fraktalen Musters wird ebenfalls nicht eingegangen. Allerdings werden die Zahlen der einzelnen Reihen, dezimal gelesen, schon als Potenzen der Zahl 11 diskutiert, leider jedoch nur als Kuriosität. Auf die tatsächlichen, schwerwiegenden Folgerungen werde ich später eingehen.

Ursprünglich hatte er Ingenieurwissenschaften studiert, aber in den Zeiten der großen amerikanischen Wirtschaftsflaute dieses Studium aufgeben müssen, weil der Familienclan, der das Studiengeld für den aufgeweckten Sproß zusammengekratzt hatte, die teure Hochschule nicht mehr bezahlen konnte. Just zu diesem Zeitpunkt, wo er sich entscheiden mußte, das Studium abzubrechen, war ihm dann auch noch das Mädchen seines Lebens begegnet.

Gerade, als er sich einen Job suchen wollte, um zu heiraten, begegnete ihm sein Professor für Experimentalchemie, unter dessen Leitung er während des Ingenieurstudiums ein chemisches Praktikum absolviert hatte. Der alte Chemiker fragte den jungen Mann, wohin er denn verschwunden sei.

„Ich kann die Studienkosten nicht mehr bezahlen."

„Vielleicht ist es besser, daß Sie das Ingenieurstudium abbrechen. Sie waren im chemischen Praktikum mein bester Student. Ich habe beobachtet, wie Sie mit Ihren Händen arbeiteten. Zum Chemiker muß man geboren sein. Sie sind es. Wechseln Sie zur Universität und werden Sie Chemiker. Zudem sind die Gebühren dort viel geringer."

Dann schüttelte der Professor ihm die Hand und ermahnte ihn: „William Lipscomb, hören Sie auf mich."

„Nun standen meine Braut und ich vor der Frage: Chemiestudium oder Heirat?"

An dieser Stelle unterbrach der Moderator Frank Elstner den Monolog und fragte gespannt: „Und wofür haben Sie sich denn nun entschieden?"

Sie hatten sich, beflügelt durch den Chemieprofessor, der ihr Schicksal so eigentümlich gelenkt hatte, für das Unmögliche entschieden, nämlich für Studium und Heirat. So rückte denn der Tag der Hochzeit näher, und der Braut war es ein Anliegen, ihrem zukünftigen Chemiker ein Chemiebuch zur Hochzeit zu schenken. Da sie nur 5 Dollar besaß, hatte man ihr im Antiquariat ausgerechnet „Hydrides of Boron and Silicon" von A. Stock, Ithaca, N. Y., 1933, angedreht.

Für jeden anderen Chemiestudenten wäre dieses Hochzeitsgeschenk eine Fehlinvestition gewesen, nicht aber für

Lipscomb. Der verschlang das Buch und trennte sich nie mehr davon. Seine Ehe verlief glücklich.

Ich saß vor dem Fernseher und erlebte, wie Alfred Stocks Buch „Über die Wasserstoffverbindungen von Bor und Silizium" im Fernsehen gezeigt wurde. Und das nicht genug, Lipscomb ließ es nicht mehr los und hielt es den Rest der Sendung vor seinem Bauch fest in der Hand.

Stock war vor den Nazis nach Amerika geflohen und hatte zwar selbst den Nobelpreis nicht erhalten, wohl aber einem jungen Chemiker zu diesem Preis verholfen. Lipscomb hatte nämlich eine wichtige Anwendungsmöglichkeit für Borwasserstoffe in der Chemie entdeckt, und zwar zur Trennung der Spiegelformen in Racematen. (Gleichzeitig war es ihm durch Röntgenstrukturanalyse gelungen, die eigentümliche chemische Bindung der Borane aufzuklären.)

Ich starrte auf Lipscomb und das Buch, das er in die Fernsehkamera hielt. Eines stand fest: Diese Sendung lief für mich, da mir nämlich plötzlich klar wurde, daß es für die höheren Siliziumwasserstoffe auch einmal eine wirklich wichtige Anwendung geben wird, genau wie für die Borwasserstoffe. Und während ich von tiefen, ahnungsvollen Gefühlen überflutet wurde, steigerte sich die Dramatik des Fernsehgeschehens so sehr, daß ich aufschrie.

Elstner hatte nämlich Lipscomb gefragt, was man denn in der Praxis mit seinen nobelpreisgekrönten Boranen anfangen könne. Der Harvard-Chemiker erläuterte daraufhin die für Elstner und das gesamte Fernsehpublikum unbegreifliche Racemattrennung. Als er jedoch sah, daß er unverstanden blieb, ging er auf ein mit der deutschen Chemie verknüpftes, tragisches Beispiel über.

„Es gab vor über 30 Jahren in Deutschland einen Arzneimittelstoff, Thalidomid, das als Racemat in den Handel gelangte. Eine der Spiegelformen wirkte, wie sich später herausgestellt hat, auf das keimende Leben. Wären die beiden Spiegelformen damals von den Chemikern getrennt worden, hätte das ganze Unglück verhindert werden können[1].

[1] Heute wird diese Trennung tatsächlich durchgeführt, und die teratogen wirkende Substanz in verschiedenen Ländern als Lepramittel eingesetzt. Es gibt z. B. in Brasilien schon wieder eine Unzahl von Kindern mit fürchterlichen Mißbildungen, weil die Mütter ihr Lepramittel (die teratogene Contergan-Form wirkt auch auf die Zellteilung der Leprabakterien) während der Schwangerschaft einneh-

Mit meinen Beiträgen zur Chemie der Borane wäre diese Trennung möglich gewesen." (Hierbei ließ er offen, ob man bei Grünenthal aus Dummheit oder Kostengründen eben nicht so vorgegangen war.)

Frank Elstner, der kein Wort verstanden hatte, wechselte sofort das heikle Thema. Ich aber nahm meinen Kopf in beide Hände und ließ noch einmal die letzten 30 Jahre meines Lebens als Film durchlaufen. Ich hatte nie Beweismittel zum Contergan-Fall gesucht, sie waren mir einfach zugeflogen. Hier wurde von Contergan gesprochen, und gleichzeitig zeigte das Fernsehbild das Buch von Alfred Stock, dem Vater der Boran- und Silanchemie. Möglicherweise ist dieses Buch weltweit noch niemals im Fernsehen abgebildet worden, so daß ich mit meinen Kenntnissen über den Chemiker Stock und dem Wissen um den pharmazeutischen Stoff Contergan der einzige Zuschauer in Deutschland war, der diese kryptische Botschaft lesen konnte.

*

Diejenigen, die den Contergan-Fall verursacht, und jene, die ihn juristisch weggezaubert hatten, was wußten die von Alfred Stock? Nichts. Daß es aber in Düsseldorf einen jungen Chemiker gegeben hatte, der mit 19 Jahren in einer flammenden Rede (Band I, S. 59) erklärt hatte, er werde eines Tages von den Silanen Verbindungen herstellen, darüber konnten die noch weniger wissen. Als Konrad Henkel meine chemische Laufbahn an der Universität Köln zerstörte, hat er, obwohl selbst promovierter Chemiker, nicht daran gedacht, daß den Boranen und den Silanen einmal eine praktische Bedeutung zukommen könnte. Die Borane waren längst zu Anwendungen gelangt, für die Silane und speziell die Silanöle aber gab es noch keine Anwendung außer jener als spezifisch schwerer Treibstoff für meinen Raketendiskus (siehe Kap. 4). Und genau da hatte das Schicksal auch für mich eine große Überraschung vorbereitet. Denn ich wußte zum Zeitpunkt dieser Fernsehsendung etwas, was mir bis dahin 24 Jahre lang verborgen geblieben war. Es hat mit dem Wesen des Blitzes at-

---

men, weil sie den Beipackzettel nicht lesen können. Der internationale Journalismus, der darüber berichtet, weiß wiederum nicht, daß das Mittel der Firma Grünenthal insofern nicht mehr das Schlafmittel Contergan ist, als daß die psychotrope Spiegelform abgetrennt wurde. So ist die Verwirrung perfekt.

mosphärischer Gewitter zu tun und mit der künftigen Verwendung von Silanen in der Raumfahrt.

Es existiert nämlich ein tief verborgener Zusammenhang zwischen dem Erdmantel unseres Planeten, der aus Siliziumverbindungen besteht, und der Gashülle, die ihn umgibt. Diese besteht zu genau 4/5 aus Stickstoff, einem nicht brennbaren Gas, und nur zu 1/5 aus Sauerstoff, der üblicherweise Verbrennungen unterhält. Täglich kommt es weltweit zu über 50 Millionen gewittrigen Blitzentladungen, bei der Reibungselektronen das sehr stabile Stickstoffmolekül in freie Stickstoffradikale spalten. Diese fallen dann unter Blitzerscheinungen über die Sauerstoffmoleküle der Luft her und bilden Stickoxide, die mit dem Regen die Erde erreichen und düngen. Ohne Blitzentladung gäbe es kein Leben, da DNA und Aminosäuren der Pflanzen stickstoffhaltig sind.

Der oben erwähnte, verborgene Zusammenhang und das Wesen elektrischer Gewitter konnte nur von jemandem entdeckt werden, der von Kindheit an eine Raumfahrt visionär erahnt hat, die ohne Wegwerfraketen auskommt, weil es ein Element im Periodensystem gibt, das wirkliche Weltraumfahrt möglich macht. Es handelt sich dabei um das Element Silizium (Band I, S. 44 f.) und seine Beziehung zu jenem Element, das hinter dem rotierenden Blitz steht, den ich einmal zusammen mit einem befreundeten Doktoranden beobachtet habe: dem Stickstoff.

Denn niemals ist bisher der Gedanke untersucht worden, ob es einen flüssigen Treibstoff gibt, der mit Stickstoff, dem Hauptbestandteil der Luft brennen kann, und zwar blitzartig.

*

Am Ostersonntag 1968 (Band I, S. 127 f.) hatte sich beim Eintropfen von stark verdünnter Bromlösung in verdünnte Trisilanlösung über der minus 80 Grad kalten Flüssigkeit ein elektrischer drehender Blitz gebildet. Da die Schutzgasatmosphäre bei dieser Umsetzung aus Reinstickstoff bestand, war die Erklärung für dieses Phänomen damals folgende: die Reaktion mit dem Element Brom war so heftig, daß freie Elektronen aus der rotierenden Lösung in die darüber befindliche Stickstoffatmosphäre herausgeschleudert wurden und Stickstoffradikale erzeugten.

Damals erinnerte mich dieses Blitzereignis, ohne daß ich es hätte erklären können, wie durch einen Gedankenblitz an eine fantastische Gewitterfront aus schwarzen Wolken, die bei strahlendem Wetter an einem frühen Abend von einer Hochzeitsgesellschaft im Golfclub

Düsseldorf-Hubbelrath beobachtet worden war. Viele Kilometer entfernt tobte über den Schornsteinen der Firma Henkel ein Gewitter (Band I, S. 111). Das Zucken der Blitze und das dumpfe Grollen wirkte für alle Geladenen wie eine übernatürliche Erscheinung und veranlaßte jenen älteren Gast, mit donnernder Stimme eine Prophezeihung auszusprechen:

„Da über die Firma Henkel kommt eines Tages noch ein fürchterliches Gewitter, da schlägt eines Tages der Blitz ein.“

*

Nachtrag:

Gero Gemballas Buch „Der dreifache Skandal - 30 Jahre nach Contergan“, 1993 im Luchterhand Literaturverlag erschienen, ist merkwürdigerweise vergriffen. Gemballa hat vorzüglich recherchiert und die Prozessverschleppung gründlich beschrieben. Dem vielleicht größten juristischen Trick des Verfahrens, einer pharmazeutischen Lüge, ist jedoch auch er auf den Leim gegangen.

Auf Seite 15 beginnt das Buch mit folgendem Kommentar über Thalidomid: „Die chemische Substanz erhielt das Kürzel K17. K17 wurde später in Contergan umgetauft. K17 war ein Medikament aus Zufall.“ Und weiter auf Seite 16: „Pharmaforscher [...] konnten [...] nicht erklären, weshalb die Substanz einschläfernd und beruhigend wirkte. [...] Der genaue Wirkungsmechanismus blieb ein Geheimnis.“

Diese Behauptung ließ von Beginn des Prozesses an alle Grünenthal-Straftäter als bedauernswerte ‘chemische Pechvögel’ erscheinen und ist ungeheurlich. Kein Kläger oder Nebenkläger hat dem je widersprochen und gefragt, was denn wohl die Substanzen K16 und K18 für chemische Strukturen hätten. Jedenfalls ist K17 ein chemischer Abkömmling des bekannten **Schlafmittels** *Doriden®. Man hatte in Wirklichkeit nach einem neuen, unpatentierten Schlafmittel gesucht, indem man dem Doriden-Molekül systematisch verschiedene Substituenten zugefügt und die jeweilige ‘neue’ Substanz auf ihre Wirkung hin untersucht hatte. Der Wirkstoff Doriden (Glutethimid) war als Racemat im Handel, wobei bekannt war, daß die beiden optischen Formen im menschlichen Körper verschiedenartig metabolisiert werden. Es stellt also grobe Fahrlässigkeit dar, daß man Thalidomid nicht im Hinblick auf die verschiedene Wirkung seiner beiden Spiegelformen hin überprüft hatte. Durch die Unterschlagung dieser chemischen Tatsache wurde der Prozeßbetrug perfekt.*

Kapitel 4

Quaerendo invenietis – Suche und du wirst finden

Im Mai 1992 meldete ich ein „Wiederverwendbares Raumfluggerät“ beim Deutschen Patentamt in München an und stellte gleichzeitig Prüfungsantrag. Bei der Formulierung der Texte hatte mir ein befreundeter Patentanwalt beratend zur Seite gestanden. Gegenstand der Erfindung war, mit einem einstufigen Raketendiskus auf eine stationäre Umlaufbahn zu gelangen.

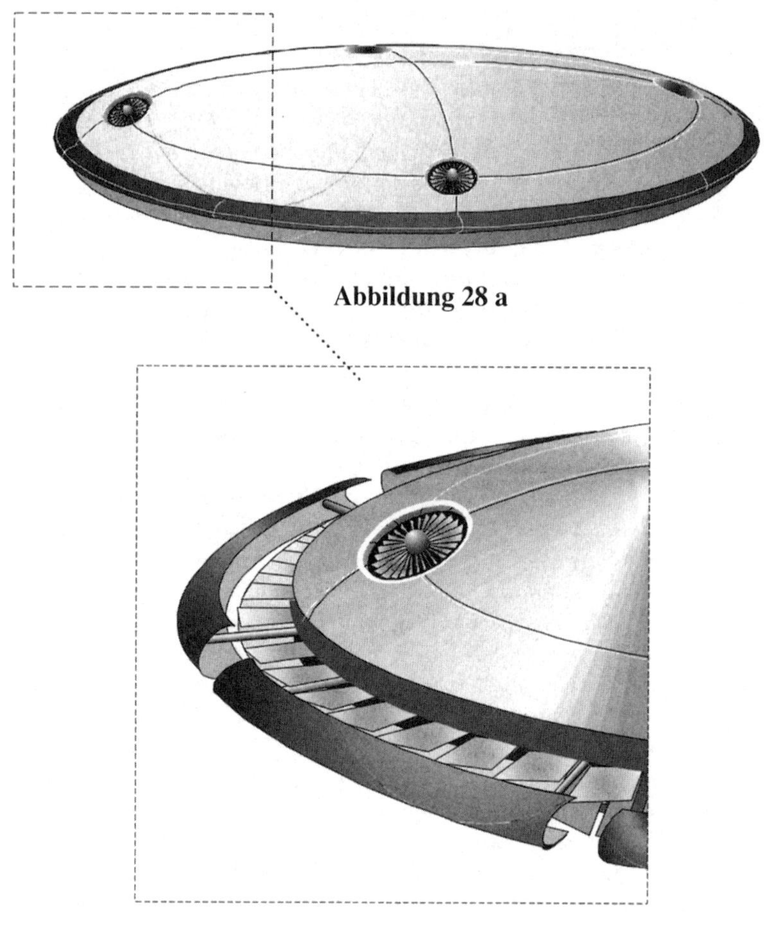

Abbildung 28 a

Abbildung 28 b

Abbildung 28 a zeigt einen solchen Diskus mit geschlossener Ummantelung schräg von oben, so daß die 4 Luftansaugschächte der Strahlturbinen zu erkennen sind, die bei geöffneter Ummantelung das notwendige Drehmoment erzeugen, um den Turbinenschaufelkranz (Abbildung 28 b) anzutreiben. Dieser bringt den Diskus zum Schweben, so daß er mit einem herausklappbaren Raketenmotor auf der Unterseite seitlich beschleunigt werden kann (Abbildung 29), wie schon in Kapitel 2 auf Seite 42 beschrieben. (Die Patentschrift enthält noch ein überflüssiges mittleres Haupttriebwerk.)

Abbildung 29

Einen Haken hatte das dort beschriebene Verfahren. Der seitliche Raketenmotor sollte mit Silanöl und einem Oxidationsmittel arbeiten, z. B. einem flüssigen Stickstoffoxid. Der Vorteil des Silanöls lag zunächst nur in seinem höheren spezifischen Gewicht gegenüber Paraffinöl. Dieses ist jedoch bei der Verbrennung mit Sauerstoff energetisch Silanöl überlegen. Ich meldete also einen Raketentreibstoff an, der zwar ein schwereres Verbrennungsprodukt SiO_2 statt CO_2 liefert, aber dies unter geringerer Energieausbeute.

Allerdings hat noch nie ein Raketeningenieur Silanöl brennen sehen. Dieselöle brennen mit einer Rußflamme, während Dieselöle des Siliziums blitzartig und knisternd wie Schießpulver abbrennen (obwohl sie energieärmer sind). Die Gründe dafür waren für mich immer noch ein Rätsel. Die wenigen Chemiker, die je auf dieser Welt mit Silanen gearbeitet haben, haben über diesen Widerspruch schlichtweg nicht nachgedacht oder leiten die blitzartige Verbrennung von der Tatsache ab, daß die Silankette im Gegensatz zu ihren Kohlenstoff-Homologen an der Luft leicht Wasserstoff- und Siliziumradikale bildet, was die Ursache für die Selbstentzündlichkeit ist.

Ich hatte einmal in einem kleinen Kolben 20 Kubikzentimeter

Disilan in 100 ml Frigen gelöst, einem Lösungsmittel, das absolut unbrennbar ist (Band I, S. 128. Die starke Verdünnung ist lediglich in meiner Doktorarbeit beschrieben). Die Vision von einer höllischen Bombe hatte mich veranlaßt, diesen Versuch abzubrechen und den kleinen Kolben abends vor dem Institut zur Explosion zu bringen. Die Detonation, die wir damals erlebten, war so heftig, daß Rolf Guillery und ich fassungslos waren. Ich kannte mich seit meiner Jugend mit Sprengstoffen aus. Hier hatte eine Explosion stattgefunden, die es überhaupt nicht geben durfte. 20 ml Butan (aus Kohlenstoff, Sdp. ähnlich wie Disilan), 5-fach verdünnt mit einem nicht brennbaren Stoff, kann weder brennen noch explodieren und erst recht nicht detonieren. Aber das noch energieärmere Silan hatte genau das getan.

*

Es ist an dieser Stelle notwendig, auf das Wesen von Sprengstoffen einzugehen. Im Dynamit (Nitroglyzerin-Kieselgur) sind Stickstoffatome über Sauerstoffatome mit Kohlenstoff verbunden. Im Trinitrotoluol (TNT) ist die Stickstoffgruppe direkt an Kohlenstoff geknüpft. Im ersten Fall reicht ein Schlagbolzen und im zweiten Fall ein Initialzünder, um innerhalb einer unvorstellbar kurzen Zeit zu bewirken, daß sich alle Stickstoffatome aus ihren Bindungen lösen. Die Vereinigung der Stickstoffradikale zu N_2 liefert sehr viel Energie. Gleichzeitig fallen am Ort des Geschehens alle freigewordenen Sauerstoffatome (der NO_x-Gruppe) schlagartig über die Kohlenstoffatome her und bilden Kohlendioxid unter unvorstellbar hoher Wärmebildung. Die Stoßwelle wird sich jetzt lieber in einem festen Medium mit einer höheren Schallgeschwindigkeit als in Luft fortpflanzen, z. B. in Stahl, und diesen dabei zerreißen (Detonation). Als im vorigen Jahrhundert dieses Geheimnis des Stickstoffs entdeckt worden war, ließen sich im wahrsten Sinne des Wortes mit Sprengstoff Berge versetzen.

Zurück zu der gewaltigen Silandetonation. Das bißchen Silan hatte sich verhalten wie ein ‘Nitrosilan’, also wie ein hypothetischer Sprengstoff. Jetzt, fast 24 Jahre danach, konnte ich dieses Erlebnis immer noch nicht deuten, aber dieser rätselhafte Vorfall hatte mich immer begleitet. Aus diesem Grund patentierte ich den Raketendiskus zusammen mit dem Treibstoff: Höhere Silane. Ich wußte, das muß so sein. Glücklicherweise hatte der Prüfer am Patentamt nur zu beurteilen, ob das zu patentierende Verfahren neu ist und einen technischen Fortschritt darstellt.

Ich hatte damit gerechnet, daß das Deutsche Patentamt bei der

Literaturrecherche einen ganzen Stapel Unterlagen zum Thema 'Fliegende Untertassen' ausgraben würde und war ziemlich verblüfft, daß weltweit nie ein Verfahren angemeldet worden ist, das meiner Erfindung in irgendeiner Weise ähnelt. Dies ist deswegen bemerkenswert, weil in unserer Science Fiction-Literatur Mehrstufenraketen schon seit Jahrzehnten mega-out sind. Merkwürdig ist auch, daß nach dem Zweiten Weltkrieg zuerst in Amerika und später weltweit eine UFO-Hysterie einsetzte, die die Züge eines Massenwahns trägt. In der Regel sind diese unbekannten Flugobjekte scheibenförmig und sollen verblüffende Flugeigenschaften haben, was wiederum nicht mit herkömmlichen chemischen Antrieben erklärt werden kann. Man könnte über eine solche mittelalterliche Wundergläubigkeit den Kopf schütteln. Aber Vorsicht, die Helden der Science-Fiction-Romane der 50er Jahre trugen grundsätzlich schon Waffen, aus denen rote Lichtblitze abgeschossen wurden, die alles verdampften. Woher haben wir Menschen bloß solche visionären Vorstellungen? Laserwaffen werden inzwischen gebaut.

*

Im Herbst 1993 bekam ich die Patenterteilung mit dem Anmeldetag zugesichert. Als ich kurze Zeit später zu Besuch bei dem Filmproduzenten Frieder Mayrhofer war, bot sich mir die Gelegenheit, den Pressesprecher des Deutschen Patentamtes in München zu besuchen. Ich nahm Herrn Mayrhofer mit und so waren wir dann im Patentamt zu viert, weil noch ein Justiziar des Hauses dazugekommen war.

Es war ein sonderbares Erlebnis. Die beiden Herren vom Patentamt behandelten mich, als wenn sie Erfinder notorisch hassen würden. Sie klärten mich geradezu freudig erregt darüber auf, daß nunmehr in den nächsten Tagen die Frist verstrichen sei, das Patent international anzumelden. Da ich eigentlich gar nicht daran gedacht hatte, mich auf ein solches finanzielles Abenteuer einzulassen, setzte hier der 'Zufall' einen Stein ins Rollen, der sich zu einer Lawine entwikkeln sollte.

Draußen auf der Straße fragte Frieder Mayrhofer mich irritiert: „Was war denn mit denen los?“

Ich knurrte laut ein in der deutschen Sprache übliches Schimpfwort für solche hochmotivierten Mitarbeiter, deren Chef, der Präsident Prof. Dr. Häußer, dafür bekannt war, in aufrüttelnden Sonntagsreden lauthals den Notstand zu beklagen, daß in Deutschland im Gegensatz zu den USA und Japan immer weniger erfunden wird.

In der Wohnung Mayrhofers griff ich zum Telefonhörer und rief einen Mann an, den ich vor einem Jahr kennengelernt hatte.

Dr. Ing. Klaus Kunkel aus Düsseldorf hatte nach der Lektüre des Primzahlkreuzes Band II die Bitte geäußert, ihm die Inhalte dieses Buches irgendwie in Diskussionen so zu vermitteln, daß er sie besser verstehen lerne. Er hat als Statiker zwar beträchtliche mathematische Kenntnisse, war aber sowohl von der Abstraktheit des Buches wie von der knappen Darstellung überwältigt worden. Er besitzt, über Deutschland verstreut, eine Reihe von Ingenieurbüros und beschäftigt sich in seiner Freizeit eben nicht mit Golfspielen, sondern mit tiefen Fragen. Als Prüfingenieur für Statische Berechnungen sind Baupläne sein Beruf, so daß ihn die Primzahlen als ewiger kosmischer Plan faszinierten. Von der Patenterteilung hatte er Kenntnis.

„Herr Kunkel, ich rufe Sie aus München an und habe hier ein Problem, über das ich mit niemandem reden kann, weil ich viel zu isoliert lebe. Das Patent, für das ich so viele Jahrzehnte gebraucht habe, wollte ich eigentlich irgendwann in den nächsten Jahren verfallen lassen so wie die anderen auch."

„Kann man das denn nicht irgendwie in der deutschen Raumfahrtindustrie verkaufen?"

„Die würden sich nicht einmal für einen fliegenden Teppich interessieren. Die sind einzig und allein damit beschäftigt, technische Entwicklungen mit 99%iger Wirksamkeit auf 99,9% zu steigern."

„Wo ist dann Ihr Problem?"

„Mir ist plötzlich klargeworden, daß dieses Patent nicht verfallen sollte, sondern sogar in den wichtigsten Industrienationen angemeldet werden müßte. Ich kenne allerdings niemanden, der die hohen Kosten für eine internationale Patentierung so kurzfristig übernehmen könnte. Kennen Sie vielleicht jemanden?"

„Könnte ich das Patent nicht finanzieren?"

Ich nannte ihm die Höhe der dafür benötigten Geldmittel.

„Einverstanden."

„Kann ich mich darauf verlassen? Ich werde dann nämlich noch heute zum europäischen Patentamt fahren und mir Anmeldeformulare für internationale Patente (PCT) besorgen. Dann sparen wir nämlich wenigstens die sehr hohen Patentanwaltsgebühren für die Anmeldung. Später müssen wir uns dann allerdings einen Patentanwalt nehmen."

„Sie können sich auf mich verlassen."

*

Am selben Tag rief meine Frau Ingrid Bergmannshoff aus ihrer Apotheke in Düsseldorf an, weil mich in München ein Professor sprechen wollte, der ihr seine Telefonnummer hinterlassen hatte.

Wie sich dann herausstellte, war Professor Dr. Ing. Dieter Straub Lehrstuhlinhaber am Institut für Thermodynamik an der Fakultät für Luft- und Raumfahrttechnik der Universität der Bundeswehr München und war auf geradezu abenteuerliche Weise an „Das Primzahlkreuz" gelangt. Ich teilte ihm mit, daß ich mich in Schwabing in einer Wohnung auf der Nikolaistraße aufhielte und der Wohnungsinhaber nicht zu Hause sei. Eine Stunde später kam er die knarrende Holztreppe der Etage herauf. Wir schüttelten uns die Hand, er nahm Platz und sagte: „Ich habe zwei Fragen: Wie geht es Ihrer Tochter Vanessa und was macht Ihr Bruder Paul?"

Die Frage nach meiner Tochter berührte mich sehr. Er hatte, wie er mir lebhaft schilderte, an der Erziehung seiner beiden Söhne aktiv teilgenommen. Und auch er hat ein Buch geschrieben, aber eben nicht in der Jubelstimmung über das Erreichte, sondern aus der kritischen Haltung eines Thermodynamikers unserem 'alleserklärenden' quantenstatistischen Weltbild gegenüber[1].

Professor Straub hatte an der TH Karlsruhe promoviert und habilitiert und sich später für genau den Lehrstuhl beworben, den auch der einzige Freund meiner Schulzeit ins Auge gefaßt hatte, Dr. Ing. Dietmar Hennecke (Band I, S. 51, 239, 395 f.), der sich später als Professor für Flugtriebwerke für meine Ideen nicht eingesetzt hat.

Zu meiner Verblüffung stellte sich heraus, daß Professor Straub Gegner der Wasserstofftechnik in der Raumfahrt war. Genau wie ich leugnete er nicht die Vorteile dieses spezifisch leichten, kondensierten Gases, war aber von dem Silanöl deswegen so angetan, weil er als Raketeningenieur spürte, daß das Element Silizium noch gar nicht gründlich genug auf seine Bedeutung für zukünftige Technologien hin untersucht worden ist.

*

Unser Planet besteht aus einer Silikatschale, jeder Steinsplitter,

---

[1] Straub, Dieter: „Eine Geschichte des Glasperlenspiels", Basel, 1989. – Theoretische Physiker und Chaosforscher als ludi magistri (Hermann Hesse) in einem Spiel, das zur Sinnlosigkeit verkommen ist. Was für eine Abrechnung eines scharfsinnigen Ingenieurs mit den Erfindern oder besser den Gauklern des chromodynamischen Teilchenzoos und der Chaostheorie!

jedes Sandkorn besteht aus Siliziumverbindungen. Dagegen sind Kohlenstoff und seine Wasserstoffverbindungen als fossile Vorräte begrenzt.

Mit der Erfindung des durchsichtigen Glases (Ägypten), aber auch den mit Quecksilber (Zinnamalgam) und später mit Silber verspiegelten Gläsern (Venedig), begann sich die Bedeutung des Siliziums abzuzeichnen. Mit der Einführung des Wechselstroms in der Technik war eine problemlose Gleichrichtung des Stromes wiederum nur durch ein zur Verfügung stehendes Element gewährleistet: Silizium. Die Erfindung der Diode, des Transistors und der Solarzelle hat die Elektrotechnik revolutioniert. Später setzte das Silizium seinen Siegeslauf in den Rechenmaschinen fort, die wir heute Computer nennen, und niemand zweifelt daran, daß wir erst am Beginn eines neuen elektronischen Zeitalters stehen. Aber auch in der Chemie haben neu entwickelte siliziumorganische Schmieröle und Kunststoffe (Silikone) den technischen Fortschritt gesichert. Längst sind neue Keramiken in Form von Ceran-Herdplatten oder als Space-Shuttle-Schutzmantel dem Menschen geläufig, weil eben Quarz (reines Siliziumdioxid) und seine Verwandten ungewöhnlich niedrige Wärmeleitfähigkeiten besitzen.

Aus den Grundstoffen Kohlenstoff und Kalzium wurde früher in Deutschland ein Stoff erschmolzen, der den Namen Kalziumcarbid trägt. Dieser Stoff reagiert mit Wasser unter Bildung eines Gases, das Acetylen (H–C≡C–H) genannt wird und in dem sich zwei Kohlenstoffatome dreifach binden; an den beiden übrigen Bindungsarmen sitzt Wasserstoff. Dieses Gas stellt eine Zauberchemikalie dar, da es sich in praktisch alle Grundchemikalien der organischen Chemie überführen läßt, z. B. in Benzol und Butadien. Auch Benzine und Dieselöle stellten die Deutschen synthetisch her, letztlich aus den Grundstoffen Kohle und Wasserstoff.

Nach dem Zweiten Weltkrieg wurde Deutschland dann von den anglo-amerikanischen Siegermächten mit billigem Erdöl versorgt, das man praktisch gratis in den erdölreichen Ländern förderte (raubte). Dadurch ging natürlich das oben geschilderte geniale Selbstversorgungssystem zugrunde.

Nach der Entdeckung der Silane durch Alfred Stock wurde der Gedanke nicht aufgegriffen, geeignete Silizide zu finden, die bei saurer Zersetzung oder katalytischer Hochdruckhydrierung (wie in der organischen Chemie) in guter Ausbeute höhere Silane liefern, eben weil höhere Silane als instabil galten und keine Anwendung (als Energielieferant, z. B. als Treibstoff) für diese höllisch brennenden Stoffe diskutiert wurde.

*

Ich zeigte Herrn Professor Straub das Patent vom wiederverwendbaren Diskus, dessen Treibstoff so spezifisch schwer wie möglich sein sollte, damit das Volumen (und somit das Leergewicht) der Scheibe minimal ist. Das Gewicht dieses kompakten, aerodynamisch optimalen Raumschiffes soll mit vollem Tank – unter Umgehung der Raketengleichung – bei horizontalem Flug so lange wie möglich von der Luft getragen werden.

Der Diskus stellt mit seinen von Strahlturbinen angetriebenen Schaufelkränzen[1] (Impeller) eigentlich selbst eine riesige Turbine dar. Da Professor Straub die Vorstandsvorsitzenden der Turbinenfirmen MTU und BMW-Rolls-Royce kannte, leitete er nun das Patent in die Konzernspitzen. Dort wurde es, wie üblich, in die Entwicklungsabteilungen weitergegeben und vernichtend beurteilt. Damit wären Professor Straub und ich blockiert gewesen, wenn nicht im gleichen Jahr 1994 durch einen geistigen Blitzschlag meine gedankliche Sperre hinsichtlich der geheimnisvollen Sprengwirkung der Silane aufgehoben worden wäre.

Ich mußte nämlich erst eine zahlentheoretische Entdeckung machen, um dadurch zu jener Klarheit des Denkens zu gelangen, die auch in Bezug auf Silane einen Durchbruch ermöglichte.

Im Nachhinein scheint es mir, als habe ein guter Geist dafür Sorge getragen, mich vor meinen eigenen Ideen zur Weltraumfahrt solange zu schützen, bis ich durch mathematische Mittel herausfinden konnte, daß das Primzahlkreuz und die Kombinatorik des Pascalschen Dreiecks modularithmetisch miteinander verknüpft sind. Dadurch hatte ich die Chance, den gemeinsamen Traum der Begründer der Atomphysik und der Kernchemie zu erfüllen, daß nämlich Atomkern und -hülle nach demselben Gesetz aufgebaut sind.

*

Im August 1992 hatte Michael Felten seine Doktorarbeit eingereicht. Vorausgegangen war der Vorschlag seines Doktorvaters, einen

[1] Bei der Verwendung eines einzigen Schaufelkranzes würde der ganze Diskus mit der Zeit in Rotation geraten. 2 gegenläufige Kränze verhindern dies. Die rotierenden Schaufelblätter dürfen die Schallgeschwindigkeit nicht überschreiten, müssen verstellbar sein und stellen eine einzigartige Möglichkeit dar, den Diskus durch ihr Drehmoment beim Starten und Fliegen zu stabilisieren.

Gutachter einzuschalten, da die Arbeit eine verblüffende Beweisführung enthielt.

Prof. Dr. Dr. h. c. P. L. Butzer war damals einer der führenden Fachleute für Angewandte Mathematik mit einem Lehrstuhl an der TH Aachen. Anläßlich einer Begutachtung einer anstehenden Habilitation besuchte er die mathematische Fakultät der Universität Dortmund, traf sich mit Michael und erklärte die Beweisstrategie seiner Dissertation für richtig.

Bei ihrer Unterhaltung kamen sie auf die Bedeutung der Primzahlen zu sprechen. Michael deutete Professor Butzer gegenüber an, daß er seit Jahren mit einem Wissenschaftler an Problemen der Arithmetik arbeite, und daß wir Beziehungen zwischen primzahltheoretischen Zusammenhängen und unserem physikalischen Weltbild entdeckt hätten. Michael benutzte hierfür den simplen Vorgang, der sich abspielt, wenn man einen Sack Erbsen auf die Erde schüttet.

„Die Häufung des entstandenen Erbsenberges entspricht einer e-Funktion, Herr Professor. Woher kommt es, daß die endgültige Lage der Erbsen, obwohl sie nur ja/nein-Entscheidungen treffen, während sie sich untereinander stoßen, etwas mit jener Zahl zu tun hat, die mathematisch die Basis des natürlichen Logarithmus darstellt?"

„Das ist eine sehr tiefe Frage, aber was hat das Problem mit den Primzahlen zu tun?"

„Ausgerechnet der natürliche Logarithmus zur Basis e steuert doch die Abnahme der Primzahlen. Einmal geht es um Verteilung von Erbsen, beim anderen um die Verteilung von Primzahlen. Es sieht so aus, als wenn die Primzahlverteilung etwas mit den physikalischen Verteilungsvorgängen zu tun haben könnte, also zum Beispiel mit der Thermodynamik und ihrer Verknüpfung mit dem natürlichem Logarithmus."

Professor Butzer reagierte stark emotional und deutete mit einem einzigen Satz an, daß er Michaels Gedankengang nachvollzogen hatte: „Herr Felten, Sie haben recht. Das ist bisher vollkommen übersehen worden."

Ich hatte Michael gewarnt, wenn überhaupt, nur über die Zahl e als Grundkonstante der Mathematik und ihrer Bedeutung für die Beschreibung unserer physikalischen Welt zu reden. Selbst mit diesen Fragen setzte er unter Umständen seine ganze Universitätskarriere aufs Spiel. Es spricht für die mathematische Brillanz des Herrn Professor Butzer, daß er Michael nicht vor die Tür setzte. Stattdessen ergriff er abends bei einer Fakultätsfeier das Wort und erklärte, daß er im Falle des Doktoranden Michael Felten die Mitgutachterschaft übernehmen werde und zur mündlichen Prüfung nach Dortmund käme. Damit stand die Note fest. Michael würde als erster Doktorand für seine Dissertation die Note „ausgezeichnet" erhalten.

*

Professor Butzer und der zukünftige Dr. Felten vereinbarten einen Termin an der TH Aachen, an dem ich teilnehmen würde.

Ich beschränkte mich darauf, Professor Butzer und seiner Mitarbeiterin (Doktorandin), die neben Mathematik auch Physik studiert hat, die Zahlen ± 1 des Eulerschen Einheitskreises als Strukturzahlen für die Primzahlen von der Form 6n ± 1 darzulegen.

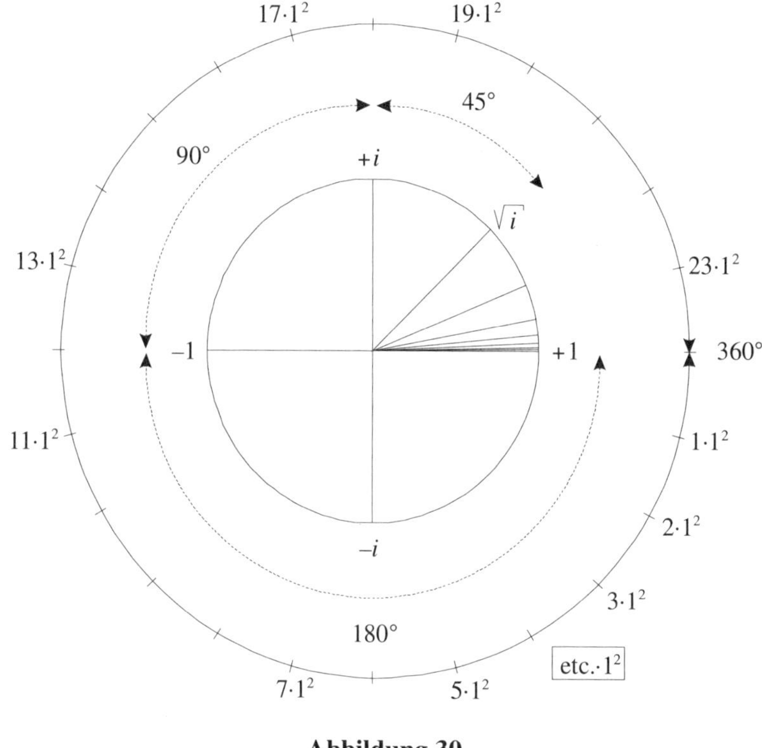

Abbildung 30

Wie Abbildung 30 zeigt, führt die Winkelverdoppelung auf dem Einheitskreis im letzten Schritt zu einer Drehung von 180°. Eine folgerichtig weitere Verdoppelung auf 360° erfordert aber die Existenz eines Vollkreises über den Eulerschen Einheitskreis hinaus. Die fortlaufenden Primzahlen bis zur Zahl 23 liefern dann die Geometrie des Primzahlkreuzes[1]. (Auf dem Vollkreis der 1. Schale sind die fortlaufenden Zahlen in Gegenlaufrichtung gezeichnet.)

Mein Hauptanliegen bestand darin, die Verknüpfung der mathematischen Konstanten e, *i* und π mit der Struktur und Verteilung der Primzahlen so deutlich zu machen, daß für unsere Zuhörer eindeutig die Realexistenz des 4-dimensionalen Primzahlraumes erkennbar würde. So erhält nämlich das Elektronenschalenmodell der Naturwissenschaft durch die Arithmetik eine Grundlage, die sich nicht wie die bisherige Atomphysik bloß aus Empirie ableitet.

Während unserer Erläuterungen kam es zu einer ungewöhnlichen Szene. Ich betonte, daß für mich die Eulersche Formel

$$\mathbf{e}^{i\pi} = \mathbf{-1}$$

das größte Rätsel im Universum darstellt, und daß es unsere gemeinsame Aufgabe sei, dieses Mysterium zu entschleiern. Ich betonte dies scharf, gerade weil diese Beziehung für die meisten Mathematiker kein Rätsel darstellt. (Die Ableitung von Euler ist aus heutiger Sicht leicht nachvollziehbar.) Michael, der wohl einen Affront befürchtete, versuchte abzuwiegeln und erklärte impulsiv: „Wie kannst Du einem so bedeutenden Mathematiker eine fast triviale Beziehung als das größte Rätsel im Universum schildern?“

Meine Stimme wurde kalt und schneidend: „Ob Herr Professor Butzer ein bedeutender Mathematiker ist, spielt für meine Beurteilung der Euler-Formel überhaupt keine Rolle. Sie ist für mich das größte Rätsel der Mathematik und der Welt.“

„Für mich auch“, antwortete Professor Butzer, und ließ mich für einen kurzen, freudigen Moment vergessen, von welch entsetzlichen Dummköpfen ich immer umgeben war. Michael strahlte erleichtert.

*

Professor Butzer bestimmte, daß seine Assistentin „Das Primzahlkreuz“ Band I und II lesen sollte. Ohne meine klaren Bedenken gegen diese junge Frau zu zeigen, akzeptierte ich seinen Vorschlag.

---

[1] Die Zeichnung erläutert die fortgesetzte Wurzelziehung der Zahl 1 als Winkelteilungsproblem und liefert, rückwärts gelesen, die Ausdrücke +1, –1, *i*, zweite Wurzel von *i*, vierte Wurzel von *i*, achte Wurzel von *i*, usw. Dabei halbieren sich die Winkel fortgesetzt bis ins Unendliche.

Ein Anruf im Düsseldorfer Wissenschaftsministerium würde sowieso reichen, in Aachen den Funken einer mathematischen Revolution im Keim zu ersticken. Das wäre zu gefährlich, schon allein für die Firma Henkel. Dennoch entzog sich Professor Butzer Michael Felten gegenüber nicht völlig der ungeheuren Verantwortung. Nach dem Rigorosum nahm er Michael beiseite und teilte ihm knapp seine Position mit.

„Herr Felten, ich begrüße Ihr Vorhaben, in Mathematik zu habilitieren; was die Arbeit mit Herrn Dr. Plichta betrifft muß ich Sie allerdings zur Vorsicht ermahnen. Wenn Ihre gemeinsamen Überlegungen stimmen, und einiges spricht dafür, wird in erster Konsequenz das Gebäude der Mathematik zusammenbrechen. Anschließend bricht sofort das physikalische Weltbild zusammen, und danach kommt die Revolution. Ich stehe kurz vor der Emeritierung. Ich bin von Natur aus kein Revolutionär. Es wird sich ein Weg finden, daß Sie beamteter Assistent werden. Sie müssen allerdings sehr vorsichtig sein. Aber Sie sind ja auch bisher in der Fakultät in Bezug auf Ihre Überlegungen zurückhaltend geblieben. Es tut mir leid, daß ich nicht mehr für Sie tun kann."

Als Michael mir diese bedrückende Einschätzung des Professors, den er wegen seiner mathematischen Leistungen verehrte, mitteilte, war ich weniger geschockt und kommentierte das Verhalten von Professor Butzer.

„Es gibt Momente, wo nur die Tat entscheidet, aber es gibt auch Situationen, wo der Kompromiß es möglich macht, zu einem späteren Zeitpunkt entscheidend zu handeln."

Professor Butzer hat sich für Dr. Michael Felten eingesetzt. Er hat nicht Mut gezeigt, sondern diplomatisches Geschick. Er ist, wie er gesagt hat, kein Revolutionär.

Michaels Schicksal nahm einen ganz anderen Verlauf, als wir uns das vorgestellt hatten. Da an der Fakultät in Dortmund keine Stelle frei war, wurde er für ein Jahr an der Fernuniversität Hagen angestellt, um danach mit der Habilitation in Dortmund zu beginnen. In Hagen stellte er sich den einzelnen Professoren persönlich vor, was einen der Herren veranlaßte, seine Verwunderung darüber zu zeigen und zu fragen: „Wo haben Sie promoviert? Wo wohnen Sie?"

„In Dortmund, und dort wohne ich auch, zusammen mit zwei Katern."

„Bringen Sie die Kater ins Tierheim, und suchen Sie sich eine Frau."

Einige Tage später stellte sich eine bildhübsche Doktorandin eben dieses Professors bei Michael vor. Wäre er nicht vorübergehend in Hagen beschäftigt gewesen, hätte er seine zukünftige Frau wohl niemals kennengelernt.

*

Es gibt in Deutschland eine wissenschaftliche Zeitschrift „raum&zeit", die auf Industriewerbung verzichtet und alternativ zu den Jubelschriften unserer Berufswissenschaftler die Ansichten von Außenseitern ihren (vorzugsweise Abo-) Lesern (über 20000) zugänglich macht. Dabei werden leider oft interessante Artikel überschattet von 'Forschungsergebnissen', die bestenfalls Kopfschütteln verursachen.

Der Herausgeber dieses Magazins, Hans-Joachim Ehlers, hatte 1992 den ersten Band des Primzahlkreuzes gelesen und mit mir telefonisch einen Termin vereinbart.

Ich holte ihn am Düsseldorfer Flughafen ab und wir diskutierten zusammen mit Dr. Felten in meiner Wohnung. Ab einem bestimmten Zeitpunkt begriff Herr Ehlers dann, daß er seine Zeitschrift eigentlich umbenennen müßte in „raum&zeit&zahlen". Ich bot dem Herausgeber an, zwei leichtverständliche Artikel zu schreiben, machte aber zur Bedingung, daß sie dreisprachig (deutsch, englisch, japanisch) abgedruckt würden, wobei ich ihm dadurch entgegenkam, daß ich die Übersetzungen ins Japanische selbst veranlassen und finanzieren wollte.

Ich schrieb „Das Ende der Quantenphysik – Die Entschlüsselung des Primzahlrätsels (I) und (II)" zusammen mit einem Freund, Rolf Niemann, der den ersten Artikel mit seinem Namen zeichnete, weil ich in der 3. Person formuliert hatte. Die beiden Artikel erschienen zwischen Mai und Juli 1993 und hatten zur Folge, daß die erste Auflage der Bände I und II (zusammen 6000) langsam abverkauft wurde und ich zu meiner Erleichterung 1995 die zweite, korrigierte und erweiterte Auflage (zusammen 6000-11000) in Druck geben konnte.

*

In diese Zeit fiel auch ein Besuch bei Herrn Professor Dr. Edgar Kaucher, Universität Karlsruhe, der Michael und mich zusammen mit Dr. Kunkel in das Institut für Angewandte Mathematik, an dem er beschäftigt war, einlud. An den Gesprächen dort nahmen noch einige wissenschaftliche Angestellte und Studenten teil.

Da Michael von Herbst 1991 bis zu diesem Zeitpunkt kaum noch Zeit gehabt hatte, mit mir zusammen zu arbeiten, war ich hinsichtlich zukünftiger mathematischer Zusammenarbeit eher skeptisch und erhoffte mir insgeheim mit Herrn Kauchers Hilfe eine Zusammenarbeit zu dritt. Dies wurde leider nichts und hätte hier noch nicht einmal Erwähnung gefunden, wenn ich nicht in Karlsruhe über eine Vermutung gesprochen hätte, die anscheinend den Bedingungen eines Dramas von Racine gehorchte – den 3 Einheiten: eine Handlung, ein Schauplatz, ein Tag. Wahrscheinlich wären die ungeheuer bedeutungsvollen späteren mathematischen Schlußfolgerungen ansonsten weiter unentdeckt geblieben.

Am Tag unserer Ankunft in Karlsruhe war die neue Ausgabe des Nachrichtenmagazins „Der Spiegel" mit einem Bericht über den angeblichen Beweis der Fermatschen Vermutung erschienen (s. Band II, 2. Aufl., S. 160). Da ich in „raum&zeit" zum gleichen Zeitpunkt über unsere 4-dimensionale Betrachtungsweise des Fermatschen Problems geschrieben hatte, war ich sehr verblüfft über diese Koinzidenz.

Im Jahre 1847 hatte der deutsche Mathematiker Ernst Eduard Kummer (s. Band II, S. 24) den Großen Fermatschen Satz für alle regulären Primzahlen bewiesen. Er teilte fortan die ungeraden Primzahlen in reguläre und irreguläre Primzahlen. Die erste dieser irregulären Primzahlen ist 37. Die nächsten lauten 59, 67, 101, 103, 131, 149, 157, wie Kummer später herausfand. Sie werden aus den Bernoulli-Zahlen heraus berechnet.

Irreguläre Primzahlen teilen einen oder mehrere Zähler von solchen Bernoulli-Zahlen, deren Indizes kleiner sind als diese Primzahlen. Es gibt also einen Zusammenhang zwischen den Zählern der Bernoulli-Zahlen[1] und Primzahlen als Exponenten der Fermatschen Gleichung. Wenn man beispielsweise die Primzahl 37 in die Fermatsche Gleichung einsetzt, erhält man den Ausdruck

$$x^{37} + y^{37} = z^{37}$$

Die Primzahl 37 teilt nun den Zähler 7709321041217 der Bernoulli-Zahl B_{32} und ist somit irregulär. Damit war die Fermatsche Vermutung für den Exponenten 37 erst einmal nicht bewiesen. Kummer mußte also für die irregulären Fälle ab 37 Einzelbeweise erbringen, woran sich bis heute prinzipiell nichts geändert hat, auch

---

[1] Die Zähler der Bernoulli-Zahlen werden sehr schnell so groß, daß Mathematiker fast eine Scheu gegen sie entwickelt haben. So hat der Zähler der Bernoulli-Zahl Nummer 60 (ein kleines Nümmerchen!) bereits 43 Dezimalstellen.

wenn mit dem Kriterium des Amerikaners H. S. Vandiver seit 1930 ein Schema zur Verfügung steht, nach dem man eine irreguläre Primzahl daraufhin untersuchen kann, ob sie die Fermatsche Vermutung erfüllt[1]. 1993 war man so mit Hilfe von Computern bei der Überprüfung irregulär primzahliger Exponenten bei 4 Millionen angelangt.

Die Ursache für die Verbindung der Bernoulli-Zahlen mit den primzahligen Exponenten der Fermatschen Gleichung läßt sich aus der Kummerschen Beweisführung nicht entnehmen. Fachmathematiker machen sich grundsätzlich keine Gedanken darüber, daß die Fermatsche Vermutung mehr sein könnte als ein attraktives, wenn auch hartnäckiges mathematisches Aperçu. Ihre Verknüpfung mit den Primzahlen, die in unserem mathematischen Weltbild Erfindungen des menschlichen Geistes sind, wird einfach hingenommen. Nachdem 1997 Andrew Wiles' Beweis für die Fermatsche Vermutung akzeptiert worden ist und die Verleihung des Wolfskehl-Preises durch die Akademie der Wissenschaften in Göttingen stattgefunden hat, gilt das Thema als erledigt (siehe Nachtrag S. 86).

Wir werden im Kapitel 6 erneut auf den Großen Fermatschen Satz zurückkommen; beim Gespräch in Karlsruhe ging es um etwas grundsätzlich Neues.

*

In dem oben genannten Beispiel für das Fermatsche Problem steht die 37 im Exponent. Die Zahl 37 ist sowohl als Basis als auch als Exponent eine Primzahl. Dies klingt erst einmal trivial und verhindert so die bewußte Unterscheidung zweier Zahlenwelten: die der Grundzahlen, die bei Potenzen Basiszahlen genannt werden, und die der Exponenten. Es läßt sich eine Potenzsumme, z. B. mit dem Exponenten 37

$$1^{37} + 2^{37} + 3^{37} + 4^{37} + 5^{37} + \dots + n^{37}$$

nur berechnen, wenn sämtliche Bernoulli-Zahlen unterhalb von B_{37} zur Verfügung stehen. Hier vermutete ich einen unmittelbaren Zu-

---

[1] Eine 13-stellige Zahl oder die anderen immer größer werdenden irregulären Zähler der Bernoulli-Zahlen zu faktorisieren, wäre für Kummer unmöglich gewesen, wenn er nicht gemerkt hätte, daß Potenzsummen wegen ihrer Ordnung zu Regeln führen, die die Faktorisierung der Bernoulli-Zähler erlauben. Vgl. Edwards, H. M.: Fermat's Last Theorem, S. 226: Proof that 37 is irregular.

sammenhang zwischen primzahligen Exponenten und reziproken Primzahlen.

Bei der Erwähnung dieser Vermutung unterbrach mich Professor Kaucher und fragte, ob ich diesen Gedanken näher ausführen könnte. Ich entgegnete, daß die Nenner der Bernoulli-Zahlen primzahlcodiert sind, was man dann direkt sieht, wenn man ihre Indizes um 1 vergrößert (s. Band II, S. 185):

$B_{1+1} = -\frac{1}{2}$, $B_{2+1} = \frac{1}{6}$, $B_{3+1} = 0$, $B_{4+1} = -\frac{1}{30}$, $B_{5+1} = 0$, $B_{6+1} = \frac{1}{42}$ usw.

Hierbei zeigt sich, daß jeder Nenner der indexverschobenen Bernoulli-Zahlen durch 2 teilbar sein muß, jeder 2. durch 3 teilbar ist (ab B_{2+1}), jeder 4. durch 5, jeder 6. durch 7, jeder 10. durch 11 usw. (Die Gültigkeit dieses Faktorisierungsgesetzes führt dazu, daß die Hälfte aller Bernoulli-Zahlen den Wert 0 hat.)
Offensichtlich stellt dies die Umkehrung des Hauptsatzes der Arithmetik (Satz von der eindeutigen Primfaktorzerlegung) dar: In der Folge der natürlichen Zahlen 2, 3, 4, 5, 6, 7, ... ist jede 2. Zahl durch 2 teilbar, jede 3. durch 3, jede 5. durch 5, jede 7. durch 7 usw.

Da sich die Nenner der Bernoulli-Zahlen nach dem Satz von Staudt durch Aufsummierung reziproker Primzahlen errechnen lassen, scheint diese additive Regel etwas mit ihrem logarithmischen Charakter zu tun zu haben: Exponenten werden addiert.

Ich erläuterte, daß mein Gedanke durch den Kleinen Fermatschen Satz bestätigt wird. Dieser sagt etwas aus über Primzahlen, die im Exponenten stehen. Man wählt eine Basiszahl, z. B. die Zahl 2, und exponenziert sie mit einer Primzahl, etwa 7. Dann gilt[1]:

$$2^{7-1}-1 \equiv 0 \mod 7 \qquad \text{oder} \qquad 2^7-2 \equiv 0 \mod 7$$

Ausgerechnet ergibt sich:

$2^6-1 = 63$	$2^7-2 = 126$
$63 : 7 = 9$ Rest 0	$126 : 7 = 18$ Rest 0

[1] Lies 2 hoch 7−1 minus 1 ist kongruent 0 modulo 7. Dies bedeutet, der Wert $2^{7-1}-1$ ist ohne Restwert durch 7 teilbar.

Setzt man statt der Primzahl 7 z. B. die teilbare Zahl 15 als Exponent ein, würde bei Division durch 15 ein Restwert auftreten.

Hier sah ich eine Ähnlichkeit zu der Vergrößerung der Indizes der Bernoulli-Zahlen um 1. Beim Kleinen Fermatschen Satz wird nämlich die Primzahl im Exponent um 1 verkleinert. Während ich dies an einer Tafel der mathematischen Institute erläuterte, sagte Professor Kaucher: „Worauf wollen Sie genau heraus?“

„Niemand weiß, warum es einen Satz gibt, der über die Primzahligkeit eines Exponenten eine Aussage liefert. Was mir aufgefallen ist, läßt sich leicht ausdrücken. Am Ende der obigen Berechnung wird die Zahl 7 ‘umgedreht’ und tritt als Divisor 1/7 auf und damit als Primzahl im Nenner. Es sieht so aus, als wenn primzahlige Exponenten mit reziproken Primzahlen verknüpft sind. Es müßte also möglich sein, die tiefen Gründe für die Existenz des Kleinen Fermatschen Satzes herauszufinden.“

Professor Kaucher erwiderte: „Ich habe verstanden, worauf Sie hinaus wollen. Sie sollten ihre Teilbarkeitsregeln für die Nenner der Bernoulli-Zahlen auf ihre mögliche Verwandtschaft mit dem Kleinen Fermatschen Satz hin untersuchen. Da könnte es wirklich einen Zusammenhang geben.“

*

Wieder in Düsseldorf, schrieb ich die ersten 5 Potenzreihen untereinander auf. Plötzlich fiel mir auf, daß die vorliegende quadratische Matrix auch von oben nach unten gelesen werden kann, und zwar als geometrische Reihen, weil dann nämlich Basis und Exponent jeweils vertauscht sind.

$$\begin{matrix} 1^1 & 2^1 & 3^1 & 4^1 & 5^1 & \dots & m^1 \\ 1^2 & 2^2 & 3^2 & 4^2 & 5^2 & \dots & m^2 \\ 1^3 & 2^3 & 3^3 & 4^3 & 5^3 & \dots & m^3 \\ 1^4 & 2^4 & 3^4 & 4^4 & 5^4 & \dots & m^4 \\ 1^5 & 2^5 & 3^5 & 4^5 & 5^5 & \dots & m^5 \\ \vdots & \vdots & \vdots & \vdots & \vdots & & \vdots \\ 1^n & 2^n & 3^n & 4^n & 5^n & \dots & m^n \end{matrix}$$

Abbildung 31

Schlagartig begriff ich, daß diese Matrix primzahlcodiert sein muß. Die Aufsummierung der Potenzen von links nach rechts (beispielsweise die Quadrate)

$$1^2 + 2^2 + 3^2 + 4^2 + 5^2 + ... + m^2$$

ist mit den primzahlcodierten Bernoulli-Zahlen verknüpft. Dann müßte nach Vertauschung von Basen und Exponenten bei den resultierenden geometrischen Reihen (in unserem Beispiel also die Potenzen der Basiszahl 2)

$$2^1 + 2^2 + 2^3 + 2^4 + 2^5 + ... + 2^m$$

die Primzahlcodiertheit erhalten bleiben – die Primzahlstruktur in der Folge sowohl der fortlaufenden Basen als auch der fortlaufenden Exponenten ist ja dieselbe. Daß dies so trivial scheint, mag der Grund dafür sein, daß der beschriebene Zusammenhang noch nie als ursächlich mit der Existenz höherer Mathematik (Integralrechnung, Funktionentheorie) zusammenhängend untersucht worden ist.

Der Blick auf die Matrix lieferte mir endgültig ein Bewußtsein dafür, daß es 2 Sorten von Zahlen gibt, nämlich die Basen und die Exponenten (Logarithmen). Letztere stellen wir aus praktischen und ästhetischen Gründen kleiner dar. Da beide Sorten von Zahlen aber mit denselben arabischen Ziffern geschrieben werden, geht das Gefühl für den prinzipiellen Unterschied zwischen der Bedeutung der Basiszahlen und vice versa der Bedeutung der Exponenten ein wenig verloren. Die Basen geben nämlich einen Wert explizit an, während Exponenten steuern, wie oft man eine Zahl (Basis) mit sich selbst multiplizieren muß.

Nach diesem Umkehrprinzip verhalten sich aber gerade die Geometrien des 4-dimensionalen und des 3-dimensionalen Raumes zueinander (Band II, S. 150, S. 187).

Die Geometrie des Primzahlkreuzes ist quadratisch ($\mathbf{r^2}$). Umgekehrt basiert die Geometrie des Pascalschen Dreiecks auf den Potenzen von $\mathbf{2^r}$ mit r = 00, 0, 1, 2, 3, 4, 5, ... Damit unterscheidet sich die Geometrie des unendlichen, absoluten Raumes von der des gasgefüllten Raumes der Ja/Nein-Entscheidungen durch Umkehrung von Basis und Exponent.

Von tiefer Spannung erfüllt, rief ich Michael an und bat ihn, nach Düsseldorf zu kommen.

„Ich will Dir eine Matrix zeigen, von der ich glaube, daß sie uns ermöglicht, herauszufinden, warum es in unserer physikalischen Welt bestimmte mathematische Sätze gibt.“

Michael kam, und innerhalb von 3 Stunden hatten wir das erste und einfachste Problem gelöst und fielen uns jubelnd in die Arme. Das Tor, die entscheidenden Sätze der Arithmetik auf ihre notwendige Existenz zu untersuchen, stand offen. Die Mathematiker, die bisher behauptet hatten, Erfinder von mathematischen Sätzen zu sein, waren mit einem Schlag zu Entdeckern degradiert. Ich wußte, daß ich den Schlüssel zum Beweis dafür gefunden hatte, daß die entscheidenden Sätze der Mathematik außerhalb des menschlichen Geistes existieren.

*

Nachtrag:

Die Vergabe des Dr. Wolfskehl-Preises am 27. 06. 1997 durch die Akademie der Wissenschaften an Prof. Andrew Wiles wird ein Nachspiel haben. Mit Schreiben vom 11. 07. 93 habe ich mich nämlich an die mathematischen Institute der Universität Göttingen gewandt und die beiden ersten Bände des Primzahlkreuzes übersandt. Ich habe dargelegt, daß Michael Felten und ich schon 1991 den Nachweis erbracht haben, warum der Große Fermatsche Satz richtig ist, und warum er mit herkömmlichen Mitteln, also in Unkenntnis der 4-dimensionalen Raum-Zeit-Zahlen-Struktur, nicht direkt bewiesen werden kann. Gleichzeitig habe ich Priorität angemeldet, ohne den Preis selbst zu beantragen, da Herr Dr. Felten und ich an einer Preisverleihung nicht interessiert seien.

Am 27. 07. 93 hat der zuständige Sachbearbeiter, der Diplom-Mathematiker Autenriet, geantwortet: „... daß Sie den Beweis der Fermatschen Vermutung nicht erbracht haben.“ Ich habe daraufhin schriftlich erwidert, daß die Verleihung des Wolfskehl-Preises ein öffentlich-rechtlicher Akt ist, für den das Verwaltungsgericht Göttingen Kontrollinstanz ist. Das Verwaltungsgericht wiederum sei in seiner Entscheidung von Gutachtern abhängig.

Die offensichtliche Unfähigkeit, sich einen 4-dimensionalen Raum um einen Punkt vorzustellen, der ein inneres komplexes Zentrum benötigt, wird zu Herrn Autenriets vorschneller Entscheidung beigetragen haben. In Kapitel 6 wird die Struktur des komplexen Zentrums weiter durchleuchtet und die Richtigkeit unserer Behauptung aus 1991 nachdrücklich bewiesen. Damit ist der Prioritätsanspruch gewährleistet.

Kapitel 5

Vom Blitz der Gedanken und ihren Umkehrungen

Michael und ich verfaßten eine kurze Publikation mit dem Titel: „Über die Primzahlverschlüsselung der Bernoulli-Zahlen, des Pascalschen Dreiecks und deren Zusammenhang mit dem Kleinen Fermatschen Satz", die wir sofort nach Fertigstellung an Professor Kaucher weiterreichten. Kurze Zeit später erweiterten wir dann in Karlsruhe die Arbeit zu dritt.

Um zu zeigen, daß bei der Vertauschung von Basis und Exponent in endlichen Potenzsummen die dabei entstehenden Summenwerte direkt oder indirekt reine Primzahlprobleme darstellen, gingen wir von der Matrix (Abb. 31, S. 84) aus und bewiesen, daß die aus den Pascalschen Zahlen gewonnenen Bernoulli-Zahlen primzahlcodiert sind. Dabei enthält die Partialbruchzerlegung von B_{p-1} als letzten Summanden den Bruch 1/p (Es sei nochmals daran erinnert, daß im Band II, S. 185, die geradzahligen Indizes der Bernoulli-Zahlen alle um 1 vergrößert wurden, um die Primzahlcodiertheit sichtbar zu machen). Wir wählen als Beispiele p = 5 und p = 11.

$$\frac{1}{2}+\frac{1}{3}+\frac{1}{5}=\frac{3+2}{2\cdot 3}+\frac{1}{5}=\frac{5\cdot 5+6}{2\cdot 3\cdot 5}=\frac{31}{30}=1+\frac{1}{30}=1+B_{5-1}$$

$$\frac{1}{2}+\frac{1}{3}+\frac{1}{11}=\frac{61}{66}=1-\frac{5}{66}=1-B_{11-1}$$

Während sich die Nenner der Bernoulli-Zahlen aus Produkten von Primzahlen zusammensetzen, erfolgt die Ausrechnung der Bernoulli-Zahlen durch Addition von reziproken Primzahlen (n/p). Diese Gesetzmäßigkeit deckt sich aber mit dem Grundgesetz der Potenzrechnung, wonach man Potenzen gleicher Basen miteinander multipliziert, indem man die Exponenten addiert. Wie das Beispiel der Potenzsumme mit dem Exponent 37 (s. S. 82) zeigt, durchlaufen die Basen die Ordnung der ganzen Zahlen, während der Exponent 37 jede Base einzeln 37 mal mit sich selbst multipliziert. Um nun ein Kalkül zu finden, diese sehr schnell größer werdenden Summanden aufzusummieren, braucht man die Bernoulli-Zahlen B_{1+1} bis B_{36+1}, die Jakob Bernoulli durch Kombinatorik des Binoms $(s-1)^n = s^n$ ausrechnete. Bernoulli und auch später Euler haben sich über die Primzahlkombinatorik, die daher in den Bernoulli-Zahlen verankert ist, wenig Gedanken gemacht, weil sie nicht bis zu dem Gedanken vorgedrungen sind, daß Potenzzahlen eine eigene Primfaktorzerlegung besitzen müssen, die mit der Aufsummierung von reziproken Primzahlen verbunden ist.

Nachdem wir die Zeilenpotenzsummen und die Eigenschaften der Bernoulli-Zahlen diskutiert hatten, zeigten wir am Beispiel $\mathbf{2^n}$

$$\begin{array}{cccccccc}
1^1 & \mathbf{2^1} & 3^1 & 4^1 & 5^1 & \dots & m^1 \\
1^2 & \mathbf{2^2} & 3^2 & 4^2 & 5^2 & \dots & m^2 \\
1^3 & \mathbf{2^3} & 3^3 & 4^3 & 5^3 & \dots & m^3 \\
1^4 & \mathbf{2^4} & 3^4 & 4^4 & 5^4 & \dots & m^4 \\
1^5 & \mathbf{2^5} & 3^5 & 4^5 & 5^5 & \dots & m^5 \\
\vdots & \vdots & \vdots & \vdots & \vdots & & \vdots \\
1^n & \mathbf{2^n} & 3^n & 4^n & 5^n & \dots & m^n
\end{array}$$

Abbildung 32

daß man bei Vertauschung von Basis und Exponent ebenfalls zu primzahlgeordneten Summenwerten gelangt:

n	n + 1	$2^1 + 2^2 + 2^3 + ... + 2^n$	***p*** (Primzahl)
1	**2**	**2**	**2**
2	**3**	$2 + 4 = 2 \cdot \mathbf{3}$	**3**
3	4	$2 + 4 + 8 = 14$	
4	**5**	$2 + 4 + 8 + 16 = 30 = \mathbf{5} \cdot 6$	**5**
5	6	62	
6	**7**	$126 = \mathbf{7} \cdot 18$	**7**
7	8	254	
8	9	510	
9	10	1022	
10	**11**	$2046 = \mathbf{11} \cdot 186$	**11**
11	12	4094	
	⋮		⋮

Abbildung 33

So wie wir von den Nennern der Bernoulli-Zahlen eine primzahlcodierte Tabelle angefertigt haben, haben wir nun auch eine geometrische Summe Schritt für Schritt faktorisiert. Ein Blick auf Abbildung 33 zeigt, daß die geometrische Summe der Zweierpotenzen durch n + 1 teilbar ist, falls n + 1 eine Primzahl ist.

Diese Aussage kann leicht bewiesen werden, indem wir als Beispiel zunächst in der sechsten Zeile den Summenwert 126 betrachten. Das dazugehörige Binom (Abb. 34, Summenwert 128) hat eine Primzahl als Exponenten: $(a + b)^7$. Die palindromisch angeordneten Binomial-Koeffizienten[1] (mit einem Mittelstrich angedeutet) lauten:

$$1, 7, 21, 35 \mid 35, 21, 7, 1$$

Die Einträge jeder Zeile, die mit einer Primzahl beginnt (die Randeinsen ausgenommen), sind alle Vielfache dieser Primzahl.

	→	0	$= 2^{00}$
1	→	1	$= 2^0$
1 1	→	2	$= 2^1$
1 2 1	→	4	$= 2^2$
1 3 3 1	→	8	$= 2^3$
1 4 6 4 1	→	16	$= 2^4$
1 5 10 10 5 1	→	32	$= 2^5$
1 6 15 20 15 6 1	→	64	$= 2^6$
1 7 21 35 35 21 7 1	→	128	$= 2^7$
1 8 28 56 70 56 28 8 1	→	256	$= 2^8$

Abbildung 34

Da die Zeile für $(a + b)^7$ des Pascalschen Dreiecks (nach der 1) mit der Primzahl 7 beginnt, gilt allgemein, daß jedes Glied der Reihe

---

[1] Die Binomialkoeffizienten lassen sich aus der Gleichung $(a + b)^n$ berechnen. So liefert etwa $(a + b)^3$ die Koeffizienten $\mathbf{1}a^3$, $\mathbf{3}a^2b$, $\mathbf{3}ab^2$, $\mathbf{1}b^3$ der 4. Zeile. Um das nächsthöhere Binom auszurechnen, braucht man nicht weiter kombinatorisch zu multiplizieren, sondern nur die Koeffizienten der vorausgegangenen Zeile zu addieren, in diesem Fall liefern 1 + 3 den Wert 4 und 3 + 3 den Wert 6. Die Koeffizienten der 5. Zeile lauten somit 1, 4, 6, 4, 1. Die Gründe, warum sich so ad infinitum Koeffizienten berechnen lassen, werden zu einem späteren Zeitpunkt ausführlich untersucht.

durch 7 teilbar sein muß. Dieser Zusammenhang ist um so erstaunlicher, als sich die Binomialkoeffizienten 21 (6 + 15) und 35 (15 + 20) durch bloßes Aufsummieren der darüberliegenden benachbarten Glieder der 7. Zeile errechnen lassen.

Die Summe der Koeffizienten der 8. Zeile beträgt $2^7 = 128$. Subtrahieren wir 1 im Exponenten, erhalten wir den Wert $2^{7-1} = 2^6 = 64$. Dies entspricht aber gerade der halben Summe der o. a. Koeffizientenreihe:

$$1 + 7 + 21 + 35$$

Bilden wir aus dem Wert 2^{7-1} den Ausdruck $2^{7-1} - 1$, erhalten wir den Kleinen Fermatschen Satz für die Primzahl 7. Dies bedeutet aber nichts anderes, als daß wir die Randeins der Zahlen 1, 7, 21, 35 abgezogen haben und somit nur die

$$7, 21, 35$$

übriggeblieben sind. Da alle 3 Zahlen Vielfache der Primzahl 7 sind, muß ihre Aufsummierung, der Wert 63, auch durch 7 teilbar sein, womit das beispielhafte Vorgehen in Abbildung 33 bewiesen ist.

Dieser Beweis für die Basis 2 gilt auch für jede andere Basis größer als 2. Somit erweisen sich der Kleine Fermatsche Satz und die Bernoulli-Zahlen[1] als primzahlcodiertes Umkehrproblem, bei dem wechselseitig Basen und Exponenten vertauscht sind.

*

---

[1] Üblicherweise werden die Bernoulli-Zahlen aus den Pascalschen Zahlen (Abb. 34) nach folgendem Schema berechnet. Man sieht, daß beim Hineinmultiplizieren von primzahligen Nennern neue Primzahlteiler hinzukommen, denkt sich aber nicht viel dabei.

$$B_1 = -\tfrac{1}{2}[1] = -\tfrac{1}{2}$$

$$B_2 = -\tfrac{1}{3}\left[1 + 3\left(-\tfrac{1}{2}\right)\right] = \tfrac{1}{6}$$

$$B_3 = -\tfrac{1}{4}\left[1 + 4\left(-\tfrac{1}{2}\right) + 6\left(\tfrac{1}{6}\right)\right] = 0$$

$$B_4 = -\tfrac{1}{5}\left[1 + 5\left(-\tfrac{1}{2}\right) + 10\left(\tfrac{1}{6}\right) + 10(0)\right] = -\tfrac{1}{30}$$

$$B_5 = -\tfrac{1}{6}\left[1 + 6\left(-\tfrac{1}{2}\right) + 15\left(\tfrac{1}{6}\right) + 20(0) + 15\left(-\tfrac{1}{30}\right)\right] = 0 \qquad \text{usw.}$$

Den Schritt, die Randeins bzw. die Randeinsen zu eliminieren, hat schon Fermat gekannt (vor 1640). Er ist der eigentliche Begründer der Arithmetik. Später haben erst Leibniz und dann Euler den Kleinen Fermatschen Satz wiederentdeckt. Viele Mathematiker werden die Verwunderung über die Primzahlcodiertheit im Pascalschen Dreieck nicht verstehen, weil aus einer einfachen Rechnung für das erwähnte Beispiel 2^7 die Primzahlteilbarkeit ganz natürlich folgt. Es liefert nämlich $(1+1)^7$ die folgende Summe

$$1+\frac{7}{1}+\frac{7\cdot 6}{1\cdot 2}+\frac{7\cdot 6\cdot 5}{1\cdot 2\cdot 3}+\frac{7\cdot 6\cdot 5\cdot 4}{1\cdot 2\cdot 3\cdot 4}+\frac{7\cdot 6\cdot 5\cdot 4\cdot 3}{1\cdot 2\cdot 3\cdot 4\cdot 5}+\frac{7\cdot 6\cdot 5\cdot 4\cdot 3\cdot 2}{1\cdot 2\cdot 3\cdot 4\cdot 5\cdot 6}+\frac{7\cdot 6\cdot 5\cdot 4\cdot 3\cdot 2\cdot 1}{1\cdot 2\cdot 3\cdot 4\cdot 5\cdot 6\cdot 7}$$

Man sieht sofort, daß die Primzahl 7 sich nie wegkürzt, ausgenommen bei den Randgliedern. Hier verhindert wieder einmal ein Rechenschritt, in dem gekürzt wird, die tiefen Ursachen – hier für die Primzahlcodiertheit im Pascalschen Dreieck – zu erkennen.

Das Besondere an der geraden Primzahl 2 ist, wie das Galtonsche Nagelbrett zeigt, daß sie die Zahl der ja/nein-Entscheidungen ist und die primzahlcodierten Binomialkoeffizienten mit den primzahlcodierten Bernoulli-Zahlen verknüpft. Hierbei stellen die Randeinsen beim Pascalschen Dreieck den Zusammenhang zum Fermatschen Satz dar (durch die Differenz −1), während bei der Vergrößerung der Indizes der Bernoulli-Zahlen +1 addiert werden muß. Von der Zahl ± 1 leiten sich nicht nur alle Primzahlen (der Form 6n ± 1) ab, sondern die Zahl ± 1 regelt für die Eulersche Zahl e im Exponenten auch die Aufsummierung von Primzahlen und lieferte Leibniz, ohne daß er dies ahnte, das Integralkalkül (Band II, S. 180).

*

Während ich mit den 2 Berufsmathematikern diese Gedanken formulierte, mußten wir die unteilbaren Zahlen 1, 2, 3 als Anfangsglieder der K_1, K_2, K_3 – Zahlen neu definieren. Mir ging durch den Kopf, wie sehr schon durch diese Dreiteilung das heutige mathematische Weltbild abgelöst wird.

Die Mathematiker glauben, daß Zahlen und Mathematiken (Oswald Spengler), Figuren und Geometrien menschliche Erfindungen seien. Nehmen wir als Beispiel das erfundene Spiel Schach. Dort gibt es Figuren mit verschiedenen Qualitäten und in verschiedenen Anzahlen. Mit einem quadratischen Muster als geometrischer Spielgrundlage stehen die Bedingungen für die Spielregeln fest. Ähnlich, aber natürlich viel komplizierter, sehen heutige Mathematiker ihre

Mathematik als grandioses Spiel. Die Anfangsbedingungen scheinen ewig zu sein, etwa die Existenz gerader und ungerader Zahlen, was sich einfach aus der Folge 1, 2, 3, 4, 5 ... ableitet. In der Folge dieser Zahlen muß es Primzahlen geben, 2, 3, 5, 7, ... Wenn man aber in einem solchen Spiel nachträglich verborgene Zusammenhänge entdeckt, die nicht vom menschlichen Geist a priori in das Spiel induziert worden waren, verliert das Spiel seinen Sinn. Der vernachlässigte Sechsertakt der Primzahlen und das damit einhergehende Erkennen der 3 Zahlenklassen bedeutet bereits, daß das Spiel aus ist.

Kummer war vielleicht der letzte Mathematiker, der eine Chance hatte, zu erfassen, daß das Pascalsche Dreieck kein geniales Spielzeug ist, sondern eine ewige Geometrie, die die Gesetze des gasgefüllten 3-dimensionalen Raumes physikalisch steuert. Dies wurde in Band II schon behandelt und soll im folgenden mit Hilfe der Geometrie der sogenannten Sierpinski-Dreiecke fortgesetzt werden.

Die wenigsten Menschen wissen, daß zum Pascalschen Dreieck noch oberhalb der Ziffer 1 der 1. Zeile die Zahl 0 gehört, was wir im zweiten Band, S. 152, durch den Ausdruck

$$\mathbf{2^{\infty} = 0}$$

deutlich gemacht haben. Dies läßt sich einfach folgern aus der Tatsache, daß in den Binomialkoeffizienten auch die Folge der Fibonacci-Zahlen gespeichert ist.

Eine Fibonacci-Zahl wird rekursiv definiert als die Summe der zwei vorausgegangenen Folgeglieder.

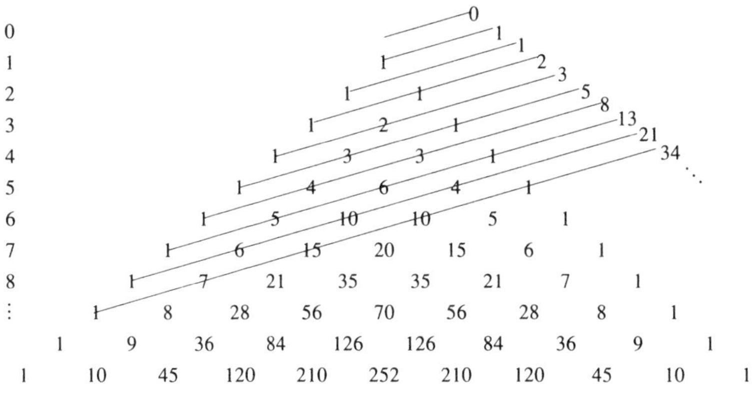

Abbildung 35

Um die Folge abzuleiten, werden nur die Ziffern 0 und 1 benötigt. Denn die Summe von 0 + 1 liefert 1; 1 + 1 liefert 2; 1 + 2 = 3; 2 + 3 = 5, dann 8, 13, 21, usw. Auf die Fibonacci-Zahlen werden wir an späterer Stelle zurückkommen; hier ist wichtig, daß das Pascalsche Dreieck ebenfalls auf den Ziffern 0 und 1 aufbaut.

Im dezimalen Stellenwertsystem werden die beiden Einsen in der 2. Zeile zu einer einzigen Zahl, die dann als elf gelesen werden muß. Die 3. Zeile lautet 121 = Einhunderteinundzwanzig = 11^2. Die 4. Zeile entspricht der Potenz 11^3, die 5. Zeile 11^4, und die 6. gibt 11^5, wobei zu beachten ist, daß ab hier mit den beiden mittleren palindromischen Zahlen 10 wegen ihrer Mehrstelligkeit dezimale Überschläge auftreten, und die 6. Zeile folglich dezimal als 161051 (Einhunderteinundsechzigtausendeinundfünfzig) gelesen werden muß. Für jede n-te Reihe gilt der Ausdruck

$$\mathbf{11^{n-1}}$$

Der wahrscheinlich erste Mathematiker, der mit Schrecken herausgefunden hat, daß das Pascalsche Dreieck in einem Stellenwertsystem angelegt ist, war wiederum Kummer. Indem er bewies, daß es auch in jedem anderen Stellenwertsystem seine Gültigkeit behält, war das Gespenst des Dezimalsystems aber erst einmal vertrieben. Bei seinem Beweis hat er allerdings etwas übersehen.

Hierzu betrachten wir die Zeilen 1 bis 4 des Dreiecks, setzen aber diesmal für jeden Binomialkoeffizienten einen Punkt ein.

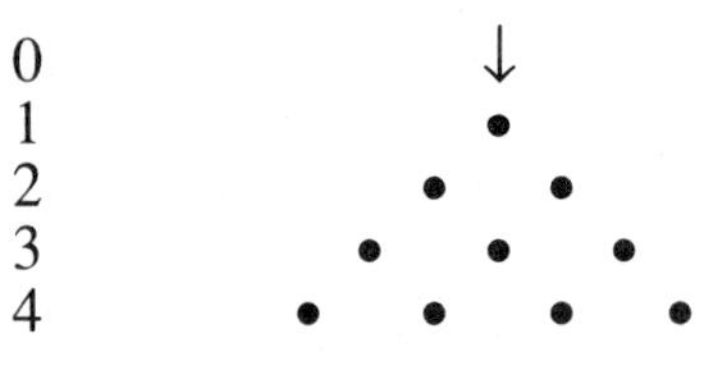

Abbildung 36

Die Summe dieser **4** Dreieckszahlen (die Anzahlen der Punkte in den Reihen 1, 2, 3, 4) beträgt **10**. Diese rein geometrische Darstellung der Zahl **10** wird griechisch als „Tetraktys" bezeichnet[1].

Das bisher verborgene Geheimnis der Tetraktys und damit des Galtonschen Nagelbrettes liegt darin, daß das additive Bildungsgesetz

---

[1] Russell, Bertrand: Denker des Abendlandes. Eine Geschichte der Philosophie, Stuttgart, 1976. S. 34.

für die Pascalschen Zahlen in Wirklichkeit erst mit Beginn der 5. Zeile einsetzt. Es ist nämlich in der 5. Zeile die Zahl 6 die erste Zahl, die hier durch Addition erzeugt wird. Die Ursache dafür ist, daß in den ersten **4** Zeilen nur die Ziffern **1**, **2**, **3** vorkommen. Das sind gerade die **3** unteilbaren Anfangsglieder der **3** Zahlenklassen!

Die Anfangsglieder der **3** Zahlenklassen werden natürlich nicht durch Addition erzeugt, sondern leiten die Folge der fortlaufenden Zahlen ein, die sich sowohl auf der linken wie auf der rechten Seite des Pascalschen Dreiecks neben den Randeinsen befindet. Dabei hat die Zahl **2** die interessante Eigenschaft, sowohl zur linken wie zur rechten Reihe der fortlaufenden Zahlen zu gehören. Daß für die ersten **4** Zeilen das Additionsgesetz ebenfalls gilt, ist ein sekundärer Effekt, der bisher verhindert hat, zu erkennen, daß man die unteilbaren Zahlen **1**, **2**, **3** nicht erst zusammensetzen muß.

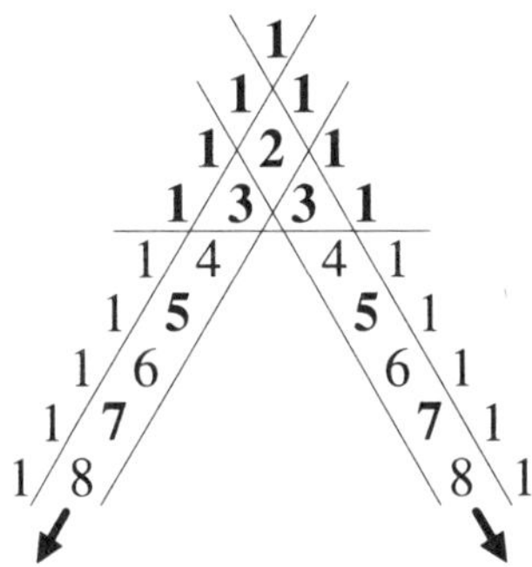

Abbildung 37

In dem mittleren leeren Dreieck liegen alle durch das **Additionsgesetz** erzeugten Binomialkoeffizienten, die nicht mehr prim sein können. Das Primzahlkreuz basiert umgekehrt auf einem **Multiplikationsgesetz**.

Auf dem Primzahlkreuz sorgen diese 3 Zahlen dafür, daß auf dem ersten Kreis **8** Zahlen existieren, die nur durch 1 teilbar sind. Weiterhin befinden sich deswegen dort **8** Zahlen, die das Vielfache der Zahl 3 darstellen. Übrig bleiben **8** Zahlen, die nur durch 2 (und niemals durch 3) teilbar sind.

Die reziproken Gesetze

$$\frac{1}{n^2} \text{ bzw. } \frac{1}{2^n}$$

in denen Basis und Exponent vertauscht sind, stellen das Ausbreitungsgesetz für den 4-dimensionalen unendlichen Raum um einen Punkt (Primzahlkreuz) und das Ausbreitungsgesetz für den 3-dimensionalen gasgefüllten Raum (Pascalsches Dreieck) dar. Da Basen und Exponenten aber die gleiche Primzahlstruktur besitzen, ist das auf Seite 83 entwickelte Gesetz von der Umkehrung des Hauptsatzes der Zahlentheorie den Mathematikern bisher verborgen geblieben.

Daraus läßt sich schließen, daß das Pascalsche Dreieck auch eine verborgene Geometrie besitzen muß, die die Geometrie des Primzahlkreuzes gewissermaßen umkehrt. Wie Abbildung 4 (Band I, S. 321) zeigt, existieren auf dem Primzahlkreuz insgesamt **3** kreuzförmige **8**er-Geometrien. Das Pascalsche Dreieck müßte folglich ebenfalls einer **8**er-Geometrie gehorchen, die selber wiederum aus **3** Dreiecken besteht.

Leider fehlte mir jede Idee, wie ich diese geheimnisvolle Geometrie finden könnte.

*

Wie schon so oft in meinem Leben erhielt ich die Lösung einfach geschenkt. Rolf Niemann hatte in der Zeitschrift „Spektrum der Wissenschaft", August 1993, einen Artikel über Andrew Wiles und das Fermatsche Problem gelesen und mir dann eine Fotokopie angefertigt. Weil aber im gleichen Heft ein unterhaltsamer Artikel von Ian Stewart über das Pascalsche Dreieck abgedruckt war, hatte Rolf diesen gleich mitkopiert: „Vielleicht kannst Du den ja gebrauchen."

Auf Seite 11 befand sich ein farbiges Sechseck, das sich selber aus 6 gleichseitigen Dreiecken zusammensetzt und Teilbarkeitsbeziehungen im Pascalschen Dreieck sichtbar macht. Für die entscheidende Teilbarkeit durch die Zahl 2 besteht das entsprechende Dreieck nur aus schwarzen und weißen sechseckigen Waben. Ich brauchte nur noch die Zeilen des obersten Dreieckes abzuzählen, das in der Mitte ein kleines umgekehrtes weißes Dreieck zeigt. Es waren **8** Zeilen. Da wußte ich, was für ein kostbarer Schatz mir da ins Haus getragen worden war.

Der polnische Mathematiker Waclaw Sierpinski hat diese merkwürdige Geometrie schon vor über 80 Jahren entdeckt (s. Kapitel 10). Man hat aber in der Folgezeit die **8**er-Struktur des Pascal-Sierpinski-

Dreiecks zwar registriert, aber ihre Bedeutung glatt übersehen, ähnlich wie Chemiker und Physiker die **8**er-Struktur des Periodensystems zwar ausgearbeitet, aber keinen tieferen, übergeordneten Sinn darin gesucht haben.

Hierbei sind die beiden ersten Zeilen mit 3 Einsen belegt und als ungerade Zahlen schwarz gefärbt. In der dritten Zeile ist die mittlere Zahl 2 die erste gerade Zahl und aufgrund dieser Eigenschaft weiß gekennzeichnet. In der vierten Zeile ist die gesamte Reihe wieder schwarz, weil die 4 Zahlen 1, 3, 3, 1 alle ungerade sind. Wegen den Zahlen 1, 2, 3 und ihrer gerade/ungerade-Geometrie in den ersten 4 Zeilen muß jetzt bei den folgenden Zeilen etwas Verblüffendes eintreten.

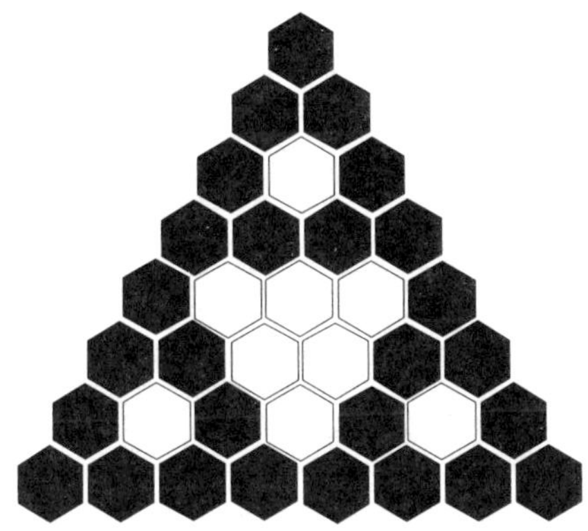

Abbildung 38

Die 5. Zeile enthält 3 weiße Felder, da die Addition von ungeraden Zahlen nur gerade Zahlen erzeugen kann. In der 6. Zeile tritt zum ersten Mal eine Primzahl von der Form 6n ± 1 auf. In dieser Zeile befindet sich zweimal die Zahl 10, weil durch Kombinatorik der ersten 4 Zeilen und ihrer unteilbaren Zahlen 1, 2, 3 die Voraussetzung dafür entstanden ist, daß in der 6. Zeile jene Teilbarkeitsregel herrscht, die wir schon beschrieben haben: beginnt die Zeile (immer ohne die Randeins) mit einer Primzahl der Form 6n ± 1, sind alle Glieder der Zeile durch diese Primzahl teilbar. Um dies weiter zu verdeutlichen, betrachten wir nun die 7. Zeile, die das entstandene mittlere umgedrehte Dreieck abschließt. Mit der 8. und letzten Zeile, die wiederum nur ungerade Zahlen enthält, ist die Geometrie des **gleichseitigen** Sierpinski-Dreiecks abgeschlossen.

Dieses **8**-zeilige Dreieck kann aus drei verschiedenen Richtungen betrachtet werden und sieht trotzdem immer gleich aus, weil das Doppelte der Zahlen 1, 2 und 3 die geraden Zahlen 2, 4 und 6 liefert.

Das auf Seite 90 gezeigte Beispiel für die 8. Zeile gehorcht der Gleichung $(1+1)^7$ und ist nach dem mathematischen Kunstgriff „n über k“ ausgerechnet. Das richtige Rechenergebnis basiert eben nur scheinbar auf einer Erfindung, Binomialkoeffizienten zu berechnen. Das Pascalsche Dreieck stellt nämlich eine ewige Geometrie für unsere physikalische Welt dar, die bisher nicht erkennbar war, weil wir von alters her gewohnt sind, das Dreieck mit Zahlen auszufüllen. Diesen Zahlen sieht man aber nicht ihre Proportionen von gerade und ungerade an. Die ewige Geometrie existierte natürlich auch vor Sierpinski. Er machte sie nur sichtbar.

Abbildung 39

Wie Abbildung 39 zeigt, wiederholt sich das 8-zeilige Dreieck sowohl an den Rändern wie im Inneren des Dreieckes bis in die Unendlichkeit. Dies und die Tatsache, daß die weißen Dreiecke in der Mitte immer größer werden, hätte Sierpinski in den Mittelpunkt seiner Überlegungen stellen müssen (s. Kap. 10).

*

Der tiefe Grund für die **8**-zeilige Geometrie sind die Zahlen **1**, **2**, **3** der ersten **4** Reihen. Die Tetraktys geht auf Pythagoras und Platon zurück, könnte ägyptisches Erbe sein und hat zweieinhalbtausend Jahre lang die Köpfe unzähliger Zahlenmystiker beschäftigt.

Auch die Kabbala (wörtl.: Überlieferung), ein (fälschlicher) Name für die jüdische Zahlenmystik, basiert auf der Vorstellung, Gott, das Unendliche (En Soph), entfalte sich in **10** Abstufungen (Sephirot). Das alte jüdische Wissen (im Hebräischen bedeuten die 22 Buchstaben gleichzeitig 22 Dezimalzahlen zwischen 1 und 400) war die Thora (Pentateuch, die 5 Bücher Mose) – der Grund der Schöpfung. In der jüdischen Mystik ist die in der Natur verankerte Dreifachheit göttlichen Ursprungs und an eine vierfache Form gebunden. Die sich daraus ergebende o. g. Zehnfachheit kann aber nur dann sinnvoll begründet werden, wenn die Ziffern 1, 2, 3 den Findern dieser Lehre als unteilbare Anfangsglieder bekannt waren. Hierfür kommen möglicherweise babylonische Mathematiker in Frage, die bekanntlich die Zahl 6 für heilig erklärten. Das läßt darauf schließen, daß ihnen der Sechsertakt der Primzahlen und die Besonderheiten der Zahlen 1, 2, 3 geläufig waren.

Das Primzahlkreuz basiert auf der Zahl **24**, also dem **Produkt** von

$$\mathbf{1 \cdot 2 \cdot 3 \cdot 4}$$

Es ist im Dezimalsystem angelegt. Seine Umkehrung, das Pascalsche Dreieck und seine Nagelbrett-Geometrie, basiert auf der **Summe** der Zahlen

$$\mathbf{1 + 2 + 3 + 4}$$

also auf dem Wert **10**. Wenn aber dieselben Zahlen (1, 2, 3, 4) beim Multiplizieren bzw. Addieren zu zwei so verschiedenen, aber elementarsten Geometrien führen, kann das nur bedeuten, daß es sich in dem einen Fall um Basen, und in dem anderen Fall um Exponenten handelt.

Weil bei Vertauschung von Basis und Exponent das Stellenwertsystem erhalten bleibt, müssen die beiden Einsen der 2. Zeile des Pascalschen Dreiecks dezimal, als 11, gelesen werden. Die Ziffern **8** und **11**, die addiert 19 ergeben, waren mir aber schon 1983 bei der Untersuchung des Rätsels der Isotope aufgefallen. Tabelle 4 (Band I, S. 449) zeigt, daß nach der Unterteilung der Elemente in 19er-Kolonnen eine noch feinere Gliederung im Verhältnis **8** zu **11** existiert. Ich hatte somit 10 Jahre warten müssen, ehe ich mich wieder mit der Frage beschäftigen konnte, warum die Isotopie in den Anzahlen 1 bis 10 angelegt ist. Wenn ich dieses Problem lösen würde, würden mir die Chemiker helfen, Physiker und Mathematiker zur Besinnung zu bringen.

*

Michael und ich waren schon einmal auf die merkwürdigen Bernoulli-Zahlen gestoßen, als wir die Aufsummierung von reziproken Quadraten von Zahlen der Form 6n ± 1 untersucht hatten (Band II, S. 168). Just mit Zahlen oder Primzahlen von der Form 6n ± 1 hat sich aber der Begründer der analytischen Zahlentheorie, Leonhard Euler, nie beschäftigt, sondern mit Primzahlen von der Form 4n + 1 (5, 13, 17, ...) bzw. 4n + 3 (7, 11, 19, ...), was uns jetzt auf die Idee brachte, die Arithmetik daraufhin zu untersuchen, ob nicht nur der Kleine Fermatsche Satz, sondern auch andere Sätze der Mathematik tief verborgene Existenzgründe haben und keine Erfindungen darstellen.

Leibniz vermutete noch, der Kleine Fermatsche Satz werde nur von Primzahlen erfüllt. Aber schon 1819 fand F. Sarrus das erste Gegenbeispiel: 341 löst die Kleine Fermatsche Gleichung, ist aber keine Primzahl, sondern das Produkt von 11 und 31:

$$2^{341-1} - 1 \equiv 0 \mod 341$$

Es gibt unendlich viele solcher sogenannter Pseudoprimzahlen. Die nächste lautet 561 und erfüllt den Kleinen Fermatschen Satz sogar für jede beliebige Basis (damit ist 561 eine sogenannte Carmichael-Zahl). Unterhalb von 1 Million gibt es 78489 echte Primzahlen, hinzu kommen noch 245 Pseudoprimzahlen, die nicht vom Kleinen Fermatschen Satz als teilbare Zahlen erkannt werden.

Interessanterweise lassen sich Pseudoprimzahlen aus der Theorie der Repunits berechnen. Bei ihnen sind alle Stellen mit Einsen besetzt, sie lauten also 1, 11, 111, 1111, ... und lassen sich im Dezimalsystem durch den Quotienten $(10^n - 1)/(10-1)$ berechnen. Es läßt sich zeigen, daß der Ausdruck $(4^p - 1)/(4-1)$ für Primzahlen von der Form 6n ± 1 immer Pseudoprimzahlen liefert. So ist $341 = (4^5 - 1)/(4-1)$. Welcher Zusammenhang besteht nun zwischen Repunits und dem

Kleinen Fermatschen Satz bzw. dem Pascalschen Dreieck? Wenn man zwei Repunits miteinander multipliziert, entsteht ein palindromischer Wert. Es gilt für ungerade/gerade oder quadratische Faktoren:

$$11111 \cdot 1111 = 12344321 \quad \text{oder} \quad 11111 \cdot 11111 = 123454321$$

Genauso palindromisch ist aber das Pascalsche Dreieck auf den Potenzen der Zahl 11 aufgebaut. Auch der Kehrwert von 81, die Folge der natürlichen Zahlen, ergibt sich ja immer genauer als Cauchy-Produkt durch Quadratur von 0,111111... (Band I, S. 411).

Gäbe es die Pseudoprimzahlen für die Basis 2 und für höhere Basen 3, 4, 5, ... nicht, stünde jene lange gesuchte Formel zur Verfügung, die ausschließlich Primzahlen erzeugt. Wir bewiesen, daß der Kleine Fermatsche Satz keine Erfindung des Zahlentheoretikers Fermat ist, sondern eine Konsequenz des Pascalschen Dreiecks. Dieses wiederum ist keine Erfindung des Mathematikers Pascal, sondern spiegelt als mathematische Entsprechung des Galton-Brettes die Anordnung der Dreieckszahlen und damit die Physik der (Zweier-)Stöße wider (Band II, S. 151 ff.).

*

Es gibt aber einen Satz, der ausschließlich Primzahlen erzeugt, wobei diese allerdings sehr schnell zu unvorstellbarer Größe anwachsen. Schon Leibniz hat diesen Satz um 1682 gekannt[1], aber seinen Namen hat er von dem englischen Jurastudenten Wilson (später Richter Sir John Wilson). Auch Euler, der sich sehr lange mit der Frage auseinandergesetzt hat, ob jede Primzahl der Form $4n \pm 1$ als Summe zweier Quadrate darstellbar ist[2] (s. Kap. 6) und dies nach langen Mühen beweisen konnte, hat den Satz von Wilson untersucht. Er und Lagrange fanden mehrere Beweise[3].

Der Satz von Wilson verbindet die Primzahlen mit den Fakultäten. Da die Fakultäten wiederum die Exponentialfunktion begründen, und diese in Verbindung mit den Bernoulli-Zahlen die exponentielle Primzahlabnahme x/e^x-1 ad infinitum beschreiben (Band II, S. 184), ist der Satz von Wilson der zentrale Satz der Mathematik überhaupt und spiegelt wegen unserer Unfähigkeit, seine Existenzursachen zu finden, nicht nur den Glanz, sondern auch das momentane Elend der

---

[1] Weil, André: Zahlentheorie, Basel, 1992. S. 67.

[2] z. B.: $5 = 1^2 + 2^2$, $13 = 2^2 + 3^2$ usw.

[3] A.a.O., S. 207.

Königin der Wissenschaften, der Arithmetik, wider. Er lautet

$$\mathbf{(p-1)!+1 \equiv 0 \quad mod\ p}$$

und ist so einfach, daß ihn jedes Schulkind verstehen könnte. Wir wählen als Beispiel wieder die Primzahl 7

$$(7-1)!+1 \equiv 0 \quad \text{mod } 7$$

$$6!+1=720+1=721 \quad ; \quad 721:7=103 \quad \text{Rest } 0$$

Würde man statt der Primzahl 7 irgendeine der unendlich vielen Primzahlen nehmen, träte immer ein glatte Teilbarkeit auf. Für jede Nicht-Primzahl liefert der Satz einen Restwert. In fast allen Büchern, die diesen Satz behandeln, wird darauf hingewiesen, daß der Satz leider zur Primzahlbestimmung untauglich ist. Schon für die sehr kleine Primzahl 101 führt das Berechnen der Fakultät nämlich zu einer weit über 100-stelligen Zahl.

Da hat der 'liebe Gott' eben doch einen Satz erlauben müssen, der ausnahmslos Primzahlen nachweist, denn (101–1)! + 1 muß durch die Primzahl 101 teilbar sein. Und keiner weiß warum!

*

Im Frühjahr des Jahres 1994 hatte ich das eigentümliche Vergnügen, zu Beginn meiner Einschlaf- und Aufwachphase elektrische Blitzentladungen mit geschlossenen Augen zu sehen. Da es sich dabei um ein Phänomen der Netzhäute handeln konnte, nahm ich mir vor, diese abspiegeln zu lassen, verschob die Angelegenheit aber von Woche zu Woche, weil ich zu Blitzen eine sonderbare Neigung besitze.

Eines Morgens hatte ich einen Traum, in dem ich ein Gewitter beobachtete. Plötzlich schlug ein sich bildender Blitz jene Richtung ein, in der ich mich befand, lief auf mich zu und entlud sich mit entsetzlicher Wucht und einem lauten Knall in meinem Gehirn. Ich wachte mit einem Schrei auf und konnte meiner erschreckten Frau nur ratlos mitteilen, daß ein Blitz in meinen Kopf eingeschlagen sei.

Da von dem Tag an alle besorgniserregenden Blitzereignisse vorbei waren, begann ich, nach einer Erklärung zu suchen. Vielleicht war das merkwürdige Erlebnis ein sprichwörtlicher 'Geistesblitz' und sollte mir zeigen, daß die Zeit reif für Lösungen war, ganz auf mich allein gestellt. Also wagte ich mich erst einmal an den Satz von Wilson, um ihn aus einem Umkehrgedanken zu begründen.

Der Satz von Wilson behandelt geordnete Produkte von Zahlen 1, 2, 3, 4, 5, ... Für das Verhältnis einer Anzahl von Zahlen zu ihrer Faktorkombinatorik (Fakultät) **n/n!** ergeben sich beim Einsetzen der Zahlen n = 1, 2, 3, 4, 5, ... folgende Einzelwerte:

$$\frac{1}{1!}=1 \;;\; \frac{2}{2!}=1 \;;\; \frac{3}{3!}=\frac{1}{2} \;;\; \frac{4}{4!}=\frac{1}{6} \;;\; \frac{5}{5!}=\frac{1}{24} \quad \text{usw.}$$

Die Aufsummierung dieser Werte führt zur Eulerschen Konstanten e:

$$\mathbf{1}+1+\frac{1}{2}+\frac{1}{6}+\frac{1}{24}+\ldots=e$$

wobei zweimal die Zahl 1 auftritt. Die erste **1** ist nicht identisch mit der fragwürdigen Definition 1/0! = 1 wie bei Newtons Exponentialreihe, sondern ergibt sich logisch aus der Kombinatorik der Nullten Schale des Primzahlkreuzes (Band II, S. 90 f.).

Bildet man nun den Kehrwert des Ausdrucks **n/n**!

$$\mathbf{\frac{n!}{n} = (n-1)!}$$

sieht man mit einem Blick, daß man dem resultierenden Ausdruck nur noch die Zahl 1 hinzuaddieren müßte, um den Satz von Wilson zu erhalten. Als mir dieser einfache Zusammenhang klar wurde, sah ich Wilsons Vermutung unter einem völlig neuen Licht. Die oben gezeigte Ableitung von e ordnet die Zahlen auf dem Primzahlkreuz und damit die Primzahlen. Es ist ja offensichtlich so, daß die Primzahlen der Form 6n ± 1, auf dem Primzahlkreuz kombinatorisch miteinander multipliziert, die Fülle der teilbaren Zahlen von der Form 6n ± 1 liefern. Werden diese wiederum alle mit den Grundzahlen 2 und 3 kombinatorisch multipliziert, stehen alle ganzen Zahlen zur Verfügung. So wie der Körper eines Wirbeltieres aus Knochengerüst und fleischlicher Hülle besteht, kann man sich die Zahlen als Folge eines Primzahlgerüstes vorstellen. Hierbei nimmt die Anzahl der Primzahlen kombinatorisch gerade so ab, daß die Funktion $\mathbf{e^x/x}$ die Menge der Primzahlen zählt (Band II, S. 179).

*

Bei Umkehrung dieses Gedankens müßte der primzahlordnende Charakter erhalten bleiben, aber gewissermaßen ebenfalls umgekehrt:

Die Zahl e ist das Ergebnis der Ordnung aller Primzahlen. Dann müßte der Ausdruck (p–1)! plus die Zahl 1 (die einzige Zahl, die mit ihrem reziproken Wert identisch ist) nicht über alle Primzahlen eine Aussage liefern, sondern über eine einzelne Primzahl p.

Beweis: Das einfache Beispiel p = 7 ergibt zunächst

$$(7-1)! + 1 = 721$$

Da 721 sich in die Primfaktoren 7 · 103 zerlegen läßt, kommt es darauf an, eine gemeinsame Eigenschaft der Zahlen 103 und 7 zu finden. Ein Blick auf das Primzahlkreuz zeigt, daß beide Zahlen auf demselben Strahl liegen (nämlich dem, der mit der 7 beginnt).

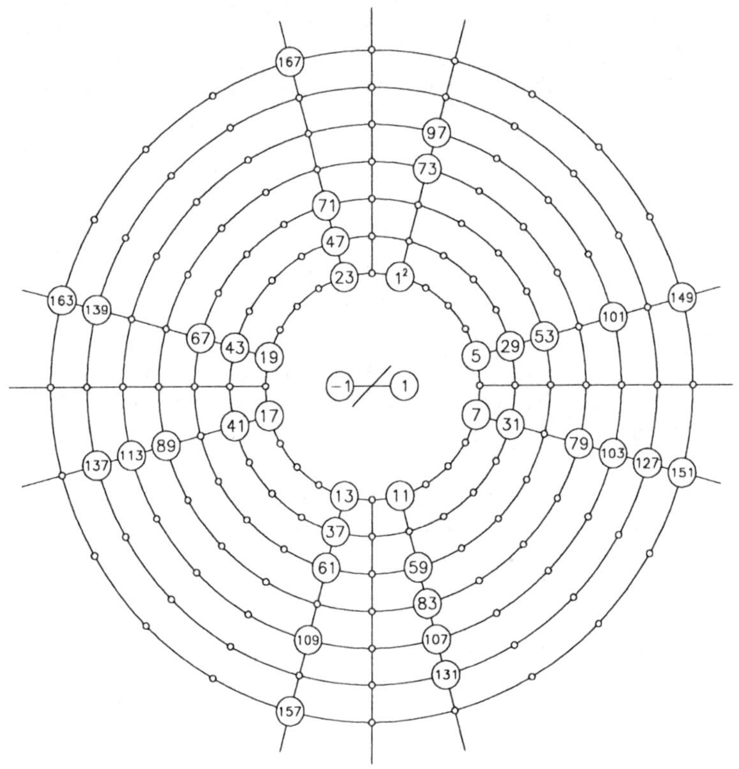

Abbildung 40

Die Zahl 721 ist die Summe einer Fakultät (6!) und der Zahl 1. Alle Fakultäten größer als 4! liegen auf dem Strahl oberhalb der Zahl 24. Dann müssen auch alle um 1 vergrößerten Fakultäten immer auf dem Strahl über der 1^2 liegen (Abb. 40).

Nun läßt sich leicht zeigen, daß sich die teilbaren und nicht quadratischen Zahlen von der Form 6n ± 1, die sich oberhalb der Zahl 1^2 befinden, aus Faktoren zusammensetzen, die alle auf demselben der 8 Strahlen des Primzahlkreuzes liegen, d. h. die einzelnen Faktoren können nicht auf verschiedenen Strahlen liegen.

Hierzu wählen wir ein einfaches Beispiel mit 2 Faktoren. Die Zahlen 53 und 101 liegen auf dem Strahl oberhalb der 5 und sollen miteinander multipliziert werden.

$$53 \cdot 101 = (2{\cdot}24 + 5) \cdot (4{\cdot}24 + 5) = (2{\cdot}24 \cdot 4{\cdot}24 + 2{\cdot}24 \cdot 5 + 5 \cdot 4{\cdot}24) + 5^2$$

Man erkennt leicht, daß der Klammerausdruck des Endergebnisses ein Vielfaches der Zahl 24 = 4! ist. Durch Addition eines beliebigen Quadrates einer Primzahl der Form 6n ± 1, in diesem Fall 5^2, landen wir damit wieder auf dem Strahl oberhalb der 1^2. Dieses exemplarische Beispiel gilt für alle unendlich vielen Primzahlen auf den einzelnen 8 Strahlen.

Somit zeigt sich, daß für den Satz von Wilson ein einziges geometrisches Modell zur Verfügung steht. Dieses Modell gehorcht dem natürlichen Takt der ersten 8 Primzahlen. Diese Erkenntnis läßt sich umkehren. Das Primzahlkreuz existiert als ewige zyklische Anordnung der Zahlen. Weil das so ist, mußte John Wilson einen Satz finden, der Primzahlen von teilbaren Zahlen fehlerfrei unterscheidet.

Nun läßt sich auch zeigen, warum Wilsons Satz für jeden letzten Primzahlfaktor einer Fakultät gilt. Auch hier reicht ein Beispiel.

Wir wählen die Zahl 11 für die Frage, ob sie prim ist, und zerlegen 10! = 3628800 in Primfaktoren

$$10! = 2^8 \cdot 3^4 \cdot 5^2 \cdot 7$$

Nun sieht man leicht, daß durch Addition einer 1 zu diesem Produkt von geordneten Primzahlpotenzen eine neue Zahl entsteht, die nicht mehr durch die Primzahlen 2, 3, 5 und 7 teilbar sein kann. (Auf dem Primzahlkreuz sind die fortlaufend multiplizierten Zahlen bzw. die fortlaufenden Primzahlpotenzen streng geordnet. Das Kommutativgesetz für Produktfaktoren ist hier aus mathematisch-logischen Gründen nicht gültig. Das Argument, daß das Rechenergebnis sich ja nicht ändert, ist eine Tautologie.) Nach dem Hauptsatz der Arithmetik muß sie aber eindeutig in Primfaktoren zerlegbar sein. Selber prim kann sie nicht sein, weil sie nach dem Satz von Wilson durch 11 teilbar sein muß, falls 11 eine Primzahl ist. Warum ist ihr Teiler ausgerechnet die Zahl 11? Diese Zahl 11 ist in Bezug auf oben angegebene Faktorzerlegung die Primzahl, die in der Folge der Primzahlen nach der 7 als nächste kommt.

$$11! = 2^8 \cdot 3^4 \cdot 5^2 \cdot 7 \cdot 11$$

Es läuft also alles auf die Frage hinaus, warum in unserem Fall durch Zuaddieren der Zahl 1 ein ranghöherer Primfaktor auftritt, denn der Satz von Wilson ist ja streng mathematisch bewiesen.

$$(11-1)! + 1 = (2^8 \cdot 3^4 \cdot 5^2 \cdot 7) + 1$$

Die Antwort ist, daß die hinzuaddierte 1 aus der Nullten Schale des Primzahlkreuzes stammt.

Weil wir nämlich im vorherigen gezeigt haben, daß der Satz von Wilson geometrisch an das Primzahlkreuz gebunden ist, wird jetzt klar, daß wie bei der Ableitung von e die 1 aus der Unterschale berücksichtigt werden muß. Diesmal wird aber aus einem Fakultätsausdruck, der aus geordneten Primzahlfaktorpotenzen besteht, eine Aussage über eine einzelne Primzahl. Genau von der Voraussetzung sind wir aber ausgegangen. Das ist der Grund, warum der Satz von Wilson ausschließlich für Primzahlen gilt, und die Primzahlen mit der Kreisform verknüpft sind. Q.e.d.

Der Kleine Fermatsche Satz und der Satz von Wilson existieren somit aus zwei Geometrien heraus, bei denen Basen und Exponenten vertauscht sind[1].

---

[1] Eine formalmathematische Bestätigung für diesen Zusammenhang findet sich bei P. Ribenboim: The new book of prime number records, New York 1996, S. 25 f.: „**Wilsons Theorem.** *If p is a prime number, then* $(p-1)! \equiv -1$ (mod p). This is just a corollary of Fermat's little theorem. Indeed, 1, 2, ..., p–1 are roots of the congruence $X^{p-1} - 1 \equiv 0 \pmod{p}$. But a congruence modulo p cannot have more roots than its degree. Hence,

$$X^{p-1} - 1 \equiv (X-1)(X-2)\cdots(X-(p-1)) \pmod{p}.$$

Comparing the constant terms, $-1 \equiv (-1)^{p-1}(p-1)! = (p-1)!$ (mod p). (This is also true if p=2.)“

Kapitel 6

Hochzeit, Scheidung, Chaos-Spiel

Am Dienstag, den 5. 7. 1994, fand die kirchliche Trauung von Michael und seiner Frau Birgit statt. Das Brautpaar befand sich vor dem Altar und der Pfarrer hielt eine Rede. Ein Bibelzitat wurde kommentiert, ich dachte dabei über ein Primzahlproblem nach und hörte nur wenig zu. Plötzlich ging es in der Rede auch um die Bedeutung der Ehe und wie wichtig es ist, daß die Mitglieder der jungen Familie die Probleme des Partners ernst nehmen.

„Auch Du, mein lieber Michael", mahnte der Pfarrer mit lauter Stimme, „laß Dir gesagt sein, mußt Dich in Zukunft um Deine Frau und den Jungen kümmern und darfst nicht immer über Primzahlen nachdenken!"

Wäre in diesen Moment eine Granate explodiert, ich wäre weniger überrascht gewesen. Ich überlegte blitzschnell, was passiert sein mußte. Das Brautpaar hatte wohl mit dem Pfarrer vor der Trauung eine Diskussion geführt, in dem die Braut ihren Ärger zum Ausdruck gegeben hatte, daß Michael zuviel Zeit mit konzentriertem Denken verbrächte. Wäre es um seine Habilitationsarbeit gegangen, hätte das Ganze für sie wenigstens einen Sinn, aber Primzahlen interessierten sie als Doktorandin der Mathematik nicht im allergeringsten. Geld und Anerkennung würde das nie bringen.

Auf diese Weise hatte es passieren können, daß wohl zum ersten Mal in der Kirchengeschichte am Altar ein Gottesmann das Wort Primzahlen in den Mund genommen hatte. Er wußte natürlich ebensowenig wie die Zuhörer, was denn die Primzahlen bedeuten. Mich packte eine unendliche Traurigkeit und schnürte mir den Atem ab. Ich begann zu weinen und konnte nicht mehr aufhören. Gleichzeitig gestand ich mir plötzlich ein, daß die Ehe mit meiner Frau, die neben mir saß, an Gefühlskälte gescheitert war.

Später schritt dann das Brautpaar zu den Klängen der Orgel durch die Kirche zum Ausgang, und alle geladenen Gäste gratulierten mit Händedruck. Ich blickte Michael an und sagte mit tränenerstickter Stimme: „Vergiß das niemals, daß es Deine Hochzeit war, auf der zum ersten Mal in der Geschichte des christlichen Abendlandes vor einem Altar das Wort Primzahlen gefallen ist."

Die schöne Braut stand neben ihm und lächelte kalt.

Ich habe Michael nie mehr wieder gesehen. Jeder Abschied heißt ein wenig Sterben, sagt ein französisches Sprichwort.

„Größe", formulierte der Historiker Jacob Burckhardt, „ist, was wir nicht sind."

„Sie erlangt man nur durch Leid", möchte ich hinzufügen[1].

*

Das letzte Problem, an dem ich mit Michael gearbeitet hatte, waren die Euler-Fermatschen Primzahlen von der Form 4n + 1. Fermat scheint 1640 im Besitz eines Beweises dafür gewesen zu sein, daß Primzahlen von der Form 4n + 1 (5, 13, 17, ...) stets und zwar nur auf eine Weise als Summen von 2 Quadratzahlen dargestellt werden können (für Primzahlen von der Form 4n – 1 ist eine solche Zerlegung ausgeschlossen). Wie die Tabelle zeigt, befinden sich nämlich ganz rechts fett gedruckte Primzahlen der Form 4n + 1 und ihre jeweiligen quadratischen Summanden.

$$
\begin{array}{lcl}
\underline{\mathbf{5}^2 = 3^2 + 4^2 = (2^2 + 1^2)^2} & \leftarrow & \underline{2^2 + 1^2 = (2 + i)\cdot(2 - i) = \mathbf{5}} \\
\mathbf{13}^2 = 5^2 + 12^2 = (3^2 + 2^2)^2 & \leftarrow & 3^2 + 2^2 = (3 + 2i)\cdot(3 - 2i) = \mathbf{13} \\
\underline{\mathbf{17}^2 = 15^2 + 8^2 = (4^2 + 1^2)^2} & \leftarrow & \underline{4^2 + 1^2 = (4 + i)\cdot(4 - i) = \mathbf{17}} \\
\mathbf{25}^2 = 7^2 + 24^2 = (4^2 + 3^2)^2 & \leftarrow & 4^2 + 3^2 = (4 + 3i)\cdot(4 - 3i) = \mathbf{25} \\
\mathbf{29}^2 = 21^2 + 20^2 = (5^2 + 2^2)^2 & \leftarrow & 5^2 + 2^2 = (5 + 2i)\cdot(5 - 2i) = \mathbf{29} \\
\underline{\mathbf{37}^2 = 35^2 + 12^2 = (6^2 + 1^2)^2} & \leftarrow & \underline{6^2 + 1^2 = (6 + i)\cdot(6 - i) = \mathbf{37}} \\
\mathbf{41}^2 = 9^2 + 40^2 = (5^2 + 4^2)^2 & \leftarrow & 5^2 + 4^2 = (5 + 4i)\cdot(5 - 4i) = \mathbf{41} \\
\mathbf{45}^2 = 27^2 + 36^2 = (6^2 + 3^2)^2 & \leftarrow & 6^2 + 3^2 = (6 + 3i)\cdot(6 - 3i) = \mathbf{45} \\
\underline{\mathbf{53}^2 = 45^2 + 28^2 = (7^2 + 2^2)^2} & \leftarrow & \underline{7^2 + 2^2 = (7 + 2i)\cdot(7 - 2i) = \mathbf{53}} \\
\mathbf{61}^2 = 11^2 + 60^2 = (6^2 + 5^2)^2 & \leftarrow & 6^2 + 5^2 = (6 + 5i)\cdot(6 - 5i) = \mathbf{61} \\
\mathbf{65}^2 = 33^2 + 56^2 = (7^2 + 4^2)^2 & \leftarrow & 7^2 + 4^2 = (7 + 4i)\cdot(7 - 4i) = \mathbf{65} \\
\underline{\mathbf{73}^2 = 55^2 + 48^2 = (8^2 + 3^2)^2} & \leftarrow & \underline{8^2 + 3^2 = (8 + 3i)\cdot(8 - 3i) = \mathbf{73}} \\
\mathbf{85}^2 = 13^2 + 84^2 = (7^2 + 6^2)^2 & \leftarrow & 7^2 + 6^2 = (7 + 6i)\cdot(7 - 6i) = \mathbf{85} \\
\mathbf{89}^2 = 39^2 + 80^2 = (8^2 + 5^2)^2 & \leftarrow & 8^2 + 5^2 = (8 + 5i)\cdot(8 - 5i) = \mathbf{89} \\
\underline{\mathbf{97}^2 = 65^2 + 72^2 = (9^2 + 4^2)^2} & \leftarrow & \underline{9^2 + 4^2 = (9 + 4i)\cdot(9 - 4i) = \mathbf{97}}
\end{array}
$$

etc.

Tabelle 7

Mit den Zahlen 25, 45, 65, 85 enthält die Tabelle auch teilbare Zahlen, die aber wiederum selber Produkte von 2 Zahlen der Form 4n + 1 sind (5 mal 5; 5 mal 9; 5 mal 13; 5 mal 17).

[1] Mit Leid ist keineswegs Kummer, Sorgen, Ängste, Elend, Gebrechen, Armut usw. gemeint, „sondern ist, was wir nicht kennen."

Euler hatte viele Jahre mit jenen Primzahlen gerungen, die sich als Summe zweier Quadrate darstellen lassen. 1749 schrieb er erleichtert[1]: „Nunmehro habe ich endlich einen bündigen Beweis gefunden..." Sein Beweis erfolgte jedoch zu einem Zeitpunkt, als er von den konjugiert komplexen Zahlen noch nicht Gebrauch machte.

In dem rechten Teil der Tabelle erkennt man nämlich leicht, daß sich alle dort befindlichen Zahlen der Form 4n + 1 als Produkte zweier komplexer Zahlen von der Form $(a + bi) \cdot (a - bi)$ darstellen lassen. Es handelt sich dabei um jene konjugiert komplexen Zahlenpaare, die sich auf der komplexen Zahlenebene (Abb. 24, Band II, S. 172) an der reellen positiven Achse spiegeln.

Auf der linken Seite der Tabelle befinden sich links fett gedruckt die Quadrate jener Zahlen, die rechts fett gedruckt sind. Es handelt sich dabei um die Lösungen fortlaufender pythagoräischer Zahlentripel. Der erste Tripel

$$\mathbf{5}^2 = 4^2 + 3^2 = (2^2 + 1^2)^2$$
$$\downarrow$$
$$(s^2 + t^2)^2$$

liefert wegen des Binoms $(s^2 + t^2)^2$ für die pythagoräische Gleichung

$$z^2 = x^2 + y^2$$

über die Hilfsgleichungen

$$z = s^2 + t^2 \; ; \quad y = s^2 - t^2 \; ; \quad x = 2 \cdot s \cdot t$$

allgemeine Lösungen, im obigen Fall 4^2 und 3^2. Nach diesen Gleichungen wurden bisher die pythagoräischen Tripel berechnet. Wir werden sehen, daß eine bisher **verborgene Systematik** diese Gleichungen zweitrangig macht (siehe Tabelle 8).

Erstaunlicherweise wird der Lehrsatz des Pythagoras in der Schule und an der Universität nicht als Primzahlproblem dargestellt. Die Ursache liegt in den Quadraten der Zahlen 25; 45; 65; 85 usw., die oben schon besprochen wurden und offensichtlich nicht prim sind. Dabei wird aber völlig übersehen, daß der Satz von Pythagoras nicht nur für alle Primzahlquadrate von der Form 4n + 1 gilt, sondern gleichzeitig für die Hälfte aller Primzahlen der Form 6n ± 1. Hierzu betrachten wir noch einmal die ersten 6 Zeilen auf der rechten Seite

[1] Weil, André: Zahlentheorie, Basel, 1992. S. 184.

der Tabelle 7. Diesmal ist der Ausdruck i, der in 6 Zeilen 3mal vorkommt, mit einem fett gedruckten Faktor **1** kenntlich gemacht.

$$
\begin{array}{ll}
 & \qquad\qquad\quad \leftarrow \\
\text{I.} & 2^2 + \mathbf{1}^2 = (2 + \mathbf{1}i)\cdot(2 - \mathbf{1}i) = \ \ 5 \\
 & \\
\text{II.} & 3^2 + 2^2 = (3 + 2i)\cdot(3 - 2i) = 13 \\
 & \qquad\qquad\quad \downarrow \quad \uparrow \\
 & 4^2 + \mathbf{1}^2 = (4 + \mathbf{1}i)\cdot(4 - \mathbf{1}i) = 17 \\
 & \\
\text{III.} & 4^2 + 3^2 = (4 + 3i)\cdot(4 - 3i) = 25 \\
 & \qquad\qquad\quad \downarrow \quad \uparrow \\
 & 5^2 + 2^2 = (5 + 2i)\cdot(5 - 2i) = 29 \\
 & \qquad\qquad\quad \downarrow \quad \uparrow \\
 & 6^2 + \mathbf{1}^2 = (6 + \mathbf{1}i)\cdot(6 - \mathbf{1}i) = 37
\end{array}
$$

Tabelle 8

Wir betrachten nun den Fall I und lesen mit Hilfe der Pfeilrichtung die Zahlen **1** und 2. Nun wechseln wir zu II und lesen die Zahlen **1**, 2, 3, 4. Für den Fall III erhalten wir die fortlaufenden Ziffern **1**, 2, 3, 4, 5, 6, wieder in Pfeilrichtung gelesen. Damit liegt die Kombinatorik für alle weiteren Zeilen fest und gehorcht einer **3**-Fachheit, wie die nächsten **3** Zeilen zeigen.

$$
\begin{array}{l}
5^2 + 4^2 = (5 + 4i)\cdot(5 - 4i) = 41 \\
6^2 + 3^2 = (6 + 3i)\cdot(6 - 3i) = 45 \\
7^2 + 2^2 = (7 + 2i)\cdot(7 - 2i) = 53 \\
\downarrow \quad\ \uparrow \qquad\quad \downarrow \quad \uparrow \quad\ \ \downarrow \quad \uparrow
\end{array}
$$

Wie in Tabelle 8 in Pfeilrichtung gelesen, lauten die folgenden **6** Ziffern: 2, 3, 4, 5, 6, 7. Die im nächsten **3**er-Block auftretenden Zahlen müssen 3, 4, 5, 6, 7, 8 lauten. (siehe Segmentierungen in Tab. 7) Das Bildungsgesetz für fortlaufende geordnete konjugiert komplexe Zahlen läßt sich aus dem **3**-maligen Vorkommen der Zahl i begründen. Die **3** komplexen Zahlen $2 + i$; $4 + i$ und $6 + i$ sind mit einem 'hoch vier'-Schritt verknüpft. Da nämlich der Ausdruck $-i$ gleichzeitig eine Potenz darstellt, gilt

$$-i \cdot i = i^3 \cdot i = i^4 = 1$$

Es ist wirklich verblüffend. Auch die komplexe Nullte Schale des Primzahlkreuzes besitzt ein **3** hoch **4** – Gesetz.

*

Es gibt nur ein Modell, das die komplexen Zahlen mit den Primzahlen verknüpft. Im Primzahlkreuz gelangt man durch **2**malige Quadratur vom Einheitskreis zur 4-dimensionalen Geometrie.

Offensichtlich erlaubt die zyklische 6er-Systematik der Nullten Schale nur die Bildung der Hälfte aller Primzahlen, nämlich die der Form 4n + 1. Die ersten beiden dieser Zahlen lauten 1 (für n = 0) und 5. Diese beiden Zahlen leiten ja auch auf dem Primzahlkreuz den 6er-Takt ein. Richtiger müßte man schreiben: **5**·1, **13**·1, usw. Durch die zweite Quadratur entstehen dann die Ausdrücke: $\mathbf{5}^2 \cdot 1^2$, $\mathbf{13}^2 \cdot 1^2$, usw. (Band II, S. 32 f.).

Der 6er-Takt der Primzahlen der Form 6n ± 1 ist durch die Differenzen bzw. Abstände

2, 4, 6

der Primzahlzwillinge strukturiert. Die komplexen Zahlen 2 + *i*; 4 + *i* und 6 + *i* besitzen die reellen Anteile **2**, **4** und **6**. Diese **3** geraden Zahlen sind uns auch als Grundelemente der Sierpinski-Geometrie schon aufgefallen und mir natürlich bestens vertraut durch die Teilbarkeitsregeln der Isotopie (Band I, S. 446 f.). Mein Verdacht, daß die Zahlen **2**, **4** und **6** als Ordnungszahlen der chemischen Elemente gerade unteilbare Anfangszahlen sind, festigte sich immer stärker.

Durch die 3malige Kombinatorik der imaginären Zahl *i* ist der Sechsertakt so angelegt, daß die erzeugten quadratischen Summanden grundsätzlich immer aus einer geraden und ungeraden Zahl bestehen. Diese Codierung wird nun bei der zweiten Quadratur bei der Erzeugung der pythagoräischen Tripel beibehalten. Auch der Sechsertakt muß erhalten bleiben.

In Tabelle 9 auf der nächsten Seite sind die quadratischen pythagoräischen Summanden (aus Tabelle 7) so faktorisiert, daß die beiden Bildungsgesetze sowohl für die ungeraden (quadratischen) Summenglieder 3, 5, 15, 7, 21, 35 ... als auch für die geraden (quadratischen) Summenglieder 4, 12, 8, 24, 20, 12, ... mit einem Blick deutlich werden.

Die fortlaufenden ungeraden Zahlen 3, 5, 7, 9, ... werden in 6 Schritten (1 + 2 + 3) in einen Zyklus geführt, bei dem fortan jede weitere ungerade Zahl auch verdreifacht und verfünffacht wird.

Die Quadrate der geraden Zahlen werden in 3 Stufen (1 + 2 + 3) zu einem Zyklus ausgebildet, der in der 7. Zeile mit der Zahl 8 beginnt und nach drei Zeilen zur jeweils nächsthöheren geraden Zahl führt. So entstehen Produkte mit den fortlaufenden Faktoren 2, 3, 4, 5, 6, 7 usw. Während auf der komplexen Zahlenebene das Bildungsgesetz über den reellen Zahlentripel **2**, **4** und **6** abläuft, ist es im Falle der zweiten Quadratur genau umgekehrt. Es wird nämlich im dritten Schritt mit der vierten, fünften und sechsten Zeile die Folge der geraden Zahlen **6**, **4** und **2** aufgebaut, die für die weiteren Dreierfolgen verantwortlich sind.

$$5^2 = (1 \cdot \mathbf{3})^2 + (2 \cdot \mathbf{2})^2$$

$$13^2 = (1 \cdot \mathbf{5})^2 + (3 \cdot \mathbf{4})^2$$
$$17^2 = (3 \cdot 5)^2 + (4 \cdot 2)^2$$

$$25^2 = (1 \cdot \mathbf{7})^2 + (4 \cdot \mathbf{6})^2$$
$$29^2 = (3 \cdot 7)^2 + (5 \cdot 4)^2$$
$$37^2 = (5 \cdot 7)^2 + (6 \cdot 2)^2$$

$$41^2 = (1 \cdot \mathbf{9})^2 + (5 \cdot \mathbf{8})^2$$
$$45^2 = (3 \cdot 9)^2 + (6 \cdot 6)^2$$
$$53^2 = (5 \cdot 9)^2 + (7 \cdot 4)^2$$

$$61^2 = (1 \cdot \mathbf{11})^2 + (6 \cdot \mathbf{10})^2$$
$$65^2 = (3 \cdot 11)^2 + (7 \cdot 8)^2$$
$$73^2 = (5 \cdot 11)^2 + (8 \cdot 6)^2$$

$$85^2 = (1 \cdot \mathbf{13})^2 + (7 \cdot \mathbf{12})^2$$
$$89^2 = (3 \cdot 13)^2 + (8 \cdot 10)^2$$
$$97^2 = (5 \cdot 13)^2 + (9 \cdot 8)^2$$

etc. *(s. Nachtrag)*

Tabelle 9

Mit der Einsicht in die verborgene Primzahlcodierung auf der komplexen Zahlenebene wird gleichzeitig ein bisher unerklärliches mathematisches Phänomen verständlich: Viele mathematische Beweise lassen sich nur führen, wenn man den Weg über das Komplexe nimmt, wie J. Hadamard es formuliert hat.

*

Der Satz, daß die Summe der Kathetenquadrate der Fläche des Hypotenusenquadrates entspricht, ist Gegenstand von mehr als 2 Jahrtausenden Schulunterricht. Während die Schüler lernen müssen, daß $a^2 + b^2 = c^2$ ist und dabei vor Langeweile fast sterben, ist sich der

Lehrer gar nicht im Klaren darüber, daß er zur Ableitung des Satzes an die Tafel ein Kreuz malen muß, das von einer Linie geschnitten wird. Auf die Weise hat das entstehende Dreieck einen rechten Winkel, was als trivial angesehen wird. Daß die Kreuzform die geometrische Grundlage der 4-Dimensionalität darstellt, ist eben nicht bekannt.

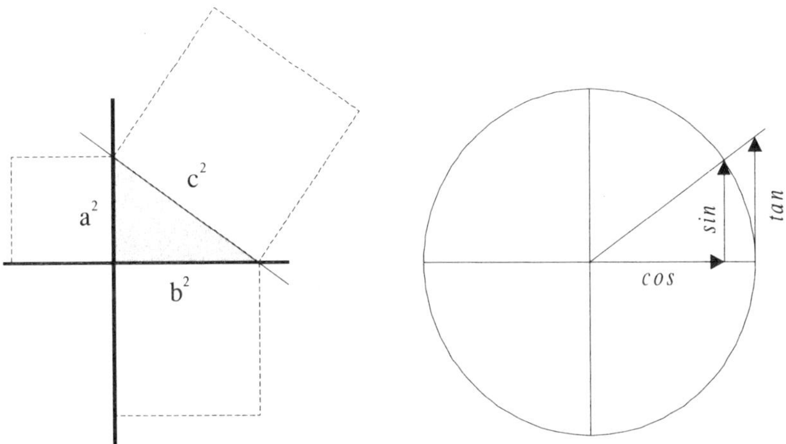

Abbildung 41

Auch bei der Ableitung der **3** trigonometrischen Kreisfunktionen Sinus, Cosinus und Tangens wird der Lehrer den Kreis stillschweigend mit der Kreuzform kombinieren, um dann als Lösungen Reihenentwicklungen herzuleiten, die durch arctan (1) sogar einen Wert für die Kreiszahl π herbeizaubern. Der Grund hierfür, das war mir jetzt endgültig klar, mußte in der Tatsache liegen, daß π etwas mit der Ordnung fortlaufender Primzahlen zu tun hat. So wie die Ordnung aller Zahlen im Primzahlkreuz zu e führt, müßte die Kreiszahl π in der quadratischen Ausdehnung der Primzahlquadrate verborgen sein, die sich beim Primzahlkreuz alle oberhalb der Zahl 1^2 befinden.

Es läßt sich nun erkennen, daß der Satz von Fermat-Euler und der Satz des Pythagoras nichts anderes widerspiegeln als die unendliche 4-dimensionale Primzahlgeometrie um einen Punkt im Raum.

Beweis: Beim Quadrieren von konjugiert komplexen Zahlen der Gaußschen Zahlenebene entstehen zunächst über einen Sechserzyklus die fortlaufenden Primzahlen von der Form 4n + 1. Die gebildeten Zahlen haben keinen imaginären Anteil mehr und müssen sich bei der zweiten Quadratur außerhalb der Nullten Gaußschen Schale auf den weiteren Schalen des Primzahlkreuzes wiederfinden. Der Satz des Pythagoras ist identisch mit der Kreisgleichung

$$\mathbf{x^2 + y^2 = r^2}$$

So lassen sich mit den Radien 5, 13, 17, ... immer größere, besonders ausgezeichnete Kreise darstellen.

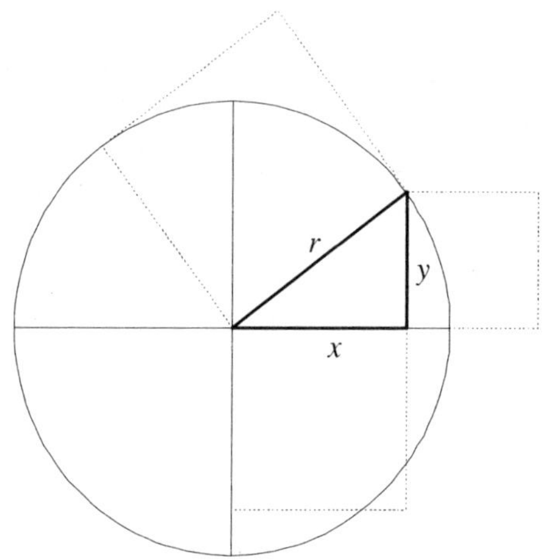

Abbildung 42

Dieser Zusammenhang zwischen den pythagoräischen Zahlentripeln und dem Kreis läßt sich nun deuten: Es gibt ein Modell, das sowohl auf der komplexen Ebene als auch im Raum um die komplexe Ebene ein **3** hoch **4** – Gesetz kennt. Dieses Gesetz basiert auf der Notwendigkeit, daß der Zahlenkörper in beiden Fällen in 3 Klassen aufgeteilt ist, die durch die Zahlen **1**, **2**, **3** gebildet werden.

Da die Zahlen auf dem Primzahlkreuz zyklisch angelegt sind und alle unendlich viele pythagoräische Tripel der Kreisgleichung gehorchen, stellen die Sätze von Fermat-Euler und von Pythagoras keine menschlichen Erfindungen dar, sondern durch zweimaliges Quadrieren das Bildungsgesetz für den Primzahlraum. Q.e.d.

*

In der zweidimensionalen Ebene ist das gleichseitige Dreieck die denkbar einfachste geometrische Form. Dagegen hält man zwei sich (idealerweise rechtwinklig) kreuzende Linien in Form eines (skalierten) Koordinatenkreuzes bloß für ein analytisch-geometrisches Hilfsmittel. Das Kreuzelement in seiner skalierten Form stellt jedoch ebenfalls eine Form der Zweidimensionalität dar, ist dabei aber in beide Achsenrichtungen unendlich offen. Die Umkehrung dieser ebenen **Unendlichkeit** erzeugt **Begrenztheit** in ihrer einfachsten Form: das gleichseitige Dreieck.

Die Innenwinkelsumme eines (gleichseitigen) Dreiecks beträgt 180°, die Summe der 3 äußeren, an den Ecken des Dreiecks gespiegelten Winkel beträgt natürlich auch 180°. Bei einem (komplexen) Zahlenkreuz tritt der Winkel von 180° ebenfalls zweimal auf, nämlich beim Übergang von der einen Orientierung einer Achse zur anderen.

Während man einer begrenzten zweidimensionalen Form eine dritte Dimension zuordnen kann und damit zur uns geläufigen Dreidimensionalität der Körper gelangt, ist die Erweiterung eines (komplexen) sich unendlich ausdehnenden Zahlenkreuzes um eine z-Achse geometrisch-logischer Unsinn.

Die beiden Achsen der komplexen Zahlenebene sind nicht gleichwertig, sondern imaginäre und reelle Achse unterscheiden sich wesensmäßig voneinander. Deshalb gelangt man durch Quadrierung der beiden Achsen zu dem nach vier Seiten offenen Raum. Diese Vierdimensionalität ist, wie wir gesehen haben, innen komplex und erweitert sich nach außen unendlich in Form konzentrischer Schalen.

Die rechtwinklige, unendlich offene Kreuzgeometrie des Primzahlkreuzes und die Geometrie des gleichseitigen Sierpinski-Dreiecks, das sich bei Vergrößerung des Maßstabs innen immer weiter verfeinert, stehen also auch aus geometrischer Sichtweise in einem Umkehrverhältnis.

*

Seit 1982 weiß man, daß sich der vierdimensionale Raum von allen unendlich vielen anders dimensionierten Räumen der Mathematiker durch die Tatsache unterscheidet, daß es für $\mathbb{R}^4$ unendlich viele Differenzierbarkeitsstrukturen gibt. So schreibt Keith Devlin[1]: „Der vierdimensionale Raum nimmt demnach eine ganz besondere Stellung ein, nicht nur weil das Universum, in dem wir leben, vierdimensional zu sein scheint, sondern auch unter mathematischem Gesichtspunkt – und dies auf völlig unerwartete Weise.“

1983 hatte der Wuppertaler Professor Gerd Faltings die 1922

---

[1] Devlin, Keith: Sternstunden der modernen Mathematik, Basel, 1990. Kapitel 10.

aufgestellte Mordellsche Vermutung gelöst. Die Lösung impliziert gleichzeitig, daß die Fermatsche Gleichung für jeden primzahligen Exponenten größer als 2 – wenn überhaupt – nur endlich viele Lösungen haben kann. Das heißt, daß es keine weiteren Fälle gibt, die dem pythagoräischen Fall mit dem Exponenten 2 ähneln, der eben unendlich viele Lösungen hat.

1986 mit der Fields-Medaille geehrt, hielt sich Faltings längere Zeit unter besseren Bedingungen als in Wuppertal in den USA auf, um dann später vom Düsseldorfer Wissenschaftsministerium dadurch zurückgelockt zu werden, daß man ihn ins Präsidium der Max-Planck-Gesellschaft für Mathematik in Bonn berief. Dort war er es, der zusammen mit Gerhard Frey von der Universität Essen auf die Anerkennung des Beweises von Andrew Wiles pochte. Hierbei machte er sinngemäß folgende Aussage in der Öffentlichkeit, die ganz deutlich zeigt, daß solche hochqualifizierten, einseitig begabten Fachmathematiker niemals tiefliegende Strukturen und Zusammenhänge der Welt erahnen oder entdecken können: „Der Große Fermatsche Satz hat für die Mathematik nie eine große Bedeutung gehabt und ist nur deswegen so berühmt, weil er sich so hartnäckig und so lange jedem endgültigen Beweis entzogen hat."

Faszinierenderweise ist der Große Fermatsche Satz sogar in einer bestimmten Weise mit dem Kleinen Fermatschen Satz verknüpft. 1909 fand A. Wieferich folgendes Kriterium

$$2^p - 2 \equiv 0 \mod p^2$$

Diese Formel stellt einen Spezialfall des Kleinen Fermatschen Satzes dar, mit dem Unterschied, daß das Ergebnis des Terms auf der linken Seite der Gleichung nicht durch die Primzahl p, sondern sogar durch das Quadrat dieser Primzahl geteilt wird. Wieferich zeigte nun, daß die unbekannte Primzahl $p > 2$, die die Gleichung $x^p + y^p = z^p$ entgegen Fermats Vermutung erfüllen würde, in seine Formel eingesetzt keinen Restwert liefern darf.

Hier ist der Große Fermatsche Satz (nur der allein wichtige sog. 1. Fall: p teilt nicht $x \cdot y \cdot z$) also in eine viel einfacher zu handhabende modularithmetische Aussage umgewandelt. Es sind als Lösungen für die Formel von Wieferich nur die beiden Zahlen 1093 und 3511 bekannt. Inzwischen ist man bis in den Billionenbereich vorgedrungen und hat keine weiteren sogenannten Wieferich-Primzahlen gefunden. Da für die beiden Zahlen 1093 und 3511 natürlich Einzelbeweise erbracht werden konnten, hatte man so die Große Fermatsche Vermutung bis in unvorstellbar hohe Exponentenbereiche abgedeckt.

Die Frage nach dem Grund für die Umkehrrelation zwischen beiden Fermatschen Sätzen wurde nie gestellt.

*

Meine Kenntnis von der Existenz zweier physikalischer Räume führte zu Beginn des Jahres 1994 zu einer verstärkten Beschäftigung mit physikalischen Fragen.

Das Wesen der Physik besteht zu einem Großteil aus einer Verknüpfung von Theorie und Experiment. 1905 schrieb Einstein unter anderem „Über die von der molekularkinetischen Theorie der Wärme geforderte Bewegung von in ruhenden Flüssigkeiten suspendierten Teilchen". In dieser Theorie verknüpfte er die Bewegung eines mikroskopisch noch wahrnehmbaren Teilchens (in einem Wassertropfen), unter der Berücksichtigung, daß es fortwährend Richtungswechsel durchführt, mit der Loschmidtschen Zahl N_L (Anzahl der Moleküle pro Mol Stoffmenge). 1909 wurde dann sein Gedanke von J. B. Perrin endgültig experimentell überprüft und so ein Wert für N_L gefunden, der mit anderen Berechnungen von N_L übereinstimmte.

Aus der Richtigkeit von Theorie und Experiment ergab sich so etwas noch wesentlicheres: Die atomistische Struktur der Materie hatte einen weiteren, überzeugenden Beweis erhalten.

Auch ich hatte aus der Geometrie der Sierpinski-Dreiecke eine faszinierende Theorie entwickelt. Danach sollten die Zweierstöße der Gasmoleküle der Folge der Pascalschen- und der Bernoulli-Zahlen gehorchen, letztlich basierend auf der Ordnung der primzahligen Exponenten der Zahl 2. Wenn dieser Gedanke richtig war, mußte es auch hierfür eine experimentelle Bestätigung geben.

Um ein solches Experiment zu ersinnen, war es nötig, erst einmal einen Thermodynamiker mit meinen Überlegungen vertraut zu machen. Professor Straub forderte mich auf, die Gedanken schriftlich niederzulegen und ihm dann zuzusenden.

So entstand im März 1994 ein Brief, der vor allen Dingen deswegen bemerkenswert ist, weil ich hier zum ersten Mal einen dezidierten Hinweis formulierte, daß zwei zueinander reziproke Raumgeometrien auch zwei biologische Lebensformen hervorbringen mußten, nämlich die Insekten und die Wirbeltiere. (Nicht nur der Mensch, der von den Wirbeltieren abstammt, hat Staatsformen entwickelt, sondern auch die Fluginsekten. Jeder zoologisch geschulte Wissenschaftler weiß, daß die Entwicklung dieser Ameisenstaaten oder Bienenvölker nicht aus der Evolutionstheorie erklärt werden kann.)

*

27.3.1994

Sehr geehrter Herr Professor Straub,

die Untersuchung des vierdimensionalen unendlichen Raumes um einen Punkt endlicher Größe war etwa 1989 abgeschlossen. Er basiert auf den Zahlen 1, 2 und 3; wobei die Zahlen 2 und 3 primzahlige Anfangsglieder eigener Folgen darstellen. Die Geometrie dieses Raumes wird durch die Zahl 8 bestimmt. Die Gründe dafür liegen in der rechtwinkligen Struktur der Zahlen ± 1 und $\pm i$. Dieser Raum ist in der Lage, 10^{23} Quantensprünge in einem glühenden Wolframfaden (pro Zeiteinheit) fortzuleiten und zwar nicht etwa als 10^{23} Photonen, sondern als 10^{23} einzelne Kugelwellen, so einfach wie ein See mit dem Prasseln von Milliarden Regentropfen fertig wird. Jeder einzelne Tropfen erzeugt eine sich ausbreitende Welle. Das Medium Wasser transportiert die Ereignisse davon, so wie der Zahlenraum die elektromagnetischen Wellen.

Die elektromagnetischen Ereignisse erscheinen unserem Auge als glühender Faden. Bau und Funktion des menschlichen Auges mit Linse und Netzhaut stellen nicht die einzige Möglichkeit dar, mit Licht Gegenstände reflektiv wahrzunehmen. Das Facettenauge eines Insekts arbeitet völlig umgekehrt. Mit diesem Beispiel will ich andeuten, daß die Umkehr einer vierdimensionalen Geometrie zwar wiederum eine Geometrie ergeben muß, nur muß diese uns vollkommen fremd erscheinen. Der dreidimensionale Raum ist der Raum des Betrachters. Als Beispiel dient ein Gefäß, gefüllt mit einem Gas. Der Transport von Wärme wird in der Physik dreifach definiert: Wärmeströmung, Wärmeleitung und Wärmestrahlung. Während die Wärmestrahlung durch den leeren Raum mit Lichtgeschwindigkeit eilt, sind die beiden anderen Transporte an drei Phasen von Stoffen geknüpft. Wärme- oder Schalltransport basiert auf Stoßprozessen. Mich hat immer ratlos gemacht, welche ordnenden Gesetze für den Transport der Musik des Tristans von den Instrumenten bis zu unseren Ohren sorgen. 10^{23} Gasmoleküle, die sich völlig wirr stoßen, müßten aus dem Tristan ein Jaulen und Quietschen machen.

So wie man einen vierdimensionalen Raum mit Hilfe einer Illusion (Raumspiegel) sichtbar machen kann, so läßt sich auch ein dreidimensionaler stoffgefüllter Raum mit einer Illusion demonstrieren. Statt eines Galton-Brettes wollen wir gedanklich einen Gitterraum aus Draht bauen. Wenn man einen Sack Erbsen oben in diesen Raum hineinschüttet und an einer bestimmten tieferen Stelle einen Schieber anbringt, werden die Erbsen eine Verteilung einnehmen, die nach Gauß benannt wurde. Da die einzelnen Erbsen nur die Entscheidung links/rechts kennen, habe ich mich ausführlich mit der Frage beschäftigt: Was verbindet duale Entscheidungen mit der Eulerschen Konstanten e? Da man den Versuch mit dem Sack Erbsen auch ohne Drahtgitter durchführen kann (die Häufung ist nur niedriger und dafür breiter), bleibt als Erklärung nur übrig, daß der stoffgefüllte Raum (z. B. die 10^{23} Gasmoleküle in dem Kolben) selbst ein Gitterraum ist.

Ein solcher Raum läßt sich mathematisch durch ein Pascalsches Dreieck beschreiben. Im Pascalschen Dreieck stellen die einzelnen Zeilen nicht die Folge der ganzen Zahlen dar, sondern wegen der Abnahme, die Folge der reziproken Zahlen. Das ist mathematisch sehr einfach und deswegen unbekannt. Das Pascalsche Dreieck und seine Primzahlverschlüsselung haben für Mathematiker nichts mit Realität zu tun, sondern stellen ein Beispiel dar, wie schön man mit Zahlen (Glasperlen) spielen kann. Die ersten vier Zeilen des Pascalschen Dreiecks sind der Grund, warum im dreidimensionalen reziproken Zahlenraum, ebenso wie im vierdimensionalen Raum, die Primzahlen von der Form $6n \pm 1$ codiert sind. In diesen ersten vier Zeilen treten lediglich die Zahlen 1, 2 und 3 auf. Eben genau jene Zahlen, welche die Geometrie des vierdimensionalen Raumes bestimmen. Im Pascalschen Dreieck ist die Geometrie der ersten vier Zeilen **dreieckig**. So wie sie im vierdimensionalen Raum viereckig (kreuzförmig) ist. Zwar ist ein dreidimensionaler stoffgefüllter Raum ein x-y-z Koordinatenraum, aber genau das hat bisher verhindert, die für Transportereignisse notwendige Geometrie dieses Raumes auch nur zu erahnen. Warum die Differentialrechnung das Fundament der Thermodynamik ist, liegt im Wesen des Integrals 1/x, also in den reziproken Zahlen. Mit der achten Zeile im Sierpinski-Dreieck ist das Grunddreieck abgeschlossen. Für den Teilbarkeitsfall zwei besitzt das Grunddreieck drei weiße Punkte (oben, links unten und rechts unten). Man kann es also von drei Seiten untersuchen. Es besteht somit selber aus drei Dreiecken, die in der Mitte ein umgekehrtes weißes Dreieck erzeugen. Da sich dieses geometrische Muster immer in Achterschritten wiederholt, wird das dabei entstehende Bild fraktal genannt. Um es zu betonen: Das erste Dreieck ist von entscheidender Bedeutung. Es kennt nur die Teilbarkeiten 2, 3, 4, 5, 6 und 7. Alle sechs Teilbarkeiten liefern fraktale Bilder.

Der wirkliche Grund für die fraktale Geometrie im Pascalschen Dreieck sind die Zahlen 1, 2 und 3, die Achterschritte und der Sechsertakt der Primzahlen. Wenn 10^{23} Moleküle (Chaos) in der Lage sind, Musik bis zu unserem Ohr zu tragen, dann nur deswegen, weil die Umkehrung der vierdimensionalen Kreuzstruktur wiederum eine Geometrie liefert. Es ist die Geometrie der sich ständig wiederholenden achtzeiligen Dreiecke. Da das Sierpinski-Dreieck bisher nur im ästhetischen Sinne als schöne Zahlenspielerei Beachtung gefunden hat, erscheinen mir die Wissenschaftler so wie Schneekristallforscher. Man kann immer wieder neue Formen finden und den Lehrsatz aufstellen: Alle Schneekristalle sind sechseckig und fraktal. Die Frage nach dem "Warum" existiert nicht. Merkwürdig stimmt mich auch das Beispiel mit den o. g. Facettenaugen, etwa einer Biene. Zoologisch korrekt besteht das Tier aus drei symmetrischen Körperteilen und sechs Beinen. Es ist damit geometrisch wie das Medium Luft gebaut. Selbst seine Entwicklung ist dreifach: Ei, Larve (Verpuppung) und Insekt. Insekten besitzen einen Chitinkörper, der wiederum aus Zuckermolekülen besteht. Dieser Zucker ist Nahrungsquelle der Insektenfresser. Und hier schließt sich ein merkwürdiger Kreis von Chemie und Mathematik: Diese Zuckermoleküle sind sechseckig. (...)

Mit herzlichen Grüßen

Ihr Peter Plichta

*

Hic et nunc ist es zum ersten Mal ausgesprochen: Die Entwicklung der Insekten und der Wirbeltiere erfolgte aus einer Selbstverwirklichung zweier zueinander 'reziproker' Geometrien. Damit der entnervte Leser nicht vorzeitig resigniert, will ich den Inhalt des Briefes näher erläutern.

Ich wollte Herrn Professor Straub deutlich machen, daß es zwei Räume gibt, die sich mathematisch invers zueinander verhalten. Dieser Zusammenhang ist ursächlich für das Zusammenspiel der beiden zueinander fremden Welten von Insekten und Wirbeltieren. Beide Lebensformen besitzen einen völlig verschiedenen anatomischen Bau bzw. unterschiedliche Physiologie.

Die Insekten sind von einer ungeheuren Artenvielfalt, und ihre Anzahl ist unvorstellbar groß. Indem ein einziges weibliches Tier in seinem Leben Millionen Eier ablegen kann, treten natürlich die gleichen Mengen Larven (Maden, Raupen usw.) auf. Sie sind nun Nahrungsmittel für die Wirbeltiere. Das was übrigbleibt, verpuppt sich und wird dann wieder zum Insekt.

Der Körper der Insekten besteht aus einem Panzer, den man als faszinierenden hochmolekularen Kunststoff ansehen kann. Chitin ist chemisch ein Aminozucker, der von den Tieren gerade deswegen als Nahrungsquelle ausgenutzt werden kann, weil er auch Stickstoff enthält. Das einzelne Chitinmolekül ist wie ein **6-eckiger** Ring gebaut.

Die Dreifachheit im Lebenslauf eines Insekts ist auch kennzeichnend für seine Anatomie. Ein Insektenkörper besteht nämlich aus 3 Teilen,

Kopf
Bruststück
Hinterleib

Am Bruststück, das mit dem Hinterleib durch eine Abschnürung verbunden ist, sitzen **6** Beine und die Flügel. Da am Hinterleib Atemluft nur über Diffusionskanäle zugänglich ist und so etwas ähnliches wie Lungen völlig fehlt, ist die Größe der Insekten von der Diffusionsgeschwindigkeit der Atemgase abhängig. Größere Insekten als die Natur sie hervorgebracht hat kann es also nicht geben, weil längere Tracheen Sauerstoffzufuhr und Abtransport des Kohlendioxids (wie bei einem zu langen Schnorchel) unmöglich machen würde. Dies stellt einen ersten Hinweis für die Vermutung dar, daß der Bauplan der (Flug-) Insekten durch die Geometrie der Gaskinetik bestimmt ist.

Wenn man den Kopf eines Fluginsektes unter einem Stereomikroskop betrachtet, fallen sofort die 6 Segmente auf, aus denen dieser besteht. Noch verblüffender ist der Wabenbau ihrer Facettenaugen, also wieder die Zahl **6**. Während z. B. eine Schwalbe Augen besitzt, die focussieren können (Verstellen der Brennweite der Linse), damit sie die Fluginsekten auch fangen kann, hat das Facettenauge eine ganz andere Funktion.

Wenn ein Mensch durch hohe Sträucher wandert, kann er allen Hindernissen mit Hilfe der Hände oder Bewegen des Kopfes ausweichen. Beginnt er dagegen zu rennen, läuft er Gefahr, sich zu verletzen, da die Verarbeitungsgeschwindigkeit der Bilder durch den Chemismus der Netzhaut begrenzt ist.

Das Fluginsekt besitzt nun lichtverarbeitende Organe, die zehnmal schneller Informationen verarbeiten können. Nur so kann es kollisionsfrei durch Sträucher schwirren. Es ist nicht nur optimal für die Luft gebaut, sondern verkörpert in seinem Bau und in seiner Funktion den 3-dimensionalen gasgefüllten Raum, der durch die Grundzahlen 1, 2, 3 und die Zahl **6** bestimmt ist.

Mit der Entwicklung der Blütenpflanzen war der Weg frei für

jene Lebensform aus 6-eckigen Zuckern, die für das Medium Luft gebaut ist.

Die geschichtliche Entwicklung der Insekten seit Erwerb der Flugfähigkeit verlief in 3 Zyklen

Oberes Karbon
Perm
Obere Kreide

Im dritten Zyklus vor ca. 65 Millionen Jahren erfolgte die endgültige Entfaltung parallel mit der Entwicklung der Blütenpflanzen. Diese brauchen nämlich für ihre Bestäubung wiederum Insekten, was niemals durch herkömmliche Evolutionstheorie, die auf Zufall (Mutation) und Zwang (z. B. Klimaveränderung) aufbaut, erklärt werden kann. Damals erfüllte sich auch der Bauplan der höheren Pflanzen, die in Nacktsamer und Bedecktsamer eingeteilt werden, aber dreifacher Art sind

Nacktsamer (z. B. Nadelbäume)
Einkeimblättrige (z. B. Gräser, Palmen)
Zweikeimblättrige (z. B. Laubbäume)

*

Wenn ein Mensch zum Himmel schaut, erscheint ihm dieser wie eine Glocke dreidimensional. Die Unendlichkeit des Raumes kann er nicht erkennen. Weil jeder Gegenstand im Raum ein dreidimensionaler Körper sein muß, wird das Firmament nicht als vierdimensionaler Raum wahrgenommen. Selbst wenn er die Gashülle, die den Planeten umgibt, verläßt und sich in den unendlichen Weltraum begibt, muß er bekanntlich einen Druckanzug anlegen, der wieder mit Gas gefüllt ist.

Obwohl der Mensch so wie die chemischen Elemente und die DNA auf einem vierdimensionalen Bauplan basiert, kann er im Raum die Objekte doch nur dreidimensional sehen. Da das Fluginsekt aus dem Bauplan gasgefüllter Dreidimensionalität heraus existiert, kann es wiederum Sinneseindrücke nur zweidimensional verarbeiten.

Ob eine Fliege auf dem Fußboden sitzt oder an der Wand hochläuft oder mit dem Rücken nach unten an der Decke krabbelt, könnte ihr Gehirn und ihr Nervensystem gar nicht räumlich (3-dimensional) verarbeiten. Die Biene krabbelt durch die Blüte und sieht immer nur eine Fläche (2-dimensional).

Beide Lebensformen, Insekten und Wirbeltiere, sind entwicklungsgeschichtlich aus räumlich-mathematischen Gründen entstanden. Eine Form kann ohne die andere nicht existieren. Die Insektenfresser brauchen Nahrung. Würde umgekehrt eine Dezimierung der Insekten, ihrer Larven oder ihrer Eier unterbleiben, wäre dies mangels Nahrung der Garaus für viele pflanzenfressende Tiere.

Somit war mir im Frühjahr 1994 endgültig klar, daß ein experimenteller Beweis dafür, daß die Stoßprozesse in Gasen der Sierpinski-Geometrie gehorchen – wie im oben geschilderten Fall bei Einstein – nicht nur die Richtigkeit der Theorie beweisen, sondern u. a. unser bisheriges Wissen von der Entstehung des Lebens und der Arten als völlig falsch und als fatale Überheblichkeit entlarven würde.

*

Zu diesem Zeitpunkt bekam ich ein Angebot aus München vom Lektor des Langen-Müller-Herbig Verlages, Hermann Hemminger, über die geheimnisvollen Primzahlen ein Sachbuch zu schreiben. Nähere Rückfragen ergaben dann, daß in diesen Großverlagen zwar an die hundert Titel im Jahr gemacht werden, aber die Inhalte kaum noch interessieren. Die Fülle von Neuerscheinungen jener Autoren, die lückenlos vom Urknall bis zum Computerzeitalter die Rätselhaftigkeit der Welt entschlüsselt haben wollen, hat den Sachbuchmarkt in einen Tummelplatz eitler Marktschreier verwandelt.

Primzahlen als Bauplan passen nicht in das heutige Weltbild, folglich hätte das Buch, für das der Verlag auch keine Werbung machen und erst recht kein Marketingkonzept entwickeln würde, auf dem Markt keine Chance. Außerdem hatte ich niemanden, mit dem ich das Buch schreiben konnte.

Mit 40 Jahren hatte ich mit meiner theoretischen Arbeit begonnen. Inzwischen waren 14 Jahre vergangen, ich hatte das Lachen verlernt und die Fähigkeit, in der Öffentlichkeit zu reden. In der Pfingstnacht, dem 22. Mai 1994, machte mir dann der 'Heilige Geist' die Freude, daß ich eine Frau kennenlernte, die selber seit ihrer Kindheit 'wußte', daß sie ein Buch schreiben würde. Wir trafen uns um viertel vor 12 Uhr nachts auf einem Ball eines Esoterikerkongresses, wohin ich mich durch allerlei merkwürdige Begebenheiten verirrt hatte. Sie war an diesem Morgen mit der Gewißheit wach geworden, just an diesem Tag, die Scheidung lag schon 2 Jahre zurück, einen bestimmten Mann kennenzulernen. Nun waren es nur noch 15 Minuten bis Mitternacht, als sie von einem Mann in dunklem Anzug mit Weste, Krawatte und mit Aktenkoffer (!) zum Tanzen aufgefordert wurde. Sie war sicher, daß es nicht der war, auf den sie wartete, aber der Richtige konnte sich nach dem Tanz ja noch einfinden. Als dann der neue Tag begann, war ich schon voll dabei, ihr meine Pläne zu beschreiben.

Walburga Posch und ich machten in den Schulferien, sie war Grundschullehrerin (Mathematik und Musik), eine Reise in das kleine Städtchen Monster südlich von Den Haag. Ein zweiwöchiger Urlaub mit einem Wohnmobil auf einem Campingplatz an der holländischen Nordsee, das hört sich nicht sehr aufregend an, dennoch wurde er für mich zum wichtigsten Urlaub meines Lebens. Ich lag bei strahlendem Sonnenschein am Strand und spürte, wie ich genas.

Heute beim Niederschreiben muß ich an jenen Ausspruch von Frau v. La Fayette denken, die über den Herzog v. La Rochefoucauld bemerkte: „Er schenkte mir seinen Geist, ich aber heilte sein Herz[1]."

Abends saßen wir in einem Strandlokal, schauten aufs Meer, tranken Heineken, sahen die Sonne im Meer versinken, und ich erzählte, warum die Welt nur aus einem ewigen Bauplan heraus existieren kann. Ich fühlte, wie die Kraft zurückkehrte, wie ich wieder lachen konnte, und empfand immer stärker, daß der Höhepunkt meiner schöpferischen Tätigkeit – der Kunst des Denkens – erst noch vor mir lag. Erst einmal traf ich, was das Münchener Verlagsangebot anging, eine Entscheidung.

„Walburga, es war wichtig, daß ich wieder gelernt habe, die Gedanken abzustellen und einfach tiefe Lebensfreude zu empfinden. Ich habe begriffen, daß ich für den Verlag kein Buch schreiben will, weil die es da unten in München nicht wirklich haben wollen. Ich spüre hier an der Nordsee bei Sonne und Wind, daß auf mich etwas ganz neues zukommt. Immer wenn etwas für mein Lebenswerk sehr Wichtiges in Vorbereitung war, habe ich das vorher geahnt. Ich habe das Gefühl, als wenn in Düsseldorf eine Überraschung wartet."

Draußen hinter der Hecke machte das Schaf „mäh" und Walburga sinnierte: „Das Schaf mäht den Rasen."

*

Tatsächlich hatte ich die Vorbereitungen für den Grund meiner Ahnungen selber eingeleitet. Professor Straub hatte mich nämlich im Frühjahr 1994 auf den Bremer Professor für Mathematik H.-O. Peitgen aufmerksam gemacht, der 1992 in Amerika ein Buch herausge-

---

[1] Zitiert nach: Durant, W. und A.: Kulturgeschichte der Menschheit, 1985. Band 12, S. 171.

bracht hatte[1], das nun ins Deutsche zurückübersetzt zweibändig vorlag. Zur Chaosforschung, Fraktalgeometrie und der Person Peitgens hatte der Düsseldorfer Mathematikprofessor K. Steffen in den DMV-Mitteilungen 1/94 einen 14-seitigen zynischen Artikel verfaßt, in dem Ausdrücke wie „Chaos-Betrüger" und „Fraktal-Schwindler" vorkamen und Prof. Peitgen vor die Frage stellen mußten, ob er nun damit gemeint war oder nicht. Professor Straub, gewiß kein Freund eitler Kollegen wie Peitgen, hatte mich gebeten, Professor Steffen anzurufen. Das Gespräch nahm aber einen völlig anderen Verlauf, als Herr Straub und ich erwartet hatten.

„Plichta? – Sind Sie der Autor dieses naturphilosophischen Werkes über Primzahlen?"

„Ja."

Ein Gebrüll setzt ein: „Damit will ich nichts zu tun haben!"

„Wenn Sie sich so schrecklich aufregen, müssen Sie mein Buch wohl gelesen haben."

„Ich will mit Ihnen nichts zu tun haben!"

„Den Wunsch erfülle ich Ihnen gerne, wir brauchen nämlich nur das Gespräch zu beenden."

Ich begann schallend zu lachen. Genauso heftig wie später auch Herr Straub. Wir hatten natürlich beide nicht daran gedacht, daß Steffen mit zu jener Düsseldorfer Universitätsclique gehört, die für Düsseldorfer Beamte und Politiker mithelfen mußten, die Schandtaten des Herrn Dr. Henkel zu verbergen.

Vor meiner Reise nach Holland hatte ich Herrn Dr. Kunkel gebeten, Peitgens doppelbändige deutsche Ausgabe zu bestellen, sie mit in seinen Urlaub zu nehmen und zu studieren. Die endlosen Wiederholungen und die Fülle von Computergrafiken verbargen nur zu deutlich, daß die Verfasser die Realexistenz der Sierpinski-Geometrie nicht einmal ahnungsweise erfaßt hatten. Sie nennen die Geometrie fraktal (B. Mandelbrot), obwohl der Ausdruck aus dem Lateinischen kommt (frangere – brechen), aber die Selbstähnlichkeit des Sierpinski-Dreiecks gerade auf ganzzahligen Exponenten der Zahl 2 beruht.

Ich spürte dennoch, daß in Peitgens Buch ein Schatz verborgen sein mußte.

*

Nach seinem Urlaub waren Herr Dr. Kunkel und ich bei mir zu

---

[1] Peitgen, H.- O., Jürgens, H., Saupe, D.: Chaos and Fractals. New Frontiers of Science, New York, 1992.

Hause verabredet. Ich kam vom Baden aus dem Düsseldorfer Rheinstadion und merkte am Blick meines Gastes, der mich im Garten erwartete, daß er eine Überraschung für mich bereit hielt. Vor ihm lag der Band I, „Bausteine des Chaos“, Kapitel 6: Das Chaos-Spiel.

Zu diesem Spiel gehört ein Dreieck als Grundmuster, dessen Ekken mit den Zahlen 1, 2, 3 beziffert sind (M. F. Barnsley). Außerhalb des Dreiecks soll sich eine winzige Kugel (z. B. ein Gasatom) befinden. Ein Zufallsgenerator, der nur die Zahlen 1, 2 und 3 'würfeln' kann, zeigt die erste Zahl an, und man zieht eine Verbindungslinie von der Kugel zu der entsprechenden Ecke des Dreiecks.

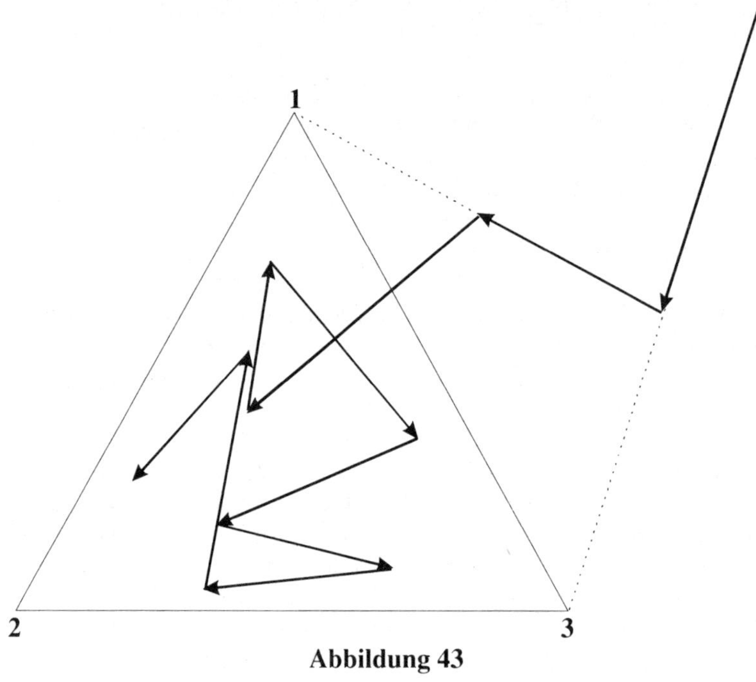

Abbildung 43

Auf der halben Weglänge wird gestoppt und wieder eine Zufallszahl erzeugt. Wieder wird eine Verbindungslinie gezogen, aber auf halbem Weg beendet. Kurze Zeit später befindet sich die Kugel innerhalb des Dreiecks und kann es, wenn wir das Verfahren fortsetzen, nicht mehr verlassen. Die Kugel führt nun 'zufällige' Zickzackbewegungen in alle Richtungen aus.

Ich schaute auf das Spiel und sagte: „Brownsche Molekularbewegung, Einstein 1905.“

„Richtig“, antwortete Dr. Kunkel. „Das sieht Herr Peitgen auch so. Bisher ist aus Gründen der Spielerklärung von zu zeichnenden Linien die Rede gewesen. In Wirklichkeit kommt es bei diesem Spiel aber nicht darauf an, die (halben) Strecken zu zeichnen, sondern wichtig sind nur die Endpunkte nach der jeweils halben Strecke. Diese werden mit einem Punkt markiert.“

Mich beschlich eine Ahnung, und ich fragte: „Was passiert denn dann?“

Herr Kunkel blickte mich an, lächelte und blätterte wortlos eine Seite in Peitgens Buch weiter.

Ich stieß einen Schrei aus, denn vor mir lagen Bilder einer immer deutlicher erkennbaren mir bekannten Geometrie. Nach etwa fünfhundert Punktmarkierungen beginnen die Punkte eine Struktur zu bilden. Nach einigen tausend Markierungen entsteht etwas, mit dem kein Mensch rechnen kann. Diese sich bildenden Muster zu erkennen, war für mich einer der bewegendsten Augenblicke in meinem Leben. Die Muster in diesem ‘Zufallsspiel’ entpuppten sich immer deutlicher als Abbildung eines Sierpinski-Dreiecks (Abb. 44).

Abbildung 44

Ich umarmte Klaus Kunkel und erzählte ihm, daß ich ein halbes Leben nach einem experimentellen Beweis dafür gesucht habe, daß sich stoßende Gasatome einer Geometrie gehorchen müssen. Erregt wies Dr. Kunkel auf die Formulierung von Prof. Peitgen hin, der deutlich seine Verblüffung zum Ergebnis des Chaosspiels zeigt:

> „Wenn man die Abbildung zum ersten Mal sieht, glaubt man seinen Augen nicht trauen zu können. Soeben haben wir die Erzeugung des Sierpinski-Dreieckes durch einen Zufallsvorgang beobachtet. Dies ist um so verblüffender, als das Sierpinski-Dreieck für uns bisher als Paradebeispiel für Struktur und Ordnung gegolten hat. Mit anderen Worten

haben wir miterlebt, wie der Zufall eine absolut deterministische Gestalt erzeugen kann."

*

Warum legt das Gasatom bei seiner Zickzackbewegung immer nur halbe Wegstrecken zurück? Eben deswegen, weil ein Gasatom in einem Behälter nicht isoliert auftritt, sondern sich mit anderen Gasatomen stößt. Es würde idealerweise auf seiner Flugbahn von einem Ort im Behälter zum angesteuerten nächsten Ort im Mittel nach halber Weglänge mit einem anderen sich bewegenden Gasatom kollidieren. Nach dem Zusammenstoß werden beide Atome wie Billardkugeln in neue Richtungen fliegen und dabei mit 2 weiteren Atomen kollidieren. Die 4 beteiligten Atome stoßen 4 andere Atome. Jetzt sind es schon 8, dann 16 usw. Genauso vergrößern sich auch die Summenwerte der Zeilen des Pascalschen Dreiecks.

Hier ist wichtig, noch einmal zusammenfassend zu rekapitulieren. Ich hatte nach einem Experiment gesucht, mit dem es möglich ist, sichtbar zu machen, daß Stoßprozesse von Gasen der Geometrie des Pascal-Sierpinski-Dreiecks gehorchen. Da es mir nicht möglich war, die Versuchsanordnung selbst zu erfinden, hatten das eben andere für mich getan. Barnsley, Peitgen und viele andere Wissenschaftler hatten mit dem Chaos-Spiel die Chance, Wissenschaftsgeschichte zu schreiben. Hätte einer von ihnen schriftlich niedergelegt, daß der Transport von Wärme oder Schall in Gasen ohne eine exakte Geometrie gar nicht möglich ist, und daß scheinbar nur die Selbstähnlichkeit von dreieckigen Mustern, die auf einer 8-Zeiligkeit basiert, als reziproke Geometrie in Frage kommt, ihm wäre später der Nobelpreis für (Physikalische) Chemie sicher gewesen.

*

Nachtrag:

Die nächste vom Schema erfaßte Quadratzahl ist die Zahl $113^2 = (1 \cdot 15)^2 + (8 \cdot 14)^2$. *Die Quadrate* 101^2, 109^2 *u. a. sind aber ebenfalls Quadrate von Zahlen der Form* $4n + 1$.

Grund für ihr Nichtauftreten: Die Bildung der Zahlen: $25^2 = (5 \cdot 5)^2$, $45^2 = (5 \cdot 9)^2$, $65^2 = (5 \cdot 13)^2$, $85^2 = (5 \cdot 17)^2$ *usw. ist durch den inneren Code* $[(4n + 1)(4m + 1)]^2$ *strukturiert. Hier zunächst:* $n=1$, $m=1,2,3,4...$, *d.h. also* $[5(4m + 1)]^2$. *(s. Band III, Buch 6, in Vorbereitung)*

Kapitel 7

Das kurze Interesse des Großverlegers an Gott

Im Alter von 15 Jahren hatte ich vor meinem Vater erklärt: „Ja, Vater, ich glaube, daß es im Periodensystem ein Element gibt, das die Kraft besitzt, eine Rakete in der neuen Form als Einstufenrakete in den Weltraum zu schießen.“ (Band I, S. 43)

Jetzt, wo mir das Chaos-Spiel in den Schoß gefallen war, kamen mir diese Worte wieder in den Sinn. Das Element kannte ich längst: Silizium. Nun versuchte ich, dieses Element, das zu ca. 25% in der Erdrinde enthalten ist, mit der Lufthülle und ihren atmosphärischen elektrischen Blitzentladungen in Verbindung zu bringen.

Aneinanderreibende Wolkenmassen bilden freie Elektronen, die bei Gewittern Blitze dreifacher Art erzeugen

Linienblitze
Flächenblitze
Kugelblitze

Verantwortlich für dieses Geschehen ist der Stickstoff, von dem wir schon beschrieben haben, auf welche Weise er in Sprengstoffen Detonationen verursacht. Bei Gewittern reagiert er nun gerade umgekehrt: Freie Elektronen bringen das Gefüge seiner Dreifachbindung, die merkwürdigerweise äußerst stabil ist, in Unordnung, und es entstehen Stickstoffradikale.

$$:N:::N: \rightarrow 2\ :\dot{N}:$$

Diese wiederum sind, wie man aus Laborversuchen weiß, außerordentlich reaktionsfähig und brennen unter Feuererscheinungen mit den verschiedensten chemischen Elementen. In der Atmosphäre steht dem Stickstoff als Verbrennungspartner aber nur der 20%ige Sauerstoffgehalt der Luft zur Verfügung. Deshalb reagieren Stickstoffradikale mit Sauerstoff bzw. Sauerstoffradikale mit Stickstoff zu Stickoxiden, die später als Salpetersäuren zur Erde regnen (s. S. 66).

Justus von Liebig stellte im vorigen Jahrhundert durch Elementaranalyse von Pflanzenasche fest, welche Elemente Pflanzen permanent durch Düngung zugeführt werden müssen und welche Elemente die Böden ihnen in der Regel von alleine zur Verfügung stellen. Von da an wurden anhaltende Fruchterträge erzwungen, indem man mit einer Dreifachkombination von Verbindungen der Elemente düngte. Bis dahin waren Regen (Salpetersäure), Jauche und Lupinenaussat die einzigen natürlichen Düngemittel als Stickstofflieferanten.

Der Donner der elektrischen Gewitter erfolgt nicht durch Elektronenentladungen, sondern durch plötzlich freigesetzte Wärme bei chemischen Reaktionen der Stickstoffradikale.

Stickstoffradikale brennen auch mit Metallen. So verbrennt z. B. Magnesium in reinem Stickstoff zu Magnesiumnitrid unter gleißender Lichtabgabe. Daran erinnerte ich mich jetzt plötzlich, griff ziemlich aufgeregt zu einem Lehrbuch der anorganischen Chemie und las über eine Stickstoffverbindung mit dem Halbmetall Silizium. Es handelte sich um den Stoff Siliziumnitrid Si_3N_4, der heute in sehr großen Mengen für die Keramikindustrie technisch gewonnen wird. Beim ursprünglichen Darstellungsverfahren wird 1400°C heißer Stickstoff über fein verteiltes Silizium geleitet. Eleganter ist die Bildung von Siliziumnitrid aus Sand SiO_2, der mit zermahlenem Koks gemischt bei 1500°C einem Gasstrom aus N_2/H_2 ausgesetzt wird[1]. Hierbei wird dem Siliziumdioxid der Sauerstoff durch den Wasserstoff entzogen. Gleichzeitig entsteht (neben Kohlenmonoxid) die Verbindung von Silizium und Stickstoff.

Ich setzte mich in meinen Sessel und versuchte, mich zu beruhigen, denn ich hatte entdeckt, was alle Raketenwissenschaftler bis zu diesem Moment übersehen hatten.

*

Die Lufthülle des Silikatplaneten besteht hauptsächlich aus Stickstoff. Folglich wäre es vordringlich gewesen, nach einem Treibstoff zu suchen, der mit Stickstoff brennt. Ich hatte einen solchen Treibstoff zwar schon 1970 entdeckt, war aber 24 Jahre lang davor bewahrt worden, das verborgene Geheimnis der Weltraumfahrt früher zu entdecken. Die Gründe dafür sind offensichtlich: die mathematisch-naturwissenschaftlichen Arbeiten hätten nicht die Chance gehabt, konsequent entwickelt und ausgearbeitet zu werden.

Ich rief Professor Straub an und erzählte ihm sowohl von dem

---

[1] Greenwood, N. N., Earnshaw, A.: Chemie der Elemente, Weinheim, 1990. S. 462.

Chaos-Spiel als physikalischem Experiment, als auch von der Möglichkeit, höhere Silane in einer Raketenbrennkammer so umzusetzen, daß der Sauerstoffanteil der Luft bei einer Temperatur von etwa 2500°C den Wasserstoff bindet. Die bei dieser hohen Temperatur ionisierten Siliziumradikale sollen hingegen mit den überschüssig vorliegenden teilionisierten Stickstoffatomen zu Siliziumnitrid brennen. Während nämlich pulverförmiges Silizium vielen Elementen gegenüber sehr reaktionsträge ist – es überzieht sich mit einer dünnen Schutzhaut der neuentstehenden chemischen Verbindung – ist flüssiges Silizium (Schmp. = 1420°C) äußerst reaktiv. Man kann sich leicht vorstellen, wie aggressiv dann gasförmige Siliziumradikale sind.

Mein Zuhörer begriff beide Gedanken in ihrer vollen Tragweite und stellte nur eine Frage: „Was machen Sie jetzt?"

Ich erwiderte: „Nichts."

„Das ist gut so. Ich übernehme das."

Ich erzählte Dr. Kunkel von dem Gespräch und wir beschlossen, zwei neue Patente anzumelden, eins zur Stickstoffverbrennung in einem Raketenmotor und ein weiteres für ein Hochgeschwindigkeitsflugzeug, einen Diskus, der mit Passagieren auf 8000 km/h beschleunigt und dann in einer Höhe von 50 km den Raketenmotor ausstellt, um um die halbe Erde zu gleiten.

Für das einzige nicht-militärische Überschallpassagierflugzeug, die Concorde, gibt es kein Nachfolgemodell, da die Technik ausgereift ist. Die Maschine fliegt in einer Höhe unterhalb von 20 km mit zweieinhalbfacher Schallgeschwindigkeit. Höhere Geschwindigkeiten lassen sich mit Strahlturbinen bei maßvollem Treibstoffeinsatz nicht erreichen. Da aber ein Bedarf besteht für ein Flugzeug, das dreimal so schnell ist wie die Concorde und zum Beispiel die Strecke New York – Tokio in 3 Stunden bewältigen sollte, müßte ein solches Flugsystem von Raketenmotoren angetrieben werden.

Strahlturbinen müssen mit Abgasen Schub erzeugen, deren Temperatur knapp unterhalb der Schmelztemperatur der Rotorblätter in der Brennkammer liegt. Da nur 20% der Luft an dem Oxidationsprozeß teilnehmen, ist eine solche verhältnismäßig niedrige Abgastemperatur gewährleistet.

Ein Raketenmotor arbeitet doppelt so heiß und ist entsprechend exponentiell wirkungsvoller. Da ein Raketenflugzeug aber neben dem Treibstoff auch sein Oxidationsmittel mitführen muß, könnte es eben keine Nutzlast (Passagiere) befördern.

Wenn man hingegen Silanöl in einer Raketenbrennkammer mit angesaugter vorerhitzter Luft (mit katalytisch dissoziiertem Stickstoff) verbrennt, muß man kein Oxidationsmittel mitführen. Der Einwand, daß Silizium lieber mit Sauerstoff als mit Stickstoff brennt, ist für eine solche sehr heiße Silanölbrennkammer nicht stichhaltig, weil der Sauerstoff stöchiometrisch mit dem Wasserstoff verbrennt (s. o.) und der Überschuß an Stickstoff die Verbrennung des Siliziums zu Nitrid garantiert. Da bei einer stöchiometrischen Silizium-Stickstoff-Verbrennung immer noch große Mengen von Stickstoffradikalen vorhanden sind, könnten dem Silanöl größere Mengen an dispergierten Metallpulvern (Mg, Al, Si o. Mg_2Si) zugesetzt werden.

Das Nachfolgemodell für die Concorde dürfte wegen der hohen Fluggeschwindigkeiten überhaupt keine Form besitzen, die irgendwie an ein Flugzeug erinnert, sondern müßte konsequenterweise wie ein Diskus gebaut sein.

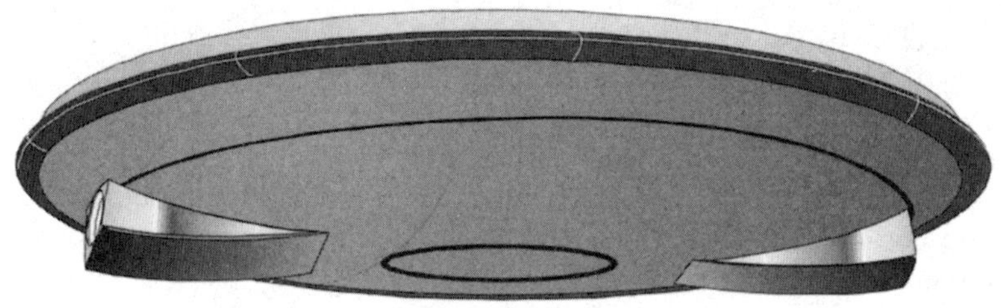

Abbildung 45

Start und Landung stellen bei jedem Flugzeugtyp das größte Gefahrenmoment dar. Ein Diskus kann nicht abstürzen. Es kommt bei einer Strecke um die halbe Erde nur darauf an, eine solche Scheibe kontinuierlich auf eine sehr hohe Geschwindigkeit zu beschleunigen (6000-10000 km/h) und auf eine Höhe von etwa 50 km zu bringen. Danach kann man die Motoren abstellen und auf dem extrem dünnen Luftpolster um die Erde gleiten.

Mit dem hier geschilderten Verfahren hatte ich jetzt natürlich auch endlich die Lösung für die Frage: Ist es möglich, mit einem Einstufer auf eine geostationäre Umlaufbahn zu gelangen?

*

Während in der Patentschrift „Wiederverwendbare Raumfähre" noch von einem dritten Antriebsaggregat die Rede war, einem starren Raketenmotor, dessen verschließbarer Ausgang an der Unterseite des Diskus lag, wurde mir jetzt klar, daß er überflüssig war. Dieser Raketenantrieb, der mitgeführtes Oxidationsmittel benötigte, konnte durch den seitlichen Antrieb völlig ersetzt werden.

In einer Höhe von 30 km beträgt der Luftdruck noch 1%, aber in 50 km Höhe nur noch 1 Promille. Es müßte möglich sein, den Diskus gleichmäßig auf mindestens 20000 km/h zu beschleunigen, wobei der fallende Luftdruck durch permanenten Geschwindigkeitszuwachs kompensiert wird und somit der Auftrieb erhalten bleibt. Auch die angesaugte Luftmenge sollte durch die immer höhere Geschwindigkeit konstant bleiben. Hat das Geschoß eine solche Geschwindigkeit erreicht, wiegt es wegen der Zentrifugalkraft nur noch ungefähr ein Drittel. Diese Gewichtsabnahme aufgrund der Zentrifugalkraft fällt bei Stufenraketen kaum ins Gewicht, da bei dieser Geschwindigkeit die beiden ersten Stufen (über 90% der Startmasse) schon abgeworfen sind und damit sinnlos beschleunigt wurden.

Einen weiteren Gewichtsverlust des Diskus stellt natürlich die Treibstoffabnahme dar, wobei zu berücksichtigen ist, daß wegen fehlendem Oxidationsmittel doppelt soviel Treibstoff mitgenommen werden kann. Um also nun von 20000 auf 30000 km/h zu beschleunigen, muß, weil die Lufthülle verlassen wird, nun doch eine allerdings sehr geringe Menge flüssiges Stickoxid N_2O_4 eingesetzt werden.

In jedem Physikbuch dieses Jahrhunderts wird nachdrücklich darauf hingewiesen, daß man einstufig nicht in den Weltraum kommen kann. Dogmen sind signifikante Zeichen für Dummheit.

*

So hatte ich also jetzt im Herbst 1994 genügend Grund, meine Begeisterung bei Freunden und Bekannten deutlich zum Ausdruck zu bringen. Anläßlich des Oktoberfestes war ich auch bei Frieder Mayrhofer zu Besuch, der mich danach fragte, ob ich denn nun mit dem dritten Band beginnen würde. Ich verneinte und schilderte, warum ich nicht einmal beabsichtigte, für den Langen-Müller-Verlag ein Buch zu schreiben, sondern lieber weitere mathematische Probleme bearbeiten wolle. Der Produzent erzählte daraufhin jedoch, daß er früher einmal die Tochter von Herrn Dr. Herbert Fleissner kennen- und schätzen gelernt habe. Dieser habe eine riesige Verlagsgruppe systematisch zusammengekauft, zu der auch Langen-Müller gehöre.

Sofort sah ich die Chance, über diese Beziehung direkten Kontakt zur Verlagsleitung zu bekommen. Einige Tage später hatte ich dann den erhofften Termin bei Frau Brigitte Fleissner-Mikorey, die im Verlag ihres Vaters arbeitete. Sie erwies sich nicht nur als ungewöhnlich charmant, sondern vermittelte auch den Eindruck einer kluge Frau. Sie versprach, das Primzahlkreuz Band I zu lesen.

Ich war danach eine Woche lang in Südtirol und erhielt, wieder zurück in München, die Nachricht, daß Dr. Fleissner mich kennenlernen möchte. Diesem Gespräch, das ausschließlich zwischen dem Verleger und mir stattfand, wohnten im Hintergrund noch die Verlagsdirektorin Frau Dr. Sinnhuber, Frau Fleissner-Mikorey, der Lektor Herr Hemminger und Herr Mayrhofer bei.

Ich habe in meinem Leben einige Gespräche erlebt, bei denen ich mit meinem Gegenüber nicht nur Worte ausgetauscht, sondern darüber hinaus einen übernatürlichen Bewußtseinszustand geteilt habe. Während ich solche metaphysischen Sinnes- und Gefühlserlebnisse – wie in einem idealen Kondensator geladen – mein Leben lang behalten werde, scheinen meine Gesprächspartner nach Beendigung ihres Auftritts irreversibel wieder in ihr normales Empfinden zurückzukehren und mögen später an diese Momente nur noch dunkle Erinnerungen haben. Dies trifft mit Sicherheit für mein Gespräch mit dem Großverleger zu, den ich mit meinem Vortrag über die Entschlüsselung des göttlichen Bauplans so unter Spannung setzte, daß er mir reflexiv das Versprechen entlockte, innerhalb von 3 Monaten einen Bestseller zu schreiben und abzuliefern.

Mir war während des Gespräches klargeworden, daß „Das Primzahlkreuz“ nie eine Chance haben würde, über die Grenzen des deutschsprachigen Raumes zu gelangen, wenn nicht ein vorbereitendes Sachbuch eines großen Verlages das Schlüsselwort Primzahlen verbreiten würde. Ein solches Buch hätte nämlich die Chance, in Lizenz vor allen Dingen ins Englische und Japanische übersetzt zu werden. Ich selbst also mußte motiviert werden, und das konnte nur der Mann an der Spitze des Verlages. Hätte ich dagegen mit seiner Verlagsdirektorin verhandelt, würde diese die Information über einen göttlichen Bauplan überhaupt nicht interessiert haben. Wenn man im Jahr über hundert Titel herausbringt, werden die Inhalte gleichgültig.

Ein Buch über die Entdeckung eines mathematischen Bauplans würde unter normalen Umständen allenfalls akzeptiert werden, wenn es von einem US-amerikanischen, weltbekannten Professor stammen würde, dessen Buch in Amerika schon ein Jahr lang auf der Bestsellerliste stünde.

*

Sofort nach dem Gespräch rief ich Walburga Posch an und teilte ihr noch ganz aufgeregt mit, daß wir jetzt doch ein Buch zusammen schreiben würden und zwar in dem sehr kurzen Zeitraum von 3 Monaten. Jetzt brauchten wir beide nur noch einen Computerspezialisten, der uns vor allem bei dem Programm 'Word for Windows' unterstützen konnte, denn im mathematischen Satzprogramm $\TeX$ zu schreiben, wäre zu kompliziert gewesen.

Ich diktierte 3 Monate, aber immer nur so lange, bis Walburga sagte: „Das schreibe ich nicht, das kapiert kein Mensch." Dann diskutierten wir die Sachen, und Walburga formulierte. Im Prinzip ging es darum, unter Auslassung der schrecklichen persönlichen Erlebnisse in knapper, verständlicher Form zu schildern, wie ich hinter den Bauplan dieser Welt gekommen war. Da im November 1994 schon ein Artikel über die fraktale Geometrie und ihre Beziehung zu den Primzahlen bei „raum&zeit" erschienen war, konnte ich diese Texte gleich für die beiden vorletzten Kapitel des Buches mitverwenden. Am letzten Tag der zur Verfügung stehenden Zeit war das Buch fertig geschrieben und wurde ausgedruckt an den Verlag weitergereicht. In den Anfangsmonaten 1995 waren wir dann mit den Korrekturen beschäftigt. Der Verlag wählte den Namen „Gottes geheime Formel".

Bei Langen-Müller stieß das Buch nur bei dem Lektor und der Tochter des Inhabers auf Wohlwollen, andere hingegen, die mit der Veröffentlichung der Bücher eines Autors, Johannes von Buttlar, den Nachweis erbracht hatten, daß sie in der Lage sind, jeden Schwachsinn zu verbreiten, waren gegen die Veröffentlichung.

Herr Hemminger gab mir jedoch wiederum zu verstehen, daß es für das Buch nicht die allergeringsten PR-Aktionen und auch keinerlei Werbung geben würde. Ich verwies auf den Schluß des letzten Kapitels von „Gottes geheime Formel". Es endet nämlich mit der Frage von Dr. Fleissner: „Können Sie mir innerhalb von 3 Monaten einen Bestseller schreiben?"

„Ja!"

„Dann werden wir mit allen verlegerischen Mitteln dafür sorgen, daß das Buch seine Verbreitung findet. Schreiben Sie das Buch!"

Obwohl man im Verlag diesen Schluß sicher gelesen hatte, würde man dennoch mit allen verlegerischen 'Mitteln' dafür sorgen, daß das Buch kein Bestseller würde. So wurden die Vertreter des Verlagshauses auf der Vertreterversammlung genau zwei Minuten lang über ein Buch unterrichtet, das den Untertitel besitzt: „Die Entschlüsselung des Welträtsels und der Primzahlencode".

Ich erzählte Dr. Kunkel, daß der Verlag aus bestimmten Gründen dabei sei, sein eigenes Buch zu sabotieren. Er traf eine recht kostspielige Entscheidung, die Herrn Hemminger, Walburga Posch und mich begeisterte: Alle verlagszugehörigen Vertreter für Deutschland, Österreich und die Schweiz sowie die Leiterin für Lizenzvergabe, Vertrieb, Presse usw. wurden nach Düsseldorf eingeladen. Dort wurden sie auf einer Veranstaltung darüber informiert, was für ein ungewöhnliches Buch der Langen-Müller-Verlag demnächst auf dem Buchmarkt anbieten würde. Die Veranstaltung wurde ein voller Erfolg, denn wir konnten den Teilnehmern etwas von jener Faszination vermitteln, die die Entdeckung des universellen Bauplans hervorrufen sollte. So waren die Vertreter jetzt in der Lage, das Buch so vorzustellen, daß die mißtrauischen Buchhändler neugierig reagieren würden.

Da die Angestellten in Buchhandlungen sich vor Neuerscheinungen kaum noch retten können, sind sie nur noch bereit, jene Bücher zu bestellen, die die Vertreter auch mit Engagement präsentieren. Wird dabei der Buchhändler aufs Kreuz gelegt, rächt er sich beim nächsten Vertreterbesuch und der Vertreter ist der Dumme.

*

Im August 1995 erschien „Gottes geheime Formel" dann endlich, nachdem der Verlag vorher seine ihm wichtigeren Bücher hatte drucken lassen.

Zu dem Zeitpunkt hatten Walburga und ich in Antibes an der Cote d'Azur eine Wohnung gemietet. Meine Co-Autorin wollte sich auf ihre Prüfung zur Schulleiterin an einer Grundschule vorbereiten. Während sie also auf dem Balkon lernte, verbrachte ich die meiste Zeit am Swimming-Pool und beschäftigte mich ziemlich lustlos mit einem Buch über die Geschichte der Mathematik. Hierbei kam der Autor natürlich auch auf die Eulersche Zeta-Funktion zu sprechen, wobei ihm offensichtlich nicht klar war, daß die Aufsummierung von reziproken Quadratzahlen das physikalische reziproke Quadratgesetz $1/r^2$ widerspiegelt. Da dieses Grundgesetz der Physik aber an die Kreisform geknüpft ist, ist es eigentlich gar nicht verwunderlich, daß die Lösung der Zeta-Funktion die Kreiszahl π enthält.

$$\zeta(2) = \frac{1}{1^2} + \frac{1}{2^2} + \frac{1}{3^2} + \frac{1}{4^2} + \frac{1}{5^2} + \ldots = \frac{\pi^2}{6}$$

Plötzlich sah ich diese Potenzsumme ohne Bruchstriche mit negativen Exponenten vor mir

$$1^{-2} + 2^{-2} + 3^{-2} + 4^{-2} + 5^{-2} + \ldots = \frac{\pi^2}{6}$$

und sofort formte sich in meinem Geist eine Matrize, die wiederum nur aus den Basen 1, 2, 3, 4, 5, ... und den Exponenten 1, 2, 3, 4, 5, ... besteht, diesmal aber mit negativen Exponenten. Sie war das Pendant zu der Matrize Abbildung 31 (S. 84).

$$
\begin{array}{cccccccc}
1^{-1} & 2^{-1} & 3^{-1} & 4^{-1} & 5^{-1} & \ldots & m^{-1} \\
1^{-2} & 2^{-2} & 3^{-2} & 4^{-2} & 5^{-2} & \ldots & m^{-2} \\
1^{-3} & 2^{-3} & 3^{-3} & 4^{-3} & 5^{-3} & \ldots & m^{-3} \\
1^{-4} & 2^{-4} & 3^{-4} & 4^{-4} & 5^{-4} & \ldots & m^{-4} \\
1^{-5} & 2^{-5} & 3^{-5} & 4^{-5} & 5^{-5} & \ldots & m^{-5} \\
\vdots & \vdots & \vdots & \vdots & \vdots & & \vdots \\
1^{-n} & 2^{-n} & 3^{-n} & 4^{-n} & 5^{-n} & \ldots & m^{-n}
\end{array}
$$

Abbildung 46

Mit dieser zweiten Matrize hatte ich endlich ein Kalkül zur Untersuchung der Frage gefunden, warum Euler die Zeta-Funktion in ein unendliches Produkt verwandeln konnte, das ausschließlich Primzahlen enthält. Noch hatte ich keine Ahnung, wie ich vorgehen würde, aber es lag offensichtlich auf der Hand, daß die ganze Mathematik auf **4** Arten von unendlichen Reihen gründet. Die Frage, warum diese Reihen Lösungen besitzen, war ja schon halb beantwortet.

Michael und ich hatten gezeigt, daß sowohl Potenzsummen (mit positiven Exponenten) als auch geometrische Summen (mit positiven Exponenten) primzahlcodiert sind, weil sich bei Vertauschung von Basen und Exponenten die Ordnung der Folge der fortlaufenden Basen bzw. Exponenten nicht ändert, eben weil das Primzahlgerüst in beiden Fällen identisch ist.

Die beiden Matrizen der Abbildung 47 bestehen nur aus einer „Handvoll Zahlen". Die Begründer der Funktionentheorie sind nicht zu dem Gedanken vorgestoßen, was es bedeutet, daß die Struktur und Verteilung der primzahligen Exponenten mit derjenigen der Basen identisch ist, weil es oberflächlich betrachtet trivial erscheint. Damit unterblieb die fundamentale Einsicht, daß das Gebäude der höheren

Mathematik und damit die Grundlage der Naturwissenschaften einzig und allein auf die Primzahlordnung in den beiden abgebildeten Matrizen (und die dazugehörigen Geometrien) aufbaut.

Potenz-Matrix

$$\begin{array}{cccccccl} 1^1 & 2^1 & 3^1 & 4^1 & 5^1 & \ldots & m^1 & \rightarrow \\ 1^2 & 2^2 & 3^2 & 4^2 & 5^2 & \ldots & m^2 & \rightarrow \\ 1^3 & 2^3 & 3^3 & 4^3 & 5^3 & \ldots & m^3 & \rightarrow \\ 1^4 & 2^4 & 3^4 & 4^4 & 5^4 & \ldots & m^4 & \rightarrow \\ 1^5 & 2^5 & 3^5 & 4^5 & 5^5 & \ldots & m^5 & \rightarrow \\ \vdots & \vdots & \vdots & \vdots & \vdots & & \vdots & \\ 1^n & 2^n & 3^n & 4^n & 5^n & \ldots & m^n & \rightarrow \\ \downarrow & \downarrow & \downarrow & \downarrow & \downarrow & & \downarrow & \end{array}$$

Potenzsummen

geometrische Summen

reziproke Potenz-Matrix

$$\begin{array}{cccccccl} 1^{-1} & 2^{-1} & 3^{-1} & 4^{-1} & 5^{-1} & \ldots & m^{-1} & \rightarrow \\ 1^{-2} & 2^{-2} & 3^{-2} & 4^{-2} & 5^{-2} & \ldots & m^{-2} & \rightarrow \\ 1^{-3} & 2^{-3} & 3^{-3} & 4^{-3} & 5^{-3} & \ldots & m^{-3} & \rightarrow \\ 1^{-4} & 2^{-4} & 3^{-4} & 4^{-4} & 5^{-4} & \ldots & m^{-4} & \rightarrow \\ 1^{-5} & 2^{-5} & 3^{-5} & 4^{-5} & 5^{-5} & \ldots & m^{-5} & \rightarrow \\ \vdots & \vdots & \vdots & \vdots & \vdots & & \vdots & \\ 1^{-n} & 2^{-n} & 3^{-n} & 4^{-n} & 5^{-n} & \ldots & m^{-n} & \rightarrow \\ \downarrow & \downarrow & \downarrow & \downarrow & \downarrow & & \downarrow & \end{array}$$

Potenzsummen

geometrische Summen

Abbildung 47

Ich wählte von den 4 Arten unendlicher Reihen als Beispiel die Aufsummierung der **Kuben** der ganzen Zahlen und verglich sie mit der Aufsummierung der reziproken Potenzen der Zahl **3**. Da die Aufsummierung der Kuben gegen unendlich strebt, konvergiert die Limesgleichung nur, wenn jeder Summand durch die größte enthaltene

Basis n mit dem um 1 erhöhten Exponenten dividiert wird.

$$\lim_{n\to\infty} \frac{1^3+2^3+3^3+4^3+...+n^3}{n^{3+1}} = \frac{1}{3+1} = \frac{1}{4}$$

$$\lim_{n\to\infty} 3^{-1} + 3^{-2} + 3^{-3} + 3^{-4} +...+ 3^{-n} = \frac{1}{3-1} = \frac{1}{2}$$

Man sieht, daß die Lösungen sich nur dadurch unterscheiden, daß im Nenner entweder +1 zum bisherigen Exponenten oder −1 zur bisherigen Basis zuaddiert wird.

Die Zahl ±1 ist die Grundbasis aller Primzahlen außer 2 und 3. Da dieser Zusammenhang gänzlich unbekannt ist, werden die verblüffend einfachen Lösungen in den obigen Gleichungen auch nicht mit der Primzahlstruktur in Verbindung gebracht. Mir lieferte dieser Gedanke aber endlich eine Verknüpfung der Primzahlen mit der Kreiszahl π, also die Antwort auf die Frage, warum die Eulersche Zeta-Funktion geradzahlige Potenzen von π liefert.

*

Eine der merkwürdigsten Lücken in der mathematischen Ausbildung von Schülern und Studenten liegt in der Tatsache, daß die Aufsummierung von reziproken Potenzen nicht mit der Kreisform in Verbindung gebracht wird. Das allereinfachste Beispiel stellt die Leibniz-Reihe für quadratische Glieder dar.

$$2^{-1} + 2^{-2} + 2^{-3} + 2^{-4} + ... = 1$$

Wenn man nämlich einem Grundschüler die Teilung eines Kuchens erklärt, ist er durchaus in der Lage, zu verstehen, daß ein halber Kuchen plus ein Viertelkuchen plus ein Achtelkuchen plus ein Sechzehntelkuchen usw. schließlich irgendwann einen ganzen Kuchen ergeben müssen. Nun läßt sich dieser Versuch statt mit der fortgesetzten Halbierung aber auch mit der fortgesetzten Drittelung durchführen. Ein Drittelkuchen und ein Neuntelkuchen und ein Siebenundzwanzigstelkuchen usw. liefern für den Schüler ebenfalls einsichtig irgendwann einen halben Kuchen. Abbildung 48 zeigt die geometrische Entsprechung der reziproken Reihen.

Die einzige Figur, die alle diese geometrischen Reihenentwicklungen mit negativen Exponenten verdeutlichen kann, ist der Kreis.

Es liefern nämlich die Werte der geometrischen Reihen der reziproken Potenzmatrix die fortlaufenden reziproken Zahlen 1/2, 1/3, 1/4 usw.

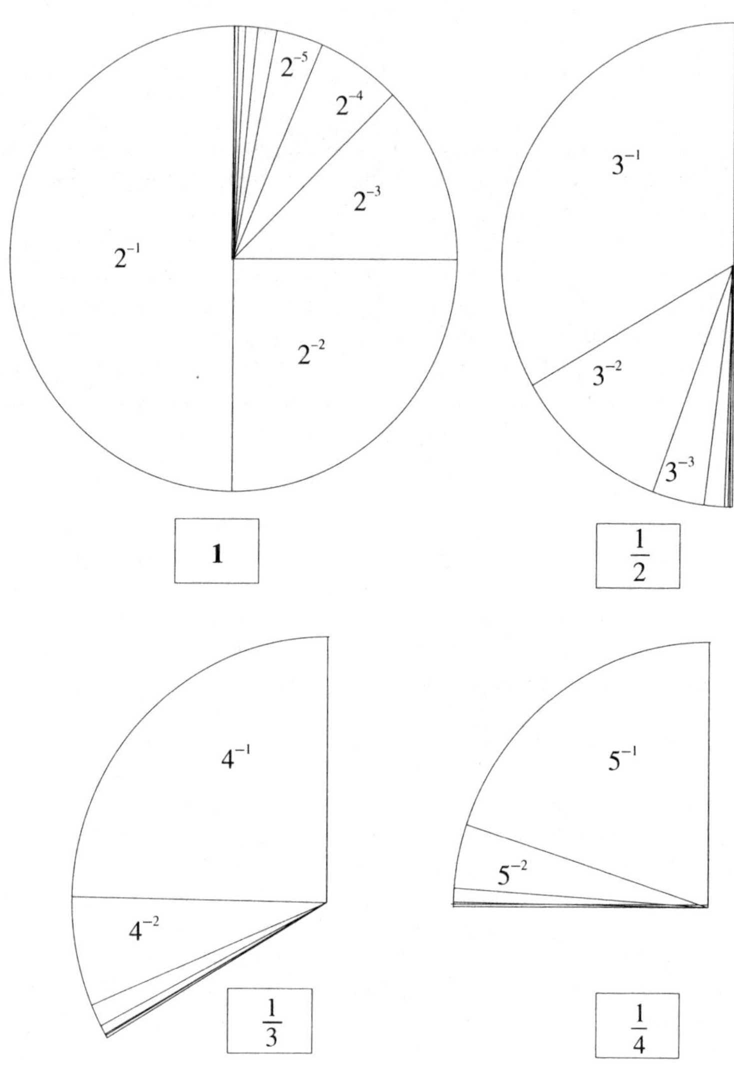

Abbildung 48

Liest man in der reziproken Potenz-Matrix von oben nach unten beispielsweise den Fall

$$2^{-1} + 2^{-2} + 2^{-3} + 2^{-4} + \ldots$$

erkennt man, daß es sich um eine geometrische Kreisteilung handelt.

Beim Vertauschen von Basis und Exponent, also in der Matrix von links nach rechts gelesen

$$1^{-2} + 2^{-2} + 3^{-2} + 4^{-2} + \ldots$$

ergibt sich ebenfalls ein Zusammenhang mit dem Kreis. Der sich ergebende Reihenwert enthält nämlich nach Euler die Kreiszahl π. Da jede durch die Matrizen dargestellte Reihe aber primzahlcodiert ist, hatte ich jetzt endlich einen Zugang gefunden, zu zeigen, warum die Kreiszahl selber primzahlcodiert sein muß, d. h. also auch numerisch im Primzahlkreuz verankert sein muß.

*

Im Oktober 1995 besuchte ich die Frankfurter Buchmesse und fand beim Stand von Langen-Müller keinen Hinweis auf „Gottes geheime Formel" außer einigen Probeexemplaren in einem Regal. Während mich eine tiefe Traurigkeit packte, teilte mir die Leiterin der Lizenzabteilung Frau Hoppen mit, daß sie das Buch an den großen japanischen Shueisha-Verlag verkauft habe. Vertreter dieses Verlages hatten sich sehr beeindruckt gezeigt von den japanischen Versionen der beiden Artikel in „raum&zeit". Jeder, der sie gesehen hat, wird wohl mit dem Kopf geschüttelt haben, daß wir in einer deutschen Zeitschrift japanische Übersetzungen mitabgedruckt hatten. Ich hatte damals intuitiv gehandelt; jetzt hatte sich das ausgezahlt. Ich fragte Frau Hoppen, die ich sehr schätze, ob sie das Buch ganz gelesen hätte. Sie verneinte.

„Kennen Sie jemand, der das Buch für Sie lesen könnte?"

„Ja, meine Tochter. Sie hat gerade ihr Diplom in Chemie gemacht und will jetzt promovieren."

Die junge Chemikerin las das Buch und teilte ihrer Mutter daraufhin mit, daß es ungewöhnlich spannend sei.

Jetzt schmiedeten die nun überzeugte Frau Hoppen und ich einen Plan. Um das Buch in der englischsprachigen Welt unterzubringen, wollte ich es von einem native speaker und Germanisten, Noel Bredy, der in Düsseldorf wohnt, übersetzen lassen. Dr. Kunkel würde die Übersetzung finanzieren, wir würden sie dann ausdrucken und Probeexemplare binden lassen. Dann hatte Frau Hoppen die Chance, daß ein englischer oder amerikanischer Verlag sich für unser Buch interessieren würde.

Auch die Vertreter hatten gute Arbeit geleistet, so daß schon im Oktober die zweite Auflage gedruckt wurde. In die Medien gelangte das Buch natürlich trotzdem nicht.

Nur einer der führenden Lehrstuhlinhaber für theoretische Physik, Prof. Dr. G. Süssmann aus München und damit eigentlich ein Nachfolger Arnold Sommerfelds, verfaßte eine kritische Beurteilung zu „Gottes geheime Formel". Michael und ich hatten diesen liebenswürdigen Herrn anläßlich einer privaten Konferenz in Düsseldorf bereits 1990 kennengelernt. Damals hatte er es fertiggebracht, dem verblüfften Publikum weiszumachen, daß im Periodensystem die Elemente 43 und 61 überhaupt nicht fehlen würden. Als ihn einer der Zuschauer darauf hinwies, daß in den Chemiebüchern aber steht, daß die Isotope dieser Elemente nur künstlich hergestellt werden können, griff er zur frechen und dummen Lüge und behauptete: „Wir Physiker wissen doch, warum diese Isotope instabil sind."

Ich war daraufhin in lautes Gelächter ausgebrochen, hatte mich dem Publikum zugewandt und erklärt, daß ein Physiker, der die Gründe für die Instabilität der Elemente 43 und 61 kenne, sofort den Nobelpreis erhalten würde. Statt nun nach- und zuzugeben, daß es in den Atomkernen in der Tat ungelöste Fragen gibt, verwandelte sich Süßmann in einen wutschnaubenden Schriftgelehrten. Lustig war die Situation vor allem, weil ein über 80-jähriger emeritierter Kollege Süssmanns von sehr kleiner Körpergröße ihn lautstark wie ein Terrier unterstützte. Die Situation glich eher einer Toberei. Später kam Michael kreidebleich zu mir und sagte: „Ich muß Dir etwas gestehen. Ich hab' Dir nie ganz geglaubt, daß Lehrstuhlinhaber in solch berühmten Positionen so hundsgemein lügen können. Jetzt, wo ich das erlebt habe, bin ich für immer davon überzeugt."

„Michael, ich bin selbst überrascht, daß diese akademischen Schurken sich hier haben so gehen lassen. Ich habe das Gefühl, als wenn wir mit dem Süssmann noch zu tun kriegen, denn sein Kollege für Experimentalphysik, Prof. Mößbauer, steht ja schon im Band I."

Damals konnte ich nicht wissen, daß mir einmal eine schriftliche Stellungnahme von Herrn Süssmann in die Hände fallen würde. Dr. Weber, ein Bekannter von mir, hatte einige Exemplare von „Gottes geheime Formel" an verschiedene Wissenschaftler gesandt, u. a. an Prof. Süssmann. Der lief nun in eine Falle, die ich ihm gar nicht gestellt hatte. Aus Wut und Rachedurst über den Vorfall von damals verfaßte er nun eine Beurteilung, wie er sie als Beamter bei klarem Verstand niemals hätte schreiben dürfen. Es ist nämlich akademische Gepflogenheit, seine Gegner zwar gründlich fertigzumachen, aber natürlich immer nur in sprachlich höflicher Form.

In Deutschland mußte einmal eine ganze wissenschaftliche Generation durch Zwangsemeritierung von ihren Posten zurücktreten. Diese beamteten Professoren und Assistenten waren von jüdischer Rasse. Dieses beschämende Beispiel von großdeutschem Haß ist nach dem Krieg außer in wenigen Fällen (J. Stark) nicht gesühnt worden. Welchen Haß jedem gefährlich 'Abgeirrten' gegenüber erleben wir heute. Unser physikalisches Weltbild ist nackter Dogmatismus.

Der Brief von Herrn Süssmann stellt ein unglaubliches Dokument von Diffamierung und Beleidigung dar. Ein Professor, der mich als „physikalischen Windbeutel und philosophischen Scharlatan" bezeichnet, muß gezwungen werden, seinen Posten zu verlassen.

*

SEKTION PHYSIK DER UNIVERSITÄT MÜNCHEN

THEORETISCHE PHYSIK
LEHRSTUHL PROF. DR. G. SÜSSMANN

Theresienstr. 37
D-80333 München
Telefon: (089) 2394-4543
Telefax: (089) 280 52 48
Telex: 529815 UNIV M
e-mail: suessmann@
mfl.sue.physik.uni-muenchen.de

14. Dezember 1995

Stellungnahme zum Buch von Peter Plichta über
„Gottes geheime Formel" bei Langen Müller, München 1995

Über die eigentlichen chemischen Passagen des Buches möchte ich mich nicht äußern, obwohl mir die physikalischen und physikochemischen Grundlagen der Chemie durchaus vertraut sind. Auch über die Probleme der Raketen-Technik will ich nichts sagen. Was aber die Kernphysik, Quantentheorie, Theoretische Physik und Höhere Mathematik betrifft, so ist klar, daß die Kenntnisse und das Verständnis des Autors nur als außerordentlich dürftig bezeichnet werden können. Seine Argumentationen hierzu sind oft sogar in schlimmer Weise dilettantisch:

stark in Behauptungen, schwach in Beweisen, mit vielen falschen oder undeutlichen Aussagen. Noch ärger als dilettantisch ist die geradezu kindische Rede (auf Seite 21) vom „bevorstehenden Zusammenbruch der Mathematik“. (Entgegen dem dortigen Torpedofächer drängt sich das groteske Bild von einem Paddelboot auf, mit dem Herr Dr. Peter Plichta an Bord die Panzerkreuzer-Flotte der mathematischen Atomphysik versenken möchte.) Es spricht Bände, daß der Autor (auf Seite 66) von den „sehr schwierigen mathematischen Berechnungen“ der chemischen Thermodynamik spricht, obwohl diese „schon gegen Ende des vorigen Jahrhunderts abgeschlossen waren“. Dazu kann man nur sagen, daß die Berechnungen der heutigen Quantentheorie und Kosmologie aus guten Gründen noch sehr viel schwieriger sind. Obwohl diese Welt dem Autor offenbar völlig verschlossen geblieben ist, erlaubt er sich unfundierte Urteile über sie.

Ehrgeizige Experimental-Forscher haben hier in unserem Jahrhundert ein psychologisches Problem, dem unter anderem die Nobelpreisträger Stark (s. S. 207) und Lenard zum Opfer gefallen sind (in diesen Fällen mit üblen kulturpolitischen Folgerungen). Der chemische Nobelpreisträger E.-O.- Fischer scheint ähnlich gelitten zu haben – sehr im Gegensatz zu dem physikalischen Nobelpreisträger R. Mößbauer. Ich kenne den Kollegen Mößbauer gut genug, um mit Bestimmtheit sagen zu können, daß die ihm (auf Seite 209 unten) zugeschriebenen Äußerungen – sei es direkt durch Herrn Fischer, sei es indirekt durch Herrn Plichta – sehr weit von dem entfernt ist, was Herr Mößbauer wirklich gesagt hat. Der hat nämlich nicht die geringste Befürchtung davor, daß „alles zusammenbräche“, was „unter solch großen Mühen erkämpft worden“ ist. Herr Mößbauer hat nichts anderes getan als seinen Kollegen vor einem peinlichen Abgleiten ins Ressentiment zu bewahren. (Auf gut Deutsch: Er warnte ihn vor einem physikalischen Windbeutel und philosophischen Scharlatan.) Bezeichnend ist ja die Reaktion des Herrn Plichta: „Wir brauchen den Herrn Mößbauer doch gar nicht. Es wäre doch viel besser, einen dritten Chemiker einzuschalten“. Herr Fischer, der ja seine Pappenheimer gut kennt, war natürlich besser beraten, einen wirklich kompetenten Gutachter zu befragen.

Das Buch enthält viele Ungereimtheiten und Unrichtigkeiten, die alle aufzuführen nur lohnen würde, wenn ein dringendes Bedürfnis danach bestehen sollte, was ich mir aber kaum vorstellen kann. Um die zahlreichen Selbstwidersprüche aufzulösen, müßte man sehr, sehr gutwillig interpretieren (obwohl der Autor mit seinen Kontrahenten reichlich mißgünstig umgeht), was aber nicht aus der Welt schaffen würde, daß er sich mindestens sehr unklar ausdrückt. Ein Beispiel für viele: Auf Seite 236 unten und 237 oben wird der Begriff „irrationale Zahl“ falsch eingeordnet, sind doch die transzendenten Zahlen ebenfalls irrational. Erst auf Seite 238 findet sich mit dem Stichwort „algebraisch“ andeutungsweise die konsistente, korrekte Klassifizierung. Ein weiteres Beispiel ist der angebliche Widerspruch in der Fußnote unter Seite 249: die verwendete Formel $\int \frac{1}{x^n} \cdot dx = \frac{x^{-n+1}}{-n+1}$ setzt auf Grund ihres Beweises ausdrücklich voraus, daß $n \neq 1$ ist, wogegen der Autor verstoßen hat. Die Behauptung „dieser Verwandtschaft mit den Kreisen ist man sich in der Mathematik nicht bewußt“ auf Seite 250 demonstriert eine Ignoranz, die man ob ihrer Arroganz nur als dreist bezeichnen kann. Die auf Seite 11 (angeblich von Professor Lay aufgestellte) 2. Behauptung ist also unrichtig.

Zum Ganzen: Wieso wird auf den Seiten 8 und 13 die Schöpfung aus dem Nichts und die Theorie vom Urknall als „schlichtweg falsch“ sowie als „Zufall“ und „Willkür“ bezeichnet? Diese Meinung wird nirgends erörtert, obwohl die beanstandeten Aussagen theologisch beziehungsweise astrophysikalisch gut begründet sind. Herr Plichta hat diese Diskussion von sich aus beendet, bevor er sie ernsthaft eröffnete.

Summa: Der Autor ist ein typischer „Privatgelehrter“, wie er im Buche (auf Seite 74 oben) steht. So gut wie jedem Universitäts-Mathematiker und -Physiker in Europa und Amerika sind unzählige Fälle bekannt. Sie werden als „Zirkelquadrierer“ oder „Atomspinner“ oder ähnlich apostrophiert und stellen ein seltsames psychosoziales Phänomen dar, das leider manchmal sogar tragische Folgen zeitigt. Auch mir sind schon Dutzende derartige Schriften zugesandt worden. Obwohl es da im einzelnen große Unterschiede gibt, sind die Gemeinsamkeiten zwischen diesen zahlreichen Abirrungen doch bedrückend. Aber unabhängig davon ist das vorliegende Buch in seinen atomphysikalischen Passagen völlig wertlos und für unerfahrene Leser möglicherweise irreführend. Nur aus Freundschaft Ihnen gegenüber habe ich mich so ausführlich mit dieser quasireligiösen Pseudowissenschaft auseinandergesetzt; denn allein von der Sache her wäre das die reinste Zeitverschwendung.

G. Süssmann

*

Wenn das physikalische Weltbild zusammenbricht (Mößbauer u. Butzer), wird es natürlich eine Abrechnung geben, und die heißt im Falle von Prof. Süssmann Zwangsemeritierung. Was für eine eigentümliche Art von Wiedergutmachung.

In München scheint sich ein ganzes Nest solch verbohrter Physiker zu befinden. Denn bei einem etwa halbstündigen Telefongespräch mit Professor Dr. Hans-Peter Dürr, Direktor des Max-Planck-Instituts für Astrophysik München, trat eine ähnlich erschreckende Haltung zutage.

Ich erinnerte daran, daß man lange versucht hat, die quantenmechanischen Gesetze der Atomhüllen auch in den Atomkernen wiederzufinden. Da sich aber von Sommerfeld und seinen Kollegen keine Gemeinsamkeit zwischen Kernladungs- bzw. Neutronenzahlen einerseits und den 4 Quantenzahlen andererseits finden ließ, sind die Überlegungen hierüber eingestellt und danach nie wieder aufgegriffen worden. Als ich nun Herrn Dürr, der zu seinem Kummer nur den alternativen Nobelpreis besitzt, darauf hinwies, daß Kern und Hülle doch, und zwar modularithmetisch, den gleichen Bauplan besitzen, hätte er eigentlich so wie 1984 Professor Fischer reagieren müssen (Band I, S. 457 f.). Statt dessen begann er, mir Unterricht in Kernchemie zu geben. Ich unterbrach: „Sie sollten das als Physiker lassen, denn ich bin ausgebildeter Kernchemiker."

„Lieber Herr Plichta, ich weiß, daß Sie sich in den Gedanken verrannt haben, daß die Atomkerne etwas mit Zahlengesetzen zu tun haben."

„Aber womit sollen sie denn sonst zu tun haben?"

„Sie müssen sich den Atomkern so vorstellen, daß die gleichgeladenen Protonen einen Stoff benötigen, der sie gewissermaßen zusammenklebt. Die Neutronen haben nur scheinbare Zahlenfunktionen. Sie müssen sich die zusätzlichen Neutronen im Kern wie Leim vorstellen!"

„Herr Professor, Ihre Leimtheorie versagt bereits bei einem so einfachen Beispiel wie dem Element 83 Wismut. Sie wissen, daß Wismut ein Reinisotop mit der Massenzahl 209 ist. Mit 125 Neutronen im Kern ist es instabil, aber genauso mit 127 Neutronen. Nur das Isotop mit 126 Neutronen ist stabil. Das hat nichts mit Leim zu tun, sondern mit ganzen Zahlen."

Ich hatte Herrn Professor Dürrs Intelligenz überschätzt. Er verstand mich nicht, oder er wollte es nicht. Das Gespräch verlief sehr höflich, aber vollkommen ergebnislos.

Es gibt im Deutschen ein Schimpfwort für die Begriffslosen. Es heißt: Leimtüten.

Kapitel 8

Wetten und Hoffnung

Im Januar 1994 war ein junger Mann namens Rüdiger Gamm in Deutschlands bekanntester Fernsehsendung aufgetreten: „Wetten, daß ...?“. Das ZDF hatte mit dem Privatsender RTL einen Deal getätigt. Der damals erst 31-jährige Fred Kogel war gerade beim ZDF zum Direktor „Show“ ernannt worden und hatte seinen Freund Thomas Gottschalk extra für diesen Neustart von „Wetten, daß ...?“ von RTL juristisch freigekauft. Kogel und Gottschalk waren natürlich daran interessiert, bei diesem Comeback mit besonders interessanten Wetten aufwarten zu können. Ähnlich wie die Anglo-Amerikaner zu Beginn des II. Weltkrieges bei ihrem Operationsresearch bisher nicht beachtetes wissenschaftliches Material neu auf Nutzbarkeit untersuchten, hatte Kogel abgelehnte Wetten der letzten Jahre durchgearbeitet und war dabei auf einen jungen Mann gestoßen, der sich fünfmal vergeblich beworben hatte.

Es spricht für die Cleverness von Kogel, daß er Gamm selber anrief, ihn persönlich in seinem Heimatort im Schwabenland aufsuchte und sich von dessen Fähigkeiten mit Hilfe eines Computerprogrammes überzeugte.

Am Ausstrahlungsabend hatte ich mit meiner Frau am Computer gearbeitet und dabei eine Zwangspause einlegen müssen. Mir war nämlich plötzlich der Faden gerissen. Ingrid hatte die Gelegenheit genutzt, den Fernseher einzuschalten, so daß aus dem unteren Stockwerk Gottschalks Geschwätz hörbar wurde und drohte, mich endgültig durcheinanderzubringen. Ich trat in dem Moment an den Fernseher, als Gamms Wette begann. Er löste eine Potenzrechenaufgabe im Kopf, die die Kapazität eines Taschenrechners überschritt. Dabei sprach er die Quadrillionen, Trillionen, Billionen und die weiteren Dreierblöcke des Ergebnisses fein säuberlich als Dezimale aus. Er rollte dabei mit den geschlossenen Augen. Mich packte eine ungeheure Erregung und ich flüsterte glücklich: „Zacharias Dase.“

Im Primzahlkreuz (Band II, S. 73) wird ausführlich auf diesen Rechenkünstler eingegangen, der auch dem damals bereits 73-jährigen, grantigen Gauß vorgeführt worden ist. Ich habe mein Unbegreifen angedeutet, warum ausgerechnet Gauß das Visualisieren von Zahlen und Primzahlen nicht mit der Funktion des menschlichen Gehirns in Verbindung gebracht hat. Mein heimlicher Wunsch war gewesen, selbst einmal einem Menschen zu begegnen, der die Zahlen sehen kann.

Die 15 Millionen Zuschauer dieser Sendung waren fasziniert von dem Schnellrechner oder glaubten an einen Trick. In Wirklichkeit wußten wohl nur ganz wenige, daß Rüdiger Gamm gar nicht rechnete, sondern die Potenzen aller Zahlen unterhalb von 100 bis zum Exponenten 13 im Kopf gespeichert hatte und beim Aufrufen die Zahlen als farbige Bänder im optischen Teil des Gehirns ablesen konnte. Statt den Zuschauern dieses neurophysiologische Phänomen zu erklären, war der junge Mann angehalten worden, die Zahlenkolonnen äußerst langsam und wie unter Rechenschmerzen aufzusagen.

Der sympathische Wettkandidat wurde mit überragendem Ergebnis Wettkönig, die Medien berichteten überschwenglich von „Muskelkater im Kopf" Gamms. Kogel und Gottschalk hatten erreicht, daß „Wetten, daß?" wieder zu neuem Glanz erstrahlt war.

*

Ich kontaktierte Rüdiger Gamm und nahm mir ein Hotelzimmer in der Nähe seines Wohnortes bei Rienharz. Ich erfuhr, daß er beliebig lange Zahlenwerte im Kopf als laufendes Band ablesen kann und zwar mit einer Geschwindigkeit von etwa 10 Ziffern pro Sekunde. Mein Plan war, ihn Kopfrechnen in der Form lernen zu lassen, daß er nach dem Abspeichern der einzelnen Ergebnisse ein zweites farbiges Band aufbauen könnte. Mit den übereinanderliegenden Ziffern beider Bänder sollte er dann gegebenenfalls Rechenoperationen durchführen und neu abspeichern.

Ich begann mit Unterricht in Zahlentheorie. Dabei zeigte ich ihm zu Beginn aus Intuition heraus ein Pascalsches Dreieck und fragte ihn, ob er ein allgemeines Bildungsgesetz erkennen könne. Statt nun den bekannten Additionsalgorithmus herauszulesen, fand er spontan eine andere Lösung: Er erfaßte die ersten 5 Zeilen mit einem Blick als Potenzen der Zahl 11.

$$
\begin{array}{ccc}
1 & \rightarrow & 1 = 11^0 \\
1\;\;1 & \rightarrow & 11 = 11^1 \\
1\;\;2\;\;1 & \rightarrow & 121 = 11^2 \\
1\;\;3\;\;3\;\;1 & \rightarrow & 1331 = 11^3 \\
1\;\;4\;\;6\;\;4\;\;1 & \rightarrow & 14641 = 11^4
\end{array}
$$

Abbildung 49

Bei der 6. Zeile stockte er plötzlich. Diese Zeile konnte er wegen der darin vorkommenden 2-stelligen Zahlen nicht als eine Potenz der Zahl 11 lesen.

1 5 10 10 5 1

Ich erklärte ihm, daß die Potenzreihe der Zahl elf nicht abbricht. Da in der 6. Zeile erstmalig die zweistellige Zahl 10 vorkommt, treten dezimale Überschläge auf. Folglich ergibt sich dann für die 6. Reihe wieder eine Potenz der Zahl 11

$$1\,6\,1\,0\,5\,1 = 11^5$$

Dieser Vorgang läßt sich beliebig fortsetzen (s. S. 94). Da jede Zeile im Pascalschen Dreieck naturgemäß sowohl mit einer 1 beginnt als auch mit einer 1 endet, hätte ich eigentlich schon selber darauf kommen müssen, daß bei dezimaler Notation Potenzen der Zahl **11** vorliegen.

Hätten wir Menschen eine andere Anzahl von Fingern, also beispielsweise statt 10 Fingern nur 8, würden wir im Sinne von Kronekker im 8er-System rechnen. In diesem Falle entspräche die oktale Ziffernkombination 1 1 der zweiten Zeile des Pascalschen Dreiecks einer 9 im Dezimalsystem. Die darauffolgende Zeile 1 2 1 entspräche, von links nach rechts gelesen, dem dezimalen Wert 9^2. Die nächste Zeile würde 9^3 liefern usw. Hieraus wurde allgemein geschlossen, daß das Pascalsche Dreieck in jedem Stellenwertsystem seine Eigenschaften behält und daß dem Dezimalsystem keine besondere Bedeutung zukommt.

Dies ist aber ein Trugschluß, da Raum und Zahlen mathematisch durch das reziproke Quadratgesetz verknüpft sind.

Dieses Gesetz beschreibt in der Physik über die Quadrate der fortlaufenden Zahlen 1^2, 2^2, 3^2 ... die Abnahme von Kräften oder Intensitäten. Zu diesem physikalischen Gesetz haben Mathematiker keine Beziehung. Auch deswegen sind sie nicht auf die Idee gekommen, in den Summenwerten der einzelnen Zeilen des Pascalschen Dreiecks 2^1, 2^2, 2^3, ... das umgedrehte Gesetz – Basen und Exponenten sind vertauscht – zu erkennen. Wäre ihnen dann noch bekannt, daß das reziproke Quadratgesetz dezimal angelegt ist, würden sie allgemein akzeptieren, daß bei Umkehr des Gesetzes im Pascalschen Dreieck der dezimale Charakter erhalten bleiben muß. Aus rein formalmathematischer Sichtweise allein ist die Verankerung des Dezimalsystems im Pascalschen Dreieck nicht zu erkennen.

Weil das Grundmuster des Sierpinski-Dreiecks zusätzlich **8**-zeilig ist, hatte ich hier endlich den ersten Hinweis, warum die nach ihren Isotopenanzahlen in vier **19**er-Kolonnen unterteilten Elemente eine noch feinere Untereinteilung von **8** zu **11** aufweisen. Während die Anzahl der Elemente durch das **3** hoch **4**-Gesetz bestimmt ist, muß bei der Explosion von Sonnen und dem blitzartigen Auftreten von Neutronen die Entstehung der einzelnen Kerne durch Stoßprozesse modularithmetisch dem Restwert der Zahl 81 gehorchen, also der Zahl 19. Wenn die 10 Sorten Isotope in sich gebackene Stoßprozeßmathematik darstellen, hatte ich die Chance, endlich das Rätsel der Atomkerne aufzulösen.

Die Begründer der Quantenmechanik hatten noch gehofft, Atomhülle und Kern auf das gleiche Strukturgesetz zurückführen zu können. Sie waren gescheitert, weil sie nicht erkannt haben, daß der Schalenaufbau des Periodensystems mathematisch dem reziproken Quadratgesetz $1/n^2$ gehorcht und die Atomkerne nach dem umgekehrten Gesetz $1/2^n$ gebildet werden.

*

Nun unterrichtete ich Rüdiger einige Zeit in den Grundlagen der Naturwissenschaften und dem Aufbau des Primzahlkreuzes und seiner Verknüpfung mit dem Pascalschen Dreieck. Ich erzählte ihm von Prof. Oliver Sacks Erlebnis mit den autistischen Zwillingen (Band II, S. 74 f.). Auch Rüdigers Fähigkeit, Zahlen zu visualisieren, haben ihren Ursprung höchstwahrscheinlich in einer Gehirnanomalie. Er lag als Kind mehrere Tage im Koma, weil eine Enzephalitis nicht richtig diagnostiziert wurde. Er ist mit dem Leben gerade noch davon gekommen und hat vielleicht daher Narben behalten, die ihm erlauben, durch einen winzigen Spalt in die Unendlichkeit zu schauen.

Jetzt, wo Rüdiger im Fernsehen noch faszinierendere Demonstrationen hätte liefern können, verabredete ich ein Treffen mit dem ZDF-Direktor Fred Kogel, der durch Rüdiger Gamm in ganz Deutschland bekannt geworden war. Ich erzählte ihm und seinen beiden smarten Assistenten, welchen ungeheuren Informationswert die Entdeckung des Primzahlkreuzes darstellt. Man könnte diese neuen Ergebnisse medienwirksam von einem sympathischen jungen Mann vermitteln lassen, der schon in ganz Deutschland den Umgang mit Zahlen gesellschaftsfähig gemacht hat. Zu meiner Verblüffung meinte Herr Kogel, daß er Direktor „Show“ sei und es auf dem Gebiet letztlich nur auf die Frage hinauslief, ob die Damen mit den Netzstrümpfen von links oder von rechts die Treppen auf die Bühne hinuntereilten; daß er also keine Chance sehe, etwas Anspruchsvolles im Fernsehen unterzubringen. Ich fragte, in welcher Position er denn überhaupt sein müßte, um über Inhalte mitzureden. Er antwortete: „Ganz oben."

„Dann sehen Sie doch zu, daß Sie Chef eines Fernsehsenders werden!", erwiderte ich, und alle begannen zu lachen außer mir.

Ein Jahr später war Fred Kogel Chef von SAT1.

*

Michael und ich zeigten Rüdiger auch eine Kehrwerttabelle der Zahlen bis 1/499, in der vergeblichen Hoffnung, daß er in dem Zahlengewuse Zusammenhänge entdecken könne. Dazu war es zunächst notwendig, den Begriff der reziproken Zahlen zu erläutern. Der Kehrwert einer Zahl, z. B. 7, lautet 1/7. Dieser Bruch muß jetzt ausgerechnet werden. Ohne ein Stellenwertsystem lassen sich aber jene Zahlen, die kleiner sind als 1 und größer sind als 0 überhaupt nicht darstellen. Durch Simon Stevin (1585) ließ sich ein Begriff wie 1/7 erstmalig rechnerisch ausdrücken.

$$1:7 = 0{,}142857142857142857\ldots$$

(1 durch 7 geht nicht, 0 herunterholen macht 10. 10 durch 7 ist 1, Rest 3. 3 durch 7 geht nicht, 0 herunterholen macht 30. 30 geteilt durch 7 ist 4, Rest 2. usw.) Da sich hier periodisch die Ziffernfolge 142857 wiederholt, drückt man diese unendliche Wiederholung durch den sogenannten Periodenstrich aus:

$$0{,}\overline{142857}$$

Durch die Benutzung des Periodenstrichs wird verwischt, daß diese Zahl nach dem Komma unendlich viele Stellen hat. Ein aufmerksamer Leser wird sehr schnell merken, daß in dem periodischen Bruch die 14 das Doppelte der Zahl 7 ist und die 28 wieder das Doppelte der Zahl 14. Die 57 ist wiederum das Doppelte der Zahl 28 Rest 1. Es läßt sich also dieser Dezimalbruch auch ausdrücken als fortgeschrittene Verdopplung und richtige dezimale Aufaddierung.

Auch in den Kehrwerten bestimmter anderer Zahlen hat man manche Merkwürdigkeiten entdeckt, ohne sich um die Frage nach dem 'Warum' Gedanken zu machen. In der Reziprokentabelle finden wir verschiedene Muster, hierzu folgende Beispiele: Der Kehrwert der Zahl 6 liefert die unendliche Dezimalzahl $0{,}1666666\ldots = 0{,}1\overline{6}$.

Der Kehrwert der Zahl 8 beträgt 0,125. Für den Laien sieht es so aus, als ob diese Dezimalzahl endlich wäre. In Wirklichkeit lautet die exakte Schreibweise aber 0,12499999... = $0,124\overline{9}$, was sich durch die dezimale Aufsummierung der Potenzen des Restwertes 2 leicht zeigen läßt:

$$2^{00} + 2^0/10 + 2^1/100 + 2^2/1000 + 2^3/10000 + \ldots = 0,124\overline{9}$$

Dieses Beispiel, den Restwert der Zahl 8, also die Zahl 2, so in eine Potenzreihe umzuwandeln, daß wiederum der Kehrwert von 8 entsteht, wirft die interessante Frage auf, warum das Pascalsche Dreieck 8-zeilig ist. Die Zahl 2 ist die Grundbasis im Pascalschen Dreieck. Färbt man anhand der Teilbarkeit durch 2 die einzelnen Einträge 2-farbig (Sierpinski), so erkennt man erst die 8-Zeiligkeit des Pascalschen Dreiecks. Diese empirische Entdeckung hat aber eine tiefe Ursache, die Michael und ich 1991 bei Abschluß des II. Bandes nicht einmal geahnt hatten und die erst später beschrieben wird.

Die ganzen Zahlen streben zum unendlich Großen, aber keine einzige kann je unendlich groß sein. Die reziproken Zahlen streben zum unendlich Kleinen (0,000...), jede von ihnen muß von unendlicher Dezimallänge sein.

Reziproke Zahlen lassen sich auf **3** verschiedene Weisen darstellen

mechanisches Ausdividieren aller Restwerte
geometrische Summen (Kreisteilung)
Potenzreihenentwicklung des Restwertes

*

Im Frühjahr 1994 untersuchte ich noch einmal die Periodenlänge der reziproken Primzahlen (s. Band II, S. 143). Der Kehrwert von 11, die wie die 7 eine Primzahl ist, beträgt 0,0909090909... = $0,\overline{09}$. Der Kehrwert von 13 liefert den Wert $0,\overline{076923}$. Bei der 11 wiederholen sich **2**, bei der 13 wiederholen sich **6** Ziffern bis in die Unendlichkeit. Anhand dieser beiden Beispiele kann gezeigt werden, daß in den Periodenlängen reziproker Primzahlen eine Systematik steckt.

Wenn wir eine Primzahl, z. B. die Zahl 7, um 1 verringern (genannt $\boldsymbol{p - 1}$) und durch die Periodenlänge des Kehrwertes $\mathbf{L}(\boldsymbol{p})$ von 7 teilen, erhalten wir keinen Restwert. So liefern weiterhin (11 – 1) : **2** den glatten Wert 5 und (13 – 1) : **6** den glatten Wert 2.

Die Periodenlängen der Kehrwerte der nächsten Primzahlen 17,

19, 23 und 29 sind wieder (wie die von 7) $\boldsymbol{p - 1}$ stellig, also 16-, 18-, 22- und 28stellig, während die 31 eine 15stellige Periode liefert, die 37 eine 3stellige und die 41 eine 5stellige.

Präzise Untersuchungen zeigen, daß nur 3/8 aller Primzahlen in ihren periodischen Dezimalbrüchen $\boldsymbol{p - 1}$ stellig sind[1]. Wären die Kehrwerte aller Primzahlen $\boldsymbol{p - 1}$ stellig, stünde ein Mittel zur Verfügung, von einer beliebigen Zahl mit der Endung 1, 3, 7 oder 9, deren Quersumme nicht durch 3 teilbar ist, zu sagen, ob sie prim ist, einfach indem man ihren Kehrwert bestimmt, da man weiß, daß nur bei Primzahlen die volle Periodenlänge ausgeschöpft werden kann.

Da selbst Gauß nicht auf die Frage eingeht, ob es eine Methode gibt, aus der Periodenlänge einer Kehrwertzahl, außer den $\boldsymbol{p - 1}$ stelligen, etwas über den Primzahlcharakter dieser Zahl auszusagen, haben es seine Nachfolger wohl erst gar nicht versucht oder sind eben gescheitert. Es mußte erst die Zeit dazu reif sein, dieses Problem aus einer neuen Sichtweise heraus zu untersuchen.

In mir keimte der Verdacht, daß zwischen dem Kleinen Fermatschen Satz und den Kehrwerten der reziproken Primzahlen ein Zusammenhang besteht. Wenn der Kleine Fermatsche Satz nämlich beispielsweise über die Zahl 13 als Exponent eine Aussage macht, ob sie eine Primzahl ist, dann müßte in der 13, wenn sie aus dem Exponenten herausgenommen und ihr Kehrwert gebildet würde, ihr Primzahlcharakter erhalten bleiben.

Hierzu verglich ich die Kehrwerte von 3 Zahlen, nämlich einer Nichtprimzahl (durch 3 teilbar), einer weiteren Nichtprimzahl (nicht durch 3 teilbar) und einer Primzahl. Ich wählte Beispiele mit ungefähr gleichen Periodenlängen

$3 \cdot 47 = 141$

$$1/141 = 0{,}\overline{0070921985815602836879432624113475177304964539}$$

(46 Stellen)

und $7 \cdot 17 = 119$

$$1/119 = 0{,}\overline{008403361344537815126050420168067226890756302521}$$

(48 Stellen)

sowie die Primzahl 139

---

[1] Yates, Samuel: Repunits and repetends, Florida U.S.A., 1982. S. 19.

$$1/139 = 0,\overline{0071942446043165467625899280575539568345323741}$$
(46 Stellen)

Nun prüfte ich alle drei Zahlen wie beim Fermatschen Satz durch einen Test auf Primzahligkeit. Hierzu bildete ich die Ausdrücke ***p* – 1** und setzte sie ins Verhältnis zu ihren Periodenlängen **L(*p*)**.

Man sieht, daß nur die Primzahl, nämlich 139, die Bedingung erfüllt, die auch der Kleine Fermatsche Satz vorschreibt: *Teilbarkeit ohne Restwert.*

(*p* – 1) : L(*p*)

(141 – 1) : 46 = 3 plus Restwert
(119 – 1) : 48 = 2 plus Restwert
(139 – 1) : 46 = 3

Diese Regel ist allgemeingültig und stellt eine neue Methode dar, über die Primzahligkeit einer Zahl eine Aussage zu machen, vorausgesetzt man hätte eine Möglichkeit, den Kehrwert einer Zahl zu bestimmen, ohne daß dabei dividiert werden muß. Ich hätte diese Möglichkeit wohl niemals herausgefunden, doch wie so oft in meinem Leben erhielt ich sie als Geschenk. Ich schilderte das Problem 1994 dem Zahlentüftler Hans Jäckel, und wenige Tage später rief er mich an und hatte die Lösung gefunden.

*

Seitdem im II. Weltkrieg der Japanische Kaiserliche Marinecode von den Amerikanern teilweise entschlüsselt werden konnte, hat man mit Aufkommen von immer schnelleren Rechenmaschinen immer bessere Verschlüsselungsverfahren entwickeln müssen. Alle unsere heutigen Geheimnisse, ob bei Banken, Versicherungen, Atomraketen etc. werden mit Primzahlen verschlüsselt.

Beim RSA-System verwendet man beispielsweise zwei etwa 50-stellige Primzahlen, die miteinander multipliziert eine 100-stellige Zahl ergeben. Eine solche 100-stellige Zahl in ihre beiden Faktoren zu zerlegen, ist auch für die schnellsten Computer praktisch unmöglich. Selbst das Auffinden irgendeiner 50-stelligen Primzahl könnte von modernsten Rechnern nicht bewältigt werden, wenn das ‘Sieb des Eratosthenes’ verwendet würde. Nun steht mit dem Kleinen Fermatschen Satz eine Möglichkeit zur Verfügung, eine 50-stellige Zahl daraufhin zu untersuchen, ob sie prim ist. Als Beispiel wählen wir

$$2^{23267913654673429645374655387645561869326582165533-1}-1$$

Eine solche Potenz auszurechnen, wäre völlig unmöglich. (Die größte 1990 bekannte Primzahl ist die Mersennesche Primzahl $2^{216091}-1$ und besitzt 65050 Stellen.) Man kann aber durch einen Potenzrechentrick und mit Hilfe der Modularithmetik den Rechenaufwand komprimieren, da es beim Kleinen Fermatschen Satz nur darauf ankommt, herauszufinden, ob beim Dividieren durch die 50-stellige Zahl ein Restwert übrigbleibt. Ergibt sich kein Restwert, müßte die Zahl eigentlich eine Primzahl sein.

Sie könnte aber auch eine Pseudoprimzahl sein (s. S. 100). In der Praxis müssen Pseudo-Primzahlen also durch aufwendige Faktorisierungsprogramme ausgesondert werden. Eines ist sicher: gäbe es die ‘Falle’ der Pseudo-Primzahlen nicht, existierte ja mit dem Kleinen Fermatschen Satz ein Kalkül, das Geheimnis der Primzahlen aufzuschließen.

*

Da die neue Methode, Primzahlen anhand ihrer Periodenlänge zu erkennen, streng mit dem Kleinen Fermatschen Satz und der Ordnung der Primzahlen im Pascalschen Dreieck verknüpft ist, müssen natürlich hier ebenfalls Pseudo-Primzahlen auftreten, denn sonst wäre das ‘göttliche Geheimnis’ um die Primzahlen verletzt. Und tatsächlich: mit der Zahl **481** taucht auch mit dieser Methode die erste Nicht-Primzahl auf. Der Kehrwert von 481 lautet $0{,}\overline{002079}$ (6-stellige Periode). Es ist

$$(481-1):6=80$$

Da kein Restwert auftritt, müßte 481 eine Primzahl sein, tatsächlich ist sie aber keine, sondern das Produkt aus $13 \cdot 37$. Da der Begriff Pseudo-Primzahlen schon vergeben ist, sollten wir hier von *Reziprok-Pseudoprimzahlen* sprechen.

Tabelle 10 zeigt diese Reziprok-Pseudoprimzahlen bis zur Zahl 10 001. Hierbei handelt es sich um 18 Zahlen. Zum Vergleich: es gibt 18 Pseudoprimzahlen bis 10001, die mit den Ziffern 1, 3, 7 und 9 enden. Davon sind 5 sogar Carmichael-Zahlen.

Wie aus der Tabelle ebenfalls hervorgeht, scheinen bei den Reziprok-Pseudoprimzahlen 2 Sorten zu existieren:

1.) entweder sind bei diesen Zahlen die Primfaktoren minus 1 Vielfache der Periodenlänge, oder
2.) ein Primzahlfaktor ist 7. Die Periodenlänge ist dann durch 6 teilbar.

Reziprok-Pseudo-primzahl	Perioden-länge	2 Primfaktoren	3 Primfaktoren
481	6	13 · 37	
703	18	19 · 37	
1729	18	7 · 247	7 · 13 · 19
2821	30	7 · 403	7 · 13 · 31
2981	10	11 · 271	
3367	6	7 · 481	7 · 13 · 37
4141	20	41 · 101	
4187	13	53 · 79	
5461	42	43 · 127	
6533	46	47 · 139	
6541	30	31 · 211	
6601	330	7 · 943	7 · 23 · 41
7471	30	31 · 241	
7777	12	7 · 1111	7 · 11 · 101
8149	28	29 · 281	
8401	15	31 · 271	
8911	198	7 · 1273	7 · 19 · 67
10001	8	73 · 137	

Tabelle 10

Interessanterweise sind 4 der Reziprok-Pseudoprimzahlen mit 3 Primfaktoren, nämlich 1729, 2821, 6601 und 8911, gleichzeitig Carmichael-Zahlen. Die Reziprok-Pseudoprimzahl 5461 (2 Primfaktoren) ist gleichzeitig eine einfache Pseudoprimzahl.

Die Zahlenzusammenhänge zeigen eindeutig, daß es einen Zusammenhang zwischen den Reziprok-Pseudoprimzahlen und den Pseudoprimzahlen bzw. Carmichael-Zahlen gibt.

*

Multiplizieren wir den Kehrwert der Zahl 7, also 0,142857..., mit

7, erhalten wir als Wert nicht die Zahl 1, sondern 0,999999.... Da dies bei allen periodischen Dezimalbrüchen so ist, steht ein Mittel zur Verfügung, die jeweils letzte Ziffer der Periode zu bestimmen. Des weiteren machen wir uns zunutze, daß Zahlen von der Form 6n ± 1 nur dann Primzahlen sein können, wenn sie mit den Ziffern 1, 3, 7 oder 9 enden. Die Endziffern der Kehrwertperioden von Zahlen, die mit 1, 3, 7 oder 9 enden, müssen demnach 9, 3, 7, 1 lauten. Ein Beispiel: Die letzte Ziffer des periodischen Dezimalbruchs der Zahl 13 endet mit 3, weil 3 · 3 = 9 ist. Die Kenntnis dieser Tatsache gibt uns die Möglichkeit, diese Neunerreihe von rechts nach links durch Multiplikation und Addition zu errechnen.

Um den Kehrwert von 7 ohne Dividieren auszurechnen, müssen die einzelnen Multiplikationen in die erste Zeile von rechts nach links eingetragen werden. Nun sieht der Rechenvorgang folgendermaßen aus:

```
1 : 7 = 0,142857...
               49
              35
             56
            14
           28
           7
        ---------
        0,999999...
```

Damit die erste 9 rechts entsteht, muß 7 · 7 = 49 notiert werden. Auf der zweiten Stelle von rechts haben wir nun schon eine 4 stehen, zu der wir zur Herstellung einer 9 noch eine 5 hinzuaddieren müssen. Damit steht auch die vorletzte Dezimalzahl in der zweiten Zeile fest, nämlich die 5. (Wir benötigen nur die Kenntnis der letzten Ziffern 1, 3, 7, 9 des 'Kleinen Einmaleins', egal wie groß die Zahlen sind.) Um zur Ziffer 5 als Endziffer zu gelangen, rechnen wir 7 · 5 = 35. Nun steht die 3 auf der nächsten Stelle fest. Mit einer 6 in der 3. Zeile ergänzen wir sie zur 9. Da 7 · 8 = 56 ist, haben wir die drittletzte Dezimale, eine 8. Die Differenz von 5 zu 9 liefert die 4 und damit die viertletzte Dezimale eine 2, da 7 · 2 = 14 ist usw.

Bleibt bei der Rechnung keine Zahl mehr zu ergänzen, sind wir bereits am Dezimalkomma angelangt und setzten eine 0 davor. Bei einer weiteren Rechnung wird sich zeigen, daß eine bereits vorhandene 9 keine Ergänzung braucht und somit in der obigen Faktorenzeile eine 0 einzutragen ist.

Nun sehen wir uns den Kehrwert der Primzahl 17 an.

1 : 17 = 0,<u>0588235294117647</u>0588235...
136 034 017 119
136 085 017 068
85 051 068 102
0 34 153 119

0,9999999999999999...

Da die mit 1 bis 9 multiplizierte 17 höchstens drei Stellen hat, komprimieren wir die Operationszeilen auf vier (eine Leerstelle zwischen den Ergänzungszahlen), indem wir nach den ersten 4 Rechenschritten in der ersten Zeile an der richtigen Stelle (017) fortfahren.

Wie ersichtlich ist, müssen die bereits vorhandenen Zahlen einer Dezimalspalte zur Bestimmung der Ergänzungszahl erst addiert werden. Hinter der errechneten Kehrwertperiode ist ihre erste Wiederholung angesetzt worden, um zu zeigen, daß die bei Kehrwerten großer Primzahlen sich hinter dem Dezimalkomma ergebenden Nullen immer auch zur Periode zählen. Die errechnete Kehrwertperiode hat 17 – 1 = 16 Stellen.

Für kürzere Kehrwertperioden schauen wir nun noch als Beispiel den Kehrwert der Primzahl 37 (3-stellig) an.

1 : 37 = 0,<u>027</u>027027027027...
259
74

0,999...

Abschließend noch das Beispiel mit der größeren Primzahl 3191, die eine relativ kleine 29 stellige Periode hat:

1 : 3191 = 0,<u>00031338138514572234409276089</u>...
03191 25528 06382 28719 28719
9573 09573 22337 00000 25528
000 03191 15955 12764 00000
00 25528 12764 12764 19146
0 09573 03191 09573 22337
09573 15955 06382 06382

0,99999999999999999999999999999...

*

Hans Jäckel programmierte einen Rechner so, daß die Periodenlänge einer Zahl nach obigem Verfahren bestimmt wird, wobei nur Multiplikationschritte auftreten. Hat der Rechner die Periodenlänge ermittelt, genügt ihm eine einzige Restwertbestimmung, um über die Primzahligkeit einer Zahl zu entscheiden.

Nachdem ich jahrelang fest davon überzeugt war, daß der Kleine Fermatsche Satz und die reziproken Primzahlen miteinander verknüpft sind, hatte ich diese Sache nun endlich zum Abschluß gebracht. Voller Freude darüber unterhielt ich mich mit dem Leiter der wissenschaftlichen Abteilung der Tageszeitung „Die Welt“. Mein Gesprächspartner, immerhin promovierter Physiker, hörte von mir, daß es seit der Antike prinzipiell nur ein Verfahren gab, zu erkennen, ob eine Zahl prim ist: durch fortgesetztes Dividieren. Ich schilderte ihm, daß es eine Sensation ist, daß ein völlig anderes Verfahren gefunden wurde: durch fortgesetztes Multiplizieren. Der einzige Kommentar dieses gequälten Wissenschaftlers lautete: „Und wievielmal schneller geht das?“

*

In den Periodenlängen von Primzahlen gibt es noch weitere Gesetzmäßigkeiten. Die Statistik zeigt nämlich, daß 2/3 oder 16/**24** aller Primzahlen gerade Periodenlängen haben[1]. Beispielsweise hat 1/7 die Periodenlänge 6, eine gerade Zahl. Alle Primzahlen mit voller (p – 1 stelliger) Periodenlänge gehören dazu, denn eine um 1 erniedrigte Primzahl ist immer eine gerade Zahl.

Da aber nur 3/8 oder 9/**24** aller Primzahlen eine volle Periodenlänge haben, stellt sich die Frage, wieviele Primzahlen eine gerade Periodenlänge haben, aber dennoch nicht p – 1 stellig sind. Es ist die Differenz 16/**24** – 9/**24** = 7/**24**.

Das übrige Drittel (oder 8/**24**) der Primzahlen weist ungerade Periodenlängen auf. Z. B. hat 1/37 die ungerade Periodenlänge 3.

Es wird also für die reziproken Primzahlen eine 3-fache Aufteilung erkennbar

Primzahlen mit p – 1 stelliger Periode	**9/24**
übrige Primzahlen gerader Periodenlänge	**7/24**
Primzahlen mit ungerader Periodenlänge	**8/24**
	=24/24

Warum kann man das sich ergebende Verhältnis 9:8:7 nur durch

[1] Yates, Samuel: A.a.O. S. 22.

Brüche ausdrücken, wenn man den gemeinsamen Nenner **24** wählt?

Da die Kehrwertbildung der fortlaufenden Zahlen die unendliche Folge der reziproken fortlaufenden Zahlen ergibt, muß die Zahlenstruktur, die auf der Zahl **24** aufbaut, auch im umgekehrten Bereich zwischen 0 und 1 erhalten bleiben. Es gibt also, wie man hätte erwarten können, bei den reziproken (Prim-)Zahlen ebenfalls eine **24**er-Einteilung.

In diesem Zusammenhang muß die allgemeine Einteilung der Zahlen in

rationale	$8/7 = 1{,}142857...$
irrationale	$\sqrt{2} = 1{,}4142135...$
transzendente	$\ln 2 = 0{,}6931478...$

neu überdacht werden.

Die ganzen Zahlen werden (aufgrund des Primzahltaktes) logischerweise in die **3** Klassen $\mathbf{K_1}$, $\mathbf{K_2}$, $\mathbf{K_3}$ eingeteilt. Ganze Zahlen bestehen aber aus Ziffern ohne (Dezimal-)Komma.

Die unendliche Zahlenfolge, die rechts von einem Komma steht, wird anders, aber ebenfalls in **3** Arten eingeordnet: Für sie besteht die Möglichkeit, entweder 1.) aus periodischen Ziffernfolgen zu bestehen, 2.) keine Periodizität zu zeigen, oder 3.) gar nicht erst mit Hilfe von Wurzeln und/oder Brüchen darstellbar zu sein.

Allgemein setzen sich nun reelle Zahlen aus einem Teil links vom Komma und einem Teil rechts vom Komma zusammen. Im Falle der ganzen Zahlen gibt es keinen Teil rechts vom Komma. Daraus läßt sich folgern, daß die bisherige Zurechnung der ganzen Zahlen zu den rationalen Zahlen durch ihre Zuordnung zu einer der 3 Zahlenklassen ersetzt werden muß.

Durch die klare Unterscheidung der Dreiteilung der ganzen Zahlen in $\mathbf{K_1}$, $\mathbf{K_2}$, $\mathbf{K_3}$-Zahlen und der Dreiteilung der Zahlen rechts vom Komma in **rationale**, **irrationale** und **transzendente** erhält die Arithmetik grundlegende Klassifizierungen, die sich in keinem Punkt überschneiden[1].

---

[1] Nicht algebraische Zahlen heißen transzendent (omnem rationem transcendunt, lat.: sie übersteigen jeden Verstand). Trotzdem werden im heutigen mathematischen Sprachgebrauch transzendente mit den irrationalen (die andere Bedeutung des lat. Begriffs ratio: Verhältnis, Bruch) Zahlen unter dem Oberbegriff „irrationale Zahlen" in einen Topf geworfen. So wird π immer wieder als „irrational" bezeichnet oder auch als „transzendent irrational".

*

Professor Straub hatte Klaus Kunkel und mich mit dem Raketeningenieur Prof. Dr. Ing. Peter Kramer bekannt gemacht. Professor Kramer erzählte, daß er in seiner Jugend so leidenschaftlich mit Schieß- und Sprengstoffen experimentiert habe, daß ihn sein Vater aus Sorge deswegen mit dem Ehepaar Sänger bekannt gemacht hatte, das in der Nähe ein Raketeninstitut leitete. Prof. Eugen Sänger und seine Frau Dr. Irene Sänger mochten Peter, schützten ihn vor Gefahr und förderten seine Leidenschaft für die Weltraumfahrt gleichzeitig.

Peter Kramer wurde nach dem Tode von Eugen und Irene Sänger der Erbe des Sängerschen Gedankens, ein Raketenflugzeug im 'Huckepack-Verfahren' auf dem Rücken eines Überschallflugzeugs in den Weltraum zu bringen. Er favorisierte den Gedanken, auf mitgeführtes Oxidationsmittel zu verzichten und mit angesaugter Luft flüssigen Wasserstoff zu verbrennen. Nachdem er bei der DASA über eine halbe Millarde DM Forschungsgelder verbraucht hatte, wurden seine ehrgeizigen Pläne abrupt dadurch gestoppt, daß der Daimler-Benz-Konzern der DASA den Geldhahn zudrehte, weil er selbst ins Trudeln geraten war.

Da flüssiger Wasserstoff als Antriebsmittel für ein luftatmendes Raketentriebwerk endgültig gestorben war, konnte Professor Kramer einen neuartigen Treibstoff, der den Luftstickstoff gleich mitverbrennt, für seine alten Pläne bestens gebrauchen. Dazu aber war es nötig, mit Silanen Verbrennungsexperimente durchzuführen. Hierfür kam wohl am geeignetsten das Fraunhofer-Institut für Chemische Technologie in Berghausen bei Karlsruhe in Frage. Dieses Institut gehört der Bundeswehr. Es führt schon lange keine Experimente mit Schieß- und Sprengstoffen mehr durch, da in Deutschland eine seltsame Art pazifistischen Geistes weht, der zwar den Export altbewährter Kriegswaffen zuläßt, weitere Forschung aber der ausländischen Konkurrenz überläßt.

Die Professoren Straub und Kramer verabredeten mit zwei Abteilungsleitern einen Termin, bei dem ich die Aufgabe hatte, über die Geschichte der Silane und ihre mögliche Anwendung in der Raumfahrt zu referieren. An dem Gespräch nahm auch der Institutsleiter Prof. Dr. Ing. Peter Eyerer teil, der gleichzeitig einen Lehrstuhl für Werkstoffkunde an der Universität Stuttgart innehat. Es wurde beschlossen, daß Dr. Kunkel und ich zunächst eine gewisse Menge höherer Silane liefern sollten, damit diese dann am ICT verschossen werden könnten. Aus den dabei entstehenden Daten sollten dann am

Institut für Thermodynamik von Herrn Prof. Straub jene Kenndaten berechnet werden, die die Raketenforschung benötigt.

*

Ich stand im Sommer 1995 vor der Frage, wer die benötigte Probemenge an höheren Silanen herstellen könnte. 25 Jahre waren vergangen, seitdem ich in Köln das Heptasilan in einem Aschenbecher angezündet hatte und damit Professor Hieber so begeisterte, daß er ausrief: „Herr Dr. Plichta, das war das Eindrucksvollste, was ich in meinem ganzen Leben gesehen und erlebt habe. Ich möchte deshalb hier ausdrücklich folgendes aussprechen: Sie werden es noch weit bringen. Ich wünsche Ihnen alles, alles Gute!“ (Band I, S. 166).

In diesem Moment war mir zum ersten Mal klar geworden, daß die Bedeutung der Silane in ihrer Feuerkraft liegt, aber auch, daß mich die Herstellung von Verbindungen der Silane irgendwann einmal langweilen würde. Die Professoren Fehér und Baudler hatten Hiebers dramatischen Auftritt ähnlich wie ich als Schock empfunden, denn was Prof. Fehér als Triumph seiner Abteilung präsentieren wollte, hatte sich plötzlich in eine Entdeckung verwandelt, die allein mit dem Namen Plichta verknüpft war. Der Neid hatte begonnen zu gären. Prof. Hiebers Prophezeiung sollte sich später dennoch erfüllen, wenn auch nicht auf die Silanchemie beschränkt.

Vielleicht gab es heute immer noch eine Silanabteilung in Köln, und man könnte über einen Strohmann dort Silane aufkaufen. Während mir dieser Gedanke kam, meldete sich telefonisch der Chemiker Dr. Norbert Braunagel aus Karlsruhe, Inhaber einer Chemikalienvertriebsgesellschaft. Er hatte meine Bücher gelesen und wollte mich zu dem Mut beglückwünschen, mit dem ich eine Handvoll schurkischer Chemiker beim Namen genannt hatte. Ich schilderte ihm mein Problem, und er bot mir kurzentschlossen an, nach Köln zu fahren, um dort als Vertreter seines Chemikalienvertriebs Silane zu erwerben. Kurze Zeit später besuchte er mich in meiner Wohnung und berichtete von einer haarsträubenden Geschichte.

Professor Fehér hatte bis weit über das 80. Lebensjahr hinaus am chemischen Institut Köln weiterhin Silanchemie betrieben, obwohl er 1971 mit 71 Jahren zwangsemeritiert worden war. Fehér hatte also unter der Institutsdirektorin Baudler Räumlichkeiten zur Verfügung und weiterhin Doktoranden beschäftigt[1]. Seinen Lehrstuhl hatte ein

[1] 1976 erschien als Forschungsbericht Nr. 2545 (Fachgruppe Chemie) des Landes NRW, herausgegeben vom Minister für Wissen-

Professor übernommen, der sich hübsch artig nicht um Silane gekümmert hatte. Als Fehér im Greisenalter das Institut verlassen hatte, war ja bereits auch der Zeitpunkt nahe, wo Frau Professor Baudler emeritierte. Fehérs Tochter, die am Institut als Akademische Oberrätin auf Lebenszeit angestellt ist, hatte Herrn Dr. Braunagel berichtet, daß die Silanabteilung und ihre wundervollen Glasapparaturen nicht mehr existierten und auch die halbtechnische Anlage zur Darstellung der Silane verschwunden sei. Auch die großen Vorräte der einzelnen getrennten Silane seien vernichtet worden.

Marianne Baudler war also als Grand Old Lady der deutschen Chemie an den chemischen Instituten der Universität Köln dafür mitverantwortlich, daß eine einzigartige Forschungsstätte dem Vandalismus zum Opfer gefallen war. Die Silane waren nicht mehr zu kaufen, sondern im ersten Silan-autodafé der Welt verbrannt worden.

Während ich mir wie benommen diese Geschichte anhörte, bot Dr. Braunagel an, sich mit dem Lehrstuhlinhaber für anorganische Chemie der Universität Marburg Jörg Lorberth in Verbindung zu setzen, da dieser Hydridchemiker ihm schon einige stark sauerstoffempfindliche Substanzen gegen Bezahlung hergestellt habe.

Mich hätte das Wort Marburg natürlich stutzig machen müssen, denn eben dort hatte ich meine chemische Ausbildung fortgesetzt und war dabei von einer Welle der Wut fast vernichtet worden, wenn nicht ein Papst der pharmazeutischen Chemie schützend seine Hand über mich gehalten hätte.

Professor Lorberth erhielt nun meine Bücher, Doktorarbeit, Patentunterlagen und meine Publikationen zur Silanchemie. Insbesondere hielt ich für wichtig, ihm das Primzahlkreuz (Band I) zuzusenden, da er so die Möglichkeit hatte, den Auftrag von vornherein abzulehnen. Zu meinem größten Erstaunen teilte er aber per Fax aus Korea

---

schaft und Forschung Johannes Rau, der 40-seitige Band „Kernresonanzspektroskopische Untersuchungen auf dem Gebiet der präparativen Chemie höherer Silane“ von Prof. Dr.-Ing. Franz Fehér, Institut für Anorganische Chemie der Universität zu Köln. Der Bericht zeigt, wie meine Mitarbeiter und Nachfolger die Silanchemie systematisch weiter ausgebaut haben. Die Pyrolyse der Silane wird mit einem Satz abgehandelt und so heruntergespielt. Mein Name ist nicht erwähnt.

Prof. Fehérs Emeritierung müßte gleichzeitig bedeuten, daß er auf gar keinen Fall weiter Doktoranden 10 Jahre lang mit öffentlichen Mitteln hätte finanziert bekommen dürfen, was dem Wissenschaftsministerium natürlich genauestens bekannt sein mußte. Das nötige Geld dafür wird von Henkel gekommen sein.

mit, daß er die Silane für Dr. Kunkel und mich herstellen würde.

*

Im Oktober 1995 waren Dr. Braunagel, Dr. Kunkel und ich in der Privatwohnung von Prof. Lorberth zu Gast. Der Gastgeber hielt eine kleine Ansprache und würdigte Herrn Dr. Plichtas Beiträge zur Entschlüsselung der Naturrätsel. Dabei kam er auch auf mein Studium an den Universitäten Köln und Marburg zu sprechen. Es war also davon auszugehen, daß er das Primzahlkreuz Band I gelesen haben mußte und mich als Chemiker schätzte. Es wurde mündlich ausgemacht, daß durch Zersetzung von Magnesiumsilizid ungefähr 150 ml eines Gemisches von Tri- und Tetrasilan hergestellt werden sollte, das dann in einem zweiten Schritt pyrolytisch in ungefähr 50 ml höhere Silane umgewandelt werden sollte. Hierzu wurde dann wenig später ein Kooperationsvertrag ausgehandelt.

Da den Marburger Chemikern durch meine Dissertation ein Verfahren zur Verfügung stand, mit einer darin abgebildeten Versuchsanordnung kontinuierlich Rohsilane zu erzeugen, ohne nach jedem Ansatz die Apparatur auseinandernehmen zu müssen, ging ich davon aus, daß die erste Stufe nach 1 bis 2 Monaten abgeschlossen sein würde. Aus Marburg traf aber nur die Nachricht ein, es würden keine Silane entstehen, woraufhin Herr Kunkel und ich im Juni 1996 nochmals zu den anorganischen Instituten in Marburg fuhren, um die Apparaturen zu kontrollieren.

Ein „Chemieingenieur", Herr Harald Donath, hatte es fertiggebracht, den Versuchsaufbau aus meiner Dissertation genau auf den Kopf zu stellen. Statt das pulverförmige Silizid in die heiße Säure zu rühren, hatte er monatelang Säure auf das Silizid getropft. Jedem Schüler wird im Chemieunterricht beigebracht, daß es einen gewaltigen Unterschied ausmacht, ob man z. B. konzentrierte Schwefelsäure in Wasser schüttet oder umgekehrt das Wasser in die Säure.

Ich unterdrückte meine Wut und bat Herrn Prof. Lorberth um ein Gespräch in seinem Dienstzimmer. Ich fragte ihn, wie es möglich sei, eine Herstellungsvorschrift so zu mißachten. Er wurde sofort böse.

„Es ist völlig egal, wie herum man bei der Zersetzung des Silizides vorgeht."

„Nein", erwiderte ich. „Jeder Bäcker oder Koch muß eine Rezeptur und die Anleitung genau einhalten, damit das gewünschte Produkt entsteht."

Weil der Lehrstuhlinhaber jetzt zu ahnen begann, daß die chemische Schlamperei viel Geld gekostet hatte, wurde er frech.

„Sie können das nicht beweisen."

„Doch", sagte ich höflich lächelnd, und zog die Telefonnummer des Chemikers Dr. Dieter Schinkitz aus meinem Aktenkoffer.

„Ich habe vor einiger Zeit mit diesem ehemaligen Kollegen ein längeres Telefongespräch geführt, einfach um zu erfahren, was aus ihm und der Silanabteilung nach meinem Ausscheiden geworden ist. Herr Schinkitz schätzt mich nicht, man könnte sagen, er haßt mich, da ich vor ihm höhere Silane hergestellt habe. Ich dachte, Sie hätten mein Buch gelesen. Aber Sie sollten Herrn Doktor Schinkitz als Fachmann für die Herstellung von Silanen anrufen, am besten ohne ihm zu sagen, daß ich hier sitze."

Dr. Schinkitz reagierte sehr mißtrauisch auf den Anruf von Professor Lorberth.

„Wofür brauchen Sie denn überhaupt Silane?"

„Wir produzieren hier Halbleiterverbindungen wie Galliumarsenid und Indiumphosphid und würden diese gerne irgendwie mit flüssigen Silanen tränken."

Diese Begründung war eine so faustdicke Lüge, daß ich fast laut loslachte, aber Herr Schinkitz schluckte diesen Unsinn, denn er redete schließlich mit einem Professor für Anorganische Chemie. Hätte ihm der Herr Professor angedeutet, daß er für Geld Silane liefern sollte und der Herr Plichta im Zimmer saß, hätte er sofort aufgelegt.

Während Professor Lorberth nun von Herrn Schinkitz erfahren mußte, daß in der Tat das Silizid in die Säure gerührt werden muß, was schon Professor Stock publiziert hat, nahm das Gespräch eine unerwartete Wendung. Der Lehrstuhlinhaber begann, Herrn Schinkitz mit so aufgesetzter Freundlichkeit zu überschütten, daß Herrn Kunkel und mir das Lachen gefror. Der Mann trug eine Maske, von der wir uns hatten täuschen lassen. Er hatte kein Wort von meinem Buch gelesen, ihn interessierte nur der für ihn lukrative, finanzielle Aspekt der Silanproduktion. Jetzt, wo er sich kräftig blamiert hatte, würde er uns unter gar keinen Umständen Silane produzieren, aber natürlich auch nicht das Geld herausrücken.

Der Beweis für diese Vermutung folgte sehr schnell. Nachdem der liebe Herr Dr. Schinkitz gegen Ende des Telefonats mit blumenumkränzten Worten in das schöne Marburg eingeladen und die Hotelreservierung abgesprochen worden war, verwandelte sich Prof. Lorberth nochmals. Kaum hatte er den Hörer auf die Gabel gelegt, begann er, mich anzubrüllen.

„Der Herr Schinkitz ist also der Neger, der in Köln die Silane hergestellt hat, und Sie, mein lieber Herr Plichta, haben sich die ganze Zeit mit fremden Federn geschmückt."

„Unsinn", entgegnete ich und war verblüfft, daß der Mann in seiner Wut vergaß, seine Maske wieder aufzusetzen. „Herr Dr. Schinkitz und meine Aufgaben in Köln sind in meinem Buch eindeutig beschrieben. Da Sie mir nicht geglaubt haben, daß Ihre Versuchsanordnung falsch aufgebaut ist, habe ich Ihnen die Adresse und Telefonnummer von Herrn Schinkitz gegeben. Hätten Sie die Literatur studiert und meine Zersetzungsapparatur nachgebaut, besäßen wir jetzt bereits die Silane."

Jetzt wurde Professor Lorberth bewußt, daß er immer noch verpflichtet war, seinen Vertrag zu erfüllen, und wurde schnell wieder sehr liebenswürdig. Er begann, die Darstellung der Silane nach der Stock'schen und Fehér'schen Methode insgesamt zu kritisieren, da die Ausbeute für flüssige Silane höchstens 5% betrage, was er nicht habe wissen können.

Natürlich hätte er es wissen müssen, schon weil es im Chemiebuch steht, statt dessen sollte er im Folgenden versuchen, sich für die Entwicklung visionärer, ergiebigerer Darstellungsverfahren anzubieten, um so an weitere Geldmittel zu kommen[1]. Wir würden von diesem Menschen nie Silane erhalten.

Klaus Kunkel und ich fuhren bedrückt zurück nach Düsseldorf. Die so nahe geglaubten und für die Kenndatenbestimmung so dringend benötigten Silane würden wir in absehbarer Zeit nicht erhalten, woran auch juristisches Vorgehen nichts ändern würde.

*

Vor 25 Jahren war ich durch einen Gerichtsvergleich aus der Silanchemie ausgeschieden und war dabei vom ehemaligen Rektor der Universität Köln (Band I, S. 185 und S. 366 f.) betrogen worden. Jetzt, nach so langer Zeit, bahnte sich gleich beim ersten Versuch, wieder in die Chemie der Silanöle einzusteigen, eine gerichtliche

[1] Der erwähnte Forschungsbericht enthält auf Seite 38 eine Weiterführung meiner Idee, organische Silane miteinander zu koppeln und sie durch Abspalten von Phenylgruppen in reine Silane zu verwandeln. Dem Doktoranden W. Günter, Dissertation Köln 1976, gelang es, ausgehend vom Diphenyldichlorsilan, in 3 Stufen das zyklische Pentasilan (erstmalig) darzustellen. Da die Ausbeute sehr hoch ist und das gefährliche Stock'sche Verfahren umgangen wird, hätte Prof. Lorberth dieses bemerkenswert einfache, in der Literatur beschriebene Verfahren sofort einsetzen können, wenn er lege artis vorgegangen wäre.

Auseinandersetzung und neuer Streit an. Es war, als ob die Zeit stehen geblieben wäre, denn in den Lehrbüchern der anorganischen Chemie stand nach wie vor, daß Silane mit zunehmender Kettenlänge instabiler würden und aus diesem Grund nicht darstellbar seien.

Im Frühjahr waren Dr. Kunkel, Prof. Lorberth und ich noch im Bonner Forschungsministerium bei Herrn Dr. Walter Döllinger zu Gast gewesen, um mit ihm über die Möglichkeit zu diskutieren, Silanöle mit Luftstickstoff zu verbrennen. Ministerialrat Döllinger hatte als Leiter der Abteilung Luft- und Raumfahrt eine Reihe von Fachleuten nicht nur aus dem Ministerium dazugeladen, und Herr Lorberth und ich hatten referiert. Zu einem Ergebnis hatte die Gesprächsrunde geführt: Dr. Döllinger hatte die Vorteile des Verfahrens, bei einer zukünftigen Luft- und Raumfahrt die Flugeigenschaften eines Diskus auszunutzen und auf ein mitzuführendes Oxydationsmittel zu verzichten, verstanden und als wichtigen Forschungsbeitrag bezeichnet, der gefördert werden müsse. Woher denn die Förderungsmittel kommen sollten, war wegen knapper Bundesmittel offen geblieben.

Ich hatte mich mit Blick auf diese beiden Ereignisse gefragt, ob es überhaupt sinnvoll sei, meine Kräfte darauf zu verschwenden, gegen Unverständnis und Blockaden in Bezug auf Erfindungen anzukämpfen. Es war wohl besser abzuwarten, und statt dessen mit dem Schreiben des Primzahlkreuzes Band III zu beginnen, weil mir inzwischen endlich ein Durchbruch bei der Untersuchung der Verknüpfung der Kreiszahl π mit den Primzahlen gelungen war.

Die Lösung dieses Problems ist von einer solchen Abstraktion, daß die wenigen Menschen, denen ich sie damals mündlich vorführte, sie niemals hätten aus eigener Kraft wiedergeben können. Die Sache mußte also unbedingt zu Papier gebracht werden. Dazu brauchte ich aber so wie damals mit Michael einen hellen Kopf, mit dem ich den Band III niederschreiben konnte.

Wenn mir einmal eine Notwendigkeit vor mir selbst klargeworden ist, kann ich sie formulieren und die Hoffnung aussprechen.

1995 hatte mich ein Abiturient angerufen, der vorhatte, nach seinem Zivildienst Physik zu studieren. Er hatte die Bitte geäußert, ob er sich mit Beginn seines Studiums irgendwie an der Untersuchung des Primzahlkreuzes beteiligen könne. Jetzt hatte er seinen Zivildienst abgeleistet und meldete sich wieder bei mir. Kurze Zeit später begann ich, Bernhard Hidding zu unterrichten, und parallel dazu konnte schon bald mit dem Formulieren von „Das Primzahlkreuz" Band III begonnen werden. Meine Hoffnung, aber auch seine, begann sich zu erfüllen.

Kapitel 9

Die Rolle der Primzahlen im Kreislauf der Natur

Im Frühjahr 1996 kam mir der zündende Gedanke, wie ich die Vorarbeiten (S. 136 – 141) zu der Frage, warum die Aufsummierung der reziproken Quadratzahlen zu der Lösung $\pi^2/6$ führt, zu einer logisch begründeten Erklärung ausarbeiten könnte.

Addiert man immer mehr reziproke Potenzen der Zahl 2 in der reziproken Potenz-Matrix (S. 137) bzw. die Summenwerte von immer mehr Zeilen im Pascalschen Dreieck, ergeben sich folgende Werte:

$$\frac{1}{2}$$

$$\frac{1}{2}+\frac{1}{4}=\frac{3}{4}$$

$$\frac{1}{2}+\frac{1}{4}+\frac{1}{8}=\frac{7}{8}$$

$$\frac{1}{2}+\frac{1}{4}+\frac{1}{8}+\frac{1}{16}=\frac{15}{16}$$

$$\frac{1}{2}+\frac{1}{4}+\frac{1}{8}+\frac{1}{16}+\frac{1}{32}=\frac{31}{32} \qquad \text{usw.}$$

Tabelle 11

Dabei haben die Zähler der Ergebniswerte jeweils die Form $2^n - 1$:

1, 3, 7, 15, 31, 63, 127, ...

und werden als Mersennesche Zahlen, und falls sie prim sind, als Mersennesche Primzahlen bezeichnet. Wirft man nun einen Blick auf das Sierpinski-Dreieck (Abb. 39, S. 98), bemerkt man einen überraschenden Zusammenhang mit den Mersenneschen Zahlen. Diese finden sich nämlich sowohl als Anzahl der Zeilen, aus denen die umgekehrten weißen Dreiecke bestehen, als auch als Anzahl der weißen Felder der jeweiligen Anfangszeile dieser Dreiecke wieder.

Das erste umgedrehte weiße Dreieck ist **3**-zeilig und besteht aus 6 Feldern. In diesem Fall ist auch der Exponent der Mersenneschen

Primzahl $3 = 2^2 - 1$ prim. Die Anzahl 6 (der Felder) ist so die erste der sogenannten vollkommenen Zahlen. Diese sind dadurch definiert, daß sie die Summe ihrer echten Teiler sind (1+2+3=6). 28 ist die zweite vollkommene Zahl (1+2+4+7+14=28). Diese Zahl 28 findet sich im Sierpinski-Dreieck als Anzahl der Felder des zweiten weißen Dreiecks wieder. Da das Dreieck **7**-zeilig ist, ergibt sich die Anzahl 28 ebenfalls als Summe der ersten 7 ganzen Zahlen. Diese sind von unten nach oben als Anzahlen der weißen Sechsecke der einzelnen Zeilen des Dreiecks enthalten: 1+2+3+4+5+6+7=28.

Auch in diesem Fall ist sowohl der Zähler des Bruchs **7**/8 als auch der Exponent **3**, der in der Mersenneschen Gleichung auf diese Zahl 7 führt, prim ($2^3 - 1 = 7$).

Das darauffolgende Dreieck ist 15-zeilig und liefert keine vollkommene Zahl, sondern die Zahl 120 (15 ist keine Primzahl). Das vierte Dreieck ist 31-zeilig und liefert deswegen die vollkommene Zahl 496, weil sowohl der Exponent als auch der Wert der Gleichung $2^5 - 1 = 31$ prim sind.

Die Berechnung der vollkommenen Zahlen durch die Formel

$$(2^{p-1})\,(2^p - 1)$$

kannte schon Euklid. Erst in unserer Zeit wurde ihr Auftreten im Sierpinski-Dreieck bemerkt. Man hat sich mit Computern bis zur 31. Mersenneschen Primzahl vorgekämpft und weiß, daß die 31. vollkommene Zahl über 130 000 Dezimalstellen besitzt. Dieses numerische Nachjagen hat jeden Gedanken darüber, daß man mit dem Sierpinski-Dreieck ja auf eine geometrische Sichtbarmachung der Mersenneschen Zahlen gestoßen war, blockiert.

*

Die Nenner der Ergebnisbrüche aus Tabelle 11 sind um 1 größer als die Zähler. Solche Brüche werden Partialbrüche genannt. Sie lassen sich immer als Summen reziproker Primzahlpotenzen ausdrükken. Partialbrüche sind mit dem natürlichen Logarithmus verknüpft (Band II, S. 178 f.).

Wir haben im 7. Kapitel (S. 140 f.) schon den Zusammenhang einer solchen geometrischen Reihe mit dem Kreis gezeigt. Die Partialbrüche zur Basis 2 nähern sich also mit steigender Länge ihrer Potenzreihenentwicklung immer genauer dem Wert 1 und damit dem Vollkreis an. Zum Beispiel liefert die Aufsummierung der ersten 5 reziproken Zweierpotenzen den Partialbruch 31/32.

$$\frac{1}{2^1}+\frac{1}{2^2}+\frac{1}{2^3}+\frac{1}{2^4}+\frac{1}{2^5}=\frac{31}{32}$$

Die allgemeine Formel für Partialbrüche (n–1)/n wird für das Pascalsche Dreieck, in dem die auftretenden Partialbrüche nur Summen der fortlaufenden Potenzen der Basis 2 sind, formuliert als

$$\frac{2^n-1}{2^n}$$

Bei der Untersuchung der Potenz-Matrix haben wir gezeigt, daß beim Vertauschen von Basis und Exponent der primzahlstrukturierte Charakter erhalten bleibt. Folglich muß eine solche – im folgenden **Potenzinvertierung** genannte – Vertauschung in der reziproken Potenz-Matrix ebenfalls ein primzahlcodiertes Ergebnis zur Folge haben.

Weil der veränderliche Wert nun die Basis ist, müssen die einzelnen Glieder der Reihe statt addiert jetzt multipliziert werden. Da zudem die Basis bisher eine Primzahl – nämlich 2 – war, dürfen nun an der Stelle der Basis ebenfalls nur Primzahlen p eingesetzt werden.

Es müssen also die fortlaufenden Primzahlen mit der ehemaligen Basis 2 exponenziert werden, also als Quadrate in Erscheinung treten.

$$\frac{p^2-1}{p^2}$$

Weiterhin muß berücksichtigt werden, daß die Primzahlen als ehemalige Exponenten nach der Potenzinvertierung als reziproke Zahlen in Erscheinung treten und deswegen vom gesamten Bruch der Kehrwert gebildet werden muß:

$$\frac{p^2}{p^2-1}$$

Setzt man nun die fortlaufenden Primzahlen p = 2, 3, 5, 7, 11... ein und multipliziert die einzelnen Glieder, erhält man das unendliche Produkt

$$\frac{4}{3}\cdot\frac{9}{8}\cdot\frac{25}{24}\cdot\frac{49}{48}\cdot\frac{121}{120}\cdot\ldots=\frac{\pi^2}{6}$$

oder in der Eulerschen Schreibweise

$$\frac{1}{1-\frac{1}{2^2}} \cdot \frac{1}{1-\frac{1}{3^2}} \cdot \frac{1}{1-\frac{1}{5^2}} \cdot \frac{1}{1-\frac{1}{7^2}} \cdot \frac{1}{1-\frac{1}{11^2}} \cdot \ldots = \frac{\pi^2}{6}$$

Dieses Produkt hat denselben Wert wie die Summe der reziproken Quadrate der natürlichen Zahlen

$$1^{-2} + 2^{-2} + 3^{-2} + 4^{-2} + 5^{-2} + \ldots = \frac{1}{1^2} + \frac{1}{2^2} + \frac{1}{3^2} + \frac{1}{4^2} + \frac{1}{5^2} + \ldots = \frac{\pi^2}{6}$$

Wir sind also ausgehend von der geometrischen Reihe der Zweierpotenzen (oben-unten-Richtung in der reziproken Potenz-Matrix) zur Potenzreihe $\zeta(2)$ (links-rechts-Richtung der Matrix) gelangt. Dies bedeutet, daß ein Problem des Pascalschen Dreiecks ($1/2^n$) nach Potenzinvertierung nun auf dem Primzahlkreuz ($1/n^2$) untersucht wird.

*

1990 hatten Michael und ich schon die Idee, aus der Eulerschen Produktformel die 2 und 3 als Anfangsprimzahlen der Zahlenklassen K_2, K_3 herauszunehmen. Das Produkt der beiden dadurch wegfallenden Faktoren 4/3 · 9/8 hat den Wert 36/24 = 3/2 (Band II, S. 167 f.). Teilt man also auf beiden Seiten durch 3/2, erhält man den Wert $\pi^2/9$. In der Summendarstellung fehlen dann alle Vielfachen von 2 und 3.

Die Aufsummierung der reziproken Quadrate aller Elemente der Zahlenklasse K_1 (die Zahlen von der Form 6n ± 1) ergibt also

$$\frac{1}{1^2} + \frac{1}{5^2} + \frac{1}{7^2} + \frac{1}{11^2} + \frac{1}{13^2} + \ldots + \frac{1}{25^2} + \ldots = \frac{\pi^2}{3^2}$$

Die quadratischen Basiszahlen (aber auch alle anderen Potenzen mit geradem Exponent) dieser Reihe liegen im geometrischen Modell Primzahlkreuz alle geordnet auf dem Strahl über der 1^2. Hieraus ziehen wir nun den Schluß, daß Euler für die Zeta-Funktion von 2, 4, 6, 8, ... überhaupt nur Lösungen finden konnte, weil die Quadrate (und alle anderen Potenzen mit geradem Exponenten) eines Drittels aller Zahlen – nämlich die von der Form 6n ± 1 – auf dem Primzahlkreuz systematisch angeordnet sind.

Die allertiefste Ursache für die Verknüpfung der Kreiszahl π mit den Primzahlen ist also die Gültigkeit des Primzahlkreuzmodells für die Geometrie der Trinität von Raum, Zeit, Zahlen.

Beweis: Wir stellen die Bruchfaktoren des unendlichen Produkts

$$\left(\frac{\pi}{3}\right)^2 = \frac{25}{24} \cdot \frac{49}{48} \cdot \frac{121}{120} \cdot \frac{169}{168} \cdot \ldots$$

als Vielfache der Zahl 24 dar

$$\left(1+\frac{1}{1 \cdot 24}\right) \cdot \left(1+\frac{1}{2 \cdot 24}\right) \cdot \left(1+\frac{1}{5 \cdot 24}\right) \cdot \left(1+\frac{1}{7 \cdot 24}\right) \cdot \ldots$$

Die Berechnung der Nenner erfolgt über folgendes Schema:

$$\begin{aligned}
5^2 - 1 &= \mathbf{1} \cdot 24 \\
7^2 - 1 &= \mathbf{2} \cdot 24 \\
11^2 - 1 &= \mathbf{5} \cdot 24 \\
13^2 - 1 &= \mathbf{7} \cdot 24 \\
17^2 - 1 &= \mathbf{12} \cdot 24 \\
19^2 - 1 &= \mathbf{15} \cdot 24 \\
23^2 - 1 &= \mathbf{22} \cdot 24 \\
29^2 - 1 &= \mathbf{35} \cdot 24 \\
31^2 - 1 &= \mathbf{40} \cdot 24 \\
37^2 - 1 &= \mathbf{57} \cdot 24
\end{aligned}$$

usw.

Die Systematik in der Folge der dabei auftretenden (fett gedruckten) Faktoren ergibt sich durch Ermitteln ihrer Abstände, d. h. hier: der Anzahl der Zahlen, die in der Folge der natürlichen Zahlen zwischen ihnen liegen. Beispielsweise liegen zwischen den Faktoren 2 und 5 die **2** fehlenden Zahlen drei und vier. Zwischen den Faktoren 5 und 7 liegt die fehlende Zahl sechs, der Abstand beträgt also **1**.

Berücksichtigt man auch die (an sich fehlenden) Quadrate der Nichtprimzahlen der Form 6n ± 1 (also $25^2-1=24 \cdot$**26**, $35^2-1=24 \cdot$**51** usw.), so wird folgendes Schema deutlicher erkennbar:

24 · **1**
Abstand **0** **0**
24 · **2**
Abstand *2* *2*
24 · **5**
Abstand **1** **1**
24 · **7**
Abstand *4* *4*
24 · **12**
Abstand **2** **2**
24 · **15**
Abstand *6* *6*
24 · **22**
Abstand **3** **3**
24 · **26**
Abstand *8* *8*
24 · **35**
Abstand **4** **4**
24 · **40**
Abstand *10* *10*
24 · **51**
usw.

Tabelle 12

Der Wert $(\pi/3)^2$ ist transzendent. Seine Produktdarstellung über die Vielfachen der Zahl 24 ist so codiert, daß die Faktoren über eine bestimmtes Schema berechnet werden können. Die Codierung setzt sich aus 2 ineinander verschachtelten Folgen zusammen. Es handelt sich bei der einen um die fortlaufenden Zahlen

0, 1, 2, 3, 4, 5, ...

und bei der anderen um die Folge der geraden Zahlen

2, 4, 6, 8, 10, ...

Es muß sich um diese beiden Folgen handeln, weil die 2er- und 4er-Abstände des Primzahltaktes bei der Quadratur der (6n ± 1)–Zahlen eben so auseinandergezogen werden (Band II, S. 39 f.).

In der Vergangenheit sind eine Anzahl von Reihenberechnungen (Gregory und Leibniz, Gauß, Ramanujan) und unendliche Produktdarstellungen (Vieta, Wallis) zur Berechnung von π gefunden worden. Die Gründe für die Existenz dieser Reihen und Produkte liegen in tiefem Dunkel. Indem wir nun zeigen, wie π mit dem Primzahlkreuz verknüpft ist, bringen wir Licht in diese Finsternis.

Das erste Glied des unendlichen Produktes

$$\left(1+\frac{1}{1\cdot 24}\right)$$

stellt die erste 24er-Schale des Primzahlkreuzes dar. Hierbei entspricht der Wert 1/24 einer Einheit einer 24er-Skalierung. Die Zahl 1 ergibt sich aus dem unteilbaren Eulerschen Einheitskreis, der auch allen weiteren konzentrischen Kreisen des Primzahlkreuzes zugrunde liegt. Die nächste Schale führt zum nächsten Faktor 1/(2·24) und man erhält eine Skalierung in 48 Einheiten usw.

Die sich ausdehnenden Zahlenkreise besetzen in der Ebene eine sich in die Unendlichkeit ausbreitende Kreisfläche und liefern deshalb einen *quadratischen* Wert von π, der immer genauer wird. Da bei der Summendarstellung nur die K_1- Zahlen, also ein *Drittel* aller Zahlen, benutzt werden, erhält man den Wert π/*3* zum Quadrat.

Dies also ist der Hintergrund dafür, warum Euler bei der Berechnung seiner Zeta-Funktion auf $\zeta(2) = \pi^2/6$ stoßen mußte. Q.e.d.

*

Bevor wir auf die Bedeutung des Beweises für die Verknüpfung der Kreiszahl π mit dem Primzahlkreuz eingehen, ist es wichtig, zu zeigen, auf welche Weise Euler selbst erstmalig (1735) den Wert von ζ(2) berechnete und wie er erst 1739 auf die allgemeine Formel ζ(2n) kam[1].

Euler gelang es nach vielen ergebnislosen Versuchen, ausgehend von der Potenzreihe für den Sinus und folgender Darstellung für die Leibniz-Reihe

$$1 = 2\cdot\frac{2}{\pi}\left(1-\frac{1}{3}+\frac{1}{5}- \ . \ . \ .\right)$$

die Zetafunktion sinnvoll zu zerlegen (durch Quadrieren verschwinden die negativen Glieder). Hierbei verglich er die reziproken Qua-

[1] Weil, André: Zahlentheorie, Basel, 1992. §XVIII: Euler und die Zetafunktion.

drate der geraden und ungeraden Zahlen:

$$\frac{1}{1^2}+\frac{1}{2^2}+\frac{1}{3^2}+\frac{1}{4^2}+\ldots=\left(\frac{1}{1^2}+\frac{1}{3^2}+\frac{1}{5^2}+\ldots\right)+\left(\frac{1}{2^2}+\frac{1}{4^2}+\frac{1}{6^2}+\ldots\right)$$

Euler hatte $\zeta(2)$ per Hand auf 20 Dezimalstellen genau berechnet. Da er den Wert $\pi^2/8$ für die Summe der ungeraden reziproken Zweierpotenzen kannte, vermutete er eine ähnliche Abhängigkeit von π^2 für $\zeta(2)$. Das führte zur Lösung

$$\frac{\pi^2}{6}=\frac{\pi^2}{8}+\frac{\pi^2}{24}$$

Anmerkenswert ist dabei, daß also die unendliche Summe der reziproken Zweierpotenzen der geraden Basen

$$2^{-2}+4^{-2}+6^{-2}+\ldots$$

den Wert $\pi^2/24$ liefert[1] und damit 3 mal so klein ist wie die analoge Summe der ungeraden Basen.

1737 fand Euler dann sein berühmtes Eulersches Produkt und hielt das für äußerst „... bewundernswert, da in ihnen die Faktoren von den Primzahlen abhängen ...".

Eine allgemeine Formel für $\zeta(2n)$ zu finden, wollte nicht gelingen, bis Euler, der das Berechnen der Werte $\zeta(2n)$ glücklicherweise bis $\zeta(12)$ ausführte, dabei auf

$$\zeta(12)=\frac{691\,\pi^{12}}{638512875}$$

kam. Ein so meisterlicher Rechner wie Euler erinnerte sich natürlich sofort an die Bernoulli-Zahl $B_{12} = -691/2730$. In beiden Brüchen taucht die Primzahl 691 im Zähler auf. Einmal davon überzeugt, daß die Bernoulli-Zahlen nicht nur bei den Potenzsummen, sondern auch bei den reziproken Potenzsummen eine Rolle spielen, ließ er nicht

[1] Es sei daran erinnert, daß die Zetafunktion aufgrund der 24er-Struktur des Primzahlkreuzes nur für gerade Exponenten 2, 4, 6, ... Lösungen liefert – nur die geraden Potenzen von Primzahlen (der Form $6n \pm 1$) liegen alle auf dem Strahl über der 1^2.

mehr locker, bis er den allgemeinen Zusammenhang fand:

$$\zeta(2n) = (-1)^{n-1} \cdot \frac{B_{2n} \cdot (2\pi)^{2n}}{2 \cdot (2n)!}$$

Dieser bemerkenswerte historische Ablauf wird im Mathematikstudium nicht offenbart. Stattdessen wird diese Formel aus der Eulerschen Produktformel für den Sinus

$$\sin x = x \prod_{\nu=1}^{\infty} \left(1 - \frac{x^2}{\nu^2 \pi^2}\right)$$

hergeleitet. In dieser Formel ist aber der Ausdruck π^2 bereits enthalten. Dadurch wird die Frage, warum das reziproke Quadratgesetz mit der Kreiszahl π verknüpft ist bzw. die Aufsummierung der reziproken Quadrate zu Ausdrücken für π führt, denkfaul aber raffiniert umgangen.

*

Eulers Leistung, unendliche Summen in unendliche Produkte zu verwandeln, führte ihn auch zu seiner Darstellung von e^x als Binom (Band II, S. 137 f.). Die Produktdarstellung (mit $n \to \infty$)

$$\left(1 + \frac{1}{n}\right)^n = \left(1 + \frac{1}{n}\right) \cdot \left(1 + \frac{1}{n}\right) \cdot \left(1 + \frac{1}{n}\right) \cdot \ldots = e$$

ähnelt verblüffenderweise unserer Darstellung ($n = 24$) für $\pi^2/9$.

$$\left(1 + \frac{1}{a_1 \cdot n}\right) \cdot \left(1 + \frac{1}{b_1 \cdot n}\right) \cdot \left(1 + \frac{1}{a_2 \cdot n}\right) \cdot \left(1 + \frac{1}{b_2 \cdot n}\right) \cdot \ldots = \frac{\pi^2}{3^2}$$

Hierbei ergeben sich die Teilfolgen (a_i) und (b_i) aus den Abständen der ineinandergeschachtelten Folgen der fortlaufenden Zahlen und der geraden Zahlen (vgl. S. 173).

Reihenentwicklungen von π (aber auch ln x, sin x, cos x, usw.) alternieren. Obwohl die Zeta-Funktion ein quadratischer Ausdruck ist, fällt die Alternierung nur scheinbar weg. Sie taucht nämlich in

Form der sich abwechselnden Glieder der beiden genannten Folgen für die immer größer werdenden Abstände wieder auf.

*

Ähnlich der Überlegung, daß die fortlaufenden Potenzen der Zahl 2 ein Kreisteilungsproblem sind, und somit bei Potenzinvertierung Werte für die Kreiszahl π entstehen, kann man vermuten, daß sich ein Wert für π ebenfalls in der Geometrie der Stoßprozesse wiederfinden lassen muß. In der Tat ist Gauß bei der Untersuchung der Glockenkurve, die das Galtonsche Nagelbrett sichtbar macht, auf π gestoßen. (Die Formel für die Gaußsche Normalverteilung sowie der Graph seiner Glockenkurve sind auf dem 10-DM-Schein abgebildet.)[1]

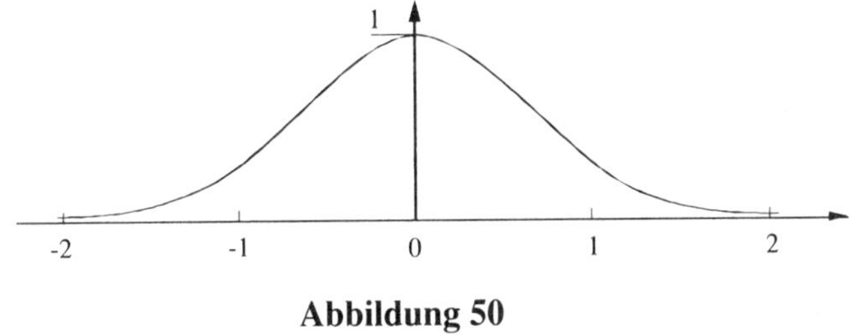

Abbildung 50

Abbildung 50 zeigt den Graphen der Funktion e^{-x^2}. Die Berechnung der Fläche unterhalb der Kurve erfolgt durch gliedweise Integration der Reihenentwicklung.

$$e^{-x} = 1 - \frac{x}{1!} + \frac{x^2}{2!} - \frac{x^3}{3!} + \frac{x^4}{4!} - + \ldots$$

$$e^{-x^2} = 1 - \frac{x^2}{1!} + \frac{x^4}{2!} - \frac{x^6}{3!} + \frac{x^8}{4!} - + \ldots$$

$$\int_0^t e^{-x^2} dx = t - \frac{t^3}{3 \cdot 1!} + \frac{t^5}{5 \cdot 2!} - \frac{t^7}{7 \cdot 3!} + \frac{t^9}{9 \cdot 4!} - + \ldots$$

[1] Das Galtonsche Nagelbrett und die Gauß-Verteilung wurde schon im Band II, S. 115 bzw. S. 149 f. untersucht.

Für den Fall t = 3 findet man beispielsweise als Ergebnis den Wert 0,88620066... . Ein numerischer Vergleich zeigt, daß für immer höhere Integrationsgrenzen immer genauer der Wert $\frac{1}{2} \cdot \sqrt{\pi} = 0{,}8862269...$ erfaßt wird. Deshalb ist die Gesamtfläche unter der Kurve

$$\int_{-\infty}^{\infty} e^{-x^2} dx = \sqrt{\pi}$$

was Gauß streng bewies. Damit ist die Frage, warum die Fläche unter der Gaußschen Glockenkurve den Wert $\pi^{1/2}$ besitzt, natürlich nicht beantwortet, denn die transzendente Zahl π ist immer mit der Kreisform verknüpft. Dies hätte in der Mathematik eigentlich diskutiert werden müssen. Da man aber die Frage, warum die Zeta-Funktion einen Wert für π^2 liefert, nie mit dem reziproken Quadratgesetz $1/r^2$ in Verbindung gebracht hat, konnte auch nicht herausgefunden werden, warum die durch die potenzinvertierte Formel $1/2^r$ entstehende Glockenkurve mit dem Kreis verknüpft bleiben muß und der Wert $\pi^{1/2}$ entsteht.

*

Michael und ich konnten 1991 die Frage, warum die Zetafunktion mit π verknüpft ist, noch nicht eindeutig klären. Unsere Theorie vom Primzahlraum und vom Reziproken Zahlenraum basierte in erster Linie auf dem Umkehrverhältnis von Zahl zu reziproker Zahl. Der zweite Umkehrgedanke, das Vertauschen von Basis und Exponent – die Potenzinvertierung – ist mir im Sommer 1991 erst ahnungsweise bewußt geworden.

Damals war der Band II fertiggestellt und ich befand mich mit Ingrid Bergmannshoff in Paris, um dort meine Tochter zu treffen. Statt nun endlich auszuspannen, beschäftigte ich mich ununterbrochen mit der Frage, warum die Bernoulli-Zahlen eine solche Bedeutung in der Mathematik besitzen. Da die Nenner der Bernoulli-Zahlen primzahlcodiert sind, sah ich plötzlich den Zusammenhang zwischen der Prim*faktor*zerlegung von *ganzen* Zahlen und der *Addition* von *reziproken* Primzahlen. Mir war klargeworden, daß die Bernoulli-Zahlen und fortlaufende Exponenten 1, 2, 3, 4, 5, ... durch ein additives Gesetz miteinander verknüpft sind, weil Potenzen Logarithmen sind. Diese Erkenntnis traf mich wie ein Schock, und so traf es auch meine Tochter und Ingrid, weil ich den Aufenthalt einfach abbrechen mußte, um mich mit Michael zu treffen.

Auch Michael war tief berührt, denn die Bernoulli-Zahlen sind zwar schon seit 300 Jahren bekannt, aber man kann sie nicht wirklich definieren. In mathematischen Publikationen werden sie in der Regel als alternierende Bruchzahlen bezeichnet, die, in die Exponentialreihe fortlaufend hineinmultipliziert, den Wert $x/(e^x-1)$ liefern. Auch wir waren weit davon entfernt, das Problem sauber auszuarbeiten, waren aber rückblickend bereits auf der richtigen Spur: „Dagegen geht es im dreidimensionalen Raum um reziproke Zahlen und die Verknüpfung geordneter Zahlen mit Exponenten. Die Primzahlordnung der Exponenten spiegelt sich aber in der Primfaktorzerlegung der Nenner der Bernoulli-Zahlen wider." (Band II, S. 187).

Erst die Matrizendarstellung der Potenzreihen bzw. geometrischen Reihen hat dann den Weg geebnet, die rätselhaften Bernoulli-Zahlen einer Potenzwelt zuzuordnen, die uns fremdartig ist.

*

Im republikanischen Frankreich war der Mathematiker und Philosoph Lazare N. M. Carnot als Vorsitzender des Wohlfahrtsausschusses einer der mächtigsten Politiker und gleichzeitig genialer Stratege. Er stellte 14 Armeen auf und alle Feldzugspläne. Frankreichs Mauern sind überfüllt mit Tafeln, die von seinem Ruhm zeugen. Übrig von seinem Lebenswerk bleibt vor allem seine Vorarbeit zu Wärmekraftmaschinen.

Im Jahre 1832 starb sein 36-jähriger Sohn, der Physiker N. L. Sadi Carnot, als Irrer von einer Zwangsjacke gefesselt im Asyl von Charenton. In seinem kümmerlichen Nachlaß befand sich ein Manuskript über die Theorie der Verwandlung von Wärme in Arbeit[1]. Ein junges Genie hatte die Thermodynamik erfunden, also die Grundlage der physikalischen Chemie, und dies lange vor der Formulierung des Gesetzes von der Erhaltung der Energie. Er wies nach, daß komprimierter Wasserdampf zwar einen Kolben antreiben kann, aber nur in einem Kreisprozeß, der in 4 Phasen Wärme zwischen zwei Quellen von unterschiedlicher Temperatur überträgt, und zwar ohne daß es zu einer direkten Berührung zwischen den Körpern unterschiedlicher Temperatur kommt.

Als ich als junger Student die mathematische Herleitung der Carnotschen Gedanken kennenlernte, war ich heftig irritiert wegen der Frage, warum die Natur der Wärme so angelegt ist, daß ihre zyklische Verwandlung in Arbeit etwas mit der Zahl 4 zu tun hat.

---

[1] Serres, Michael (Hrsg.): Elemente einer Geschichte der Wissenschaften, Frankfurt a. M., 1998. S. 603.

Sadi Carnot hatte die Voraussetzung für die mathematische Begründung geschaffen, daß irreversibel bei der Verwandlung von Wärme in Arbeit reduzierte Wärme (Entropie) verloren geht.

Bei der Expansion eines Gases aus N Molekülen auf das doppelte Volumen ist die Entropieänderung (k = Boltzmann-Konstante)

$$\Delta S = N \cdot k \cdot \ln 2$$

Die Entropieänderung ist dabei nur noch proportional zum natürlichen Logarithmus der Zahl 2. Da man das Volumen natürlich auch verdreifachen oder verfünffachen könnte, geht der grundsätzliche Bezug zur Basiszahl 2 verloren. (Genauso hat die Einführung des Begriffs der **Halb**wertszeit, wobei – aufgrund der durch die Kreisteilung geometrisierten Potenzreihe – der ln 2 auftritt, durch seine offensichtliche Nützlichkeit das Nachdenken blockiert.)

Während man zu Beginn des 19. Jahrhunderts davon überzeugt war, die gesamte Physik auf die Newtonsche Mechanik zurückführen zu können, stand schon in der Mitte desselben Jahrhunderts fest, daß es noch eine zweite Physik gibt, die Thermodynamik, die die immerwährende Entropiezunahme, den Zwang der Natur zur Entwicklung von Zuständen höherer Unordnung, beinhaltet. Dies ließ sich wahrscheinlichkeitstheoretisch begründen. Wahrscheinlichkeiten werden mathematisch multipliziert, während sich Entropieänderungen addieren, so daß der logarithmische Charakter dieser neuen Physik wie ganz natürlich hingenommen wurde.

Es handelt sich aber um den natürlichen Logarithmus zur Basis e, und weil wir die Verknüpfung der mathematischen Konstanten e und π mit den Primzahlen entdeckt haben, können wir nun auch den Grund für die Irreversibilität der Zeit erkennen.

Man wählt zwei gleich große Volumina, die mit verschiedenen Gasen gefüllt und durch einen Schieber getrennt sind. Die Gase werden sich bei Entfernen des Schiebers irreversibel mischen. Solange dieser physikalische Vorgang nur räumlich und zeitlich untersucht wurde, weil die elementare Verknüpfung von Raum, Zeit und Zahlen noch nicht bekannt war, ließ sich die Vermischung bzw. Verdünnung (jedes der Gase ist danach auf das doppelte Volumen verteilt) der beiden Gase durch Stoßprozesse nicht plausibel deuten. Die fortlaufende Zunahme der Entropie entspricht nämlich der Ausbreitung der transzendenten Logarithmen zur Basis e ins unendlich Kleine. Dahinter steht die Struktur und Verteilung der Primzahlen, die (analog zur Gaskinetik) im vierdimensionalen Raum eine elektromagnetische Welle ins unendlich Große verdünnt.

*

Mit dem Entdecken des Hintergrundes für die Verankerung der Zahl π in der Natur im Sommer 1996 hatte ich gleichzeitig eine Aussicht auf Erklärung der Kreisläufe in der Biochemie.

Neben dem schon erwähnten Zitronensäure-Zyklus ist die Photosynthese der wichtigste biochemische Kreislauf auf der Erde. Dabei wird zunächst Kohlendioxid (ein C_1-Körper) mit Hilfe des Enzyms Ribulosebisphosphat-Carboxylase von einem Zucker, nämlich Ribulose 1,5 bisphosphat (ein C_5-Körper), aufgenommen. Das hypothetische Produkt zerfällt sofort in zwei Moleküle 3-Phosphoglycerat (ein C_3-Körper). Wie das erfolgt, läßt sich nur spekulativ formulieren, da die Endiolform des Ribulose-Zuckers nur auf dem Papier stabil ist. Das 3-Phosphoglycerat wird nun zu Triosephosphat reduziert und daraus Hexosephosphat gebildet. Der größte Teil der Triose wird jedoch wieder zu Ribulose-bisphosphat, dem ursprünglichen C_5-Körper, regeneriert, so daß der Kreislauf geschlossen ist.

Damit der Zyklus in Gang gehalten werden kann, wird der Energielieferant ATP[1] benötigt und außerdem $NADP^+$, das Wasserstoff übernehmen kann. Das Besondere daran ist das Auftreten von *negativen* Wasserstoffionen, die von $NADP^+$ zur Bildung von NADPH benötigt werden[2]. Diese Hydridionen werden durch eine Lichtreaktion unter Mitwirkung von Chlorophyll[3] gewonnen, bei der Wasser in Sauerstoff und Wasserstoff gespalten wird.

Der Kreislauf findet in den Chloroplasten der einzelnen Zellen

---

[1] Adenosintriphosphat besteht wie DNA aus 3 Bausteinen: Base, Zucker und Phosphorsäure. Das Molekül besitzt 3 kondensierte Phosphorsäuren. Werden 1 oder 2 PO_3-Gruppen abgespalten, indem sie OH^-- und H^+-Ionen aufnehmen, wird Energie frei.

[2] Nicotinamid-adenin-dinucleotidphosphat besteht ebenfalls aus den 3 Bausteinen Base, Zucker und Phosphorsäure, wobei einer der zwei vorkommenden Zucker, eine Ribose, mit Nicotinamid substituiert ist. Bei der Reduktion des Pyridin-Rings bringt das Hydrid-Ion 2 Elektronen mit. Da man weiß, wie fragwürdig diese Erklärung ist, formulieren die Lehrbücher den Vorgang als 2-Elektronen-Übergang, bei dem „die beiden Elektronen aber gemeinsam mit einem Proton übertragen werden."

[3] Chlorophyll als System mit im Kreis laufenden π-Elektronen haben wir schon in Band I, S. 355 ff. diskutiert. Das zentrale Magnesiumion wird bis heute als zufälliger Ligand bezeichnet.

statt. Es werden dort eben nicht – wie bei Chemikern üblich – bestimmte Stoffmengen umgesetzt, sondern auf atomarer Ebene einzelne Moleküle in unvorstellbar vielen Einheiten bearbeitet, die mit hochspezialisierten Robotern bestückt zu sein scheinen. Der Transport und die Verarbeitung von Elektronen, Protonen und Kohlendioxidmolekülen ist so geistvoll angelegt, daß dies alles von einem menschlichen Gehirn nicht ausgedacht werden könnte.

Man weiß aus geologischen Untersuchungen, daß die Vorläufer der Chloroplasten schon vor Milliarden Jahren existiert haben, ebenso wie die Vorläufer der Mitochondrien. Zusammen mit dem Zellkern, der die Proteinsynthese steuert, hat sich aus diesen 3 Zellbausteinen erst einzelliges pflanzliches Leben gebildet und später Zellkolonien.

Der Ribulose-diphosphat-Zyklus ist energetisch die Umkehrung des Zitronensäure-Zyklus' (S. 58 ff.). Wo bei diesem unter Energiegewinn ein C_2-Körper zu Kohlendioxid zersetzt wird, verbraucht der Photosynthese-Zyklus Energie zum Aufbau von Kohlenhydraten aus dem C_1-Körper Kohlendioxid. Wir behaupten nun, daß diese beiden fundamentalen Kreisläufe einen zahlentheoretischen Hintergrund besitzen. Die Assimilation des Kohlendioxids verläuft über einen C_1, C_3, C_5–Zyklus, während in der Atmungskette die Bildung von Kohlendioxid einen C_2, C_4, C_6–Zyklus darstellt.

Diese Zahlen – 1, 3, 5 und 2, 4, 6 – strukturieren, wie wir gesehen haben, den Aufbau der pythagoräischen Zahlentripel aus der komplexen Zahlenebene und liefern so Kreise mit besonders ausgezeichneten Radien (vgl. Tabelle 9, S. 112).

*

Wir sind nun bei unserer Untersuchung, wie das vierdimensionale Universum von Raum, Zeit und Zahlen mit der transzendenten Zahl π verknüpft ist, zu der bisher völlig geheimnisvollen Frage nach dem Geheimnis des Lebens vorgedrungen.

Nachdem dieses Geheimnis früher einem göttlichen schöpferischen Akt zugeschrieben wurde, begann seit dem Zeitalter der Aufklärung der Gedanke zu reifen, daß sich Leben irgendwie von alleine aus organischen Grundsubstanzen gebildet habe. Während der Glaube an einen persönlichen Schöpfer noch jeden naiven Menschen ehrt, ist aus heutiger Kenntnis der biochemischen Abläufe eine Entstehung und Entwicklung des Lebens bis zur Bildung des Homo Sapiens aus zufälligen Ereignissen eine an Frechheit nicht mehr zu überbietende Behauptung.

Die Eleganz und Zweckmäßigkeit des Ablaufs der Einspeisung

eines C_1-Körpers in einen Kreisprozeß und der Spaltung eines C_2-Körpers in einem weiteren Kreisprozeß schreit nach einer Erklärung, die nicht aus der Biochemie heraus kommen kann. Die Zahlen **1**, **3**, **5** und **2**, **4**, **6**, die diese Kreisprozesse codieren, waren jedem Wissenschaftler mit biochemischen Kenntnissen bekannt. Statt sie zu diskutieren, empfand man sie als gleichgültig. Zusammengesetzt liefern sie aber die ersten sechs Zahlen 1, 2, 3, 4, 5, 6.

Wir sind gewissermaßen in die Schaltzentrale des Lebens eingedrungen. Die Kreisgleichung

$$\mathbf{x^2 + y^2 = r^2}$$

ist durch die Zahlen **1**, **3**, **5** und **6**, **4**, **2** mit den Quadraten der Zahlen von der Form 4n + 1 auf dem Primzahlkreuz verknüpft. Dieser grundsätzliche arithmetische Zusammenhang steht als Bauplan fest vor der Entstehung des Lebens. Bei dem Stoffgemisch, das wir heute Ursuppe nennen, haben sich genau jene chemischen Strukturen gebildet, die der Bauplan zu seiner Selbstverwirklichung benötigte. Jede Differenzierung zu einer höheren Form erschien den Wissenschaftlern als durch ihre Nützlichkeit ausreichend begründet.

In Wirklichkeit hat nicht der Zufall die Prozesse gesteuert, sondern die Mathematik, mit der sich die Unendlichkeit über 2 Geometrien selbstverwirklicht.

*

Auf dem Gebiet der Evolutionsforschung ist in den letzten Jahren eine neue Theorie entwickelt worden. Prof. Stephen Jay Gould (Harvard) stellt in seinem Werk „The Burgess Shale and the Nature of History“ (dt. Titel: “Zufall Mensch“, München 1991) die Frage: „Verdanken wir Menschen unser Dasein einer ‘vernünftigen’ ‘fortschrittsorientierten’ Evolution, die aus einfachen Vorformen zwangsläufig höherentwickeltes Leben, Bewußtsein und schließlich menschliche Intelligenz hervorbringen mußte? Oder verdanken wir sie einer Reihe evolutionärer Zufälle, die ebensogut andere Welten hätten schaffen können?“ Seine Antwort ergibt sich aus seiner Beurteilung einer Fossilienfundstätte einer Fauna, die 530 Millionen Jahre alt ist. Damals gab es nur Leben im Meer. Dort, wo sich heute die kanadischen Rocky Mountains befinden, hatte ein Erdrutsch einen kleinen Meeresabschnitt – heute Burgess Shale genannt – zugeschüttet.

Die ersten dokumentierten Fossilienfunde sind 570 Millionen Jahre alt. Damals, zu Beginn des Kambriums, gab es im Tierreich eine Artenexplosion. Normalerweise sind natürlich aber nur solche Arten in Fundstellen erhalten geblieben, die über eine harte Schale oder Panzerung verfügten. Der Burgess Shale ist deswegen so wichtig, weil er aus bestimmten Gründen einen detaillierten Einblick in die Anatomie der damaligen Weichkörpertiere gibt. In der 1909 entdeckten Fundstätte wurden etwa 25 völlig verschiedene Baumuster von Tieren entdeckt, von denen jedoch bis heute nur 5 überlebt haben.

Unter den Fossilien befand sich ein seitlich zusammengedrücktes, bandförmiges, fünf Zentimeter langes Geschöpf, das den Namen Pikaia gracilens erhielt. Ursprünglich als Wurm klassifiziert, erkannte man später, daß das Tier eine Rückensaite und die Zickzackstreifen der Muskelbänder besaß, also die Merkmale eines Chordaten. Dieses Tier hält man deshalb für die Urform aller späteren Wirbeltiere.

Zum besseren Verständnis soll dem Leser eine grobe Übersicht über die Entstehung und Einordnung der Arten gegeben werden.

Die höhere Artenentfaltung der Tierwelt begann mit der Bildung einer 3. Zellschicht, dem Mesoderm, das zwischen der inneren und äußeren Zellschicht liegt. Hierbei hat sich das Mesoderm entweder aus beiden, Ektoderm und Endoderm gebildet, oder allein aus dem Endoderm. Die erste Gruppe bildet den Überstamm der Protostomia, die zweite den der Deuterostomia.

Die Protostomia entwickelten sich zunächst über Platt- und Fadenwürmer, Brachiopoden sowie Mollusken wie Muscheln und Schnecken weiter. Dann trat anatomische Segmentierung ein und es entstanden Gliederwürmer (ohne Skelett) und Gliederfüßer (Anthropoden, mit Skelett aus Chitin) wie Krebse, Spinnen sowie Insekten.

Die Deuterostomia entwickelten eine Rückensaite (Chorda dorsalis), die Vorstufe der Wirbelsäule. Diese Chordaten brachten die Wirbeltiere hervor, die sich zu Fischen sowie Vierfüßern (Tetrapoden) entwickelten.

Zoologen mögen bei dieser knappen Einteilung des Tierreiches überheblich lächeln, aber es ist eine Tatsache, daß es bei den Landtieren letztlich nur auf die alles überragende Vielzahl der Insekten auf der einen und auf die Tetrapoden wie Vögel und Säugetiere auf der anderen Seite ankommt.

Da der größte Teil der Burgess-Arten ausgestorben ist, argumentiert Prof. Gould mit folgendem Gedanken: Hätte Pikaia nicht zufälligerweise überlebt, gäbe es eine Fauna im heutigen Sinne – also auch uns – nicht, sondern eine alternative Welt, wie man das von Science-Fiction-Autoren kennt. „Man spule das Band des Lebens in die Frühzeit des Burgess Shale zurück und lasse es noch einmal vom gleichen Ausgangspunkt ablaufen: die Chance, daß sich bei der Wiederholung so etwas wie menschliche Intelligenz als höchste Zierde ergeben könnte, ist dabei verschwindend gering."

Wenn schon die Chemiker in der genauen Anzahl der stabilen chemischen Elemente oder ihrer Auffächerung in stabile und instabile Isotope nichts Geheimnisvolles sehen, wenn die Physiker es für naiv halten, die Gesetze der Elektronenhülle zahlentheoretisch zu untersuchen, und wenn die Biologen die Anzahl und die sterische Form der Aminosäuren für Zufall halten, dann muß irgendwann der Tag kommen, wo ein Mitglied einer Elite-Universität ein Buch schreibt, das in Deutschland den dümmsten aller möglichen Titel bekommt: „Zufall Mensch".

*

„Die erste Entstehung des Lebens, die anscheinend absichtsvoll zweckmäßige Einrichtung der Natur, das Entstehen der einfachen Sinnesempfindungen und des Bewußtseins, das vernünftige Denken und der Ursprung der damit eng verbundenen Sprache" wurden von du Bois-Reymond als 3., 4., 5. und 6. Welträtsel bezeichnet (Band II, S. 65). Aus heutiger Sicht könnte man diese 4 Rätsel zusammenfassen zur Frage nach der Herkunft der menschlichen Intelligenz bzw. des menschlichen Geistes. Wenn nämlich vorher kein Geist existierte, dann kann er sich auch nicht durch einfache Zunahme an Gehirnzellen im Stirnbereich gebildet haben.

Die Evolutionstheorie hat das christliche Abendland bis ins Tiefste erschüttert, weil nun ganze Passagen des alten Testamentes wie Märchen erschienen. Jetzt aber hat sich die Evolutionstheorie und die verschärfte Variante Goulds selbst als wissenschaftlich unhaltbar herausgestellt. Die von uns untersuchten elementaren Kreisläufe der Aufnahme bzw. Abgabe von Kohlendioxid können keine zufälligen Erfindungen sein, sondern spiegeln die arithmetischen Grundlagen der Welt direkt wider. Dies bedeutet die Verwirklichung eines verborgenen, ewigen Geistes.

Merkwürdigerweise benötigt gerade die christliche Dreifaltigkeitslehre den Begriff des Heiligen Geistes. Den Anhängern des Christentums hätte durchaus auch eine Zweifaltigkeit von Gott und Jesus genügt, denn die Existenz eines Gottes, der sich durch seinen Sohn in die Welt begibt, um das Leid dieser Erde auf sich zu nehmen, reicht den Gläubigen. Warum diese Dualität darüber hinaus noch um einen Heiligen Geist zu einer Trinität erweitert wurde, ist selbst für die meisten Christen unbegreiflich. Christus hatte seinen Jüngern versprochen, Gott werde ihnen den Heiligen Geist senden, um die Aufgabe der Erlösung weiterzuführen. Als sich nun die „Ausgießung" des Heiligen Geistes bei den Jüngern erfüllte, wurden sie zu Erleuchteten. Später sorgte die Römische Kirche dafür, daß der Heilige Geist zur dritten Person des dreieinigen Gottes wurde, eine eher diffuse Vorstellung, bei der Person oder Nichtperson verschwimmt.

„Die Vorstellung vom Heiligen Geist als einem göttlichen Prinzip von revolutionärer spiritueller Kraft, das innerhalb der menschlichen Gemeinschaft wirksam war und sie auf den Weg der Vergöttlichung brachte, trat im christlichen Glauben weitgehend hinter der Vorstellung einer göttlichen Macht zurück, die sich allein in den Handlungen und Vorschriften der institutionellen Kirche manifestierte. Die Stabilität und Kontinuität der Kirche wurde auf diese Weise erhalten. Eher individuell geprägte Formen religiöser Erfahrung und revolutionäre spirituelle Impulse blieben dabei aber auf der Strecke[1]."

Beflügelt vom „revolutionären spirituellen Impuls" dieses ursprünglichen Heiligen Geistes entschließen wir uns nun zu folgender Interpretation: Da die Zahlen unendlich sind und sie als ewige Ideen vor den Dingen existieren, ist ihre Dreifachheit sowie ihre Primzahlstruktur und -verteilung selbst der ewige Geist, der das Leben beseelt.

Schon Joachim von Fiore (1130-1202) hat in einer visionären Geschichtslehre von einem hinter uns liegenden alttestamentarischen Zeitalter Gottvaters und einer Jetzt-Zeit des Sohnes gesprochen. Eine vor uns liegende Zeit des Heiligen Geistes würde die Menschheit so erleuchten, daß eine institutionelle Kirche durch eine nichthierarchische abgelöst werden würde.

Der Papst der Römischen Kirche trägt auf seinem Gehrock schwarz auf weiß dieses Symbol: ✠. Ebenso ist es auf den Ornaten der Bischöfe und Priester aufgestickt. Sie wissen nicht wirklich, warum sie dieses Ornament tragen, und werden wohl auch keine Demut zeigen, wenn ihnen angedeutet wird, daß sich hinter dem heraldischen Zeichen

Primzahlzwillinge verbergen.

---

[1] Tarnas, Richard: Idee und Leidenschaft. Die Wege des westlichen Denkens, München, 1997. S. 196.

Die Römische Kirche ist die bei weitem grausamste, intoleranteste und dogmatisch verblendetste Institution der Weltgeschichte. Die Wissenschaftler mußten sich von ihrem grauenvollen Joch befreien. Dabei haben sie aber Gott aus den Wissenschaften vertrieben und eigene Dogmen aufgestellt, denn in der von ihnen geschaffenen endlichen Welt, die sich seit dem Urknall ständig ausdehnt, kann es keinen Gott geben.

Hier schließt sich der Kreis zu der bereits zitierten Erkenntnis Descartes' (S. 7): „Wir finden in unseren Seelen den Begriff des Unendlichen vor, der nicht allein aus einem begrenzten Wesen (dem Menschen) stammen kann, folglich existiert Gott und somit besitzt die Physik ein sicheres Fundament.“ Descartes argumentiert richtig, daß es eine Schöpfung ex nihilo nicht geben kann, so wie es auch keine Wirkung ohne Ursache gibt. Indem er aber das Denken des Subjekts (cogito) zur Grundlage des Subjekts macht (ergo sum), setzt er die denkende Substanz über die objektive Welt. Der Gott, den er beweist, kann uns nicht täuschen, wenn wir denn kritisch rational, d. h. mathematisch, unseren 'göttlichen' Verstand bei unseren Untersuchungen über die Natur einsetzen. Daß hinter den Phänomenen der Natur eine uns verborgene mathematische Idee herrscht, die uns nur erlaubt, die Schatten einer transzendenten Realität wahrzunehmen, wird hier – wie bei Aristoteles – dogmatisch weggeleugnet.

Der kritische Geist, mit dem die Neuzeit begann, mußte in die Selbstüberschätzung des Ichs, in die gefeierte Erklärung vom Tod Gottes (Nietzsche) führen – in die Hybris.

Kapitel 10

Das erste Welträtsel: Das Wesen der Materie

Jedem Chemiker und Physiker ist die Tatsache bekannt, daß die Hauptgruppenelemente des Periodensystems aufgrund ihrer Eigenschaften in Oktaven eingeteilt werden, wobei dem Wasserstoff eine Sonderrolle zukommt.

I	II	III	IV	V	VI	VII	VIII
(1)							**2**
3	**4**	**5**	**6**	**7**	**8**	**9**	**10**
11	**12**	**13**	**14**	**15**	**16**	**17**	**18**
19	**20**						
		31	**32**	**33**	**34**	**35**	**36**
37	**38**						
		49	**50**	**51**	**52**	**53**	**54**
55	**56**						
		81	**82**	**83**			

Tabelle 13

Man erkennt in dieser Darstellung des Periodensystems leicht, daß vom Element 2 bis 20 durchgehend 19 Hauptgruppenelemente existieren und vom Element 31 bis 83 – mit Unterbrechungen durch Nebengruppenelemente – noch einmal weitere 19.

Nachdem mit Massenspektrometern alle Elemente auf Anzahl und prozentuale Häufigkeit ihrer Isotope untersucht waren, begann man systematisch eine Vielzahl künstlicher Isotope jedes Elementes herzustellen. Dabei zeigte sich, daß jenseits der natürlich vorkommenden Isotope nur instabile Nuklide existieren. Das jahrelange Suchen verlief irgendwann im Sande, weil die Halbwertszeiten der zuletzt gefundenen Isotope unterhalb von Millisekunden lagen.

Das intensive Suchen lieferte aber ein wichtiges Ergebnis. Es stand nun fest, daß in der Welt nur jene Elemente und Isotope existieren können, wie wir sie hier auf der Erde vorfinden. Das bedeutet, der Nuklidkarte kommt ewige Bedeutung zu.

Der Aufbau der Nuklidkarte erfolgt wie beim Periodensystem mit fortlaufenden Ordnungszahlen, aber in einer treppenähnlichen Darstellung. Eine Oktavregel oder irgend etwas anderes Auffälliges ist nicht zu erkennen; die verwirrenden verschiedenen und scheinbar unregelmäßigen Isotopenzahlen müssen jedem ernsthaften Wissenschaftler wie ein geheimnisvolles Kryptogramm erscheinen.

In der Zeit nach dem II. Weltkrieg gab es bis in die 60er Jahre enorme theoretische Bemühungen, die ausgearbeiteten Prinzipien der Quantenmechanik irgendwie auch auf die Theorie der Atomkerne anzuwenden. Die Arbeiten sind Geschichte, hauptsächlich weil mit dem Aufkommen der Teilchenbeschleuniger das Interesse an den verschiedenen Atomkernen abnahm und das Zertrümmern von Protonen die Hoffnung weckte, die Urbausteine aller Materie zu finden.

*

Dennoch gibt es eine übersehene Ähnlichkeit zwischen dem Aufbau des Periodensystems und den Isotopenregeln der Atomkerne, die schon zur Lösung der Frage geführt hat, warum die Elemente 43 und 61 im Periodensystem fehlen (Band II, S. 14 f.).

Alle Elemente besitzen eine unterste Elektronenschale, auf der sich maximal 2 Elektronen befinden können. Bevor nach dem Element 20 der Aufbau der Nebengruppen beginnt, wird zunächst die 4. Schale wieder mit 2 Elektronen besetzt. Nach der gleichen Regel werden ab den Elementen 38 sowie 56 noch zwei weitere Male innere Schalen aufgefüllt. In der Atomphysik ist dieses auffallende Merkmal der beiden s-Elektronen einfach anhand energetischer Messungen belegt worden, was natürlich keine Erklärung darstellt.

Da Elektronen auch vom Atom losgelöst existieren, untersucht werden können und dabei Körpern von meßbarem Durchmesser entsprechen, ist die wellenmechanische Eigenschaft von Elektronen auf den Atomschalen wegen Unkenntnis der vierdimensionalen Raumstruktur um den Atomkern unerklärt geblieben. Ob möglicherweise die Atomkerne den Hüllenelektronen ihre Energieinhalte vorschreiben, ist nie diskutiert worden, da bei spektroskopischen Untersuchungen immer nur im Vordergrund stand, daß Hüllenelektronen durch die Vielzahl ihrer Energiezustände ein ungeheuer reichhaltiges Arbeitsgebiet darstellen (Quantenphysik).

Als die künstliche Radioaktivität untersucht wurde, stellte man fest, daß ein Atomkern sich im Falle 'falscher' Protonen- oder Neutronenzahlen dadurch behilft (umwandelt), daß er entweder positiv (Positronen) oder negativ geladene Elektronen aus dem Kern schießt (manche Kerne können auch umgekehrt Elektronen der K-Schale einfangen, um ihre Ordnungszahl zu verringern). Die Ordnungszahl kann sich so entweder um 1 verringern oder vergrößern, die Differenz beträgt also 2. Bei der natürlichen Radioaktivität gibt es sogar noch eine dritte Möglichkeit für den Atomkern, sich zu stabilisieren, nämlich durch Aussendung von α-Teilchen, was wiederum eine Verringerung um 2 Ordnungszahlen bedeutet.

Neben der Grundzahl 2 ist natürlich die Zahl 8 die andere strukturierende Zahl des Periodensystems bzw. der Elektronenhüllen.

Das Äquivalent zu diesen beiden Strukturzahlen besteht für den Bau der Atomkerne nun darin, daß alle ungeraden Elemente (außer $_{19}$Kalium) entweder Rein- oder Doppelisotope sind (also **2** Arten), was im Prinzip schon dem auf Massenspektrographie spezialisierten Engländer F. W. Aston bekannt war. Die geradzahligen Elemente stellen daneben die Mehrfachisotope mit den **8** verschiedenen Isotopenanzahlen (3 bis 10) dar.

Es ist naheliegend, wegen dieser Parallelen im Aufbau zu vermuten, daß Hüllenphysik (das Periodensystem) und die Isotopengesetze (die Nuklidkarte) einem einzigen Aufbaugesetz gehorchen. Daher ist es wichtig, die Frage zu stellen, warum diese Vermutung nicht schon viel früher untersucht worden ist.

Ein sekundäres Moment besteht darin, daß die Isotopie für den Physik- und Chemiestudenten kaum von unmittelbarer Bedeutung ist. Beispielsweise spielt es bei einem Gegenstand aus Eisen für den Anwender überhaupt keine Rolle, daß sich das Eisen aus vier Isotopen zusammensetzt. Würde man Eisen schmelzen, vergasen, irgendwie zentrifugieren und so eins dieser Isotope rein separieren und einen Gegenstand daraus formen, der Gegenstand hätte in keiner Weise andere Eigenschaften als das Vorgängermodell. Auch durch eine chemische Analyse ließe sich kein Unterschied feststellen. Genauso ginge es dem Physiker bei der Untersuchung der Spektrallinien.

Der Hauptgrund ist aber ein ganz anderer. Es hat nämlich nie ein wirkliches Modell für Atome gegeben, also weder für die Hülle noch für den Kern. Das Bohrsche, aber auch das Sommerfeldsche, Atommodell war genial, aber widersprüchlich. Erst der Trick, Bahnelektronen als räumliche Wellen zu betrachten, führte zur totalen Akzeptanz. Wie allerdings z. B. beim oben erwähnten K-Einfang eine Welle in den Kern sausen soll, läßt sich eben doch nur mit Hilfe der Vorstellung vom Dualismus von Welle und Teilchen erklären. Ein wirkliches Modell für Atome kann nur daraus entstehen, daß man aus den beiden eindeutigen Wahrheiten – Kern und Hülle – ein mathematisches Modell ableitet, das überhaupt erst einmal die Koexistenz zweier separater Bauteile eines Atoms erklärt.

*

Als ich 1980/81 mit dem Primzahlkreuz ein solches mathematisches Modell fand, war die Quantenmechanik längst abgeschlossen und gehörte zum physikalischen Weltbild. Man kann aber ohne die komplexe Nullte Schale des Primzahlkreuzes (mit Platz für 2 Elektronen) niemals erklären, warum die Schrödinger-Gleichung nur für Wasserstoff und ionisiertes Helium exakte Ergebnisse liefert. Einstein hat einmal erklärt, daß man Physiker nur aus den Betten holen kann, wenn man ihnen von Problemen erzählt, an denen sie gerade selbst arbeiten. So gesehen kam mein Modell einfach 50 Jahre zu spät.

Die wenigen Berufswissenschaftler, die sich seit 1992 mit der Möglichkeit eines den Kern umgebenden Primzahlraumes auseinandergesetzt haben, suchten eher nach vermeintlichen Fehlern, als daß sie sich um die Einsicht bemühten, daß der Bau der Atome tieferen Gesetzen gehorchen muß als den beschreibenden physikalischen Formeln. Eine der am häufigsten als eine Unzulänglichkeit des Primzahlkreuz-Modells bezeichnete Eigenschaft soll hier kurz beispielhaft verdeutlicht werden.

Viele dachten kurzsichtigerweise, die Anzahl der Zahlen der Form $6n \pm 1$ auf den einzelnen Kreisen entspräche genau der maximalen Anzahl von Elektronen auf den einzelnen Schalen der Atome. Diese Anzahl beträgt auf dem Primzahlkreuz ab der ersten Schale jedoch immer 8, während wirkliche Atome ihre dritte Schale mit 18, die vierte mit 32 usw. Elektronen besetzen können.

Dies ist jedoch kein Widerspruch, denn die Anzahl 8 der Zahlen der Form $6n \pm 1$ auf den Schalen des Primzahlkreuzes charakterisiert nur die besonders stabile Edelgaskonfiguration. Die maximale Elektronenanzahl dagegen wird indirekt durch die Summe der Zahlen auf den einzelnen Kreisen bestimmt. Diese Zahlensummen vergrößern sich nämlich über die Faktoren 1, 3, 5, 7, ... (Band I, S. 477).

Nach dem Gesetz der ungeraden Zahlen führen diese Faktoren, wenn man sie aufsummiert, zu den fortlaufenden Quadratzahlen 1^2, 2^2, 3^2, 4^2, ... , die die Anzahl der Elektronenzwillinge auf den einzelnen Schalen angeben. So kann beispielsweise die 3. Schale maximal mit $1 + 3 + 5 = 3^2$ Elektronenpaarzwillingen besetzt sein, und die 4. mit $1 + 3 + 5 + 7 = 4^2$. Das Primzahlkreuzmodell erfüllt also die von Sommerfeld für die maximale Elektronenanzahl gefundene Formel

$$\mathbf{2 \cdot n^2} \qquad \text{mit } n = 1, 2, 3, 4$$

*

Beim genauen Untersuchen der chemischen Elemente auf die

jeweilige Anzahl ihrer Nuklide ergab sich u. a., daß es keine stabilen Isotope mit den Massenzahlen 5 oder 8 gibt. Man hat daraufhin versucht, die Nuklide ^{5}He, ^{5}Li, ^{8}Be künstlich darzustellen und dabei festgestellt, daß sie extrem kurze 'Lebensdauern' von 10^{-24} bis 10^{-16} Sekunden haben, was ihr Nichtvorkommen garantiert. Würden Nuklide mit den Massenzahlen 5 und 8 in der Sonne vorkommen, und sei es auch nur für Milliardstelsekunden, wäre das ruhige Fusionieren von Wasserstoff zu Helium gestört, da ständig höhere Elemente gebildet würden.

Es gibt noch einen zweiten Fusionsvorgang, der in 6 Schritten zyklisch abläuft. Bei diesem Kreislauf werden Kohlenstoffatome[1] zunächst durch Protoneneinfang umgewandelt. Hier ist es nur wichtig, den letzten Schritt zu nennen.

$$^{15}N + {}^{1}H \rightarrow {}^{12}C + {}^{4}He$$

Diese zweite Fusionsreaktion liefert zwar nebenbei auch Energie, ist aber offensichtlich ebenfalls dazu da, das Entstehen von immer schwereren Elementen zu verhindern.

Diese beiden natürlichen Schranken sichern, daß es so konstant über einen langen Zeitraum strahlende Sonnen gibt wie unsere. Die Instabilität der genannten Nuklide, die von den Physikern als zufällig angesehen wird, ist also in Wirklichkeit die Voraussetzung dafür, daß überhaupt Leben entstehen konnte.

Wenn wir zur Sonne blicken, sehen wir natürlich nicht direkt die hochenergetische Strahlung, die bei den im Sonneninneren ablaufenden Fusionsprozessen frei wird, sondern nur das Licht des die Sonne umgebenden ionisierten Gasmantels, der wie ein verdunkelnder Lampenschirm wirkt.

Noch in den 50er Jahren gab es keine vernünftige Erklärung, woher denn dann eigentlich jene schwereren Elemente kommen, aus denen die Planeten bestehen. Die Antwort kam mit dem Entschlüsseln der Vorgänge, die bei der Explosion von Sonnen (Supernovae) stattfinden. Sehr massenreiche Sterne überwinden in ihrem Endstadium mit Hilfe sehr hoher Temperaturen und Drücke im Sonneninneren die oben genannten Sicherungen und fusionieren Elemente bis hoch zu $_{26}Fe$, weil dies – empirisch beobachtet – der letzte energieliefernde

---

[1] Da unsere Sonne ein Stern zweiter Generation ist, ist seit ihrer Geburt ein geringer Anteil Kohlenstoff vorhanden, der in dem sog. Bethe-Weizsäcker-Zyklus sowohl Anfangs- als auch Endprodukt darstellt.

Fusionsvorgang ist.

Wenn ein solcher Stern explodiert, treten blitzartig so hohe Temperaturen und Drücke auf, daß durch Verschmelzung von Elektronen und Protonen jene hohen Neutronendichten entstehen, die erlauben, daß alle möglichen Elemente mit Ordnungszahlen weit über 100 gebildet werden. Die gebildete Materie wird in den leeren Raum geschleudert und kühlt sich sehr schnell ab. Nach kurzer Zeit sind alle radioaktiven, instabilen Nuklide bis auf die besonders langlebigen Isotope wie die von Thorium und Uran verschwunden. Übrig bleiben die 81 stabilen Elemente[1].

*

Als mir zu Beginn des Jahres 1981 klar wurde, daß die Anzahl der stabilen Elemente durch das 3 hoch 4 - Gesetz vorgegeben ist, war dies natürlich erst einmal eine Theorie, aber eine gute, schon allein weil es bis dahin überhaupt keine Erklärung dafür gab, warum mit dem Element $_{84}$Polonium schlagartig die natürliche Radioaktivität beginnt. 1986 fand ich die arithmetisch-logische Erklärung dafür, warum die beiden primzahligen Elemente 43 und 61 nur künstlich darstellbar sind. Es war jedoch ziemlich aussichtslos, diesen Gedanken in eine Fachpublikation umzuwandeln, da es weltweit kaum arithmetisch interessierte Chemiker gibt, die gleichzeitig auch noch kernchemische und biochemische Kenntnisse besitzen.

Eine weitere Beobachtung im Jahr 1983 blieb jedoch auch mir lange rätselhaft. Nachdem ich die Ordnungszahlen der chemischen Elemente nach ihrer Teilbarkeit in **vier** 19er-Gruppen aufgeteilt hatte (Band I, Tab. 3, S. 447), stellte sich heraus, daß die 19er-Kolonnen sich noch einmal im Verhältnis 8 zu 11 aufsplitten lassen (Band I, Tab. 4). Bei der Suche nach den Ursachen dafür wurde mir klar, daß die **Vier**fachheit selbst nicht in der Primzahlkreuzgeometrie begründet sein kann, weil dort alles auf der **Drei**fachheit (von Zahlen) aufbaut. Die Ursache für die Vierfachheit der Isotopie zu finden, wurde der übergeordnete und damit vordringliche Schritt.

Bei der Entstehung der Elemente durch ein Supernova-Ereignis bestimmt der 4-dimensionale Primzahlraum auf der Grundlage der 3

[1] In der Korona von Sternen zweiter Generation werden natürlich die Spektrallinien der verschiedensten Elemente beobachtet. Daß dabei auch Technetium nachgewiesen werden kann, folgt daraus, daß fortwährend durch Beschuß Isotope des $_{43}$Tc gebildet werden, die anschließend gemäß ihrer Halbwertszeiten wieder zerfallen.

Klassen von Zahlen die Anzahl der stabilen Elemente ($3^4 = 81$).

Da diese Elemente aber durch Stoßprozesse entstehen und zur Bildung von Elementen mit hohen Ordnungszahlen mehrere Stöße und die Aufnahme von zusätzlichen Neutronen notwendig sind, muß sich der Grund für die Vierfachheit der Isotopie aus den Grundlagen des Stoßprozeßraumes (d. h. des Nagelbrettes, Pascalschen bzw. Sierpinski-Dreiecks) ableiten lassen.

Da zwischen dem Primzahlkreuz und dem Pascalschen Dreieck der Gedanke der Potenzinvertierung steht, muß natürlich auch das 3 hoch 4-Gesetz in dieser Weise herumgedreht werden und sich in ein 4 hoch 3-Gesetz verwandeln. Daß dadurch die Zahl 4 Basiszahl wird, muß der Grund für die Einteilung der Isotope in **4** Gruppen sein. Die hier geforderte Vierfachheit muß sich aber natürlich auch irgendwo im Pascal-Sierpinski-Dreieck widerspiegeln.

*

Zur Überprüfung dieses Gedankens gehen wir von der Idee aus, die Sierpinski ursprünglich im Jahre 1916 benutzte. Er teilte ein gleichseitiges schwarzes Grunddreieck in der Weise auf, daß er in die Mitte ein weißes umgekehrtes gleichseitiges Dreieck einfügte.

Die Figur besteht jetzt aus 4 gleich großen Elementen, drei schwarzen und einem weißen Dreieck. Wenn man nun die schwarzen Dreiecke fortlaufend innen mit umgekehrten weißen Dreiecken ausfüllt, entsteht sehr schnell das uns schon vertraute selbstähnliche Muster des Sierpinski-Dreiecks. Hierbei fehlt den schwarzen und weißen Dreiecken noch die exakte sechseckige Wabenstruktur und damit auch der Bezug zu den Teilbarkeitsregeln der Pascalschen Zahlen.

Abbildung 51

Das markanteste Moment der vier Sorten Isotope in Bezug auf die Teilbarkeit der Ordnungszahlen ist zweifellos die Tatsache, daß zwischen Primzahlen und teilbaren Zahlen der Form $6n \pm 1$ ein klarer

Unterschied gemacht wird. Eine der vier (1 + 19)-Kolonnen besteht ausnahmslos aus Primzahlen (Band I, S. 447). Die übrigen drei Kolonnen sind damit natürlich alle teilbar und enthalten auch die kombinatorischen Produkte von Primzahlen wie 25, 35 usw. Die Geometrie des Primzahlkreuzes dagegen berücksichtigt gar nicht, ob auf einem der 8 Strahlen nun eine echte Primzahl oder eine teilbare Zahl der Form $6n \pm 1$ liegt.

Könnte es nun sein, daß das hervorstechende Merkmal eines Sierpinski-Dreiecks – das umgekehrte eingeschriebene weiße Dreieck und die umliegenden 3 fraktalen schwarz/weißen Dreiecke – mit jener oben beschriebenen Unterteilung der Isotope in eine Kolonne mit unteilbaren und 3 mit teilbaren Ordnungszahlen identisch ist? Auf den ersten Blick nicht, denn alle Zahlen in dem weißen Dreieck sind ja gerade und damit keine Primzahlen. Aber dieser Gedanke ist zu kurz gegriffen, denn alle geraden Zahlen sind durch eine Primzahl, nämlich 2, teilbar.

Wir wollen das Pascalsche Dreieck nun auch in Bezug auf Teilbarkeit durch andere Zahlen untersuchen: In Abbildung 52 sind alle durch die Primzahl 3 teilbaren Pascalschen Zahlen durch weiße Sechsecke sichtbar gemacht. Wieder befindet sich in der Mitte ein umgekehrtes, komplett weißes Dreieck. Das Grundmuster beginnt nach der 3. Zeile und ist 2 Zeilen lang. Das nächstgrößere weiße Dreieck beginnt ab der Zeile 3^2 und besteht aus $9 - 1 = 8$ Zeilen, worauf dann ab Zeile 3^3 ein $3^3 - 1$-zeiliges Dreieck folgt usw.

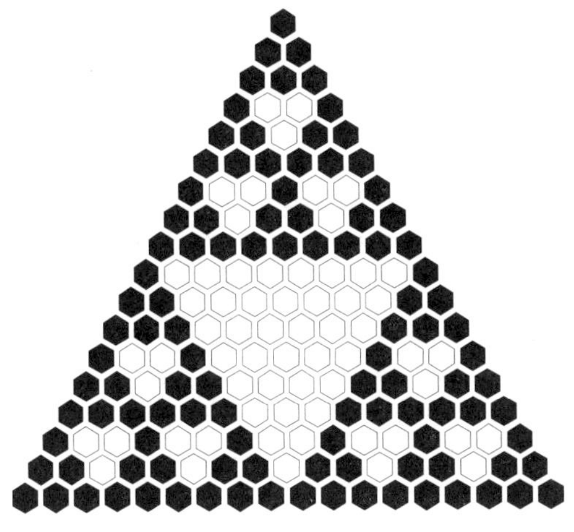

Abbildung 52 (Teilbarkeit durch 3)

Das nächste Dreieck behandelt die Teilbarkeit durch 5. Das auf dem Kopf stehende weiße Dreieck, das ausschließlich durch 5 teilbare Zahlen enthält, beginnt nach der 5. Zeile und ist 5 – 1 Zeilen lang. Das nächstgrößere $5^2 - 1$-zeilige Dreieck beginnt ab Zeile 5^2, das danach würde ab Zeile 5^3 erscheinen usw.

Abbildung 53 (Teilbarkeit durch 5)

Die Sichtbarmachung der Teilbarkeit durch die Primzahl 7 ergibt Abbildung 54: Hier erkennt man nach der 7. Zeile ein komplett weißes Dreieck und nach der Zeile $7^2 = 49$ das nächste.

Allgemein läßt sich festhalten, daß mit jedem neuen Exponenten der untersuchten Primzahl ein neues, nächstgrößeres weißes Dreieck entsteht. Ebenfalls unabhängig davon, welche Primzahl(potenz) gewählt wird, ist das umgekehrte weiße Dreieck in der Mitte immer von drei identischen schwarz/weißen umgeben.

Im Unterschied dazu entstehen bei Sichtbarmachung der Teilbarkeit durch zusammengesetzte Zahlen[1] 4, 6, 8, 9 ... – aber auch Nicht-Primzahlen der Form 6n ± 1 (wie 25 oder 35) – zwar auch

[1] Das Titelbild von „Gottes geheime Formel“ zeigt die unregelmäßigen Muster bei Sichtbarmachung der Teilbarkeit durch 4 und 6.

fraktale Strukturen, jedoch sind die umgekehrten weißen Dreiecke durch komplizierte Muster unterbrochen bzw. durchzogen.

Wir haben somit genau das Gesetz entdeckt, wonach wir gesucht haben. Die Geometrie des Pascal-Sierpinski-Dreiecks folgt in Bezug auf jede Primzahl demselben Schema, das genau regel- und gleichmäßig umgekehrte weiße Dreiecke entstehen läßt. Damit ist also die geometrisch-mathematische Grundlage gefunden, die für die vierfache Art der Isotope und auch für die dabei erfolgende Unterscheidung zwischen teilbaren und primen Ordnungszahlen verantwortlich ist.

Abbildung 54 (Teilbarkeit durch 7)

Schon in Kapitel 6 (Seite 114 f.) wurde das gleichseitige Dreieck als Umkehrung der Kreuzgeometrie mit 4 Polen erkannt. Nun haben wir erfaßt, daß im gleichseitigen Pascal-Sierpinski-Dreieck diese Vierfachheit bestehen bleibt. Da aber die Primzahl-Kreuz-Struktur eben durch Primzahlen erzeugt wird, zeigt sich in Umkehrung dazu auch das Pascal-Sierpinski-Dreieck nur in Bezug auf Teilbarkeit durch Primzahlen als exakt vierfach fraktal.

*

Auch wenn die Geometrie des Pascalschen Dreiecks in Bezug auf **alle** Primzahlen exakt fraktal ist, bleibt das ursprüngliche Sierpinski-Dreieck für die Teilbarkeit durch 2 das entscheidende Muster, weil die Zahl 2 die Grundzahl des Pascalschen Dreiecks ist ($1/2^n$ - Gesetz) und deswegen auch die Sichtbarmachung der Teilbarkeitsstrukturen dieses Dreiecks auf die Zahl 2 zu beziehen ist. Auch beim Chaos-Spiel entsteht ja ein Bild, das einem Sierpinski-Dreieck entspricht, bei dem die durch 2 teilbaren Zahlen weiß gefärbt sind.

Da die Zeilennummern des Pascalschen Dreiecks gleichzeitig Exponenten der Zahl 2 sind und neue weiße Dreiecke immer ab den Zeilen beginnen, deren Nummer die untersuchte Primzahl oder eine ihrer Potenzen ist, ergibt sich eine überraschende Konsequenz.

Sierpinski-Dreiecke sind in Bezug auf genau die Zahlen exakt fraktal, für die auch – als Exponenten eingesetzt – der Kleine Fermatsche Satz gilt, also für Primzahlen.

> Der Kleine Fermatsche Satz gilt nicht aufgrund des Erfindungsreichtums des Begründers der Arithmetik, sondern konnte gefunden werden, weil eine ewige Geometrie existiert, deren Strukturzahlen Primzahlen sind, die als Exponenten der Zahl 2 (Zeilensummen) im Pascalschen Dreieck auftauchen. Daß der Kleine Fermatsche Satz auch für andere Basen formuliert werden kann, macht das Verwirrspiel total, denn für diese Basen existiert keine reale Geometrie.

Auf dem Primzahlkreuz ist die 4-Dimensionalität durch die Kreuzstruktur der untersten Schale vorgegeben. Auf den Schalen existieren nur **3** Klassen von Zahlen. Bei der Umkehrung dieser Geometrie entsteht ein 3-dimensionaler Raum, der bezogen auf die Teilbarkeit durch jede Primzahl den Raum fraktal in **4** gleich große Räume aufteilt.

> Bei dem Umkehrgedanken zwischen Primzahlkreuz und Pascalschem Dreieck wird aus der 3-Fachheit des 4-dimensionalen Raumes eine 4-Fachheit des 3-dimensionalen Raumes. Das 3^4-Gesetz wird also in der Tat zum 4^3-Gesetz[1].

---

[1] Zu Band I, S. 340 f.: Bei der Diskussion über die Anzahl der

Es ist bemerkenswert, daß dieses 64er-Gesetz eine uralte Tradition im chinesischen I-king (64 **Hexa**gramme) hat, während das Taote-king aus 81 Versen besteht. Bei Laotses großartigem Werk ist kein Vers, kein Wort zu viel oder zu wenig. Wer es aufmerksam gelesen hat, erkennt, daß die Versanzahl von vornherein festgelegt war.

*

Da der Grund für die 4-Fachheit der Nuklidaufsplittung der Elemente so offensichtlich in der Struktur des Pascal-Sierpinski-Dreiecks zu finden war, mußte es auch eine Möglichkeit geben, mit der Entdeckung der **8**-zeiligen Sierpinski-Dreiecke (bezogen auf die Teilbarkeit durch die Grundzahl 2) und der natürlichen Anlage der Pascalschen Zahlen als **11**er-Potenzen noch weiter zum Hintergrund für die Feineinteilung der **19**er-Kolonnen in **8** zu **11** zu stoßen.

19 ist der dezimale Restwert von 81. Gleichzeitig besitzen die Zeilensummen im Pascalschen Dreieck alle die Basis 2 und die fortlaufenden Exponenten **00**, **0**, **1**, **2**, **3**, **4**, **5**, ... Diese Ziffern stellen dezimal hintereinander geschrieben den Kehrwert von **81** dar.

Da der modularithmetische Restwert 19 sich aus den Zahlen 8 und 11 zusammensetzt, lag es nahe, die Summe 81 + 8 = 89 zu untersuchen. Der Restwert von 89 beträgt 11.

89 ist eine Fibonacci-Zahl und eine Primzahl. Fibonacci-Zahlen sind nämlich primzahlcodiert. Ist eine Fibonacci-Zahl eine Primzahl, muß ihr Index (d. h. die laufende Ordinale) ebenfalls primzahlig sein[1]. Diesem Primzahlzusammenhang steht man in der Mathematik völlig unbeeindruckt gegenüber, sie ist kaum einem Naturwissenschaftler bekannt. **89** ist die **11**. Fibonacci-Zahl. Als ich auf diese Informationen stieß, hatte ich endlich eine Ahnung, welche ewige mathematische Idee hinter dem Rätsel der Isotopie verborgen ist.

Wie bereits aus Abbildung 35 (S. 93) ersichtlich, kann man die Fibonacci-Zahlen 0, 1, 1, 2, 3, 5, 8, 13, ... aus dem Pascalschen Dreieck durch Aufsummierung der Werte auf den verschiedenen Schrägdiagonalen erhalten.

Aminosäuren und des genetischen Codes war mir die Existenz einer ‘umgekehrten’ Primzahlkreuz-Geometrie gänzlich unbekannt. Wir werden im Kapitel 11 nochmals darauf eingehen.

[1] Die einzige Ausnahme unter unendlich vielen primzahligen Fibonacci-Zahlen ist die **3**. Sie ist die **4**. Fibonacci-Zahl. Dies könnte ein Hinweis darauf sein, daß bei der Potenzinvertierung von $3^4 = 81$ zu $4^3 = 64$ sich auch die Bedeutung der Primzahligkeit ändert!

Schreibt man die Fibonacci-Zahlen dezimal hintereinander, erhält man folgende Dezimale:

$$\begin{array}{l} 0{,}0112358 \\ \quad\quad\quad\;\; 13 \\ \quad\quad\quad\;\;\; 21 \\ \quad\quad\quad\;\;\;\; 34 \\ \quad\quad\quad\;\;\;\;\; 55 \\ \quad\quad\quad\;\;\;\;\;\; 89 \\ \quad\quad\quad\;\;\;\;\;\;\; 144 \\ \quad\quad\quad\;\;\;\;\;\;\;\;\; \ldots \\ \hline 0{,}01123595505\ldots \end{array}$$

Dieser Dezimalbruch hat eine 88-stellige Periode und ist der **Kehrwert von 89**:

$$1/89 = 0{,}01123595505...$$

Dies ist natürlich kein Zufall, sondern bedeutet, daß die Fibonacci-Zahlen mit dem dezimalen Restwert **11** der Zahl 89 im Pascalschen Dreieck verknüpft sind. Die einzelnen Zeilen des Pascalschen Dreiecks sind dezimal gelesen die fortlaufenden Potenzen der Zahl 11. Die Potenzreihe von **11** mit dezimal verschobenen Gliedern lautet aber

$$\frac{11^{00}}{100^0} + \frac{11^0}{100^1} + \frac{11^1}{100^2} + \frac{11^2}{100^3} + \frac{11^3}{100^4} + \ldots =$$

$$0 + 0{,}01 + 0{,}0011 + 0{,}000121 + 0{,}00001331 + ... =$$

$$0{,}0112358(13)(21)(34)(55)(89)...$$

In der letzten Zeile erkennt man deutlich die Fibonacci-Folge wieder. Es bleibt zu untersuchen, warum sich die Fibonacci-Zahlen im Pascalschen Dreieck durch Aufsummieren der Zahlen auf den Schrägdiagonalen errechnen lassen.

*

Als ich Anfang 1997 die Fibonacci-Zahlen im Pascalschen Dreieck, dem mathematischen Modell für Zweierstöße, wiederfand, war ich wie berauscht von dem Gedanken, zur Lösung des 8 zu 11 - Verhältnisses auf ein bereits in der Natur entdecktes Gesetz zurückgreifen zu können.

Eine immer größere Fibonacci-Zahl, durch ihren Vorgänger geteilt, liefert immer genauer den Wert $\varphi = 1{,}61803398...$, der das Teilungsverhältnis des 'Goldenen Schnitts' angibt, dessen ästhetische Wirkung schon Leonardo und Dürer fasziniert hat. Die Zahl Phi hat, wie die Wachstumszahl e, verblüffende Eigenschaften. Ihr Kehrwert beispielsweise ist $\varphi - 1$.

Bildet man die Quersummen der fortlaufenden Fibonacci-Zahlen (im Dezimalsystem), erkennt man, daß ab der 25. Fibonacci-Zahl die Folge ihrer ersten 24 Quersummen periodisch wiederholt wird. Z. B. beträgt die Quersumme der 24. Fibonacci-Zahl 9. Die 25. Fibonacci-Zahl hat dann wieder die Quersumme 1 und die 48. die Quersumme 9 usw.

*

Um zu erfassen, wie das 8 zu 11 - Verhältnis im Pascalschen Dreieck mit den Fibonacci-Zahlen verknüpft ist, muß im nächsten Schritt das Sierpinski-Dreieck als geometrisches Modell für den Stoßprozeßraum noch einmal überdacht werden.

Abbildung 55

Wir haben bisher immer nur die Zeilen von oben nach unten gelesen. Tatsächlich ist diese Geometrie natürlich in Richtung der 3

Seiten selbstähnlich. In der Abbildung 55 haben wir durch das schwarze Dreieck eine der beiden anderen möglichen Leserichtungen, nämlich die nach rechts oben, kenntlich gemacht. Diese gibt an, wo bei Wahl des Startpunktes die Zahlen 2, 4, 6, ... zu lesen sind.

Die sich bei zeilenweiser Vergrößerung des Pascalschen Dreiecks in 3 Richtungen verschiebenden Seitenhalbierenden führen jeweils zu fortlaufenden Fibonacci-Zahlen. Beispielsweise liefert die Seitenhalbierende des im folgenden abgebildeten 8-zeiligen Sierpinski-Dreiecks die 8. Fibonacci-Zahl 21 über die Summe 1 + 6 + 10 + 4 = 21. Wenn man jetzt das Dreieck Zeile für Zeile verlängert, entstehen fortlaufend neue Seitenhalbierende und damit neue Summanden für immer größere Fibonacci-Zahlen. Die Summanden liegen aber in verschiedenen Zeilen, die verschiedene Nummern (Ordinale) haben. Diese Ordinale sind identisch mit den fortlaufenden Exponenten 0, 1, 2, 3, 4, 5, ... der Zahl 11. Die Summanden auf den Seitenhalbierenden gehören also Zeile für Zeile zu streng geordneten Potenzen der Zahl 11. Es entstehen durch Addition dieser Summanden Zahlen, deren Werte in Wirklichkeit von Potenzordnungen abhängen.

Gleichzeitig wird der dezimale Stellenwert der Summanden innerhalb der 11er-Potenzen von der Start- bzw. Ordnungszeile zurücklaufend pro Zeile um den Faktor 100 geringer.

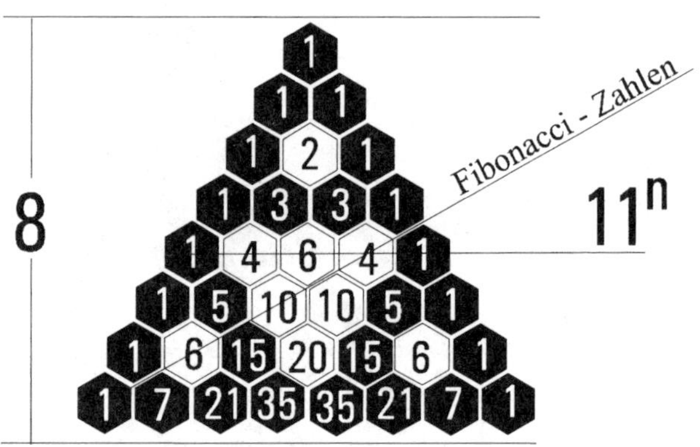

Abbildung 56

Im Beispiel der Fibonacci-Zahl 5 hat also der Summand 1, der aus der Zeile 11^4 = <u>**1**</u>4641 kommt, eigentlich eine Zehntausender-Wertigkeit. Der folgende Summand 3 aus Zeile 11^3 = 1<u>**3**</u>31 eine 100-Wertigkeit, der danach kommende Summand 1 aus Zeile 11^2 = 12<u>**1**</u> steht auf der Einser-Stelle. Genau wie bei Quersummenbildung werden diese dezimalen Wertigkeiten jedoch bei der Aufsummierung zu den einzelnen Fibonacci-Zahlen nicht berücksichtigt (1 + 3 + 1 = 5).

Werden diese durch Aufsummierung gebildeten Zahlen dann wiederum dezimal hintereinander geschrieben, entsteht eine Ziffernfolge, deren Kehrwert gerade der Zahl 89 entspricht. Damit kommt den Seitenhalbierenden (bzw. Fibonacci-Zahlen) eine modularithmetische Bedeutung zu, die von elementarer Wichtigkeit dafür ist, wie man endlich das Geheimnis der Isotopenauffächerung der chemischen Elemente lösen kann.

*

Zuvor aber noch eine verblüffende geometrische Überlegung. Schreibt man zwei aufeinanderfolgende Fibonacci-Zahlen[1] als Bruch, z. B. 89 und 55, und bildet daraus einen Kettenbruch, enthält dieser bekanntlich nur Einsen.

$$\frac{89}{55}=1+\frac{34}{55}=1+\frac{1}{\frac{55}{34}}=1+\frac{1}{1+\frac{21}{34}}=1+\frac{1}{1+\frac{1}{\frac{34}{21}}}=1+\frac{1}{1+\frac{1}{1+\frac{13}{21}}}=1+\frac{1}{1+\frac{1}{1+\frac{1}{\frac{21}{13}}}}=1+\ldots$$

Obwohl seit langem bekannt ist, daß diese Kettenbruchentwicklung die irrationale Zahl

$$\varphi=\cfrac{1}{1+\cfrac{1}{1+\cfrac{1}{1+\cfrac{1}{1+\ldots}}}}$$

liefert, existierte bisher kein geometrisches Modell für diese merkwürdige Einserfolge. Wenn wir jedoch die Nägel des Galtonschen Nagelbrettes nicht mit Punkten, sondern mit Einsen darstellen, läßt sich der Kettenbruch für φ ganz einfach erklären.

[1] Z. B.: In einem Insektenstaat wie bei den Bienen legt die Königin nach dem Hochzeitsflug einen Teil der Eier unbefruchtet ab. Aus diesen Eiern werden Drohnen, die also nur einen Elternteil haben, während die Königin 2 Eltern besitzt. Das Ahnenschema für die Bienendrohnen ist mit den Fibonacci-Zahlen identisch.

Zeile für Zeile vergrößert sich die Anzahl der Nägel jeweils um 1. An der Spitze beginnt die Einserpyramide mit einer einzelnen 1.

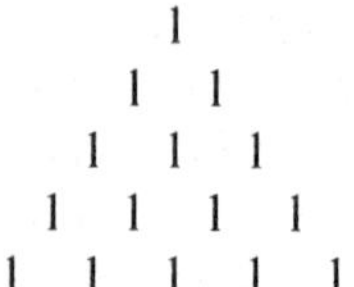

Da ein Nagelbrett ein Verteilungsmodell darstellt, in dem sich Vorgänge gewissermaßen verdünnen, muß nun in der zweiten Zeile auch reziprok gedacht werden. Die in der zweiten Zeile hinzugekommene 1 muß schon als Bruch geschrieben werden, die um die in der dritten Zeile hinzugekommene 1 vermehrt wird, wobei auch diese wieder reziprok auftritt. Der Rest ist Wiederholung.

*

Wir wollen nun die Verwandtschaft zwischen dem Periodensystem und der Nuklidkarte weiter untersuchen.

Die Zahl 19 ist der Restwert von 81. Gleichzeitig ist diese Zahl mit dem Pascalschen Dreieck und seinen 2er-Potenzen über das Dezimalsystem verknüpft, weil die dezimal aufaddierten 2er-Potenzen den Kehrwert von 19 ergeben. Umgekehrt liefert die 19 exponenziert mit 00, 0, 1, 2, 3, ... und dezimal aufaddiert den Kehrwert von 81 (Band II, S. 148), also den Dezimalbruch mit eben derselben Ziffernfolge 0,0123456789(10)(11)(12)(13)... .

Es hat immer wieder Einwände gegeben, daß diese Ziffern/Zahlen aufgrund ihres dezimalen Charakters nicht für die Ordnungszahlen der Elemente in Frage kommen. Wir wollen sie deswegen aufgrund unserer Überlegungen zum Pascalschen Dreieck als aufeinanderfolgende Einzelzahlen begreifen. Dazu müssen wir sie als Exponenten ansehen. Wieso?

Das zentrale Thema dieses Buches ist die Unterscheidung zwischen 2 verschiedenen Bedeutungen der Zahlen in dieser Welt. Zahlen, die im Exponenten stehen, haben ihre eigenen Gesetze, die uns fremd scheinen. Eine Zahl im Exponent stellt keine Menge dar, sondern den Steuerbefehl, wie oft die entsprechende Basis (Menge) mit sich selbst multipliziert werden soll. Das geometrische Modell für die Exponentenwelt ist das Pascalsche Dreieck. Die Summenwerte der einzelnen Zeilen sind, wie wir gesehen haben, in jedem Stellenwertsystem (a) die fortlaufenden Potenzen

$$(a+1)^{00}, (a+1)^0, (a+1)^1, (a+1)^2, (a+1)^3, \ldots$$

Dies zwingt zu dem Schluß, daß die **Ordnungszahlen**

0, 1, 2, 3, 4, 5, ...

der Elemente in Wirklichkeit fortlaufende **Exponenten** sind, und zwar Exponenten der Zahl **19**. Diese Zahlen gehorchen nun gerade nicht der Dreiteilung wie herkömmliche (Basis-)Zahlen.

Dieser logische Schluß bietet die Möglichkeit, endlich eine Erklärung für die 19er-Kolonnen der Ordnungszahlen in Bezug auf ihre 4 unterschiedlichen Teilbarkeiten zu erhalten (denn diese sind ja zunächst nur durch Beobachtungskunst entdeckt worden (Band I, S. 447)). Diese Teilbarkeitsregel führte dann bei der Untersuchung der Elemente mit geraden sowie ungeraden Ordnungszahlen zu der Aufsplittung der Kolonnen in das 8 zu 11 - Verhältnis (Band I, S. 449).

*

Das Verhältnis **19/81** = 0,23456... liefert jene geordneten Zahlen, wie wir sie vom Aufbau des Periodensystems her kennen. Da die Wissenschaftler die Nuklidkarte nach eben der gleichen Reihenfolge aufgebaut haben, mußten sie an den verwirrenden verschiedenen und scheinbar unregelmäßig zufälligen Isotopenanzahlen scheitern.

Die ersten 6 Ziffern des Kehrwertes **81/19** = 4,26315... sind die ersten 6 fortlaufenden Zahlen 1, 2, 3, 4, 5, 6, nur in anderer Reihenfolge angeordnet. Bei den pythagoräischen Zahlentripeln haben wir die Aufspaltung und Permutation dieser Zahlenfolge in die ungeraden 1, 3, 5 und die geraden 6, 4, 2 ebenfalls beobachtet.

Die Zahlen 1, 2, 3 sind als Anfangsglieder der drei Zahlenklassen unteilbar. Für die Isotopie gilt aber, daß die Zahlen 4, 2, 6 Anfangszahlen der 3 Kolonnen der Elemente mit teilbaren Ordnungszahlen sind. Als Anfangszahlen müssen sie unteilbar sein. Daß sie innerhalb der fortlaufenden Zahlen den Primzahltakt $6n \pm 1$ gewährleisten, ist Kennzeichen dieses Umkehrgedankens.

Bei einer solchen logischen Klassifizierung von Isotopenzahlen kommt der Zahl **3** jetzt als einziger ungerader Primzahl außerhalb des $6n \pm 1$-Taktes die Rolle einer weiteren Anfangszahl einer 19er-Kolonne zu. Sie führt die 19 primzahligen Ordnungszahlen 1, 5, 7, ..., 83 an (die Herausnahme der Primzahlen 19, 43 und 61 wurde in Band II, Kap. 1 behandelt).

Der Einsatz der 3 zur Ordnung der Isotopie vervollständigt die 3 verschiedenen Teilbarkeitsgruppen zur Vierfachheit. Zu diesem Phänomen gibt es eine Parallele auf dem Primzahlkreuz: Aus den 3 natürlichen Primzahlzwillingen wird durch die Zwillingsplazierung der Zahl 1 und 23 ein vierter generiert. Wie wir gesehen haben, basiert die Kreuzform geometrisch auf vier Polen und trennt die gerade Primzahl 2 und die ungerade Primzahl 3 von den Primzahlen der Form 6n ± 1. Auf diese Weise existieren 3 Anfangsprimzahlen. Bei Umkehr dieser Geometrie verwandelt sich die Kreuzform, die nach außen hin 4 Pole besitzt, in die Form des gleichseitigen Dreiecks, in dessen Inneren 3 + 1 Dreiecke existieren. Hierbei werden die 3 geraden Zahlen **2**, **4**, **6** zu Anfangsgliedern. Da diese zusammen mit der Primzahl **3** nicht die Form 6n ± 1 besitzen, sind sie die 4 Codierungszahlen für die Isotopie.

*

Wir können jetzt die Antwort auf die Frage geben: Wie sind die Gesetze der Atomkerne mit denen ihrer Elektronenhüllen verknüpft? Die Antwort lautet: **Modularithmetisch**.

I. Die Ordnungszahlen 0, 1, 2, 3, ... der Elemente n, H, He, Li, ... sind Exponenten der Zahl 19, dem Restwert der Zahl 81. Die einzelnen Isotope der Atomkerne verdanken ihre Entstehung dem $1/2^n$-Gesetz des 3-Dimensionalen Raumes und der Einteilung der Ordnungszahlen in **4** Gruppen.

II. Mit steigender Kernladungszahl nimmt das Atom in seiner Hülle die entsprechende Anzahl von Elektronen auf. Dahinter steht das $1/n^2$- Gesetz. Dabei unterscheidet sich jedes dieser 1, 2, 3, ... Elektronen durch wenigstens eine der **4** Quantenzahlen. Diese 4-Fachheit ist Kennzeichen der 4-Dimensionalität.

Nach der Entdeckung des Neutrons stand endgültig fest, daß Atomkerne nur aus Protonen und Neutronen bestehen. Da sehr eng gepackte Protonen sich aber mit ungeheurer Kraft abstoßen müßten, postulierte man in dieser Not die sogenannte starke Wechselwirkungskraft, bei der virtuelle Pionen ausgetauscht werden sollen.

Da aber eine solche Theorie nie die Stabilität eines und die Instabilität eines anderen Isotops erklären kann, hat man später die saloppe Leimtheorie entwickelt. Theoretikern dieser Art ist nun das Handwerk gelegt.

*

Das Verhältnis 81/19 ergibt ausschließlich im Dezimalsystem den Wert 4,263... . Diese 4 Ziffern stellen genau jene Ordnungszahlen dar, die die vier 19er-Kolonnen der Isotopie anführen. In anderen Zahlensystemen gibt es diese Übereinstimmung mit der Isotopie nicht.

Für die Physik der Atomhüllen (Primzahlkreuz) ist der Beweis für die Vormachtstellung des Dezimalsystems bereits erbracht worden. Wegen des Umkehrverhältnisses, das zwischen Primzahlkreuz und Pascalschem Dreieck steht, muß konsequenterweise die Grundlage des Pascalschen Dreiecks dasselbe Stellenwertsystem sein.

Die Physik der Atomkerne (Pascalsches Dreieck) ist untrennbar mit den Fibonacci-Zahlen verknüpft. Hierdurch ergibt sich ausgehend vom Pascalschen Dreieck ein einfach zugänglicher Beweis für das Dezimalsystem als Grundsystem der Natur, und zwar durch modularithmetische Überlegungen.

Beweis: Der modularithmetische Restwert der Anzahl der stabilen Elemente 81 ist allein im Dezimalsystem 19. Der Restwert der Fibonacci-Grundzahl 89 teilt diesen Restwert 19 ebenfalls nur im Dezimalsystem in das Verhältnis 8 zu 11.

Da diese Zahlen eine unleugbar entscheidende Rolle für den Hintergrund des ewigen Gesetzes haben, das hinter der Nuklidkarte steht, ist damit logisch konsequent das Dezimalsystem das Zahlensystem, in dem das Pascalsche Dreieck angelegt ist. Q.e.d.

Wir waren in diesem Buch von der Behauptung ausgegangen, daß das Pascalsche Dreieck dezimal gelesen werden muß (über Potenzen der Zahl 11) und deswegen in jedem anderen Stellenwertsystem notiert werden kann. Diese Behauptung konnte aus der Mathematik heraus gerade deshalb nicht bewiesen werden. Erst durch die Entdeckung der ewigen Zahlengesetze der Isotopie wird klar, daß das Dezimalsystem in der Natur verankert ist. Wir rechnen eben nicht im Dezimalsystem, weil wir zufällig 10 Finger haben, sondern wir haben 10 Finger, weil wir das Dezimalsystem verkörpern.

Kapitel 11

Aqua Tofana

Nachdem das entscheidende zehnte Kapitel unter bedrückenden und quälenden äußeren Umständen endlich fertiggestellt war, wurde mir bewußt, daß meine siebzehnjährige theoretische Arbeit nun vorerst ruhen mußte, auch wenn es sicherlich vielversprechend ist, z. B. einmal den Hintergrund der Werte von Naturkonstanten des Ga - raums wie der Loschmidtschen Zahl oder der Boltzmann-Konstante zu untersuchen, was bisher völlig unterblieben ist.

Ich würde mich in den folgenden Jahren mit den politischen und gesellschaftlichen Konsequenzen auseinandersetzen, die sich durch die Ablösung des gefeierten Weltbildes des 20. Jahrhunderts ergeben. Da die Abfassung des sechsten Buches aber viel Zeit in Anspruch nehmen würde, beschloß ich, das fünfte Buch wegen des drängenden wissenschaftlichen Inhalts schon 1998 als fragmentarischen Band III in Druck zu geben – die Welt braucht grundlegende Lösungen jetzt.

Als der Band I vor ungefähr 10 Jahren abgeschlossen wurde, brach im Osten der Kommunismus zusammen. Jetzt endlich hatte der Kapitalismus die Chance, zu seiner brutalsten Hochform aufzulaufen. Sein atheistisch-materialistischer Geist hat auf globaler Ebene einen Zustand erreicht, in dem Aktien- und Warenterminkurse der Drehung der Erde um ihre Achse gehorchen. Die Kursnotierungen der Börsencomputer laufen permanent um den Erdball und Tausende von Milliarden Dollar flimmern über die Bildschirme. Die Welt hat sich in ein großes Spielkasino verwandelt. Die großen Unternehmen betreiben keine lang- oder mittelfristige Planung mehr, weil sie heute vierteljährlich ihre Gewinne, die ihrerseits mittlerweile zum größten Teil durch Aktienspekulation erwirtschaftet werden, an der Börse offenlegen müssen. Immer mehr Menschen werden entlassen, die Reichen nutzen das verworrene Steuersystem aus und die Staatsschulden steigen immer weiter ins Gigantische.

Durch die Explosion der Berichterstattung in den Medien ist der Parlamentarismus entscheidungsunfähig geworden. Hiobsbotschaften, permanent prophezeite zukünftige Katastrophen und Mahnreden von Politschwätzern schallen den Bewohnern der Erde so um die Ohren, daß keiner mehr hinhört.

Ausgerechnet in den Zeiten des Wahnsinns sind die Völker Europas dabei, einen gemeinsamen Staat zu gründen, um etwas zu vereinen, was sich jahrhundertelang in kriegerischen Auseinandersetzungen immer wieder bis zur totalen Erschöpfung bekämpft hat. Dieses neue Europa braucht aber eine geistige Grundlage, die nicht in wirtschaftlichen Interessen begründet sein kann. Die Grundlagen des Abendlandes wurzeln in der griechischen Antike und dem Christentum. Als die moderne Wissenschaft das antike Interesse an kosmischen Plänen, den Glauben an einen göttlichen Willen, die Frage nach dem Warum aufgab und sich endgültig auf das Wie beschränkte, wurde unbewußt der Untergang des Abendlandes eingeleitet.

„Nur ein Gott kann uns retten", sagte Heidegger am Ende seines Lebens. Richard Tarnas schreibt weiter:

> „Der historische Moment, in dem wir leben, ist tatsächlich schwanger. Als Zivilisation wie als Gattung ist für uns die Stunde der Wahrheit gekommen. Die Zukunft des menschlichen Geistes und die Zukunft des Planeten stehen auf dem Spiel. Wenn Kühnheit, Tiefe und Klarheit des Blicks jemals gefragt waren, dann jetzt. Doch vielleicht ist es gerade dieser Druck, der uns den Mut und die Phantasie nimmt, die wir jetzt brauchen."

Meine Freunde und ich sind erfüllt von dem Mut und der Phantasie, die jetzt nötig sind. Wir liefern die geistige Grundlage für einen europäischen Staat, indem wir antike und christliche Werte mit den neuen mathematischen Ergebnissen verbinden. Ich will abrechnen. Hierzu gehört auch, große Wissenschaftler, Philosophen und Politiker dieses Jahrhunderts als Heuchler und Betrüger zu demaskieren.

*

Der wissenschaftliche Triumph dieses Jahrhunderts basiert in erster Linie auf der ins Ungeheuerliche verfeinerten Meßtechnik der neuentwickelten elektrischen Geräte. Die Wissenschaftler hatten aufgehört, an eine göttliche Ordnung zu glauben, ihre Wahrheiten waren nun die unumstößlichen Werte ihrer Meßergebnisse und ihre Interpretation. Gerade vor diesem Trugschluß hat einer der größten Denker des Abendlandes, J. W. von Goethe, gewarnt: Wir sehen die Sonne am Himmel wandern, und trotzdem ist die Deutung durch den menschlichen Verstand falsch. Falls wir unser Auge mit Mikroskopen oder Teleskopen bewaffnen, können wir der Fehldeutung durch den Verstand nicht entrinnen.

Mit dem Bau großer Spiegelteleskope und Radioteleskope hatte unsere Kenntnis über das Ausmaß des Universums (Makrokosmos) ungeheuer zugenommen. Gleichzeitig war ein neuer Zweig der Physik geboren worden, die Teilchenphysik (Mikrokosmos). Sie war aus der Kernphysik hervorgegangen und setzte sich mit ungeheuer kurzlebigen Phänomenen auseinander, die man nur auf Photographien als Kondenzstreifen erkennen kann und sie dennoch als (Materie)Teilchen bezeichnete.

So waren denn zwei Teilgebiete der Physik in Mode geraten, die sich mit dem unermesslich weit Entfernten und Großen und mit dem unermesslich Kurzlebigen und Kleinen auseinandersetzten und zwei Gemeinsamkeiten besaßen. Beide verschlingen sie bis heute Unsummen und beide sind sie in sich widersprüchlich. Da ist einmal die zunehmende Rotverschiebung der immer weiter entfernten Objekte, deren Deutung fragwürdig ist, und zum anderen der subatomare Teilchen-Zoo, dessen Photographien höhnisch an die Schatten in Platons Höhlengleichnis erinnern.

Ein genialer Marketingtrick – die Story von den ersten drei Minuten – verknüpfte die handfesten wissen- und wirtschaftlichen Interessen der beiden so extrem verschiedenen Fachrichtungen:

Aus einer gebündelten Energie heraus formte sich plötzlich ein kugelförmiges Gebilde. Zeit und Raum waren geboren. Vom Zeitpunkt 0 bis zum Bruchteil der ersten Sekunde waren alle winzigen Teilchen entstanden, die wir von unseren Maschinenexperimenten her kennen. Zufällig wurde ein geringer Teil mehr Materie als Antimaterie erzeugt. Die überschüssige Materie bildete in der Folgezeit unser bekanntes Universum, die restliche Menge neutralisierte sich mit der Antimaterie unter Energiebildung, die heute noch als Hintergrundstrahlung von ***2,73*** *° Kelvin*[1] *nachweisbar ist.*

Nach der unvorstellbar kurzen Anfangszeit begann dann der unvorstellbar lange Zeitraum, der es den Astrophysikern ermöglicht, Lichtsignale zu empfangen, die Milliarden Jahre alt sind.

Computeranimationen, bei denen der Anfang zeitlich gedehnt und der Rest zeitlich gestrafft dargestellt wird, lassen diese Vermutungen besonders für die Jugend realistisch erscheinen. Die Tatsache, daß die beiden Beobachtungen aus Mikro- und Makrokosmos so schön zusammenpassen, täuscht darüber hinweg, daß sie beide für sich genommen unhaltbar sind.

*

Es entsteht bei dem beobachtbaren sogenannten Paarbildungsef-

---

[1] Das Auftreten dieser universalen Zahlenkonstanten weist auf eine tiefe, unbekannte Bedeutung der Hintergrundstrahlung hin.

fekt zwar Materie und Antimaterie aus Energie, die Gesetze der Energie- und Ladungserhaltung werden jedoch dabei auch nicht verletzt. Niemals kann wegen der universellen Gültigkeit dieser Gesetze aus Energie ein Überschuß von positiver oder negativer Ladung hervorgehen, wie es die Urknalltheorie fordert.

Antiprotonen, Antineutronen sowie Positronen existieren, weil Protonen, Neutronen und Elektronen notwendige Mittelpunkte endlicher Größe des 4-dimensionalen Raumes sind. Stellt man sich ein solches Teilchen nun selbst als Objekt im 4-dimensionalen Raum vor (wie in einem Raumspiegel), muß sich ihm gegenüber ein Teilchen befinden, bei dem Ladung und Spin genau entgegengesetzt sind. Zusätzlich existieren senkrecht zur Achse Teilchen-Antiteilchen noch zwei imaginäre (nicht sichtbare) Spiegelbilder. Beim Zusammenführen von Teilchen und Antiteilchen müssen sich beide Teilchen in Energie auflösen.

Die Frage, warum die Welt aus Materie und nicht aus Antimaterie besteht, ist unsinnig, denn es gibt eben überhaupt nur eine Art von Materie (und ihre Spiegelform).

Wenn es einen Urknall gegeben hätte, müßten sich die einzelnen Protonen und Heliumkerne mit statistisch verteilten Geschwindigkeiten von ihrem Ursprungsort entfernt haben. Da Sonnen und Galaxien später entstanden sind, müßte das Weltall und seine Massenverteilung einem sich aufblähenden Luftballon ähneln. Ein Luftballon hat aber einen Mittelpunkt, der vom Aufblähen unberührt bleibt.

Astronomische Untersuchungen haben nun gezeigt, daß die Massenverteilung im Universum ziemlich gleichmäßig ist. Zudem wird Rotverschiebung galaktischer Objekte beobachtet, die zwar mit größerer Entfernung ebenfalls immer größer wird, Objekte jenseits der Grenzen der Beobachtungsreichweite demnach aber der Lichtgeschwindigkeit nahe sein müßten. Gleichzeitig wird die Rotverschiebung von der Erde aus seltsamerweise in alle Richtungen gleichmäßig beobachtet.

Um dies zu erklären, um wie in der Scholastik das Phänomen zu retten, wurde dem Raum die Eigenschaft zugeschrieben, daß er durch die in ihm vorhandene gravitierende Materie gekrümmt ist. Als Beweis dient die geringfügige Ablenkung von Sternenlicht durch die Sonne – ausgerechnet die Sonne, vor der Goethe uns gewarnt hat. Daß eine Lichtwelle, der ja eine Masse zugeordnet werden kann, der Gravitationskraft unterliegt, muß doch nicht zur Vorstellung eines verbogenen Raumes führen.

Das Dilemma der Physik des 20. Jahrhunderts ist der Umgang mit den Begriffen von Raum und Zeit sowie von Materie und Bewegung, ohne gesicherte logische Grundlage. Begonnen hat das Drama vor knapp 300 Jahren.

*

Im November des Jahres 1715 erhielt Caroline, die Prinzessin von Wales, von ihrem ehemaligen Hauslehrer Freiherr von Leibniz einen Brief, der John Locke und Sir Isaac Newton „sonderbare Ansichten" von Gottes Werk unterstellte. Juristisch kann der Brief als eine Anklage wegen Gottlosigkeit gedeutet werden (Carolines Schwiegervater Georg I. war als König gleichzeitig Oberhaupt der Anglikanischen Kirche). Da Locke zu diesem Zeitpunkt schon tot war, ging es hier um die alte Gegnerschaft zwischen Newton und Leibniz. Die Prinzessin wandte sich in der Angelegenheit an den wissenschaftlich und philosophisch hochgelehrten Hofprediger Dr. Samuel Clarke, von dem sie wußte, daß er mit Newton eng befreundet war. Clarke und Newton verfaßten eine unsignierte Antwort, die Caroline an Leibniz weiterleitete. In dem einen Jahr, das Leibniz noch von seinem Tode trennte, schrieb er vier weitere, immer umfangreichere Schriften, die von dem listenreichen Gespann in London jedesmal unter Carolines Namen beantwortet wurden. Clarke veröffentlichte diesen Schriftwechsel unter seinem Namen 1717, worin die auf französisch abgefaßte Leibnizsche Korrespondenz ins Englische übersetzt war und er die seinige wiederum ins französische übersetzen ließ. Schon 1720 erschien die erste deutschsprachige Ausgabe. 1990 wurde dieser Briefwechsel in neuer Übersetzung und mit einer von Ed Dellian geschriebenen Einführung, Erläuterungen und Anhang wiederaufgelegt[1].

Dellians Einführung (S. XX bis CXII) ist brillant geschrieben und gibt die unterschiedlichen Auffassungen von Leibniz und Newton über Raum, Zeit, Bewegung und Materie – aus der Sichtweise eines analytischen Denkers 300 Jahre danach – ganz exakt wieder. Der Briefwechsel zwischen den beiden größten Geistern des Barock leidet darunter, daß ihn heute ausgebildete Physiker mangels fehlender philosophischer Schulung und ausgebildete Philosophen wegen fehlender naturwissenschaftlicher Grundkenntnisse nicht verstehen. Da die Korrespondenz aber als der wichtigste Disput der Neuzeit ange-

---

[1] Ed Dellian, ursprünglich niedergelassener Rechtsanwalt, hat sich ähnlich wie ich später durch ein Studium Generale weitergebildet. Er übersetzte auch die „Principia" Newtons, so daß 1988 endlich eine korrekte deutsche Ausgabe veröffentlicht wurde.

sehen werden muß, steht mit Dellians Kommentierung nun ein treffender und verständlicher Zugang zu den kontroversen Betrachtungsweisen von Newton und Leibniz zur Verfügung.

Während für Newton der absolute, leere Raum und ebenso Zeit und Bewegung real existieren und ihre Realität die sinnliche Wahrnehmung eben nur übersteigt oder transzendiert, leugnete Leibniz hingegen diese objektive Auffassung aus seiner subjektivistischen, relativistischen Sichtweise heraus. Er vertrat den Standpunkt, Raum und Zeit seien gedankliche Begriffe ohne eigene Existenz. Die Bewegung eines Körpers sei auch nicht real, sondern nur relativ zu der beobachtbaren Veränderung zu einem Bezugssystem.

Die kartesische, subjektivistische Philosophie, die hier von Leibniz weiterentwickelt wird, führte zu einer Physik, die sich mit einer bloßen Beschreibung der sinnlich wahrnehmbaren Dinge und Abläufe begnügt. Es gibt keine wirklichen Naturgesetze, sondern der Geist schreibt der Natur die Gesetze vor, wie sich Kant später ausdrückte.

Newtons Physik dagegen ist eine Naturphilosophie auf mathematischer Grundlage, deren verborgene wahre Ursachen es herauszufinden gilt, während Leibniz die Philosophie scharf von der Physik trennt und bei ihm Gottes Wirkung nichts mit der physikalischen Welt als einem mechanischen Uhrwerk zu tun hat. Dellian streicht heraus, wie sich seit Leibniz jene Haltung entwickelt, auf die die 'wahre' Wissenschaft heute so stolz ist, nämlich Gott aus der Untersuchung der Natur herauszuhalten.

Newtons Lehre vom absoluten Raum fordert eine atomistische Betrachtung der Materie. Im Gegensatz dazu ersinnt Leibniz eine äußerst feine Materie, die alles Räumliche ausfüllt, weil es den leeren Raum, das Vakuum[1], nicht geben kann. Ein solcher Raum wäre ein 'Nichts', und ein 'Nichts' kann es nicht geben. Hierin folgen ihm 200 Jahre lang die meisten Wissenschaftler. Sie nannten den alles ausfüllenden Stoff Äther. Als dieser Äther zur Zeit Einsteins abgeschafft wurde, mußte der leere Raum zwischen den Atomen akzeptiert werden.

Dieser absolute Raum und die in ihm vorhandenen Atome haben

---

[1] Über den Begriff Vakuum herrscht auch heute noch eine erschreckend naive Vorstellung. Es gibt das völlige Vakuum nämlich wirklich nicht, weil die Räume, die wir künstlich mit Pumpen und Kühlaggregaten evakuieren, natürlich nicht völlig leer sind, sondern immer noch unvorstellbar viele Gasatome enthalten. Nicht einmal der Weltraum ist leer, überall existieren Protonen.

allerdings viele merkwürdige Eigenschaften. So enthält ein Mol eines beliebigen Stoffes, das in Gramm ausgedrückte Atomgewicht, immer die gleiche Anzahl von Atomen. Die exakte, grundlegende Eigenschaft der Materie, sich wie ganzzahlige Proportionen zu verhalten, ist nicht nur ein Stoffproblem, sondern auch ein Merkmal des absoluten Raumes. Die Proportionenlehre ist Geometrie und damit eine Eigenschaft des Raumes. So schreibt Dellian: "Wenn es also eine erschaffene Natur gibt, die unabhängig vom Menschen und seinem Denken objektiv existiert, wenn es den wirklichen Raum gibt und die wirkliche Zeit, die wirkliche Materie, die absolute Bewegung (...), so wird eine realistische mathematische Wissenschaft, die all diese Dinge in ihren gesetzmäßigen gegenseitigen Beziehungen erfassen will, eine geometrische Wissenschaft sein müssen. Das wußte Isaac Newton."

*

Die moderne Physik ist dieser Newtonschen Idee nicht gefolgt, denn die Quantenmechanik, ob nun im Sinne von Heisenberg oder Schrödinger, folgt der Leibnizschen Identitätsmathematik, die ein Produkt des menschlichen Geistes ist. *Die erfahrbare Wirklichkeit dient dann, bei der Anwendung der Mathematik auf die Physik, nur als Kontrollinstanz zur Überprüfung, ob das erdachte Konstrukt zur Beschreibung und Beherrschung dieser Wirklichkeit taugt. Es geht dabei gar nicht um Wahrheit, sondern um die Brauchbarkeit von Hypothesen. Es geht einer solchen Wissenschaft überhaupt nicht um das wirkliche Verständnis einer real existierenden Natur und ihrer wahren Wirkgesetze, sondern es geht allein um die Beherrschung der Erscheinungen durch Mathematik. Es geht ihr nicht um Erkenntnis, sondern um Technik, es geht nicht darum, was der Mensch wissen kann, sondern darum, was er machen kann.* (Ed Dellian)

Kennzeichen der Leibnizschen Mathematik ist das Koordinatenkreuz, das Infinitesimalkalkül und der Verzicht auf eine in der Natur seinsmäßig verankerte realexistierende Geometrie. Als man in diesem Jahrhundert den gänzlich leeren, absoluten Raum Newtons akzeptierte, wurde dem Raum dennoch eine geordnete Struktur zugebilligt, denn Felder und Teilchen können schließlich nicht wirken, wo nichts ist. Während sich die Lehre vom Wirkungsquantum und seinen ganzzahligen Faktoren und parallel dazu die Entdeckung der Zahlengesetze im Feinbau von Atomkern und Hülle durchsetzten, wurde dennoch versäumt, dem neu geschaffenen Begriff 'Raumzeit' als absoluter Größe die ihm zugrundeliegenden Ganzzahligkeiten seiner Mengen als real existierenden dritten Partner zuzuordnen.

Die sich häufenden Widersprüche wurden lächelnd abgetan mit dem Hinweis, daß das Universum nunmal komplizierter sei, als es der menschliche Geist wahrhaben wolle. Wieder wurde die Chance vertan, nach Wirklichkeit und Wahrheit zu suchen; stattdessen wurde in relativistischem Sinne die vielfache Wahrheit dogmatisiert.

Samuel Clarkes Schriftwechsel ist seit seiner Herausgabe oft kommentiert worden. Ed Dellian schreibt, daß man darauf bestehen muß, diese philosophische Auseinandersetzung nicht bloß als Literatur zu werten, sondern als eine Diskussion zweier Weltauffassungen, von denen nur eine richtig sein kann. Er entscheidet sich zugunsten der realistischen Philosophie von der Wirklichkeit der erschaffenen Welt und ihrer zugrunde liegenden platonischen Idee.

*

Die Natur ist in der Sprache der Mathematik geschrieben, wie Galilei es formuliert hat. Während die Wissenschaftler dieses Jahrhunderts überzeugt sind, daß wir diese Schrift lesen und deuten können, war ich seit meiner Kindheit eher mißtrauisch. Je tiefer ich in die Probleme der Naturwissenschaften und der Mathematik eindrang, desto mehr war ich von der Überzeugung erfüllt, daß das Geheimnis der Natur so verschlüsselt ist, daß es mit unserer Art der beschreibenden Forschung niemals möglich ist, ihr Mysterium zu entschleiern.

Ich habe bei der Untersuchung, ob hinter der Natur ein Bauplan steht, mit der herkömmlichen Logik gebrochen. Dazu reicht es völlig, eine einzige Zahl als Beispiel zu nennen: Die Eins. Da –1 mal –1 die Zahl +1 ergibt, darf man folgern, daß die Wurzel aus 1 die Lösung –1 hat. Wenn man nun versucht, aus –1 die Wurzel zu ziehen, verstößt dies gegen herkömmliche Logik. Indem man die Wurzel aus –1 mit dem Buchstaben *i* bezeichnet, gaukelt man sich lediglich vor, die Wurzel gezogen zu haben. Da sich aber ohne die mathematische Konstante *i* keine höhere Mathematik und damit Physik betreiben läßt, wird die Unlogik schlicht durch den Vorteil aufgehoben. Diesen menschlichen Unsinn zu erkennen, ist anderen vor mir schon gelungen. Ich habe aber eine Konsequenz daraus gezogen und gefolgert, daß die Natur nie durch einen unsinnigen mathematischen Gedanken begründet werden kann, sondern in einer uns fremden Logik angelegt sein muß. Ich habe daraus sogar geschlossen, daß die Natur, wäre sie in menschlicher, endlicher Logik erdacht, überhaupt nicht funktionell und damit unmöglich wäre.

Dies brachte mich zu dem Entschluß, das mathematische Weltbild auf den Kopf zu stellen und den Konstanten e, i, π, +1, –1 und 0 Realexistenz einzuräumen im Sinne von ewigen präexistenten Ideen. Unter einer Idee versteht man heute eine menschliche Gedankenkonstruktion. Ursprünglich ist mit dem Begriff der Idee bei Plato aber ein ewiger Urgedanke, Urbilder oder archetypische Formen gemeint, die nur vom intuitiven Intellekt erkannt werden können.

Indem Aristoteles den Ideen ihren ewigen Charakter absprach, bot er der katholischen Kirche vom Zeitalter der Hochscholastik bis heute die Grundlage für eine substantielle Philosophie, in der Attribute wie Ewigkeit und Unendlichkeit einem persönlichen Gott vorbehalten sind. Als die Wissenschaftler unseres Jahrhunderts Gott als nicht wissenschaftlich beweisbar erklärten, mußten sie, um ihn abzuschaffen, auch seine Attribute – den unendlichen Raum und die ewige Zeit – durch Begrenztheiten ersetzen, indem sie Raum und Zeit einen Anfang zuwiesen. Als sie dann auch noch die unendlichen Zahlen und die imaginären bzw. transzendenten Konstanten zu menschlichen Erfindungen erklärten, war Platos Ideenlehre, nach der das Universum auf Zahl und Geometrie aufgebaut ist, endgültig durch menschlichen Schwachsinn ersetzt.

Die in der Welt existierende Ordnung wurde als von der Natur ohne jeden höheren Zweck hervorgebracht verstanden. Die Ordnung war unbewußt, das Universum selbst besaß keine bewußte Intelligenz, nur der Mensch war mit dieser ausgestattet. Die Naturgesetze wurden nicht mehr als übernatürlich (göttlich) verstanden, sondern als natürlich. Die mathematischen Muster, in der die materielle Welt angelegt ist, wurden nicht etwa weggeleugnet, sondern eifrig bejaht, aber einfach der Natur der Dinge oder der Natur des menschlichen Geistes zugeschrieben.

*

Zu Beginn meines Studiums war ich noch davon überzeugt, daß man zur Auflösung des tiefen Geheimnisses der Natur unbedingt eine geniale mathematische Veranlagung besitzen müsse. Stattdessen erwies sich die Fähigkeit, strukturelle Zusammenhänge zwischen verschiedenen Wissenschaftsgebieten zu erkennen, als entscheidend.

Um einen Einstieg in die Isotopenregeln (siehe Band I und II) zu entdecken, mußte ich Kenntnis darüber haben, daß 19 Reinisotope ungeradzahlige Ordnungszahlen haben und ebenso 19 Aminosäuren als Bausteine des Lebens stereochemisch linksgebaut sind. Diese für mich so ungeheuer wichtigen Kenntnisse und der dadurch mögliche Analogieschluß ist in der deutschsprachigen Standardliteratur wegen ungeheurer Schlamperei für unsere Studenten heute nicht mehr wiederholbar.

In der aktuellen 101. Auflage des deutschen Standardwerkes für Anorganische Chemie „Hollemann • Wiberg“ findet man auf Seite 80 einen lakonischen Kommentar zu den Auffälligkeiten der Isotopenverteilung.

> „[Es] sind 20 Elemente (Be, F, Na, Al, P, Sc, Mn, Co, As, Y, Nb, Rh, I, Cs, Pr, Tb, Ho, Tm, Au, Bi) aus nur einer natürlich vorkommenden Atomart aufgebaut; sie besitzen alle ungerade Ordnungs- und Massenzahlen.“

Es ist schon ein starkes Stück, wenn sich in der Bibel der Anorganischen Chemie ein solch offensichtlicher Fehler einschleichen und halten kann, denn natürlich hat das erste angeführte Element Beryllium mit der Kernladungszahl 4 eine gerade Ordnungszahl[1].

Parallel dazu gibt es einen genauso gravierenden Fehler in der Bibel der Biochemie der Autoren Karlson, Doenecke, Koolman. Die aktuelle 14. Auflage enthält auf den Seiten 25 bis 27 folgende Sätze über die 20 Bausteine des Lebens:

> „**Chiralität.** (...) Die α-Aminosäuren kommen als D- oder L-Formen vor. (...) Die Proteine sind nur aus L-Aminosäuren aufgebaut.
> **Die einzelnen Aminosäuren.** Man kann die 20 Aminosäuren, die genetisch codiert werden und deshalb regelmäßig in Proteinen vorkommen, nach ihren chemischen Eigenschaften gruppieren.
> **Glycin.** (...) Seine Bedeutung für die Proteinstruktur liegt darin, daß es einen geringen Raumbedarf hat und deshalb in

---

[1] Die Autoren Greenwood und Earnshaw des internationalen Standardwerkes „Chemistry of the Elements“ dagegen haben diesen Fehler nicht gemacht. Sie drücken ihre Verwunderung (in der dt. Ausgabe, Kap. 1.1 u. 1.5.1) so aus: „Daß sich unser Wissen in einer Art Versuchsstadium befindet wird nirgends deutlicher als in den ersten Absätzen dieses Kapitels, die sich mit dem Ursprung der chemischen Elemente und deren gegenwärtiger Isotopenverteilung befassen. (...) Es gibt 20 solcher Elemente [Reinisotope]: Be, F, Na, Al, P, Sc, Mn, Co, As, Y, Nb, Rh, I, Cs, Pr, Tb, Ho, Tm, Au, and Bi. (Man halte sich vor Augen, daß all diese Elemente außer Beryllium ungerade Ordnungszahlen haben – warum?)“

viele Konformationen eingebaut werden kann. Es bildet so eine Gruppe für sich."

Während in früheren Auflagen die einfachste Aminosäure, das Glycin, richtigerweise ganz deutlich als nicht sterisch gebaute Verbindung bezeichnet wurde, wird sie heute im Karlson peinlicherweise zu den L-Aminosäuren gerechnet. Als einziges chemisches Kennzeichen wird ihr geringer Raumbedarf genannt. Gerade das Fehlen der Chiralität beim Glycin ist aber maßgeblich für die Raumstruktur der mit dieser Aminosäure gebildeten Peptide.

*

Die von F. H. Crick und J. D. Watson[1] 1953 durch geniales Herumhantieren entdeckte Doppel-Helix-Struktur der DNA führte 1962 durch die Vergabe des Nobelpreises für Medizin zu weltweiter Anerkennung und Revolution in der Biochemie. Schon 1961 war bekannt, daß durch Transkription auf die Messenger-RNA die Informationen aus der DNA zu den Ribosomen transportiert werden und dort die Peptidsynthese durch Translation steuern.

Der wissenschaftliche Erfolg wurde durch neue Methoden der chemischen Analytik wie Chromatographie und organischer Spektroskopie möglich. Während man also ein paar Jahre vorher fast nichts über die Chemie des Lebens gewußt hatte, schien in dieser Entdekkungseuphorie das große Rätsel mit einem Schlag gelöst.

Ich bin in Band I (3. Auflage, S. 340 f.) schon zornerfüllt auf die Deutung des genetischen Codes eingegangen, weil die Codierung einer Aminosäure durch ein oder mehrere der 4^3 Basentripletts als zufällige Erfindung der Natur dargestellt wurde (weiteres: Bd. III, Buch 6, in Vorbereitung). Ein Gleichnis soll verdeutlichen, was ich meine.

In einer Höhle tief unter dem Erdboden befindet sich seit Urzeiten eine stählerne Tresorwand mit einem drehbaren Zahlenschloß. Nachdem es zuvor nie gelungen war, das

---

[1] Watson, J. D.: The double helix, 1969. Das Buch wurde einer der größten Sachbucherfolge dieses Jahrhunderts. Es vermischt autobiographisch Chemie und das Leben des jungen Forschers. Rotweintrinken, schöne Mädchen lieben, Skifahren, dabei ununterbrochen vom Nobelpreis träumen und das freimütige Eingeständnis chemischer Unkenntnis, durch diese Mischung hat sich Watson bei den todernsten Kollegen viele Feinde gemacht.

Geheimnis der Stahltür zu lösen, gelingt es plötzlich einem Forscherteam mit modernsten Instrumenten, die Tür zu öffnen. Das Geheimnis des Schlosses bestand in der Kombination von bestimmten Zahlentripletts in Verbindung mit einer übergeordneten Vierfachheit. Man öffnet den Tresor, wühlt in den dort verborgenen Geheimnissen, stellt eine Inventarliste auf und verkündet der gesamten Menschheit, das Rätsel des geheimnisvollen Tresors sei endlich gelöst. Jeder Schüler muß die Ziffernkombinationen des Zahlenschlosses auswendig lernen. Was aber in der Begeisterung untergeht, ist die Frage, wo die endlich herausgefundene Kombinatorik des Schlosses ursprünglich herkommt.

Wir haben die biochemischen Kreisläufe der Natur schon als unserer menschlichen Chemikerkunst so überlegen bezeichnet, daß sie von Chemikern einfach nicht erdacht werden und erst recht nicht zufällig entstehen können. Mit der Entdeckung des genetischen Codes und der Verschleierung unseres vollkommenen Unbegreifens für den Zahlenplan dieser Codierung begann in der Biologie die große Heuchelei, wie schon vorher in der Physik.

Während in Band I in Unkenntnis des geometrisch-mathematisch präexistenten Hintergrundes für ein 4^3-Gesetz noch die Überlegung im Vordergrund stand, daß die Anzahl 20 der Aminosäuren auf das 3^4-Gesetz zurückzuführen ist, könnte es sich bei dem genetischen Code durchaus um eine komplizierte Verquickung der beiden Gesetze handeln (s. Band III, Buch 6). Auch bei der Isotopie bleibt ja die Frage, welches Gesetz die Anzahl der Nuklide steuert, ungelöst.

Wir stehen erst am Anfang des Verständnisses einer faszinierenden biochemischen Welt, die wie durch Zauberei funktioniert. Ohne die geringste Ahnung vom mathematischen Hintergrund des zellulären Lebens werden wir unser rein empirisches Wissen wieder einmal für den Mißbrauch einsetzen. Während die Forscher noch aufschneiden oder lügen, welche Erbkrankheiten in Zukunft ausgerottet werden könnten, sind sie nur die Nachkommen derer, die die Atombombe gebaut haben. Der bleiche Racheengel der Natur schaut ruhig zu.

Die geschilderten Phänomene wissenschaftlicher Oberflächlichkeit sind gleichzeitig gekennzeichnet durch ihren Anspruch auf scheinbar letzte Erkenntnis. Diese wissenschaftliche Heuchelei, die ich mein ganzes Leben mutig und leidenschaftlich bekämpft habe, ist mir in einer anderen Kostümierung als politische bzw. gesellschaftliche Heuchelei von Straftätern, die scheinbar über jeden Verdacht erhaben sind, mehr als ausreichend begegnet.

Heuchelei ist für mich der vielleicht schlimmste aller Charakterfehler, weil nicht nur ein Einzelner oder eine Vielzahl von Personen gleichzeitig betrogen werden können, sondern ganze Völker bis hin zu globalem Ausmaß.

*

Im Jahre 1828 wurde die Bremerin Gesche Margarethe Gottfried unter dem dringenden Verdacht des mehrfachen Giftmordes verhaftet.[1] Im Laufe der Untersuchung gestand sie, über 30 Menschen mit Arsenik bzw. Mäusebutter vergiftet zu haben. 15 davon waren unter gräßlichen Umständen gestorben, darunter ihr Zwillingsbruder, ihre Eltern, alle 3 Kinder, Männer, Freunde, Verwandte und zum Schluß ein junges Mädchen, das ihr zum Geburtstag gratuliert hatte. Die Lust zum Töten, das Machtgefühl, durch Gift im Verborgenen zu wirken, hatte bei dieser Person ein Ausmaß angenommen, daß es zur Sucht geworden war, die nach Befriedigung gierte, völlig ohne Einsicht für das entsetzliche Handeln.

Der Klerus hatte die Gottfried wegen des tragischen Verlustes so vieler geliebter Menschen eine Märtyrerin genannt, weil nur Gott einen frommen Menschen so hart prüfen könne. Bei Bekanntwerden der Untaten wurden die Bremer Bürger dann aber vom Grauen geschüttelt. Dieselben Menschen, die vorher die Gesche Gottfried so bedauert hatten, erkannten, daß sie von einer Heuchlerin, die vor ihren Augen mit Gift um sich gespritzt hatte, in einem unvorstellbaren Maß betrogen worden waren. Sie hatte die Kranken, die von ihr zum Sterben Verurteilten, mit einer Inbrunst gepflegt, wie es eigentlich nur eine Samariterin, eine Heldin der Hilfsbereitschaft, zu tun vermochte.

Bemerkenswerterweise wirkt das von ihr eingesetzte Gift so typisch, daß es schon damals schwer gewesen sein muß, Ärzte und Behörden so unglaublich zu täuschen. Jedes Wissen um Gifte war der ungebildeten Gesche fremd. Arsenik ist ein weißes, wasserunlösliches Pulver, ein auffälliges Kennzeichen, das der Mörderin auch schließlich zum Verhängnis wurde.

Dagegen hatte bereits die 1633 in Palermo hingerichtete italienische Giftmischerin Tofana (Teofanja di Adamo) Arsenik mit gefeilten Bleispänen gekocht, filtriert und dadurch ein farb-, geruchs- und geschmackloses Wasser gewonnen. Hiervon genügten einige Trop-

---

[1] Cristoph, Alfred: Grosse Kriminalfälle, München, 1963. (Aus dem neuen Pitaval des Willibald Alexis)

fen, täglich in Speisen verabreicht, um nach zwei bis drei Wochen den sicheren Tod herbeizuführen, dessen Vorboten einer fiebrigen Magen-Darm-Erkrankung ähnelten. Die Kunst dieser Giftmischerin bestand in der Kopplung zweier Metallgifte, wodurch das Bleisalz der Arsenigen Säure entsteht.

Die abergläubischen Bürger Europas, denen solch einfache toxikologische Zusammenhänge im allgemeinen unbekannt waren, machten aus dem Wasser der Tofana ein Gift, dessen vermutete Rezeptur das Entsetzen widerspiegelte, den nur der Schauer vor dem teuflischsten aller Gifte hervorrufen kann.

Die Gottfried war eine erbärmliche, stümperhafte Mörderin, besaß dafür aber eine nahezu dämonische Kunstfertigkeit im Heucheln. Was aber ist, wenn die Kunst des Heuchelns mit großer Intelligenz gepaart auftritt? Was ist, wenn die Heuchelei in der Wissenschaft und in der Politik ein solches Ausmaß annehmen, daß überhaupt niemand mehr Verdacht schöpft?

*

In Ludwigshafen wurden im Jahre 1930 zwei Jungen geboren, die dieselbe Volksschule besuchten. Die Wege von Kurt Biedenkopf und Helmut Kohl kreuzten sich später ein zweites Mal, als beide in der Mitte des Lebens standen.

Biedenkopf ging nach dem Abitur 1949 als Austauschstudent in die USA, was seine spätere Laufbahn enorm beflügeln sollte. Im Alter von 34 Jahren erfolgte die Berufung auf einen juristischen Lehrstuhl an der neu gegründeten Universität Bochum, deren Rektor er nur 3 Jahre später wurde. 1965 in die CDU eingetreten, machte er bald als Vorsitzender der Mitbestimmungskommision so viel PR in eigener Sache, daß sein Bekanntheitsgrad explosionsartig anstieg. Zu diesem Zeitpunkt handelte ihn mein Bruder Paul bereits als zukünftigen Kandidaten für das Bundeskanzleramt. Er hatte in der Familie Henkel erfahren, daß dieser ehrgeizige Wirtschaftsjurist ungefähr folgendes plane: Mit 30 Professor, mit 40 im Vorstand der Großindustrie und mit 50 Kanzler. Das hörte sich nicht schlecht an, denn eines hätte er dann den Berufspolitikern voraus: eine Karriere in der deutschen Wirtschaft und nicht in irgendeiner Parteizentrale. Es war mir allerdings nicht klar, warum eine große AG an diesem überaus redefreudigen kleinen Professor Interesse haben sollte. Aber wegen Pauls Bemerkung war ich nicht besonders überrascht, als Konrad Henkel Biedenkopf 1970 zum Vorstandsmitglied seiner zentralen Geschäftsführung machte. Denn nachdem 1969 der Wunschkandidat Konrad

Henkels endlich Kanzler geworden war, mußte man rechtzeitig daran denken, für die Ära nach Brandt einen neuen Mann aufzubauen.

Schon 1973 wurde Kurt Biedenkopf – von Düsseldorf aus mit den richtigen Mitteln ausgestattet – zum Generalsekretär der CDU unter Helmut Kohl gewählt, der im selben Jahr den Bundesvorsitz der CDU übernommen hatte. 1976 kandidierte Biedenkopf zum ersten Mal für den Bundestag und erlebte, wie sein Schulfreund Dr. Helmut Kohl die Wahl gegen Helmut Schmidt verlor.

Nun galt der Pfälzer Kohl bei den Henkels als Verlierer und Biedenkopf wurde mit der Demontage beauftragt. Als Kohl davon Wind bekam, feuerte er den Intriganten, der aber noch im selben Jahr 1977 den Vorsitz der CDU Westfalen-Lippe übernahm. Obwohl er noch MdB war, schaltete er sich 1980 massiv in den Landtagswahlkampf in Düsseldorf ein. Dort existierte aber bereits ein Kandidat für das Amt des Ministerpräsidenten, falls die CDU die Landtagswahl gewinnen würde. Merkwürdigerweise tat dieser – der CDU-Landesvorsitzende Nordrhein – dem nun konkurrierenden CDU-Landesvorsitzenden Westfalen-Lippe Biedenkopf den Gefallen, kurz vor der Wahl tot umzufallen. Der plötzliche Tod des Konkurrenten weckte keinen Verdacht, denn selten ist ein Parteifreund so pflichtbewußt in die Bresche gesprungen wie Prof. Biedenkopf. Die anschließende Wahlniederlage konnte ihm aufgrund der kurzen Vorbereitungszeit natürlich nicht angelastet werden.

Im Jahr 1980 war Konrad Henkel auf einem weiteren Höhepunkt seiner politischen Drahtzieherei. In seiner Villa in Düsseldorf-Hösel wurden mit Biedenkopf, Strauß und anderen CDU/CSU-Strategen jene Ränke geschmiedet, um Helmut Kohl als Kanzlerkandidat zu entmachten und durch Franz-Josef Strauß zu ersetzen. Ein Kanzler Strauß – zum ersten Mal ein CSU-Mann – hätte nämlich nach Erfüllung seines Traumes bei der nächsten Wahl die Kandidatur an einen CDU-Kanzlerkandidaten weitergeben müssen, und zwar natürlich an Kurt Biedenkopf, Deutschlands endgültigen Henkel-Mann.

Doch mit etwas hatten die Übeltäter in Düsseldorf nicht gerechnet. Sie hätten Kohl und nicht Strauß die Bundestagswahl verlieren lassen und ihn dann erst fertigmachen sollen. So aber verlor Strauß die Wahl von 1980, und die Pläne von Konrad Henkel scheiterten.

Die NRW-Landtagswahl 1985 verlor die CDU nochmals haushoch gegen Johannes Rau, und Biedenkopf begann zu ahnen, daß er in diesem Bundesland keine politischen Chancen mehr hatte. Eine spontane Trennung von seiner Frau und seinen 4 Kindern und der Wechsel zu einer sehr reichen Westfälin in Verbindung mit einem erneuten Bundestagsmandat (1987) verschaffte dem Christdemokraten eine Atempause. Eine erneute Chance bot sich mit der politischen Wende in der DDR. Als Gymnasiast hatte er einige Jahre in Sachsen gewohnt, entdeckte nun seine tiefe Verbundenheit zu diesem Land aufs Neue und besorgte sich im März 1990 einen Lehrstuhl an der Universität Leipzig. Doch statt Vorlesungen zu halten, brachte er sich selbst als Landesvater ins Gespräch und wurde noch im gleichen Jahr Ministerpräsident von Sachsen.

Man hat ostdeutschen Politikern vielfach vorgeworfen, ein Haufen politischer Wendehälse zu sein. Das mag sein, aber es ist nichts gegen den politischen Aufstieg eines Professors, der vor aller Augen durch die Macht eines Chemiegiganten gefördert wurde. Konrad Henkel verbündet sich nur mit Naturen, die seinen charakterlichen Neigungen entsprechen, aber diese gut verbergen können.

Zeitgenössische Beobachter schätzen die politischen Fähigkeiten von Kurt Biedenkopf sehr hoch ein, und die Zähigkeit, trotz aller Mißerfolge schließlich dennoch Ministerpräsident zu werden, verdient eigentlich Bewunderung. Deswegen soll noch einmal klargestellt werden, daß es hier ausschließlich auf die Frage ankommt, ob Biedenkopf die kriminellen Taten seines industriellen Förderers bekannt gewesen sind. Die Antwort ergibt sich schon aus seinem Beruf: Er ist Rechtsanwalt.

*

Auch von einem anderen gefeierten Heuchler soll hier noch die Rede sein, dem schon erwähnten Professor für Mathematik H.-O. Peitgen aus Bremen. Da er uns dazu verhalf, über das Chaos-Spiel die Realexistenz der Sierpinski-Geometrie der Stoßprozesse zu erkennen, hatte Dr. Klaus Kunkel nach einer Möglichkeit Umschau gehalten, ihn zur Durchsetzung unserer Ideen zu gewinnen. Der Professor wurde zum Jahreskongreß der Deutschen Statiker im September 1996 in Baden-Baden als Gastredner eingeladen. Peitgen, er ist Harley-Davidson-Fahrer, kam völlig untypisch für einen deutschen Professor mit eigenem Flugzeug und Piloten zum Kongreß. Sein Vortrag war für die Zuhörer brillant in Szene gesetzt, und wurde mit Ovationen gefeiert.

Am Abend zuvor wurde Herr Peitgen von Herrn Dr. Kunkel darüber informiert, daß er beabsichtige, einen in Düsseldorf entwikkelten mathematischen Gedanken in Bremen gutachterlich untersuchen zu lassen. Prof. Peitgen erkundigte sich, warum denn die Wahl ausgerechnet auf ihn falle. Dr. Kunkel argumentierte damit, daß Peitgen in seinem Band „Bausteine des Chaos *Fraktale*“ den Zahlen π, Wurzel 2, und φ außergewöhnliche Bedeutung zumesse, so daß man zumindest vermuten dürfe, daß der Verfasser Platoniker sei. Dies sei auch daraus zu folgern, daß das Vorwort von Benoit Mandelbrot geschrieben sei, der sich ausdrücklich zum Platonismus bekenne.

Klaus Kunkel führte jetzt näher aus, daß Gegenstand des Gutachtens die Vermutung sein solle, wie der Hintergrund der mathematischen Konstanten etwas mit der Struktur und Verteilung der Primzahlen zu tun habe. Prof. Peitgen lehnte eine solche immerhin finanziell lukrative Untersuchung von vornherein ab, da ihn diese Themen nicht interessierten. Er bot aber an, die Begutachtung einem seiner Mitarbeiter weiterzuleiten. Es handelte sich um einen bulgarischen Professor, der an einer Elite-Universität der ehemaligen UDSSR studiert hatte.

Im Oktober, einen Monat später, fand ein erneutes Treffen Kunkel/Peitgen, diesmal in Düsseldorf, statt. Dabei verriet Dr. Kunkel nähere Einzelheiten der Entdeckungen und nannte den Namen Peter Plichta. Plötzlich explodierte Prof. Peitgen und zog anschließend das Angebot, einen Mitarbeiter mit der Begutachtung zu betrauen, zurück. Dr. Kunkel wies verblüfft darauf hin, daß ihm doch überhaupt kein Gefälligkeitsgutachten vorschwebe, sondern einfach eine objektive Kritik, ob sie nun positiv oder negativ ausfiele. Peitgen klärte nun Herrn Kunkel darüber auf, daß „solche“ Menschen (wie Plichta) überhaupt nicht unterstützt werden dürften, weder durch Dr. Kunkels Geld, noch durch bloße Zurkenntnisnahme von Hochschullehrern.

Darüber hinaus versuchte Prof. Peitgen aber nun seinerseits, Herrn Kunkel davon zu überzeugen, sein gutes Geld nicht in verworrene Ideen, die mit Primzahlen zu tun hätten, sondern genau wie er lieber in eine Brustkrebsklinik zu investieren. Brustkrebs sei ‘in’, das hätte bald jede Frau. Mit neuen, computergesteuerten diagnostischen Geräten sei eine Menge Geld zu machen.

*

Professor H.-O. Peitgen, der auf den Hinweis, daß mit der Struktur und Verteilung der Primzahlen eine ewige und unendliche Intelligenz existiert, mit Empörung reagiert, hat paradoxerweise in seinem o. a. Buch (Seite 194) eine längere Passage aus dem kürzlich verfilmten Roman „Contact[1]“ zitiert:

„Die fortgeschrittenen und jüngsten Anstrengungen bei der Be-

---

[1] Sagan, Carl: Contact, New York, 1985. München, 1986.

rechnung von π mögen Carl Sagan zu einem Teil seines Romans *Contact* angeregt haben. Darin spekuliert er über ein von Gott in den Ziffern von π verborgenes Muster oder eine versteckte Botschaft. In der Geschichte macht ein Supercomputer nach unzähligen Stunden des Rechnens eine Entdeckung: Die Ziffernfolge von π, sehr weit vom Anfang entfernt, im Binärsystem interpretiert und als rechteckiges Bild dargestellt, läßt eine sehr bekannte Figur erkennen – einen Kreis. Der Roman schließt folgendermaßen:

> 'In welcher Galaxie man sich auch befand: Wenn man den Umfang eines Kreises nahm, ihn durch seinen Durchmesser teilte und genau genug maß, entdeckte man ein Wunder – einen weiteren Kreis, der Kilometer jenseits des Dezimalkommas gezeichnet war. Noch weiter innen würden reichhaltigere Botschaften stecken. Es spielte keine Rolle, wie man aussah, woraus man bestand oder woher man kam. Solange man in diesem Universum lebte und ein bescheidenes Talent für Mathematik hatte, stieß man früher oder später auf dieses Wunder. Es war von Anfang an da. Es war in allem. Man mußte seinen Planeten nicht verlassen, um es zu finden. Im Stoff des Weltraums und im Wesen der Materie fand sich, wie in einem großen Kunstwerk, ganz klein geschrieben die Signatur des Künstlers. Über den Menschen, Göttern und Dämonen, [...] stand eine Intelligenz, die dem Universum vorausging.'“

Das Anliegen des leider bereits verstorbenen Autors Sagan ist es, auszudrücken, daß dem Universum ein Plan vorausgeht und daß dieser sich in den Naturkonstanten π und e, die dann keine menschlichen Erfindungen seien können, widerspiegelt. Wenn man bedenkt, in welchem Ausmaß sich Vorstellungen und Ideen aus der Science-Fiction erfüllt haben, muß man sich die Frage stellen, ob schon einmal einer dieser Autoren in der scheinbar völlig unsystematischen Abfolge der Primzahlen ein transzendentes Geheimnis vermutet hat, zumal die Abnahme der Primzahlen ja gerade nur durch den Logarithmus zur Basis e beschrieben werden kann.

*

In der Eröffnungsrede der Feier zum 200jährigen Jubiläum der Universität Göttingen im Jahre 1937 wurde der Satz geprägt: „Alle echte Wissenschaft frägt nach dem WIE, die Frage nach dem

WARUM überläßt sie dem Glauben."

Wissen, das auf dem Wie basiert, wird in den verschiedenen Epochen immer neu formuliert. Erst Wissen, das als oberstes Ziel die Lösung der Warum-Frage hat, ist zeitunabhängig.

Der Beweis des Satzes des Pythagoras ist mindestens 2500 Jahre alt. Die oben verkündete 'echte Wissenschaft' hat sich dabei auf die Frage konzentriert, wie man Zahlentripel konstruieren kann, für die der Satz gültig ist. Die Unvollständigkeit dieser Wissenschaft, die die Frage nach dem Warum ausschließt, offenbart sich beispielhaft mit der Entdeckung des übersehenen Sechserzyklus' der pythagoräischen Zahlentripel. Hier ist eine Warum-Frage gelöst, die mit Glauben nichts zu tun hat.

Die 'echte Wissenschaft' dieses Jahrhunderts entlarvt sich somit als dogmatische Institution, die sofort abgelöst werden muß, denn Kennzeichen eines Wissenschaftlers ist die 'göttliche' Neugierde, eine Eigenschaft, die gleichermaßen die Frage nach dem Wie *und* Warum impliziert.

Um es deutlich zu formulieren: Europa braucht eine Revolution, die ein Erziehungs- und Bildungswesen zur Folge hat, das den jungen Menschen die Warum-Frage als wichtigste und schönste Beschäftigung ihrer geistigen Ausbildung vermittelt. Die Zeit, wo der Lehrer die unbequemen Frager abtun konnte mit „'Warum?' – frag nicht so dumm!", sind vorbei.

Erst hat uns der naive Glaube und dann das überhebliche Wissen wie ein teuflisches Gift paralysiert. Die Dogmatik – die dunkle Seite des glänzenden abendländischen Geistes – hat uns ein zweites Mal in Autismus versetzt. Unsere Rechner werden immer schneller, und wir denken immer weniger. Die Wissenschaften sind wie in der Scholastik zur Nachplapperei verkommen oder beschäftigen sich mit Spitzfindigkeiten. Die Frage nach dem Warum wird diesem Spuk ein Ende bereiten und uns endlich befreien.

Freiheit, das ist nicht immer mehr Rechte für das einzelne Individuum, sondern die Verpflichtung uns so zu verhalten lernen, daß wir nicht mehr von Autoritäten regiert werden müssen. Politik, Wissenschaft und Religion sind zu wichtig, als daß sie später weiterhin von Ehrgeizlingen berufsmäßig betrieben werden dürfen.

So wie einst die Antike und das Mittelalter ist jetzt die Neuzeit abgeschlossen. Woher weiß ich das? Ich kann – wie in einem fernen Raumspiegel – immer schärfer die Zeit, in die wir schreiten werden, rückwärts sehen.

Sechtes Buch

1998 – 2004
Die Indices modulo 19

Kapitel 12

Stich ins Herz

Wer eine Welt von Grund auf revolutionieren, wer das Staunen der Welt, den stupor mundi, erwecken will, muß sich seiner Aufgabe schon in sehr jugendlichem Alter bewußt sein. Ein solcher Mensch war Carl Friedrich Gauß, der dem Ausspruch gerecht wurde, den Luc de Clapiers, Marquis de Vauvenargues, formuliert hat: „Erfindung ist das einzige Kennzeichen des Genius.“ Von ihm stammt noch ein zweites Aperçu: „Es gibt keinen Widerspruch in der Natur.“ Genau diese wahre Erkenntnis habe ich auch schon sehr jung postuliert.

Am 15. Oktober 1996 begann ich zusammen mit Bernhard Hidding damit, den dritten Band des „Primzahlkreuzes“ zu schreiben. Zu Beginn des Jahres 1998 waren wir im zehnten Kapitel angelangt, und ich formulierte erstmalig den Gedanken, daß es sich bei den Ordnungszahlen der chemischen Elemente, den Kernladungszahlen, um Exponenten, also Logarithmen handeln müsse.

Im Band II, S. 148, war folgende Gleichung ausführlich behandelt worden:

$$\frac{19^{00}}{10^0}+\frac{19^0}{10^2}+\frac{19^1}{10^4}+\frac{19^2}{10^6}+\frac{19^3}{10^8}+\ \ldots = 0{,}0123456789(10)\ \ldots = \frac{1}{81}$$

Die hierbei auftretenden Exponenten: 00, 0, 1, 2, 3... entsprechen der Ordnung des Kehrwertes einer Anzahl: 81. Aber erst eine dritte Art von Zahl, nämlich die Basiszahl **19** bestimmt die einzigartige Lösung.

Ich war zu diesem Zeitpunkt viel zu erschöpft, um das Thema einer Basiszahl zu behandeln. Der Hausbesitzer der Bruhnstraße 6, Herr Derichs jr., hatte schon lange vorher damit begonnen, sein halbes Doppelhaus zu renovieren. Hierzu ließ er das gesamte Haus entkernen. Kein Heizungs- oder Wasserrohr, keine Kachel oder Holztreppe blieb erhalten.

Da der Hausanteil meiner Mutter, aufgeteilt in zwei Wohnungen, völlig heruntergekommen war, ging ich auf ihr flehentliches Bitten ein, auch zu sanieren, wie ich es eben schon einmal – nach dem Tod meines Vaters – getan hatte. Es ist nun ein Unterschied, zwei leer stehende Wohnungen in der Bruhnstraße 6 durch Facharbeiter bestimmter Firmen neu zu bauen, oder wie in meinem Fall jedes Zimmer über Jahre hinweg nacheinander zu renovieren. Bernhard und ich lebten praktisch im Bauschutt, nebenan lief periodisch ein Preßlufthammer, oder wir wurden vom Lärm meiner eigenen Handwerker gequält.

Im Sommer 1997 ließ ich meine Mutter in der Chirurgie der Düsseldorfer Universitätsklinik röntgen. Ein medizinischer Tölpel hatte sie auf ihre Magenbeschwerden hin ein Jahr lang mit Protonenhemmern behandelt, bis ich mißtrauisch geworden, eine weitere Magenspiegelung gefordert hatte. Diese schien die Entzündungstheorie des Arztes zu bestätigen, was ich mir selbst anschaute. Die folgerichtige Röntgenaufnahme zeigte: Es war zu spät. Der ganze Magen, vor allen Dingen der Ausgang, war von Krebs befallen.

Christa und Paul erschienen zum ersten Mal seit vielen Jahren wieder auf der Bruhnstraße und redeten und diskutierten mit mir. Dort, wo Helga Plichta gestorben war, sollte auf meine Anordnung hin der Magen geöffnet werden, um ihn bei tödlicher Prognose wieder zu schließen. Der Nachfolger von Professor Kremer entfernte den Magen, was ihm 14000 Mark einbrachte – und meiner Mutter ein sechsmonatiges, qualvolles Sterben. Das Leben auf der Bruhnstraße verwandelte sich in einen Alptraum. Bernhard, der ja nebenbei sein Physikstudium durchzog, und ich schrieben weiter an dem Buch – genauso stur, wie die Handwerker uns mit ihrem Baulärm belästigten.

*

Meine Mutter war mehrfach gestürzt und hatte sich dabei Knochenbrüche zugezogen. Am 8. Januar hatte ich sie wieder einmal ins Krankenhaus getragen, neben mir schritt der Tod. Um mich ein wenig abzulenken, schnappte ich mir den Husky Amigo und fuhr ein paar Straßen weiter in ein kleines Wäldchen, nahe dorthin wo die Fleher - Rheinbrücke steht.

Ich habe ihn immer meinen „Braven“ und meinen „Schönen“ genannt, obwohl er in Wahrheit als Hühner- und Bratendieb, Entenmörder, Täubchenschnapper und Dackeltöter eben nicht der Treueste der Treuen war, sondern eine wahre Nervensäge. Trotzdem haben er und sein Vorgänger mich beim Schreiben der Bücher wie Freunde begleitet. Das Ausmaß an Disziplin, sich zum klaren Denken zu zwingen, war gewissermaßen begleitet von der Lebensfreude zweier Hunde, denen wolfsähnlich jeder Sinn für Gehorsamkeit fehlte. Darin waren sie mir schon ähnlich.

Am Rhein angekommen, kam mir diesmal in den Sinn, den Husky anzuleinen, da er meist wenig Lust hatte in das Auto zu springen, wenn's nach Hause zurückgehen sollte. Ich rief also vorher nach ihm, und er kam neugierig auf mich zu. Beim Nähern lachte er mich an, als wenn ich in ein menschliches Antlitz schaute, und während ich sein

Halsband griff, traf mich ein Stich im Herz, so wie ich es einmal erlebt habe, als ich ein blankes Stromkabel angefaßt hatte. Der Stich war nicht mit Todesangst verbunden, sondern mit tödlicher Trauer. Ich umarmte den Hund kniend und sprach zu ihm unter Tränen: „Du brauchst dir keine Sorgen zu machen, ich werde mir nie wieder einen Husky kaufen, denn einen Treueren werde ich nicht finden.“ Dann faßte ich mich, und der Hund lief fröhlich neben mir – angeleint. Er war in letzter Zeit nicht mehr so ausdauernd wie früher, aber vielleicht hatte das etwas damit zu tun, daß er schon zehn Jahre alt war. Zuhause leinte ich ihn erneut an, setzte mich wieder zu Bernhard an den Computer und begann weiter zu diktieren. Nach etwa zehn Minuten stand ich von einer Ahnung getrieben auf, um im Erdgeschoß nach dem Hund zu schauen. Er lag da und starb in meinem Arm.

In der Tierklinik fragte mich ein Veterinär, ob ich den großen, massiv goldenen Fangzahn im Oberkiefer in Besitz nehmen wolle[1]. Ich verneinte.

*

Mutter erlitt einen Schlaganfall, und ich sorgte mit Paul dafür, daß sie aus der Universitätsklinik in ein Hospiz des Evangelischen Krankenhauses in Düsseldorf Bilk verlegt wurde. Sie wurde in einem Einzelzimmer untergebracht, die Nahrungsaufnahme erfolgte parenteral. Einmal am Tag steckte eine Ärztin den Kopf zwischen Tür und Angel. Ein solches bescheidenes Dahindämmern unterstützt von Morphium kostet in diesem Land 15000 Mark im Monat. Die private Krankenversicherung hatte die Kostenübernahme abgelehnt.

Nachdem ich dem Bezirksdirektor der Krankenkasse mitgeteilt hatte, daß meine Schwägerin Ärztin sei und im Gesellschafterrat der

---

[1] Bei einem Unfall in Verbindung mit Fahrerflucht war der linke obere Fangzahn des Huskys abgebrochen worden. Ein junger Zahnarzt (ein Diplomchemiker!), ein Tierarzt und ich sorgten dafür, daß der Hund nach einer Wurzelkanalbehandlung einen zwei Zentimeter langen Stift in den Oberkiefer implantiert bekam. Unter zwei Vollnarkosen erhielt der Husky einen neuen Zahn aus Gold. Die immens hohen Kosten konnten dadurch teilweise gedeckt werden, daß die Angelegenheit gefilmt wurde. „Die Amigo Affäre“ lief dann in den dritten Programmen.

Verblüfften Besuchern erklärte ich häufig, daß die Flüsse im nördlichen russischen Beringseebereich so mit Gold angereichert sind, daß sich manchmal goldene Zähne entwickeln.

Firma Henkel sitzt, wurde ich eine Stunde später telephonisch darüber informiert, daß die Behandlungskosten übernommen würden. Wie günstig für Paul und mich.

Vanessa promovierte damals in Tübingen und erschien am 12. Februar in Düsseldorf, um die Oma zu besuchen. Als sie zurückkam beschlossen wir, abends zunächst gut essen und danach ins Kino zu gehen. Vanessa änderte aber ihre Meinung: „Papa, ich möchte die Oma lieber noch einmal besuchen." Ich wendete ein, daß wir den Kinobesuch dann streichen müßten. Wir fuhren zum Hospiz. Irgendwie fand ich auch einen Parkplatz. Dann waren wir im Zimmer bei Mutter bzw. Oma und setzten uns links und rechts auf Stühle am Fußende des Bettes. Es war Viertel vor sieben und die Glocken von St. Peter begannen zu läuten. Diese gewaltige Kirche besitzt eine von jenen schweren Klangkolossen großer Kathedralen, die das Spiel der hellen Schläge wie durch einen schweren Gong rhythmisch in Schach halten.

Ich schloß wegen der gewaltigen Lautstärke das Fenster und setzte mich dann wieder schweigend gegenüber von Vanessa. Mutter atmete ruhig und tief. Nach und nach wurden die kleineren Glocken abgeschaltet, bis zum Schluß nur noch ein tiefes Ding - Dong zurückblieb. Ich beobachtete, wie sich das Ein- und Ausatmen der 89 - jährigen bewußtlosen Frau auf den schweren Glockenschlag einstellte. Das heißt, die Zeit zwischen Hin- und Herschlag nahm rhythmisch ab. Ich blickte auf meine goldene mechanische Schweizer Uhr. Es war eine Minute vor sieben. Dann hob ich meinen linken Arm und zeigte Vanessa mit dem Finger der rechten Hand den laufenden Sekundenzeiger auf dem weißen Ziffernblatt. Sie begriff den Zusammenhang zwischen der Schlagfrequenz der Glocke und dem Ein- und Ausatmen ihrer Großmutter. Vanessa hat das „Primzahlkreuz" gelesen, und sie ist aufgewachsen mit der Heuchelei, die in meiner Familie um den Tod ihrer Mutter, Helga Plichta, herrschte.

Sie nickt mir zu, als der Zeiger noch ungefähr zehn Sekunden vor 19^{00} steht. Jetzt macht die Glocke ihren vorletzten Schlag. Dann auf die Sekunde genau erfolgt der letzte Glockenton. Es war auch der letzte Atemzug. Meine Tochter und ich geben uns die Hand. Dann küssen wir der Toten die Stirn, ich gehe zur Tür und rufe: „Schwester!" Sie erscheint wie ein Geist und fragt: „Wann ist ihre Mutter gestorben?" Ich sage: „Um Neunzehn Uhr Null Null."

Der Totenschein wird in einem Punkt mit dem von Helga übereinstimmen: Die beiden Gegenspielerinnen sind auf die Sekunde genau zur gleichen Uhrzeit gestorben. So spielte meine Mutter doch – entgegen meiner bisherigen Vorstellung – eine ganz bestimmte Rolle in diesem mathematischen Drama.

Meine Tochter hatte es geahnt, wie sie mir gesteht, und ich erkläre ihr, daß ich mathematisch bei der Basiszahl angelangt bin, deren geometrische Reihe mit 19^{00} beginnt. Während ich darüber rede, beginne ich zu begreifen, daß in dieser Zahl ein logarithmisches Geheimnis stecken muß, das vor mir ein einziger Mensch verschwiegen – oder übersehen haben muß. Dieser junge Mann hatte mit 19 Jahren das berühmteste Werk der Mathematikgeschichte abgeschlossen: die „Disquisitiones Arithmeticae" – Carl Friedrich Gauß.

*

Zur Beerdigung erscheint auch Frau Thorbecke. Ich habe sie seit 1981 nicht mehr gesehen. Bei einem Blick in die Kirche, bevor die Zeremonie beginnt, sehe ich Paul, wie er schützend eine kleine Person so umklammert, daß wir uns gegenseitig nicht sehen können. Erst an Mutters Grab erkenne ich Pauls Schwiegermutter wieder; sie tritt auf mich zu und schüttelt mir die Hand. Sie wirkt klein, zerbrechlich und greisenhaft. Wir schauen uns in die Augen, ich werfe einen Blick zu Paul rüber, dem die blanke Angst im Gesicht steht. Mein Gott, denke ich, was für Schauergeschichten muß mein Bruder dieser Frau über meinen körperlichen und geistigen Zustand erzählt haben.

Paul ist nicht nur promovierter Arzt, er hat in einer zehnjährigen Fortbildung die Zulassung als Psychoanalytiker erhalten. Die vielen Jahre Analyse während seines Medizinstudiums sind ihm nicht angerechnet worden. Er mußte nach Erhalt der Approbation seine Lebenslüge in einer Lehranalyse ein zweites Mal einer Litanei ähnlich herbeten. Die vielen hundert Stunden sind unvorstellbar teuer. Dazu kommt noch der Besuch von Kongressen, die in exklusiven Hotels abgehalten werden. Ein normal verdienender Arzt kann so etwas überhaupt nicht bezahlen. Die Ausbildung beinhaltet die dogmatische Beschwörung einer zweifelhaften Theorie, wobei die Zweifel an der Freudschen Lehre kollektiv erdrosselt werden.

Drei Juden haben einen ungeheuren Einfluß auf die Geschichte des zwanzigsten Jahrhunderts gehabt: Karl Marx, Sigmund Freud und Albert Einstein. Allen dreien muß man ehrliche Absichten zugestehen, aber ihr Wirken hat sich global in eine Katastrophe verwandelt.

Ich hatte, um Paul von der Erbschaft auszuschließen, einen juristischen Trick angewandt: Durch einen notariellen Erbschaftsvertrag hatte ich, unter Verzicht auf meinen Erbteil, meine Tochter als Alleinerbin von Mutter eingesetzt. Nun stand dem enterbten Paul natürlich ein Pflichtteil in Höhe von 25% zu. Der Trick bestand nun darin, daß Paul dieses Geld gegenüber Vanessa hätte herausklagen müssen.

Dann hätte er im Gerichtssaal erleben müssen, wie ich dem Richter erzählen würde, wie die Mittlere Reife, das Abitur, das Physikum und das Staatsexamen zustande gekommen waren. Da die Henkels ihm verboten hätten, in Düsseldorf zu prozessieren, sah ich die Angelegenheit recht gelassen.

Der unvorstellbar reiche Onkel Paul ersann eine List. Er lud nämlich Vanessa und ihren Verlobten zu einem Treffen ein und informierte sie darüber, daß er Mutter lange vor ihrem Ableben auch zu einem Notar mitgenommen hatte und sich eine Hypothek über 80000 Mark auf die Bruhnstraße 6a hatte eintragen lassen. Er appellierte an die Gerechtigkeit, daß ihm sein Pflichtteil zustehe, also insgesamt 25% vom Wert des Hauses und zusätzlich die Hypothek. Meine Tochter hätte ihm jetzt freundlich zu verstehen geben können, daß er sie bitteschön verklagen könnte. Statt dessen packte die beiden Tübinger die Wut, und sie erklärten mir gegenüber entnervt, daß sie sich mit diesem Geizhals nicht prozessual auseinandersetzen möchten. Helgas Mutter, Vanessa mit eigenen Barmitteln und ich teilten uns den Schaden.

*

Im Herbst 1998 war der dritte Band (fünftes Buch) fragmentarisch abgeschlossen. Die Postscript Word - Dateien zu verfilmen, erwies sich als außerordentlich schwierig, da in Satzbelichtungsanstalten und im Printmedienbereich vorwiegend mit Macintosh Computern gearbeitet wird. Offiziell sind beide Computersysteme kompatibel, aber die Wirklichkeit sieht haarsträubend aus. Wir hatten das Glück, daß sich die Inhaber der Firma, die wir ausgesucht hatten, aus den Schwierigkeiten eine Frage der Berufsehre machten. Gegen Ende des Jahres lag das Buch gedruckt vor.

Anfang 1999 erschienen nacheinander zwei Artikel in „Raum und Zeit“ über die Themen Mathematik und Raumfahrt. Gleichzeitig wurde ein Interview mit mir abgedruckt zum Thema „Contergan“. Ich bezeichnete darin Dr. Konrad Henkel und Alt - Bundespräsident Walter Scheel als kriminelles Duo hinsichtlich des Conterganprozesses.

Bernhard und ich hatten damit begonnen, die dritte Auflage von Band I komplett neu zu bearbeiten, um vor allen Dingen die kriminellen Aktivitäten des Hauses Henkel schärfer zu fassen. Durch die ersten drei Kapitel in Band III war mir klar geworden, wie vorsichtig und auch zögerlich ich meine kriminalistischen Beobachtungen schriftstellerisch herausgegeben hatte. Während ich also begann, Band I neu zu bearbeiten, wurde mir klar, daß Dr. Konrad Henkel in seinem 84. Lebensjahr stand. Ich formulierte Bernhard gegenüber:

„Man müßte diesen alten Schurken strafrechtlich einwandfrei anzeigen, bevor er uns entwischt und in der Hölle landet. Wir sollten uns an die Firma Henkel wenden und an die Düsseldorfer Staatsanwaltschaft. Dort wird man die Anzeigen zwar in den Reißwolf stekken, aber der klammheimliche Oberdrahtzieher wird vor Wut blau anlaufen. Wenn man ein ganzes Leben im Verborgenen gewirkt hat und sich nach dem Tode mit Pauken und Trompeten beerdigen lassen will, geht diese Erwartung nicht auf, wenn Anzeigen ins Haus flattern. Der Plichta hat dann vor dem Ableben von 'Onkel Konrad' den Mut gehabt, die verhüllten Geheimnisse des Hauses Henkel zu entlarven. Damit ist jede Hoffnung auf ein Denkmal dahin."

Dabei hatte alles so gut angefangen. Arno Breker hatte im „Dritten Reich" den „Führer" modelliert. Die berühmte Bronzebüste war zigmal kopiert worden. Breker blieb nach dem Krieg der heimliche Star für ehrgeizige, eitle Angeber. Natürlich ließ sich Konrad Henkel von ihm ein Bronzeabbild schaffen, und in Bronze sehen selbst die Unscheinbarsten wie Cäsaren aus. Mir ging durch den Kopf, daß ich mich einmal ausgiebiger mit der Nazivergangenheit der Henkels beschäftigen müßte. Fritz und Hugo Henkel hatten, wie im fünften Buch schon erwähnt, Adolf Hitler 1932 mit Bargeld gerettet. Da den Henkels die Degussa (Deutsche Gold- und Silberscheideanstalt) gehörte, hatten sie das außergewöhnliche Privileg, während des Krieges Goldbarren in der Schweiz zu parken. Zunächst aber konzentrierte ich mich nur auf den Contergan Fall.

*

Ich diktiere zuerst ein Anschreiben an die Geschäftsleitung der Firma Henkel, Kommanditgesellschaft auf Aktien, sowie einen Brief an den Betriebsrat. Dem Schreiben lege ich eine Kopie des Anschreibens an Paul und Christa bei; denn Christa sitzt im Gesellschaftsrat der Firma Henkel und vertritt dort für ihre Mutter und ihre Tante eine Schachtel von 26%. Nunmehr wende ich mich an die Staatsanwaltschaft Düsseldorf mit einer Strafanzeige. Da in dieser Anzeige der Chef der ganzen Ermittlungsbehörde mit angezeigt wird, schreibe ich auch die Bonner Staatsanwaltschaft an, wo gegen Konrad Henkel ein 10 - jähriges abgekartetes Spiel um einen Strafbefehl stattgefunden hatte. In der Nazizeit hätte man mich einfach abgeholt und im KZ umgebracht; im Nachkriegs - Deutschland kann die Justiz nicht mehr zu so brutalen Mitteln greifen, sie arbeitet subtiler.

Ich überlege mir die Sache gründlich. Die Anzeigen zu schreiben, ist reine Zeitverschwendung, aber ich werde das Briefmaterial auch an die wichtigsten TV - Sender und Printmedien senden. Die dort sitzenden leitenden Redakteure halten Personen, die einen Waschpulverkönig angreifen und darüber hinaus einen Alt - Bundespräsidenten, für völlig verrückt.

Walter Scheel ist Ehrenmitglied im Düsseldorfer Golfclub. Sein elektrobetriebenes Golfcart für den 36 - Loch Platz hat ihm die Stadt Düsseldorf geschenkt. Die Medien werden noch nicht einmal mit dem Gedanken spielen, daß ihre Unterschlagung der Wahrheit über den Contergan - Fall einmal an die Öffentlichkeit kommen könnte. Und genau das führe ich jetzt durch. Ich habe so eine Ahnung, und auf die konnte ich mich immer verlassen.

I

Geschäftsleitung
Henkel KgaA
Henkelstr. 67
40191 Düsseldorf

Einschreiben
Kopie: Betriebsrat
Henkel KgaA

10.03.1999

Sehr geehrte Damen und Herren,

als Anlage erhalten Sie die aktuelle Ausgabe der Zeitschrift „raum&zeit", in der ein Interview mit mir veröffentlicht ist. Ferner erhalten Sie die Kopie eines Schreibens an das Mitglied des Gesellschafterrates Dr. med. Christa Plichta und ihren Mann Dr. med. Paul Plichta.

Die in dem Interview vorgetragenen Anschuldigungen zwingen die Staatsanwaltschaft Düsseldorf dazu, gegen die mutmaßlichen Straftäter Konrad Henkel, Walter Scheel, Eberhard Knipfer u. a. ein Ermittlungsverfahren wegen Prozeßbetrug am Landgericht Aachen (Contergan-Fall, Az.: Staatsanwaltschaft Düsseldorf Js 987/61) einzuleiten. Da sich die Offizial-Ermittlungen der Staatsanwaltschaft Düsseldorf u. a. gegen eigene Mitarbeiter werden richten müssen, besteht die Möglichkeit, daß den konkreten Vorwürfen ausgewichen wird. Diese mögliche Befangenheit der Behörden in Düsseldorf wird ebenfalls zu überprüfen sein.

Dr. Dr. h.c. Konrad Henkel wird der betrügerischen politischen Einflußnahme durch aktive Bestechung im sog. Contergan-Prozeß beschuldigt. Walter Scheel, Bundesminister a. D., Bundespräsident a.

D., hat im Zuge dieser Einflußnahme sein politisches Amt durch passive Bestechung mißbraucht. Eberhard Knipfer, der Leitende Oberstaatsanwalt a. D. von Düsseldorf, hat sich als junger Staatsanwalt zusammen mit dem ehemaligen Justizminister Dr. Dr. Josef Neuberger ebenfalls passive Bestechung im Amt zuschulden kommen lassen. Geldgeber war jeweils Konrad Henkel.

Im Falle der Korruptionsvorwürfe könnte man argumentieren, daß diese längst verjährt seien. Da aber die Bestechungen zur Folge hatten, daß die Kläger am Landgericht Aachen um ihr Recht gebracht wurden, ist der gesamte Prozeß wegen Betruges ungültig. Weil die Abgeordneten des deutschen Bundestages beim Erlaß des Gesetzes vom 17.12.1971 (Lex Contergan) zur Schaffung des „Hilfswerks für behinderte Kinder" grob getäuscht worden sind, ist das Bundesgesetz rechtsungültig und infolgedessen die Überprüfung dieses Gesetzes durch das Bundesverfassungsgericht irrelevant. Die ehemaligen Kläger haben somit Anspruch darauf, erneut einen Schadensersatzanspruch geltend zu machen. Ihre Forderungen werden sich nun an den Haupttäter des Prozeßbetrugs richten, den damaligen Geschäftsführer der Firma Henkel, Dr. Konrad Henkel. Falls dieser vorzeitig ablebt, bleiben die Ansprüche gegen die Firma Henkel natürlich erhalten. Das Motiv, das Konrad Henkels Firma zum Eingreifen in den Contergan-Prozeß bewegte, geht aus dem beigelegten Interview hervor.

Die gemeinste Straftat der deutschen Nachkriegsgeschichte, Contergan-geschädigte Kinder um ihre Schadensersatzansprüche gegen die Firma Grünenthal bzw. die Gerling-Versicherung zu bringen, war die Tat einer skrupellosen Gruppierung um den Industriellen Dr. Konrad Henkel. Solch eine klammheimliche Intrige auf höchster politischer und juristischer Ebene ist natürlich nur schwer nachzuweisen. Im Contergan-Fall haben die Übeltäter zwar die allgemeine Verwirrung geschürt und dann geschickt ausgenutzt, aber dennoch eindeutige Spuren hinterlassen.

Den wechselseitigen illegalen Schulterschluß zwischen Industrie und Politikern gab es schon früher. Düsseldorfer Industrielle finanzierten heimlich die Wahlpropaganda der NSDAP. Anschließend wurde der Reichskanzler Adolf Hitler zusammen mit Hugo und Fritz Henkel Ehrenbürger von Düsseldorf. Ihr direkter Nachkomme Konrad Henkel schreckte ebenso wenig davor zurück, machtgierige Politiker wie Walter Scheel für seine wirtschaftlichen Interessen auszunutzen. Beide wurden wiederum Ehrenbürger von Düsseldorf.

Die massiven Vorwürfe könnten Sie versuchen auszusitzen, zumal Ihr Einfluß auf Düsseldorfer Behörden, auf die nordrhein-westfälische Politik und auf die Medien fast perfekt ist. Dies wird jedoch angesichts des schrecklichen persönlichen Leids der Contergan-Opfer nicht möglich sein. Ebenso kann die Geschichte vom verleumderischen, rachedürstenden Verfolger des unbescholtenen Ehrenbürgers – gegen den noch alle Verfahren zur Einstellung gebracht worden sind – nicht aufgehen, da die Korrumpierung der deutschen Politik durch Konrad Henkel zu detailliert dargelegt ist. Sie sollten sich also darüber im Klaren sein, daß statt solch kurzsichtiger Vorgehensweise nur rücksichtslose Aufarbeitung der Geschehnisse der Vergangenheit unter Dr. Konrad Henkel größeren Schaden vom Weltkonzern Henkel und seinen Beschäftigten abwehren kann.

Mit freundlichen Grüßen

Dr. Peter Plichta

II

Dr. rer. nat. Peter Plichta
Chemiker und Mathematiker

Bruhnstrasse 6a
40225 Düsseldorf
Deutschland
Tel. (0)211 – 314238
Fax. (0)211 – 314256
http://www.plichta.de
E-Mail DrPlichta@aol.com

Dr. med. Paul Plichta
Dr. med. Christa Plichta
Chemin Colladon 22
CH 1209 Genève

Einschreiben
01.01.1999

Lieber Paul, liebe Christa,

zu Beginn des letzten Jahres dieses Jahrtausends erhaltet Ihr von mir eine Farbkopie der Totenscheine von Helga Plichta und ihrer Schwiegermutter Herta Plichta. Die Sterbezeiten stimmen überein, sie lauten: 19 Uhr 00.

Helga Plichtas Sterbezeit von 19 Uhr 00 habe ich im Jahre 1978 exponentiell, also als 19^{00} Uhr („19 hoch 00“) gelesen, und sie in „Das Primzahlkreuz“ Band I, S. 262, auch so abgedruckt. Ich habe sie damals folgendermaßen kommentiert: „Sollte ich aber das Geheimnis der 19 lösen, dann Gnade denen Gott. Dann nützt ihnen all ihre Macht

und ihr Geld nichts mehr." Denn neues Wissen ist die größere Macht. Im Oktober 1998 ist „Das Primzahlkreuz" Band III erschienen und enthält die Auflösung des mathematischen Geheimnisses um die Zahl 19 und seinen Exponenten. Damit steht fest, daß sich meine Prophezeiung erfüllen wird.
Ich habe ab Herbst 1979 eine Reihe von Schreiben an Euch, Eure Firma sowie Düsseldorfer Behörden versandt, die den Eindruck vermitteln sollten, als sei der Verfasser besessen und nicht ernst zu nehmen. Diese Vorgehensweise diente zu meinem Schutz, denn man kann seinen schlimmsten Feinden nur entkommen, wenn man närrisch scheint und weise ist (Montesquieu). Solcher Geschicktheit verdanke ich mein Leben, denn die von Henkel geplante Vergitterung auf Lebenszeit ist schiefgelaufen. Das Erscheinen von „Das Primzahlkreuz" Band I und II beinhaltete dann eine von mir meisterlich aufgebaute Falle, da Euch, Herrn Dr. Konrad Henkel und seinen verbrecherischen Spießgesellen zwar der Schrecken in die Glieder fahren sollte, aber gleichwohl die Gewißheit genährt wurde, daß der Peter Plichta zwar alles wild herunter geschrieben, aber sein Pulver damit verschossen hätte.
Ebenfalls mit diesem Schreiben erhaltet Ihr eine Kopie des politischen Materials, das die wirkliche strafrechtliche Drahtzieherei Eures Onkels genau darlegt. Im Primzahlkreuz Band III wird eben nicht nur mit einem dogmatisch verlogenen Weltbild abgerechnet, sondern auch mit der Firma Henkel. Ihr versteckt Euch hinter der Macht eines Chemie-Giganten, und auch Euch wird nun dadurch das Handwerk gelegt, daß ich den Täter enttarne, der Euch beschützt. Diesmal kann es dem vom Cäsarenwahn befallenen Chemiker Herrn Henkel nicht gelingen, mit Hilfe der Universität Düsseldorf, der Staatsanwaltschaft Düsseldorf, dem Wissenschaftsministerium NRW und seiner Mafia - ähnlichen Entourage davonzukommen. Jetzt hat die Falle nämlich zugeschnappt. Die Gesellschafter der Henkel-AG, die Vorstandsmitglieder, die Aktionäre, das Heer der Mitarbeiter und die übrige chemische Industrie werden nicht untätig dabei zusehen, wie der Konzern Schaden erleidet oder gar untergeht. Genau dies tritt jedoch ein, sobald ich in den Medien erkläre: „Bürger, hört auf Persil zu kaufen. Das Blut von Helga Plichta klebt an der Aura von Konrad Henkel und seinen Mitwissern, und das ist noch nicht einmal das Einzige, geschweige denn das Schlimmste." Verklagen kann mich Konrad Henkel nicht, nur beseitigen lassen. Dann seid Ihr nicht mehr Mitwisser, sondern Täter, oder aber der Henkel-Clan wäscht sich rein, indem er sich von den verbrecherischen Machenschaften des Enkels des Firmengründers distanziert.

Ich habe wissenschaftlich etwas herausgefunden, was Ihr bei der Beschränktheit Eures Verstandes sowieso nicht versteht. Eine neue Idee ist aber auch nicht mit einer Armee aufzuhalten (Voltaire). So wird man sich denn von Konrad Henkel und seinem Erben trennen müssen, um die Firma zu retten. Damit wird Euer Schutz zur Schimäre.
Ich hasse euch nicht. Es ist umgekehrt. Deswegen wird meine Abrechnung mit Euch gründlich sein. Wenn Eure Herzen nicht so hart, Eure verborgene Gier nicht so groß, Eure medizinische Verlogenheit nicht so närrisch und Eure Einsicht in Eure Schuld nicht so klein wäre, hättet Ihr eine Chance, daß Dir, Paul, Dein Bruder Peter hilft und Dir, Christa, Deine Mutter Ruth Thorbecke. Statt dessen werdet Ihr Euch weiter belügen bis in den sicheren Untergang.

Vae victis,

Peter Plichta

III

Staatsanwaltschaft Düsseldorf
Willi-Becker-Allee 8
40227 Düsseldorf

Einschreiben

15.03.1999

Sehr geehrte Damen und Herren,

anbei erhalten Sie die Kopie eines Schreibens an die Firma Henkel KgaA, Düsseldorf, sowie ein Exemplar der aktuellen Ausgabe der Zeitschrift „raum&zeit", in der ein Interview mit mir bezüglich der Contergan-Affäre erstmals veröffentlicht wurde. Wie Sie sehen, gibt es mindestens einen mutigen Verleger in Deutschland, und ich bin der festen Überzeugung, daß weitere dazukommen.
Spätestens mit Erscheinen des Buches "Der dreifache Skandal" von Gero Gemballa, Luchterhand Literaturverlag 1993, ist offen der Verdacht ausgesprochen worden, daß der Contergan-Prozeß politisch und juristisch massiv beeinflußt wurde. Herr Gemballa verfügt allerdings nicht über die Namen der Hauptübeltäter im Hintergrund, so daß sein Buch und seine Filmdokumentation letztlich wirkungslos bleiben mußten.
Die Untersuchung der Vorwürfe gegen Dr. Konrad Henkel, Walter

Scheel etc. als Drahtzieher hinter den unglaublichen Vorgängen bei Gericht – von Anfang an koordiniert durch Henkels Handlanger in den Kanzleien Prof. Dahs, Bonn, und Dr. Dr. Neuberger, Düsseldorf – muß aufgrund des Tatbestandes „Prozeßbetrug" gleichzcitig auch zur Wiederaufnahme des Contergan - Verfahrens führen. Dann muß vor allem die pharmazeutische Lüge von der zufälligen Entdeckung des Stoffs K17 (Thalidomid) in den Vordergrund gestellt werden, denn K17 wurde systematisch als Doriden - Derivat synthetisiert und hatte somit die von Barbituraten bekannte chirale Eigenschaft. Dies ist pharmakologisch-forensisch unterschlagen worden, um davon abzulenken, daß die notwendige, durchaus mögliche Racemat - Trennung von Thalidomid unterblieb. Contergan hätte nie teratogene Eigenschaften besessen, wenn nur die psychotrop wirkende Spiegelform als Schlafmittel verkauft worden wäre. Erst die Vertuschung dieses Tatbestandes ermöglichte es, das Verbrechen als unglücklichen Zufall darzustellen.
Mit diesem Anschreiben sind Sie verpflichtet, den vorgetragenen Beschuldigungen juristisch nachzugehen oder diese an eine andere Staatsanwaltschaft abzugeben.

Mit freundlichen Grüßen

Dr. Peter Plichta

IV

Staatsanwaltschaft Bonn
53222 Bonn

Einschreiben

15.03.1999

Sehr geehrte Damen und Herren,

anbei erhalten Sie die Kopie eines Schreibens an die Firma Henkel KgaA, Düsseldorf, ein Exemplar der aktuellen Ausgabe der Zeitschrift „raum&zeit", in der ein Interview mit mir bezüglich der Contergan-Affäre erstmals veröffentlicht wurde, sowie eine Kopie eines Anschreibens an die Düsseldorfer Staatsanwaltschaft.
Ich habe in meinem Buch „Das Primzahlkreuz" Band I (1991) den angeheirateten Onkel meines Bruders Dr. med. Paul Plichta, Herrn Dr. Konrad Henkel, massiv beschuldigt, Auftraggeber für zwei Tötungs-

delikte zu sein. Diese Vorwürfe hat man hier in Düsseldorf, wo Henkel das Sagen hat, als persönlichen Rachefeldzug abgetan. Mit Erscheinen von „Das Primzahlkreuz“ Band III (1998) beschuldige ich Konrad Henkel und seinen Intimus Walter Scheel, den Contergan-Fall planmäßig politisch beeinflußt zu haben, um ihn nach 10 Jahren irgendwie abschließen zu können, ohne daß es Verurteilte und damit einen Präzedenzfall gab.
Die Bonner Staatsanwaltschaft ist ja schon einmal direkt mit der Macht von Herrn Henkel in Berührung gekommen. In der Parteispendenaffäre von 1981 ist Dr. Henkel nicht vor Gericht gestellt worden, sondern hat lediglich einen Strafbefehl erhalten. Dieser juristische Schachzug hatte zur Folge, daß Konrad Henkels Düsseldorfer Beziehungen voll zum Tragen kamen – und das Verfahren nach 10 Jahren eingestellt wurde. Wenn Henkel nachgewiesen würde, daß er Anführer der Prozeßverschleppung in Aachen war, würde der Ausgang seiner Steuerstrafsache natürlich ebenfalls neu bewertet werden müssen.
Da die Düsseldorfer Staatsanwaltschaft im allgemeinen und ihr ehemaliger Leiter Eberhard Knipfer im besonderen von mir beschuldigt werden, ist es unwahrscheinlich, daß die Düsseldorfer Staatsanwaltschaft die Vorwürfe unvoreingenommen überprüfen wird. Man überschätzt dort die Macht von Henkel. Es stellt sich die Frage, ob das Ermittlungsverfahren nicht nach Bonn gehört.

Mit freundlichen Grüßen

Dr. Peter Plichta

*

Wir entwerfen eine Liste von Tageszeitungen, Wochenmagazinen und Fernsehsendern und verfassen einen Musterbrief, in dem wir die jeweiligen Namen und Anschriften auf dem Computer einfügen: Bild, Bonn Generalanzeiger, Die Welt, Die Zeit, Die Woche, Express, FAZ, Focus, Frankfurter Rundschau, Junge Welt, Neues Deutschland, Neue Züricher, Pro 7, Profil, Rheinische Post, RTL, Sat 1, Spiegel, Stern, Süddeutsche Zeitung, TAZ, WDR Düsseldorf, WDR Köln, ZDF Düsseldorf, ZDF Mainz.

Der Fußboden des Arbeitszimmers ist vollkommen mit Briefbögen und Fotokopien bedeckt. Bernhard und ich reißen Witze und spielen possenartige Szenen in Chefetagen der Medien. Alles nimmt sehr viel Arbeit und Zeit in Anspruch, natürlich für die Katz. An eins haben die Angeschriebenen jedoch nicht gedacht: Ich werde später den

Brief abdrucken, mit dem ich damals in die Öffentlichkeit getreten bin. Es geht um Contergan und entsetzliches Leid, das diese Chemikalie weltweit angerichtet hat. Noch weiß ich nicht, daß diese chemische Verbindung – getrennt von der Zwillingsform, dem Schlafmittel – in einigen Jahren wieder in die Medien geraten wird, weil es inzwischen nicht nur als Lepramittel, sondern zunehmend in der Krebstherapie, z.B. bei Knochenkrebs zum Einsatz kommt. Auch bei Aids hat es sich bewährt, so daß es zur Verblüffung der Medien von „Food and Drug" in den USA zugelassen worden ist.

Und nun das Anschreiben an Deutschlands vornehmstes Blatt:

V

Chefredaktion
Die Zeit
2007 Hamburg 16.03.1999

Sehr geehrte Damen und Herren,

als Anlage erhalten Sie mit diesem Brief ein Interview, das der Herausgeber der Zeitschrift „raum&zeit" mit mir geführt hat. Darüber hinaus sind Kopien von Schreiben an die Fa. Henkel sowie an die Staatsanwaltschaften in Düsseldorf und Bonn beigelegt. Diese Anlagen sollten Sie zunächst lesen.

Es handelt sich um Vorwürfe strafrechtlicher Art, die so gravierend sind, daß sie in einem Rechtsstaat zu sofortigen Ermittlungen der zuständigen Behörden (und zu Recherchen der Medien) führen müßten – vorausgesetzt der Verfasser ist ernst zunehmen und kann glaubhaft machen, daß er seine Behauptungen beweisen kann. Andernfalls müßten die Behörden aber ebenfalls tätig werden und gegen den Verleumder ermitteln.

Die Staatsanwaltschaften Deutschlands werden jedoch zu Recht bei wachsenden Teilen der Bevölkerung als Handlanger bei der Vertuschung klammheimlicher Aktivitäten in Politik und Wirtschaft gesehen. Da zudem sowohl die Print- als auch die privaten TV-Medien praktisch ausschließlich von den Werbeanzeigen der Wirtschaft leben, haben wir heute Verhältnisse in Deutschland wie am Vorabend einer Revolution.

Ich bin Wissenschaftler und beschäftige mich eigentlich mit für mich interessanteren Aufgaben als Enthüllungsgeschichten über einen Waschmittelkönig und dessen Verbindungen zur Politik und Justiz.

Auch ich hatte die Möglichkeit, die Variante zu wählen, die mir keinen möglichen Ärger einbringt. Es ist aber eine Frage des Mutes und der Ehre, Widerstand zu leisten, wenn Verbrechen geschehen sind. Vor dieser Entscheidung stehen jetzt Sie.

Mit freundlichen Grüßen

Dr. Peter Plichta

*

Obwohl die angeschriebenen Medien nicht reagieren, passiert genau das, was ich geahnt habe. Konrad Henkel, der sich vier Jahre zuvor anläßlich seines 80. Geburtstag an einem Montagmorgen auf der Bühne des Düsseldorfer Opernhauses von seinem Intimfeind, dem Ministerpräsident Johannes Rau hatte huldigen lassen, worauf von der Bühnendecke herunter Lastwagenladungen von Rosenblättern geschwebt waren, konnte nun nachlesen, daß ich den Schleier seiner verborgenen Täterschaft gelüftet habe. Er wird, 84 Jahre alt, in die Universitätsklinik eingeliefert und verstirbt dort nach meiner Einschätzung an „unterdrückter Wut", wie es die Chinesen bezeichnen würden.

Sein Tod schafft ein Machtvakuum. Er hinterläßt keinen Nachfolger im Gesellschafterrat, der auch nur über einen Bruchteil seiner Verschlagenheit und Brutalität verfügt. Die Geschichte kennt eine Reihe von Monarchen, unter deren Regentschaft krasseste und bestialische Fehlentscheidungen erfolgt sind, wie etwa unter Philipp II. oder Ludwig XIV., ohne daß nur der Hauch eines Widerspruchs aufkam. Die grausamsten Bestien der gesamten Weltgeschichte, Hitler und Stalin, haben nicht einmal den Versuch gemacht, über ihre möglichen Nachfolger nachzudenken.

Ich kann aufatmen; die Gesellschafter im Familienrat gehören der vierten Generation an. Sie sind keine Machtmenschen.

Die Staatsanwaltschaft München leitet ein Ermittlungsverfahren gegen mich ein, weil ich bestimmte Personen, die nicht genannt werden, schwerster Straftaten beschuldigt habe. Dr. Bellinger fordert die Akte an. Daraus ergibt sich, daß der beauftragte Staatsanwalt das „Primzahlkreuz" Band III hat kaufen lassen. Er stellt das Verfahren ein. Jetzt sitzen die Staatsanwaltschaften Düsseldorf, Bonn, Aachen und München in der Falle. Sie können in dieser Sache nie wieder gegen mich ermitteln, und ich darf sie offen als verbrecherische Organisationen bezeichnen.

Bernhard und ich schließen die Arbeit an der Neufassung von Band I ab. Sie erscheint im Jahre 2000. Ein Jahr später wird auch die dritte Auflage von Band II gedruckt. Auch wenn ein Teil seines Inhaltes aus heutiger Sicht umformuliert werden könnte, will ich an diesem „Kunstwerk“ keine Veränderungen vornehmen.

Der Band ist dadurch gekennzeichnet, daß zum ersten Mal in der Wissenschaftsgeschichte nicht nach Abschluß der erfolgten Leistung die Ergebnisse autobiographisch wiedergegeben werden, sondern während des Schreibens Fragen entstehen und um die Lösungen gerungen wird. Die dabei auftretenden ahnungsvollen Gefühle und das klare Bewußtsein für eine Revolution im Sinne von Kopernikus, Bruno und Kepler kann natürlich schriftstellerisch nicht wiedergegeben werden, weil die meisten akademisch vorgebildeten Leser viel zu sehr in ihren alten mathematisch - physikalischen Vorstellungen gefangen sind.

*

Inzwischen hat Klaus Kunkel Kontakt zu einem Lehrstuhlinhaber für Anorganische Chemie an der Humboldt Universität Berlin aufgenommen. Nachdem wir von Professor Lorberth so schrecklich betrogen worden waren (auch wenn wir uns letztlich am Oberlandesgericht Kassel durchgesetzt haben), hat Professor Norbert Auner uns nun versprochen, Probemengen von Silanen herzustellen.

Der Chemiker wirkt ausgesprochen freundlich und zuvorkommend. Er ist als Siliziumchemiker wie für uns gebacken. In dem im Jahr 2001 herausgebrachten Buch „Benzin aus Sand“ kann der Leser einiges über meinen Ärger in Bezug auf diese Person, die nebenbei Laienprediger in einer christlichen Sekte[1] ist, nachlesen. Mit Professor Auner sind wir vom Regen in die Traufe gekommen. Es ist so, als läge ein Fluch auf den Silanen.

Stock mußte vor den Nazis fliehen. Er und seine Mitarbeiter sind an den Quecksilberdämpfen in den Silan- und Boranlaboren grauenhaft ums Leben gekommen. Professor Fehér ist nach meiner erstmaligen Darstellung der höheren Silane einen Pakt mit einem Teufel eingegangen. Franz Fehér und Konrad Henkel haben von der Stickstoffverbrennung keine Ahnung gehabt. Norbert Auner aber weiß, daß es für die Stickstoffverbrennung einen Nobelpreis geben könnte. Da er

---

[1] „Das sind die Allerschlimmsten!“, brüllt Professor Straub regelrecht los, als er davon erfährt. Seine Unkereien werden von der Wirklichkeit noch überboten.

sie nicht selbst entdeckt hat, versucht er sie zu leugnen. Weil eine Silankette in der Hitze von alleine in hoch reaktive Siliziumatome und freie Protonen zerfällt, ist es eine nicht weg zu leugnende Tatsache, daß Siliziumradikale mit kaltem Stickstoff brennen müssen. Theatralisch begabte Berufslügner sind genauso wie krankhaft ehrgeizige Fanatiker von der Wahrheit einer Sache grundsätzlich nicht zu überzeugen.

Im Herbst 1999 sind die Verbrennungsversuche von Cyclopentasilan am Fraunhofer Institut ICT abgeschlossen. Noch wissen die beiden Chemiker Auner und Plichta nicht, daß die Ergebnisse zur Messung des spezifischen Impulses falsch sind, denn Auner hat hinsichtlich der Verbrennungsenthalpie die Todsünde begangen, schlampig zu recherchieren. Zu dem Zeitpunkt steht erst einmal fest, daß ein flüssiges Silan sofort als Austauschtreibstoff für das stark Krebs erregende Hydrazin UDMH der Ariane 4 und 5 in Frage käme, weil die spezifischen Impulse bei der Verbrennung mit Sauerstoff gleich sind.

Ich habe zu einer großen Konferenz an der Universität Frankfurt einen Fernsehredakteur von Radio Bremen eingeladen. Er hat zwei Kameraleute mitgebracht, die die Verbrennung von 1 bis 2 Millilitern Pentasilan mit einer Hochgeschwindigkeitskamera filmen sollen. Auner hält eine beschwörende Rede, um dies zu verhindern. Das ganze Institut könne in die Luft fliegen. Mein Einwand, daß ich damals in Köln einmal im Jahr in der Hauptvorlesung Anorganik jeweils 2 ml hoch zur Hörsaaldecke geschossen habe und das blitzartige Verbrennen keine Gefahr barg, sondern donnernden Beifall erzeugte, wird von den Konferenzteilnehmern nicht richtig eingeschätzt. Herr Auner lügt wie ein begabter Prediger, und ich gelte als befangen.

Damit steige ich vorläufig aus dem Projekt Silane, Stickstoffverbrennung und Raumfahrt aus. Wenn ich merke, daß ich mit einer neuen Idee keine Chance habe, lasse ich die Finger davon. „Erfindung ist das einzige Kennzeichen des Genies.“ Ich weiß, daß ich Recht habe, und das reicht mir. Was ich noch nicht weiß, ist, daß mich auch der neue „Todfeind“, so wie Fehér und Henkel, weiterbringen wird.

*

In Düsseldorf sind Bernhard und ich mit dem Renovieren im Keller angelangt. Ich habe die Wohnung meiner Mutter ein Jahr leer stehen lassen. Irgendwann fegen wir den Keller aus und fahren zum letzten Mal zur Müllverbrennungsanlage. Ein Mieter wird einziehen, und ich werde ausziehen. Ich kaufe mir ein Buch über Weltreisen mit Frachtschiffen.

Aus der Raumfahrt habe ich mich verabschiedet und eigentlich auch aus der Mathematik. Ich bin völlig ratlos, was das sechste Buch betrifft, weil ich mit der Basiszahl 19 nicht weiter komme. Bernhard muß sich die nächsten Jahre auf sein Diplom vorbereiten. Mir fehlt ein exzellenter Zahlentheoretiker, um den Hebel anzusetzen. Es geht um das so genannte „quadratische Reziprozitätsgesetz". Die Formulierung stammt von Legendre, während Gauß es „Theorema fundamentale" (theoriae residuorum quadraticorum) nennt.

Michael Felten hatte im Frühjahr 1994 eine Postkarte aus dem Urlaub geschickt. Diese kryptische Botschaft haben wir dann in Düsseldorf, bzw. in dem Städtchen Wetter im Ruhrgebiet, wo er damals mit seiner Familie wohnte, nicht weiter diskutiert. Die Postkarte zeigt auf der Vorderseite eine Meeresbucht der Isla de Fuerteventura mit sehr viel Sandstrand und erinnert mich ein wenig an unsere Bucht in Sardinien bei San Theodoro, wo Michael 1989 „die Vektorräume auf den Müll geschmissen hat".

Viele Grüße von der sonnigen Insel Fuerteventura. Kurz einige Zusammenhänge über den kl. Fermatschen Satz und das Reziprozitätsgesetz. Mir wurde folgendes klar: Geht man kl. Ferm.-Satz $a^{p-1} \equiv 1 \pmod p$ *aus, so liefert Wurzelbildung das Legendre – Symbol:* $\left(\frac{a}{p}\right) := \sqrt{a^{p-1}} = a^{\frac{p-1}{2}}$

Da aber $\sqrt{1}$ ± 1 *ist, muß* $\left(\frac{a}{p}\right) \equiv \pm 1 \pmod p$ *sein! Mit Hilfe unserer Einteilung* $4n \pm 1$ *besagt das Reziprozitätsgesetz von Legendre und Gauß nun folgendes: wenn a, p Primzahlen sind (d. h. aus I o. III) und a, p beide entweder in I o. III, so gilt*[1]*:* $\left(\frac{a}{p}\right) = \left(\frac{p}{a}\right)$

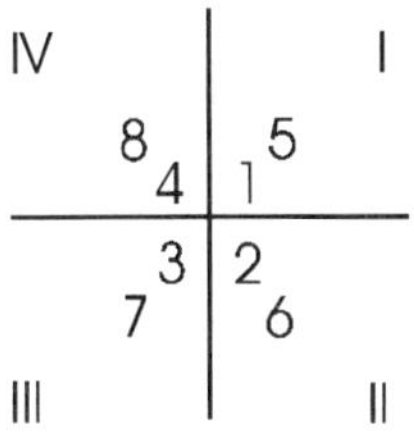

Anderenfalls gilt: $\left(\frac{a}{p}\right) = -\left(\frac{p}{a}\right)$

IV	I
8 4	1 5
3 7	2 6
III	II

Michael
Grüße auch von Birgit und Tim

Zur näheren Erklärung: Das von Michael gezeichnete Kreuz mit einer Viereranordnung der Zahlen in Quadranten mit römischen Ziffern hatte ich probeweise entwickelt, um die Einteilung der Ord-

[1] Hier hat sich ein Fehler eingeschlichen. Es muß heißen, beide in I – oder einer in I und einer in III.

nungszahlen in vier Teilbarkeiten zu geometrisieren.

In **I** liegen dann alle ungraden Zahlen von der Form 4n + 1 und in **III** die ungraden Zahlen von der Form 4n – 1. In **II** befinden sich die graden Zahlen als Mehrfaches der Zahl 2, während in **IV** die Vielfachen der 4 zu finden sind. Der Clou der Botschaft liegt nun darin, daß die Wurzel aus 1 entweder + 1 lautet oder – 1. Da das quadratische Reziprozitätsgesetz, was später näher erläutert werden wird, ebenfalls nur die Lösungen + 1 und – 1 kennt, will Michael hier das entscheidende Gesetz der gesamten Arithmetik, das Theorema fundamentale direkt auf die Mutter aller Primzahlen, die Spiegelzahlen + 1 und – 1 zurückführen.

Inhaltlich geht es um sog. „quadratische Reste", deren Sinn mir damals verborgen war. Kaum ein Leser wird mit dem Inhalt dieser Postkarte etwas anfangen können. Es wird sich aber später zeigen, welche Bedeutung dieser geheimnisvollen Botschaft zukommt.

*

Ich habe 1980/81 in der Folge der ganzen Zahlen eine Codierung entdeckt. Die fortlaufenden Primzahlzwillinge vom der Form 6n ± 1 lauten 5 und 7, sodann 11 und 13 und enden mit 17 und 19. Indem ich durch einen Kunstgriff diese Codierung bis zur Primzahl 23 erweitert habe und damit einen vierten Zwilling – 1 und + 1 einführte, konnte ich beweisen, daß die Mathematiker bei der Definition der natürlichen Zahlen $\mathbb{N} := \{1, 2, 3, ...\}$ in ein verborgenes Netz gelaufen sind, aus dem es kein Entrinnen gibt. Sie haben nämlich vereinbart, daß die Null eine natürliche Zahl ist, und so wurde die um 0 erweiterte Menge als $\mathbb{N}_0 := \{0, 1, 2, 3, ...\}$ bezeichnet, was dazu führte, die negativen mit den positiven zu *allen* ganzen Zahlen zu verknüpfen.

$$\mathbb{Z} := \{..., -3, -2, -1, 0, 1, 2, 3, ...\}$$

Mit dem oben erwähnten Kunstgriff ließ sich aber sehr einfach beweisen, daß die Menge der natürlichen Zahlen mit – 1 beginnt,

I $$\mathbb{N} := \{\underline{-1, 0, 1}, 2, 3, ...\}$$

einfach weil die – 1 die Spiegelzahl der + 1 ist. Diese – 1 hat mit den oben beschriebenen negativen Zahlen überhaupt nichts zu tun. Es ist aber leichter, einem Esel das Addieren beizubringen, als einen Mathematiker zu der Einsicht zu bewegen, daß nicht das von den Vorgängern übernommene Wissen zeitlos wahr ist, sondern der Stand einer Wissenschaft ständig analytisch auf den Zweifel überprüft werden muß.

Nachdem ich die Theorie der geometrischen Reihen durch Einführung des Exponenten 00 neu fundamentiert hatte, sah ich für die Theorie der Logarithmen folgende Parallelität:

II $$\mathbb{L} := \{\underline{00, 0, 1}, 2, 3, ...\}$$

In **I** ist durch Unterstreichen sichtbar gemacht, daß links von der 0 eine – 1 steht, während sich in **II** links von der 0 eine null null befindet. Da in **I** die Primzahlzwillinge mit der 19 enden, stellt sich die Frage, ob es nicht in **II** genauso ist. Als mir dieser Zusammenhang klar wurde, arbeitete ich gerade am 10. Kapitel des fünften Buches. Ich gab den Gedanken an Bernhard weiter: „Wir werden das Problem nur lösen, wenn wir lernen, logarithmisch zu denken."

Ich will näher erläutern, was ich mit „logarithmisch denken" meine. Über die auf Seite 138 abgebildeten Matrizen habe ich erfaßt, daß die Hochzahlen neben den Anzahlen eine eigene Welt darstellen. Der Gedanke an sich ist schon kühn genug, aber er impliziert eine Ungeheuerlichkeit: In welcher Welt leben wir wirklich?! Anzahlen sind uns geläufig. Würden wir überhaupt bemerken, daß wir in unserer dreidimensionalen Welt – unserem Zuhause – einem mit Gas umhüllten Planeten gleichzeitig in einer logarithmischen Welt leben?

Als Autor ist es für mich selbstverständlich mit dem sechsten Buch auch inhaltlich der Tragödie einen Höhepunkt zu geben. Ich hatte recht, ich mußte lernen, logarithmisch zu denken.

Dies erfolgte im wesentlichen in den Jahren 2003 und 2004 und führte über die zahlentheoretischen Begriffe *Primitive Wurzeln* und *Quadratische Reste*, wobei der logarithmische Gedanke sich wieder in Form zweier Matrizen manifestierte. Bei diesen Matrizen handelt es sich allerdings um fortlaufende Kongruenzen modulo immer größer werdender Primzahlen.

Die zahlentheoretischen Untersuchungen führten schließlich zu einer bisher unbekannten, nicht euklidischen (nicht rechtwinkligen), komplexen Geometrie, die eine Erklärung für die elektrische Ladung von Neutronen und Protonen im Atomkern lieferten. Diese Überlegungen werden in Kapitel 13 und 14 ausführlich behandelt und finden ihren Höhepunkt in Kapitel 19, wo die vier natürlichen radioaktiven Zerfallsreihen entschlüsselt werden.

Die übrigen Kapitel sind weitgehend autobiographisch. Zum einen wird eine fast 50 Jahre dauernde zyklisch - gedankliche Beschäftigung zur Entwicklung einer einstufigen Raumfähre abgeschlossen, die natürlich auf verschiedenste Widerstände gestoßen ist, weil nichts so groß ist wie die Dummheit gegenüber einer neuen Idee. Zum anderen greife ich – zu meiner eigenen Verblüffung – den Familienkonzern Henkel ein zweites Mal an, diesmal in seiner mörderischen Rolle als Mitinhaberin der Firma Degussa AG. Es scheint das Schicksal des deutschen Volkes zu sein, daß es belogen und betrogen sein will. Wie lange noch?

Warum mir vom Schicksal die gefährliche Aufgabe zuerteilt worden ist, Industrielle und Politiker – lebende und verstorbene – als Übeltäter zu entlarven, werte ich persönlich als Planung. Steckt hinter der Natur nicht der Zufall, sondern Bauplan und Vorherbestimmung?

Kapitel 13

Die Farben des Sieges: Silber mit blau und rot

Ich habe im sechsten Kapitel des fünften Buches Michaels Hochzeit beschrieben und ihm natürlich 1999 den vorläufigen dritten Band zugesandt. Der totale Bruch unserer Beziehung erschien mir immer einleuchtend, meinen wenigen Freunden dagegen überhaupt nicht: „Peter, eine Frau kann von ihrem Ehemann zwar fordern, daß der Kontakt abgebrochen wird, aber eure Zusammenarbeit war so tief, daß ihr wenigstens telefonisch hättet in Verbindung bleiben können. Da stimmt irgend etwas nicht."

Jetzt, wo ich den rätselhaften Inhalt seiner Postkarte kenne, ist mir klar geworden, wie sehr diese beiden Spiegelzahlen + 1 und – 1 in unser beider Schicksal eingegriffen haben. Er hatte für das Thema seiner Doktorarbeit, wie berichtet, eine sehr schwierige Aufgabe gewählt, aber ich hatte überhaupt nicht mit der Möglichkeit gerechnet, daß er scheitern könnte, zumal er nie mit einem Wort über diese Arbeit geredet hatte. Bei einem Besuch stand er damals bei mir im Wohnzimmer und artikulierte plötzlich kreidebleich und ohne jede Vorwarnung:

„Peter, ich muß Dir etwas sagen. Ich habe mich übernommen."

„Steckst Du mit Deiner Doktorarbeit fest?"

„Ja."

„Du weißt, daß ich von diesen speziellen, höheren Themen der Mathematik keine Ahnung habe. Ja, ich habe sogar eine Abneigung gegenüber speziellen wissenschaftlichen Beschäftigungen oder Spezialistentum. Kannst Du mir mit einfachen Worten erklären, wo die Schwierigkeiten liegen?"

Jetzt wird Michael ruhig und beginnt von den Anfangsgliedern bestimmter Reihen zu sprechen. Es handelt sich um die Zahlen Null und Eins.

„Ist es erlaubt, in einer so schwierigen Doktorarbeit etwas gänzlich Neues einzuführen, also etwa eine 'Verrücktheit' durch ihre Brauchbarkeit oder Nützlichkeit zu rechtfertigen?"

„Natürlich. Ich darf jederzeit ein neues Modell einführen."

Aus einer tiefen Ahnung formuliere ich nun langsam und betont sprechend meine Idee: „Michael, es hat sich doch gezeigt, wie außerordentlich nützlich es war, bei den Nennern der Bernoullizahlen die Indices zu verschieben. Könntest Du nicht auch die Reihenfolge der Zahlen 0, 1, 2, 3... alle jeweils um eine Stelle nach links verschieben? Du müßtest dann links von der Null eine – 1 einführen und könntest diesen Schritt dadurch begründen, daß Du die Zahl + 1 gewissermaßen spiegelst. Diese von Dir dann so eingeführte – 1 wäre aber gar keine negative Zahl, sondern als Wurzelausdruck das Ergebnis einer echten Spiegelung – ähnlich wie die Begriffe links und rechts."

Michael beginnt zu denken. Plötzlich nimmt sein Gesicht wieder Farbe an, und er wirkt, als wenn die lähmende Angst ihn zu verlassen beginnt. Er steht da mitten im Zimmer und führt gedanklich Rechnungen durch. Dann strafft er sich und sagt: „Ich werde das versuchen."

Wir umarmen uns wie immer, und dann ist er fort auf dem Weg nach Dortmund. Bevor er seine Arbeit einreicht, frage ich beiläufig: „Hast Du's geschafft?" Er nickt.

„Ist es eine große Sache?"

„Ja, es ist eine ganz große Sache."

*

Rückblickend ist die Reaktion von Professor Butzer auf meinen Besuch eine Wissenschaftstragödie. Wenn er mangels mathematischer Phantasie die Tragweite meiner Überlegungen nicht hätte nachvollziehen können, wäre die Angelegenheit bedeutungslos. Aber er hatte sie auf Anhieb verstanden und das wird auf seine Nachfolger erschütternd wirken.

Zunächst lag mir vor allen Dingen daran, den alten Fuchs davon zu überzeugen, daß es ein Kardinalfehler war, die Eins nicht zu den Primzahlen zu rechnen. Dadurch war jeder Blick dafür versperrt, die Zahlen – 1 und + 1 zur Stammzahl aller Primzahlen von der Form 6n ± 1 zu machen. Ich hatte nicht damit gerechnet, daß dieser „große" Mathematiker diesen neuen Gedanken sofort erfaßt hat und wohl blitzartig einen Bezug zum *quadratischen Reziprozitätsgesetz* gesehen hat. Das, was Michael 1994 auf einer Postkarte formuliert hat, hätten wir eigentlich schon zwei Jahre zuvor in Aachen erörtern müssen.

Das quadratische Reziprozitätsgesetz sagt etwas darüber aus, ob zwei beliebige Primzahlen zueinander quadratische Reste sind oder nicht, worauf später noch ausführlich eingegangen wird. Wichtig ist hier nur, ob die beiden Primzahlen entweder beide von der Form 4n + 1 sind oder wenigstens eine. Da die Fragestellung nach den quadratischen Resten aber aus dem kleinen Fermatschen Satz abgeleitet wird, hätten schon die Entdecker Fermat und Euler zu dem Gedanken vordringen müssen, daß der kleine Fermatsche Satz Primzahlen abhandelt, die im Exponenten stehen.

Da ich selber den Gedanken entwickelt habe, daß in den fortlaufenden Exponenten einer geometrischen Reihe eine verborgene Primzahlverteilung steckt, hätten Michael und ich in Aachen die Zahlen ± 1 unmittelbar mit dem Theorema fundamentale in Verbindung bringen müssen. Wir haben dort, ohne es zu ahnen, einem Papst der Angewandten Mathematik dazu verholfen, richtig schön schaurig zu erfassen, daß der jugendliche Gauß in den Disquisitiones zwar als erster gleich zwei Beweise für das Theorema fundamentale geliefert hat, er und seine Nachfolger aber gar nicht zum Kern der Sache vorgestoßen sind: Sind zwei Primzahlen über eine Kongruenz mit einer Quadratzahl verknüpft, wenn entweder eine oder beide von der Form 4n + 1 sind?

Professor Butzer bat sichtlich erschüttert um drei Monate Bedenkzeit. Er hätte die Arbeit, die auf der Spiegelung der Zahl Eins beruht, ablehnen können, was für Michael bedeutet hätte, daß er den Doktortitel in Mathematik nicht erhalten hätte. Jedes Verwaltungsgericht in Deutschland hätte die Sache nämlich einem Gutachter zugeschoben, und der hätte sich gehütet, die Entscheidung des Kollegen Butzer anzuzweifeln. Statt dessen verlieh dieser die Note „summa cum laude", die an den Mathematischen Instituten in Dortmund noch nie vergeben worden war. Genau das durfte er aber nicht, nachdem ich ihm an der Tafel klar gemacht hatte, was die komplexen Zahlen mit der Struktur und Verteilung der Primzahlen zu tun haben.

Der Kern der Dissertation *„Ein neuer Glättemodul für nichtperiodische Funktionen"*, die Spiegelung der Zahl Eins, entstammt gar nicht von einem Berufsmathematiker, sondern von einem Außenseiter. Obwohl sehr viele große Mathematiker und Naturwissenschaftler solche Außenseiter waren, ist der Begriff heute zum Schimpfwort herabgesunken.

Michael ist sich also zum Zeitpunkt unseres Besuches in Aachen gar nicht darüber im Klaren gewesen, wie sehr er mir zu Dank verpflichtet war. Da mir von meinem Zwillingsbruder her bekannt ist, wie leicht Dankbarkeit in Hass umschlägt, wurde die Zwillingszahl Eins zum Beginn einer Freundschaftstragödie.

*

Die mündliche Doktorprüfung fand am 9. Oktober 1992 statt. Die Dissertation gegen die drei Prüfer zu verteidigen, war für Michael lächerlich einfach. Eine Woche vor dem Termin fiel mir auf, daß der Prüfungsvorsitzende gar nicht Herr Butzer war, auch nicht der Doktorvater Professor Müller, sondern Professor Reimer. Ich ballte die Faust. Das war ja Michaels „Todfeind". Den hatte er nach seinem Diplom als Doktorvater abgelehnt, was wohl auch noch nicht an den Instituten in Dortmund vorgekommen war. Ich faßte einen Plan.

Ich fuhr auf die Königsallee in Düsseldorfs renommiertestes Modehaus „Heinemann“. Nachdem ich vorher Michael schon bei „Selbach“ einen dunklen Anzug mit Weste und weißem Batisthemd gekauft hatte, fehlte jetzt noch die silberfarbene Seidenkrawatte.

Während ich an einem Regal beschäftigt war, schoß plötzlich eine Verkäuferin auf mich zu, die mich wohl von früheren Einkäufen wieder erkannt hatte.

„Herr Doktor Plichta, womit kann ich Ihnen behilflich sein?“

„Ich suche eine silberfarbene Krawatte.“

„Für welchen Anlaß?“

„Gut, daß Sie danach fragen. Ein junger Mann, mein bisheriger Assistent, soll in einer Doktorprüfung so glänzen, daß er die Höchstnote erhält.“

„Aber dann darf er keine silberfarbene Krawatte tragen. Das wirkt heute für junge Menschen um die dreißig antiquiert. Ich mache Ihnen einen ganz anderen Vorschlag.“

Sie huschte an der Regalwand entlang und erschien mit einer schweren Silberkrawatte, die allerdings aus einer Mischung von drei Sorten feiner Karrees bestand: Silber, ein leuchtendes Blau und glänzendes Rot. Ich hielt den Atem an.

„Da bin ich aber froh, daß Sie sich zufällig in diesen Kauf eingemischt haben, weil ich ohne Sie an ein solch edles Stück von Modedesign nie herangekommen wäre. Damit geht mein Plan auf, die drei alten Säcke an der Dortmunder Universität blind zu machen.“

Wir verabschieden uns überaus herzlich. Danach sende ich dieses Schmuckstück, das mir da in die Hände gefallen ist, an Michaels Elternhaus und versuche, ihn auch gleich anzurufen. Ich habe die Rede schon im Kopf.

„Michael, Du bist in Gefahr. Der Reimer wird versuchen, Dir die mündliche Note „Summa“ kaputt zu machen. Ich weiß auch schon wie: Er wird am Ende Deines Vortrages äußerst geschickt auf irgendeine saublöde Frage kommen und Dich dann durch geschicktes Nachfragen so in Verlegenheit bringen, daß Du Dich verhedderst. Der wird Dich vorführen, ohne daß die, die Dir wohlgesonnen sind, Müller und Butzer, eingreifen könnten. Der macht das aber so geschickt, daß keiner von ihnen sagen kann: ‚Was soll denn diese dämliche Diskussion?’ Du trägst zu der Weste und dem weißen Hemd eine Krawatte, wie sie diese vertrockneten Institutsbeamten noch nie gesehen haben. Du wirst an dem Tag strahlen. Und dann kommt der Punkt, wo dieser beamtete Mathematikschurke sich die vorher ausgedachte heimtückische Frage aus dem Ärmel zieht. Du hörst lächelnd zu, schweigst dabei und beginnst an Deiner Krawatte zu spielen. Du streichelst sie. Jetzt strahlst Du Professor Reimer an und formulierst, wie überaus interessant seine Fragestellung sei. Du gehst auf die Frage selber gar nicht ein, sondern streckst Deine rechte Hand zur Geste aus, hältst sie in seine Richtung und sagst mit fester Stimme, wie günstig es für diese gemeinsame Runde doch sei, daß mit Professor Dr. Dr. h.c. Butzer ein Fachmann zugegen sei, dem die Ehre gebührt, eine solche hochinteressante Frage zu übernehmen. Dann schwenkst Du den rechten Arm und wendest ihn Butzer zu: ‚Herr Professor Butzer, ich bin nur ein Doktorand der Mathematik, aber es wäre mir eine Freude, wenn ich Herrn Professor Reimers Frage an Sie weitergeben könnte.' Jetzt sitzt der Reimer in der Falle, weil nicht nur Butzer, sondern auch Müller den Braten gerochen haben. Die sehen, daß Du nicht nur mit den Höchstnoten studiert hast, sondern auch noch galant bist und ein Mann von Welt. Damit steht Deine Note fest."

*

Jetzt war es nur noch notwendig, Michael anzurufen und ihn knallhart in die Taktik einzuweihen. Ich konnte ihn aber am Telefon nicht erreichen. Eine Woche lang wurde ich von seiner Mutter systematisch belogen. Michael pflegte vor Prüfungen in eine Art Phobie zu fallen. Er zog sich dann bei seiner Mutter zurück, um zu meditieren und zu beten. Diese Möglichkeit, seine Phobie anzugehen, hatte ich bisher immer begrüßt. Nur diesmal nicht, denn die Alte heuchelte, was das Zeug hergab und versprach permanent, daß Michael zurückruft.

Jetzt wurde mir klar, daß es gegen diese Form der Bigotterie nur eine Lösung gab, ins Auto zu steigen, hinzufahren, ihm die Krawatte selbst umzubinden und die Sache beim Namen zu nennen:

„Hör nie auf Deine Mutter."

Ich fuhr nicht hin. Der Mutter war dieses Seidenprunkstück viel zu auffällig. Zur Doktorprüfung war Bescheidenheit angesagt und natürlich fromme Sprüche. Dann, so sagte ich zu mir, wird alles so kommen, wie ich es verhindern wollte. Michael wußte genau, daß ich ihn unbedingt sprechen wollte.

Nach der mündlichen Doktorprüfung war er dann telefonisch erreichbar. Er gab zu, daß er auf seine Mutter gehört hatte, nicht mit mir zu telefonieren. Die Gesamtnote lautete: *sehr gut.*

Er und seine Mutter hatten es gemeinsam geschafft, die Gesamtnote *summa cum laude* abzuwürgen. Ich frage ihn, was denn da schief gelaufen sei.

„Ach der Professor Reimer hat am Ende der Prüfung so dämliche Fragen gestellt.“

„Hast Du die Krawatte getragen?“

„Nein, die ist doch viel zu auffällig.“

Wochen später erhalte ich ein Päckchen. Es enthält die Krawatte mit den Farben des Sieges. Ich begreife, ich habe sie für mich gekauft.

*

Michael Felten hatte auf meinen ausdrücklichen Wunsch die „Disquisitiones Arithmeticae“ gelesen (Band II, S. 143). Rückblikkend ist es mir unbegreiflich, wieso er aus seinen Kenntnissen heraus den Zusammenhang zwischen dem kleinen Fermatschen Satz und dem quadratischen Reziprozitätsgesetz nicht viel früher erfaßt und zusammen mit mir ausgearbeitet hat. Der Hauptgrund liegt vielleicht in seinem mangelnden mathematischen Geschichtsbewußtsein.

Ihm ist wohl nicht klar gewesen, daß Euler zum kleinen Fermatschen Satz über einen sehr scharfsinnigen Weg gelangt ist, ausgehend von dem Gedanken der **Nichtteiler** einer Zahl. **Das ist auch ein Umkehrgedanke.**

So wie sich jede Zahl in eine und nur eine Anzahl von Primzahlen zerlegen läßt, kann man eine Zahl aber auch daraufhin untersuchen, wie viele Nichtteiler sie besitzt. Zwei Beispiele: Die Nichtteiler der Zahl 4 sind die zwei Zahlen 1 und 3, was man ausdrückt durch $\varphi(4) = 2$, während $\varphi(10) = 4$ ist. 10 hat nämlich die Teiler 2 und 5, folglich sind die 4 Zahlen 1, 3, 7 und 9 Nichtteiler der 10. Wie man leicht einsieht, gilt für jede Primzahl p: $\varphi(p) = p - 1$.

Bei der Untersuchung von Periodenlängen bewies Euler einen Zusammenhang zwischen der Zahl 10 (unserem Stellenwertsystem) und der Periode einer Primzahl. Er fand heraus, daß z. B. $10^{\varphi(7)} - 1$ dividiert durch 7 den Wert 142857 liefert, der gerade die Grundperiode von 1:7 = 0,142857… selbst darstellt. (Zu besseren Verständnis wollen wir das ausrechnen: $10^6 - 1 = 999999$, teilt man diesen Wert durch 7 ergibt sich 142857.) In moderner Form schreibt sich dieser Satz von Fermat – Euler:

$$b | g^{\varphi(b)} - 1 \qquad \text{(b teilt } g^{\varphi(b)} - 1)$$

Für Primzahlen lautet er dann:

$$p | g^{p-1} - 1$$

was nichts anderes darstellt, als $g^{p-1} - 1 \equiv 0 \pmod p$, den kleinen Fermatschen Satz. Euler war es also gelungen, diesen Satz aus der Theorie der Nichtteiler, der Phi - Funktion, abzuleiten.

$$g^{\varphi(p)} \equiv 1 \pmod p$$

Eulers Entdeckung, daß die Anzahl der Nichtteiler als Exponent zur Basis 10 mit der periodischen Bruchdarstellung verknüpft ist, war genau meine Vermutung, die ich in Karlsruhe nicht deutlich genug ausgesprochen habe (Seite 84). Vielleicht war es ein Segen, daß Berufsmathematiker, also auch Kaucher und Felten, sich über diese elementaren Zusammenhänge nicht im Klaren sind, weil ich sonst bei meinem Beweis, daß der Kleine Fermatsche Satz aus einer real existierenden Geometrie stammt, nicht auf die Matrizendarstellung gekommen wäre.

Der Gedanke, daß nicht nur die Zahlen real existieren, sondern ohne Stellenwertsystem sinnlos wären, ist so tiefgründig, daß nicht philosophisch geschulte „Rechner" zu dem Phänomen überhaupt nicht vordringen können. Mit einer Ausnahme: Im Lehrbuch „Elementare Zahlentheorie" von Reinhold Remmert und Peter Ullrich (2. Auflage 1995, Birkhäuser Verlag) schreiben die Autoren auf Seite 167:

> „Der Satz von FERMAT – EULER hat sich hier anläßlich unserer Untersuchungen über rein-periodische *g*-adische Darstellungen nebenbei ergeben. Man darf ohne Übertreibung sagen, daß man nicht recht versteht, wieso dieser Satz hier plötzlich auftaucht (...); insbesondere wird hier nicht klar, warum der Satz von FERMAT – EULER so wichtig sein soll."

Man darf den Autoren Remmert und Ullrich zu dieser Ehrlichkeit gratulieren. In den Lehrbüchern der Zahlentheorie, die eh nur voneinander abgeschrieben sind, ist es absolut unüblich, der Existenz eines zahlentheoretischen Satzes eine Wieso? (Warum?) - Frage zuzuordnen. Wir werden bei der Abhandlung des quadratischen Reziprozitätsgesetzes auf diese bemerkenswerten Hochschullehrer Remmert und Ullrich noch einmal zurückkommen.

*

Bei der weiteren Untersuchung des kleinen Fermatschen Satzes machte Euler eine interessante Entdeckung: Er exponenzierte die fortlaufenden Basen 2, 3, 4, 5,... mit den Exponenten 1, 2, 3, 4... . Die neue Idee bestand darin, die einzelnen Rechenwerte alle modulo p zu rechen[1]. Die dabei zu betrachtenden Basen liegen natürlich nur zwischen 2, 3, 4, ..., p – 1, da die Basis 1 trivial ist. Wir wählen als Beispiel die neun Potenzreihen der Basen 2 bis 10 mit den Exponenten 1 bis 10, alle modulo 11. Hierbei sei daran erinnert, daß Kongruenzbetrachtungen zwar etwas mit dividieren zu tun haben, sich aber letztlich durch subtrahieren erledigen lassen. Beispiel:

$$2^6 \equiv 9 \pmod{11}$$

$2^6 = 64$ 64:11 = 5 Rest 9 64 – 9 = 55 55:11 = 5.

In Lehrbüchern der Zahlentheorie lassen sich solche Potenzreihen nicht finden. Wir haben in Abb. 57 „Potenzreihen der Basen 2 bis 10 mod 11" von der Möglichkeit Gebrauch gemacht, dem Leser das Problem, was noch zu benennen ist, zu visualisieren.

Wie man leicht erkennt, treten mit den Basen 2, 6, 7 und 8 alle Restwerte zwischen 1 und 10 auf. Bei den Basen 3, 4, 5, 9 und 10 wiederholen sich die Restwerte 1, 3, 4, 5 und 9 in verschiedener Reihenfolge nach der Hälfte der Kongruenzbetrachtungen, also den Exponenten 1 bis 5. Bei der Basis 10 wechseln sich nur die Restwerte 1 und 10 bzw. – 1 ab. Es werden nun solche Basen, die alle Kongruenzen zwischen 1 und p – 1 in wechselnder Reihenfolge erzeugen, nach Euler *primitive Wurzeln* genannt.

Euler stellte die Behauptung auf: *Zu jeder Primzahl p existieren Primitivwurzeln.* Sein Beweis aus 1773 wies jedoch Mängel auf. Erst Gauß lieferte in seinen Disquisitiones gleich zwei Beweise, worauf wir noch zurückkommen werden.

Interessant ist, daß es keine Möglichkeit gibt, die primitiven Wurzeln einer Primzahl durch irgendeine Formel zu finden, so wie es ja auch keine Möglichkeit existiert, von einer Zahl zu erfahren, ob sie prim ist – ohne zu rechnen. Immerhin bewies Gauß, daß sich die Anzahl der primitiven Wurzeln einer Primzahl leicht berechnen läßt. Sie beträgt nämlich $\varphi(p-1)$. Aus unserem Beispiel in Abb. 57 zeigt sich,

---

[1] Leser, die diese Kongruenzbetrachtungen mit dem Taschenrechner für größere Primzahlen nachvollziehen wollen, seien daran erinnert, daß dieser in der Regel nur zehnstellig ist. Um dieses Dilemma zu umgehen erinnern wir an einen Rechentrick: Um vom Restwert einer Zeile zum Restwert der darauf folgenden gelangen, wird erstere lediglich mit der Basiszahl multipliziert und das Produkt erneut durch die Primzahl dividiert. Der Restwert ist das Resultat.

daß φ(11) = 10 ist. Die Nichtteiler von 10 lauten 1, 3, 7 und 9, also vier, und die primitiven Wurzeln lauten 2, 6, 7 und 8, also auch vier.

Schon Euler hat die primitiven Wurzeln bis zur Primzahl 41 mühselig berechnet.

Potenzreihen der Basen 2 bis 10 modulo 11

$2^1 \equiv 2 \pmod{11}$	$3^1 \equiv 3 \pmod{11}$	$4^1 \equiv 4 \pmod{11}$
$2^2 \equiv 4 \pmod{11}$	$3^2 \equiv 9 \pmod{11}$	$4^2 \equiv 5 \pmod{11}$
$2^3 \equiv 8 \pmod{11}$	$3^3 \equiv 5 \pmod{11}$	$4^3 \equiv 9 \pmod{11}$
$2^4 \equiv 5 \pmod{11}$	$3^4 \equiv 4 \pmod{11}$	$4^4 \equiv 3 \pmod{11}$
$2^5 \equiv 10 \pmod{11}$	$3^5 \equiv 1 \pmod{11}$	$4^5 \equiv 1 \pmod{11}$
$2^6 \equiv 9 \pmod{11}$	$3^6 \equiv 3 \pmod{11}$	$4^6 \equiv 4 \pmod{11}$
$2^7 \equiv 7 \pmod{11}$	$3^7 \equiv 9 \pmod{11}$	$4^7 \equiv 5 \pmod{11}$
$2^8 \equiv 3 \pmod{11}$	$3^8 \equiv 5 \pmod{11}$	$4^8 \equiv 9 \pmod{11}$
$2^9 \equiv 6 \pmod{11}$	$3^9 \equiv 4 \pmod{11}$	$4^9 \equiv 3 \pmod{11}$
$2^{10} \equiv 1 \pmod{11}$	$3^{10} \equiv 1 \pmod{11}$	$4^{10} \equiv 1 \pmod{11}$
$5^1 \equiv 5 \pmod{11}$	$6^1 \equiv 6 \pmod{11}$	$7^1 \equiv 7 \pmod{11}$
$5^2 \equiv 3 \pmod{11}$	$6^2 \equiv 3 \pmod{11}$	$7^2 \equiv 5 \pmod{11}$
$5^3 \equiv 4 \pmod{11}$	$6^3 \equiv 7 \pmod{11}$	$7^3 \equiv 2 \pmod{11}$
$5^4 \equiv 9 \pmod{11}$	$6^4 \equiv 9 \pmod{11}$	$7^4 \equiv 3 \pmod{11}$
$5^5 \equiv 1 \pmod{11}$	$6^5 \equiv 10 \pmod{11}$	$7^5 \equiv 10 \pmod{11}$
$5^6 \equiv 5 \pmod{11}$	$6^6 \equiv 5 \pmod{11}$	$7^6 \equiv 4 \pmod{11}$
$5^7 \equiv 3 \pmod{11}$	$6^7 \equiv 8 \pmod{11}$	$7^7 \equiv 6 \pmod{11}$
$5^8 \equiv 4 \pmod{11}$	$6^8 \equiv 4 \pmod{11}$	$7^8 \equiv 9 \pmod{11}$
$5^9 \equiv 9 \pmod{11}$	$6^9 \equiv 2 \pmod{11}$	$7^9 \equiv 8 \pmod{11}$
$5^{10} \equiv 1 \pmod{11}$	$6^{10} \equiv 1 \pmod{11}$	$7^{10} \equiv 1 \pmod{11}$
$8^1 \equiv 8 \pmod{11}$	$9^1 \equiv 9 \pmod{11}$	$10^1 \equiv -1 \pmod{11}$
$8^2 \equiv 9 \pmod{11}$	$9^2 \equiv 4 \pmod{11}$	$10^2 \equiv +1 \pmod{11}$
$8^3 \equiv 6 \pmod{11}$	$9^3 \equiv 3 \pmod{11}$	$10^3 \equiv -1 \pmod{11}$
$8^4 \equiv 4 \pmod{11}$	$9^4 \equiv 5 \pmod{11}$	$10^4 \equiv +1 \pmod{11}$
$8^5 \equiv 10 \pmod{11}$	$9^5 \equiv 1 \pmod{11}$	$10^5 \equiv -1 \pmod{11}$
$8^6 \equiv 3 \pmod{11}$	$9^6 \equiv 9 \pmod{11}$	$10^6 \equiv +1 \pmod{11}$
$8^7 \equiv 2 \pmod{11}$	$9^7 \equiv 4 \pmod{11}$	$10^7 \equiv -1 \pmod{11}$
$8^8 \equiv 5 \pmod{11}$	$9^8 \equiv 3 \pmod{11}$	$10^8 \equiv +1 \pmod{11}$
$8^9 \equiv 7 \pmod{11}$	$9^9 \equiv 5 \pmod{11}$	$10^9 \equiv -1 \pmod{11}$
$8^{10} \equiv 1 \pmod{11}$	$9^{10} \equiv 1 \pmod{11}$	$10^{10} \equiv +1 \pmod{11}$

Abbildung 57

Der Vollständigkeit halber sei hier erwähnt, daß später erkannt wurde, daß es reicht, die kleinste primitive Wurzel einer Primzahl zu bestimmen, worauf sich dann die übrigen ergeben[1].

*

Um das Thema voran zu treiben, müssen wir uns ein wenig mit dem Gymnasiasten und späteren Studenten Gauß bis zu seiner Promotion zum Dr. phil. beschäftigen. Sein Volksschullehrer Büttner, der seine Zöglinge mit grausamer Disziplin erzog, kaufte dem 10 - Jährigen, dessen Talent er erkannt hatte, ein Lehrbuch der Arithmetik, ein Gottesgeschenk. Die Fügung wollte es, daß Büttner einen 17 - jährigen Hilfslehrer namens Bartels hatte, der in Mathematik hochtalentiert war. Der Knabe und Bartels begannen zusammen Mathematikbücher zu verschlingen. Da Gauß einen ausgesprochen ungebildeten Vater hatte, der ihn niemals auf eine weiterführende Schule geschickt hätte, sorgte Bartels mit seinen Beziehungen zu einflußreichen Leuten dafür, daß der kleine Gauß mit 14 Jahren dem Herzog Karl W. F. von Braunschweig vorgestellt wurde.

Dieser weitsichtige Landesfürst übernahm die Kosten für die dreijährige Ausbildung am Gymnasium von Braunschweig (1792 - 1795). Nachdem er fließend Lateinisch, Französisch und Englisch lesen konnte, befaßte sich Gauß vor allen Dingen mit den Werken von Euler und Lagrange und beschloß, selbst ein Lehrbuch über Arithmetik zu schreiben. Er muß den Gedanken, die Zahlentheorie auf Kongruenzen aufzubauen, schon als 17jähriger voll erfaßt haben.

Der Herzog hat dann auch die Kosten für das Mathematikstudium an der Universität Göttingen (1795 - 1798) übernommen; dort begann der junge Mann, praktisch neben dem Studium (über die Vorlesungen wird er nur gelacht haben) damit, die Disquisitiones in gestochenem Latein zu formulieren. Gauß konnte nicht wissen, daß der Franzose Adrien M. Legendre in Paris etwa 1796 mit seinem „Essai sur la théorie de nombres“ begonnen hatte, den er 1798 veröffentlichte (Band II, S. 22). Der junge Student hatte zwei Jahre zuvor einen längeren zahlentheoretischen Artikel von Legendre gelesen mit dem Titel „Recherche d' Analyse Indéterminée“ (1785), der in der Göttinger Universitätsbibliothek zur Verfügung stand.

Wir werden auf diese mathematikhistorischen Zusammenhänge beim Thema der quadratischen Reste noch zurückkommen.

---

[1] Bundschuh, Peter: Einführung in die Zahlentheorie, 5. Auflage 2002, Berlin/ Heidelberg, S. 111 ff.

*

Da Gauß sein zahlentheoretisches Meisterwerk auf Kongruenzbetrachtungen begründete, mußte er bei der Theorie der primitiven Wurzeln zu einem logarithmischen Gedanken vorstoßen, den er *Index* nannte. Hierbei hat er etwas übersehen, was von welthistorischer Bedeutung ist. (Die Gründe werden wir später ausführlich diskutieren.) Er schreibt in den Disquisitiones: „Wenn

$$a^e \equiv b \pmod p$$

ist, werden wir e den *Index* von b nennen.“ Zur näheren Erklärung: In Tabelle 57 haben z.B. die 10 Glieder mit der Basis 2 und den Exponenten 1 bis 10 zehn verschiedene Kongruenzen zwischen 1 und 10. Aus dieser Tabelle kann man entnehmen, daß die 1 den Index 10 hat, die 2 den Index 1, die 3 den Index 8, die 4 den Index 2, die 5 den Index 4, die 6 den Index 9, die 7 den Index 7, die 8 den Index 3, die 9 den Index 6 und die 10 den Index 5. (Bei höheren Potenzen der Zahl 2: 2^{11}, 2^{12}, 2^{13}, 2^{14}... usw. wiederholen sich die Kongruenzen 2, 4, 8, 5 in der gleichen Reihenfolge, weshalb man auch von *zyklischen primen Restklassengruppen* spricht. Folglich wird sich die Reihenfolge der Indices mit 11, 12, 13, 14 fortsetzen.)

Gauß schreibt weiter „Wenn z.B. für den Modul 19 die primitive Wurzel 2 als Basis angenommen wird, so werden

den Zahlen	1	2	3	4	5	6	7	8	9	10	11	12	13	14	15	16	17	18
die Indices	0	1	13	2	16	14	6	3	8	17	12	15	5	7	11	4	10	9

entsprechen.“ (Gauß hat hier statt der fortlaufenden Exponenten 1 bis 18, die den 18 verschieden vertauschten Restwerten entsprechen, die Exponenten 0 bis 17 gewählt, da 2^0 und 2^{18} beide den Rest 1 liefern. 1 hat aber den Logarithmus {Index} Null.)

Betrachten wir nämlich die Indices unter dem Aspekt der K_1 Zahlen: 1, 5, 7, 11, 13, 17 (mod 19), so lauten die dazu gehörigen Restwerte folgendermaßen: **1** entspricht der 2, **5** der 13, **7** der 14, **11** der 15, **13** der 3 und **17** der 10. Nun sind aber die Ziffern 2, 3, 10, 13, 14 und 15 gerade die primitiven Wurzeln der Primzahl **19**. Gauß hat hier eine ungeheuer einfache Gesetzmäßigkeit übersehen.

φ(19) = 18 hat die Nichtteiler 1, 5, 7, 11, 13 und 17; denn die

Zahl 18 setzt sich nur aus Primzahlen oder Primzahlpotenzen von K_2 Zahlen und K_3 Zahlen (die Primteiler lauten 2 bzw. 3) zusammen. Die Nichtteiler sind also genau die Folge der Primzahlen für die Klassenzahlen K_1 = 1, 5, 7, 11, 13, 17, 19.

Wenn wir nun Tabellen (Potenzreihen) für die 6 primitiven Wurzeln 2, 3, 10, 13, 14, 15 entwickeln, werden wir in den verschiedenen 6 Potenzreihen immer nur bei den Indices 1, 5, 7, 11, 13, und 17 (mod 19) die Restwerte erhalten, die den primitiven Wurzeln entsprechen.

Da die Indices aber von ihrer mathematischen Struktur **Logarithmen** sind, wiederholt sich hier für die **Primzahl 19** einzigartig in den **Exponenten** eben die **Primzahlkodierung**, die wir als Grundlage des **Primzahlkreuzes** entdeckt haben. Jede Primzahl größer als 19 kann diese logarithmische Kodierung nicht mehr erfüllen. Q.e.d.

Ein einfaches Beispiel: $\varphi(23) = 22$. Die Zahl 22 hat die Nichtteiler 1, 3, 5, 7, 9, 13, 15, 17, 19, 21, während 11 Teiler ist. Die 10 primitiven Wurzeln lauten **5**, 7, 10, 11, 14, 15, 17, 19, 20, 21. Wenn wir von der Basis **5** die Potenzreihe bilden 5^0, 5^1, 5^2,... 5^{21}, werden in den Kongruenzen in verschiedener Reihenfolge die oben genannten 10 primitiven Wurzeln auftreten. Diese haben die 10 Indices in einer bestimmten vertauschten Anordnung. Für die übrigen 9 primitiven Wurzeln werden sich die gleichen Indices ergeben, natürlich immer in unterschiedlicher Reihenfolge. Man sieht mit einem Blick, daß in der Folge der ungeraden Indices die 11 fehlt. Gerade weil die Primzahlzahl 11 Teiler von 22 ist, kann sie als Index (mod 23) keinen Restwert haben, der einer primitiven Wurzel entspricht.

*

Wenn eine Eiskunstläuferin nach der Goldmedaille greift und bei einem dreifachen Sprung auf dem Po landet, sagt man aus Höflichkeit, sie habe gepatzt. Jeder hat es gesehen, leugnen ist zwecklos. Was ist, wenn Gauß, bevor er noch an die quadratischen Reste heranging, etwas Entscheidendes übersehen hat?

Naturwissenschaftler und Mathematiker haben in der Regel von dem Fach Geschichte nicht die geringste Ahnung. Skandalös ist aber, daß sie von Wissenschaftsgeschichte meist nur ein paar „Geschichtchen“ aufgeschnappt haben. Ihnen ist weitgehend unbekannt, daß reife Ideen im historisch richtigen Moment am Schopf gefaßt werden müssen, oder sie bleiben verborgen, ohne daß das überhaupt bemerkt wird. Ein Beispiel: Die Chinesen haben das Schießpulver erfunden und auch seine Anwendung als Feuerwerksraketen oder Bomben mit Lunten. Auf die entscheidende Möglichkeit, Schießpulver in gegossenen Bronzekanonen abzufeuern, sind sie erst zu Beginn der Ming-Dynastie (14. Jhd.) gekommen. Das Pulver mußte im Abendland gewissermaßen ein zweites Mal entdeckt werden, um dann mit der Verwendung in Musketen und Kanonen ein ganzes Zeitalter abzulösen.

Leibnitz hat übersehen, daß sein Sechsertakt in Wirklichkeit mit der Zahl – 1 beginnt (Band II, S. 21), obwohl ihm das Rechnen mit imaginären und komplexen Zahlen geläufig war. Euler, dem von den Überlegungen Leibniz' zum Sechsertakt wahrscheinlich nichts bekannt war, wurde durch die Formulierungen $-1 = e^{i\pi}$ und $+1 = e^{2\pi i}$ der Vorbereiter und Lehrer par Excellenze für den jungen Gauß und schuf die Voraussetzung, daß der ± 1 - Takt zum zweiten Mal hätte entdeckt werden können, diesmal bei den logarithmischen Indices.

Gauß wurde etwa mit Beginn des 17ten Lebensjahres von einer solchen Fülle genialer Eingebungen befallen, daß er nicht einmal Zeit fand für Notizen. Er konnte dann mitten in der Unterhaltung erstarren und die Einfälle wahrscheinlich blitzartig verarbeiten und fotographisch speichern, was natürlich für seine Gesprächspartner „verrückt" wirkte. Da er mit 18 Jahren am ersten Beweis für das Theorema fundamentale arbeitete, hat er hierzu in seinen Disquisitiones folgendes vermerkt: *„Doch quälte mich jener Satz ein ganzes Jahr lang und entzog sich den angestrengtesten Bemühungen, bis mir endlich der im vierten Abschnitt jenes Werkes aufgeschriebene Beweis gelang."*

Wenn der junge Gauß zu dieser Form des Superlativs findet, kann sich kein Mensch mehr vorstellen, was er denn dabei mitgemacht haben muß, gleichwohl war der Zugang zum ± 1 - Takt – diesmal über logarithmisches Denken – vertan. Am 8. April 1796 gelingt sein erster Beweis für den o.g. Satz. Vorher jedoch hatte er schon im März 1796 den Höhepunkt der Disquisitiones, das „regelmäßige Siebzehneck", berechnet.

Von jenem Tag an begann er ein Notizenjournal zu führen: ein aus 19 Seiten bestehendes mathematisches Tagebuch. Es enthält 146 numerierte kürzest gehaltene Eintragungen. Das kartonierte Buch wurde erst 1898 von Felix Klein in einer Dachkammer der Gaußerben wiedergefunden. Dies bedarf einer näheren Erläuterung.

*

Gauß hatte in seiner physikalischen Epoche den Telegraphen erfunden, der bekanntlich mit Elektromagneten arbeitet. Da er als Visionär wußte, daß die ganze Welt mit Eisenbahnlinien durchzogen werden und man neben den Schienen Telegraphenmasten aufstellen würde, spekulierte er unter anderem mit Eisenbahnaktien. Er war nun nicht so dumm wie andere Aktienbesitzer, diese Zertifikate zu horten, sondern verkaufte immer im richtigen Moment. Indem er sich die Gewinne in Goldmünzen auszahlen ließ und diese auch klugerweise nicht einer Bank anvertraute, war natürlich seine Wohnung mit versteckten Schätzen gespickt.

Nach seinem Tode haben die Erben nach Gold gesucht und nicht nach wissenschaftlichen Notizen. Diese gingen in den Besitz der Universität Göttingen über, während die privaten Utensilien heute in Braunschweig lagern. Als dann zwei Jahre vor Beginn des 20. Jahrhunderts sein wissenschaftliches Tagebuch gefunden wurde, begann die Fachwelt zu ahnen, daß er fast das ganze 19. Jahrhundert an mathematischen Überlegungen vorweggenommen hatte. Diese Geschichte ist schon oft genug erzählt worden, aber wer hat sich wohl gefragt, warum Gauß am 9. Juli 1814 aufhörte, auf diese merkwürdige Art und Weise Tagebuch zu führen.

In den 20er Jahren des 19. Jahrhunderts nimmt er als Direktor und Professor des Astronomischen Instituts der Universität Göttingen für die Regierung von Hannover und Dänemark einen Beratervertrag für Vermessungsarbeiten an. Die Generalstäbe Europas hatten den Wert der Generalstabskarten erfaßt. Hierzu werden Flächen trianguliert und alle Höhen vermessen. Gauß ist jahrelang in der freien Natur, sitzt zu Pferde, läßt in die Wälder Schneisen schlagen und übernachtet mehr schlecht als recht in Herbergen. Natürlich hat er jetzt zwei Gehälter, aber die Fachwelt rätselt, warum der berühmteste zeitgenössische Mathematiker die Mathematik an den Nagel gehängt hat und sich irgendwo in der Wildnis herumtreibt, wo sich Fuchs und Hase gute Nacht sagen.

Gauß hat beim ± 1 - Takt gepatzt; niemand hat es gemerkt. Was aber wäre, wenn er es selbst zu einem späteren Zeitpunkt erfaßt hätte? Mit dem 6n ± 1 - Takt wäre er sofort zum Primzahlkreuz vorgestoßen. Als genialer Physiker hätte er das reziproke Quadratgesetz aus der Geometrie und Verteilung der Primzahlen abgeleitet. Danach wäre er auf die Potenzinvertierung und zum 4n ± 1 - Takt gestoßen. Jetzt gab es nur zwei Möglichkeiten: Er hätte an die wissenschaftliche Fachwelt herantreten können und Platons Idee eines transzendenten verborgenen Bauplans bejahen müssen. Die andere Möglichkeit war zu schweigen und sich nicht mit der Fülle von Dummköpfen, die er eh verachtete, anzulegen.

Wenn er geschwiegen haben sollte, was völlig unentscheidbar ist, hat er die Naturwissenschaften des 20. Jahrhunderts in die Sackgasse geleitet, in der sie seit 1913 stecken. Für den Atomkern und seine Hülle gab es zwar eine Theorie, begleitet von unzähligen Meßergebnissen, aber keine Erklärung. Eben weil es keine Mathematik gab für die geheimnisvolle Welt der Quantenmechanik, mußte man auf die vorhandene Mathematik zurückgreifen. Poincaré, der letzte große Mathematiker im Range von Gauß hat es geahnt, als er Einsteins Deutung der Lorenztransformation als Unsinn bezeichnete. Wären ihm die Ergebnisse der allgemeinen Relativitätstheorie ab 1915 bekannt gewesen, hätte er wahrscheinlich „Halt" gebrüllt.

Einer der größten Physiker des 20. Jahrhunderts, Wolfgang Pauli, den die Fachwelt das „Gewissen der Physik" nannte, und von dem noch die Rede sein wird, hat explizit in der Zahlentheorie und nicht in den Teilchenbeschleunigern die Zukunft der Physik gesehen. Als er starb, sind kistenweise Champagnerflaschen geöffnet worden, weil Physiker die Zahlentheorie so hassen wie der Teufel das Weihwasser. Die Lüge begann Triumphe zu feiern und es heißt doch, daß die größte aller Lügen vom Teufel selbst in die Welt gesetzt worden ist, nämlich die Behauptung, es gäbe ihn gar nicht.

*

In den Jahren etwa von 1880 – 1910 tobte in den Naturwissenschaften ein erbitterter Kampf zwischen den Atomisten auf der einen Seite und den Gegnern der Atomistik auf der anderen. Die letzteren waren nun nicht etwa zu dumm, um die Argumente für die Atomtheorie einzusehen, sondern bestanden darauf, lediglich die Vorteile der Theorie bei der Behandlung bestimmter physikalisch - mathematischer Probleme zu akzeptieren, den Atomen jedoch keine reale Existenz einzuräumen. Ähnlich wie die Bibel lehrt, daß man sich kein Bild von Gott machen solle, dürfe den letzten, unteilbaren Bestandteilen der Materie keine Gestalt zugeordnet werden. Dies sei allein Gott vorbehalten.

Beim Treffen der Deutschen Akademie der Naturforscher Leopoldina in Halle 1890 prallten die Fronten bei einer Podiumsdiskussion hart aufeinander. Der bekannteste Streiter für den Atomismus war der Wiener Physiker und Mathematiker Ludwig Boltzmann, sein vehementester Kontrahent der deutsche Physikochemiker Wilhelm Ostwald, der den von ihm und auch Ernst Mach geprägten energistischen Standpunkt vertrat.

Ostwald attackierte den von Boltzmann und seinen Anhängern vertretenen uneingeschränkten Atomismus (Anmerkung: hier war noch der Atomismus der chem. Elemente gemeint) äußerst gewandt und scharf, besonders nachdem Boltzmann plötzlich bemerkte, „daß er keinen Grund sehe, warum nicht auch die Energie atomistisch aufgeteilt werden könnte“, weil Ostwald diesen Gedanken aus Spott in die Diskussion eingebracht hatte[1]. Diese Auseinandersetzung darf nicht mit der berühmt gewordenen 67. Naturforscherversammlung in Lübeck 1895 verwechselt werden, bei der eine Berufungskommission das Thema Energetik auf die Tagungsordnung gesetzt hatte und in der Boltzmann und seine Atomisten triumphierten.

Ostwald lachte zunächst, schrieb aber später[2]: „(...) im Herzen fühlte ich mich getroffen durch die Kühnheit des Gedankens, und dieser Eindruck war so stark, daß ich das Gespräch bis heute nicht vergessen habe.“

Neben Ostwald stand während des Disputs ein junger Professor für theoretische Physik namens Max Planck, dem diese ungeheure „Kühnheit“ Boltzmanns wohl zu einem Geistesblitz verhalf. Denn 10 Jahre danach stellte Planck das später so genannte Plancksche Strahlungsgesetz vor und hielt vor der Deutschen Physikalischen Gesellschaft in Berlin seine berühmte Rede, mit der er am 14.12.1900 die Quantentheorie begründete. Während Planck damals noch auf eisige Ablehnung stieß und nach eigener Aussage jahrelang von seinen Kollegen nicht mehr gegrüßt wurde, muß Boltzmann von der Planckschen Arbeit außerordentlich getroffen worden sein. Der Nobelpreisträger Ostwald kommentierte dies auffällig zurückhaltend zu einem Zeitpunkt, als Planck selbst ebenfalls schon lange den Nobelpreis erhalten hatte:

> „Ob und wie M. Planck sich zu dem Gedanken äußerte, ist mir nicht im Gedächtnis geblieben. Aber seine mutige und eigenartige Begriffsbildung der „Quanten“, die er später zur Deutung der Strahlungserscheinungen, also auf einem ganz anderen Boden entwickelt hat, stellt in ihrer Weise gleichfalls eine Verbindung zwischen Energetik und Atomistik her[3].“ (Anmerkung: Was für eine Schöntuerei!)

Im Hinblick darauf ist eine 1877 erschienene Arbeit von Boltzmann von entscheidendem Interesse[4]. Darin wird die Idee, daß Atome

---

[1] Rife, Patricia: Lise Meitner. Ein Leben für die Wissenschaft, Düsseldorf, 1990. S. 34.

[2] Ostwald, Wilhelm: „Lebenslinien“ Bd. 2, Berlin, 1927, S. 188.

[3] A.a.O., S. 188.

[4] „Über die Beziehungen zwischen dem zweiten Hauptsatz der mechanischen Wärmetheorie und der Wahrscheinlichkeitsrechnung respektive den Sätzen über das Wärmegleichgewicht“ (Sitz.-ber. kai-

nur diskrete Energiestufen einnehmen können, erstmals mathematisch abgehandelt. Der theoretische Physiker Clemens Schaefer äußert sich dazu wie folgt:

> „Ist die Vermutung zu gewagt, daß Planck bei seinem Versuch einer rationellen Begründung der Quantentheorie gerade diese Abhandlung Boltzmanns studierte und den hier angedeuteten Algorithmus benutzte? Aber freilich hat Planck dann erkannt, daß bei der Wärmestrahlung die Annahme endlicher Energiequanten (die übrigens auch bei ihm ε heißen) kein mathematischer Kunstgriff zur Erleichterung der Rechnung, sondern eine Forderung der Natur ist, und daß man keineswegs zur Grenze $\varepsilon \to 0$ übergehen darf, wenn man zum richtigen Strahlungsgesetz gelangen will[1]."

Lise Meitner, die von 1902 - 1906 in Wien bei Boltzmann physikalische Vorlesungen hörte, erinnert sich, daß dieser in seinen Vorlesungen mit keinem Wort von den ganzzahligen Quanten Plancks berichtet hat:

> „Ich habe mich oft gefragt, warum Boltzmann uns darüber nie ein Wort gesagt hatte. Schließlich bin ich noch fünf Jahre nach dieser Entdeckung in seine Vorlesung gegangen. (...) Unabhängig davon ist Planck nicht zu seiner Theorie gekommen, bis er sowohl Boltzmanns Atomtheorie als auch die Statistik akzeptiert hatte, die von ihm eingeführt worden war[2]."

Diese Verwunderung Lise Meitners, die später in Berlin ausgerechnet durch Plancks Fürsprache die erste deutsche Professorin für experimentelle Kernphysik wurde, ist entweder naiv oder bewußt vorsichtig. Es entspricht dem damaligen Rollenverständnis der Frau, daß ihre eigenen kollegialen Leistungen in Zusammenarbeit mit Otto Hahn später auch niemals richtig gewürdigt worden sind. Meitners Biographin Rife übersieht die geradezu tragische Bedeutung solcher Worte im Zusammenhang mit den Ereignissen der Jahre 1905/06.

1905 hatte nämlich Albert Einstein nicht nur in einer Publikation

---

serl. Akad. Wiss. 76 (1877) 373-435, Ges. Abh., Band II, S. 167 ff.).

[1] Aus: Stiller, Wolfgang: Ludwig Boltzmann, Frankfurt, 1989 S. 189 ff.

[2] A.a.O., S. 41.

aus der Theorie der Brownschen Bewegung mit statistischen Hilfsmitteln einen direkten Beweis für die atomistische Natur der Materie gegeben, sondern auch im selben Jahr in einer anderen Publikation Plancks Quantenhypothese dazu verwendet, den elektrischen Photoeffekt als durch Lichtquanten hervorgerufen zu deuten. Wenige Monate später im Jahr 1906 formulierte er in einer weiteren Schrift die Äquivalenz von Masse und Energie durch seine Formel $E = mc^2$.

Einige Monate darauf nahm sich Boltzmann, einer der brillantesten Physiker seiner Epoche, am 6.9.1906 das Leben.

*

Die Biographen und viele Wissenschaftshistoriker erklären den Freitod während eines Kuraufenthaltes verlegen mit Altersbeschwerden wie extremer Sehschwäche und „Depressionen". Dem ist entgegenzusetzen, daß Boltzmann Zeit seines Lebens ein Kämpfer war. Seine Kämpfe mit den üblichen Problemen des Alltags muten kindlich an, aber in der Diskussion war er schlagfertig und brillant. Zahlreiche gesellschaftliche Aktivitäten legen zudem nahe, daß er nicht (manisch) depressiv war.

Um Boltzmanns Scheitern zu begreifen, muß man sich auch mit dem Lebenslauf von Max Planck beschäftigen.

Planck hatte bei G. Kirchhoff und H. von Helmholtz in Berlin studiert und anschließend in München eine höchst bemerkenswerte Dissertation abgeliefert, die aber von seinen Münchener Hochschullehrern nicht verstanden wurde[1]. Dennoch konnte er 1879 promovieren, weil seine physikalische Begabung allgemein erkannt worden war. Später ging er nach Kiel und wäre vielleicht ein unbekannter Ordinarius geblieben, wenn ihn nicht ein merkwürdiges Ereignis aus dem Nichts der Geschichte zum Weltruhm geführt hätte.

1889 war nämlich Kirchhoffs Lehrstuhl in Berlin frei geworden. Die Universität Berlin wollte als Nachfolger den berühmten Boltzmann, der die Berufung zunächst auch annahm. Doch dann war der Wiener bei einem Besuch in Berlin über die preußische Engstirnigkeit so verärgert, daß er seine Zusage zurücknahm. Nun hätte wohl jeder berühmte Physiker eine Berufung abgelehnt, um nicht bloß als Ersatz für Boltzmann zu gelten. Das bemerkte man in Berlin und wählte deshalb den unbekannten jungen Planck als Nachfolger von Kirchhoff. Dies bedeutet nichts anderes, als daß Planck seinen Berliner Lehrstuhl

---

[1] Vgl. Segré, Emilio: Die großen Physiker und ihre Entdeckungen, München, 1984. S. 542 ff.

und damit seinen Aufstieg Boltzmann verdankte.

Korrekterweise hat Planck den Konkurrenten Boltzmann über seine Ausarbeitungen zu den Strahlungsgesetzen informiert. Dieser hat als Meister der Mathematik und Physik Planck bestätigt, daß die Überlegungen richtig seien. Was muß in dem vierzehn Jahre älteren Boltzmann vorgegangen sein, als er mit der Erscheinung der Planckschen Publikation 1901 erfaßte, daß er nicht nur die Entdeckung der Naturkonstante h, sondern auch die Einführung der nach ihm benannten Konstanten $k_B = R/L$ expressis verbis als atomistische Größe schlichtweg verpaßt hatte, obwohl er der Vater beider Gedanken gewesen war.

Vielleicht hätte es den Selbstmord nicht gegeben, wenn da nicht dieser junge Mann aus Bern ohne Hochschulabschluß[1] (Promotion), lediglich ausgebildet als Physiklehrer für die Mittelstufe an Höheren Schulen, mit seinen Geniestreichen den Atomismus von Materie und Energie endgültig klargestellt hätte.

Ausgerechnet der zu seinen Lebzeiten gefeierte Boltzmann, der dem Atomismus zum Durchbruch verholfen und die Thermodynamik mathematisch und physikalisch gewissermaßen abgeschlossen hat, verpaßte die größte Chance seines Lebens. So begann die Quantenmechanik mit einer Tragödie.

*

Planck hat in seiner wissenschaftlichen Selbstbiographie mit Rückbesinnung auf den Kampf zwischen Ostwald und Boltzmann etwas bemerkt, was von Wissenschaftshistorikern und Sachbuchautoren immer wieder zitiert wird:

> „Eine neue wissenschaftliche Wahrheit pflegt sich nicht in der Weise durchzusetzen, daß ihre Gegner überzeugt werden und sich als belehrt erklären, sondern vielmehr dadurch, daß die Gegner allmählich aussterben und daß die heranwachsende Generation von vornherein mit der Wahrheit vertraut gemacht ist[2]."

In diesem Zusammenhang muß betont werden, daß der Kollege Boltzmann nicht „allmählich ausgestorben" ist. Der bedeutungsvolle Hintergrund dieses Zitates allerdings wird meist übersehen. Die Sätze

---

[1] Den Titel „Diplomphysiker" gab es nicht.

[2] Planck, M.: Wissenschaftliche Selbstbiographie, Leipzig, 1948.

unmittelbar vor dem bekannten Zitat lauten nämlich:

> „Daß Boltzmann in dem Kampf gegen Ostwald und die Energetiker sich schließlich durchsetzte, war für mich nach dem Gesagten eine Selbstverständlichkeit. Die grundsätzliche Verschiebung der Wärmeleitung von einem rein mechanischen Vorgang wurde allgemein anerkannt. Dabei hatte ich Gelegenheit, eine, wie ich glaube, bemerkenswerte Tatsache festzustellen.“

Planck unterschlägt 10 Jahre seines Lebens, in denen er nicht nur in Konkurrenz zu Boltzmann stand, sondern dessen genialste Idee adaptierte. Für uns heute stellt die Jahrhundertwende 1900 gleichwohl eine physikalische Zeitenwende dar, denn Planck formulierte mit dem Gesagten gewissermaßen die Existenz „zweier Physiken“:

1. Die Mechanik Newtons, die auf recht einfachen Gleichungen wie dem reziproken Quadratgesetz beruht und

2. Die Thermodynamik, bei der es um Abnahme und Zunahme von Größen wie Wärme und Entropie geht, was sich mathematisch nur mit dem natürlichen Logarithmus beschreiben läßt.

Im Hintergrund lauerte zu diesem Zeitpunkt aber bereits eine „dritte Physik“, die von Maxwell, Balmer, Planck selbst vorbereitet worden war. 1913 wurde sie durch Niels Bohrs Schalenmodell begründet und später durch Schrödinger, de Broglie, Heisenberg et al. zur Quantenmechanik ausgebaut.

In den 80er Jahren dieses Jahrhunderts mußte man die Existenz einer „vierten Physik“ akzeptieren, da sich der bis dahin entstandene Teilchenzoo nur noch durch die Quark - Theorie rechtfertigen ließ. Plötzlich entstand aus einem Akt des Selbstzweifels der Ruf nach Vereinheitlichung, also nach einer Neuorientierung. So verschiedene „Physiken“ lassen sich aber nicht „von oben“ vereinheitlichen.

Die heutigen Bestrebungen nach einer *einheitlichen Theorie*, die niemand als Ganzes überschaut und die ungeheuer kompliziert und aufgebläht ist, können nicht zum Erfolg führen. Im Gegenteil: Man muß das Problem an der Wurzel packen. Man muß dort von neuem ansetzen, wo sich erstmals zeigte, daß sich die Gesetze von Atomkern und -hülle nur durch eine Mathematik beschreiben lassen, die auf ganzen Zahlen basiert. Genau das ist Kennzeichen der Arithmetik.

Als ich 1959 Abitur machte, starb im selben Jahr Wolfgang Pauli. „Das Gewissen der Physik“ hatte wenig Ahnung von Chemie, wie wir später sehen werden. Auch wenn er ein genialer mathematischer Physiker war, Zahlentheorie hat in der theoretischen Physik keine Bedeutung. Konkret gesagt: Er konnte sich eben nicht auf Gauß berufen.

Ich hingegen interessierte mich als Schüler nicht im Geringsten für die Grundlagen der Schulmathematik, nämlich Algebra und Geometrie. Ich bin erst über die Stereochemie, einen Eckpfeiler der Biochemie und der Pharmakologie, zu räumlichen Überlegungen gelangt.

Als ich 1980 den Primzahlcode entdeckte, der mit der 19 endet, traf ich eine merkwürdige Entscheidung: Ich verlangte, daß der „größte“ Mathematiker meine Idee gut heißt. Als ich dann in Lübeck von Gauß ermutigt wurde (Band I, S. 330), wußte ich wenig über ihn und sein großartiges Werk. *Ecce homo.* Ohne seine Botschaft, hätte ich auf gar keinen Fall den bedingungslosen Willen zum Siege gefaßt.

Kapitel 14

Der Primzahlcode und seine Umkehrung

Es gab um das Jahr 1900 weltweit nicht einmal 100 Ordinarien für Theoretische Physik und nur eine bescheidene Anzahl von Doktoranden. Heute sind Teilchen- und Astrophysik ein Milliarden verschlingender Moloch geworden. Solche Institutionen lassen sich, wie die Weltgeschichte zeigt, aus Einsicht allein überhaupt nicht reformieren. Ganz selten passiert es aber, daß eine Entdeckung eine ganze Wissenschaft mit einem Schlag verändert. Die Chemie hat einen solchen Umbruch bereits erlebt.

Bis zur Herausgabe von Antoine Laurent de Lavoisiers Lehrbuch „Traité élémentaire de chimie“ im Jahr 1789, das den Begriff der chemischen Elemente und Verbindungen definierte und damit die Chemie begründete, herrschten in der Chemie bzw. Alchimie Verhältnisse wie in einem Tollhaus. Dadurch, daß die Chemiker nach Lavoisier ihre Wissenschaft auf einem soliden Fundament errichtet haben und auch nicht davon abgewichen sind, ist die Chemie heute eine Wissenschaft ohne innere Widersprüche bzw. Ungereimtheiten. Wenn es auch dort noch große ungelöste Fragen gibt, so wird dies jedenfalls offen zugegeben.

Beispielsweise stellt die Nuklidkarte, insbesondere die Verteilung der stabilen Isotope, eine tiefes Rätsel dar. Auf dem Gebiet der Biochemie steht man vor der Frage, wie die Peptidsynthese aus 20 ganz bestimmten Aminosäuren über die RNA bzw. DNA zur Bildung menschlichen Geistes und Bewußtseins führte.

Die Physik als Lehre von der Bewegung hat jedoch im Gegensatz zur Chemie als Lehre von den Stoffen mit den abstrakten Begriffen von Raum und Zeit zu kämpfen, die in ihrem Wesen unendlich sind und so bei ihrer mathematischen Behandlung zu Problemen führen. „Eine zeitgenössische Physik kann immer nur in soweit richtig sein, wie es der gegenwärtige Stand der Mathematik zuläßt.“ (Plichta) Die Mathematik wurde bis in die Mitte des 19. Jahrhunderts von ihren führenden Vertretern im platonischen Sinne ewigem Gedankengut zugeordnet und ist erst danach zunehmend als menschliche Erfindung deklariert worden. Einen Beweis für diese Hypothese gibt es jedoch nicht. Ausgerechnet die Wissenschaft, in der ohne streng logischen Beweis nichts akzeptiert wird, hat ihre Grundlage in einem Dogma.

*

Die Physiker benutzen ein vierdimensionales System aus 3 Raumdimensionen und einer Zeitdimension, das sog. Raum - Zeit - Kontinuum. Dieser mathematische Raum IR^4 besitzt einige Besonderheiten, worüber sich auch die Mathematiker bisweilen Gedanken machen. 1982 zeigte nämlich Simon Donaldson, Universität Oxford, daß der IR^4 eine nicht der Norm entsprechende Differenzierbarkeitsstruktur besitzt. Genauer: für jeden Raum IR^n außer IR^4 gibt es nur eine einzige mögliche Differenzierbarkeitsstruktur, für den Raum IR^4 gibt es jedoch unendlich viele Möglichkeiten! Diese von den meisten Physikern nicht beachtete Erkenntnis bedeutet im Klartext, „(...) daß der vierdimensionale Raum etwas ganz besonderes darstellt[1].“

Der Raum unserer physikalischen Anschauung ist 3 - dimensional. Da begrenzte Räume aber nur innerhalb eines 4 - dimensionalen Raumes existieren können, ist es sicherlich lohnend, sich in diesem Zusammenhang einmal allgemein mit der Dualität von 3 - und 4 - Fachheit zu beschäftigen. Genau dies hat einer der größten Physiker des 20. Jahrhunderts auch jahrzehntelang getan. Zur Verwendung des mathematischen IR^4 in der Physik schreibt Pauli schon 1947:

> „Ich erwarte immer mehr eine Revolutionierung der Grundbegriffe in der Physik, wobei mir besonders die Weise, wie das Raum-Zeit-Kontinuum in ihr heute eingeführt wird, in zunehmendem Maße unbefriedigend erscheint. (...) Es ist natürlich genial, die Zeit nicht mehr zur Anordnung von Kausalreihen zu verwenden, (...) sondern als Tummelplatz von Wahrscheinlichkeiten. Wenn man aber statt genial sagt dumm-dreist, ist es ebenso wahr. Dieses Raum-Zeit-Kontinuum ist ein Nessushemd[2] geworden, das wir nicht mehr ausziehen können[3].“

Dieser Wolfgang Pauli, den Einstein vor seinem Tod als seinen geistigen Nachfolger bezeichnet hatte, war der großartige theoretische Physiker schlechthin. Daher ist es geradezu unglaublich, mit welcher ‘absoluten’ Gewißheit heute dennoch in Lehr - und Sachbüchern vom Raum - Zeit - Kontinuum geredet wird.

---

[1] Devlin, Keith: Sternstunden der modernen Mathematik, Basel, 1990.

[2] Ein Kleidungsstück aus der griechischen Mythologie, das nach überstreifen lichterloh brennt.

[3] Wolfgang Pauli – Wissenschaftlicher Briefwechsel mit Bohr, Einstein, Heisenberg u. a., Band III, Springer Verlag, Berlin.

Im Zusammenhang mit dem von ihm entdeckten Ausschliessungsprinzip (Nobelpreis 1945) hatte Pauli ursprünglich – als Trinitarier und damit Verfechter der Vorstellung, daß in der Natur alles dreifach ist – die Existenz einer 4. Quantenzahl kategorisch zurückgewiesen. Als diese dann von Uhlenbeck und Gouldsmit entdeckt wurde, änderte sich etwas Grundlegendes im Weltbild Paulis. Er vertrat nunmehr nachdrücklich die Auffassung von einer Koexistenz trinitärer und quaternärer Struktur:

> „Ich bin auf Kepler als Trinitarier und Fludd als Quaternarier gestoßen – und fühlte bei mir selbst, mit deren Polemik, einen inneren Konflikt mitschwingen. Ich habe gewisse Züge von beiden, sollte aber jetzt in der zweiten Lebenshälfte zur quaternären Einstellung übergehen. Das Problem ist, daß dabei die positiven Werte der trinitarischen Einstellung nicht geopfert werden dürfen. (...) Übrigens möchte ich bemerken, daß einst in Hamburg mein Weg zum Ausschliessungsprinzip eben mit dem schwierigen Übergang von 3 zu 4 zu tun hatte: nämlich mit der Notwendigkeit, dem Elektron statt drei Translationen noch einen weiteren vierten Freiheitsgrad (...) zuzuschreiben. Mich dazu durchzuringen, daß entgegen der naiven 'Anschauung' auch die vierte Quantenzahl die Eigenschaft eines und desselben Elektrons ist (...) – das war eigentlich die Hauptarbeit (...)[1]."
>
> Pauli an Fierz, 3. Oktober 1951

Somit hat also „das Gewissen der Physik" durch seinen tiefen Zweifel über das Raum - Zeit - Kontinuum im Zusammenhang mit dem Dualismus der Zahlen 3 und 4 ein zahlentheoretisches Erbe hinterlassen, das allerdings kaum Beachtung gefunden hat. Dies ist zu betonen: Es ist ein wissenschaftlicher Skandal, daß die ausdrücklichen Zweifel und Warnungen dieses großartigen Physikers in der Folgezeit so nonchalant kollektiv übergangen worden sind.

Der Wissenschaftshistoriker an der Universität Konstanz, Ernst Peter Fischer (Physiker), hat das wohl als erster bemerkt und stellt die Frage:

> „Weshalb ruft der Name Pauli – bis heute – in Fachkreisen zwar höchste Bewunderung hervor, während er in der Öf-

---

[1] Enz, Charles u. v. Meyenn, Karl: Wolfgang Pauli – Das Gewissen der Physik, Braunschweig/Wiesbaden, 1988, S. 509.

fentlichkeit bestenfalls Achselzucken auslöst, wenn er genannt wird? (...) Man hält es nicht für möglich: Einsteins geistiger Sohn Pauli ist der einzige unter den großen Physikern des 20. Jahrhunderts, dessen Lebenslauf so gut wie unbeschrieben bleibt (...)[1]."

Die Nichtbeachtung eines neuen Gedankens ist ein Kardinalfehler für jede Wissenschaft – natürlich um so mehr, wenn die Idee von einem genialen Kopf stammt. Anders als im Falle Boltzmann - Ostwald - Planck, wo ein Streit im Endeffekt wenigstens ein für die Physik fruchtbares Ergebnis gebracht hat, ist über die neuartigen Gedanken Paulis gar nicht erst diskutiert oder gestritten worden. In seiner Klugheit und Voraussicht, weder der trinitären noch der quaternären Vorstellung nachzugeben, sondern der Physik durch den Hinweis auf die zentrale Bedeutung der Zahlen 3 und 4 eine Art Grundgerüst zuzuweisen, ist Pauli überhaupt nicht begriffen worden.

*

Paulis Scharfsinn hatte ihm schon einmal zu einer anderen wundervollen Idee verholfen, mit der er die Theorie vom Betazerfall, von der noch die Rede sein wird, retten konnte. In einem offenen Brief vom 4.12.1930 an die „Radioaktiven", die Teilnehmer der Physikalischen Gauvereinstagung in Tübingen, postulierte er ein Teilchen, welches angeblich höchst merkwürdige Eigenschaften besitzen sollte. Schon Rutherford hatte ein Kernteilchen mit der Ladung 0 vorgeschlagen und nannte dieses „Neutron", da er es sich aus Proton und Elektron zusammengesetzt dachte. Pauli nannte das von ihm postulierte elektrisch neutrale Teilchen in Anlehnung an Rutherford ebenfalls „Neutron", sein Teilchen sollte jedoch nicht mehr als 0,01 Protonenmasse besitzen. (Anmerkung: Ein Widerspruch.)

Nachdem jedoch 1932 das lang gesuchte (Rutherfordsche) Neutron mit der Massenzahl 1 und der Ladung 0 von Chadwick tatsächlich entdeckt wurde, sorgte der Italiener Fermi durch seine Vorlesungen in Rom dafür, daß Paulis – beim Betazerfall emittiertes – Teilchen fortan *Neutrino* hieß.

Als 1956 die Existenz des Neutrinos endgültig nachgewiesen werden konnte, hatte man bereits etwas unglaublich Wichtiges ver-

[1] Fischer, Ernst Peter: An den Grenzen des Denkens – Wolfgang Pauli – Ein Nobelpreisträger über die Nachtseiten der Wissenschaft, Freiburg, 2000, S. 8.

paßt. Hätte Pauli den folgenden Gedanken bereits damals entwickelt, wäre die Physik mit Sicherheit in einer anderen Richtung verlaufen.

Ab 1932 stand nämlich fest, daß Atome grundsätzlich aus nur 3 Elementarteilchen bestehen: Proton, Neutron, Elektron. Die Elektronen im Atomverband besitzen 4 Quantenzahlen, wodurch die von Pauli favorisierte gleichzeitige Drei- und Vierfachheit erfüllt ist. Da bei der Umwandlung von Neutronen in Protonen (bzw. umgekehrt) noch ein weiteres Teilchen entsteht, nämlich das Neutrino (bzw. Antineutrino), erweitert sich die Zahl der für Atome elementaren Teilchen auf 3 + 1. Das Neutrino hat hierbei aufgrund der Tatsache, daß es sich mit Lichtgeschwindigkeit ausbreitet, eine Sonderrolle inne.

Alle anderen bei Beschleunigerexperimenten etc. entdeckten Teilchen sind instabil und zerplatzen nach zum Teil unvorstellbar kurzer Zeit unter Abgabe der vorher gespeicherten Energie, bis am Ende dieser Zerfallskette nur Protonen, Elektronen und Neutronen sowie Neutrinos und γ - Quanten übrigbleiben. Dem Einwand, daß Neutronen außerhalb des Kerns nur eine statistische Lebensdauer von ca. 13 min. haben, muß man entgegenhalten, daß sie eben nicht für eine Existenz außerhalb eines Atomkerns „bestimmt“ sind. Sie zerfallen nämlich dann in die 3 stabilen Teilchen: Proton, Elektron, Neutrino. Genau wie das Neutron außerhalb des Kerns nicht auf Dauer existieren kann, so kann das Neutrino umgekehrt nur außerhalb des Kerns existieren. Trifft es nämlich auf einen Atomkern und wechselwirkt mit diesem (die Einfangrate ist unvorstellbar klein), so verschwindet es bei der Verwandlung eines Protons in ein Neutron oder umgekehrt.

Die Entdeckung des Positrons, das man sich lediglich als „Ladungsumkehrteilchen des Elektrons vorstellte, des Pions, des Myons usw. hat die Teilchenphysik so in Aufruhr versetzt, daß die Jagd nach immer neuen sogenannten Elementar - Teilchen in den Vordergrund geriet. Da diese allesamt instabil sind, war man bald überzeugt davon, daß auch das Proton, der Urbaustein alles Stofflichen, spontan zerfallen könne. Die überaus aufwendigen Experimente, die das nachweisen sollten, wurden schließlich mangels Erfolges eingestellt. Eine systematische Klassifizierung der stabilen Kernteilchen im Sinne von Pauli durch die Zahlen 3 und 4 wurde dabei völlig unterschlagen.

Als Endergebnis jahrzehntelanger Beschleunigerexperimente wird heute geschlossen: Jedes der 4 Elementarteilchen, Proton, Neutron, Elektron und Neutrino bzw. Antineutrino, bestehe im Endeffekt aus jeweils 3 Quarks. So oder so, Pauli wäre entzückt gewesen.

*

Auf die Entschlüsselung der DNA - Struktur durch Watson und Crick 1953 hat Pauli außerordentlich freudig reagiert, da bei diesen Bausteinen des Lebens wiederum seine Schicksalszahl 4 auftritt:

> „Die alten Pythagoräer hätten, die Vierzahl verehrend, eine besondere Freude an der quaternären, auf zwei Gegensatzpaaren aufgebauten chemischen Struktur einer Nukleinsäure (abgekürzt als 'DNA' bezeichnet), die für die Vorgänge der Vererbung und Fortpflanzung wesentlich ist[1]."

Pauli hat dieses Auftauchen der Zahl 4 in übergeordnetem Kontext gesehen und sofort mit der Existenz von 4 Quantenzahlen in Verbindung gebracht! Die Aufklärung des genetischen Codes durch Matthaei, Nierenberg u.a. hat Pauli leider nicht mehr erlebt, sie stellt vice versa die Umkehrung der Potenz 3^4 dar, also 4^3. Pauli hat eben die Zahlen 3 und 4 nur als Anzahlen gesehen. Zu dem Gedanken, sie als Basen und Potenzen zu behandeln, ist er nicht vorgedrungen.

*

Für mich hat diese Geschichte Anlaß für eine wahrscheinlich sehr wichtige Idee geliefert. Im Sommer 2000 lebte ich schon seit Jahresbeginn in München bei meiner neuen Lebensgefährtin Dr. Erika Kirgis, die vor ihrem Medizinstudium 2 Semester Mathematik und Physik studiert hatte. Zu ihrem Bekanntenkreis gehörte ein jüngeres Paar. Die Eltern der schönen Blondine besaßen auf Sardinien südlich von Olbia eine Villa mit Gästehaus. Im Juli bekamen wir das Angebot, im August dort zwei Wochen Urlaub zu machen. Uns stand ein Boot mit einem 40PS Motor zur Verfügung, so daß wir um einen Küstenvorsprung herum gegenüber der Insel Tavolara Richtung Süden zu jenem Badestrand bei San Theodoro über das blaue Wasser schießen konnten, wo ich mit Michael einst im Wohnmobil Urlaub gemacht hatte.

Der Zufall wollte es, daß ich eben ein zweites Mal zu jenem Ort zurückkehrte, der für die zahlentheoretische Weiterentwicklung so bedeutungsvoll gewesen war (Seite 14). Um dem Zufall auf die Schliche zu kommen, begann ich mit Erika gelöste und ungelöste Probleme aus meinen bisherigen Arbeiten zu besprechen, auch daß ein Werk – nur zu 5/6 geschrieben – nicht abgeschlossen ist. Dabei kamen wir auf

---

[1] Enz, Charles u. v. Meyenn, Karl: Wolfgang Pauli – Das Gewissen der Physik, Braunschweig/Wiesbaden, 1988, S. 114.

die ungeklärte Frage zu sprechen, warum bestimmte Aminosäuren merkwürdigerweise mehrfach mit Basentriplets codiert sind.

„Hast du eine Erklärung?“ fragte sie mich.

„Nein. Dieses 4^3 - Gesetz ist zum verrückt werden. Es steht in allen Lehrbüchern und in tausend Sachbüchern noch dazu. Niemand sieht das wirkliche Problem, daß die Natur bei einer solch entscheidenden Codierung nichts dem Zufall überläßt.“

Ich komme auf die Anzahl der stabilen Elemente zu sprechen und ihre merkwürdige Auffächerung in zehn Sorten Isotope. Wir liegen auf dem Oberdeck einer prachtvollen Yacht, die draußen vor dem kleinen Privathafen ankert. Der Boden besteht aus tropischen Holzplanken, und ich erinnere mich, wie oft ich früher davon gesprochen habe, daß ich später eine eigene Hochseeyacht steuern möchte.

„So einen ‘Kahn’ wollte ich früher immer haben. Statt dessen habe ich mir einen Haufen ungelöster Fragen eingehandelt.“

Erika geht auf meine ärgerliche Laune erst gar nicht ein.

„Könnte es nicht sein, daß die Auffächerung der Basentriplets für die 20 Aminosäuren einfach eine Art Isotopie des 4^3 - Gesetzes darstellt?“

Ich erfaßte die Bedeutung sofort. Mir stand aber kein Biochemiebuch zur Verfügung.

„Erika, für solch eine Idee bekommt man, wenn man sie beweisen kann, den Nobelpreis, vorausgesetzt die Zeit ist reif für einen solchen neuen Gedanken. Ich muß jetzt nur noch in Düsseldorf Bernhard die entsprechende Seite im Biochemiebuch zeigen, damit er dann mit dem Abzählen beginnen kann. Ich habe das Gefühl, daß ich wirklich noch einmal hierher zurückkehren mußte.“

Ich lasse mir richtig schön Zeit. So wie die Evolution auch ihre Zeit brauchte. In Düsseldorf reiche ich Bernhard den „Karlson“, weil ich selbst zu „befangen“ bin, und erkläre ihm den Abzählmechanismus. Er verheddert sich mehrfach, was mir auch passiert wäre.

Plötzlich beginnt er leicht zu lächeln. Er hat erfaßt, wonach er suchen soll. Die Isotopie des 4^3 - Gesetzes besteht nicht aus zehn Sorten, sondern genau aus fünf. Dann schiebt er mir das vollgemalte DIN - A4 Blatt zu. Er hat die Zahlen gleich in der richtigen Reihenfolge geschrieben und darunter das Wort „Volltreffer“. Es ist die Reihenfolge des Dezimalbruches für das Verhältnis von 81 zu 19 und lautet, wie ich es auf den Bootsplanken vermutet habe:

4 2 6 3 1

Die Ziffer 5 fehlt. Die ersten sechs Stellen des o.g. Kehrwertes lauten

4 2 6 3 1 5. Umgekehrt lauten die ersten sechs Ziffern des Kehrwertes von 81 ohne die beiden Nullen bekanntlich: 1 2 3 4 5 6. Man erkennt, daß hier die drei geraden Zahlen 2, 4 und 6 von den ungeraden Zahlen 1, 3 und 5 getrennt sind. Beide sind kombinatorisch nach dem gleichen Zahlenrhythmus geordnet: (4 statt 2 und 3 statt 1)

4 2 6 und **3 1 5**

Da bin ich wieder bei der kühnsten Überlegung der letzten 20 Jahre gelandet. Kann es überhaupt nach der Sirpinski - Geometrie eine einzelne gerade Primzahl geben, oder müssen es drei sein? Ein Drilling! Schaut man sich dagegen die ungeraden Zahlen an und nimmt die 7 hinzu, lautet die Ziffernkombinatorik 3 1 5 7. Ein Vierling von fortlaufenden Primzahlen. Da sind sie wieder, die Zahlen **3** und **4**, mit denen die Natur sowohl das 3^4 - wie auch das 4^3 - Gesetz bildet. Pauli ist nie auf den Gedanken gekommen, daß die fortlaufenden Zahlen zur Basis 2 im Pascal'schen Dreieck Logarithmen sind.

„Bernhard, habe ich dir nicht gesagt, daß wir lernen müssen, logarithmisch zu denken!“

*

Die Abbildung 57 beginnt mit den fortlaufenden Potenzen der Zahl 2: 2^1, 2^2, 2^3... – alle modulo 11. Natürlich werden wir den Gedanken jetzt umkehren und die fortlaufenden Zahlen alle mit der Zahl zwei exponenzieren, also die fortlaufenden Quadrate bilden 1^2, 2^2, 3^2, 4^2... und die Kongruenzen berechnen, alle modulo den ersten 9 Primzahlen von der Form 6n ± 1, beginnend mit 5, 7, 11 und weiter bis 31.

Kongruenzen von Quadratzahlen modulo p von 5 bis 31

1^2	≡ 1	mod 5	1^2	≡ 1	mod 7	1^2	≡ 1	mod 11
2^2	≡ 4	mod 5	2^2	≡ 4	mod 7	2^2	≡ 4	mod 11
3^2	≡ 4	mod 5	3^3	≡ 2	mod 7	3^2	≡ 9	mod 11
4^2	≡ 1	mod 5	4^2	≡ 2	mod 7	4^2	≡ 5	mod 11
			5^2	≡ 4	mod 7	5^2	≡ 3	mod 11
			6^2	≡ 1	mod 7	6^2	≡ 3	mod 11
						7^2	≡ 5	mod 11
						8^2	≡ 9	mod 11
						9^2	≡ 4	mod 11
						10^2	≡ 1	mod 11

Wie man aus der Grauunterlegung unschwer erkennen kann, wiederholen sich nach jeweils der Hälfte der Quadratzahlen die Kongruenzen und entwickeln sich in umgekehrter Reihenfolge, so daß wir, um Platz zu sparen, die Tabellenlängen halbieren, indem wir Doppelkongruenzen betrachten.

Dies läßt sich mathematisch durch die Formulierung *paarweise kongruent* ausdrücken.

$12^2 \equiv 1^2 \equiv 1 \mod 13$	$16^2 \equiv 1^2 \equiv 1 \mod 17$	$18^2 \equiv 1^2 \equiv 1 \mod 19$
$11^2 \equiv 2^2 \equiv 4 \mod 13$	$15^2 \equiv 2^2 \equiv 4 \mod 17$	$17^2 \equiv 2^2 \equiv 4 \mod 19$
$10^2 \equiv 3^2 \equiv 9 \mod 13$	$14^2 \equiv 3^2 \equiv 9 \mod 17$	$16^2 \equiv 3^2 \equiv 9 \mod 19$
$9^2 \equiv 4^2 \equiv 3 \mod 13$	$13^2 \equiv 4^2 \equiv 16 \mod 17$	$15^2 \equiv 4^2 \equiv 16 \mod 19$
$8^2 \equiv 5^2 \equiv 12 \mod 13$	$12^2 \equiv 5^2 \equiv 8 \mod 17$	$14^2 \equiv 5^2 \equiv 6 \mod 19$
$7^2 \equiv 6^2 \equiv 10 \mod 13$	$11^2 \equiv 6^2 \equiv 2 \mod 17$	$13^2 \equiv 6^2 \equiv 17 \mod 19$
	$10^2 \equiv 7^2 \equiv 15 \mod 17$	$12^2 \equiv 7^2 \equiv 11 \mod 19$
	$9^2 \equiv 8^2 \equiv 13 \mod 17$	$11^2 \equiv 8^2 \equiv 7 \mod 19$
		$10^2 \equiv 9^2 \equiv 5 \mod 19$

$22^2 \equiv 1^2 \equiv 1 \mod 23$	$28^2 \equiv 1^2 \equiv 1 \mod 29$	$30^2 \equiv 1^2 \equiv 1 \mod 31$
$21^2 \equiv 2^2 \equiv 4 \mod 23$	$27^2 \equiv 2^2 \equiv 4 \mod 29$	$29^2 \equiv 2^2 \equiv 4 \mod 31$
$20^2 \equiv 3^2 \equiv 9 \mod 23$	$26^2 \equiv 3^2 \equiv 9 \mod 29$	$28^2 \equiv 3^2 \equiv 9 \mod 31$
$19^2 \equiv 4^2 \equiv 16 \mod 23$	$25^2 \equiv 4^2 \equiv 16 \mod 29$	$27^2 \equiv 4^2 \equiv 16 \mod 31$
$18^2 \equiv 5^2 \equiv 2 \mod 23$	$24^2 \equiv 5^2 \equiv 25 \mod 29$	$26^2 \equiv 5^2 \equiv 25 \mod 31$
$17^2 \equiv 6^2 \equiv 13 \mod 23$	$23^2 \equiv 6^2 \equiv 7 \mod 29$	$25^2 \equiv 6^2 \equiv 5 \mod 31$
$16^2 \equiv 7^2 \equiv 3 \mod 23$	$22^2 \equiv 7^2 \equiv 20 \mod 29$	$24^2 \equiv 7^2 \equiv 18 \mod 31$
$15^2 \equiv 8^2 \equiv 18 \mod 23$	$21^2 \equiv 8^2 \equiv 6 \mod 29$	$23^2 \equiv 8^2 \equiv 2 \mod 31$
$14^2 \equiv 9^2 \equiv 12 \mod 23$	$20^2 \equiv 9^2 \equiv 23 \mod 29$	$22^2 \equiv 9^2 \equiv 19 \mod 31$
$13^2 \equiv 10^2 \equiv 8 \mod 23$	$19^2 \equiv 10^2 \equiv 13 \mod 29$	$21^2 \equiv 10^2 \equiv 7 \mod 31$
$12^2 \equiv 11^2 \equiv 6 \mod 23$	$18^2 \equiv 11^2 \equiv 5 \mod 29$	$20^2 \equiv 11^2 \equiv 28 \mod 31$
	$17^2 \equiv 12^2 \equiv 28 \mod 29$	$19^2 \equiv 12^2 \equiv 20 \mod 31$
	$16^2 \equiv 13^2 \equiv 24 \mod 29$	$18^2 \equiv 13^2 \equiv 14 \mod 31$
	$15^2 \equiv 14^2 \equiv 22 \mod 29$	$17^2 \equiv 14^2 \equiv 10 \mod 31$
		$16^2 \equiv 15^2 \equiv 8 \mod 31$

Abbildung 58

Anhand der willkürlichen Kongruenzbetrachtung modulo 13 in der oberen linken Spalte läßt sich ein einfaches Gesetz ableiten:

Die Kongruenzen 1, 4, 9, 3, 12 und 10 werden quadratische Reste genannt, weil sie für die fortlaufenden Quadratzahlen 1^2 bis 12^2 die Kongruenzen modulo 13 darstellen. Da es sich in diesem Fall um 6 von 12 Zahlen handelt, müssen die hier nicht auftauchenden übrigen 6

Ziffern 2, 5, 6, 7, 8 und 11 auch einen Namen erhalten, für den Euler den Begriff „quadratische Nichtreste“ gewählt hat. Diese etwas unglückliche Formulierung hat sich aber durchgesetzt. Damit sind wir in der Theorie der quadratischen Reste gelandet, also auf dem Weg zum quadratischen Reziprozitätsgesetz, dem schon mehrfach angekündigten *Theorema fundamentale* von Gauß.

*

Betrachten wir wiederum die obere linke Spalte mit der Kongruenz:

$$7^2 \equiv 6^2 \equiv 10 \bmod 13$$

Daraus folgt: „10 ist quadratischer Restwert von 13.“ (Zur Erläuterung die Ausrechnung: $7^2 = 49$ minus 10 liefert 39, was ohne Restwert durch 13 teilbar ist. Umgekehrt ergibt $6^2 = 36$ minus zehn den Wert 26, der ebenfalls bei Division mit 13 keinen Rest liefert.)

Fermat hatte begonnen, mit solchen quadratischen Resten zu „spielen“. Euler hat daraus fast eine Lebensaufgabe gemacht. Jeder vernünftige Mensch wird sich fragen, was denn an quadratischen Resten so wichtig sein soll. Dazu ist es erst einmal notwendig, den Leser darüber aufzuklären, daß die in Abbildung 58 durchgeführten Kongruenzbetrachtungen von Fermat und Euler überhaupt nicht aus einem Umkehrgedanken entwickelt worden sind. Es sei daran erinnert, daß wir ja aus Abbildung 57 lediglich die Tabelle mit der Basis 2 umgekehrt haben, um dadurch zu quadratischen Kongruenzen zu gelangen. Folgerichtig wäre es jetzt notwendig, auch die Basis 3 und 4 in kubische bzw. biquadratische (oder noch höhere) Exponenten umzukehren. Solche Untersuchungen sind von Gauß und seinem Lieblingsschüler Eisenstein auch tatsächlich durchgeführt worden, führen aber an dem eigentlichen Thema völlig vorbei.

Die Geometrie und Verteilung der Primzahlen der Form $6n \pm 1$ zeigt, wie schon häufig bemerkt, daß sich in der Ebene der Primzahlencode selbst zu 1^2, 5^2, 7^2, 11^2... quadriert. Der vierdimensionale Raum ist eben quadratischer Natur. Genau das war Euler unbekannt. So hat denn die Geschichte der quadratischen Reste einen anderen Weg genommen.

Euler erfaßte, daß der kleine Fermatsche Satz ein bemerkenswertes Geheimnis in sich birgt, zu dem man durch Beispiele gelangt.

Wir nehmen die Kongruenz $2^{7-1} \equiv 1 \bmod 7$. Nun wollen wir mit dem Wurzelausdruck arbeiten, also mit der halbierten Potenz.

$$2^{\frac{7-1}{2}} \equiv 1 \bmod 7 \quad 2^3 \equiv 1 \bmod 7$$

Wählen wir jetzt die Primzahl 11, so erhalten wir aus $2^5 = 32$ und die Kongruenz lautet – 1, weil 32 um 1 erweitert werden muß, denn 33 ist durch 11 teilbar.

$$2^{\frac{11-1}{2}} \equiv -1 \bmod 11 \quad 2^5 \equiv -1 \bmod 11$$

Wie man durch Nachrechnen leicht einsieht, lautet für die Primzahl 13 der Restwert auch – 1 und für die 17 ist der Wert wieder + 1.

Der kleine Fermatsche Satz läßt sich logisch einwandfrei quadratisch umformen:

$$a^{p-1} - 1 = a^{2p'} - 1 = (a^{p'} - 1)(a^{p'} + 1) \equiv 0 \mod p \qquad \text{für } a^{p'} = a^{\frac{p-1}{2}}$$

Da in den Faktoren des Binoms die Zahlen – 1 und + 1 auftreten, läßt sich sofort beweisen, daß für jede Zahl a, die nicht durch p teilbar ist, das „Eulersche Kriterium“ gilt:

$$a^{\frac{p-1}{2}} \equiv -1 \mod p \quad \text{oder} \quad a^{\frac{p-1}{2}} \equiv +1 \mod p$$

Da die Wurzel aus 1 zwei Lösungen besitzt, nämlich + 1 und – 1, muß genau deshalb der kleine Fermatsche Satz quadratischer Natur sein. Gerade das ist das „bemerkenswerte“ Geheimnis, welches wir oben angedeutet haben, und diese Besonderheit der Zahl 1 ist Michael in Fuerteventura klar geworden. (Seite 247)

*

Statt die Doppeldeutigkeit der Zahl 1 als Primzahlphänomen zu untersuchen, hat Euler die Basis a in Kongruenz zu Quadratzahlen untersucht: $a \equiv x^2 \bmod p$. Da wir in dem Beispiel ‘quadratische Reste modulo 13’ gesehen haben, daß die p – 1 Quadrate paarweise kongruent sind, läßt sich leicht beweisen, daß jeder quadratische Rest a von p die Kongruenz $a^{\frac{p-1}{2}} \equiv 1$ und jeder quadratische Nichtrest die Kongruenz $a^{\frac{p-1}{2}} \equiv -1$ befriedigt.

Es kam im Folgenden für Euler, Legendre und Gauß darauf an, ein allgemeines Gesetz über die Verteilung der quadratischen Reste und Nichtreste zu entdecken, genau genommen zwei verschiedene Primzahlen p und q daraufhin zu untersuchen, ob sie zueinander quadratische Restwerte sind oder quadratische Nichtreste.

Euler scheint diesen Zusammenhang etwa 1745 erfaßt zu haben, spätestens hat er es aber 1772 (Omnia Ser. 1, III, 497 - 512) deutlich formuliert[1]. Während Gauß in den Disquisitiones betont, daß ihm diese Literatur nicht zur Verfügung stand, hat Legendre Eulers geistreiche Entdeckung mit Sicherheit gelesen und ist dann so zu der Überlegung gelangt, einen Beweis zu versuchen.

Bevor wir die Geschichte der Entdeckung des Reziprozitätsgesetzes, seine Beweise und seine Bedeutung besprechen, wollen wir mit einem einfachen Beispiel verdeutlichen, um was es geht. Wir wählen die beiden Primzahlen p = 5 und q = 11 aus. Durch Ausprobieren findet man $11 \equiv 1^2 \bmod 5$ (11 – 1 = 10). Somit ist 11 quadratischer Rest von 5. Nun drehen wir die Sache rum und entwickeln die Kongruenz $5 \equiv 4^2 \bmod 11$. Somit ist 5 ebenfalls ein quadratischer Restwert von 11, denn 16 – 5 = 11.

Wählen wir die beiden Primzahlen p = 7 und wiederum q = 11, so zeigt die Kongruenz $11 \equiv 2^2 \bmod 7$, daß 11 auch ein quadratischer Restwert von 7 ist. Jedoch gibt es keine Zahl x, so daß $7 \equiv x^2 \bmod 11$ ergäbe. Also ist 7 quadratischer Nichtrest von 11.

Aus solchen einfachen Beispielen versuchten nun Legendre und Gauß unabhängig voneinander, ein einfaches Gesetz darüber zu formulieren, wann p quadratischer Rest von q ist und umgekehrt q quadratischer Rest von p – und wann nicht. Beide fanden ein solches allgemeines Gesetz, allerdings in unterschiedlichen Formulierungen.

Legendre führte das nach ihm benannte Restsymbol $(\frac{a}{p})$ ein (gelesen: a nach p). Hat die Kongruenz den Wert 1, ist a ein quadratischer Rest modulo p. Umgekehrt ist a kein quadratischer Rest modulo p, falls die Kongruenz das Ergebnis – 1 liefert.

Er formulierte das Reziprozitätsgesetz wie folgt[2]:

I) $(\frac{p}{q}) = (\frac{q}{p})$, falls mindestens eine der beiden Primzahlen p oder q von der Form 4n + 1 ist, oder

II) $(\frac{p}{q}) = -(\frac{q}{p})$, falls p und q beide von der Form 4n + 3 sind.

Legendre konnte seinen Satz nicht beweisen, da ihm die Voraussetzung für einen folgenschweren anderen Beweis fehlte, daß eben zu jeder Primzahl p der Form 4n + 1 eine Primzahl q der Form 4n + 3

[1] Vgl. Bundschuh, Peter: Einführung in die Zahlentheorie, 5. Auflage 2002, Berlin/Heidelberg, S. 145.

[2] Euler und Legendre sprechen von den Primzahlen der Formen 4n + 1 und 4n + 3, während wir z. B. auf Seite 247 4n ± 1verwenden.

existiert, so daß gilt $(\frac{p}{q}) = -1$. Er hätte hierzu die allgemeinen Bedingungen für die Verteilungen von Primzahlen in arithmetischen Progressionen kennen müssen, was erst Dirichlet 1837 erkannte (Band II S. 21). Gauß hatte mit Sicherheit diese Falle gesehen und das Theorema fundamentale über das von ihm entdeckte 'Gaußsche Lemma' bewiesen und ihm folgende Gestalt gegeben:

$$(\frac{p}{q})\,(\frac{q}{p}) = (-1)^{\frac{p-1}{2}\frac{q-1}{2}}$$

Durch Multiplikation mit $(\frac{q}{p})$ ergibt sich $((\frac{q}{p})^2 = 1)$ eine Formulierung, die der Legendreschen Form äquivalent ist.

$$(\frac{p}{q}) = (-1)^{\frac{p-1}{2}\frac{q-1}{2}}\,(\frac{q}{p})$$

Für die o. g. Beispiele p = 5 und q = 11 folgt durch Einsetzen das Produkt 2 · 5 = 10. Die Basis – 1 wird durch Exponenzieren mit der geraden Zahl 10 zur + 1.

Es lief nun für Gauß alles darauf hinaus, den allgemeinen Beweis dafür zu finden, daß p und q quadratische Reste sein können, wenn das Vorzeichen von 1 positiv ist. Umgekehrt liefert der Fall p = 7 und q = 11 das Produkt 3 · 5 = 15, also eine ungerade Zahl. Dieser Wert im Exponent von – 1 liefert nunmehr als Ergebnis eine – 1, so daß die beiden Primzahlen nicht mehr wechselseitig quadratische Reste oder Nichtreste sein können.

*

Wir wollen hier kurz auf das Gaußsche Lemma eingehen und eben nicht auf den ersten Beweis für das Theorema fundamentale, der in den Disquisitiones nachgelesen werden kann. Es lautet:

$$(\frac{a}{p}) = (-1)^n$$

wobei „n" die Anzahl der **negativen** Zahlen unter den absolut kleinsten Resten modulo p der $\frac{p-1}{2}$ Vielfachen von a: a, 2a, 3a, … $\frac{p-1}{2}$ a, ist.

Wir greifen auf ein Beispiel von Remmert und Ullrich zurück, um die Sache plausibel zu machen. Es sei a = 7 und p = 13. Dann ist $\frac{p-1}{2} = 6$. Wir haben nun die absolut kleinsten Reste der 6 Zahlen 7, 14, 21, 28, 35 und 42 modulo 13 zu bestimmen. Es ergeben sich folgende Gleichungen: $7 = 1 \cdot 13 - 6$; $14 = 1 \cdot 13 + 1$; $21 = 2 \cdot 13 - 5$; $28 = 2 \cdot 13 + 2$; $35 = 3 \cdot 13 - 4$; $42 = 3 \cdot 13 + 3$.

Die absolut kleinsten Reste lauten also: 1, 2, 3, –4, –5, –6. Somit ergeben sich drei **negative** absolut kleinste Reste, was zu der Lösung $(\frac{7}{13}) = (-1)^3 = -1$ führt. Dies bedeutet jetzt, daß 7 kein quadratischer Rest von 13 ist. Der Clou an der Sache ist eben, wie hier negative und positive Reste entstehen, deren Anzahl als Exponent von – 1 wieder nur die Lösungen + 1 oder – 1 liefert.

An dieser Stelle spätestens hätte das junge Genie Gauß den Verdacht schöpfen müssen, daß die Primzahlen selbst etwas mit den Zahlen + 1 und – 1 zu tun haben. Dann hätte er zum Sechsertakt der Primzahlen vorstoßen können und vielleicht sogar zum Vierertakt in den Exponenten.

Gauß wußte von der Gnade seines Könnens. Er wollte bedingungslos berühmt werden. Seine Disquisitiones sind von Anfang bis Ende so aufgebaut, daß sie den Verfasser unsterblich machen würden. Meiner Meinung nach fehlte dem jungen Mann zum damaligen Zeitpunkt die Reife für die Frage nach dem „Warum“.

Im September 1798 besuchte Gauß den damals berühmtesten deutschen Mathematiker, Friedrich Pfaff, in Helmstedt, da die dortige Universität über eine gut ausgestattete mathematische Bibliothek verfügte. Er fuhr mehrfach von Braunschweig nach Helmstedt und konnte so noch im selben Jahr die Disquisitiones abschließen. Für die Druckkosten hatte der Herzog gesorgt. Ärgerlicherweise geriet sein Verleger in Leipzig in finanzielle Schwierigkeiten, so daß das Buch erst drei Jahre später erscheinen konnte. Den geplanten Fortsetzungsband hat Gauß nie in Angriff genommen.

Nach seiner Promotion war Gauß dann arbeitslos und überlebte nur durch eine Rente des Herzogs. Eine Mathematikprofessur war nicht in Aussicht, da hierzu ein Ordinarius hätte sterben müssen. Als Nachfolger wiederum wäre außerhalb Göttingens ein „Genie“ unerwünscht gewesen. Nun kam aber „Hilfe von oben“. Durch die Entdeckung eines Planetensplitters am 1. Januar 1800, der später Ceres genannt wurde und sich nach der Bode - Titiusschen Gleichung zwischen Mars und Jupiter befinden mußte, ging gewissermaßen ein neuer Stern auf, der den Aufstieg Gauß’ zum Professor für Astronomie ermöglichte.

Da der Herzog 1806 in der Entscheidungsschlacht bei Jena und Auerstedt so schwer verwundet wurde, daß er im November d. J. verstarb, waren es einflußreiche Freunde, die Gauß das Angebot unterbreiteten, Direktor des geplanten Göttinger Observatoriums zu werden. Bei der Konstruktion der Gebäude wirkte er architektonisch mit und baute sich, lebenstüchtig wie er war, gleich die Wohnräume für seine Familie mit in den Gebäudekomplex.

*

Mit dem Beweis des quadratischen Reziprozitätsgesetzes war aber nur das nötige Kriterium geschaffen, um zu prüfen, ob zwei ungerade Primzahlen wechselseitig quadratische Reste sind, oder nicht.

Zur rechnerischen Durchführung benötigt man noch die beiden Ergänzungssätze:

I) $\left(\frac{-1}{p}\right) = (-1)^{\frac{p-1}{2}}$

Den ersten hatte Euler schon aus dem Satz von Wilson abgeleitet, um zu zeigen, daß sich Primzahlen von der Form 4n + 1 immer als Summe zweier Quadrate darstellen lassen (Seite 109). Der zweite Ergänzungssatz war vor Gauß schon von Lagrange 1775 bewiesen worden.

II) $\left(\frac{2}{p}\right) = (-1)^{\frac{p^2-1}{8}}$

(Auffällig sind die Nenner der Exponenten: 2 und 8.) Wir wollen nun anhand eines Beispiels (Remmert und Ullrich, S. 252, Aufgabe 4) zeigen, wie diese Ergänzungssätze angewendet werden. Obwohl wir keinen Arithmetik - Unterricht geben möchten, muß hier ein Beispiel verwendet werden, um die Wichtigkeit und Tragweite des quadratischen Reziprozitätsgesetzes erst einmal rechnerisch zu erfassen.

Beispiel:

Gestellt ist die Aufgabe, ob – 198 ein quadratischer Rest modulo 71 ist. Wir verwenden bewußt eine negative Kongruenz. Erst einmal werden die Primfaktoren bestimmt. Sie lauten: –1, 2, 3^2 und 11. Hierbei wird die –1 als negative Einheit bezeichnet, was alle Zahlentheoretiker, angefangen mit Gauß, hätte stutzig machen müssen. Es ergibt sich, wie wir sehen werden, die Aufspaltung des Legendresymbols in Produkte, die die Anwendung beider Ergänzungssätze erlauben:

Hierzu braucht der Leser den Potenzausdruck $(-1)^{\frac{71-1}{2}}$ des ersten Produktes nur mit **I** zu vergleichen, der – 1 liefert; und den zweiten Potenzausdruck $(-1)^{\frac{71^2-1}{8}}$ auszurechnen und mit **II** zu vergleichen ($71^2 - 1 = 70 \cdot 72$, $72 : 8 = 9$ und $9 \cdot 70 = 630$, also eine gerade Zahl). Im dritten Faktor $\left(\frac{3^2 \cdot 11}{71}\right)$ existiert eine Quadratzahl, die als solche weggelassen werden kann. Übrig bleibt also die Kongruenz $-\left(\frac{11}{71}\right)$.

$$\left(\frac{-198}{71}\right) = \left(\frac{-1}{71}\right)\left(\frac{2}{71}\right)\left(\frac{3^2 \cdot 11}{71}\right) = (-1)^{\frac{71-1}{2}}\ (-1)^{\frac{71^2-1}{8}}\ \left(\frac{11}{71}\right) = -\left(\frac{11}{71}\right)$$

Nun folgt mittels des Reziprozitätsgesetzes, da sowohl 11 als auch 71 Zahlen der Form 4n + 3 bzw. 4n – 1 sind, daß sich in der ersten Gleichung das Vorzeichen ändert. Weiterhin gilt 71 ≡ 5 (mod 11) und 5 ist von der Form 4n + 1, weshalb die nachfolgenden Gleichungen vorzeichentreu bleiben.

$$-\left(\frac{11}{71}\right)=\left(\frac{71}{11}\right)=\left(\frac{5}{11}\right)=\left(\frac{11}{5}\right)=\left(\frac{1}{5}\right)=1$$

Damit gilt $\left(\frac{-198}{71}\right)=1$, d.h. – 198 ist ein quadratischer Rest modulo 71. Insgesamt ist die Aufgabe durch ständiges Kürzen auf Primfaktoren erledigt worden. (Die konkrete Berechnung dieser bewiesenermaßen existierenden Quadratzahl wird hier unterlassen.)

Begonnen hat aber alles damit, daß wir die – 198 in ihre Primfaktoren – 1, 2, 3^2 und 11 zerlegt haben, obwohl doch die 1 per Definition keine Primzahl ist, ihr Wurzelausdruck – 1 aber anscheinend doch. Das haben der junge Gauß und Legendre übersehen. Michael Felten hat es gemerkt, weil ich aus den Zahlen von der Form 4n + 1 und 4n + 3 kurz entschlossen den Ausdruck 4n ± 1 gemacht und diesen Zahlen eine kreuzförmige Geometrie gegeben habe.

Jetzt kamen mir Bedenken, daß es sich um eine ganz andere, **nicht** kreuzförmige Vierfachgeometrie handeln müßte.

*

Vom quadratischen Reziprozitätsgesetz gab es allein bis in die 60er Jahre des 20. Jahrhunderts schon mindestens 165 anerkannte Beweise. Dies zeigt einmal, wie sehr dieses Gesetz die Elite der Zahlentheoretiker herausgefordert, aber auch in ein merkwürdiges Dilemma geführt hat. Würde ein intelligenter Student einen weltweit führenden Zahlentheoretiker fragen, warum es denn ein Gesetz gibt, das zwei willkürliche Zahlen mit einer quadratischen Kongruenz verknüpft oder nicht, müßte dieser Großmeister der Mathematik ehrlicherweise antworten: „Darüber wissen wir nichts." Die Unwissenheit über die Herkunft der Naturgesetze und der physikalischen Naturkonstanten in den Naturwissenschaften ist geradezu ein Kennzeichen, während in der Mathematik, als „großem Spiel" von „großartigen Geistern" entwickelt, nur gelöste oder ungelöste Probleme existieren (Eine Reihe von mathematischen Sachbüchern besitzen demzufolge auch diesen Titel.).

Die Mathematik ist die Lehre vom Beweis. Aufgabe unserer vorangegangenen Bücher war es herauszufinden, <u>warum</u> es bestimmte mathematische Sätze gibt, die längst bewiesen worden sind. Genau diese Aufgabe haben wir uns auch beim Theorema fundamentale vorgenommen. Gauß ist immer wieder dafür bewundert worden, daß ihm allein acht verschiedene Beweise dafür innerhalb verschiedener Lebensabschnitte gelungen sind. Warum das Theorema fundamentale existiert, hat er nie in die Diskussion geführt.

Es ist nun ein glücklicher Umstand, daß zwei Berufszahlentheoretiker sich dieses Dilemma vorgeknöpft haben und zu einer bemerkenswerten Stellungnahme gelangt sind. Damit kommen wir, wie versprochen, auf die Autoren Remmert und Ullrich zurück. Wer die folgenden Zeilen aufmerksam liest, erkennt den außerordentlichen Mut dieser beiden Mathematiker der Universität Münster.

> „Das quadratische Reziprozitätsgesetz hat seit Gauß immer wieder die Mathematiker fasziniert. Zunächst ist überhaupt kein Zusammenhang zu erwarten zwischen den beiden Fragen „Ist p ein quadratischer Rest modulo q?“ und „Ist q ein quadratischer Rest modulo p?“. Doch der Satz behauptet gerade, daß es sich praktisch um die gleiche Frage handelt. Solche Erkenntnisse, wo die Aussage völlig unerwartet ist und ohne Zusammenhang mit der Fragestellung selbst erscheint, haben immer wieder die Bewunderung der Mathematiker erregt. Das quadratische Reziprozitätsgesetz ist ein exzellentes Beispiel eines solchen Satzes. Nach Gauß haben Mathematiker wie Kummer, Dirichlet, Jacobi, Eisenstein, Liouville, Dedekind, Frobenius, Hilbert, Artin und andere die Herausforderung angenommen, einen „natürlichen“ Beweis für das Reziprozitätsgesetz zu suchen und das Phänomen der Reziprozität, von dem der Satz nur ein Spezialfall ist, wirklich zu verstehen.(…)[1]“

Im Prinzip geben hier endlich einmal zwei Zahlentheoretiker zu, daß in dem „Spiel“ Mathematik im Fall des quadratischen Reziprozitätsgesetzes eine zentrale, völlig überraschende Lösung auftaucht, die gar nicht verabredet worden ist, als die Regeln des Spieles festgelegt wurden.

Ein Beispiel: Wenn bei einem Schachturnier ein Großmeister der Königin etwa die Möglichkeit einräumen würde, daß sie genauso springen kann wie das Pferd, wäre er sofort disqualifiziert. Wenn er die überraschende Fähigkeit der Dame gar für wahr hielte, würde er

---

[1] Remmert, Reinhold und Ullrich, Peter: Elementare Zahlentheorie, 2. Auflage 1995, Basel, S. 250 f.

über kurz oder lang eingesperrt werden.

Die Autoren Remmert und Ullrich können nicht ahnen, daß die Königin der Wissenschaften – die Arithmetik – gar keine Erfindung ist, sondern den Hintergrund dafür darstellt, daß es diese Welt und uns überhaupt gibt. Ich habe wieder einmal Glück gehabt. Jetzt, da ich vor der schwierigsten zahlentheoretischen Aufgabe stehe, eine Erklärung zu erbringen, in welcher Weise das quadratische Reziprozitätsgesetz mit dem Bau und der Funktion der Atomkerne verknüpft ist, steht mir ein junger Mathematikstudent zur Seite. Er hat, so wie damals Michael, das Vordiplom und eine Ahnung davon, daß es Aufgaben gibt, die getan werden müssen.

Stefan Queckbörner hat mich im Frühjahr 2003 aus Trier angerufen und wir haben vereinbart, daß er an dem sechsten Buch mitarbeiten würde. Ich lud ihn ein, sich persönlich vorzustellen und erklärte Erika danach: „Das Primzahlkreuz wird im Jahr 2004, genau 20 Jahre nachdem Christina mit dem Schreiben begonnen hat, abgeschlossen werden.“

*

Ich möchte rekapitulieren und auf die Postkarte von Michael zurückkommen, die im Frühjahr 2004 zehn Jahre alt wird: Michaels und mein Hauptanliegen bestand ab 1992 in der Auflösung des Rätsel der Isotopenverteilung. Da wir die 4fache Aufteilung der Elemente 4 · (1+19) nach ihrer Teilbarkeit ohne wenn und aber akzeptiert hatten, entwickelte ich die auf Seite 247 abgebildete kreuzförmige Darstellung für die Ordnungszahlen der chemischen Elemente. Als mir dann 1998 klar wurde, daß Ordnungszahlen Exponenten zur Basis 19 sind, bekam der Gedanke, daß sie (im Gegensatz zu Elektronen) eine 4n ± 1 - geometrische Ordnung besitzen, in meinen Überlegungen immer mehr Gewicht.

Die logarithmischen Ordnungszahlen beginnen mit dem Exponenten 00, so daß das Periodensystem mit einem Teilchen beginnt, das wir gewissermaßen nicht wahrnehmen, weil es die Masse 0 hat.

$$\frac{19^{00}}{10^{0}} = 0, \quad \frac{19^{0}}{10^{2}} = 0{,}01, \quad \frac{19^{1}}{10^{4}} = 0{,}0019, \quad \frac{19^{2}}{10^{6}} = 0{,}000361, \qquad \sum = \underline{0{,}012}\ldots \text{ (S. 229)}$$

Die Summendarstellung liefert eine 0 links vom Komma und eine weitere rechts vom Komma. Etwa um das Jahr 1999 kam ich auf die Idee, die erste 0 dem Neutrino zuzuordnen und die zweite dem Neutron. Die 1 liefert dann die Ordnungszahl für das Proton, und mit der dezimalen 2 beginnt mit dem Helium eigentlich das Periodensystem. Bei dieser Betrachtungsweise erfüllt sich die Grundidee von Fermi, dem Neutron noch ein Teilchen zuzuordnen, das im Italienischen ein Diminutiv ist: Neutrino (kleines Neutron). Wir sind es gewohnt, das Element 1 als Wasserstoff zu bezeichnen. Freien Wasserstoff H_2 gibt es jedoch weder auf der Erde noch auf der Sonne. Im organischen Leben tritt der Wasserstoff entweder chemisch gebunden auf oder als Proton H^+ bzw. als Hydridion H^-. Im Weltraum und in Galaxien dagegen befinden sich anscheinend unendliche Mengen Wasserstoff.

Der Beweis für die Existenz dieser sogenannten dunklen Materie ist erst in den letzten Jahren erbracht worden. 90% der Masse unserer eigenen Galaxie besteht wahrscheinlich aus Wasserstoff, der von den Milliarden von Sonnen ein wenig angeheizt wird. Der Wasserstoff müßte folglich elektromagnetische Wellen in Form einer bestimmten Frequenz abstrahlen, was auch tatsächlich beobachtet wird. Diese Hintergrundstrahlung (Seite 210) als Beweis für eine Urknalltheorie zu nutzen, war wohl ein Kapitalfehler.

In den Sonnen kommen keine Wasserstoffmoleküle vor, sondern nur Protonen. Der elementarste Vorgang in unserer Sonne ist das Aufeinanderprallen von zwei Protonen. Ist der aufaddierte Impuls der Kollision hoch genug, verwandelt sich ein Proton in ein Neutron, so daß ein Deuteriumisotop entsteht. Das dadurch entstandene Neutron hat eine höhere Masse als das Proton. Die Massendifferenz ist genau die eines Elektrons. Da in der Impulsgleichung die Zeit reziprok eingeht, ($p = g \cdot cm/sec$) kam mir der Gedanke, ob das neu entstandene Elektron mit seiner Elementarladung und seinem magnetischen Moment vielleicht nichts anderes ist als ein reziprokes Bewegungsteilchen, gewissermaßen gequantelte, kondensierte Zeit, und damit die Grundvoraussetzung für den physikalischen Begriff Elektrizität bildet.

Wir verbinden mit elektrischer Ladung den dualen Gedanken von *plus* und *minus*. Da Ladungseinheiten abzählbar sind, lag es auf der Hand, die Zahlen + 1 und – 1 einzuführen. Aus der elementaren Dissoziation des H_2O - Moleküls in H^+ und OH^- sind wir über den Begriff der Spannungsreihe in das Geheimnis der elektrischen Ladung eingedrungen.

*

Mit der Entdeckung des Positrons als „Antiteilchen“ des Elektrons wurde auf *kernchemischer* Ebene eine andere Art von Dualismus der Ladung gefunden: ein Teilchen mit der positiven Ladung +1. Kurioserweise hatte Dirac es als „Loch“ postuliert noch bevor es entdeckt war, weil die Wurzel aus 1 zwei Lösungen hat!

Während wir es hier auf der Erde nur mit Elektronen der Ladung – 1 zu tun haben, ist es auf der Sonne genau umgekehrt. Die unvorstellbar große, ständige Produktion von Positronen durch Sonnen ist eine logisch notwendige physikalische Realität, die uns bei der Schöpfung der Elektrizitätslehre nicht bekannt war. (Die elektrische Ladung, das Fließen von Elektronen, Potentialdifferenzen, das alles hatte man geglaubt im Griff zu haben – dann brach eine Welt zusammen. Erst mit der Verleihung des Nobelpreises war der Schaden wieder repariert.)

Die künstliche Darstellung von Antiprotonen und Antineutronen hat dagegen zu der falschen Vorstellung geführt, daß es solche Antimaterie auch real exsistierend im Universum geben müßte.

Wenn man künstlich Nuklide herstellt, die mehr oder weniger Neutronen haben, als es die *Schwarze Treppe* der Isotopentafel vorschreibt, verwandeln sich Protonen in Neutronen und umgekehrt, nach den folgenden Gleichungen:

$$p \longrightarrow n + e^{+} + \nu \qquad (\nu = \text{Neutrino})$$

$$n \longrightarrow p + e^{-} + \nu' \qquad (\nu' = \text{Antineutrino})$$

Die obere Reaktion findet ständig in der Sonne statt. Die dabei auftretende Massendifferenz stammt aus dem Impuls der Protonen. Hier auf der Erde läßt sich dieser Vorgang in Beschleunigern nachmachen, was eine Möglichkeit bietet, künstliche kurzlebige Isotope zu bilden.

Die untere Reaktion kommt hier auf der Erde z.B. bei der Darstellung von künstlichen Nukliden in Kernreaktoren zum Tragen, weil dort große Mengen von Neutronen erzeugt werden, die mit hoher Energie in die Atomkerne von ausgewählten Elementen eindringen.

Als die Uran- und Thorium- Zerfallsreihen untersucht wurden, stellte man fest, daß α - Teilchen alle mit der gleichen spezifischen Energie aus dem Kern fliegen. Auch die γ - Strahlen sind scharf begrenzt. Nur die Elektronen, also die β - Teilchen, die beim Neutronenzerfall frei werden, verlassen die Kerne mit verschiedenen Energien, die mathematisch einer Häufungskurve entsprechen: e^{-x^2} (Abb. 50, S. 177).

*

Als Pauli die Idee des Neutrinos formulierte, waren nur drei natürliche radioaktive Zerfallsreihen bekannt. Erst mit dem Bau von

Uranmeilern ließ sich $_{93}$Neptunium als Zwischenprodukt für das berüchtigte waffenfähige $_{94}$Plutonium gewinnen. $_{93}$Np erwies sich aber als Ausgangselement für eine vierte künstliche radioaktive Zerfallsreihe, die bei Wismut 209 endet. Dieser Wechsel von der Trinität zur Quarternität der vier möglichen radioaktiven Zerfallsreihen hätte Pauli stutzig machen müssen. Insgesamt kürzen sich vier Nuklide der drei Elemente (sic!) $_{90}$Thorium, $_{92}$Uran (235 und 238) und $_{93}$Neptunium durch Emission eines Elektrons mit der Ladung − 1 oder eines α - Teilchens mit der Ladung + 2 so geschickt zu vier Isotopen des $_{82}$Blei und $_{83}$Wismut, daß ein mathematisches Gesetz, auf das noch einzugehen ist, dafür sorgt, daß die „radioaktiven Leitern" sich in keinem Fall überschneiden.

Durch Aussendung von α - Strahlen sinkt die Ordnungszahl des jeweiligen Nuklids um 2 positive Einheiten, während die Aussendung eines Elektrons, im Fall des β - Zerfalls die Ordnungszahl um 1 erhöht. Die kernchemische Analytik war experimentell eine Glanzleistung, überstieg aber nie den Charakter einer Beobachtung. Die kernphysikalische Deutung war ein Musterbeispiel dafür, wie ein Naturgesetz in Formeln gepreßt wird, ohne das „Warum" zu streifen, geschweige denn den Erklärungsmangel für die Nachfolger als offen gebliebene Frage zu hinterlassen.

Ich habe die vier radioaktiven Zerfallsreihen noch auswendig lernen müssen, worüber man heute nur lächeln würde. Die moderne Physik begann mit dem Beweis der Atomtheorie durch die Erklärung für die Radioaktivität und die radioaktiven Zerfallsreihen. Heute ist das alles Vergangenheit. Rückblickend läßt sich unser völliges Versagen bei der Ausarbeitung eines mathematisch und logisch einwandfreien physikalischen Weltbildes einzig und allein auf Wolfgang Pauli zurückführen. Seine Kollegen hatten überhaupt keine Chance, nur er hätte das Zeug dazu gehabt.

Da hatte das „Gewissen der Physik", wie es mir nach 24 Jahren wissenschaftshistorischer Recherchen klar wird, seine Schwachstelle: Mangelndes chemisches Empfinden und, wie wir sehen werden, Unkenntnis der Gaußschen Arithmetik – explizit des quadratischen Reziprozitätsgesetzes.

Indem nun Pauli die Energiebilanz durch das später sog. Neutrino retten wollte (Seite 273), faßte er ein wirklich höllisch heißes Eisen an. Da die Massen von Proton, Neutron und Elektron genau bekannt sind, verlangt die Logik, daß dem Neutrino bzw. dem Antineutrino die Masse 0 zukommt, was für Physiker unvorstellbar ist. Das Antineutrino wurde von Pauli aus Energiebilanzgründen postuliert in Anlehnung an die Tatsache, daß Elektronen in Quantensprüngen (für Pauli unbekannte vierdimensionale) Photonenereignisse freisetzen.

Als Pauli das Neutrino postulierte, konnte er nicht ahnen, daß es eines Tages einmal leistungsstarke Kernreaktoren geben würde, die es möglich machten, den vermuteten Wirkungsquerschnitt im Bereich von 10^{-44} cm^2 zu überlisten. So erreichte ihn überraschend in Zürich am 14. Juni 1956 ein Telegramm von Clyde Cowan und Fred Reines aus South Carolina, das mit den Worten begann: „Wir freuen uns, Sie darüber informieren zu können… ."

Hätte er länger gelebt, wäre ihm sein zweiter Nobelpreis sicher gewesen, aber kein Hauch mehr an Erkenntnis.

*

Neutrinos können keine Ruhemasse haben, weil ihr Wesen an die Lichtgeschwindigkeit gekoppelt ist, sie aber gleichwohl nicht das geringste mit elektromagnetischen Wellen (Photonen) zu tun haben. Die Postulierung eines Teilchens mit der Masse 0 war für die Physik jedoch ein Affront, nach dem Motto: „Ein Teilchen aus Nichts darf es nicht geben!"

Nun kann man auf der einen Seite in Kernmeilern sehr hohe Neutronendichten erzeugen, so daß beim Zerfall der Neutronen große Mengen von Antineutrinos emittiert werden. Diese wiederum wechselwirken mit bestimmten Isotopen. Damit ist ihr Nachweis gesichert. Auf der anderen Seite ist unsere Sonne ein unvorstellbar großer Produzent für Neutrinos. Es lag also auf der Hand, tief unter der Erde oder in Gebirgstunneln diese Sonnenneutrinos wechselwirken zu lassen, zum Beispiel mit Chlor-, Gallium- oder Indium- Isotopen. Das alles läßt sich in einem gut geschriebenen Buch nachlesen[1].

In den letzten 40 Jahren wurden die Experimente immer subtiler, was zur Folge hatte, daß das bißchen Masse der Neutrinos immer kleiner angesetzt werden mußte. Aber die Masse 0 auch nur in Erwägung zu ziehen, das wagte niemand. Während die Neutrinophysik aufblühte, waren die Physiker, die Experimente mit Teilchenbeschleunigern durchführten, auch nicht faul.

Neben dem Neutrino wurden noch zwei weitere künstliche Neutrinosorten entdeckt, das Myon - und das Tauon - Neutrino. Es wurde sogar der Nachweis erbracht, daß es insgesamt nur drei Sorten Neutrinos geben kann: ein natürliches und zwei künstliche – und natürlich die Spiegelformen.

---

[1] Sutton, Christine: Raumschiff Neutrino. Die Geschichte eines Elementarteilchens, Basel, 1994.

Da mir klar war, warum Neutrinos die Masse 0 haben müssen, war ich den beamteten Kollegen natürlich voraus und begann damit, eine Vorstellung von der räumlichen Ladungsverteilung des Neutrons zu entwickeln. Die Masse des Neutrons stellte ich mir als reziproken vierdimensionalen Raum vor, also als begrenztes dreidimensionales Gebilde. Ein solcher reziproker Raum muß von einer bestimmten Gestalt sein, um sein Dasein (esse) zu rechtfertigen. Damit nimmt er aber an der Stelle seines Daseins eine winzige Menge für sich selbst ein, d.h. er besetzt Raum, was sich als Masse deuten läßt.

Damit nun dieses diffuse (ersonnene) Teilchen Struktur besitzt, folgerte ich, daß Ladung als reziproke Zeit auf der Oberfläche dieses unvorstellbar winzigen Kügelchens liegen müßte. Dies soll näher erläutert werden: Dem Neutron auf seiner Oberfläche ein Elektron und ein Positron zuzuordnen, wäre ein logischer Trugschluß, weil sich die beiden verschieden geladenen Teilchen gegenseitig auslöschen würden. Um die Verknüpfung von Raum, Zeit und Zahlen zu gewährleisten, konnte die Ladung nun nicht mehr dual auf der Oberfläche des Materieteilchens liegen, sondern durch eine räumliche Vierfachheit ersetzt und damit geometrisiert werden.

*

So wie der Eulersche Einheitskreis die Zahlen ± 1 und ± i beinhaltet und dazu wegen seiner Kreuzgeometrie einen Kreismittelpunkt von der Zahlengröße Null benötigt, lassen sich die 4 Wurzelausdrücke auch tetraederförmig auf einer Kugel verteilen.

Die Geometrie einer Kugel läßt sich mit 4 voneinander gleichweit entfernten Punkten darstellen. Man kann einen Apfel zweimal zerschneiden und erhält so 4 Vierteläpfel. Um eine solche Geometrie handelt es sich eben nicht. Eine Kugel mit Punkten einer tetraederförmigen komplexen Geometrie besitzt 4 Oberflächensegmente, so daß jedem Kugeldreieck der Flächenwert π zukommt ($r^2 = 1^2$).

Genau genommen ist der Flächenwert von der Größe $i\pi$, so daß der „Oberflächenladung" des Neutrons die Größe $4i\pi$ zukommt. Und damit ist der erste Schritt getan, den beiden Kernteilchen Proton und Neutron, eine *nichteuklidische komplexe* Geometrie zuzuordnen.

Der Raum um ein Kernteilchen, wie ein Proton oder ein Deuterium - Atom, das neben dem Proton noch ein Neutron enthält, ist komplex euklidisch. Der unendliche Raum um diesen Einheitskreis ist, wie wir gesehen haben, vierdimensional. Eine nichteuklidische Geometrie im Weltraum ist folglich ausgeschlossen. Da ein Neutron aber elektrisch neutral ist, und seine Vierpolgeometrie sich auf dem dreidimensionalen Körper einer Kugel verteilt, gibt es sie eben doch, diese nichteuklidische Geometrie, und zwar wegen der elektrischen Ladung.

Ich selbst bin wie elektrisiert. Der Gedanke, daß Neutronen und Protonen auf der Oberfläche eine dreidimensionale, komplexe, nichteuklidische Geometrie besitzen, ist so verblüffend einfach. Diese Geometrie besteht aus vier gleichen, gekrümmten, transzendent imaginären Dreiecken. Da sind sie wieder, Paulis Zahlen 3 und 4. Im Weltraum dagegen ist die kürzeste Entfernung zwischen zwei Punkten die gerade Linie.

Im Raum gilt das Gesetz der Perspektive, das reziproke Quadratgesetz. Dieses wiederum basiert auf den euklidisch komplexen Zahlen + 1, − 1, + i und − i. Das quadratische Reziprozitätsgesetz läßt sich jedoch ganz einfach auf die Zahlen + 1 und − 1 zurückführen. Das Beispiel auf Seite 285 zeigt, daß die Zahl − 1 nicht bloß eine negative Einheit ist, sondern eine Primzahl.

Als Exponent führt die Zahl − 1 zu reziproken Zahlen. Michael und ich haben im Band II, S. 162 sehr viel Mühe darauf verwendet, zu zeigen, warum der Leibnizsche Integralschritt für den Ausdruck x^{-1} versagen muß und auf Seite 163 und 164 bei der Ableitung der Logarithmusreihe ausführlich diskutiert, warum im Begriff $\ln(1 + x^{-1})$ die Ziffer 1 dem Ausdruck x^0 entspricht und die Mercatorreihe $\ln(1 + x)$ für $x = -1$ versagt. Wir haben damals die Anzahl − 1 nicht deutlich genug als Spiegelzahl der + 1 bezeichnet, die mit negativen Zahlen überhaupt nichts zu tun hat.

Die Einführung der nichteuklidischen komplexen Geometrie als Grundlage für die Ladungsverteilung auf der Oberfläche von Neutronen und Protonen war die Voraussetzung, die Theorie der Atomkerne für den menschlichen Verstand zugänglich zu machen. Ich habe jetzt den konkreten Verdacht, daß das reziproke Quadratgesetz und das quadratische Reziprozitätsgesetz reine Umkehrgeometrien sind. Die Überraschung, die auf mich wartet, kann nur als meisterliche Regiearbeit bezeichnet werden.

Kapitel 15

Ein Blick auf die Nuklidkarte

Nachdem ich mich 1999 innerlich aus der von mir entwickelten Raumfahrt verabschiedet hatte (Seite 246), befand ich mich immer noch in Düsseldorf, wartete recht ratlos auf meinen 60. Geburtstag und plante eine Weltreise. Walburga hatte in den letzten Jahren neben ihrer Arbeit als Rektorin in einer Schwelmer Grundschule an einem didaktischen Konzept gearbeitet, um auf einfachste Art und Weise jedem Interessierten die mathematischen und spirituellen Erkenntnisse und Auswirkungen des „Primzahlkreuzes" nahebringen zu können. Dann wandte sie sich an den Verlag „Raum und Zeit" in Sauerlach bei München, in dem eine Reihe von Artikeln von mir erschienen waren, und konnte in der dort angegliederten Akademie ihre ersten Seminare halten.

Da ich in dem Magazin, das alle zwei Monate erscheint, ein Interview zum Conterganfall gegeben und darin Konrad Henkel und den Alt - Bundespräsidenten Walter Scheel mehr oder weniger als verbrecherischste Elemente der Nachkriegszeit bezeichnet hatte, leitete die Staatsanwaltschaft München ein Verfahren gegen mich ein mit der etwas merkwürdigen Beschuldigung, daß ich ehrenwerte Personen aus Politik und Wirtschaft in übelster Weise verleumdet hätte.

Die Anzeige war wohl von Düsseldorf nach München lanciert worden, weil ich die Düsseldorfer Staatsanwaltschaft mit „Rattennest" tituliert hatte, die vor, während und nach dem Krieg nur dazu gedient hatte, die Untaten von Industriellen zu decken.

Als ich die Einleitung des Ermittlungsverfahrens meinem Anwalt Dr. Bernhard Bellinger zeigte, wurden dessen Gesichtszüge grimmig. Mir war klar, daß er als Düsseldorfer Anwalt kein Tönchen über meine Beschuldigungen verlauten lassen dürfte, aber eins war gestattet: Er durfte das Mandat übernehmen und eine Kopie der Ermittlungsakte anfordern. Das bedeutete natürlich, daß die Staatsanwaltschaft München in der Falle saß. Im „Primzahlkreuz" Band I (Neufassung, 3. Auflage) und Band III ist der Conterganfall so detailliert beschrieben worden, daß selbst ein Gericht aus hartgesottenen NS-Richtern das Grausen gepackt hätte.

Bis die Akte fotokopiert das Anwaltsbüro erreichte, vergingen viele Monate. Inhaltlich war sie völlig bedeutungslos. Man konnte lediglich entnehmen, daß ein Staatsanwalt den Band III hatte kaufen müssen. Mit der Zustellung wurde gleichzeitig die Einstellung des Verfahrens mitgeteilt.

Nachdem eine Beschwerdekammer mir 1981 (Band I, S. 419 ff.) meine Freiheit wieder gegeben hatte, war es mir jetzt gelungen, die Düsseldorfer Staatsanwaltschaft zum zweiten Mal anzugreifen, ohne daß sie sich wehren konnten. Ich hatte sie eine verbrecherische Organisation genannt, aber die Firma Henkel konnte es sich nicht leisten, daß die Düsseldorfer Verhältnisse ins Gerede kamen. Mir war jetzt schon klar, daß ich sie im ausstehenden sechsten Buch ein drittes Mal angreifen würde. Normalerweise macht ein Konzern, ein Chemiegigant dazu, zusammen mit der gekauften Staatsanwaltschaft in Deutschland jeden fertig. In meinem Fall waren ihnen die Hände gebunden. Zu viele Bücher waren inzwischen verkauft. Da hilft dann eben kein Meuchelmord, sondern nur noch Todschweigen.

„Mal sehen, wie die Sache weitergeht", lachte ich, denn ich hatte inzwischen eine Information über Dr. Konrad Henkel, Dr. Willy Manchot und Dr. Jürgen Manchot, sowie die Degussa AG, die Deutsche Gold- und Silberscheideanstalt.

Ein Düsseldorfer Journalist jüdischer Abstammung, Hersch Fischler, hatte Mitte der 90er Jahre, als zwischen der Amerikanischen und Schweizer Presse ein Kampf um einbehaltenes Vermögen der Holocaust - Opfer tobte, versucht, bei der Degussa Akteneinsicht zu erhalten und war gescheitert.

Die ganze widerwärtige Geschichte war 50 Jahre nach Kriegsende wieder aus dem See der nicht aufgearbeiteten Historie der Schweizer Großbanken aufgetaucht. In den USA war bekannt geworden, daß Schweizer Banker jahrzehntelang kollektiv den Erben der Nummernkonten die Auszahlung verweigert hatten. Diese Bande von heuchlerischen Gierhälsen in Nadelstreifen hatte es fertig gebracht, die Opfer der Nazigreuel ein zweites Mal zu betrügen. Indem nämlich neben den Nummernkonten auch die Totenscheine verlangt wurden, war in keinem Fall ausgezahlt worden. Da für die vergasten Juden keine Totenscheine ausgestellt worden waren, hatte der Trick bis dato geklappt. Jetzt kochte die amerikanische Presse, während die deutschen Medien die Brisanz der Geschichte schön herunter spielten, denn eine Firma war in Gefahr, daß ihre Nazivergangenheit offenkundig würde. Es handelte sich um die Degussa, die in den 90er Jahren schon die 20 Milliarden DM Umsatzmarke anpeilte. Die Aktien dieser Firma sind aber die Kronjuwelen der Familien Henkel und Nachfolger.

*

Der Journalist Fischler hatte herausgefunden, daß die Degussa ihm alle Akten vorenthalten hatte, die den Namen Dr. Manchot trugen. Die Ablehnung wurde dadurch begründet, daß einem Fachhistoriker für neue Geschichte an der Universität Köln diese Aufgabe übertragen werden sollte[1]. Den alten Herrn Dr. Manchot, (Ehemann der einzigen Tochter von Fritz Henkel, 40%) hatte ich auf Pauls Hochzeit noch persönlich kennengelernt; ein wenig anders gekleidet, und er wäre als einer der großen Eminenzen der absolutistischen französischen Monarchie durchgegangen. Paul verdankte ihm immerhin seine prompte Aufnahme in das Riehl - Gymnasium (Band I, S. 123 f.).

Ich entwickelte Herrn Fischler erst einmal die Familienchronik des Hauses Henkel. Als er den Namen Lüps hörte, wurde er aufgeregt; denn dieser eingeheiratete Henkel (Ehemann von Emmi Henkel, 20%) war anscheinend ein Jagdgenosse des ehemaligen Fliegerasses Hermann Göring gewesen. In der Tat hatte dann also Jost Henkel, (der zweite Sohn von Hugo, 40%, und Gerda Henkel; Konrad war deren fünftes und letztes Kind) Adolf Hitler 1932 in den Industrieclub in Düsseldorf eingeladen (Seite 25).

Fischler erzählte mir dann eine Geschichte über einen jungen Edelmetallhändler mit Namen Ignatz Bubis, der für die Firmen Degussa und Heraeus in den Jahren 1948 bis 1953 Goldbarren von München nach Pforzheim geschmuggelt hatte. Die Hintermänner hatten sich einen Juden gewählt, der mit viel Glück das KZ überlebt hatte[2].

> „Für die Deutsche Schmuckindustrie gab es damals keine Möglichkeit, in Deutschland Gold zu kaufen, denn der Handel mit Feingold war nach Artikel 3 des Militärregierungsgesetzes Nr. 53 für Deutsche verboten. Unsere Firma übernahm in München Gold, das vermutlich illegal aus

---

[1] Meine Nachforschung ergab, daß lediglich eine Doktorarbeit finanziert worden war, von der man aber bisher noch nie etwas gehört hat. Der Generalbevollmächtigte der Degussa, Michael Jansen, hat 1996 den amerikanischen Historiker Peter Hayes, der bereits eine bonbonfarbene Geschichte der IG Farben geschrieben hatte, damit beauftragt, die Rolle der Degussa im zweiten Weltkrieg zu untersuchen. Hayes soll uneingeschränkten Zugang zu allen Firmenunterlagen zugesichert worden sein. Und was wird dabei wohl herauskommen?

[2] Bubis, Ignatz: Damit bin ich noch längst nicht fertig, Die Autobiographie, Frankfurt am Main, 1996. Ich kaufte mir die vergriffene Taschenbuchausgabe, München 1998, antiquarisch noch bevor die Firma Degussa – mitbeteiligt am Bau des Holocaust - Denkmals in Berlin – in die Schlagzeilen geriet. Angeblich hat der Zentralrat der deutschen Juden das Buch vom Markt gekauft.

der Schweiz kam, und leitete es an Scheideanstalten in Pforzheim weiter, [Anmerkung: Barrengold landet nicht in Scheideanstalten, sondern in Tresoren, oder wird an die Schmuckindustrie verkauft.] (...) Die Edelmetallindustrie (...) setzte sowohl im Wirtschafts- als auch im Finanzministerium durch, daß ich ganz persönlich eine Ausnahmegenehmigung bekam und Gold besitzen durfte, ohne angeben zu müssen, woher es käme. Zuständig dafür war im Bundesfinanzministerium ein Ministerialrat namens Gurski. (...) Das blieb so bis 1953. (...) Ich hatte aber nur Nachweise der Abnehmer, nicht der Lieferanten. Plötzlich sollte ich vier Prozent Umsatzsteuer für etwa drei Jahre nachzahlen. Das gab eine derart immense Summe, ca. acht Mio. DM[1], (...). Die Firmen Degussa und Heraeus, mit denen ich zusammenarbeitete, erreichten schließlich, daß ich davon befreit wurde, und die Steuerbehörde sah das Gold als schon versteuert an, wenn es in meine Hände geriet.“ [Anmerkung: Bubis unterschlägt, daß es sich um einen Reimport handelt, den man nicht versteuern muß.]

Während Herr Fischler mir die Geschichte erzählte, und ich sie später nachlas, traf mich fast der Schlag. Ich hatte nämlich 1981 den von Paul sorgsam versiegelten Karton im Keller unserer Mutter geöffnet (Band I, S. 365). Dabei war mir ein Brief von Dr. Henkel an meine Schwägerin aus 1972 entgegengefallen, den mein Bruder wohl entwendet hatte – *Betr.: Degussaschachtel.* Ich erzählte dem Journalisten vom Inhalt dieses Briefes, auf den noch einzugehen ist, und den Gründen für den Erwerb dieser Schachtel (25% + 1 Stimmanteil).

*

Die Tensidindustrie sah sich in den 60er Jahren vor die Aufgabe gestellt, die Phosphate (Metaphosphate) aus den Waschmitteln zu entfernen, da die Überdüngung der Flüsse und der Meeresküsten sich biologisch in eine Katastrophe zu verwandeln begann. Nun war es der Firma Degussa gelungen, einen phosphatfreien Weichmacher zu entwickeln, der den im Wasser gelösten Kalk band. Sasil® wurde aus Salz und Silikat hergestellt und versprach, weltweit als Lizenzträger

[1] Bubis hat folglich nur zugegebenermaßen für 200 Mio. DM Goldbarren geschmuggelt. Da der Unzenpreis von 35 $ aufgehoben wurde, geht es nach heutiger inflationärer Währung um Milliarden.

ein Renner zu werden. Damals spätestens hatte Konrad Henkel gemerkt, daß die Degussa zwar den Familienmitgliedern der Firma Henkel gehörte, und man dort auch den Aufsichtsratsvorsitzenden stellte, daß aber der Firma Henkel selbst gesellschaftsrechtlich noch nicht einmal eine Schachtel zur Verfügung stand.

Plötzlich war mir klar, warum ich mir eine Kopie von diesem Schreiben gemacht hatte. Den Henkels hatte schon in der Kriegszeit, zusammen mit den IG Farben u.a. die Degussa gehört. Ich war wohl vom Sasil® abgelenkt worden. Darüber hatte ich das chemische Element übersehen, das einmal die Alchimie begründet hat: das Gold.

Nach Zerschlagung der IG Farben war wahrscheinlich ein Teil der Aktien an die Dresdner Bank gegangen; denn dort saßen die Henkels in der Nachkriegszeit im Aufsichtsrat. An dieser Stelle muß einmal betont werden, daß es sehr schwierig ist, herauszufinden, wann und wie die Henkels die ersten Anteile der Degussa erworben haben. Aus „Wem gehört die Republik[1]“ (1995) kann man nur Folgendes entnehmen:

> „Nach dem zweiten Weltkrieg entwickelte sich die Degussa nicht nur zu einem der größten Edelmetallverarbeiter der Welt, sondern auch zu einem bedeutenden Pharmaunternehmen.“ [Anmerkung: Es muß natürlich heißen: **Im** zweiten Weltkrieg und nicht **nach** dem zweiten Weltkrieg...]

Die Degussa hat im Krieg auf zwei verschiedene Weisen „Feingold“ produziert, in Barren gegossen und mit ihrem Stempel versehen. Nur ganz bestimmte Firmen dürfen international Goldbarren (99,99 % Reinheit) bei Banken in den Handel bringen. Die Nazis haben in ganz Europa Goldbarren geraubt. Beispielsweise hatten die Belgier ihre ungeheuren Goldbestände aus Belgisch Kongo in Paris gelagert, weil sie überzeugt waren, daß die französischen Festungsanlagen, die Magienot - Linie, von Hitlers Truppen nicht durchbrochen würden.

Geraubtes Barrengold wurde einfach umgeschmolzen und bekam zum Degussastempel noch einen gefälschten Stempel der Deutschen Reichsbank. Solche simple Tätigkeit hätte jede Gießerei beherrscht. Aber es ging um ein ganz anderes Gold, das in ungeheuren Mengen erbeutete sogenannte „Schmuckgold“. Feingold ist für den Gebrauch viel zu weich.

Umgekehrt können Banken kein Schmuckgold ankaufen. Also

---

[1] Vgl. Fußnote Seite 24. Selbst ich ahnte zu diesem Zeitpunkt noch nicht, wem die Republik wirklich gehört.

brauchte man eine chemische Fabrik, die waggonweise Raubgold, gemeint sind Uhren, Eheringe, Schmuck, Zahngold usw. in einem höllischen Säuregemisch auflöst. Es handelt sich um eine Mischung von konzentrierter Salpetersäure und Salzsäure, genannt Königswasser. In diesem Wässerchen greift äußerst aggressives und giftiges Nitrosylchlorid das Gold an und löst es auf. Auf diese Weise läßt es sich durch einen chemischen Prozeß von den Legierungsbestandteilen Silber und Kupfer trennen.

Wenn aus diesem Gold gestempelte Barren hergestellt werden, kann kein Chemiker der Erde mehr nachweisen, woher das enthaltene Gold stammt, also z.B. aus den Zähnen der vergasten deutschen und europäischen Juden.

*

Damit war ich auf eine grauenhafte Spur gestoßen. Die Degussa hatte einen jungen Juden dazu mißbraucht, ihre eigenen Goldvorräte aus der Schweiz zurückzuholen. Ignatz Bubis hatte in den Jahren 1948 bis 1953 natürlich nicht gewußt, daß die Firma Degussa in Wirklichkeit zu einem beträchtlichen Teil den Henkels gehörte, und diese ihr Gold in der Schweiz bis zum „Endsieg“ nur geparkt hatten. Wie genau wußte ich natürlich nicht. Warum Bubis in seiner Autobiographie diese „Jugendsünde“ überhaupt erwähnt, wird daran liegen, daß ihm bestimmte Feinde längst auf die Schliche gekommen waren.

Mir war 1981 durch „Zufall“ ein Brief in die Hände gefallen, den mein Bruder für wichtig gehalten hatte. Warum spürte ich instinktiv dessen Bedeutung? Um den Brief zu verstehen, muß man seine Vorgeschichte kennen. Konrad Henkel, dem nie eine Schachtel der Firma Henkel gehört hat, ging es plötzlich um eine Schachtel der Firma Degussa. Weil ihm dazu genau 1,5% fehlten, mußte er nun bei den Verwandten betteln gehen.

Vorausgegangen war ein Angebot, die Besitzer der Degussapapiere davon zu überzeugen, einen Teil ihrer Aktien der Firma Henkel zur Verfügung zu stellen. Da man aber Konrad nicht über den Weg traute, war die Sache wohl geplatzt.

Ich interessierte mich für Sasil®, das 1981 längst im Persil® Verwendung gefunden hatte. Dieses erste Waschpulver der Welt war von dem genialen Fritz Henkel sen. ausgerechnet dadurch entwickelt worden, daß die Firma Degussa 1907 Natriumperborat industriell produzieren konnte.

Perborat zerfällt in einer heißen Waschlauge unter anderem in

Wasserstoffsuperoxid, das dann beim weiteren Zerfall freie Sauerstoffatome abgibt, welche die Wäsche bleichen. So war denn aus einer Mischung von Perborat, Seifenpulver und Wassergläsern (Silikaten) Persil® herausgebracht worden – zusammen mit der späteren Erfindung der Waschmaschine eine Art Revolution der Zivilisation. Die Firma Henkel wurde später weltgrößter Hersteller von Wassergläsern.

Sasil® landete also im Persil und anderen Produkten, aber der weltweite Erfolg hat sich nicht eingestellt. Der Stoff ersetzte zwar das Phosphat, landete aber mehr oder weniger ungelöst im Abwasser. Damit könnte er, in entsprechenden Mengen eingesetzt, in den Flüssen und angrenzenden Meeren sedimentieren. Schon einmal hat die Tensidchemie einen fürchterlichen Irrtum begangen: Früher besaß Henkel z.B. eine Walfangflotte, weil man aus Walfischtran Seife herstellte. Die Fettspalter hatten versucht, die Fettsäuren zu sulfatieren, weil die natürlichen Karbonsäuren mit dem Kalk des Wassers Trübungen bildeten. Hierbei hatten sie auf die Kettenlängen ihrer Fettsäuren keine Rücksicht genommen, so daß Tenside in den Handel kamen, die biologisch nicht abbaubar waren. Das war nicht das erste Mal, schon im Krieg waren künstliche Nahrungsfette in den Handel gelangt, welche die falsche Kohlenstoffkettenzahl besaßen. Aus beiden Katastrophen hat man wenigstens dazu gelernt.

Weil ich die Sache als Siliziumchemiker voreingenommen betrachtet hatte, war ich auf die eigentliche Bedeutung des Namens Degussa nicht gekommen, und die heißt Gold.

*

DR. KONRAD HENKEL
4 DÜSSELDORF POSTFACH 1100
10. November 1972

Frau
Christa Plichta
Chemin Colladon 22
CH – 1211 Genève 28

Betr.: DEGUSSA-Schachtel

Liebe Christa!
(...) Die Firma Henkel GmbH hat die Absicht, ihre DEGUSSA- Beteiligung neu zu ordnen. Es war zunächst

vorgesehen, daß die Firma mit Hilfe der Gesellschafter eine Schachtelbeteiligung aufbaut (25% des Aktienkapitals der DEGUSSA). Nach ausführlichen Überlegungen und Diskussionen im Verwaltungsrat glauben wir, daß diese Lösung zur Zeit nicht realisierbar ist.
Wir sind deshalb einer Anregung der Dresdner Bank AG gefolgt, die ca. 9,5% des Aktienkapitals der DEGUSSA besitzt, gemeinsam mit ihr eine Schachtelbeteiligung zu bilden.
Die Firma Henkel und ihre Versorgungskassen besitzen ca. 14% des Aktienkapitals der DEGUSSA. Zur Bildung einer Schachtel fehlen rund 1,5%, das sind nom. 2,6 MIO DM DEGUSSA-Aktien. Wir haben die Vorstellung, daß die Gesellschafter, die rund 20% des Aktienkapitals besitzen, diesen fehlenden Posten der Firma zur Verfügung zu stellen.
Für die Übernahme der nom. 2,6 Mio DM – DEGUSSA-Aktien der Gesellschafter bietet die Henkel GmbH aus ihren Beständen an Aktien deutscher Publikumsgesellschaften im entsprechenden Umfang Aktien zum Tausch an. Dafür kommen in Frage: AEG, BASF, Bayer, Deutsche Bank, Farbwerke Hoechst, Metallgesellschaft, RWE, Siemens. Selbstverständlich können die Gesellschafter je nach Wunsch auch DEGUSSA-Aktien gegen Barzahlung abgeben. (...)
Wir glauben, den Gesellschaftern damit ein gutes Angebot zu machen und hoffen, daß sich alle Gesellschafter, die DEGUSSA-Aktien besitzen, im Verhältnis der Beteiligung ihrer Familien am Kapital der Henkel GmbH an dieser Aktion beteiligen. (...)
Die Henkel GmbH ist daran interessiert, daß die nach dem jetzigen Verkauf noch im Bestand der Gesellschafter befindlichen DEGUSSA-Aktien nicht an Fremde veräußert werden, um zu verhindern, daß sich eine weitere Schachtel bildet. (...)

Mit herzlichen Grüßen

*

Dem Schreiben ist eine Anlage beigefügt zu einem Brief vom 14. März 1973, aus dem sich ergibt, daß Frau Thorbeke ihrer Tochter Christa bereits zum damaligen Zeitpunkt 2,6% des Stammkapitals der Firma Henkel GmbH übertragen hatte. Daraus werden die Menge der aufzubringenden Degussa - Aktien berechnet. Die 1,5% Degussa - Aktien werden mit nom. DM 2600000 angegeben.

Das Schreiben ist aus heutiger Sicht ein neuhistorischer Schatz; denn aus seinem Inhalt kann man erkennen, daß damals die Dresdner Bank über 9,5%, die Versorgungskassen über 14% und die Gesellschafter über 20% des Aktienkapitals der Degussa AG verfügten.

Ein Blick in das Buch „Wem gehört die Republik“ (1995) zeigt, daß diese Schachtel tatsächlich zustande gekommen ist. Der GfC Gesellschaft für Chemiewerte mbH, Düsseldorf, gehörten 1995 37% der Aktien von Degussa. Hiervon wiederum besaßen die Henkel KGaA 46%, die Dresdner Bank AG und die Münchener Rückversicherungsgesellschaft je 27%. Eine kurze Rechnung ergibt, daß der Firma Henkel somit etwas mehr als 17% der Degussa gehörten und die Dresdner Bank sich von 9,5 um ½ % gesteigert hatte.

Hinzu kommen aber noch die von Konrad Henkel aufgeführten 20% Degussa - Aktien im Familienbesitz.

Und nun zur Verquickung zwischen Henkel und der Dresdner Bank: Der Sprecher des Vorstandes der Dresdner Bank AG, Jürgen Sarrazin, saß im Aufsichtsrat des Henkel - Konzerns. Das wäre noch nicht auffällig, wenn es da nicht im Gesellschafterausschuß des Henkel - Konzerns noch einen Dr. Wolfgang Rölle gegeben hätte, der im Vorstand der Dresdner Bank war. Damit saß die Dresdner Bank nicht nur im Aufsichtsrat, sondern auch im Familienrat des Henkel - Konzerns. (Hierauf werden wir im 18. Kapitel zurückkommen.)

In eben dieser mächtigsten Loge von Deutschland war der Vorsitzende Albrecht Woeste (aus der Emmy Henkel Erbengemeinschaft), sowie der stellvertretende Vorsitzende Dr. Jürgen Manchot (Erbenzweig Fritz Henkel), Dr. Christa Plichta und Christoph Henkel (Erbenzweig Hugo Henkel) und der oben genannte Dr. Wolfgang Rölle.

Um die Versippung total zu machen, waren zu diesem Zeitpunkt Dr. K. D. Leiste, Vorstand West LB und Dr. U. Cartellieri, Vorstand Deutsche Bank, Mitglieder des Aufsichtsrates des Henkel Konzerns, während im Gegenzug der oben genannte Vorsitzende „Henkelmann“ Albrecht Woeste im Aufsichtsrat der Deutschen Bank saß.

Und nun zur Degussa: Vorsitzender des Aufsichtsrates war Prof. Dr. Dr. Helmut Sihler, ehemaliger Vorsitzender der Geschäftsführung der Firma Henkel und zu diesem Zeitpunkt Mitglied deren Gesellschafterausschusses (Familienrates), sodann Dr. Dr. h.c. Konrad Henkel und Dr. Jürgen Manchot jr. Die drei Henkelmänner verraten, wem die Degussa gehört. Natürlich war in diesem „goldenen Club“ auch der o.g. Sprecher des Vorstandes der Dresdner Bank, Jürgen Sarrazin.

Den Brief von „Onkel Konrad“, beginne ich zu ahnen, hat mein Bruder aus einem bestimmten Grund aus den Akten seiner Frau entwendet und im mütterlichen Geheimdepot „sicher“ aufbewahrt. Aber wenn ich mich damals in diese Angelegenheit vertieft hätte, wärc meine weitere wissenschaftliche Tätigkeit zu Schaden gekommen.

*

Später bekomme ich, Gott sei Dank, mit Herrn Fischler richtig Krach. Er hat „Das Primzahlkreuz“ Band I und die ersten drei Kapitel von Band III gelesen und ruft mich an. „Herr Plichta, daß die Henkels in der Nazizeit mit der Degussa zu tun hatten, steht wohl außer Frage. Daß aber Dr. Konrad Henkel etwas mit dem Tod Ihres Vaters oder gar Ihrer ehemaligen Frau zu tun hat, glaube ich Ihnen nicht. Ich denke, daß Sie sich das einbilden.“

„Daß Sie als Journalist, Soziologe oder Historiker auch nur eine Spur Ahnung haben von forensischer Pharmazie, Pharmakologie und Toxikologie, halte ich für ausgeschlossen. Ich dagegen bin in diesen Gebieten Fachmann und außerdem über meinen Zwillingsbruder mit dem „Onkel Konrad“ versippt. Was Sie glauben, hat mit Wahrheitsfindung nicht das geringste zu tun. Ich habe mehr als 10 Jahre über den Tod dieser beiden Menschen nachgedacht und recherchiert. Für Sie ist ein Mensch doch nur durch Gewalteinwirkung gestorben, wenn das ein Arzt auf dem Totenschein vermerkt hat. Ein Mord als präventiver Akt wird aber nicht registriert. Herrn Dr. Henkel auf die Schliche zu kommen, war lebensgefährlich. Wie können Sie es wagen, nach ein bißchen Durchblättern meines Lebenswerkes, ohne die geringste Ahnung von Chemie und Mathematik, ein so vorschnelles Urteil abzugeben. Konrad Henkel, sein Vater, sein Bruder und sein Onkel sind wahrscheinlich neben Hitler und Göring die kriminellsten Subjekte, die Deutschland je hervorgebracht hat.“

Daß ich mit Hersch Fischler fünf Jahre später doch wieder in Kontakt komme, verdanke ich dem Degussagold, dem Nazigold der Henkels. Zu diesem Zeitpunkt hatten die Henkels aber ihre Kronjuwelen längst versteckt, so wie einst ihre Goldbarren.

*

Ich breche die Vorbereitung für die geplante Weltreise im Dezember 1999 ab, weil mir klar wird, daß ich meinen Frieden nicht an Traumstränden von Südseeinseln finden kann, sondern nur an einem Ort, wo das sechste Buch geschrieben wird.

Als ich von einer Reise aus der Schweiz zurückkehre, ist eine Nachricht auf dem Anrufbeantworter. Da ich sehr viel von Leuten angerufen oder angeschrieben werde, die meine Bücher gelesen haben, ist das nichts Besonderes. Die Anruferin hatte ein Wochenendseminar von Walburga und mir besucht. Wir kommen ins Gespräch, und ich bin wie elektrisiert, als ich erfahre, daß sie in München wohnt. Vor Jahren hatte ich meiner Tochter zu Beginn ihres Geschichtsstudiums ein wenig von meiner Fähigkeit, zukünftige Ereignisse vorauszusehen, erzählt und dabei angedeutet, daß sich meine „Geschichte" wahrscheinlich in München erfüllen würde. Wir haben damals beide gelacht, weil ja aus München einmal der Aufruf „Deutschland, erwache!" erfolgt war, nur mit welchen Folgen!

Da ich nun zu Weihnachten bei meiner Tochter in Tübingen sein würde, die längst ihre Diplome in Aix-en-Provence und Tübingen mit „sehr gut" bestanden hat und an ihrer Promotion arbeitet, und ich danach einen Termin in München mit Professor Straub vereinbart habe, schlage ich vor, daß wir uns am 28. Dezember treffen.

Erika sitzt um 19:30 im Foyer des Splendid Hotels. Ich habe einen Tisch bestellt, wie immer im ersten Stock des „Spaten" am Opernplatz. Bis dahin sind es vom Maxmonument drei Haltestellen mit der Trambahnlinie 19.

Es gibt auf der sehr umfangreichen Speisekarte nur ein einziges vegetarisches Gericht. Während ich mein köstliches Kalbfleisch verzehre, stochert mein Besuch recht lustlos in dem Tellergericht, welches verrät, daß der bayerische Koch es selber nicht anrühren würde.

Sie bittet darum, rauchen zu dürfen, und ich lache schallend.

„Ich konnte mir gar nicht vorstellen, daß Sie auch lachen können."

Sie hat mit ihrem Mann und zwei Töchtern vier Jahre in Thailand gelebt und anschließend fünf Jahre in den USA. Da die Mädchen in Deutschland ins Gymnasium gehen sollten, ist das Ehepaar nach München zurückgekehrt. Dort sind die Kinder auf die „Europäische Schule" München gegangen, die wegen des ansässigen Europäischen Patentamtes notwendig geworden war.

Ich frage irritiert: „Warum sind Sie geschieden?"

„Ich bin eines Tages nur mit ein paar persönlichen Gegenständen in einem Turnbeutel fort gegangen."

Ich erstarre und sage: „Sonst hätten wir uns ja wohl nicht kennengelernt."

Wir verlassen das Lokal als letzte und amüsieren uns über das verzweifelte Gesicht des Etagenkellners.

„Was machen Sie an Sylvester zum Jahrtausendwechsel?"

„Ich möchte bei einem solch seltenen Ereignis irgendwie allein sein, ohne den Münchner Trubel.“

„Können wir auch zusammen allein sein?“

„Ja.“

So erscheine ich denn abends auf der Laplacestraße in München - Bogenhausen mit zwei Flaschen Veuve Clicquot demi sec und einer ganzen Kiste Feuerwerkskörper. Ein Zimmer der großen Wohnung ist leer. Ich sage: „Mein Gott, bin ich froh, daß Du nicht in Osnabrück wohnst, ich wollte immer schon nach München ziehen.“

So kommt es denn, daß ich in der Nacht des Jahrtausendwechsels zu zweit auf der Straße ein Privatfeuerwerk veranstalte, während Erika die Champagnergläser hält. Kurz darauf geht das Telefon, und meine Tochter jubelt: „Papa, Eckart hat mir um 24 Uhr einen Verlobungsring geschenkt.“

*

Ich habe nach dem Tod meiner ehemaligen Frau Helga nichts mehr bei meinen Ehen und Beziehungen empfunden, nicht etwa weil ich sie übermäßig geliebt habe. Mein Empfinden für sie war gestorben, als sie mich verließ, nur die entsetzlichen Umstände um ihren Tod haben mich wie ein Schock getroffen, den auch die Zeit nicht heilen konnte. Nachdem sie mich verlassen hatte, eröffnete sich mir allerdings die sehnsüchtig erhoffte Chance, wissenschaftlich komplett neu zu starten, und mich später über 20 Jahre total zu isolieren. Ich habe es an anderer Stelle schon ausgesprochen: Erkenntnis kommt nur aus Leid.

Erika war als Medizinstudentin ein dreiviertel Jahr mit einem Landrover in Afrika unterwegs gewesen, vom Kap hinauf über Ostafrika bis nach Senegal. Sie ist genauso zäh wie ich. Sie war auch eine der ersten Drachenfliegerinnen, und deswegen kaufe ich in Düsseldorf etwas, was sie noch nicht kennt: einen britischen Lotus Elise S, in schwarz.

Ein paar Fahrradminuten entfernt gibt es am Prinzregentenplatz ein Freibad. Wenn ich in der Sonne liege, frage ich mich, wie es wohl weiter gehen wird mit dem sechsten Buch.

Erika ist von der Nuklidkarte gefesselt. Ich habe ihr erklärt, daß in diesem Wirrwarr von schwarzen, roten und blauen Kästchen das tiefste Geheimnis des Universums steckt. Die Nuklidkarte hängt weltweit in Chemiesälen. So stelle ich mir ein Kunstwerk vor, das ein Künstler mit Facettenaugen angefertigt haben könnte. Es wirkt wie ein Mosaik so fremdartig, daß es von Chemikern, Kernchemikern und

Physikern überhaupt nicht als abgrundtiefes Geheimnis verstanden wird. So wie eine Partitur für jemanden unverständlich ist, dem der Begriff Musiknoten fremd ist. Erika sitzt oft vor der Karte und notiert sich Zahlen. Da ich das selbst einige Jahre gemacht habe, weiß ich, daß sie keine Chance hat.

Ich frage mich, ob überhaupt schon einmal eine Frau eine Nuklidkarte als Kryptogramm untersucht hat. Jedes einzelne der roten und blauen Kästchen, weit über 1000, ist ein eigenes Forschungsergebnis, eine Promotion oder eine Publikation.

Wenn Forscher etwas wollen, sind sie fleißig wie die Ameisen, und genau wie Ameisen haben sie kollektiv ein Bewußtsein für das Gesamtwerk, ohne darin ein Geheimnis zu sehen.

Michael hat oft vor der Nuklidkarte gestanden. Einmal sagte er: „Darin steckt das ganze Rätsel der Mathematik."

Irgendwann kommt Erika mit einer Frage: „Du hast doch rausgefunden, warum die Element 43 und 61 fehlen. Weiß man eigentlich, warum die 8 Neutronenzahlen: 19, 35, 39, 45, 61, 89, 115 und 123 in der schwarzen Treppenfolge fehlen?"

„Zeig mir das."

Ich bin nun wirklich dafür bekannt, daß ich meine wissenschaftlichen Kollegen verhöhne, aber diesmal hätte ich eigentlich Schimpf und Schande verdient. Wenn man nämlich die Nuklidkarte Zeile für Zeile von unten nach oben liest, gibt es 8 Reihen, in denen keine schwarzen Kästchen vorkommen. Somit müssen genau 8 Neutronenzahlen fehlen, so wie umgekehrt 2 Ordnungszahlen fehlen, wenn man die Reihen von links nach rechts liest.

„Zwei zu acht, so ist doch das Periodensystem aufgebaut, wie im Kapitel 10 beschrieben: Du hast eine große Entdeckung gemacht."

*

Abbildung 59 enthält ein Mosaik aus 5x5 Quadraten. Die schwarze Treppenformation beginnt links mit der Ordnungszahl 80, dem stabilen Quecksilberisotop, Hg 201. (Daß links von diesem Isotop vier weitere stabile Quecksilbernuklide stehen, spielt hier keine Rolle.) Oberhalb von $_{80}$Hg 202 befindet sich ein Isotop des Elementes $_{81}$Thallium 203. Thallium ist mit seiner ungeraden Ordnungszahl ein Doppelisotop. In der Nuklidkarte gibt es 8 Doppelisotope, die dadurch gekennzeichnet sind, daß sie durch ein instabiles Isotop getrennt sind, und gleichzeitig die Treppe der schwarzen Isotopenkästchen komplett unterbrochen ist. Der Partner von Tl 203 ist Tl 205. Dazwischen befindet sich das instabile Tl 204. (In der farbigen Nuklidkarte entspricht die Blaufärbung in Abbildung 59 der Dunkelgraumarkierung, umgekehrt sind die hellgrauen Kästchen eigentlich rot gefärbt.)

Das instabile Thallium 204 hat nun die Neutronenzahl 123, die letzte der oben genannten 8 fehlenden Neutronenzahlen. Warum ist das so wichtig? Ein Blick zurück zu Hg 202. Auch Quecksilber hat kein stabiles Isotop mit der Neutronenzahl 123 und ist wie Tl 204 ein β^- Strahler. Solche Isotope schießen Elektronen aus dem Kern, worauf sich ein Neutron in ein Proton verwandelt.

Die fehlende Neutronenzahl 123

83	**Bi 204** 11,22 h ε γ	**Bi 205** 15,31 d ε β^+ γ	**Bi 206** 6,24 d ε β^+ γ	**Bi 207** 31,55 a ε β^+ γ	**Bi 208** $6{,}38 \cdot 10^5$ a ε γ
82	**Pb 203** 51,9 h ε γ	**Pb 204** 1,4	**Pb 205** $1{,}5 \cdot 10^7$ a ε no γ	**Pb 206** 24,1	**Pb 207** 22,1
81	**Tl 202** 12,33 d ε γ	**Tl 203** 29,524	**Tl 204** 2,78 a ε no γ β^-	**Tl 205** 70,476	**Tl 206** 4,2 m β^- γ
80	**Hg 201** 13,18	**Hg 202** 29,86	**Hg 203** 46,59 d β^- γ	**Hg 204** 6,87	**Hg 205** 5,2 m β^- γ
79	**Au 200** 48,4 m β^- γ	**Au 201** 26,4 m β^- γ	**Au 202** 28 s β^- γ	**Au 203** 60 s β^- γ	**Au 204** 39,8 s β^- γ
	121	**122**	**123**	**124**	**125**

Abbildung 59

Betrachten wir jetzt das erste stabile Bleiisotop $_{82}$Pb 204, es ist vom nächsten stabilen Bleiisotop Pb 206 durch das instabile Isotop Pb 205 getrennt. (Insgesamt hat Blei 4 Isotope. Das vierte Isotop mit der

Massenzahl 208 ist nicht gezeichnet.)

Blei 205 fängt sich ein Elektron aus seiner K-Schale ein und verwandelt ein Proton in ein Neutron. Dieser Elektroneneinfang ist so bedeutungsvoll, daß man seinem Entdecker Pierre Auger den Nobelpreis verliehen hat. Auch das oberhalb des Pb 205 stehende Wismut mit der Massenzahl 206 kann nur künstlich hergestellt werden. Es schießt (neben der Möglichkeit, Elektronen einzufangen) auch Positronen aus dem Kern, wobei sich ebenfalls ein Proton in ein Neutron verwandelt.

Werfen wir jetzt einen Blick auf die unterste Zeile: auf das Element Gold. Erst 5 Kästchen links vom $_{79}$Au 202 befindet sich das einzige stabile Goldisotop $_{79}$Au 197, was hier nicht eingezeichnet ist.

Zusammenfassend zeigt Abbildung 59, daß die Neutronenzahl 123 im ganzen Universum fehlt. Es gibt nun in der Nuklidkarte genau 8 solche Muster, wo die fortlaufenden Massenzahlen oberhalb und unterhalb des fehlenden, mittleren Isotops eines Doppelisotops einfach unterbrochen sind. Somit ist ein zweites Mal in den chemischen Elementen das Verhältnis 8 zu 11 gespeichert (bei 19 Doppelisotopen).

So wie die Frage, warum denn die Elemente 43 und 61 keine Rein- oder Doppelisotope sind und somit überhaupt keine stabilen Isotope besitzen, unterschlagen worden ist, gibt es auch auf die Frage, warum die Treppenformation der stabilen Isotope 8 mal unterbrochen wird, keine Antwort, und was noch schlimmer ist, man hat die Frage gar nicht erst gestellt.

*

Ich gehe nun das Problem an, ob in diesen 8 Unterbrechungen der Neutronenerweiterungszahlen (Band II, S. 13 ff.) ein Zahlencode steckt. Die erste Lücke befindet sich bei der Neutronenzahl 19. Das erste schwarze Kästchen in der 6er - Formation, Schwefel $_{16}$S 34, hat den Partner $_{16}$S 36. Die beiden Isotope haben die Neutronenerweiterungszahlen 2 und 4. Darüber liegt das Doppelisotop $_{17}$Chlor. Es hat die Neutronenerweiterungszahlen 1 und 3. Der dritte Partner, das darüber liegende $_{18}$Argon hat mit den beiden Isotopen Ar 36 und Ar 38 die Neutronenerweiterungszahlen 0 und 2. Wichtig sind für uns nur das fehlende Argonisotop 37 und das ebenfalls fehlende Schwefelisotop 35. Die Neutronenerweiterungszahlen würden 1 und 3 lauten.

Die nächste fehlende Neutronenzahl lautet 35. Wir brauchen hierbei nur das $_{30}$Zink 65 und das $_{28}$Nickel 63 zu untersuchen. Die Neutronenerweiterungszahlen sind 5 und 7. Bei der fehlenden Neutronenzahl 39 müssen wir das Isotop $_{32}$Germanium 71 und $_{30}$Zink 69 untersuchen. Die entsprechenden Neutronenerweiterungszahlen lauten 7 und 9. Für die fehlende Neutronenzahl 45 müssen $_{36}$Krypton 81 und $_{34}$Selen 79 berechnet werden. Wir finden die Neutronenerweiterungszahlen 9 und 11. Bei der Neutronenzahl 61 untersuchen wir $_{48}$Cadmium 109 und $_{46}$Paladium 107. Die Neutronenerweiterungszahlen sind 13 und 15. Wie man leicht durch abzählen feststellt, haben wir bisher die Kette der fortlaufenden ungeraden Zahlen 1, 3, 5, 7, 9, 11, 13 und 15 durchlaufen.

Ich will diese Subtraktionsaufgabe einmal unterbrechen und schildern, wie und wo denn diese Berechnungen stattgefunden haben.

Ich hatte Erikas Entdeckung aus dem Jahr 2001 lange nicht einordnen können, bis mir im Sonnenjahr 2003 der Gedanke kam, daß die Lösung für die fehlenden Protonenzahlen 43 und 61 ja überhaupt nur über die fortlaufenden ungeraden Neutronenerweiterungszahlen 1, 3, 5, 7, 9, usw. bis 43 entschlüsselt werden konnte. Folglich fuhren wir an einem der strahlenden Sonnentage spätnachmittags mit den Rädern in den Englischen Garten zum Restaurant „Seehaus“, das über einen zauberhaften Biergarten verfügt, im Fahrradgepäck die Lesebrille, Papier und Bleistift, einen kleinen Taschenrechner und natürlich die Nuklidkarte. In dem überfüllten Lokal fand sich doch ein Tisch mit gerade soviel Platz, die Nuklidkarte Seite für Seite zu entfalten.

Ich hatte so eine Ahnung und mußte lächeln. Ob wohl schon einmal in einem Münchner Biergarten an einer Nuklidkarte weltbewegende Berechnungen stattgefunden haben? Zu den Zeiten der großen Sommerfeld - Schule gab es überhaupt keine Nuklidkarte. Später, als die Kernreaktoren und Teilchenbeschleuniger die planvolle Entwicklungsarbeit für künstliche Nuklide ermöglichten, war die Atomphysik schon abgeschlossen. Für chemische Elemente bestand kein Interesse. Atome galten ja als spaltbar, in Wirklichkeit kann man sie nur zerstören.

Brathendl und je eine Maß, und dann begannen wir mit dem Abzählen. Die Abendsonne stand gleißend rot über dem See, und ich mußte eine Baseballkappe tragen. So gelangten wir zu den fortlaufenden ungeraden Zahlen bis 15. Jetzt mußte ein Sprung kommen, denn der Abstand zwischen den fehlenden Neutronenzahlen 61 und 89 ist zu groß. Mit dem Isotop $_{64}$Gandolinium 153 und dem $_{62}$Samarium 151 traten die ungeraden Neutronenerweiterungszahlen 25 und 27 auf. Wieder ein großer Sprung zur nächsten fehlenden Neutronenzahl 115. $_{78}$Platin 193 und $_{76}$Osmium 191 lieferten die ungeraden Zahlen 37 und 39. Die letzte fehlende Neutronenzahl, das war mir klar, mußte zu den Neutronenerweiterungszahlen 41 und 43 führen, denn mit der Zahl 43 ist der Code selbst zu Ende. Ich diktierte, Erika tippte ein: $_{82}$Blei 205 lieferte die 41, so daß $_{80}$Quecksilber 203 zur 43 führte. Da waren sie, die fortlaufenden Zahlen: die Neutronenerweiterungszahlen. Es handelt sich um 14 Zahlen, wobei die 7 und die 9 zweimal vorkommen.

1, 3, 5, 7, 9, 11, 13, 15, 25, 27, 37, 39, 41, 43.

*

Meine Einteilung der Ordnungszahlen der chemischen Elemente in vier Kolonnen – angeführt von den Zahlen 4, 2, 6 und 3 – führte mich zu den Teilbarkeiten durch 1, 2, 3 und 4. Diese vier Sorten Zahlen lassen sich, wie in Kapitel 12 auf Michaels Postkarte gezeichnet, in vier Gruppen einteilen:

$$\mathbf{4n - 1 = 4n + 3}$$
$$\mathbf{4n + 0 = 4n + 4}$$
$$\mathbf{4n + 1 = 4n + 1}$$
$$\mathbf{4n + 2 = 4n + 2}$$

Genau auf diese Zahlenkombinatorik sind aber auch die Massenzahlen der vier natürlichen radioaktiven Zerfallsreihen aufgebaut, wie in Kapitel 19 verdeutlicht werden wird. Einer solchen Zugehörigkeit unterzog Erika jetzt alle Massenzahlen der stabilen Elemente 1 bis 83. Dazu untersuchte sie die fortlaufenden Massenzahlen 0, 1, 2, 3,… bis 209 (die 0 steht für das Neutron) und berücksichtigte dabei die fehlenden Massenzahlen 5 und 8. Es handelt sich also um 210 – 2 = 208 Ziffern. Da es sich um insgesamt vier Teilbarkeiten handelt, ist der gemeinsame Teiler von 208 die Zahl 52.

3, 7, 11, 15, 19, 23,… 207	(4n – 1)
0, 4, (fehlt), 12, 16,... 208	(4n + 0)
1, (fehlt), 9, 13, 17,… 209	(4n + 1)
2, 6, 10, 14, 18, 22,… 206	(4n + 2)

Das Abzählen hat sich wahrlich gelohnt; denn in jeder der 4 Reihen befinden sich genau 52 Massenzahlen. Als Kernchemiker kann ich nur den Kopf schütteln, daß diese Berechnungen nicht längst von den Verfassern der Nuklidkarte durchgeführt worden sind.

Das wirre Mosaikspiel der Nuklidkarte scheint keine Ordnung zu haben, und jetzt ist sie ansatzweise doch zu erkennen. Das Fehlen von zwei Ordnungszahlen und acht Neutronenzahlen ist deswegen von den Kernchemikern und Kernphysikern nicht zu einer zentralen „Warum“ Frage erklärt worden, weil in beiden Fällen durch die Darstellung künstlicher Isotope der Eindruck erweckt wurde, als wenn da gar nichts fehlen würde.

Der gemeinsame Teiler 52 ist ebenfalls eine Viererzahl, ihr Primzahlteiler ist 13 ($4 \cdot 13 = 52$). Genau diese Zahl 13 ist in einer der vier 19er - Tabellen gespeichert, wie man in Tabelle 3, Band I, S. 430 nachzählen kann. So bestehen drei 19er - Reihen aus teilbaren Zahlen. Eine davon enthält nur ungerade Zahlen. Dreizehn dieser Zahlen sind fortlaufende 3er - Zahlen: 9, 15, 21, 27, 33, 39, 45, 51, 57, 63, 69, 75, 81. Die sechs anderen teilbaren Zahlen 25, 35, 49, 55, 65 und 77 sind kombinatorische Produkte von Primzahlen der Form $6n \pm 1$.

Ich bin zu dieser Erkenntnis 1982 durch geschicktes Abzählen und logisch begründetes Einordnen gelangt, bin mir aber immer darüber im Klaren gewesen, daß meine zahlentheoretische Deutung der Vierereinteilung der chemischen Elemente lediglich eine geistvolle Antwort auf eine „Wie“ - Frage darstellt. Erst als ich im 10. Kapitel den Atomkernen logarithmischen Charakter zuordnete, begann sich die „Warum“ - Frage abzuzeichnen.

Eine der 19er - Kolonnen besteht ausnahmslos aus Primzahlen von der Form $6n \pm 1$, die Zweite aus fortlaufenden Zweierzahlen und die Dritte aus den Viererzahlen. Die Vierte, die Folge der ungeraden zusammengesetzten Zahlen (s.o.) liefert das Verhältnis 13 zu 6. Die Summe beträgt natürlich 19. Warum der planvolle Geist, der hinter der Kernchemie steht, 13 ungerade Dreierzahlen mit 6 ungeraden kombinatorischen Produkten von Primzahlen von der Form $6n \pm 1$ mischt, habe ich nie ergründen können. Jetzt endlich entwickele ich wenigstens eine Idee für das Verhältnis 13 zu 6.

Die sechs Indices der Primzahl 19 stellen die durchgängige Ordnung der K_1 Zahlen auch in Exponenten sicher.

1, 5, 7, 11, 13, 17 mod 19

Dahinter stehen die 6 Primitiven Wurzeln der Zahl 19 und in noch tieferem Sinne die Nichtteiler $\varphi(19)$. Diese $p - 1$ liefert, für $p = 19$, die Zahlen von 1 bis 18.

Euler und sein großer Schüler Gauß scheinen sich gar nicht darüber im Klaren gewesen zu sein, daß eine Primzahl p als Phi - Funktion an die Zahl – 1 gebunden ist. Im kleinen Fermatschen Satz $2^{p-1} \equiv 1 \pmod{p}$ stellt der Exponent – 1 die Division durch die Basis 2 dar, so daß die anschließende Division durch p den Restwert 1 liefert. <u>Somit ist die **– 1** im obigen Code unsichtbar mit enthalten:</u>

– 1, 1, 5, 7, 11, 13, 17, 19

Die Zahl 18 setzt sich nur aus den Primteilern 2 und 3 zusammen. Folglich lauten ihre 6 Nichtteiler 1, 5, 7, 11, 13 und 17, was eben genau den oben aufgeführten 6 Indices von 19 entspricht[1]. Wie schon in Band II Kapitel 1 erschöpfend behandelt worden ist, liegen die Gründe dafür, daß die Primzahl 19 eine Metazahl darstellt und sich somit auch als Summe von zwei Sorten Zahlen zusammensetzt (11 + 8, 17 + 2 oder 13 + 6) in der Metaphysik.

Mitte des 19. und vor allen Dingen des 20. Jahrhunderts begann sich durch die Erfolge in den Naturwissenschaften und der Technik der Positivismus auszubreiten, der die metaphysischen Probleme, die Rätselhaftigkeit der Welt, als Scheinfragen bezeichnete. Die Aufgabe des menschlichen Geistes sei es, die Wirklichkeit zu berechnen und zu beherrschen[2].

Die verborgenen Zusammenhänge in der Metazahl 19 lassen den Positivismus umgekehrt nun als „Scheinphilosophie" erkennen.

*

Worin liegen die tiefsten Ursachen für die von Pauli zum ersten Mal bemerkte Vierfachheit im modernen physikalischen Weltbild? Die auf Seite 138 abgedruckten zwei Matrizen wollen wir nun um zwei weitere Potenzmatrizen (Abbildungen 57 und 58) zur Vierfachheit ergänzen:

I	**Potenz - Matrix**
II	**reziproke Potenz - Matrix**
III	**logarithmische Kongruenz - Matrix**
IV	**quadratische Kongruenz - Matrix**

Kennzeichen der beiden ersten Matrizen ist die Primzahlverteilung in den fortlaufenden Basen oder Exponenten, während die beiden übrigen Matrizen Kongruenzen behandeln – modulo fortlaufender Primzahlen –, in denen sich natürlich auch die Primzahlverteilung spiegelt.

---

[1] Die 19 ist die einzige Primzahl in der Unendlichkeit des Zahlengebäudes, deren Indices exakt den Primzahlcode liefern.

[2] Vgl. Philosophisches Wörterbuch, 17. Auflage 1965, Alfred Kröner Verlag, Stuttgart.

Hinter der vierdimensionalen Welt steht eine euklidische komplexe Zahlenstruktur der Wurzelausdrücke von 1. Das gleiche gilt aber für die dreidimensionale Welt mit ihren nichteuklidischen komplexen Wurzeln der Zahl 1 auf der Kugeloberfläche (s. Kapitel 19).

Pauli hat die Vierfachheit in der Natur nur registrieren können. Die vier Potenzen der Zahl i hat er merkwürdigerweise nicht in seine Überlegungen zum Hintergrund der Welt mit einbezogen.

Die Exponenten von i^1, i^2, i^3, i^4 und ihre Lösungen i, –1, – i und + 1 bilden den Hintergrund dafür, daß sich beim Primzahlkreuz auf der ersten Schale 25 Zahlen befinden müssen (0 bis 24). Deswegen besteht diese Geometrie aus vier Quadranten.

Auch in der nichteuklidischen Geometrie liegen diese Potenzausdrücke i^1, i^2, i^3, i^4 den Zahlen – 1, 0, 1 und 2 zugrunde, wobei keine vernünftige bijektive Funktion zwischen diesen beiden Mengen existiert. Hier liegen die tiefen Gründe für den 4n ± 1 - Takt in der dreidimensionalen Geometrie bez. zweidimensionalen Kugeloberflächengeometrie. Die Ordnung der Zahlen lautet:

–1,	3,	7,	11, …
0,	4,	8,	12, …
1,	5,	9,	13, …
2,	6,	10,	14, …

so daß sich die Ziffern ± 1 im 4er - Takt wiederholen. Die mathematische Notwendigkeit, daß die Ordnungszahlen der Atomkerne aus vier 19er - Kolonnen bestehen, zwingen zur Einsicht, daß sich die 13 3er - Zahlen mit den 6 ungeraden Nicht - 3er - Zahlen vermischen müssen. Nun basieren das quadratische Reziprozitätsgesetz und seine beiden Ergänzungssätze ausnahmslos auf geraden oder ungeraden Potenzen der Zahl – 1. Bisher war noch nicht einmal zu erkennen, warum die Isotopie so scharf zwischen geraden und ungeraden Zahlen unterscheidet.

Wir stehen erst am Anfang des logarithmischen Denkens, werden aber in Kapitel 19 sehen, wie verborgen die vier radioaktiven Zerfallsreihen mit den beiden Ergänzungssätzen des quadratischen Reziprozitätsgesetzes verknüpft sind, so daß die Abnahme der Atomgewichte nur über die Massenzahl 4 erfolgen kann. Dies rechtfertigt den Gedanken, den 4er - Rhythmus auch auf die Massenzahlen auszudehnen, die unterhalb der natürlichen radioaktiven Isotope liegen, wie wir das oben auf die 4 · 52 Massenzahlen angewendet haben.

Die Natur der Materie ist mathematisch so geschickt angelegt, daß gleichzeitig sichergestellt ist, daß wir mit unserer bisherigen Art,

Chemie und Physik zu betreiben, niemals ein tiefes Naturgesetz aufdecken konnten.

Das Periodensystem und die Nuklidkarte basieren ausnahmslos auf ganzen Zahlen. Wer mag unsere Wissenschaftler so blind gemacht haben, daß sie die Zahlen und erst recht das Stellenwertsystem als Erfindung des menschlichen Geistes bezeichnen?

*

Die Tabellenuntersuchungen erbrachten noch interessante Nebenergebnisse. So läßt sich erkennen, daß alle Massenzahlen nur maximal dreifach, also in dreifacher Kombinatorik von Protonen- und Neutronenzahlen auftreten können. Beispiel: $_{20}$Ca, $_{19}$K und $_{18}$Ar haben alle die Massenzahl 40. Das ist natürlich bekannt, aber die Trinität im Sinne von Pauli ist unerwünscht.

Die Dreifachheit tritt nur bei Massenzahlen von der Form $4n + 0$ und $4n + 2$ auf. Für Massenzahlen von der Form $4n - 1$ können maximal zwei gleiche Atomgewichte mit unterschiedlicher Kombinatorik auftreten. Beispiel: $_{38}$Sr und $_{37}$Rb, Massenzahl 87. Für Zahlen von der Form $4n + 1$ gibt es nur 52 einmalig auftretende Massenzahlen.

Ein Blick auf die Nuklidkarte zeigt nun für die Ordnungszahl 19 etwas Überraschendes, was zwar in den meisten Lehrbüchern der Kernchemie zu finden ist, aber nicht interpretiert wird. Die Zahl 19 liefert als einzige ungerade chemische Ordnungszahl nicht ein Rein- oder ein Doppelisotop, sondern drei und dies in Verbindung mit der Neutronenzahl 21. Diese Neutronenzahl würde sonst fehlen, wie in Abbildung 59 die Neutronenzahl 123. Es wären dann nicht 8 sondern 9 Unterbrechungen in der Nuklidkarte, wenn nicht mit dem $_{19}$Kalium 40 in einzigartiger Weise die mittlere Lücke (zum Vergleich Tl 204) geschlossen wäre.

In den Lehrbüchern der Kernchemie wird Kalium 40 als uu (ungerades ungerades) Isotop bezeichnet und daraus seine natürliche Radioaktivität (10^9 Jahre Halbwertszeit) abgeleitet, weil es nur eine Hand voll stabiler uu - Kerne gibt. Hieraus läßt sich erkennen, daß die Achtfachheit der Unterbrechungen nie als zahlentheoretische Notwendigkeit erfaßt worden ist.

*

Die zwei fehlenden Protonenzahlen 43 und 61 und die acht fehlenden Neutronenzahlen 19, 35, 39, 45, 61, 89, 115 und 123 sind bei der Explosion einer überschweren Sonne von entscheidender Bedeutung. Anders als durch Weglassen, kann sich ein Zahlencode gar nicht erfüllen.

Durch einen unglaublichen Zufall hat gerade zu dem Zeitpunkt, an dem überhaupt Neutrinomeßgeräte zur Verfügung standen (1987), zum erstenmal seit vierhundert Jahren in ziemlich naher Entfernung zur Erde – in der Magellanschen Wolke, einem Begleiter der Milchstraße – ein Supernovaereignis stattgefunden, das mit bloßem Auge wahrgenommen werden konnte. Die Astrophysiker jubelten wegen der Fülle der registrierten Neutrinos. Zum erstenmal war ein blauer Überriese explodiert, wie es die Theoretiker vorhergesagt hatten.

In der Teilchenphysik waren Neutrinostreustrahlexperimente längst der große Renner. Astro- und Kernphysik haben unser kosmologisches Weltbild bis ins Bizarre verzerrt. Nur, welche Masse die Neutrinos haben, ist für die zeitgenössische Forschung immer noch ungeklärt, denn sie läßt sich mit Meßapparaturen eben nicht nachweisen. Unsere bis ins Absurde gesteigerte Meßgenauigkeit verhindert den klaren Blick für das Ziel jeder Forschung: Was ist Wahrheit und was ist Wirklichkeit?

Kapitel 16

Der Einstufer in Zeiten politischer Ratlosigkeit

Mein Wechsel von Düsseldorf nach München vollzog sich im Jahr 2000 in Schüben. Ich behielt das Dach überm Kopf in Düsseldorf, das mich so viele Jahre beschützt hatte, begann aber mit Erika die Wohnung in München mit meinen Möbeln umzugestalten.

Im März hatten Erika und ich für eine Woche ein Appartement im Hotel Alpenrose in Zürs zur Verfügung. Die möblierten Zimmer gehörten Freunden von Erika. Sie verließ morgens möglichst früh das Hotel, um Ski zu laufen, während ich später mit der Seilbahn nach oben fuhr, um in der Sonne zu liegen. An einem dieser Morgen klingelte das Handy und Klaus Kunkel rief mich aufgeregt an.

Professor Auner hatte bisher durch die rigorose Ablehnung der möglichen Silizium - Stickstoffverbrennung bei Klaus für Irritationen gesorgt. Nun hatte sich etwas ereignet, womit niemand, weder Auner noch Klaus oder ich, rechnen konnte. Bei einem der größten Silikonölhersteller der Welt, der Firma Wacker in Burghausen, mit Firmensitz in München und einem Umsatz von 5 Mrd. DM, war die Silizium - Stickstoffverbrennung experimentell nachgewiesen worden.

Obwohl die Verbrennung mit Stickstoff sehr viel Wärme liefert, ist Siliziumnitrid bisher immer so hergestellt worden, daß man 1400° heißen Stickstoff auf Siliziumpulver geblasen hat, weil Silizium auf seiner Oberfläche von einer sehr dünnen Oxidschicht geschützt wird. Bei der oben geschilderten Verbrennung war das Siliziumpulver jedoch angeätzt worden und hatte so heftig mit kaltem Stickstoff gebrannt, daß es fast zu einer Katastrophe gekommen wäre[1].

Klaus berichtete mir in allen Einzelheiten, wie Professor Auner an die entsprechenden Informationen gekommen war, aber ich mußte

---

[1] Der Vorfall und seine Folgen sind ausführlich in „Benzin aus Sand“ – Die Silan-Revolution, 2001, Langen Müller Verlag, München, beschrieben. Da die Verlagsleitung, Dr. Fleissner und Frau Dr. Sinhuber, mit Panik auf eine mögliche einstweilige Verfügung durch Herrn Professor Auner reagiert haben, ist das Buch juristisch „vorsichtig“ geschrieben worden. Meine Hinweise, daß Professor Auner gegen die „Wahrheit“ zwar eine einstweilige Verfügung erwirken könne, aber dann in der Hauptverhandlung unterliegen müßte, wurden überhaupt nicht beachtet. Dieser Chemiker Norbert Auner ist viel zu gerissen, als daß er das Risiko einer spektakulären Gerichtsniederlage eingehen würde.

ihm schwören, daß ich die Details nicht verraten würde.

Ich hatte mich Monate vorher aus der Raumfahrt verabschiedet, und jetzt war ich mit einem Schlag wieder drin. Als ich 1994 die Stickstoffverbrennung entdeckt hatte, ging es meinem Freund Dr. Kunkel noch finanziell hervorragend. Da er auch in Berlin ein großes Statikerbüro besaß, baute er dort im großen Stil Mietobjekte. Als ich erfuhr, wieviel Millionen dort angelegt wurden, hatte ich, von Schrekken gepackt, versucht, seine Absichten zu stoppen.

„Alle Welt baut in Berlin, nur wer um Gottes Willen soll denn später in diesen Buden wohnen?"

„Aber die steuerlichen Vorteile sind so immens, daß es dumm wäre, dort nicht zu investieren."

„Wenn Du unbedingt bauen willst, dann bau in München. Dort gibt es zwar keine steuerlichen Vorteile, aber dafür dann eine Garantie, daß Du die Räumlichkeiten sowohl als Büros wie auch als Wohnungen vermietet bekommst."

Klaus hatte nicht auf mich gehört. Zusätzlich mit dem Rückgang der Bautätigkeit in Deutschland und der Gründlichkeit, mit der die deutschen Banken in konjunkturschwachen Zeiten Unternehmer in den Ruin treiben, war das Verhängnis nun perfekt, weil uns das nötige Kapital fehlte.

Die Professoren für Chemie, Lorberth und Auner, hatten dafür gesorgt, daß uns die Zeit davon gelaufen war. Wir brauchten jetzt, nach dem Wackerspektakel, Kapital in Millionenhöhe, um Silane zu produzieren und sie anschließend auf zweierlei Weise zu vermessen: einmal als herkömmlichen Raketentreibstoff und danach im Hinblick auf ihren Einsatz in sog. Staustrahlbrennern mit Stickstoffverbrennung. Statt dessen lief alles auf ein übles Ränkespiel hinaus.

*

Professor Auner war Berater nicht nur bei der Wacker Chemie, sondern auch bei einem der größten Chemiekonzerne der Welt: Dow Corning, USA, was auf eine Verflechtung der beiden großen Silikonölproduzenten hinweist. Bei dieser sehr lukrativen Beratertätigkeit wäre er verpflichtet gewesen, die leitenden Chemiker beider Konzerne über die Bedeutung der Stickstoffverbrennung zu unterrichten. Statt dessen formulierte er zusammen mit Dr. Kunkel und unserem Patentanwalt Dr. Döring eine Patentanmeldung, bei der der Treibstoff Silan bzw. Siliziumpulver mit Stickstoff verbrannt werden sollte, alles unter dem Gesichtspunkt, daß dem siliziumhaltigen Treibstoff ein Gemisch von Kupfer und Kupferoxid beigefügt werden sollte. Somit könnte dann, katalytisch unterstützt, dem reaktionsträgen Luftstickstoff dazu verholfen werden, chemisch wie ein Oxidator zu wirken.

Da ich von der Firma Wacker wußte, daß durch Laborexperimente nachgewiesen worden war, daß die Reaktion ab einer bestimmten Temperatur (mit einem glühenden Draht) von alleine einsetzt und zwar völlig ohne Kupferoxid, bezeichnete ich die drei Doktores als verrückt. Mein Freund Klaus erklärte mir zwar, daß er nicht richtig beurteilen könne, ob Auner oder ich im Recht seien, aber das sei schließlich egal, Hauptsache sei, daß Auner als Hochschullehrer die Chancen böte, die Stickstoffverbrennung voran zu treiben. Ich beharrte jedoch auf meinem Standpunkt, daß eine chemische Entdeckung nicht ein zweites Mal patentiert werden könnte.

Schließlich sah selbst der Chemiker Auner ein, daß er bei dem Treibstoff Silan chancenlos war, denn der Chemiker Plichta hatte die höheren Silane entdeckt und patentiert bekommen und später natürlich auch die Stickstoffverbrennung.

Nun schrieb Auner vier Patentanmeldungen, die, weltweit angemeldet, Klaus finanziell ins Unglück stürzen würden, denn der Inhalt dieser Anmeldungen war chemischer Schwachsinn. (Patentanwälte bekommen für Anmeldungen Geld und nicht dafür, daß sie Schwachsinn verhindern.)

Am verrücktesten aber benahm sich nun die Firma Wacker Chemie. Die hatte den Wert der Stickstoffverbrennung überhaupt nicht erfaßt. Ihre Chemikerin Gudrun Tamme hielt im Mai 2000 auf einem Siliziumkongreß im norwegischen Tromsø den Abschlußvortrag mit dem Titel: „Silizium und Kupferoxid bei der Silikonherstellung – eine gefährliche Mischung?" Inhalt des Vortrages war der Gedanke, wie man in Zukunft die Gefahr der Stickstoffverbrennung bannen könne.

Dem Zuhörer Auner muß bei soviel Blödheit das Herz gehüpft haben, da er zum Zeitpunkt dieses Vortrages ja längst die Patentanmeldungen formuliert hatte. Jetzt nach Tromsø konnte er sich an den „Stern" wenden. Drei Redakteure, S. Mekhennet, K. Thews und T. Pflaum, fielen auf den Laienprediger Auner herein, so wie in den Zeiten der Hitlertagebücher.

Ich blieb nicht untätig und meldete ebenfalls eine Reihe von Patenten an. Am 09.11.2000 brachte der „Stern" die Titelstory „Sensationelle Entdeckung: *Sand – Das Öl der Zukunft.* Wie ein deutscher Wissenschaftler die Lösung für unser Energieproblem fand."

Bevor der „Stern" herauskam, hatten wir den Redakteur Klaus Thews nach Düsseldorf gebeten. Dort hatte er in Gegenwart von Rechtsanwalt Dr. Bellinger das Thema Plichta, Silane und Stickstoffverbrennung aus einer anderen Version dargelegt bekommen. Herr

Thews hatte die Gefahr für den „Stern“ erkannt und war der drohenden einstweiligen Verfügung dadurch zuvorgekommen, daß er mit dem Artikel „Synthetische Antriebsstoffe aus Silizium“ den Chemiker Peter Plichta, die von ihm erfundenen Silanöle und die ebenfalls von ihm entdeckte Stickstoffverbrennung chemisch korrekt wiedergab. In Verbindung mit einem netten Photo war ich also, dank Auners Hilfe, im „Stern“ gelandet. Die Titelstory war ein einziger chemischer Wirrwarr und hat Auner sehr viel Ärger, mir hingegen Glück gebracht.

Nachdem „Benzin aus Sand“ auf dem Markt war, schaltete sich Deutschlands angesehenste Fachzeitschrift für Chemie „Die Angewandte“, nur zu vergleichen mit dem britischen Magazin „Nature“, in die Sache ein. Wie ich von Klaus Kunkel hörte, hat Professor Auner zugegeben, daß die Deutsche Forschungsgemeinschaft, DFG, deren Stipendiat ich einmal war, dem Lehrstuhlinhaber für Anorganische Chemie an der Frankfurter J. W. von Goethe - Universität sämtliche Forschungsmittel gestrichen hat. Damit ist sein Ruf natürlich hin. Inzwischen hat er sich der Aufgabe zugewandt, aus Sand mit Fluorwasserstoff direkt Siliziumfluorid zu machen, um dann über eine heiße Zersetzung direkt preiswert an elementares Silizium zu gelangen.

Auch die Sache sollte ein Nachspiel haben, denn am 22.11.2000 war ich bei der Wacker Chemie in München - Neuperlach eingeladen. Neben Dr. Kunkel war Professor Dieter Straub Zeuge des Gespräches. Der Direktor des Geschäftsbereichs Silikone Dr. Höfelmann, der Chefchemiker Dr. Weidner (ein Freund von Auner), sowie der Leiter Grundstoffe des Werkes Burghausen Dr. Horns waren die Gastgeber. Dort erläuterte ich eben diesen neuartigen chemischen Prozeß. Auf diese Weise gelangte die Idee mit dem Fluorwasserstoff anscheinend zu Professor Auner. Da ihr Vorgesetzter in der Geschäftsleitung Dr. Peter Wacker kein Chemiker ist, herrschen in dem Familienunternehmen wahrscheinlich ähnliche Verhältnisse wie bei den Henkels.

*

Da an dem Tag des Wackerbesuches ein ausführlicher Artikel über den Chemikerstreit Norbert Auner und Peter Plichta in der Süddeutschen Zeitung stand, informierte ich den Langen Müller Verlag und wurde von Herrn Dr. Fleissner eingeladen. Dort legte ich den Sternartikel auf den Tisch und begann meinen Vortrag damit, wie Hitler 1932 in seiner neuen Wohnung am Prinzregentenplatz in München Besuch von Chemikern der IG Farben bekommen hatte. Als der „Führer“ begriff, daß synthetisches Benzin – aus Braunkohle und Wasserstoff – ihm seinen Krieg energetisch erst möglich machen würde, verfiel er regelrecht in Raserei. Wahrscheinlich haben die IG Farben Vertreter sogar den Koffer mit Bargeld (Parteispende) dennoch nicht wieder mitnehmen dürfen.

Kurzum, ich bekam einen Vertrag über das Buch „Benzin aus Sand" und einen Autorenvorschuß von 50000 DM für meine Verlags GmbH. Da ich das Buch mit Walburga Posch und Bernhard Hidding zusammen schreiben wollte, würden die schriftstellerische Tätigkeit und die Recherchen weit mehr kosten als diese läppische Anzahlung, die ich später noch versteuern mußte. Aber der Anfang war getan.

Im Januar 2001 war ich mit Erika in Südamerika in der Atakama Wüste, wo die Natur ungeheure Vorräte an sog. Chilesalpeter, einzigartig auf der Welt, angelegt hat. Da man ohne Salpetersäure keinen Sprengstoff herstellen kann, war der erste Weltkrieg ein Wettrennen deutscher Chemiker um Salpeterersatz. Zum Gepäck gehörte ein sehr umfangreiches Sachbuch[1] „Der Preis", das die Geschichte des Erdölbenzins abhandelt. Nachdem ich beide Eindrücke (Ammoniak - und Leunabezin - Synthese) verarbeitet hatte, befand sich das Buch „Benzin aus Sand" praktisch abgeschlossen in meinem Kopf.

Leider gab es mit dem Verlag entsetzliche Quälereien, und wir verdankten es der Entschlossenheit von Dr. Bellinger, daß das Buch überhaupt erschienen ist, weil er nach Lektüre und Zensur die volle juristische Verantwortung übernahm, daß eine einstweilige Verfügung nicht zu erwarten war.

Die Verlagsdirektorin, wohl vertraut mit Belletristik, aber vollkommen unbefähigt für Sachbücher über „Stickstoffverbrennung, die die Welt verändern wird", tat alles, um das Buch in einen Flop zu verwandeln, nämlich nichts.

Da schon „Gottes geheime Formel" nur in eine beachtliche sechste Auflage aufgestiegen war, weil wir die Sache in Düsseldorf selbst in die Hand genommen hatten, (Seite 135 f.) war ich ziemlich desillusioniert. Den geleisteten Vorschuß holte sich diese Person dadurch zurück, daß sie die Autoreneinnahmen von „Gottes geheimer Formel" einbehielt. Man könnte so etwas Betrug nennen, aber ich nahm es gelassen. Vielleicht war das Buch, dessen Cover vom Stern für 3000 DM gekauft worden war, nur ein weiterer Sockel, wie beim Bockspringen.

---

[1] Yergin, Daniel: The Prize. The Epic Quest for Oil, Money and Power, New York, 1991. Wer dieses Buch nicht gelesen hat, hat eigentlich gar keine Ahnung, wer und was diese Welt in Bewegung hält.

*

Mir war klar, wir brauchten einen neuen Produzenten für Cyclopentasilan. Der Lehrstuhlinhaber für anorganische Chemie an der Universität Dortmund, Professor Minkwitz, verwies Klaus auf seinen Oberassistenten, Dr. habil. Andreas Kornarth, der uns dann in Düsseldorf besuchte. Wir brauchten einmal beträchtliche Probemengen für weitere Messungen am ICT, außerdem wollte ich endlich einmal in einem Fernsehbeitrag demonstrieren, wie Silane brennen. Am meisten am Herzen lag mir jedoch, neue, modernere Methoden zur Herstellung von Silanen zu erproben, wie das in „Benzin aus Sand" ausführlich beschrieben ist.

Kurzum, ich brauchte für die Universität Dortmund 100000 DM. Die Frau von Frieder Mayrhofer (Seite 71), Christel, lernte zu diesem Zeitpunkt einen Frankfurter Investor kennen, der sich für neue synthetische Benzine im höchsten Maße interessierte.

Freiherr Moritz von Bethmann besuchte mich in München, diskutierte die Sache mit mir durch, und wenig später fuhren wir beide zum Anorganischen Institut in Dortmund. Neben diesem Institut befindet sich ein großes imposantes Gebäude, in dem ich zur dritten Diplomprüfung von Michael schon einmal gewesen bin (Seite 16).

Plötzlich weiß ich, daß die Sache weitergeht. Herr von Bethmann läßt sich von den Chemikern Kornarth und Plichta überzeugen. Mir wird die nötige Summe als Risikokapital überwiesen. Frieder Mayrhofer ahnt, daß da vielleicht ein Fernsehauftrag lockt und macht mit mir einen Termin beim WDR in Köln aus. Unser Gesprächspartner heißt Jean Pütz und ist wissenschaftlicher Leiter dieses Senders. Er moderiert unter anderem eine Wissenschaftssendung mit dem etwas merkwürdigen Titel „Dschungel". Herr Pütz hat früher einmal Mathematik und Physik studiert und erfaßt die Neuartigkeit der Stickstoffverbrennung auf Anhieb. Auch seiner verantwortlichen Redakteurin Frau Gabriele Conze (Biologin) gefällt die Sache.

Vor uns auf dem Tisch liegt das Buch „Benzin aus Sand" und daneben der Sterntitel „Sand – Das Öl der Zukunft". Herr Mayrhofer erhält den Auftrag, einen knapp 30 minütigen Sendebeitrag zu produzieren. Alles dauert monatelang, aber dann kommt die Zustimmung: Der WDR wird 85000 DM zahlen.

Leider hat sich Herr Pütz einen jungen Physiker zu einem wahren konkurrierenden Nachfolger herangezogen. Jetzt, wo der Meister 65 wird und gerade mal wieder Vater geworden ist (mit einer sehr jungen Frau), wird ihn der Schüler wohl bald erdrosseln. Ranga Yogeshwar ist vom Typ her ein Vertreter der wahren und echten Wissenschaft. Und die wird bei solchen Geistern nur an Hochschulen betrieben. Pütz ist ein kluger Mann und darüber hinaus gebildet. Er hat die richtigen Beziehungen in den Medien. Wenn er zuhören könnte und sich wirklich auf eine Sache konzentrieren, wären wir beide ein unschlagbares Team geworden.

Ich erfahre, daß Yogeshwar schon mit Auner Kontakt aufgenommen hat und fange schallend an zu lachen. Es ist wie bei der Geschichte mit dem Hasen und dem Igel. Professor Auner reist durch die Lande und warnt die wissenschaftliche Welt vor einem gewissen Chemiker, der viel zu lange aus der Hochschule heraus sei, als daß er noch über das nötige Fachwissen verfügen würde. Silane, so erfahre ich, sollen unvorstellbar gefährlich sein.

In einer seiner Sendungen *„Quarks und Co“* berichtet Yogeshwar von dem neuen Energiespeicher Silizium. Es soll mit Sauerstoff verbrannt werden. Dieser physikalische Schlauberger hat wohl nachgelesen, daß die Verbrennung von Sauerstoff und Silizium sehr viel mehr Wärme liefert als die mit Stickstoff. Pütz bezeichnet seinen Kollegen als Inder oder mit einem sehr derben Schimpfwort. Pütz ist nämlich klar, daß der Stickstoffanteil der Luft 80% beträgt, was natürlich auch Auner genau weiß, aber die Stickstoffverbrennung dem „Inder“ aus verständlichen Gründen nicht klar macht.

*

Ich freue mich auf die Produktion des Filmes, ahne aber noch nicht, was da auf mich zukommt. Mayrhofer hat, als die Zeiten noch besser waren, als Filmproduzent sehr viele Beiträge ans Fernsehen geliefert. Jetzt soll unser Filmchen ihn wieder auf die Beine bringen.

Wenn die Entstehungsgeschichte dieses Films einmal selbst verfilmt werden sollte, werden die Menschen richtig ergriffen sein. Lachen oder weinen? Der Erfinder der Stickstoffverbrennung hat es nicht einfach, aber immer noch besser als der Entdecker der Sauerstoffverbrennung. Den traf vor zweihundert Jahren das schräge Messer der Guillotine.

Dr. Kornath hat Schwierigkeiten mit der dreistufigen Synthese von Cyclopentasilan. Ich besitze Auners Herstellungsvorschrift. Kornath und ich entdecken, daß Auner die gleichen Probleme gehabt haben muß. Er hat dies aber so geschickt vertuscht, daß es kaum zu erkennen ist. In der zweiten Stufe müssen 10 Benzolringe durch Chlor ersetzt werden. Wenn dies nicht 100%ig gelingt, entsteht eben kein reines Chlorsilan, das man durch Hydrieren in ein reines Silan verwandeln kann, sondern eine Mischung von Phenylpentasilanen und Cyclopentasilan. Ich würde eine solche Mischung durch Destillation trennen und die Reinheit gaschromatographisch bestimmen.

Ich habe aber an diesem Institut nicht das Sagen, sondern muß mich mit Dr. Kornath bedingungslos vertragen. Monate vergehen, und dann schafft es der Hochschuldozent, Auner zu entlarven. Auch die letzte Phenylgruppe wird vom Ring abgetrennt, und die Sache mit dem Zwei – Phasen - Gemisch ist überwunden. Ich hätte diesen Durchbruch gerne Professor Auner in Frankfurt mitgeteilt, aber ich rede nicht mehr mit ihm. Bei unserem letzten Telefongespräch hatte ich ihm ein Angebot gemacht, das mir nicht leicht gefallen war und das jeder kluge Kollege sofort angenommen hätte: „Herr Professor Auner, für die Stickstoffverbrennung und ihre Anwendung in der Raumfahrt wird es sehr schnell den Nobelpreis für Chemie geben. Ich schlage vor, wir sollten ihn uns teilen."

Die Antwort lautete: „Nein."

*

Frieder Mayrhofer filmt wie besessen. Früher kostete Filmmaterial Geld, aber heute, wo digital aufgenommen wird, sind es eben nicht nur die entscheidenden Sequenzen, die mit der Kamera festgehalten werden, sondern alles. Gleichzeitig schreiben wir monatelang am Drehbuch.

Ich brauche 3D-Animationen, um deutlich zu machen, wie Siliziumatome den Stickstoff angreifen, wie ein einziges Siliziumnitridmolekül entsteht und dann später das Großmolekül. In der Verbindung Si_3N_4 stecken die Schicksalszahlen von Wolfgang Pauli. Eine solche Verbindung gibt es weder vom Kohlenstoff noch vom Germanium.

Als ich es zum ersten Mal am Computer zeichnen lasse (Benzin aus Sand, S. 67), erfasse ich, daß das Molekül an den tetraederartig angeordneten Stickstoffatomen 4 nach außen stehende Elektronenpaare hat. Ich habe diese Zeichnung dann Auner an der Humboldt Universität gezeigt und mit klopfendem Herzen gesagt: „In diesem Molekül steckt das ganze Geheimnis unseres Planeten. Nur Edelgase haben 4 nach außen tetraederartig angeordnete Elektronenpaare. Siliziumnitrid ist ein festes Edelgas."

„Solche Bindungswinkel kann es nicht geben."

„Wie soll das Molekül denn sonst gebaut sein?" (Es ist unfaßbar.)

Jetzt, wo die 3D-Animation konstruiert werden soll, begreift der Computerspezialist nicht, wie sich drei Siliziumatome (je vier Bindungsarme) mit vier Stickstoffatomen (je drei Bindungsarme) verbinden sollen. Er hat nämlich nicht die geringste Ahnung von Chemie, eigentlich eine Karikatur von Professor Auner.

Ähnliche Schwierigkeiten treten bei der Konstruktion des diskusartigen Raumgleiters auf. Immer wieder bin ich mit Frieder bei dem verantwortlichen 3D-Konstrukteur. Mayrhofer beginnt, die Nerven zu verlieren, denn das Geld vom WDR schmilzt wie Schnee in der Sonne. Dem sind die chemisch technischen Inhalte eigentlich überhaupt nicht wichtig; er braucht das Geld. Bei mir ist es genau umgekehrt. Ich will nicht, daß mein Einstufer, auch wenn er technisch noch nicht ausgereift ist, wie eine Science - Fiction - Scheibe wirkt. In solchen Filmen sehen die Raumfahrzeuge zwar ultramodern aus, nur nach welchem Prinzip sie fliegen, wird nicht gezeigt.

Als die Episode mit den 3D-Konstruktionen abgeschlossen ist, weiß ich, was ich in Zukunft brauche: einen 3D-Animationskünstler, der gleichzeitig das Computerhandwerk bis ins Allerletzte beherrscht und sich als technischer Konstrukteur leidenschaftlich für Luft- und Raumfahrt interessiert. Wenn ich einmal weiß, was ich will, habe ich schon halb gewonnen.

*

Jetzt endlich habe ich sie, die ersten Filmaufnahmen von einem brennenden, selbstentzündlichen, zyklischen Pentasilan. Man kann im Lautsprecher hören, wie es wie Schießpulver abbrennt. Wir schreiben das Jahr 2001, und es sind jetzt genau 31 Jahre vergangen, seit dem ich zum erstenmal reines n - und iso - Pentasilan in der Hand hatte (dabei bedeutet n eine Fünferkette, während iso fünf verzweigte Siliziumatome kennzeichnen). Ich hatte damals eine Super 8 - Kamera zur Verfügung, habe es aber unterlassen, brennendes Pentasilan zu filmen. Was noch schlimmer ist, ich hätte mit einem Farbfilm aufnehmen müssen, daß Heptasilan nicht mehr selbstentzündlich ist – man muß es nämlich mit einem Streichholz anzünden wie ein Benzin.

Inzwischen wird der Film geschnitten, während ich gleichzeitig noch immer mit Christel Mayrhofer am Drehbuch arbeite. Der Digitalcutter kostet ein Vermögen pro Tag. Die Stimmung ist denkbar schlecht, gleichzeitig werden von dem Filmehepaar ganze Tüten voll süßer Teilchen und Kuchen verschlungen und ununterbrochen Butterbrote geschmiert. Ich beiße die Zähne aufeinander und halte durch. Ich bin dabei, wie die Geschichte der Silane erzählt wird und die Geschichte von einem 15 - jährigen, der die Idee vom Einstufer hatte (1955), noch bevor die Mehrstufenrakete den ersten Satelliten ins All befördert hatte (1957).

Am 8.1.2002 sendet der WDR den Film, das Buch dazu ist schon zur Buchmesse im Oktober 2001 erschienen. Jean Pütz hat den Beitrag mit sehr viel Engagement moderiert. Die Animation zum Diskus schreit geradezu nach einer Fortsetzung; denn nach Wernher von Braun (Dreistufer), Eugen Sänger (Zweistufer), wäre jetzt die Zeit reif für den dritten Deutschen, Peter Plichta und seinen Einstufer.

Ich bin ein Stück weiter gekommen; ich habe gelernt, wie ein Film im elektronischen Zeitalter auszusehen hat. Ein Jahr später reiche ich die dritte Fassung des Einstufers ohne Hilfe eines Patentanwaltes beim Patentamt ein und arbeite gleichzeitig an einer 3D - Animation mit einem, der es wirklich kann.

Die Patentanmeldung ist so abgefaßt, daß jeder Laie mit technischen Kenntnissen die Revolution auf dem Gebiet der bemannten Raumfahrt erfassen kann. Aus patentrechtlichen und wirtschaftlichen Gründen wäre es vielleicht ratsam, bestimmte Details zum augenblicklichen Zeitpunkt nicht zu verraten, aber ich bin davon überzeugt, daß die Raumfahrt für alle Menschen da ist.

*

Deutsches Patent- und Markenamt München
Aktenzeichen 103 53 651.5
Patentanmeldung vom 17.11.2003, Inländische Priorität vom 23.06.2003, AZ 103 28 066.9
Anmelder: Dr. Peter Plichta und Dr. Erika Kirgis
Erfinder: Dr. P. Plichta, Dejan Stolic und Dr. Christoph Cäsar

Der Einstufer: *Diskusförmiger senkrecht startender und landender, wieder verwendbarer Hyperschall- Raumflugkörper, mit horizontalem Luft atmendem Staustrahlbrenner, der mit Silanen oder Silizium/ Silangemischen als Treibstoff den Luftstickstoff komplett mit verbrennt.*

Der britische Harrier ist bisher das einzige senkrecht startende und landende Flugzeug. Da es nicht im Überschallbereich fliegen kann, gilt die zur Anwendung kommende Technik als nicht mehr verbesserungsfähig. Inzwischen hat aber die US- Navy dem Flugzeughersteller Lockheed- Martin den größten Militärauftrag der Geschichte erteilt, und zwar sollen die bisher mit Seilen gebremsten Düsenmaschinen der Flugzeugträger in Zukunft durch senkrecht startende und -landende Militärflugzeuge, die im Überschallbereich fliegen können, ersetzt werden.

Senkrecht startend- und landende Raumfahrzeuge sind in der Erprobung. Ihre Technik erscheint wegen des hohen Treibstoffverbrauchs bei der Landung problematisch und aussichtslos.

Die bis heute zum Einsatz gekommene Raumfahrt benötigt entweder Stufenraketen, bei denen die Astronauten per Fallschirm mit einer Kapsel landen, oder die Rückkehr erfolgt, wie im Fall des Space Shuttle, mit einer Art Segelflugzeug. Das letztere Verfahren ist wegen seiner Feststoffraketen und seinem Hitzeschild aus geklebten Keramikkacheln durch zwei spektakuläre Explosionen in Verruf geraten.

Als Alternative ist von der deutschen Raumfahrt lange die Möglichkeit diskutiert worden, die Lufthülle des Planeten auszunutzen, um die Raketengleichung zu umgehen. Hierbei sollte ein sehr spitzes, fast dreieckiges Mutterflugzeug ein „huckepack" -geladenes kleineres Raketenflugzeug auf etwa 6000 km/h beschleunigen. (Sänger, siehe unten) Damit die Oberstufe ohne Absprengen von Wegwerfelemeneten in den Orbit gelangt, muß sie Flügel besitzen. Diese braucht sie auch bei der Rückkehr aus dem Orbit zur Landung, weil sie sonst wie ein Stein vom Himmel fallen würde. Die durch die Reibungshitze an den Flügeln auftretenden Probleme sind von dem Space Shuttle bekannt. Das Mutterschiff sollte als Treibstoff flüssigen Wasserstoff mitführen und zur Verbrennung den Sauerstoff der eingespeisten Luft verwenden. Die Nachteile liegen auf der Hand: flüssiger, kryogener Wasserstoff nimmt sehr viel Volumen in Anspruch, was auf die Größe des Flugzeugs einen Einfluß hat. Die Deltaform des Flugzeuges besitzt Ecken und Kanten und natürlich Quer- und Seitenruder, die bei der zu erreichenden Geschwindigkeit enorme Widerstände und damit Hitze erzeugen. Die gravierende Einschränkung aber ist die Tatsache, daß Luft nur 20% Sauerstoff enthält.

Für das oben genannte Verfahren wurde von Sänger et al. ein so genannter Staustrahlbrenner entwickelt. Hierbei soll ein Turbostrahltriebwerk das Mutterflugzeug auf etwa dreifache Schallgeschwindigkeit bringen. Nunmehr wird die Turbine konisch so zurückgefahren, daß die eingespeiste, sehr heiße Luft um die abgeschaltete Turbine in die Brennkammer einströmt und dort flüssigen Wasserstoff nach Art einer stehenden Detonationswelle verbrennt. Ab jetzt sind überhaupt keine mechanischen Elemente mehr in Betrieb. Je höher die Machzahl, um so wirkungsvoller arbeitet der Brenner. Da im Hyperschallbereich (ab etwa 4500 km/h) die eingespeiste Luft die Temperatur von rund 1400° C hat, ist die Verwendung eines kryogenen Treibstoffs, wie flüssiger Wasserstoff, zur Kühlung zwar notwendig, hat aber auch einen entscheidenden Nachteil. Durch die extreme Geschwindigkeit verweilen die eingespeiste Luft und der extrem kalte flüssige Wasserstoff zu kurz in der Brennkammer, um sich optimal zu mischen und vollständig zu verbrennen. Da die eingespeiste Luft zwar den Treibstoff mit ihrem 20%-igen Sauerstoffanteil verbrennen kann, aber eben nicht mit den verbleibenden 80% Stickstoff, hat sich dieses, auch als RAMJET bezeichnete Verfahren bisher in der Raumfahrt nicht durchsetzen können.

Mit DE 42 15 835 (Wieder verwendbares Raumfluggerät) ist zum ersten Mal ein Einstufer beschrieben und damit ein Verfahren bekannt, ein wieder verwendbares, diskusförmiges Fluggerät so zu betreiben, daß ein rotierender Schaufelblattkranz den Diskus nach dem Hubschrauberprinzip anhebt. Ein an der Unterseite des Diskus herausklappbarer Raketenmotor soll anschließend den Diskus seitlich beschleunigen, so daß er ab etwa 250 km/h von der Luft getragen wird. Ab dann kann auf den Auftrieb durch den Rotorkranz verzichtet werden, was in der o. g. Patentschrift durch Einfahren der Rotorblatt-Ummantelungselemente bewerkstelligt wird. Elementares Kennzeichen der Patentschrift ist der erstmalige Einsatz von Höheren Silanen als Treibstoff. Diese sollen wegen ihres hohen spezifischen Gewichts im Einstufer zum Einsatz kommen und mit verschiedenen Oxidatoren den bei der Verbrennung entstehenden hohen spezifischen Impuls bringen. Hierbei wird permanent tangential um die Erde geflogen, um die Raketengleichung zu umgehen. Erst wenn bei extrem hohen Geschwindigkeiten die Lufthülle verlassen wird, arbeitet der Diskus wie eine herkömmliche Rakete.

Mit DE 44 39 073 (Diskusförmiger Flugkörper mit einer Strahltriebwerks- und einer Raketentriebwerksanordnung) ist weiterhin bekannt, daß der diskusförmige Flugkörper über ein Triebwerk verfügt, das Luft ansaugt, so daß die Siliziumwasserstoffe bei hohen Brennkammertemperaturen dahingehend verbrannt werden, daß der Luftsauerstoff den Wasserstoff der Silankette verbrennt und die freien Siliziumatome mit Luftstickstoff zu Siliziumnitrid unter Wärmeabgabe reagieren. Die hier angesprochene Stickstoffverbrennung wird in DE 44 37 524 näher erläutert. Insgesamt wird erstmals ein Luft atmendes Raketentriebwerk beschrieben, das bei Umrunden des Planeten ohne mitgeführten Oxidator auskommt, weil der angesaugte Luftstickstoff als Oxidator Silizium unter Wärmeabgabe verbrennt. Das hohe Molekulargewicht des Si_3N_4 von 140 geht in den Raketenimpuls ein.

Mit der DE 196 12 507 ist bekannt, Siliziumwasserstoffe mit Luft in einer Brennkammer zum Antrieb einer Welle zu verbrennen. Dabei wird dem Treibstoff zusätzlich dispergiertes Siliziumpulver bzw. dispergierte Metallsilizide zugesetzt, um den Luftstickstoff komplett zu verbrennen. Diese stöchiometrische Stickstoffverbrennung gewährleistet, daß die normale Sauerstoff-Stickstoffmischung der Luft (20% zu 80%) zu 100% als Oxidator wirkt. Es ist nämlich bekannt, daß Siliziumpulver mit dem als inert geltenden Luftstickstoff in einer heißen Brennkammer sehr heftig brennt. Siliziumnitrid ist ein weißes Pulver, das im geschmolzenen Zustand der Temperatur von 1900° C standhält.

Insgesamt bieten diese wieder verwendbaren Fähren den Vorteil, daß weder ein Transportgerät zur Startrampe noch ein aufwendiger Raketenstartplatz nötig ist. Es liegt auf der Hand, die Staustrahltechnik, das Prinzip der Silizium- Stickstoff- Verbrennung und den oben geschilderten Diskus, der bisher noch über eine technisch unausgereifte Schwebetechnik verfügte, wirkungsvoll zu kombinieren bzw. zu verbessern.

Der vorliegenden Erfindung liegt die Aufgabe zugrunde, ein wieder verwendbares einstufiges Raumfluggerät zu entwickeln, das in den Orbit gelangt, Nutzlast aussetzt und wieder auf der Erde landet. Diese Aufgabe wird erfindungsgemäß durch eine Kombination eines neuartigen Hyperschall- Stickstoff- Sauerstoff- Staustrahlbrenners mit einem diskusförmigen wieder verwendbaren Raumgleiter gelöst. Dieser verfügt über eine neuartige Schaufelkranzanordnung. Die verstellbaren Rotorblattspitzen verleihen dem Diskus Hubschraubereigenschaften. Für die Luftzufuhr hat der Schaufelkranz auf der Oberseite des Diskus' verschließbare Einlaß- und auf der Unterseite ebenfalls verschließbare Auslaßöffnungen für den Luftausstoß. Diese Aufgaben werden erfindungsgemäß in folgenden Schritten gelöst.

Nach Abb. 1 besitzt der Diskus auf seiner Oberseite, aerodynamisch günstig versenkt und mit Siliziumkeramik ausgekleidet, Lufteinfangkästen (a) zum Betrieb des Staustrahlbrenners und Austrittsdüsen (b). Die Anordnung auf der Unterseite wäre beim Wiedereintritt in die Atmosphäre ungünstig. Die ausgefahrenen Teleskopbeine (c) sind für den senkrechten Start bzw. die senkrechte Landung erforderlich.

Abb. 2 zeigt den im Unterschallbereich arbeitenden Schaufelkranz mit verstellbaren Schaufelblättern von der Oberseite. Hierbei sind die Lufteinlaßsegmente geöffnet (a).

Abb. 3 zeigt die Unterseite des Diskus ebenfalls mit geöffneten Auslaßsegmenten und den verstellbaren Schaufeln der Kränze (a).

Abb. 4 u. 5 zeigen den Diskus von der Luft getragen. Hierbei sind die Einlaß- und Auslaßöffnungen verschlossen. Die ringförmige, gewölbte äußere Kante (a) ist drehbar und besteht aus einem Titanring, der außen mit poliertem Siliziumkarbid gepanzert und innen mit

Siliziumnitrid beschichtet ist. Auf diese Weise wird das Hitzeproblem beim Hyperschallflug gelöst. Dieser über Kugel- oder Gaslager drehbare Kranz ist in Abb. 4 u. 5 nicht sehr deutlich zu erkennen, weil er sehr eng an der übrigen Ummantelung anliegt.

Abb. 6 zeigt die Funktionsweise des Schaufelkranzsystems. Zum besseren Verständnis ist der Staustrahlbrenner entfernt. Es handelt sich um zwei gegenläufige Schaufelkränze, also ein Impellersystem. In der Abbildung sind die Blätter flach gestellt, die Ein- und Auslaßöffnungen verschlossen, so daß in diesem Zustand durch das Drehmoment der rotierenden Schaufelkränze nunmehr eine horizontale Stabilisierung des Diskus erreicht wird.

In der Startphase, während der Horizontalschub noch nicht wirksam ist, kann durch Vergrößerung oder Verringerung der Umdrehungsgeschwindigkeit des einen der beiden Schaufelkränze der Diskus links- oder rechts herum gedreht werden. Dieses Phänomen der Rotation kann sogar während des Fliegens im Unterschallbereich technisch wirkungsvoll eingesetzt werden. Hierzu ist es nur nötig, den Horizontalschub momentan herunter zu fahren. Da der Diskus auf der Luft schwebt, kann er nun bis zu 180° gedreht werden. Durch Hochfahren des Schubes kann nun stark gebremst werden. Nunmehr wird bis zu 90° gedreht und auf starken Schub geschaltet. Erreicht wird auf diese Weise eine Fähigkeit, die man als „Zickzack-“ Flug bezeichnen könnte. Solche Richtungsänderungen sind bei Hooverkraft- Wasserfahrzeugen bekannt, eben weil diese rund gebaut sind. Die hier nur kurz angerissene Flugeigenschaft ist für herkömmliche Flugzeuge grundsätzlich unmöglich, da diese nur Kurven fliegen können.

Der Antrieb der Schaufelkränze kann nach dem Stand der Technik oder über die Verbrennungsgase der Turbinen erfolgen.

Insgesamt ermöglicht die rotationssymmetrische Bauweise eine ganz ungewöhnliche Stabilität. Anders als bei dem Space- Shuttle oder den oben erwähnten „Huckepack-“ Raumgleitern gibt es keine Spanten; denn der Flugkörper und der darin befindliche Treibstofftank sind ring- bzw. torusförmig konstruiert. Die hitzeempfindlichen Teile des Flugkörpers sind die Unterseite und die äußeren Ränder, folglich sind diese Teile des Flugkörpers vollkommen mit Hochtemperaturkeramik nach dem Stand der Technik gepanzert. Hierfür kommt z.B. Siliziumkarbid mit einem eingelagerten Gewebe aus Kohlenstoffasern in Frage.

Abb. 4 und 5 zeigen den Diskus von oben und unten während der Umrundung des Planeten. Die Hyperschall- Staustrahlbrenner müssen grundsätzlich gekühlt werden. Solange der Luft ansaugende Motor noch mit Turbinenelementen arbeitet, dürfen die Brennkammertemperaturen nicht zu hoch sein. Als kryogener Treibstoff eignet sich flüssiges Methan, da flüssiger Wasserstoff viel zuviel Volumen beanspruchen würde. Die Verbrennungsgase bestehen zum großen Teil aus über 1500° C heißem Stickstoff, der im Nachbrennerverfahren zu Siliziumnitrid verbrannt werden soll. Hierzu eignet sich entweder das Einblasen von Siliziumpulver oder das Einspritzen einer Dispersion von flüssigen Silanen und Siliziumpulver. Als dritte Möglichkeit kommt das Einspritzen von stöchiometrisch berechneten flüssigen Silanen in Frage, wobei der Wasserstoff der Silankette unverbrannt bleibt, s. u. Die Verbrennungsprodukte sind im Gegensatz zu Wasserdampf und Kohlendioxid, die bei der Verbrennung des Methans entstehen, nicht nur gasförmig, sondern entsprechen als Mischung von Wasserdampf und Siliziumnitrid einer verstäubten Flüssigkeit. Durch die Mitverbrennung des Stickstoffs steigt die Temperatur der Verbrennungsprodukte stark an. Der Impulsgewinn, eben weil Siliziumnitrid bei hohen Temperaturen nicht gasförmig ist, wird später diskutiert.

Wenn etwa dreifache Schallgeschwindigkeit erreicht ist, kann auf das Staustrahlbrennerverfahren umgestellt werden, so daß die Turbine abgeschaltet wird. Nun kann vom kryogenen Methan auf den kryogenen Treibstoff Monosilan umgestellt werden. Dieser hat das doppelte Molekulargewicht wie das Methan, ist mit einem Siedepunkt von –112° C selbst leicht zu kühlen und ist, im Gegensatz zu flüssigen Höheren Silanen, gegen Hitze recht stabil. Als Verbrennungsprodukte entstehen Wasserdampf, Siliziumoxidstäube und Siliziumnitrid. Die Stäube können die Turbinenblätter nicht beschädigen, weil diese bereits abgeschaltet sind. Da flüssiges Monosilan beim Zusammentreffen mit der hoch erhitzten Luft grundsätzlich selbstentzündlich ist, wird so eine gesicherte Zündung gewährleistet; denn bei hoher Temperatur zerfällt es in höchst reaktive Siliziumatome und energiereiche Protonen.

Die gestaute Luft wird durch die ringförmigen Lufteinlaßsysteme der abgeschalteten Turbinen umgeleitet (Sänger). Dabei gelangt hoch komprimierte Luft in die Brennkammer hinter der Turbine. In diese Kammer soll nun nicht nur flüssiges Monosilan, das zum Kühlen mitgeführt wird, eingespritzt werden, sondern auch flüssiges Silan. Es handelt sich entweder um eine Mischung von Trisilan bis Nanosilan, auch Rohsilan genannt. Dieses Stoffgemisch ist noch selbstentzündlich. Erst ab dem Heptasilan endet bekanntlich die Selbstentzündlichkeit (Plichta, 1970). Günstiger wäre die Verwendung solcher langkettigen Silane. Der Wasserstoff der Silankette wird nun mit dem Sauerstoffanteil der Luft verbrennen. In die heiße Brennkammer soll durch automatische Regelung nur soviel Silan zugeführt werden, daß der Sauerstoffanteil in dem chemischen Reaktionsgemisch gerade zur Verbrennung des Wasserstoffs pro Zeiteinheit ausreicht. Die gasförmigen Siliziumatome verbinden sich deswegen zu Siliziumnitrid Si_3N_4 (ΔH_f = –750 kJ/mol). Die mögliche Entstehung von Siliziumoxid ist nicht problematisch, da dieses bei hohen Temperaturen gasförmig ist.

Trotz des Einsatzes von Silanen ist in der Brennkammer pro Zeiteinheit der Anteil an unverbrauchtem Stickstoff immer noch sehr hoch. Die Brennkammertemperaturen liegen über 2000° C. Durch den gewaltigen Sog des Staustrahls kann nun eine Dispersion von Siliziumpulver mit Silanen in den Nachbrennerraum gefördert werden, so daß durch automatische Zufuhr die 100%ige Verbrennung des heißen Reststickstoffs gewährleistet ist. Nunmehr verläßt kein überschüssiger Stickstoff (Molgewicht 28) mehr die Raketendüse, sondern bei gleichzeitigem Temperaturanstieg Siliziumnitrid (MG 140). In dieser Phase der Verbrennung besteht die Möglichkeit, daß die freien Protonen und die Stickstoffradikale Siliziumoxid- Verbindungen angreifen und die Silizium- Sauerstoffbindung lösen, so daß stöchiometrisch Si_3N_4 und H_2O entsteht. Wenn die Verbrennungsgase in die langen Austrittsdüsen oberhalb des Diskus strömen, steigt ihre Schallgeschwindigkeit um ein Vielfaches. Hierbei kommt dem Tröpfchen - Gas - Gemisch die oben angedeutete starke Schubsteigerung zu.

Beispielsweise lautet die stöchiometrische Verbrennungsgleichung für ein mit Siliziumpulver vermischtes Heptasilan Si_7H_{16} mit Luft, die aus 20% Sauerstoff und 80% Stickstoff besteht:

$$16\,H + 4\,O_2 \rightarrow 8\,H_2O$$
$$7\,Si + 16\,N_2 + 17\text{ dispergierte }Si \rightarrow 8\,Si_3N_4$$

Statt den hohen, überschüssigen Stickstoffanteil mit dispergiertem Siliziumpulver zu verbrennen, kann auch so viel überschüssiges flüssiges Silan eingespritzt werden, daß die obige Reaktionsgleichung erfüllt wird. In diesem Fall würde der Wasserstoffanteil der Silankette als heiße Protonen für eine totale reduzierende Gasatmosphäre sorgen, so daß keine Siliziumoxide auftreten könnten. Die freien Protonen haben das Atomgewicht von 1 und würden in der Trichterdüse sehr hohe Austrittsgeschwindigkeiten erreichen. Insgesamt würden die 17 dispergierten Siliziumatome der obigen Gleichung, als Flüssigsilan mitgeführt, 2 x 17 +2 = 36 Protonen liefern. Raketenphysikalische und thermodynamische Überlegungen und Experimente lassen leicht berechnen, ob es günstig ist, die heißen Protonen unverbrannt als Schubelement für die schweren Siliziumnitridmoleküle einzusetzen. Bei Flüssigwasserstoff- Flüssigsauerstoff- Raketen wird gerne ein Überschuß von unverbrauchtem Wasserstoff zur Steigerung des Schubes eingesetzt. Möglicherweise kann vor Austritt der Raketengase auch noch ein wenig flüssiges Oxidationsmittel nachgespritzt werden. Bei den hier geschilderten Überlegungen steht im Vordergrund, den gesamten eingespeisten Luftstickstoff wie ein Oxidationsmittel zu verbrennen. Auf diesem Gedanken beruht die angestrebte Einstufigkeit.

Statt die Stickstoffverbrennung im Ramjet- Verfahren durchzuführen, ließe sich auch eine Verbrennung im Überschallbereich (Scramjet) realisieren. Eine Umstellung könnte in sehr großen Höhen und bei sehr hohen Überschallgeschwindigkeiten stattfinden (s.u.).

Die Grundeinheit eines Siliziumnitrid - Großmoleküls besteht aus drei Siliziumatomen und vier Stickstoffatomen. Es handelt sich also um 24 Elektronenbindungen und weitere 4 Elektronenpaare, die tetraederförmig von den 4 Stickstoffatomen nach außen stehen. Somit stellt das 32 Elektronen - Molekül chemisch ein nicht gasförmiges amorphes Edelgas dar (Plichta, 1996). Die Verbindung ist einzigartig in der Chemie und wirft die Frage auf, ob das Silizium der Erdkruste und die Stickstoffhülle der Luft gar kein Zufall sind. Mit dieser Frage hat sich schon der Chemiker F. Wöhler im Jahr 1859 beschäftigt.

Der Einwand, daß Silizium, verbrannt mit eingespeistem Luftsauerstoff, die vielfache Wärmemenge ($\Delta H_f(SiO_2)$ = – 911 kJ/mol, Si_3N_4 hat 3 Si- Atome) erzeugt, ist zwar richtig, es muß aber berücksichtigt werden, daß jeder Anteil von Luftsauerstoff immer die vierfache Menge Luftstickstoff mit sich führt. Dieser kühlende inerte Stickstoffanteil hat die Hyperschall-Staustrahltechnik bisher experimentell auf berechnete 8 Mach begrenzt (Daimler-Benz, DLR und MTU, Peter Kramer et al.). Diese Ergebnisse waren zwar für die Idee des deltaförmigen Mutterschiffes recht günstig; den Einstufer könnte man damit aber nicht realisieren.

Um den Einstufer zu ermöglichen, muß nicht nur die Stickstoffverbrennung mit dem Staustrahltriebwerk gekoppelt werden, sondern Senkrechtstart- und Landung, wie oben beschrieben, gewährleistet sein.

Es sollen nun die Schritte vom Erdboden in den Orbit und zurück dargestellt werden:

Der Diskus startet am Boden seine Turbinen und kann nach dem Stand der Technik oder mit Abgasen die Schaufelkränze in Rotation versetzen. Ab einer bestimmten Umdrehungszahl der Impellerkränze beginnt der Flugkörper zu steigen. Automatisch arbeitende kleine Düsen sorgen dafür, daß sich der ganze Diskus in dieser Phase nicht selbst dreht. Nunmehr wird durch den Turbinenantrieb mit dem Horizontalflug begonnen. Wenn der Flugkörper von der Luft getragen wird, können die Ein- und Auslaßsegmente des Schaufelkranzes verschlossen werden. Nun übernimmt der Schaufelkranz mit flach gestellten Blättern durch sein Drehmoment nur noch die Funktion der Horizontalstabilisierung. In einer Höhe von 30km beträgt der Luftdruck nur noch 1%. Mit Hilfe des Staustrahlbrenners saugt sich der Flugkörper förmlich durch die Luft und soll dann in einer Höhe von 50km bei einem Luftdruck von 0.1% auf eine Geschwindigkeit von über 20 000 km/h gebracht werden. Da die Unterseite und die ringförmige gerundete Aussenkante aus polierter Keramik bestehen und insbesondere der äußerste Ring permanent gedreht wird, ist eine Kühlung nur an den Lufteintrittskanälen und dem Staustrahlmotor notwendig.

Nun ist die größte Menge des Treibstoffs verbraucht und der Diskus wiegt wegen der hohen Umlaufgeschwindigkeit um die Erde nur noch einen Bruchteil seines Startgewichtes. Um nun die Kreisbahn zu verlassen und auf 28 000 km/h und etwa 300 km Höhe zu gelangen, muß der Brennkammer ein flüssiges Oxidationsmittel zugeführt werden. Es handelt sich dabei um einen sehr viel geringen Teil der Oxidatormenge, die eine herkömmliche Rakete mitführen muß.

Um zurückzukehren, dreht sich der Diskus um 180° und bremst mit Raketenschub. Beim Sinkflug beginnt schon in großer Höhe die Abbremsung durch die sehr große Unterseite. Dieses Abbremsen in großer Höhe leitet die Hitze durch die geometrische Form auf der Unterseite von der Mitte nach außen, da es überhaupt keine Kanten und Ecken gibt. Die Reibungshitze wird auf die Weise weitgehend weggeblasen. Wenn die Geschwindigkeit auf etwa 2 Mach gefallen ist, können die Strahlturbinen angelassen und der Zielort angesteuert werden. Bei Erreichen des Ziels werden die Ein- und Auslaßsegmente des Schaufelkranzes geöffnet und es kann mit dessen Autorotation weiter abgebremst werden. Das endgültige Ansteuern des Zieles wird durch die Strahlturbine und den Auftrieb des Schaufelkranzes erreicht. Diese steuern so feinfühlig, daß auf ausgefahrenen Teleskopfüßen am Zielort aufgesetzt wird.

Patentansprüche

1. Verfahren zum Betreiben eines diskusförmigen senkrecht startend- und landenden wieder verwendbaren einstufigen Raumflugkörpers mit einem horizontalen Luft atmenden Hyperschall- Stickstoff-

Sauerstoff- Staustrahlbrenner, bei dem Monosilan, flüssige Höhere Silane und zusätzlich Siliziumpulver zum Einsatz kommen, um den Wasserstoff der Silane mit dem Luftsauerstoff zu Wasserdampf, sowie Silizium mit dem Luftstickstoff quantitativ zu Siliziumnitrid zu verbrennen, so daß innerhalb der äußeren Atmosphäre Geschwindigkeiten von über 20 000 km/h erreicht werden können, oder im Unterschallbereich, aufgrund einer neuartigen Schaufelkranzanordnung, abrupte Richtungsänderungen durchgeführt werden können, die bei herkömmlichen Flugzeugen nicht möglich sind.

2. Verfahren nach Anspruch 1 dadurch gekennzeichnet, daß die Turbinen des Staustrahlbrenners während des Turboantriebes mit einem kryogenen Gas, wie flüssigem Methan, betrieben werden, und der in großen Mengen vorhandene heiße Luftstickstoff mit Silanen oder einer Dispersion von Silan/ Siliziumpulver im Nachbrennerverfahren zu Siliziumnitrid verbrannt wird.

3. Verfahren nach Anspruch 1 und 2 dadurch gekennzeichnet, daß bei Umschalten auf Staustrahlantrieb kryogenes Monosilan, welches auch für Kühlung sorgt, zum Einsatz kommt, das aufgrund seiner Selbstentzündlichkeit eine sichere Zündung gewährleistet.

4. Verfahren nach Anspruch 1, 2 und 3 dadurch gekennzeichnet, daß bei Staustrahlantrieb als Treibstoff flüssige Höhere Silane zum Einsatz kommen sollen, und im Nachbrenner der sehr heiße noch nicht verbrannte Luftstickstoffanteil durch Silane oder eine Dispersion von Silan/ Siliziumpulver stöchiometrisch umgesetzt wird. Bei Verzicht auf Siliziumpulver muß der Anteil an Silanen stöchiometrisch vergrößert werden. Die hierbei anfallenden freien Protonen werden wegen ihrer Leichtigkeit beim Verlassen der Düse auf enorme Hyperschallgeschwindigkeit gebracht. Für den Fall einer notwendigen starken Schubbeschleunigung kann ein Teil dieses Überschusses an Protonen von mitgeführtem flüssigem Oxidator verbrannt werden.

5. Verfahren nach Anspruch 1, 2, 3 und 4 dadurch gekennzeichnet, daß die beim Zerfall von Silanen entstehenden aggressiven freien Protonen und die ebenfalls sehr aggressiven Siliziumatome chemisch dahingehend zum Einsatz kommen, daß der Wasserstoff mit Sauerstoff zu Wasser und der vorhandene heiße Stickstoff zu Siliziumnitrid verbrannt wird. Die in der Brennzone des Staustrahlbrenners auch entstehenden Siliziumoxidmoleküle werden im Nachbrennerverfahren von unverbrannten Protonen und Siliziumradikalen angegriffen, so

daß insgesamt stöchiometrisch H_2O und Si_3N_4 entstehen.

6. Verfahren nach Anspruch 1, 2, 3, 4 und 5 dadurch gekennzeichnet, daß es sich bei den Verbrennungsprodukten um ein Flüssigpartikel- Gas- Gemisch handelt, das in der Hauptsache aus freien Protonen, H_2O und Siliziumnitrid besteht. In der langen Trichterdüse hinter dem Nachbrenner werden die gasförmigen Protonen und H_2O Moleküle durch Vervielfachung der Schallgeschwindigkeit für einen Teil des Schubes sorgen. Weiterhin bringt das sehr hohe Molekulargewicht des nicht gasförmigen Siliziumnitrides eine enorme Impulssteigerung, was bei herkömmlichen Flüssigkeitsraketenmotoren nicht möglich ist, weil diese nur heiße Gase ausstoßen.

7. Verfahren nach Anspruch 1 dadurch gekennzeichnet, daß der Diskus für das Schaufelkranzsystem auf der Ober- und Unterseite verschließbare Lufteinlaß- und Luftauslaßsegmente besitzt, so daß die Weltraumfähre senkrecht starten und landen kann und in der Lage ist, im Unterschallbereich entweder in der Luft zu stehen oder durch Änderung der Umdrehungsgeschwindigkeit einer der beiden Schaufelkränze sich insgesamt in jede Richtung zu drehen. Sie kann also abrupt die Richtung ändern d.h. Zickzack fliegen, was herkömmliche Flugzeuge grundsätzlich nicht können.

8. Verfahren nach Anspruch 1 dadurch gekennzeichnet, daß die Unterseite und die ringförmige gerundete Aussenkante mit polierter Keramik, wie Siliziumkarbid mit eingebetteten Kohlenstoffasern ummantelt sind, so daß der Flugkörper keinerlei Ecken und Kanten aufweist und der größte Teil der Reibungshitze seitlich weggeblasen, bzw. von dem Hitzeschild abgestrahlt wird. Damit sich die sog. Nase des Flugkörpers nicht übermäßig erhitzt, soll der äußerste Teil der Ummantelung drehbar sein.

9. Verfahren nach Anspruch 1 dadurch gekennzeichnet, daß der Diskus nicht wie herkömmliche Flugkörper über Spanten verfügt, sondern seine rotationssymmetrische Bauweise außerordentlich stabil ist, so daß er weitgehend in Leichtbauweise konstruiert werden kann, was für einen Einstufer eine grundsätzliche Voraussetzung ist.

Zusammenfassung

Die Menschheit hat fast 60 Jahre Erfahrung mit Flüssigkeitsraketen, bei denen über ein Abwerfen von Stufen nur etwa 3-4% Nutzlast in den Weltraum gelangen (v. Braun et al.). Der Space Shuttle, ein Zweistufer (Sänger et al), ist zum Desaster geworden. Um aus dem Dilemma heraus zu kommen, soll mit einem einstufigen Senkrechtstarter der Orbit erreicht und bei der Rückkehr nach Abbremsung durch die Atmosphäre senkrecht gelandet werden, also gänzlich auf Raketenstartplätze und Fluglandebahnen verzichtet werden. Herkömmliche Raketen und Flugzeuge sind lineare Transportsysteme. Ein diskusförmiger Flugkörper, der mit geschickt angebrachten Rotorschaufelkränzen wie ein Hubschrauber starten und landen kann und über horizontale Antriebssysteme verfügt, kann in der Luft stehen, Zickzack fliegen, den Orbit einstufig erreichen und beim Wiedereintritt wegen seiner rotationssymmetrischen Bauweise mit seiner gesamten gepanzerten Unterseite bremsen. Um eine solche zyklische Transportidee in die Tat umzusetzen, müssen Treibstoffkombinationen eingesetzt werden, die das Mitführen von Oxidatoren weitgehend überflüssig machen. Unter Verwendung eines neuartigen Staustrahlbrenners soll mit Hilfe von kryogenem Methan, Monosilan, Höheren Silanen und evtl. dispergiertem Siliziumpulver der Luftstickstoff stöchiometrisch mit verbrannt werden. Die Verbrennungsprodukte: Wasserdampf und Protonen, sowie dispergiertes, sehr heißes, flüssiges Siliziumnitrid liefern den nötigen Schub. Die physikalische Idee, innerhalb der Lufthülle des Planeten durch Umgehung der Raketengleichung Geschwindigkeiten von 20 000 Km/h zu erreichen, um dann außerhalb der Lufthülle mit ein wenig mitgeführtem Oxidator den Orbit zu erreichen, kombiniert mit der chemischen Erfindung der Silizium-Stickstoff- Verbrennung, ist die Antwort auf die Frage nach einer möglichen Weltraumfahrt ohne Milliardenkosten. Dahinter verbirgt sich aber eine tiefere Frage: *Ist das Element Silizium, der Hauptbestandteil der Silikathülle des Planeten, und ist das Element Stickstoff, der Hauptbestandteil der Atmosphäre, gar keine zufällige Erscheinung der Erde, wie das Friedrich Wöhler, der Erstentdecker des Siliziumnitrids, schon 1859 vermutet hat?*

*

Patentabbildung 1

Abbildung 60

Patentabbildung 2

Abbildung 61

Patentabbildung 3

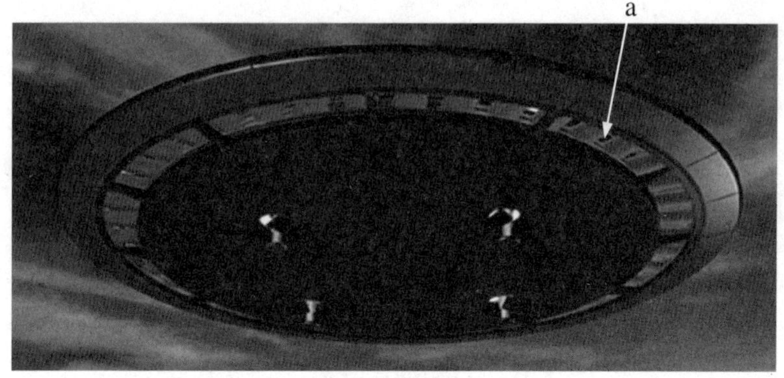

Abbildung 62

Patentabbildung 4

Abbildung 63

Patentabbildung 5

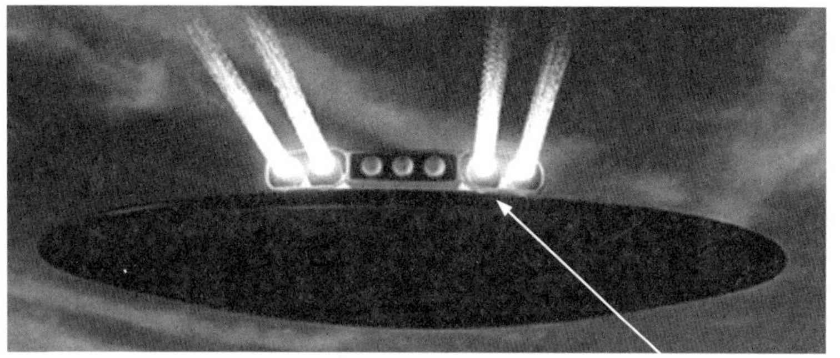

Abbildung 64

Patentabbildung 6

Abbildung 65

*

Das Patent hinterfragt die Zufälligkeit der Silikathülle des Planeten und seiner Stickstoffatmosphäre. Es ist natürlich nicht üblich, in Patenten solche, eher philosophische Fragen auch nur anzuschneiden. Aber ich will den letzten Teil von Wöhlers Publikation „Über die direkte Bildung des Stickstoffsiliziums“ einmal zitieren:

„Wollte man sich geologischen Phantasien hingeben, so könnte man sich vorstellen, das Silicium sei in der Bildungsperiode unseres Planeten (...) mit Stickstoff in Verbindung getreten, und das noch glühende Stickstoffsilicium habe sich, mit Wasser in Berührung kommend, in Kieselsäure und Ammoniak zersetzt. So sei ursprünglich das Ammoniak entstanden, durch welches bei dem ersten Auftreten der lebenden Natur der Stickstoff in die entstehenden organischen Verbindungen eingeführt worden ist.“

Wöhler vergißt dem Leser mitzuteilen, daß beim ersten Einsetzen von Regen Alkalimetalloxide in Unmengen zur Verfügung standen. Ansonsten sind seine „Phantasien“ genial. Das ist Chemikerkunst!

*

Nachdem den Amerikanern 1948 der Durchbruch zum Bau der Wasserstoffbombe gelungen war, hatten die Russen 1952 nachgezogen. 1955, also mit 15 Jahren, war mir klar, daß zum Transport solcher Vernichtungswaffen Wernher von Brauns Mehrstufenraketen gebaut werden würden. Die dabei verwendete Wegwerftechnik hatte mich nachdenklich gemacht. Dadurch war ich auf die Idee eines diskusförmigen Flugkörpers und eines noch unbekannten Treibstoffs gekommen (Band I, S. 41 ff.). Aber erst 1992 meldete ich den „wiederverwendbaren Einstufer“ zum Patent an (Seite 68), um ihn dann 1994 in Verbindung mit der Stickstoffverbrennung ein zweites Mal zu patentieren. Jetzt im Jahre 2004 war der Einstufer zum dritten Mal als Erfindung eingereicht, weil ich hier in München Kontakt zu Konstrukteuren gefunden hatte, die mich mit der Problematik der Hyperschall - Staustrahltechnik vertraut gemacht hatten.

Mir war klar, daß ich die Sache sowohl in den Medien als auch bei der Raumfahrtindustrie und in der Politik selbst in die Hände nehmen mußte. Redakteure, Raumfahrtingenieure oder Wissenschaftsminister haben etwas gemeinsam: die Gehälter stimmen, während die Leistungen überhaupt nicht hinterfragt werden. Und noch etwas ist allen dreien gemeinsam, die Ratlosigkeit. Etwas Neues auch nur zu hinterfragen, geschweige denn, es zu erfassen, ist diesen Personen fremd. Nun ist dies nicht ein Zeichen unseres Zeitalters, sondern, für einen durch und durch historisch geschulten Menschen wie mich, ein Kennzeichen für das große Welttheater, auf dem sich alles in immer neuen Kostümierungen und Modeerscheinungen wiederholt.

Ich war rückblickend immer geschützt. Gerade im Jahr 2003 bestand die Möglichkeit, mit viel Geld in die Silanproduktion einzusteigen. Statt dessen gelang es mir, das „logarithmische Denken" voranzutreiben. Während meine Erfindungen wenigstens noch von klugen Zeitgenossen richtig eingeschätzt werden, sind die mathematisch logischen Überlegungen so fremd, daß sie nicht einmal mehr auf Ratlosigkeit stoßen oder gar Bestürzung auslösen. Hätten die Finanzierungspläne für die Silanproduktion 2003 geklappt, wäre ich mathematisch hängengeblieben und das sechste Buch wäre nicht begonnen worden. Das Jahr 2003 war wirklich spannend. Ich habe immer alles erreicht, entweder so oder umgekehrt.

Kapitel 17

Die Einladungspostkarte: Datum 01.02.03

Als ich 1980 den natürlichen Primzahlcode gefunden hatte, beschloß ich spontan, nach Ägypten zu reisen. Wieder zurück in Düsseldorf zyklisierte ich die fortlaufenden Zahlen und fand so zum Primzahlkreuz. Im Herbst 2002 redete ich mit Erika über eine mögliche Reise nach Südafrika und erfuhr dabei, daß sie als Vielgereiste ausgerechnet noch nie in Ägypten war. Da ich schon dreimal die Wiege der abendländischen Kultur besucht hatte, aber noch nie Oberägypten, beschlossen wir eine dreiwöchige Reise zu machen – Tempel, Gräber, Nilkreuzfahrt und Tauchen im Roten Meer – wie Millionen andere schon vor uns.

Im Gepäck befanden sich drei Mathematikbücher, und das war kein Zufall. Ich war nämlich vor der Abreise eine Zeitlang in Düsseldorf und kam ausgerechnet an einem Samstagvormittag auf die Idee, in Düsseldorfs größter Buchhandlung einige Bücher von Maarten t' Hart als Reiselektüre zu kaufen. Dann verwarf ich den Plan, weil ein Samstagvormittag mit dem Auto in der Stadt viel zu stressig ist. Ich habe – im Gegensatz zu Berufstätigen – an jedem Tag Zeit. Plötzlich überfiel mich die Vorstellung, daß „etwas Bestimmtes" einfach nur daliegt und auf mich wartet. Gespannt fuhr ich über die Friedrichstraße und hätte auf gar keinen Fall den Sternverlag besucht, wenn da nicht direkt vor dem Laden ein freier Parkplatz gewesen wäre. Die Buchhandlung war immer schon ein Labyrinth, aber jetzt, nachdem man umgebaut hatte, und riesige Säle, vor allem im Kellerbereich, dazugekommen waren, fand ich nichts mehr am gewohnten Ort. Ich wollte schon entnervt aufgeben, als mich eine junge Angestellte in die neue Abteilung für naturwissenschaftliche Sachbücher führte. Plötzlich stand ich vor den drei Bänden „Das Primzahlkreuz", griff sie aus dem Regal und entnahm ihnen kleine Dateikärtchen, auf denen zu erkennen war, wann die Bücher in den letzten zwei Jahren verkauft worden waren. Der dritte Band war zu diesem Zeitpunkt noch in der ersten Auflage, folglich stand in der Inhaltsangabe: sechstes Buch in Vorbereitung. (wie später in der 2. Auflage)

Ich mußte an Michaels Postkarte denken und daran, daß ich mit den quadratischen Resten nicht vorwärts gekommen war. Eigentlich war ich wegen des Ägyptenbesuchs in diesen Büchertempel gekommen. Die Fülle von völlig überflüssigen Büchern in diesem gigantischen Labyrinth läßt mich manchmal schaudern.

Ich drehte mich um und sah, daß auf der gegenüberliegenden

Seite die mathematische Abteilung gelandet war. Nun stellte ich den dritten Band zurück und ging hinüber. Da lag ein auffallend großer Stapel von dicken, gelben Büchern des Springer Verlages, auf dem Cover auffällig gedruckt: Fünfte Auflage[1]. Ich hatte dieses Buch noch nie in einer früheren Auflage gesehen und schlug es deswegen nach der Zufallsmethode auf. Meistens ist das ungefähr die Buchmitte, aber diesmal war es die Seite 31. Es ging um Kongruenzen, und die Überschrift des zweiseitigen Textes lautete: **3. Quadratische Reste**. Ich erstarrte.

*

Ich nahm meine Brille ab, setzte mich und las die beiden Seiten. Dann schaute ich, wie seit Jahrzehnten, im Regal der Zahlentheorie nach Neuerscheinungen und fand den Remmert, der immerhin schon 1986 erschienen ist, im korrigierten Neudruck 1995 und den Bundschuh, fünfte Auflage, 2002. Auch dieses Buch war schon 1988 herausgekommen, ohne daß Michael und ich davon Kenntnis gehabt hatten.

Ich schlug in beiden Büchern das Inhaltsverzeichnis auf; Remmert endet mit dem Kapitel 7: Theorie der quadratischen Reste, § 2: Quadratisches Reziprozitätsgesetz. Bundschuh hingegen umfaßt die ganze Zahlentheorie, so daß den quadratischen Resten weniger Bedeutung zukommt.

Damit stand die Lektüre für Ober- und Unterägypten fest. In München zeigte ich Erika das kurze Kapitel: „Quadratische Reste" im Courant. Dort heißt es:

> „Eine der Leistungen des jungen Gauss war der erste strenge Beweis dieses merkwürdigen Gesetzes, das längere Zeit die Mathematiker herausgefordert hatte. Gauss' erster Beweis war keineswegs einfach, und das Reziprozitätsgesetz ist selbst heute noch nicht allzu leicht zu begründen, obwohl

---

[1] Courant, Richard u. Robbins, Herbert: Was ist Mathematik? Berlin, Heidelberg, 2001. Es handelt sich um die unveränderte Auflage aus 1962. Das englische Original war im Jahr 1941 erschienen mit dem Titel: What is mathematics?, im Verlag der Oxford University Press, New York, in 9 Auflagen.

Wer im Sternverlag mag diesen Stapel eines 40 Jahre alten Uraltmodells denn bestellt haben? Immerhin kostete das Buch etwa 40 €. An dem ganzen Buch sind für mich nur zwei Seiten wichtig.

eine ganze Anzahl verschiedener Beweise veröffentlicht worden ist.“

Da die Autoren Remmert und Bundschuh und alle Kollegen nicht in der Lage sind, den Begriff der *Primitiven Wurzel* so zu definieren, daß man den Kern der Sache wie ein Aha - Erlebnis wahrnimmt, konnte ich ihren Umkehrzusammenhang zu den quadratischen Resten, genau wie alle anderen Zahlentheoretiker vor mir, nicht unmittelbar erfassen. Trotzdem spürte ich, daß ich die Lücke gefunden hatte, wo man die Brechstange ansetzen kann.

Die Kreuzfahrt, die Besichtigung der Tempelanlagen, das Tal der Könige, alles dies erlebte ich zwar, aber mit jenem Gefühl, das man kennt, wenn einem der kalte Schweiß ausbricht. Jetzt setzte eine bemerkenswerte Reaktion bei Erika ein. Sie begann Tabellen zu schreiben – wie in Abbildung 57. Durch diese Form der Visualisierung wurde dann langsam klar, wie Euler zu dem Phänomen der primitiven Wurzeln vorgestoßen war. Durch Vertauschen von Basis und Exponent hatte ich endlich eine Chance, das zu erfassen, was ich ahnungsvoll „logarithmisches Denken“ genannt hatte.

*

Ich ließ den Flug nach Abu Simbel ausfallen. Wenn ich vor der schwierigen und notwendigen Lösung einer Frage stehe, kann ich nicht in einem kleinen Flugzeug fliegen. Leider mußte ich auch das Klettern in den Schacht der Chephren - Pyramide streichen und ebenso das Flaschentauchen. Erika, die nicht von der Nervenangst geschüttelt wurde, begegnete in etwa 12 Metern Tiefe einer Gruppe von 5 Delphinen; die hätten mir den Rest gegeben. Sie war von Ägypten begeistert.

Mir ging es erst wieder besser, als ich den Zusammenhang zwischen den Indices der Primzahl 19 und dem natürlichen Primzahlcode zu ahnen begann. Jahrelang war ich nicht weiter gekommen, und jetzt hatte ein erneuter Ägyptenbesuch die Voraussetzung geliefert, das sechste Buch zu schreiben.

Eine weitere Bedingung für den Abschluß dieses Werkes war die im vorigen Kapitel abgedruckte neue Patentanmeldung. Im Jahr 2002 meldete sich Klaus Steiner aus Hamburg bei Walburga Posch. Sie war inzwischen aus dem Schuldienst ausgeschieden und widmete sich im Rahmen ihres Büros „plicht*innovation*“ der Koordination der vielfältigsten anfallenden Aufgaben, wie z.B. Privat- und Büro- und Fanpost, Organisation und Durchführung meiner Vorträge und entwickelte und betreute die Internetseiten.

Herr Steiner besuchte uns beide in Düsseldorf und sprudelte über vor Ideen. Er hatte am Kiosk des Hamburger Hauptbahnhofs „Benzin aus Sand“ entdeckt und schlug vor, nicht nur Kapital aufzutreiben, sondern auch seine Beziehungen zu bestimmten Politikern spielen zu lassen. So fuhren Walburga und ich dann erst einmal nach Hamburg.

Die Firma, die wir aufsuchten, hieß P&T (Peters & Trüschel), eine AG. Die beiden E - Ingenieure hatten eine flotte Idee auf dem Gebiet der Energiespeicherung entwickelt und dann über 100 Millionen DM eingesammelt. Dafür besaßen die Aktionäre jetzt bunt bedruckte Aktienpapiere, die später kaum noch das Papier wert waren, auf dem sie gedruckt worden sind.

Norddeutschland ist übersät mit Windkrafträdern. Der dabei produzierte elektrische Strom ist technisch eine Illusion. Strom kommt bekanntlich in der Hauptsache aus Braunkohleanlagen oder Atommeilern. Die gesamte Stromversorgung ist flächendeckend so angelegt, daß ein gleichmäßiger Druck von Elektronen in den Hochspannungsleitungen herrscht und dies in einer festgelegten Frequenz des Drehstroms. Windräder laufen nur, wenn der Wind bläst. Da er dies aber nicht gleichmäßig tut, ist die ins Stromnetz eingespeiste Energie wertlos oder sogar störend. Indem die Windbetreiber vom Staat, also von Politikern, die alle ein bißchen grün sein wollen, eine Menge Geld für den von ihnen erzeugten Strom erhalten, verbrennen wir gewissermaßen Steuergelder.

Die Idee der beiden pfiffigen Ingenieure bestand nun darin, Windenergie über Elektrolyse von Wasser in 'Wasserstoffspeicher' zu verwandeln. Neben den Windkraftanlagen könnten mehrere Container verankert werden, die z.B. Schmutz-, Brack- oder Seewasser in Trinkwasser verwandeln. Der erzeugte Wasserstoff wird über Druckpumpen in Stahlflaschen gefüllt. Läßt der Wind nach, kann nun vor allem nachts, über einen herkömmlichen Viertakt - Motor, angetrieben von Wasserstoff, ein Dynamo betrieben werden. Solche Anlagen würden sich besonders in Ländern verkaufen lassen, in denen es keine flächendeckende Strom- und Trinkwasserversorgung gibt.

*

In „Benzin aus Sand“ wird ja ein neuer Kreislauf beschrieben, bei dem, im Wüstengürtel dieser Erde, Sonnenenergie über Solarzellen den elektrischen Strom erzeugt, der zur Herstellung von Silizium aus Sand in Lichtbogenöfen benötigt wird. Das dabei anfallende Kohlenmonoxyd kann katalytisch in Methanol verwandelt werden, welches als Rohstoff in die chemische Industrie eingespeist wird, so daß das Erdöl weitgehend für unsere Nachkommen erhalten bleibt. Gleichzeitig sollen aus dem Silizium Silanbenzine hergestellt werden, die beim Verbrennen mit Luft in Wankelmotoren aus Siliziumnitrid nur Wasserdampf zurück lassen und sehr heißes, flüssiges Siliziumnitrid, das den Drehkolben schmiert. Insgesamt entweicht kein Kohlendioxyd mehr in die Atmosphäre.

Ich führte in Hamburg den Film „Benzin aus Sand“ vor. Anschließend verhandelten wir über eine Produktionsstätte für Silane im halbtechnischen Maßstab.

Klaus Steiner kannte den leitenden Ministerialrat im Wirtschaftsministerium von Thüringen, Herrn Ludwig. Dieser sorgte nun zusammen mit Herrn Schipansky (Vorsitz im Landratsamt) dafür, daß an der Universität Ilmenau Konferenzen abgehalten wurden. Da mein Vater seinen Ingenieurabschluß für Maschinenbau in Ilmenau gemacht hatte, und er es war, der mir die Frage gestellt hatte, ob es im Periodensystem ein Element gäbe, das die Weltraumfahrt möglich machen würde, sah ich die Zusammenarbeit unter einem guten Stern.

Im Wohnzimmer meines Elternhauses hing immer eine Rötelzeichnung des Corpsstudenten Paul Plichta in einem schwarzen Lackrahmen aus dem Jahre 1927. Nach dem Tode meiner Mutter sollte selbstverständlich mein Zwillingsbruder Paul dieses Bild erhalten. Da ich aber während meiner Promotionszeit von Michael Herbrand gemalt worden war, hatte ich dieses Portrait auch schwarz rahmen lassen und Paul die Herausgabe des väterlichen Bildes verweigert, einfach weil ich dem Vater als Erfinder und Ingenieur so ähnlich geworden war, während mein Bruder hingegen den Geiz geerbt hatte, und der ist bekanntlich die Wurzel allen Übels. So hängen sich jetzt die beiden Bilder gegenüber in dem Raum, in dem das sechste Buch entsteht.

Ich verstand mich auf Anhieb mit den beiden Prorektoren der Universität. Einer der beiden Professoren, Peter Scharff, hatte im Westen in anorganischer Chemie habilitiert. Eine Generation jünger, gehört er zu den wenigen Chemikern, die, so wie ich, aus Leidenschaft Chemiker sind und nicht aus Fleiß und Ergeiz. Herr Ludwig versprach uns nicht nur 50 Prozent Fördergelder aus dem Wirtschaftsministerium – es winkte eben auch das Wissenschaftsministerium. Die Ministerin, Frau Schipansky war ehemalige Professorin für Physik und Rektorin, was zwar beeindruckende Titel sind, aber nichts wirklich über ihre Qualifikation aussagen.

*

Dr. Kunkel und ich hatten seit 1994 eine GBR, in deren Vertrag die Gründung einer GmbH projektiert war. 2002 nahm die Sache dann langsam Formen an. Wir würden Dr. Bernhard Bellinger und Walburga Posch mit als Gesellschafter aufnehmen. Mein Traum aus 1981, für meine Patentverwertungs - GmbH wenigstens einen Briefkasten auf der „Kö" in Düsseldorf zu besitzen, würde sich merkwürdigerweise erfüllen. Die Inorganic Oil GmbH, auch eine Patentverwertungsgesellschaft, würde nämlich dadurch ihren Firmensitz auf der Königsallee 1 erhalten, daß Dr. Bellinger einer der Geschäftsführer würde und sich eben dort seine Anwaltspraxis für Steuerrecht befindet.

Ich stellte mir vor, daß die Inorganic Oil und P&T wiederum eine Produktionsgesellschaft gründen, die Silan Production GmbH mit einem Stammkapital von 2 Millionen Euro; denn Geld vom Land Thüringen gäbe es nur, wenn man welches mitbrächte.

Am allerwichtigsten wäre es jedoch, einen jüngeren Silanchemiker zu finden. Bernhards und meine Recherchen am anorganischen Institut in Köln hatten ergeben, daß Professor Fehér 1980 im Alter von 80 Jahren immer noch die Silanabteilung geleitet hatte. Beim Umzug in die neugebauten chemischen Institute hatte er die saure Zersetzungsanlage für Silane abgebaut und sie dann in den Kellerräumen eingelagert. Aus irgendeinem Grund ließ er zu diesem Zeitpunkt, ähnlich wie 1967 Herrn Schinkitz, einen jungen Diplomanten, Herrn Baier, in einem 1 Liter Kolben die Magnesiumsilizidzersetzung, also die Darstellung kleiner Mengen flüssiger Silane, üben.

Danach wurde die seit 10 Jahren nicht mehr benutzte halbtechnische Apparatur erneut zusammengesetzt und ein zweites Mal flüssige Silane im Literbereich produziert.

Diesen Chemiker Baier wollte ich finden. Es war nicht zu fassen: Er war Geschäftsführer einer mittleren chemischen Fabrikationsstätte, und zwar ausgerechnet in Düsseldorf. Ich rief ihn an, und wir verabredeten uns in der „Knittkuhle", einem populären Restaurant zwischen Düsseldorf und Erkrath. Mit dabei waren Klaus Kunkel und Bernhard Hidding. Für Bernhard hatte ich nämlich einen Plan. Er könnte, obwohl er in Düsseldorf studiert hatte, seine Diplomarbeit am „Thermodynamischen Institut" der Universität der Bundeswehr in München schreiben, mit dem Thema: „Silane in der Raumfahrt". Der Nachfolger von Professor Straub, Professor Pfitzner hatte der Sache zugestimmt.

Das Gespräch mit Dr. Baier verlief fantastisch. Schon am Telefon hatte er mir zu verstehen gegeben, wie er immer schon geahnt hatte, „daß an den Silanen was dran ist", daß sie eines Tages irgendeine Bedeutung erlangen würden. Er würde auf jeden Fall zusammen mit mir in die Silanproduktion einsteigen, nur dürfte die Produktionsstätte nicht weit von Düsseldorf entfernt sein. Seine Frau ist nämlich als BWL - Absolventin Regierungsdirektorin in einem Bonner Ministerium.

Er erzählte mit leuchtenden Augen, daß sein Promotionsziel die Herstellung von großen Mengen reinen Disilans gewesen war. Das bei Raumtemperatur gasförmige Silan ist, in Stahlflaschen abgepreßt, flüssig. Ich fragte, weil die Herstellung dieses Gases ziemlich gefährlich ist, wer in aller Welt denn 1982 Disilan gebraucht hat.

„Das Zeug ist nach Israel gegangen. Irgendwann einmal hat der alte Fehér jedem Mitarbeiter der Silanabteilung einen Briefumschlag mit Bargeld überreicht."

„Da muß es ja um sehr viel Geld gegangen sein bei dem alten Gauner."

Dann erzähle ich ihm von Auner.

„Es ist, als ob über den Silanen ein Fluch liegt. Es begann damit, daß der Industrielle Konrad Henkel das Professorenpärchen Baudler und Fehér gekauft hat, um mich als Chemiker fertig zu machen. Die konnten gar nicht ahnen, daß ich zu diesem Zeitpunkt längst vorhatte, in die theoretische Physik einzusteigen, weil ich erfaßt hatte, daß meine Lebensaufgabe eindeutig dadurch bestimmt ist, daß ich hinter das Rätsel der Natur kommen sollte. Das Verrückteste allerdings ist, daß diejenigen, die mich bekämpft haben oder versucht haben, mich aufzuhalten, mir letztlich zu meinem Glück verholfen haben.

Ich werde Ihnen den ersten Band meines Lebenswerkes schenken, denn Sie scheinen die Silane so zu lieben wie ich. Uns beiden ist als Silanchemiker etwas gemeinsam, wir haben beide Mut bewiesen."

*

Ich bin von dem Ministerehepaar Schipansky zum Abendessen eingeladen in ein vornehmes Hotel, das vielleicht früher einmal ein Jagdschloß gewesen ist. Professor Scharff ist mit dabei. Die Ministerin wird zum damaligen Zeitpunkt noch als mögliche Kandidatin für die Bundespräsidentschaft gehandelt. Sie begrüßt mich mit den Worten: „Ich habe kein Geld."

Ich antworte kühl: „Gnädige Frau, dann reise ich wieder ab."

Professor Scharff versucht einzulenken, und jetzt sitzt die resolute Dame in der Zange zwischen zwei Chemikern im Carré. Da sie Physikerin ist und früher einmal etwas mit Silizium zu tun hatte, können wir ihr begreiflich machen, was ein Siliziumwasserstoff ist, und welche Revolution die Stickstoffverbrennung darstellt.

Man sollte meinen, eine Wissenschaftsministerin müßte die Ohren spitzen, wenn zwei Chemiker ihr eine solch brisante Geschichte erzählen. Da ich kurz vorher vom Botschafter der Volksrepublik China in Berlin eingeladen war, werfe ich in das Gespräch die Bemerkung ein:

„Die Chinesen müssen aus militärischen Gründen in den Weltraum. Sie sind die einzigen Gegner, die uns noch von der Weltherrschaft der Amerikaner trennen. Die werden die Vorteile einer zyklischen Bauweise für Weltraumfahrzeuge und einen neuen Treibstoff sofort verstehen. Mir ist um dieses Deutschland angst und bange. Das einzige, was hier noch stimmt, sind die Gehälter der vielen überflüssigen Beamten."

Sie faucht mich an. „Und Sie wollen ein guter Deutscher sein?"

„Könnten Sie mir bitte einmal erklären, wer denn nach zwei angezettelten und verlorenen Kriegen und über 40 Jahren BRD und DDR ein guter Deutscher ist?"

Dann, als die Dame merkt, daß nicht nur der Ministerrang, sondern das Können in den Waagschalen liegt, wird sie freundlicher. Das Gespräch dauert bis in die Nacht. Die Politikerin und der Chemieprofessor sind befreundet; trotzdem bleibt sie dabei, daß das Ministerium keine Geldmittel übrig hat. Sie ist auch mit Angela Merkel befreundet. Deswegen bemerke ich:

„Wenn Sie kein Geld haben, dann besorgen Sie sich doch welches. Hier im thüringischen Nordhausen ist schließlich die V2 gebaut worden. Ohne die wären die Amerikaner nicht auf dem Mond gelandet."

„Gut", sagt sie. „Ich kann Sie beide mit dem Chef der deutschen Raumfahrt bekannt machen. Ich komme mit. Allerdings werde ich einen Fachmann mitbringen, dem ich vertraue, den Astronauten und Professor Ulf Merbold."

„Einverstanden, der weiß ganz genau, wenn noch ein Shuttle explodiert, braucht die Weltraumfahrt einen wirklich neuen Ansatz."

Die Frau möchte gerne Bundespräsidentin werden. Dazu müßte sie in die Medien, und in die kommt sie nicht rein, weil sie keine neuen Ideen hat. Indem sie mich unterschätzt – sie hätte den neuen Treibstoff an die große politische Glocke hängen können – nutzt ihre Chance aber nicht.

*

Weil P&T ins Trudeln gerät, besorgt Klaus Steiner Ersatz. Ulrich Thomsen, der aus der Landwirtschaft kommt, ist mit seiner Firma

„Utec“ ebenfalls im Windkraftgeschäft. Er ist von der Speicherung der Windenergie in Form von Silanen angetan und will mit den 2 Millionen Euro einspringen. Obwohl die Angelegenheit nicht richtig ins Rollen kommt, verhilft er mir, meine Idee vom Einstufer auf ganz andere Weise voranzutreiben.

Im Herbst 2002 hat nämlich hier in München Bogenhausen ein junger Mann angerufen und zwar aus der unmittelbaren Nachbarschaft, dem Lehel.

„Herr Plichta, ich habe alle Ihre Bücher gelesen.“

Er redet vor Aufregung so wirr, daß ich das Gespräch ratlos beende, aber ich habe mir seine Telefonnummer aufgeschrieben. Eine Woche später fällt mir der Zettel mit seiner Nummer aus einem Haufen Notizen entgegen. Ich rufe an und werde mit ihm verbunden.

„Herr Stolic, ich habe die Erfahrung gemacht, daß oft der zweite Anlauf besser klappt. Erklären Sie einmal in aller Ruhe, wie wir zusammen arbeiten können.“

Wieder gerät das Gespräch in eine Sackgasse, bis ich aus irgendeinem Grund frage: „Verstehen Sie etwas von 3D-Animation, ich meine technische Filme?“

„Herr Plichta, ich bin die 3D-Animation.“

„Können Sie mir eine Kostprobe Ihrer Fähigkeiten vorführen?“

„Ja, ich habe hier auf dem Computer einen Film über ein neuartiges Ventilsystem für Verbrennungsmotoren, das ich mitentwickelt und dann dreidimensional in einem Film veranschaulicht habe.“

Ich lasse mir seine Adresse geben, in diesem Moment klingelt es an der Haustür.

Der Mann, mit dem ich verabredet bin, der Werkstoffchemiker Dr. Christoph Cäsar war ausgerechnet Mitarbeiter bei Professor Dr. Peter Kramer gewesen (Seite 161 f.). Leider hatten Daimler Benz und MTU die Versuche am Staustrahltriebwerk zu Beginn der 90er Jahre abgebrochen. Der Versuchsmotor steht heute im Deutschen Museum in München. Auf Knopfdruck läuft dort eine Computeranimation, die zeigt, wie eine Strahlturbine ein Projektil auf etwa 3 Mach bringt. Nunmehr wird ein konischer Kopf so verschoben, daß die sehr heiße angesaugte Luft nicht mehr in die Strahlturbine gelangt, sondern um sie herum geleitet wird, so daß die Turbine selbst abgestellt werden kann. Die durch Stoßwellen bis auf 1400° erhitzte und komprimierte Luft wird dann in die Brennkammer geleitet, um mit flüssigem Wasserstoff den Raketenschub zu erzeugen.

„Haben Sie Lust, Herr Cäsar, einen Computerfilm mit mir anzuschauen? Vielleicht könnten wir ja mit diesem Dejan Stolic ein Ding drehen.“

Wenig später stehen wir vor dem jungen Mann. Er ist in Deutschland aufgewachsen, hat aber seine serbische Staatsangehörigkeit behalten. Im Gegensatz zu unserem Telefongespräch, kann er sich jetzt bestens artikulieren. Der Computer wird eingeschaltet, und auf dem Flachbildschirm wird die Ventilsteuerung bei herkömmlichen Otto- oder Dieselmotoren demonstriert. Dann erläutert der Sprecher, wie ein linear gebautes Ventil durch ein zyklisches Verfahren abgelöst werden könnte. Dazu drehen sich am Ein- und Auslaß des Zylinders Rollen, die in der Mitte aufgebohrt Ein- und Auslaßöffnungen besitzen.

Der Film ist so exzellent gemacht, daß ich sofort weiß, wie ich zu meinem Film „Der Einstufer" kommen werde.

*

Dejan Stolic besucht mich und schaut sich den Film „Benzin aus Sand" an. Als die Szenen mit der Flugscheibe abgelaufen sind, bittet er um einen Stop.

„Was hat der 3D-Schrott gekostet?"

„Können Sie so etwas, nämlich einstufig in den Weltraum zu gelangen, Nutzlast auszusetzen und wieder punktgenau zu landen, in einem Film so darstellen, daß ich das Material Industriebossen oder in- und ausländischen Politikern vorführen kann?"

„Natürlich kann ich das, Herr Plichta, aber Sie machen einen Fehler. Ich bin kein Filmemacher, sondern Konstrukteur, ich will das Ding bauen. Ihre Idee ist genial, aber daran muß noch einiges entscheidend geändert werden."

„Bevor wir mit dem Bau anfangen, müssen wir erst kleine Brötchen backen. Das geht nur so: Ich besorge das Geld, und wir beide konstruieren den Einstufer um, schreiben zusammen das Drehbuch, und dann stellen Sie den Film am Computer her."

Wir sehen uns jetzt fast täglich. Er wirkt sehr scheu und manchmal defensiv aggressiv. Eine schlimme Kindheit, Aufenthalt in einer Jugendbesserungsanstalt, kein ordentlicher Schulabschluß sind natürlich schlechte Voraussetzungen. Aber dann hat er sich gefangen und als Autodidakt vieles nachgeholt, was normalerweise das Gymnasium und die Hochschule vermittelt – oder auch nicht.

Er konstruiert auf meinen Wunsch hin den Diskus völlig neu. Die Schwebetechnik wird verbessert und die Staustrahltechnik eingeführt. Schließlich entsteht ein kurzer Probefilm. Erika und ich sind fasziniert.

Ich rufe Herrn Thomsen an und bitte ihn, kurz nach München zu fliegen, um sich das Material anzuschauen. Er kommt; anschließend verhandele ich mit ihm.

„Herr Thomsen, um eine solche revolutionäre Idee durchzusetzen, um die amerikanische, russische und europäische Raumfahrt, diesen ganzen kostenverschlingenden Moloch etwas entgegen zu setzen, brauche ich einen Film von etwa 45 Minuten Länge. In diesem Film müssen – durch Animationen – die Nachteile der herkömmlichen Raumfahrt dargestellt und die Vorteile des zyklischen Denkens demonstriert werden. Der Einstufer muß technisch in allen Einzelheiten so überzeugend sein, daß die Zuschauer den Atem anhalten. Ich brauche für den Anfang 50 000 Euro."

„Telefonieren Sie mit meiner Schwester, die meine Buchhaltung leitet und geben ihr Ihre Bankverbindung durch. Ich freue mich auf unsere Zusammenarbeit."

Von Klaus Steiner höre ich, daß Ulrich Thomsen folgendes in Lindewitt - Lüngerau (bei Flensburg) gesagt haben soll:

„Ich habe als Junge noch Kühe gemolken und später gedacht, mit meinen Windkraftanlagen Großes zu bewegen, aber daß ich einmal an einer Revolution teilnehme, die ein völlig neues Zeitalter einleiten wird, daran habe ich nie gedacht."

*

Die US - Navy kommt mir durch eine indirekte Aktion zu Hilfe. Im ersten Golfkrieg haben die Amerikaner erlebt, wie der britische Senkrechtstarter „Harrier" in der Wüste betankt werden konnte. Sie selbst dagegen mußten bei ihren F116 Maschinen hübsch sparsam mit dem Treibstoff umgehen, also im Unterschallbereich fliegen, wobei der Nachbrenner nicht arbeitet, um überhaupt von Bagdad aus wieder zurück auf den Flugzeugträger zu gelangen. Das Bremsen mit Fangseilen bei hohem Seegang ist eher ein Vabanque - Spiel. Jetzt hat die Marine dem Kongreß und Senat den größten Militärauftrag in der Geschichte abgerungen. Bei der Ausschreibung hat die Firma Lockheed - Martin gewonnen, und somit existieren Prototypen von Kampfmaschinen, die, im Gegensatz zum „Harrier", über zwei Turbinen verfügen, senkrecht starten und landen können, aber auch den Überschallbereich beherrschen.

Mit dieser gerade einsetzenden Aufrüstung werden die USA Herrscher der Welt, denn sie verfügen damit über die absolute See- und Lufthoheit. Da sie mit den Russen zusammen schon die Weltraumhoheit ISS ausbauen, gehört ihnen längst die Welt und alle Ressourcen (Die Mitbeteiligung anderer Staaten am ISS - Programm für

Forschungsvorhaben ist reine Heuchelei.).

Klaus Steiner kennt den Hamburger Konsul von Vietnam. Dieser wiederum ist mit dem Botschafter der Volksrepublik China, Herrn Ma Canrong (chin.: Herr Ma), befreundet, und was das Wichtigste ist, der Botschafter spricht Deutsch. Die Botschaft, ein imposanter Gebäudekomplex, besitzt einen großen Empfangssaal, in dem ich auf einem Tischchen mein Notebook mit einem 16-Zoll - Schirm aufstelle.

Ich habe nämlich mit Dejan zwei Sony Zwillingsnotebooks gekauft. 1987 hatten Michael Felten und ich schon einmal Zwillingscomputer angeschafft. Der Speicherchip aus Silizium, „meinem Element", besaß die damals sagenhafte Kapazität von 1 MB, die Taktfrequenz lag bei 8 Megahertz. Jetzt, 15 Jahre später, hat der PC die ganze Welt verändert. Niemand hat das damals geahnt, so wie auch jetzt sich niemand eine Vorstellung davon machen kann, welche Veränderungen es geben wird, wenn die Menschheit erfährt, was die Entdeckung eines mathematischen Bauplans und die zukünftige Raumfahrt miteinander verbindet.

„Exzellenz, bevor ich Ihnen Probeaufnahmen eines Filmes zeige, möchte ich Ihnen etwas über die in meiner Jugend auftretende Neugier für die Rätselhaftigkeit der Welt erzählen. Das Entscheidende ist nämlich nicht der Ihnen gleich vorgeführte technische Durchbruch, sondern die Frage, wie eine einzelne Person die Elite der amerikanischen und russischen Raketeningenieure überflügeln konnte."

Ich schildere kurz das Kennzeichen meines Vaterlandes: Wir haben die größte Anzahl an Denkern und Erfindern hervorgebracht, aber sie beschämend behandelt.

„Die Schießpulverrakete ist in China als Feuerwerk entwickelt und in die ganze Welt als Idee exportiert worden. Jetzt besteht die Möglichkeit, daß Ihnen ein Deutscher dazu verhilft, sich gegen den Alleinherrscher dieses Planeten zu behaupten: gegen die USA. China war immer das Volk der Mitte, das keine Expansionskriege geführt und Imperialismus verabscheut hat. Kennzeichen der neuen Luft- und Raumfahrt, die ich Ihnen vorführen werde, sind aber gerade der Senkrechtstart und die punktgenaue Landung. Wenn die US - Navy umgerüstet ist, kann China seine Mig - Flotte verschrotten. Es ist dann von Rußland und den USA eingekesselt."

„Sie haben recht."

Ich fahre fort:

„China beabsichtigt, seine Raumfahrt auszubauen und will gar einen Menschen zum Mond schicken. Es unternimmt diesen Kraftakt auf gar keinen Fall aus wissenschaftlichen Erkenntnisbestrebungen, sondern aus reinem militärisch - strategischem Denken. Ohne an der

Weltraumhoheit teilzuhaben, ist der bevölkerungsreichste Staat der Erde erpreßbar. China ist nach den USA der zweitgrößte Importeur von Erdöl. Wenn die Amerikaner diesen Hahn zudrehen, kann sich China nicht wehren. Ich werde Ihnen jetzt zeigen, wie Sie mit einem Schlag die amerikanische Luft- und Weltraumhoheit matt setzen können, nicht um einen Krieg anzuzetteln, sondern um sich zu verteidigen.“

*

Dann führe ich die 3D-Animation vor und erkläre, wie in dem Film „Der Einstufer“ die Nachteile der Mehrstufentechnik demonstriert werden, und wie mit Hilfe eines neuen Treibstoffes und dem mathematischen Kunstgriff, die Raketengleichung zu umgehen, wirkliche Weltraumfahrt möglich gemacht wird. Da ein diskusförmiger Flugkörper in der Lufthülle durch Drehen und Abbremsen die Richtung ändern kann, ist er gleichzeitig praktisch nicht mehr abzuschießen. Er kann nämlich aus jedem Winkel heraus den Zielkopf einer Boden - Luft-, bzw. einer Luft - Luftrakete mit einem Laserstrahl treffen oder durch Zickzack - Manöver dem Geschoß ausweichen.

„Mir liegen zwei Dinge am Herzen: Um dem Rüstungswahnsinn der Vereinigten Staaten ein Ende zu machen, müßten die Jets der überaus leicht verwundbaren atomgetriebenen Flugzeugträger durch einen technischen Geniestreich ad absurdum geführt werden. Der nächste Punkt ist mein Interesse an der Raumfahrt. In Europa ist sie praktisch am Ende. Es werden mit der Ariane 5 nur noch Satelliten nach oben gebracht. Auch die Weiterentwicklung zur Ariane 6 wird nur die Nutzlast erhöhen. Die Versuche mit der Staustrahltechnik sind eingestellt worden. Flüssiger Wasserstoff ist der falsche Treibstoff. Wer in Europa, und das gilt vor allen Dingen für Deutschland, mit einer blitzgescheiten neuen Idee kommt, stößt auf eisige Ablehnung. Wenn China in den Weltraum will, wird es dies nur so durchführen können, wie es die Russen noch heute tun. Die ganze Rakete verglüht, und die zurückkehrenden Raumfahrer landen mit einem Fallschirm. Chinesische Raumfahrtingenieure könnten die Vorteile meiner Patentierungen unvoreingenommen prüfen, und wenn Sie die Vorzüge erkennen, könnten sie sofort mit der Konstruktion beginnen, einfach so wie die Magnetschwebetechnik in Shanghai realisiert worden ist, während in Amerika die Eisenbahngleisanlagen verrotten.“

Der Botschafter und einige technische Berater beginnen eine lebhafte Diskussion. Sie sprechen chinesisch, aber es ist zu erkennen, daß sie erregt sind, denn im Prinzip habe ich ihnen klar gemacht, daß sie ihre gerade erst konstruierten Raketen verschrotten sollten.

Nun wendet sich Herr Ma an mich: „Herr Dr. Plichta, wir sind sehr beeindruckt. Wann könnte Ihr Film fertig sein? Denn danach könnte man erst einmal über die Produktion der Silane sprechen und die Stickstoffverbrennung untersuchen lassen.“

„Der Film wird mindestens noch ein halbes Jahr brauchen. Ich melde mich, wenn er fertig ist.“

*

Das Jahr 2003 hat begonnen, und Walburga verweist mich schon lange im voraus auf das wunderschöne Datum 01.02.03. Da sind sie, die Klassenzahlen 1, 2, 3. Da dieser Tag auf einen Samstag fällt, beschließen Erika und ich ein großes Fest zu veranstalten. Ein Bekannter entwirft für die Einladung eine Graphik in Postkartengröße mit drei Symbolen: erstens der „erhobene Daumen“, zweitens die zwei Finger für „Victory“ und drittens die drei Finger der „hochgestreckten Schwurhand“. Ich habe natürlich keine Ahnung, daß an diesem Tag genau das passieren wird, was auf die Raumfahrt der Amerikaner unweigerlich zukommen mußte.

Nachmittags sitze ich mit Dejan am Computer. Er will in ein, zwei Wochen nach Belgrad gehen. Seine Mutter hat dort ein Haus, wo er ungestört arbeiten kann. Ich werde ihn mit dem Geld von Herrn Thomsen ausstatten.

Wir reden über das Spaceshuttle. Eines war schon beim Start abgestürzt, ausgerechnet durch etwas, was ich nicht vermutet hätte: Bei den Feststoffraketen hatte sich eine unglaubliche Schlamperei eingeschlichen. Sie waren anfällig für niedrige Außentemperaturen. Die wirklichen Schwachstellen des ganzen Systems, die Flugzeug - Spantenbauweise und geklebte Keramikkacheln hatten bisher standgehalten, ebenso die wiederverwendbaren Raketentriebwerke. Plötzlich sagte ich, wie von einer Ahnung getrieben: „Die haben Angst.“

„Was meinst Du damit?“

„Wenn so ein Ding runterkommt, wird es von 35 000 Ingenieuren in alle Einzelteile zerlegt. Die Personalkosten sind so irrsinnig hoch, daß es die Raumfahrt selbst sabotiert. Die haben Angst, daß noch eine explodiert, diesmal beim Rückflug. Dann wird nämlich das ganze System in Frage gestellt. Dann bleiben die Personalkosten, aber die Flüge werden gestrichen. Jetzt, wo Präsident Bush die Kriegskatze im Irak aus dem Sack läßt, wäre ein weiterer Shuttleabsturz für uns das Stichwort: Der Einstufer hat keine Wegwerfkomponenten, keine Kacheln, keine Spanten, und er arbeitet ohne flüssigen Wasserstoff.“

Nachdem ich ihn nach Hause gebracht habe, ruft er mich über Handy an.

„Hast Du schon Nachrichten gehört? Das, worüber wir eben noch gesprochen haben, ist eingetreten. Die „Columbia“ ist auf dem Rückflug in etwa 60 km Höhe explodiert.“

Es packt mich wie ein Schock. Vielleicht hat die Tragödie genau in dem Moment stattgefunden, während ich zu Dejan gesagt habe: „Die haben Angst.“

Sie haben fünf gebaut. Jetzt sind es nur noch drei. Ich habe die ganze Zeit gewußt, das nächste wird explodieren. Aber ausgerechnet an dem Tag 01.02.03, an dem wir ein Jubelfest für die Dreifachheit der natürlichen Zahlen feiern wollen, ist es eingetreten.

*

Präsident Bush handelt, wie ich erwartet hatte: Er tut nichts. Die Shuttle - Flüge werden auf unbestimmte Zeit gestoppt. Der Krieg hat Vorrang. Die deutsche und die internationale Presse machen mit. Der Absturz verschwindet aus dem Interesse der Medien.

Bernhard ist bei unserem Fest abends mit dabei. Er wohnt jetzt in München in einer ehemaligen Kaserne der Bundeswehr für ein paar Euro Miete. Da muß man die Professoren Pfitzner und Straub loben, denn um in München an ein Appartement zu kommen, muß man gut mit Geld ausgestattet sein oder eine Freundin haben. Er wird an der Fakultät für Luft- und Raumfahrttechnik, am Institut für Thermodynamik der Universität der Bundeswehr in München seine Diplomarbeit schreiben. Diese Arbeit wird am 8. Januar 2004 abgegeben und erhält sowohl bei Professor Michael Pfitzner, als auch vom Zweitgutachter eines weiteren Institutes die Note „sehr gut“. Damit steht die Gesamtnote „mit Auszeichnung“ fest.

Bernhard ist etwas gelungen, womit niemand rechnen konnte. Professor Fehér hatte in den 60er Jahren die Verbrennungswärmen von flüssigen Silanen vermessen und war dabei in eine chemische Falle gelaufen. Er hatte angenommen, daß bei einem Sauerstoffdruck von 30 bar im Kalorimeter das Silizium der Silankette stöchiometrisch zu SiO_2 verbrannt würde. Woran er nicht gedacht hatte, war der einfache Gedanke, daß die Reaktion so blitzartig abläuft, daß gebildetes Siliziumdioxid einen Teil von nichtverbranntem Silizium umschließt. Seine ermittelten Bildungsenthalpien waren folglich alle negativ, mit steigender Kettenlänge.

Zur gleichen Zeit waren die Amerikaner Gunn und Green auf die Idee gekommen, die Bildungsenthalpien indirekt zu bestimmen. Sie hatten den zu messenden Silanen Antimonwasserstoff zugesetzt. Ein solches „Stibin“ besitzt eine sehr hohe Bildungsenthalpie und explodiert folglich in einem sauerstofffreien Glasbehälter, gezündet von einem heißen Draht, von alleine. Dabei zersetzt es sich in Antimon und Wasserstoff. Eine Mischung von flüssigen Silanen und flüssigem Stibin wird also ebenfalls explosionsartig zerfallen. Da die Bildungsenthalpie von Stibin bekannt ist, kann man sofort ermitteln, ob beim Zerfall der Silankette Wärme frei wird, oder Wärme verloren geht.

Um das zu verstehen, braucht sich der Leser nur mit der Frage zu beschäftigen, wie in der Pflanze mit Hilfe von Sonnenlicht Kohlenwasserstoffe entstehen. Dabei ergibt sich für die – CH_2 – CH_2 – Kette der Wert von – 20,9 kJ pro Mol. Das bedeutet, daß die Reaktion unter Wärmebildung stattfindet. Wenn also ein Kohlenwasserstoff (Benzin) in einen Raketenmotor eingespritzt wird, muß erst einmal Wärme her, um die Kohlenstoff - Kohlenstoff - Kette zu trennen. Dies stellt sich natürlich in einem Raketenmotor für den spezifischen Impuls ungünstig dar. Da Fehér für die Silane auch negative Bildungsenthalpien gemessen hatte, würde sich der Einsatz von Silanen in der Raumfahrt wegen der hohen Kosten wenig lohnen.

Green und Gunn hatten für die – SiH_2 – SiH_2 – Kette über ihre indirekte Methode aber den Wert + 40,0 kJ pro Mol gemessen. Das bedeutet, daß zur Bildung von Siliziumwasserstoffketten, im Gegensatz zu Kohlenwasserstoffketten, Energie benötigt wird. Im Klartext: Beim Einspritzen von Silanen in einen Raketenmotor, wird beim Zersetzen der Kette genau die Wärme wieder frei, die vorher zur Bildung benötigt wurde, was für einen Einsatz in der Raumfahrt besonders günstig ist.

Fehér muß der Widerspruch zwischen seiner Sauerstoffverbrennung und den amerikanischen indirekten Bestimmungen bekannt gewesen sein. Er ließ deswegen den Diplomchemiker Hartmut Rohmer die Sauerstoffverbrennung durch eine Rückstandsanalyse präziser untersuchen. Rohmer löste das vermeintlich reine Siliziumdioxid in Natronlauge auf und gewann auf diese Weise reinen Wasserstoff, den er natürlich quantitativ bestimmen konnte. Der Wasserstoff konnte aber nur dadurch entstanden sein, daß sich das SiO_2 in der Lauge aufgelöst hatte und dadurch das eingehüllte Silizium freigeworden war (Silizium reagiert mit Natronlauge unter Wasserstoffabspaltung.). Somit stand mit einer Dissertation schon 1967 fest, daß die von Fehér ermittelten Bildungsenthalpien letztendlich falsch gemessen waren. Es ist wohl ein Charakterzug des Chemikers Fehér, daß er Dr. Rohmers Falsifikation nicht veröffentlicht hat.

Da die Standartbildungsenthalpie von allen Siliziumoxiden bekannt und in den sog. JANAF - Tafeln tabelliert ist, lassen sich im Prinzip die Bildungsenthalpien von höheren Silanen auch so indirekt bestimmen.

Bernhard ging nun an der Kölner Universität so vor, wie ihm das sein „Meister“ beigebracht hat. Ausgerechnet die Arbeit von Rohmer fehlte im abgeschlossenen Stahlschrank aller Fehérschen Arbeiten. Jeder andere hätte resigniert. Bernhard fragte sich pfiffig durch das „Anorganische Institut“ der Universität Köln durch und landete beim Akademischen Oberrat Dr. Glinka. Hätte er die Tochter von Fehér, die Oberrätin Dr. Fehér aufgesucht, wäre er abgeblitzt. Glinka, ein Promotionskollege von mir, erzählte Bernhard haarsträubende Geschichten von einem gewissen Dr. Plichta, der den Hügel der Verrücktheit erklommen haben müsse, weil er Silane mit Stickstoff verbrennen wolle (Er kannte das Buch „Benzin aus Sand“ und der junge Diplomand verzog keine Miene[1].). Da Bernhard Silan aber nur für herkömmliche Raumfahrt, also unter Verbrennung eines sauerstoffhaltigen Oxidators untersuchen wollte, rückte Glinka die einzige verfügbare Rohmer - Dissertation aus seinem eigenen Stahlschrank heraus, und das würde Folgen haben für Professor Auner und das Fraunhofer Institut ICT Berghausen.

*

Bei der Vermessung von Pentasilan war Professor Auner zwar nur der Lieferant, gleichwohl war er als Siliziumfachmann schon verpflichtet, die errechneten – 690 kJ pro Mol für Si_5H_{10} zu überdenken. In Wahrheit liegt nämlich der Wert im positiven Bereich und zwar bei + 200 kJ pro Mol. So hatten denn ein Professor für Anorganische Chemie, der keine Ahnung von JANAF - Tabels besaß, und ein Diplomphysiker, Dr. Kelzenberg, der wiederum von Silanen keine Ahnung hatte, es geschafft, den spezifischen Impuls von Cyclopentasilan zu ermitteln und dies mit dem falschen Wert für die Bildungsenthalpie. Die erzielten Ergebnisse waren überaus erfreulich, weil die Werte – in N · sec/kg – zwischen Cyclopentasilan und dem in der Raumfahrt eingesetzten unsymmetrischen Dimethylhydrazin relativ ähnlich wa-

---

[1] Das Anorganische Institut der Universität Köln muß völlig närrisch geworden sein. Solange Silane nur Forschungsmittel verschluckt haben, galt Fehér als der große Silanchemiker. Die jetzt nachgewiesene Stickstoffverbrennung der Silane, hätte Professor Fehér begeistert aufgenommen, während mittelmäßige Chemiker den genialen Gedanken nicht verstehen können.

ren. Denn jetzt hatte man für den hochgiftigen, krebserzeugenden Treibstoff einen Ersatz. Diese Ergebnisse sind auch schon in „Benzin aus Sand“ eingeflossen.

Hätten der Chemiker und der Physiker lege artis gearbeitet, also richtig recherchiert, wäre ihnen nicht der gleiche Fehler unterlaufen, wie Fehér über 30 Jahre vorher. Im verbrannten Cyclopentasilan, befand sich nämlich jede Menge unverbranntes Silizium, was nicht in die Messung eingeflossen war.

Mit Hilfe von Bernhards Diplomarbeit war es nun leicht möglich, den wahren spezifischen Impuls zu überschlagen, und der mußte zwischen 20 bis 30 % höher liegen. Ein wahrhaft sensationelles Ergebnis in einer Technik, bei der einige Prozent „mehr“ schon eine Sensationen darstellen.

Während Bernhards Diplomarbeit war mir klar geworden, daß das in Dortmund gelagerte Cyclopentasilan auf keinen Fall mit reinem Sauerstoff verbrannt werden durfte, sondern nur als Mischung von CPS und einem Überschuß von Stibin. Den Antimonwasserstoff würde Dr. Kornarth für ein paar tausend Euro zur Verfügung stellen. Eine solche Mischung wird dann, mit einer Spur von Knallquecksilber gezündet, in atomares Antimon, Silizium und Protonen zerfallen. Die freien Siliziumatome würden zu 100 % in dem reinen Sauerstoff zu SiO_2 reagieren. Der Rest wäre ein wenig Rechenarbeit.

Leider war der Hauptabteilungsleiter am ICT, Dr. Eisenreich, den ich schätzte, zum damaligen Zeitpunkt schwer erkrankt. Über ein halbes Jahr verstrich. Als ich ihn dann endlich telephonisch erwischte und davon in Kenntnis setzte, daß die Werte aus 1999 gänzlich falsch seien, reagierte er sehr einsichtig und machte dann den entscheidenden Fehler, Herrn Dr. Kelzenberg von dem Gespräch zu erzählen. Dieser Physiker, der das Wort Stibin mit Sicherheit noch niemals gehört hatte, wußte plötzlich, wie ungeheuer gefährlich Antimonwasserstoff ist..

Wie überaus gefährlich aber erst für Herrn Auner! Der hatte bekanntlich einmal eine ganze Konferenz in die Irre geleitet, als er davon gefaselt hatte, daß das Institut beim Abbrennen von Silanen in die Luft fliegen könne (Seite 246).

Eigentlich war das ICT verpflichtet, den Schaden, den sie 1999 angerichtet hatten, wieder gut zu machen, denn die Vermessungen hatten sehr viel Geld gekostet. Um ein zweites Mal das Wort „eigentlich“ zu benutzen, müßte der Bundesverteidigungsminister eigentlich an der Verbrennung von einem neuen Treibstoff mit so hoffnungsvollen Ergebnissen begeistert sein und den Geldhahn aufdrehen. Aber wer in der deutschen Beamtenhierarchie weiß denn überhaupt, was ein Silan ist? Man könnte vielleicht mal einen Fachmann fragen, also Herrn Professor Auner, oh Gott!

*

Eine der prägnantesten und kürzesten philosophischen Verhaltensregeln der menschlichen Kultur ist der Satz von Laotse: „Tue nichts." Unsere Demokratie hat diesen Satz wohl falsch interpretiert und es nach zwei verlorenen Kriegen fertig gebracht, überhaupt nichts mehr zu tun und genau dafür fette Gehälter einzustreichen.

Für mich ist die ganze Stibin - Affaire eher zum Amusement geworden, denn sie hat mich zu einem wirklich reizvollen chemischen Gedanken geführt. Ich hatte bisher keine Idee, wie man flüssige Silane mit kaltem Stickstoff zur Reaktion bringen könnte. Jetzt weiß ich, wie's geht: Man mische ein Pentasilan mit der doppelten Menge Stibin und schmelze die Mischung in einer Glasampulle ein. Wenn man jetzt in einem Kalorimeter 30 bar Stickstoff aufpreßt, genügt nur ein Quentchen Knallquecksilber, um den ganzen Glaskörper zur Explosion zu bringen und dadurch Siliziumradikale zu erzeugen. Die kalte Stickstoffverbrennung ist dann stöchiometrisch gewährleistet, wobei die erzeugte Wärme der Zündpille und des zerfallenen Stibins natürlich subtrahiert werden muß. So gesehen hat Fehérs wissenschaftlich versteckte Wärmemessung seines Doktoranden Rohmer doch noch den Weg zu mir gefunden, um schließlich Auners unterlassenes Recherchieren zu entlarven.

Bernhards Diplomarbeit hat ein vorzügliches Ergebnis gebracht. Geplant war nur, den Einsatz von Silanen mit Oxidatoren in der Raumfahrt zu untersuchen. Mich haben seine Ergebnisse auf eine spannende Fährte gebracht. Man muß auf die richtigen Ideen kommen und dann das Geld auftreiben, was mir immer in meinem Leben gelungen ist.

Noch hat die Inorganic Oil GmbH, Düsseldorf, Königsallee 1, nicht die Mittel zur Verfügung, diese neuartige Variante der Stickstoffverbrennung durch Bernhard in einer Promotionsarbeit testen zu lassen. Erst recht fehlen die Mittel, Silane in kleinen Raketendüsen zu vermessen, oder gar in Staustrahlbrennern. Solche Düsen und Brenner stehen in Deutschland in den Forschungsstätten und vergammeln so wie das ganze Land. Forschung findet auf Flachbildmonitoren statt. Wir brauchen keine Eliteuniversitäten, wir brauchen neue Ideen und mutige Wissenschaftler.

Jetzt, im Februar 2004, wird endlich die 3D-Animation von Dejan Stolic fertiggestellt sein. Ich habe in Kroatien mit ihm das Drehbuch geschrieben und filmerische Sequenzen diskutiert. Es war, als wenn ich durch ein kleines Loch in eine faszinierende Zukunft geschaut hätte.

Kapitel 18

Der lange Abschied

Die Überschrift dieses Kapitels „The Long Good-Bye" ist der Titel des letzten Romans von Raymond Chandler, erschienen 1954. Ich hatte die deutsche Ausgabe im Reisegepäck, als ich 1961 mit Helga auf der Rückseite der Insel Stromboli auf abenteuerliche Weise in Ginostra landete (Band I, S. 74 f.). Helga war erst 18, und ich hatte nach vier Semestern analytischer Chemie und Experimentalphysik restlos begriffen, daß ich an einer Universität niemals mit tiefen Fragen im Sinne von Plato in Berührung kommen würde.

Ich schätzte den Autor Chandler und hatte alle seine übrigen Werke gelesen. Dieser wohl bedeutendste Autor der Kriminalliteratur hatte ursprünglich mit Stories begonnen und es dann später fertiggebracht, aus reiner Schreibfaulheit häufig aus je zwei dieser alten Stories einen neuen Bestseller zu schreiben.

Im „langen Abschied" geht es um den Mißbrauch einer Vertrautheit zwischen dem Privatdetektiv und einem sympathischen Alkoholiker aus industriellen Kreisen, dem man den Mord an seiner Frau anhängen will. Der Ermittler verhilft zur Flucht und steckt seine Nase dann in Zusammenhänge, bei denen einem diese eben leicht abgeschnitten werden kann. Wer mit dem Genre dieser Literatur vertraut ist, merkt sehr schnell, daß der „Schnüffler" nur reingelegt worden ist; er hatte jemandem geholfen und ihm vertraut, die Voraussetzung für persönliche Fehleinschätzung.

Beim Lesen dieses Taschenbuches wurde ich von einer unsäglichen Traurigkeit gepackt, weil ich plötzlich, wie jemand, der in die Zukunft schauen kann, erfaßte, daß es mir genauso gehen würde: Auch ich würde jemandem helfen – bedingungslos – und der Dank wird mit Gemeinheit, Verrat und Mord abgegolten werden. Ich spürte eine Tragödie ungeheuren Ausmaßes auf mich zukommen. Nur war die Sache in sich für mich widersprüchlich, weil ich in diesem Alter nie einem Menschen wirklich vertraut habe.

Der Nachteil einer Hellsichtigkeit ist die Erkenntnis, daß man seinem Schicksal nicht entkommen kann. Ich begriff nämlich, daß es doch einen Menschen gibt, für den ich alles tun werde, in dem Wahn, daß ich ihn dadurch dahingehend moralisch erziehe, daß sich das in ihm versteckt „verborgene Böse" wie eine Feuersglut ersticken ließe. Ich wußte, um wen es sich handelt: meinen Zwillingsbruder Paul.

Eine von Zeus Frauen war Eris, die Göttin der Zwietracht. Ihre gemeinsame Tochter Ate, die Göttin der Verblendung, konnte Dank ihres mütterlichen Erbes Unheil stiften, wo immer sich ihr eine Chance bot. Da sie das selbst auf dem Olymp betrieb und gar übertrieb, verbannte sie ihr Vater auf die Erde, wo sie denn aus diesem Planeten, der ein Paradies sein könnte, ein Reich der blinden Torheit machte.

*

Das Schicksal Europas war im deutschen Generalsstab durch den Schlieffenplan vorherbestimmt. Dieser sah vor, blitzschnell durch Belgien zu marschieren und die Atlantikküste zu streifen, um England zu hindern, ihr aus nur 80000 Berufssoldaten bestehendes Expeditionsheer in Frankreich zu landen. Da Frankreich – mit England über die Entente cordiale verbunden – listenreich die Verletzung der belgischen Neutralität zum Kriegseintritt der Briten als „casus belli" geplant hatte, gab es für die Deutschen nur zwei Möglichkeiten: Sie konnten den Schlieffenplan gründlich durchführen, oder ihn nicht anwenden. Ein klassischer Fall für Ate; denn durch nicht zu überbietende Torheit handelte die deutsche Heereskriegsleitung nur halbherzig.

Um das 20. Jahrhundert historisch zur irrsinnigsten Epoche der Weltgeschichte zu machen, brauchte es dann nach der Kapitulation nur einen Fanatiker, der so verrückt war, daß er bei der Zersplitterung der Parteien in Sozialdemokraten, bürgerliche Liberale, konfessionelle Rechte und Kommunisten nie eine Chance hatte, sein Vorhaben wahr zu machen, die Macht zu ergreifen. Wie günstig für Ate, denn jetzt brauchte sie nur noch eine Familie ins Spiel zu bringen, die industriell für „weiße Wäsche" zuständig war.

Mit der schon erwähnten Einladung Hitlers in den Düsseldorfer Industrieclub erreichte es die NSDAP – als stärkste Reichstagspartei – endlich dort gesellschaftsfähig zu werden, wo die wirkliche Macht saß. Parteien und ihre Politiker bestanden und bestehen immer nur aus Ehrgeizlingen und Gierigen. Macht besitzt nur das Kapital, der Geldadel. Jost Henkel war jung und konnte nicht wissen, was Hitler wirklich vorhatte.

Im Sommer 1961 hatte längst der kalte Krieg begonnen, die Vorbereitung zum dritten Weltkrieg, der uns vielleicht noch blüht. Mein Bruder hatte eine Henkel zur Freundin. Welche Rolle die Henkels in der Nazizeit gespielt haben und in der Bundesrepublik spielen würden, das konnte ich im Alter von 21 Jahren nicht wissen. Nur den Verrat hatte ich geahnt.

Die Wochen in Ginostra waren paradiesisch, aber davon gekennzeichnet, daß ich etwas von meiner Zukunft vorausgesehen hatte. Zwei Jahre später, am 17. September 1963, begann das Drama. Die

Exposition der Tragödie war prädestiniert und ich mir ihres Ausmaßes zunächst nicht gewahr. Der Ort hieß Düsseldorf, die Zeit: je 10 Jahre für die Verjährung des Contergan - Falles und die Verjährung der Steuerhinterziehung des Ehrenbürgers Dr. Konrad Henkel. Die Verwicklung begann mit der Ermordung des Direktors Paul Plichta, dessen Tod ich benutzte, um seinen Sohn Paul jr. in die Industriellenfamilie einzuschleusen.

Mit meiner Schwägerin, Christa Thorbecke, war für meinen Bruder eine Frau gefunden, deren Rolle Ate selbst hätte spielen können. Ihre ausgeprägte Begabung, ihre Umgebung blind zu machen für die von den Henkels ererbte Fähigkeit der meisterlichen Kunst der Verstellung, begann sich prächtig zu entfalten, aber auch die nicht zu überbietende Torheit, statt mit dem vielen Geld ein glückliches Leben anzustreben, es zu mißbrauchen.

Diese Frau konnte nicht wissen, daß sie mit ihrem Schwager, Peter Plichta, ausgerechnet mit dem Mann in Kontakt gekommen war, der vorhatte, der blinden Torheit auf dieser Welt ein Ende zu bereiten. Kennzeichen der Verblendung der Reichen und ihrer Mittäter, den Vorständen und Aufsichtsräten, sowie der Wissenschaftler, der Politiker, der Beamten, der Dogmatiker, des Militärs, der Mafia, der religiösen Fundamentalisten usw. ist der kollektive Wunsch, die Menschheit dumm zu halten, sie mit Theorien zu verseuchen und sie permanent gegeneinander aufzuhetzen. Wenn die Wahrheit darüber herauskommt, wer wir sind, werden wir eine Chance erhalten, uns von der blinden Torheit zu befreien. Für mich sind die oben genannten Personenkreise eine verbrecherische Meute, die man nicht ausrotten kann, sondern mit der „List der Vernunft“ Schritt für Schritt in die Bedeutungslosigkeit führen muß.

Mit meinem Brief auf Seite 238 vom 01.01.1999 hatte ich den vorletzten Versuch unternommen, die blinde Torheit von Christa und Paul zu beenden, auch wenn ich mir völlig im Klaren darüber war, daß er und seine Frau gar nicht anders können, als in ihrem Wahn zu leben. Er ist für sie eine Überlebensfrage geworden.

*

Mit Beginn der Vorbereitung dieses sechsten Buches, wurden Stefan Queckbörner und ich am 25.10.2003 von einem FAZ - Artikel auf Seite 1 über den „Baustop am Mahnmahl für die ermordeten Juden“ überrascht. Da ich kurz zuvor ein Buch des ehemaligen amerikanischen Botschafters bei der EU in Brüssel, Stuart Eizenstat, gelesen hatte, packte mich die helle Wut. Eizenstat hatte die Herstellung von

Zyklon B der BASF in die Schuhe geschoben. Jetzt konnte man in der FAZ nachlesen, daß die Blausäureproduktion von einer Tochterfirma der Degussa durchgeführt worden war.

Eizenstat war 1995 vom amerikanischen Präsidenten zum „Sonderbeauftragten für die Rückerstattung von Eigentum" ernannt worden[1]. Gemeinsam mit dem ehemals Vorbestraften Otto Graf Lambsdorff erreichte er im Jahr 2000, daß das deutsche Parlament ein Stiftungsgesetz verabschiedete, wobei die deutsche Wirtschaft zusammen mit dem SPD - Bundeskanzler Gerhard Schröder 50 Jahre nach Kriegsende 10 Mrd. DM aus ihren Portokassen entnahmen, um NS - Opfer zu entschädigen, rechtzeitig zu dem Zeitpunkt, wo es fast keine Opfer mehr gab.

Solange Helmut Kohl noch Kanzler gewesen war, wäre ein solches Stiftungsgesetz nicht möglich gewesen. Kohl hat erlebt, wie Willy Brandt und Walter Scheel den Dalli - Waschmittelwerken dazu verholfen hatten, sich aus der Verantwortung zu stehlen, den Gerling - Konzern zu schonen und den deutschen Steuerzahler zur Kasse zu bitten. Kohl kannte die Henkels gut.

Mit Schröder begannen die Verhandlungen. Michael Jansen, Generalbevollmächtigter von Degussa und Otto Graf Lambsdorff waren die Hauptakteure auf deutscher Seite. Ausgerechnet der Graf von der FDP! Schließlich konnte man nicht noch einmal Walter Scheel hernehmen. Obwohl Schröder von seiner Sparpolitik besessen war, begann er die Pokerpartie gleich mit 2 Milliarden DM – natürlich vom Steuerzahler. Sie haben es ein zweites Mal geschafft. Wieder einmal wurde ein deutsches Parlament (was Hitler als eine Klatschbude bezeichnet hat) dazu mißbraucht, um, wie im Falle der Contergan - Stiftung, selbstgefällig daran zu glauben, etwas Gutes zu leisten.

Da die im Jahre 2000 eingerichtete Stiftung aber beinhaltet, daß nun endlich Ruhe herrscht über die kollektive Schuld der deutschen Industrie im Holocaust, reiben sich in Düsseldorf die Henkels die Hände.

Eizenstat hat es fertiggebracht, in seinem hochgejubelten Buch davon zu faseln, daß Zahngold von der Degussa in Barrengold umgeschmolzen wurde. Ich habe diesen Unsinn schon auf Seite 298 und 299 richtiggestellt. Hitler brauchte nämlich für seinen Krieg einen chemischen Konzern, der aus Schmuckgold, dazu zählt auch Zahngold, über einen aufwendigen chemischen Prozeß, von dem Eizenstat

---

[1] Eizenstat, Stuart E.: Unvollkommene Gerechtigkeit. Der Streit um die Entschädigung der Opfer von Zwangsarbeit und Enteignung, München, 2003.

seltsamerweise nichts weiß, Feingold herstellte, denn nur solches reinste Gold konnte in Barrenform in die Schweiz verkauft werden.

*

Endlich begann ich zu ahnen, auf welche Spur ich wirklich gestoßen war. Während ich im fünften Buch das kriminelle Treiben von Dr. Konrad Henkel und seinen gekauften Ministern der SPD und FDP der NRW - Landes - und der Bundesregierung geschildert hatte, wird das sechste Buch die Verstrickung der Firma Henkel in den Holocaust aufdecken.

Hitler hatte vom 30. Januar 1933 nur noch sechs Jahre bis zu seinem 50sten Lebensjahr. Er war von dem Wahn besessen, daß er „seinen Krieg“ unbedingt vor dem Einsetzen der Alterssenilität beginnen mußte, vor der er sich fürchtete. Er hatte von 1914 – 18 an der Front gedient und wie Millionen andere Soldaten erlebt, daß dieser Krieg nicht nach ein paar gewonnenen oder verlorenen Schlachten durch einen Waffenstillstand beendet worden war – wie alle anderen Kriege.

Diesmal hatte England durch unvorstellbar hohe, ungedeckte Kredite bei amerikanischen Banken nicht nur vier Jahre lang durchgehalten, sondern die USA gleich noch mit in den Krieg einbezogen. Deutschland hatte keinen Kreditgeber, hatte sich einkesseln lassen und war damit zum Selbstversorger geworden. Der „Revanchekrieg“, das wußte Hitler, mußte blitzschnell erfolgen, und diesmal mußte eine Währung zur Verfügung stehen, mit der Rohstoffe gekauft werden konnten. Hierzu kam nur der Schweizer Franken in Frage, denn die deutsche Sperrmark war im Ausland völlig wertlos.

Ohne deutsche Ruhrkohle und rumänisches Erdöl war die Schweiz nicht überlebensfähig. Damit war sie abhängig, und so konnte man sie zwingen, zusätzliche Franken zur Verfügung zu stellen für ein Metall, das die Welt regiert: Gold.

Hitler wußte auch, wem er das Gold wegnehmen würde, den europäischen Juden von der Atlantikküste bis tief nach Rußland. Der Stratege Hitler hatte nicht damit gerechnet, daß die USA diesmal die Russen mit ungedeckten Krediten beliefern würden. Er rüstete in nur sechs Jahren auf und brauchte für seine Pläne die Degussa. Mit Beginn des zweiten Weltkrieges mußte er sich auf die Besitzer der Degussa verlassen. Die Henkels wußten nämlich ganz genau, zwischen geraubten Barren und Goldlegierungen zu unterscheiden.

Die Goldbarren wurden nicht an Schweizer Banken geliefert, sondern direkt an die Schweizer Zentralbank. Von 1933 bis 1939 durfte niemand Gold ins Ausland transferieren. Jetzt im Krieg wurde den Besitzern der Degussa das Privileg eingeräumt, ihre Gewinne selber bei Schweizer Banken in Sicherheit zu bringen.

Als der Krieg zu Ende war und die IG Farben in die drei Konzerne Bayer Leverkusen, BASF Ludwigshafen und Hoechst Frankfurt am Main filetiert wurde, mußten die Degussaanteile abgestoßen werden. Die Henkels konnten wohl selber nicht als Käufer auftreten, sondern mußten auf die allergeschickteste Weise ihre Beteiligung an der Degussa vertuschen.

Obwohl die Dresdner Bank niemals auch nur eine Stammaktie des Chemiegiganten Henkel besaß, gelangte sie nicht nur in den Aufsichtsrat des Konzerns, sondern auch in den Gesellschafterausschuß. Hieraus läßt sich die Vermutung ableiten, daß die Dresdner Bank nur für die Henkels Degussaanteile gekauft und aufbewahrt hat.

*

Die FAZ schrieb am 21.10.03 auf Seite 24: „Das Kapital der Degussa liegt derzeit zu jeweils 46,5 Prozent bei der Düsseldorfer Eon AG und der Essener RAG AG, der Rest ist breit gestreut." Damit waren plötzlich 93% der gesamten Degussaaktien vereinigt, obwohl GfC 1995 nur 37% gehört hatten.

Die FAZ schreibt weiter: „Im kommenden Jahr wird die RAG AG weitere Aktien aus dem Besitz der Eon zum Kurs von 38 Euro übernehmen und damit ihre Beteiligung auf 50,1% aufstocken." Dann wird die Degussa wieder denen gehören, denen sie immer schon gehört hat – Henkels.

Dr. Konrad Henkel, 1996 inzwischen nur noch Ehrenvorsitzender, hatte wohl rechtzeitig gemerkt, welche Brisanz in den Forderungen der Opferanwälte gegen die Schweizer Banken steckte. Er wußte ganz genau, daß auf die Deutschen „Der Streit um die Entschädigung der Opfer von Zwangsarbeit und Enteignung" zukommen würde. Auf einmal waren alle Eigentümer von Degussaanteilen, auch solche, die sich vorher spinnefeind gewesen waren, bereit, sich von diesen goldenen Wertpapieren zu trennen. Innerhalb eines Jahres hatte er es mit seinen Beziehungen geschafft, mit Hilfe der NRW - SPD - Regierung, den Löwenanteil der Degussa von 93% in den Veba Konzern (AG) zu verschieben.

Um das Täuschungsmanöver perfekt zu machen, wurde anschließend, ohne daß die Presseorgane dumme Fragen stellten, die Veba aufgelöst und aus dem Zauberhut der Hochfinanz der Eon Konzern herausgezogen.

Die übrig gebliebenen 7% Streuaktien waren nicht gefährlich;

denn die Degussa hatte z. B. 7500 Belegschaftsaktionäre. Erst, als im Jahre 2000 das 10 Milliarden Stiftungsding gedreht war, konnte man ans Werk gehen, die Börsenpräsenz der Degussa gänzlich aufzuheben.

De mortuis nisi sine bene. Im Frühjahr 1999 starb Konrad Henkel. Zu diesem Zeitpunkt hatte er es geschafft, den *größten Coup* seines Lebens unter totaler Geheimhaltung abzuschließen. „Sie" haben aus den Tätern Opfern gemacht, indem der bedauernswerten deutschen Industrie 50 Jahre nach dem Naziwüten immer noch der„Hautgout" der Millionen toten oder ehemaligen versklavten Juden nachhängt. Indem die „Opfer" jetzt in einer Allianz von SPD - Kanzler, FDP - Graf und den Vorständen der Dresdner und Deutschen Bank und der Degussa den Juden mit 10 Milliarden DM endlich den Mund gestopft haben, mußte die Firma, die unsichtbar hinter der Degussa steht, dafür sorgen, daß die Degussa selbst für eine Zeitlang verschwindet. Übrig bleibt: Betr.: DEGUSSA - Schachtel (Konrad Henkel).

*

Als mir die Sache im November 2003 klar wurde, beschloß ich, mich zum letzten Mal an meine Schwägerin zu wenden, nicht in der Absicht, sie zur Einsicht zu bewegen, sondern mit dem deutlichen Hinweis darauf, daß ich dieses Schreiben veröffentlichen würde, falls sie nicht endlich einmal klug reagiert. Es gehört allerdings zur Psychologie meiner Person, daß ich genau weiß, daß diese Frau mit meinem beschwörenden Anschreiben nicht zur Besinnung zu bringen ist.

Das Schreiben stellt den endgültigen Abschied von meinem Bruder dar und bietet Christa die letzte Möglichkeit, als Kontaktperson zwischen Paul und mir zu vermitteln. Ich konnte mit 21 Jahren nicht wissen, in welchem Ausmaß die Zwillingshaftigkeit meiner Geburt in die Tragödie eingebunden sein würde. Daß die Primzahlen sich von einer Zwillingszahl ± 1 ableiten, war 1980 der Auslöser dafür, mich bedingungslos für die Arithmetik zu entscheiden.

Jetzt, nachdem 24 Jahre vergangen sind, und ich beabsichtige, mein Lebenswerk zu Ende zu schreiben, fällt mir der Abschied leicht. Ich habe Paul zum letzten Mal im Juli 2001 gesehen. Meine Tochter heiratete, und zu ihrer Verblüffung hatte Onkel Paul ihr geschrieben, daß er mit seiner ganzen Familie teilnähme. Erika war schon ganz aufgeregt, diesen Zwillingsbruder, von dem sie schon so viel gehört oder auch gelesen hatte, endlich kennen zu lernen. Wie naiv.

Er kam und war in der ehemaligen Klosterkapelle, aber sie hat ihn nicht zu sehen bekommen, denn er hatte sich so geschickt hinter den tragenden Säulen versteckt, daß er fast unerkannt blieb.

Als dann das Ehepaar Conze zum Klang der Orgel aus der Kirche schritt, war er schon verschwunden. Er hatte die Kirche fluchtartig verlassen und war zu seinem Wagen geeilt. Mir war es genauso, als wenn ich nur seinen Schatten gesehen hätte.

Der Brief von 02. November ist nur für Leser verständlich, die im Primzahlkreuz Band I das Kapitel „Der fliegende Teppich", die Seiten 308 bis 311 gelesen haben.

Mein Bruder hatte einmal Aktien gestohlen, und bei Christas Mutter war einmal eingebrochen und ein Teppich geklaut worden. Um dem Leser den Stellenwert, dem ich diesen Diebstahl eines wertvollen Teppichs beimesse, begreiflicher zu machen, sei angemerkt, daß es da noch einen zweiten Teppich gibt, den Christa von ihrer Großmutter, Gerda Henkel, geerbt hat. Eigentlich war nach Auflösung der Wohnung der alten Dame von den Erben jeweils das mitgenommen worden, was noch übrig geblieben war.

Paul und Christa luden dann auch auf der Bruhnstraße 6a Geschenke ab, für die sie anscheinend keine Verwendung hatten: Ein, mit „Gerda Henkel" graviertes Zeiss - Fernglas, ihre ebenso signierte Golf - Ausrüstung und einen Teppich iranischer Provenienz. Der Teppich, dessen Wert vom Alter abhängt, lag dann fast 30 Jahre zusammen mit anderen, von mir erworbenen Knüpfwerken im Wohnzimmer meiner Mutter. Nach deren Tod rief mich einige Monate später Christa an und teilte mir mit, daß sie sich zufälligerweise ein bißchen in Düsseldorf aufhielte und bat darum, in den Abendstunden das Erbstück abzuholen.

Während ich mit Bernhard am 5. Buch saß, ging die Türschelle und im Hausflur stand dann eine Christa, wie ich sie noch nie erlebt hatte: Ganz großes Make-up und Haarstyling, sehr viel Schmuck und ein langes Abendkleid in honigfarbener Seide, aufwendig drapiert. Statt sich nun von mir den Teppich ins Auto tragen zu lassen, oder ihren Fahrer zu bitten, das gerollte Bündel in Empfang zu nehmen, nahm sie den alten Teppich unter den Arm mit einem Hohn im Blick, wie ich ihn bei dieser Maskenträgerin noch nie gesehen hatte. Das war ihr letzter Besuch im Hause ihrer Schwiegermutter.

Irgendwie mußte das Erbstück ihrer eigenen Großmutter plötzlich für sie Bedeutung bekommen haben. Ziemlich wütend knallte ich mich wieder neben Bernhard vor den Computer und grinste ihn kopfschüttelnd an:

„Wenn ich das gewußt hätte, daß diese teuflische Schlange gar nicht ein bißchen in Düsseldorf ist, sondern zu einem Abendempfang bei Onkel Konrad, hätte ich mir heute morgen einen Liter mit rotem

Lack und einen Pinsel besorgt."

„Und was hättest Du damit gemalt?"

„Auf die Rückseite des Teppichs ein großes, rotes Hakenkreuz. Comedia finita est."

*

Dr. rer. nat. Peter Plichta

peter.plichta@plichta.de
www.plichta.de

Chemiker und Mathematiker

Bruhnstraße 6 a
40225 Düsseldorf
Tel.: 0211 – 31.42.38
Fax.: 0211 – 31.42.56

Dr. rer. nat. Peter Plichta, Bruhnstraße 6a, 40225 Düsseldorf

Laplacestraße 9
81679 München
Tel.: 089 – 98.10.80.85
Fax.: 089 – 98.29.04.21

Frau Dr. med.
Christa Plichta
Chemin Colladon 22

Ch- 1209 Geneve

02.11.2003

Liebe Christa,

über die endgültige Abwicklung der leidigen Sparbuchgeschichte bin ich froh und denke, daß jetzt noch weitere Aufräumarbeiten möglich sind. Da Paul in den letzten Jahren auf meine Anschreiben nicht reagiert hat, habe ich den Kontakt zu ihm für immer abgebrochen. Die Schwierigkeiten, die ihm dabei entstehen können, ließen sich abfangen, wenn wir beide miteinander anfallende Probleme schriftlich oder mündlich abhandeln würden.
Bevor Deine Mutter zum letzten Mal nach Alpbach fuhr, hat sie mich angeschrieben und mir viel Glück gewünscht. Zu ihren Lebzeiten wollte ich sie nicht mit den Uneinigkeiten, die zwischen uns herrschen, belasten.
In meinem heutigen Schreiben geht es um Diebstahl, den Paul begangen hat. Für Deine Mutter habe ich einmal in detektivischer Art einen Diebstahl aufgeklärt, bei dem aus ihrer Wohnung heraus kriminell genial ein alter Teppich gestohlen worden war. Dieser „alter Teppich" hatte zuvor im Wohnzimmer Deines Großvaters Hugo Henkel gelegen und war Deiner Mutter so wertvoll, daß er durch kein Geld einer Versicherung für sie hätte irgendwie ersetzt werden können. Was Deine Mutter und Du nicht wissen konntet, stellt ein kombinatorisches Problem dar: Das Wort „Teppich" besteht aus sieben Buchstaben, wäh-

rend das Adjektiv „alter“ aus fünf Buchstaben zusammengesetzt ist. Das Geschenk ihres Vaters war ihr sehr teuer, und sie vertraute sich mit ihrem Problem an mich mit folgenden Worten: „Peter, ich weiß, daß Sie sehr klug sind. Vielleicht können Sie in diese merkwürdige Teppichgeschichte Aufklärung bringen“, was ich dann auch getan habe. Ich möchte Dir nun etwas verraten: Es gibt eine und nur eine Kombinatorik, mit dem Primzahlenzwilling 5 und 7 wieder zwei sinnvolle Wortzusammenstellungen zu bilden, und zwar ausgerechnet mit Vor- und Nachnamen. Die Lösung lautet: „Peter Plichta“ und umgekehrt „alter Teppich“.

Ich schreibe diesen Brief so ausführlich, weil ich ihn ggf. im Primzahlkreuz Band III, und zwar im sechsten Buch abdrucken werde. Ein Kapitel trägt übrigens die Überschrift: *Fritz und Hugo Henkel, Dr. Manchot sen., Adolf Hitler, Herman Göring, die Sondererlaubnis für das Horten von Juden-Gold, Zyklon B (Blausäure) und der Verkauf der Degesch und der Degussa.*

Dabei geht es auch um Diebstahl und Verstecken.

Zur Sache: 1971 war ich mit 31 Jahren in der bittersten Situation meines Lebens. Es war nicht die Traurigkeit darüber, daß mir von Deinem Onkel Konrad Henkel meine Habilitation zerstört worden war. Die naturwissenschaftliche Fakultät der Universität Köln hätte mir auf Antrag die Habilitation sofort erteilt, wenn ich die Entdeckung der Höheren Silane schriftlich eingereicht hätte. Es war die Traurigkeit darüber, daß mein eigener Zwillingsbruder in der Sache verwickelt war. Deine Rolle kannte ich, aber ich hatte große Pläne mit Dir. Erst später, während der Verhandlung über den Teppichdiebstahl habe ich Deiner Mutter darüber reinen Wein eingeschenkt, welchen Fehler sie begeht, wenn sie ihren Sohn Heinrich als Nachfolger einsetzt. Ich habe ihr gesagt, daß für eine Nachfolge nur ihre jüngste Tochter in Frage kommt. In Verbindung mit Deinem Ehemann, der eine Hand für' s Geld hat, und der auch promovieren wird, seiest Du die wahre Henkelnachfolgerin. Sie ist damals in Tränen ausgebrochen und hat mich umarmt. „Das mußte mir doch erst einer sagen.“

Zurück zum Jahr 1971 und dem oben erwähnten Diebstahl durch Paul: In der Anlage erhältst Du zwei Farbkopien der Commerzbank Düsseldorf vom 3. März 1971. Es handelt sich um zwei Wertpapierlieferungen im Auftrag von Herrn Dr. Peter Plichta an Herrn Dr. Peter Plichta. Dabei geht es um 21 Daimler - Benz - AG Stammaktien und 43 Mannesmann - AG Aktien. Paul hatte mir empfohlen, diese Papiere aus der kleinen Zweigstelle in Düsseldorf Oberbilk anzufordern, um sie anderswo sicherer aufzubewahren. Daß Ihr vorhattet Deutschland zu verlassen, hat er mir nicht verraten. Als Ihr dann am 1. Sep-

tember 1971 Deine Mutter und mich betrogen habt, was meine Einstellung in der Firma Henkel betraf, hatte Paul die Aktien zuvor entwendet. Da er das Beweismittel, die Wertpapierlieferungsquittung, ebenfalls gestohlen hat, habe ich geschwiegen. Ich wußte schon damals, daß er mich irgendwann brauchen würde, wenn er endlich mit dem Medizinstudium beginnen würde.
Ich habe die erschütternde Prognose von Herrn Professor Fleckenstein im Primzahlkreuz Band I (3. Auflage) ausführlich beschrieben (Seite 231): „Lassen Sie uns darüber sprechen, Herr Plichta, was es für Sie bedeutet, wenn Ihr Bruder Paul jetzt doch das Physikum bekommt, und zwar einzig und allein durch Sie. Ihr Bruder scheint zu wirklicher Dankbarkeit überhaupt nicht fähig zu sein. Im Gegenteil. Der Hass, der sich in dem angesammelt hat, wird es ihm später unerträglich machen, daß ihm der Peter geholfen hat. Der wird in der Vorstellung leben wollen, alles allein geschafft zu haben. Ich mache mir Sorgen um Sie. Verstehen Sie mich?" Der übernächste Absatz ist noch erschütternder, Du solltest ihn einmal nachlesen.
Paul hatte, wie Du in meinem Buch lesen kannst, im Keller seiner Mutter eine Kiste aufbewahrt, säuberlich versiegelt. Ich habe über den Inhalt dieser Kiste geschwiegen, weil Du sonst die Scheidung eingereicht hättest und Paul im Gefängnis gelandet wäre. Allerdings habe ich mir bestimmte Vorgänge fotokopiert und u. a. die oben genannten Wertpapierlieferungsquittungen an mich genommen, weil sie mein Eigentum waren. Sachen, die gestohlen sind, unterliegen nicht der Verjährung. Ihr Verkauf ist grundsätzlich ungültig. An einer Strafanzeige war ich nie interessiert, weil ich Dich und Paul nach ganz oben bringen wollte. Die Gründe dafür habe ich schon Deiner Mutter nicht verraten, obwohl ich diese tapfere Frau sehr verehrt habe.
Ich schlage vor, daß Du dafür sorgst, daß ich die Wertpapiere und alle damit erzielten Dividenden und Zinsen, sowie Gewinne aus Vorzugsaktien usw. zurückerhalte, oder Du machst mir ein faires Vergleichsangebot, und zwar in einer angemessenen Frist.
Neben den Wertpapierquittungen fand sich auch ein Schreiben vom 10. November 1972 Deines Onkels Dr. Konrad Henkel an Dich: Betr. DEGUSSA - Schachtel, in dem er darauf hinwies, daß die Familie zwar die Mehrheit der Degussa besitzt, aber ihre Anteile nicht vereinigen wollte. Somit benötigte er für die Henkel GmbH mit den Anteilen der Henkelversorgungskasse 14% und den Anteilen der Dresdner Bank 9,5% zu einer Schachtelbeteiligung noch wenigstens 1,5% Aktienanteile aus Familienbesitz, also beispielsweise von Dir.
Meine Recherchen ergaben nach und nach, welche ungeheuren Gewinne die Henkels durch die Degussa aus Raubgold, aus dem Verar-

beiten von geraubtem Legierungsgold in Feingoldbarren gemacht haben und ebenso aus der Herstellung des Vergasungsgiftes für die europäischen Juden. Indem Ihr Eure Gewinne nicht in Reichsmark, sondern in Goldbarren erhalten und diese von 1948 bis 1952 aus der Schweiz zurückgeholt habt, seid Ihr zur reichsten, aber auch verbrecherischsten Familie in der gesamten deutschen Geschichte geworden. Die Steuerung des Conterganfalles durch Deinen Onkel und den Minister Walter Scheel habe ich schon beschrieben. Der Gerling - Konzern hätte gezahlt. Welches Leid habt Ihr Henkels angerichtet! Die sich daraus ergebende Ermordung meines Vaters ist dagegen läppisch. Die weitere bestialische Tötung von Helga Plichta hat Paul den Nutzen gebracht, daß er glauben konnte, daß die Zeugin für den Kauf seines Abiturs und seiner Zahlungsversprechung beseitigt sei.
Eure fortgesetzten Vertuschungen werden nicht aufgehen. Ich bin an Rache überhaupt nicht interessiert, aber Eure einzige Chance besteht darin, mit Eurer Geschichte aufzuräumen und an die Öffentlichkeit zu treten. Noch habt Ihr die Chance, alles auf die Verstorbenen zu schieben und die Firma Henkel dadurch zu retten. Ihr könnt Wiedergutmachung anbieten, rücksichtslos die Wahrheit offen legen und dadurch vielleicht zu innerem Frieden finden. Euer Reichtum bleibt Euch ja trotzdem erhalten.
Mit der gleichen Post erhältst Du ein zweites Schreiben, bei dem es um Pauls Abitur geht. Wie schon im Primzahlkreuz detailliert geschildert, ist das Abitur durch Bestechung gekauft worden.

Viele Grüße

*

Die Voraussetzung dafür, daß Paul die Möglichkeit erhielt, das Riehl - Gymnasium zu besuchen, war sein Abschlußzeugnis – die mittlere Reife (Band I, S. 51 f.). Ich hatte bei Gott schwören müssen, daß seine mittlere Reife nicht dazu mißbraucht werden sollte, daß er später doch das Abitur nachholen würde. Ich war damals 17 Jahre alt und hatte es selbst nur hauchdünn geschafft, in die Unterprima versetzt zu werden. Damit war ich dem Lateinlehrer Dr. Klein entkommen (Seite 11 f.).

Pauls letzter Tag am Lessing - Gymnasium war mit einem seltsamen Erlebnis verbunden. Ich befand mich mittags im Eingangsbereich der mittleren Tür der Schule. Hinter mir, links und rechts völlig leere, lange, dunkle Gänge und vor mir draußen ein völlig leerer Vorhof und am Ende eiserne Gitter mit einem geöffneten Tor. Warum ich da stand, als wenn ich auf jemand wartete, wußte ich nicht. Aber dann kam aus der Dunkelheit des linken Ganges eine Person mit Aktentasche auf mich zu, und ich erkannte meinen Bruder. Er ging ohne mich zu beachten durch die mittlere Eingangstür, und ich begriff plötzlich, daß dies sein letzter Schultag war und ihm das Abschlußzeugnis ausgehändigt worden war.

„Paul, freust du dich über die mittlere Reife?"

„Nein"

„Aber wir haben sie doch gemeinsam erkämpft."

„Sie ist mir gleichgültig."

Da wußte ich plötzlich, daß er mich und sich selbst haßte, weil er nie das Abitur erlangen würde und somit auch nie Medizin studieren könnte.

Ich sah ihm nach, wie er den Vorhof durchschritt und dachte, wie seltsam es sich gefügt hatte, daß die beiden Zwillingsbrüder sich gerade in diesem Moment völlig unbeobachtet touchiert hatten.

Ich steckte selber in einer Krise, da ich in einem Lehrbuch der Physik die Geschichte der Entdeckung des Planckschen Wirkungsquantums nachgelesen hatte. Ich war von dieser entscheidenden Formel der Quantenmechanik so gründlich ernüchtert worden, daß ich völlig ratlos war.

*

Die Formel für die Plancksche Hohlraumstrahlung soll anhand der spektralen Intensitätsverteilung (Abb. 66) erläutert werden. Hierbei bedeutet $\rho(\nu, T)$ (lies: rho von nü und T) Strahlungsenergie im Frequenzbereich ν, wobei es entscheidend ist, daß sich die Formel aus zwei Faktoren zusammensetzt. Der erste Term (ν^2) ist für den parabelförmigen Anstieg der Kurve verantwortlich, während der zweite Term sich aus der sog. Boltzmann - Statistik ergibt.

$$\rho(\nu, T)\,d\nu = \frac{8\pi\nu^2}{c^3} \cdot \frac{h\nu}{e^{\frac{h\nu}{kT}} - 1}$$

Wie Boltzmann herausgefunden hatte, mußte es sich bei dem Proportionalitätsfaktor, dem Planck den Buchstaben h (Seite 265) gegeben hat, um einen sehr kleinen Ausdruck handeln, da im Nenner der Faktor c^3 steht, der im 10^{-31} cm/sec - Bereich liegt. Genau das hat Planck gemerkt und das nach ihm benannte Plancksche Wirkungsquantum näherungsweise berechnet. Damit war der entscheidende Schritt getan, die elektromagnetische Energie in unvorstellbar kleine Einheiten zu zerlegen und zwar nach ganzen Zahlen 1, 2, 3, 4, 5… .

Wenn sich etwas statistisch verteilt, muß es als Einheiten real existieren. Das hatte Einstein ebenfalls erfaßt, als er den Begriff der Photonen einführte.

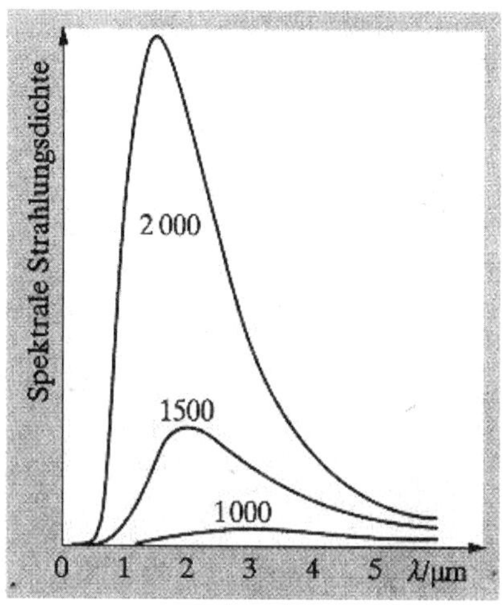

Abbildung 66

Das alles war eigentlich für mich leicht nachvollziehbar; ich scheiterte jedoch an der Frage, warum der zweite Faktor einen exponentiellen Ausdruck enthielt, und zwar zur Basiszahl e.

Insgesamt treten die mathematischen Konstanten π und e auf, was mich völlig zur Verzweiflung brachte. π hatten die Experimentalphysiker in den ersten Faktor reingezaubert, weil sie dem schwarzen Hohlraumstrahler die Kugelform gegeben hatten. Toll, denn die Würfelform hätte es ja auch getan[1]. Und e tritt nun mal bei allen statistischen Verteilungen auf.

Ich wußte damals noch nicht, wie geradezu perfide Physiker mathematische Konstanten dazu benutzen, ihre physikalischen Naturkonstanten zu berechnen. Zum Zeitpunkt, als das Stefan - Boltzmann - Gesetz, das Wiensche Verschiebungsgesetz, das Rayleigh - Jeans - Gesetz und das Wiensche Strahlungsgesetz formuliert wurden, waren die Gleichstrommeßgeräte, die Temperaturfühler über Thermoelemente usw. eben gerade auf dem Stand, daß man die Strahlungsleistung

[1] Meine damalige Deutung war falsch. Der Faktor π entspringt der Tatsache, daß die Strahlung isotrop in den ganzen Raumwinkel abgegeben wird.

eines schwarzen Strahlers in endlosen Serien vermessen konnte.

Ich begann zu ahnen, daß es den Physikern überhaupt nicht darum ging, herauszufinden, warum die Energie gequantelt ist. In diesem Falle wurde einfach das Dogma „natura non saltat“ gegen das Gegenteil ausgetauscht. Die Meßergebnisse, verbunden mit endlosen Rechnereien, führten diese großen Geister immer zu Formeln, die ihnen Ruhm und Anerkennung einbrachten – und mich in die Verzweiflung trieben.

Wenn nämlich der zweite Faktor der Formel einer reziproken Exponentialfunktion gehorcht, die dazu führt, daß sich die aufsteigende Parabel ab einem bestimmten Punkt wendet, ein Maximum erreicht und dann den typischen Verlauf einer abgleitenden e-Funktion einnimmt, dann muß die Natur, so folgerte ich, in der Zahl e angelegt sein. Da sich die Zahl e aber aus einer unendlichen Summe von reziproken ganzzahligen Fakultäten zusammensetzt, begann ich mich mit der Frage zu beschäftigen, ob die Zahlen das Bewußtsein der Natur darstellen und wir sie gar nicht erfunden haben.

In dieser Zeit, zwischen meinem 17. und 19. Lebensjahr in der Oberstufe des Gymnasiums, begann ich zu verstehen, daß ein solch fundamentales Naturgesetz wie die Formel für die Plancksche Hohlraumstrahlung nur unser Nichtwissen über die Rätsel dieser Welt offenbart. Nichtphysikalisch Vorgebildete, also der allergrößte Teil der gesamten Menschheit, können sich unter einer solchen Formel überhaupt nichts vorstellen. Wer aber die Formel lesen kann, bildet sich nur ein, etwas über die Natur zu wissen.

Das waren natürlich schaurige Voraussetzungen für ein zukünftiges Studium der Naturwissenschaften. Ich habe mir wirklich nicht zugetraut, die tiefen Gründe für diese komplizierte Gleichung einmal aufzuzeigen.

*

Aus meinem heutigen Kenntnisstand über die realexistierenden mathematischen Konstanten e, i und π, läßt sich die Hohlraumstrahlung auf eine einfache Primzahlüberlegung zurückführen, die wahrscheinlich Pauli und Einstein auf Anhieb verstanden hätten.

Streicht man im ersten Faktor alle Konstanten, bleibt nur ν^2 übrig. Beim zweiten Faktor lassen sich die Konstanten h und k ebenfalls eliminieren. Eine kurze Überlegung zeigt, daß sich sogar die Temperaturabhängigkeit aus der Planckschen Strahlungsgleichung mit Hilfe des Proportionalitätsfaktors erübrigt, denn die absolute Temperatur T ist nur für die Höhe des Maximums der Kurve von Bedeutung. Übrig bleibt ein Ausdruck, deren erster Faktor, wie oben erwähnt, den Parabelanstieg mit der Veränderlichen v beschreibt, während der zweite Faktor eine Überraschung birgt.

$$\rho(v)dv \sim v^2 \cdot \frac{v}{e^v - 1}$$

Wir erinnern daran, daß das Hineinmultiplizieren der primzahlcodierten Bernoulli - Zahlen (Band II, S. 184 f.)

$$1 + \frac{B_1}{1!}x + \frac{B_2}{2!}x^2 + \frac{B_3}{3!}x^3 + \ldots = \frac{x}{e^x - 1}$$

zu einem reziproken Exponentialausdruck führt, der für größere Werte von v erlaubt, die negative 1 zu ignorieren. Bei Substitution v = x erhalten wir als Endergebnis im zweiten Term den Ausdruck x/e^x

$$v = x \rightarrow x^2 \cdot \frac{x}{e^x}$$

Dieser läßt sich aber durch erneute Substitution x = ln(x) sofort in die reziproke primzahlzählende Funktion ln(x)/x, die Umkehrung des Primzahlsatzes, überführen. Die Quintessenz dieser Überlegung liegt in der einfachen Tatsache, daß die Plancksche Konstante h nach ganzen Zahlen gequantelt ist. Da statistische Verteilungen nach logarithmischer Abnahme zur Basis e verlaufen, lassen sich hier die Urgründe für die mathematische Form des zweiten Terms sofort einsehen. Diese Primzahlüberlegung zur Strahlungsformel gibt der Quantenmechanik mathematisch zum ersten Mal eine logische Grundlage. Der Zweifel ist die Grundlage aller Erkenntnis. Meine Verzweiflung als Jugendlicher hat sich wahrlich gelohnt.

*

Ich habe mich immer für Kunstgeschichte interessiert und konnte schon als Schüler leicht nachvollziehen, wie erstmals in der Renaissance das Gesetz der Perspektive in der Malerei Einzug hielt. Die Gegenstände verkleinern sich mit zunehmender Entfernung nach Quadratzahlen. Dies hat zum Beispiel Dürer dazu bewogen, experimentelle Untersuchungen durchzuführen. Abgeschlossen wurde diese Erkenntnis durch das Newtonsche Gravitationsgesetz.

Warum der Raum etwas mit Quadratzahlen zu tun hat, oder präziser formuliert, warum sich Gegenstände oder optische Signale nach reziproken Quadratzahlen „verdünnen", konnte bisher niemand sagen. Es ist das Elend der Physik, daß sie mit den Begriffen Raum und Zeit zwar rechnen können, aber nicht wirklich wissen, was hinter diesen Vorstellungen eigentlich steckt. Nur so konnte es passieren, daß die Anzahl der Elektronenpaarzwillinge, die nach Quadratzahlen verläuft, nicht mit den Gesetzen des Raumes, der Perspektive, in Zusammenhang gebracht wurde. Mit diesem Übersehen des elementarsten Zusammenhangs zwischen Raum, Zeit und Zahlen war jede Möglichkeit vertan, dem Raum ein Stellenwertsystem – und zwar das Dezimalsystem – a priori zuzuordnen.

Das reziproke Quadratgesetz ist sprachlich nahe verwandt mit der Formulierung von Legendre und Gauß, dem quadratischen Reziprozitätsgesetz. Dieses Gesetz sagt, wie wir gesehen haben, etwas darüber aus, ob zwei Primzahlen modularithmetisch über Quadratzahlen miteinander verquickt sind, oder nicht. Die Lösung für dieses Gesetz läßt sich wiederum auf die Zwillingsprimzahl ± 1 zurückführen.

Da den beiden oben genannten Mathematikern, die sich als Konkurrenten zeitlebens nicht einmal durch brieflichen Verkehr ausgetauscht haben, die Zahl ± 1 nicht als Stammzahl aller Primzahlen von der Form 6n ± 1, oder, wie wir noch weiterhin untersuchen werden, logarithmischer Primzahlen von der Form 4n ± 1 bekannt war, blieb ihren mathematischen Erben in den späteren Epochen der Blick dafür versperrt, daß das quadratische Reziprozitätsgesetz in irgend einer Weise etwas mit Newtons reziprokem Quadratgesetz zu tun haben könnte. Mathematik und Naturwissenschaften begannen auseinanderzudriften, so wie Kontinente, die einmal getrennt, nie wieder zusammenfinden können.

Ein Columbus oder gar ein Magellan waren nötig, um die Kontinente wieder miteinander zu verbinden. Damit sind wir bei der Aufgabe, die ich mir sehr jung gestellt habe, und über deren Notwendigkeit ich mir von Anfang an im Klaren war. Indem ich nun vom Schicksal getrieben nicht einfach nur ein oder zwei Hochschulstudien abschloß, sondern als erwachsener Mann noch einmal völlig neu begann zu studieren, wußte ich mit 40 Jahren, wonach ich suchen mußte.

*

Das ganze 20. Jahrhundert ist physikalisch geprägt von dem Gefasel über nichteuklidische Geometrie. Irgendwo las ich einmal, daß Gauß in seinen späten Jahren Russisch gelernt haben soll, um die Originalarbeiten von Nikolaus Iwanowitsch Lobatschewsky über dieses Thema zu lesen. In Wahrheit hat Gauß zwar fließend Russisch gelernt, aber eher, weil sein großes Vorbild – Euler – diese Sprache auch beherrschte. Die Arbeit über die nichteuklidische Geometrie hat Gauß desinteressiert beiseite gelegt. Geradezu idiotisch betrachte ich die in der Literatur immer wieder auftauchende Behauptung, Gauß habe bei seinen Triangulationen, mit dem von ihm entdeckten Heliotrop (Sonnenspiegel - Winkelmesser), heimlich versucht, der Raumkrümmung auf die Spur zu kommen.

Hochinteressiert hingegen zeigte sich Gauß bekanntlich über die Antrittsvorlesung (Habilitationsvorschrift) seines Schülers Bernd Riemann im Jahre 1854: „Über die Hypothesen, die der Geometrie zugrunde liegen". Die Arbeit gilt bis heute als epochal, weil sie anscheinend die berühmte Raumkrümmung einleitet. Man kann sich nur wundern, daß die sogenannten großen Mathematiker und Physiker in der Folgezeit nicht der simplen Einsicht gefolgt sind, daß unsere Sinnesorgane uns immer wieder täuschen.

Ein Beispiel aus den arithmetischen Arbeiten von Leopold Kronecker alleine genügt: *Alle Ergebnisse der tiefgründigsten mathematischen Forschung müssen sich letzten Endes in einfachen Eigenschaften der ganzen Zahlen ausdrücken lassen.* Da hat er recht, aber gerade die Theorie der Potenzreihen beinhaltet ganzahlige Exponenten! Da diese genauso geschrieben werden wie Basiszahlen, täuschen uns die Sinnesorgane, so daß die Primzahlverteilung der fortlaufenden Exponenten noch nie zur Diskussion gestanden hat. Das Mißtrauen, der gesunde Zweifel, wird im Ansatz erstickt, und Kroneckers Aussage wird zur Behauptung.

Ich hatte mit den Überlegungen zu den Indices der Zahl 19 (Kap. 13) und den Vorstellungen über quadratische Reste (Kap. 14) ursprünglich nicht vor, die nichteuklidische Geometrie auf der Kugeloberfläche aufzugreifen, weil ich ein Gegner von nichtbeweisbaren Theorien bin. Erst die Überlegung, daß eine geometrische Reihe für fortlaufende Exponenten des Restwertes jeder ganzen Zahl > 1 einen Dezimalbruch liefert, der mit einer 0 beginnt, rechtfertigt die Überlegung, daß diese Null auch einen Logarithmus besitzen muß – und zwar den Exponenten NullNull. Dies führt aber zwangsläufig dazu, dem Neutron und dem Proton noch ein masseloses Neutrino zuzuordnen.

*

Die zentrale Frage der Kernchemie und -physik liegt in der Beobachtung, daß Atomkerne aus Protonen und Neutronen bestehen. Somit verfügt der Atomkern über die Ladungseinheiten + 1 und 0. Wir haben gegen Ende von Kapitel 14 schon die Vermutung ausgesprochen, daß das Urteilchen Neutron seine elektrische Ladung über eine komplexe nichteuklidische Geometrie verteilt.

Im freien Zustand oder bei natürlichen radioaktiven Isotopen kann eine negative Ladung in Form eines Elektrons abgegeben werden, weil das so entstandene Proton seine Vierpolgeometrie beibehält. Dem emittierten Elektron mit der Ladung – 1 ist jetzt kein imaginärer Oberflächencharakter mehr zu eigen. Das freigewordene Elektron nimmt einen punktförmigen Raum ein, wobei zu berücksichtigen ist, daß es als gequantelte reziproke Zeit nur „Pseudoraumcharakter" haben kann.

In den letzten Jahrzehnten haben zwei Fragen in der theoretischen Physik im Vordergrund gestanden:

1.) Wie lange ist die statistische Lebensdauer eines Protons?

Behauptet wurde: Ungefähr 10^{33} Jahre. Der experimentelle Aufwand für den erhofften Protonenzerfall hat viel Geld gekostet. Herausgekommen ist überhaupt nichts. Die Lösung für das Phänomen liegt in der Unkenntnis der Verknüpfung von Raum, Zeit und Zahlen. Das Proton ist als Materieteilchen nichts anderes als reziproker Raum, und der muß natürlich gequantelt sein. Dann kann er aber nicht zerfallen, weil sein Raumquantum eine Naturkonstante ist.

2.) Ist die Zeit gequantelt?

Auch hier hatte man schnell eine Vermutung über die kürzeste Zeit: Postuliert waren ungefähr 10^{-17} Sekunden. Rausgekommen ist auch hier, trotz hohen experimentellen Aufwandes, überhaupt nichts.

Für die Lösung der beiden Probleme lagen die Nobelpreise in Stockholm schon praktisch in der Postversandstelle.

Wenn elektrische Ladung aber nichts anderes ist als reziproke Zeit, dann muß die Ladung auch gequantelt sein, was mit der Elementarladung ja auch beobachtet wird.

Da das Elektron sich im Raum entweder bewegt und damit den Gesetzen der Newtonschen dreidimensionalen Physik gehorcht, wird es als Hüllenelektron, wie schon häufig ausgesprochen, vierdimensional als stehende Welle in Erscheinung treten. Das ist die Lösung für den beobachteten Dualismus Teilchen – Welle.

Weil die Elektronen als einzelne Ladungsträger aber ursprünglich aus der Vierpoligkeit der nichteuklidischen komplexen Geometrie des Neutrons stammen, hat es überhaupt keinen Urknall gegeben, der freie Elektronen erzeugt haben soll. Ladungen können nur paarweise entstehen, oder richtiger: mit ihren imaginären Anteilen – vierfach. Durch die bisher völlig ungeklärte Trennung der drei Ladungseinheiten + 1, 0 und –1, hat die Unendlichkeit von Raum, Zeit und Zahlen die Möglichkeit Atome zu bilden, die eben aus Kern und Hülle bestehen. Diese können sich untereinander zu Molekülen verbinden und auf immer höherer Ebene Großmoleküle bilden, die mit Transport von Elektronen der Ladung – 1 und Protonen der Ladung + 1 biochemisch Leben möglich machen.

Mit diesen Ausführungen haben wir den Weg vorbereitet, im 19. Kapitel die beiden Gesetze des Raumes, das reziproke Quadratgesetz und das quadratische Reziprozitätsgesetz, auf die Struktur und Verteilung der Primzahlen zurückzuführen.

Kapitel 19

Die vollkommene Überlegenheit

Als Graf Alessandro Volta um die Jahrhundertwende 1800 eine Vorrichtung erfand, Batteriestrom herzustellen, mußte die elektrische Ladung mit den Begriffen „plus“ und „minus“ belegt werden. 100 Jahre später wurden negative Elektronen - und positive Protonenstrahlen untersucht. Nun begannen die Physiker sich mit der Frage zu beschäftigen, warum die willkürlich negativ genannten Elektronen von den positiven Ladungseinheiten, den Protonen, getrennt existieren, wobei zusätzlich eine Massendifferenz im Verhältnis von 1 zu 1836 auftritt. Mit der Entdeckung des Neutrons und seiner Massenzahl 1837 war der Begriff der atomaren Ladung plötzlich nicht mehr etwas Duales, sondern ein trinitäres Phänomen, einfach erfaßbar mit den Ladungszahlen – 1, 0 und + 1.

Damals wurde für immer die Chance vertan, den Hintergrund der elektrischen Ladung direkt in der komplexen Zahlentheorie zu suchen, also in der Trinität von ± 1, 0 und ± i. Rutherford ahnte wohl als erster Physiker, daß die Elektronen sich irgendwie vom Kern entfernt aufhalten und postulierte gar ein neutrales Kernteilchen, was aus einem Proton und einem mitverschmolzenen Elektron bestehen sollte, weil er als kluger Naturwissenschaftler erfaßt hatte, daß zwischen der Protonenzahl und dem Atomgewicht von den leichten bis hin zu den schwersten Atomen eine immer größere Massendifferenz besteht. Er nannte diesen Kernbaustein Neutron (Seite 273). Natürlich wurde er dafür belächelt, weil die Koryphäen der Physik erklärten, daß die positive und negative Ladung eines solchen Neutrons sich gegenseitig auslöschen würde.

Als das Neutron dann entdeckt war, hätte eine Beobachtung aus der Theorie der radioaktiven Zerfallsreihen eigentlich einen Hinweis dafür liefern können, in welchem Maße die Zahlentheorie nicht nur bestimmend für die Atomphysik ist, sondern auch für die Chemie und Physik der Kerne.

Mit Bohrs Begründung, warum die Elektronen nicht in den Kern fallen, war ja zum ersten Mal eine Erklärung dafür gefunden, warum die Natur negative Ladung von der positiven Ladung des Kerns fernhält. Die sog. erlaubten Bahnen konnten allerdings nie begründet werden, und deswegen geriet die vielleicht wichtigste Frage der theoretischen Physik in Vergessenheit: Wie schafft es die Natur, die positive Ladung der Protonen und die negative Ladung der Elektronen voneinander zu trennen?

Aus den radioaktiven Zerfallsreihen hatte man nämlich gelernt, daß sich durch den β - Zerfall nur die Protonenanzahl eines Elementes um 1 erhöht, während das Atomgewicht gleichbleibt (die Massendifferenz postuliert man gleich 0). Die elektrische Ladung des Kerns zwingt die Atomhülle, auf seinen Schalen ein Elektron mehr aufzunehmen, was eine Vergrößerung um – 1 bedeutet und damit eine Elementumwandlung darstellt. Die radioaktiven Zerfallsreihen hätten der Schlüssel sein können, in das Geheimnis der Ladungstrennung einzudringen.

Aus der Theorie der Paarbildung, der Beobachtung, daß aus einem Röntgenstrahl heraus Elektronen und Positronen entstehen, hätte man konsequent erfassen können, daß die Bildung von Einzelladungen gar nicht möglich ist; denn es ist das Wesen der Ladung, daß sie an die Zahlen + 1 und – 1 gebunden ist.

*

Bei den systematischen Untersuchungen der zwei natürlichen radioaktiven Elemente $_{90}$Thorium 232 und dem Uran, das in zwei Isotopen auftritt, $_{92}$Uran 238 und $_{92}$Uran 235, durch Curie, Rutherford, Hahn et al., die sich über Jahrzehnte erstreckten, wurden die drei sog. natürlichen Zerfallsreihen entdeckt und entschlüsselt.

Erst mit dem Bau der Uranmeiler gelang die Darstellung eines Neptuniumisotops $_{93}$Np 237 mit einer bemerkenswerten Halbwertszeit im Bereich von Millionen Jahren. Mit diesem Element erhöhte sich die Anzahl der Zerfallsreihen auf 4. Allen vieren ist gemein, daß sie im ersten Schritt unter Abgabe eines α - Teilchens $_2He^{2+}$ zerfallen, so daß sich die Ordnungszahl um zwei und das Atomgewicht um 4 verringert. Im zweiten Schritt findet in allen vier Fällen ein β - Zerfall statt, also eine Kernumwandlung, wobei sich ein Neutron in ein Proton verwandelt, und ein Elektron e^- den Kern verläßt, und außerdem ein Antineutrino emittiert wird. Die weiteren, im höchsten Maße verworrenen Kernumwandlungen tangieren sich in der Fülle der dabei auftretenden natürlichen radioaktiven Nuklide in keinem Fall und führen am Ende zu den stabilen Isotopen (Band I, S. 31 ff.) $_{82}$Pb 206, $_{82}$Pb 207, $_{82}$Pb 208 und $_{83}$Bi 209.

I	$_{90}$Th 232	4n + 0
II	$_{93}$Np 237	4n + 1
III	$_{92}$U 238	4n + 2
IV	$_{92}$U 235	4n + 3/ **4n – 1**

Da die Neptuniumzerfallsreihe die kürzeste ist und nur über eine Verzweigung[1] verfügt, wollen wir sie abbilden.

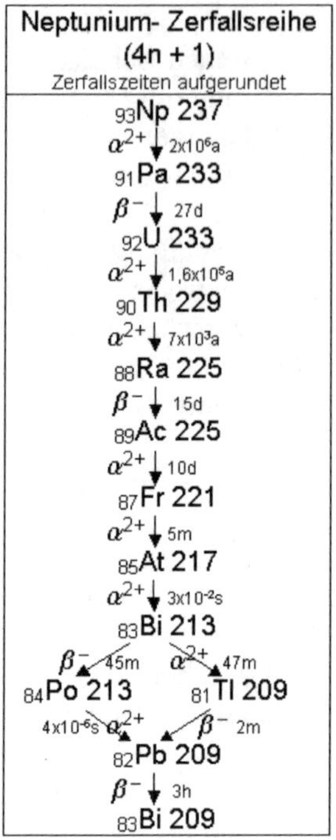

Neptunium- Zerfallsreihe
(4n + 1)
Zerfallszeiten aufgerundet

$_{93}$Np 237
α^{2+} ↓ $2x10^6$a
$_{91}$Pa 233
β^- ↓ 27d
$_{92}$U 233
α^{2+} ↓ $1{,}6x10^5$a
$_{90}$Th 229
α^{2+} ↓ $7x10^3$a
$_{88}$Ra 225
β^- ↓ 15d
$_{89}$Ac 225
α^{2+} ↓ 10d
$_{87}$Fr 221
α^{2+} ↓ 5m
$_{85}$At 217
α^{2+} ↓ $3x10^{-2}$s
$_{83}$Bi 213
β^- 45m ↙ ↘ α^{2+} 47m
$_{84}$Po 213 $_{81}$Tl 209
$4x10^{-6}$s α^{2+} ↘ ↙ β^- 2m
$_{82}$Pb 209
β^- ↓ 3h
$_{83}$Bi 209

Abbildung 67

Insgesamt wurde eine bemerkenswerte zahlentheoretische Eigenschaft entdeckt, weil die Anfangsglieder über Massenzahlen verfügen, die ein Vielfaches von 4 + n (n = 0, 1, 2, 3) darstellen und zwar nach einer mathematischen Gesetzmäßigkeit, die wir in n = – 1, 0, 1, 2 umgerechnet haben, was sich als äußerst nützlich erweisen wird.

Die Vierfachheit könnte noch nach Zufall aussehen, aber am Ende von jahrzehntelangen kernchemischen Tüfteleien stand fest, daß

[1] Die Verzweigungen, die teilweise mehrfach hintereinander auftreten, haben auf die damaligen Forscher wie ein Irrgarten gewirkt. In Verbindung mit extrem kurzen Halbwertszeiten war die chemische Analytik der restlosen Aufklärung eine Glanzleistung, die aus der Sicht unserer heutigen Meßapparaturen von Chemikern und Physikern überhaupt nicht mehr nachvollzogen werden kann.

die 12 Massenzahlen der fortlaufenden radioaktiven Isotope von **I** alle von der Form 4n + 0 sind, ebenso das stabile Endprodukt Pb 208. Die 11 Massenzahlen der Zerfallsprodukte aus **II** sind alle von der Form 4n + 1, ebenso das Endprodukt Bi 209. Die 17 Massenzahlen aus **III** gehorchen ebenso wie das Endprodukt Pb 206 der Form 4n + 2. Schließlich lassen sich alle 15 Massenzahlen aus **IV** und das Endprodukt Pb 207 durch den Ausdruck 4n + 3, bzw. **4n – 1** darstellen.

Durch diese exakte Zahlenkombinatorik ist pikanterweise lükkenlos dafür gesorgt, daß sich die vier Zerfallsreihen in keinem Fall überschneiden (s.o.). Dem Chemie- und Physikstudenten wird dies aber in keiner Weise vermittelt.

*

Bei unserem Beispiel in Kapitel 14, ob – 198 ein quadratischer Rest modulo 71 ist (Seite 284 f.), haben wir durch Primfaktorzerlegung, fortgesetztes Kürzen und Umkehren der Kongruenzen aus den Vorteilen des quadratischen Reziprozitätsgesetzes – mit Hilfe der beiden Ergänzungssätze – die Lösung berechnet. Bei der Frage, warum das eigentlich so gut funktioniert, lautet die Antwort, daß die beiden Ergänzungssätze sich auf den beiden Zahlen **– 1** und **+ 2** begründen.

Dieses mathematische Faktum veranlaßt uns nun zu einem höchst bemerkenswerten Schritt, die natürliche Radioaktivität der Elemente 83 bis 92 sowie des künstlichen Isotops $_{93}$Neptunium 237 mit dem quadratischen Reziprozitätsgesetz in Beziehung zu setzen, weil wir den Ausdruck 4n + 3 als **4n – 1** erfaßt haben (s. o.). Das quadratische Reziprozitätsgesetz differenziert letztlich die Primzahlen zu den Formen 4n + 1 und 4n – 1. Die beiden in Frage kommenden Zerfallsarten, α - und β - Zerfall, basieren auf der Tatsache, daß beim β - Zerfall ein Teilchen mit der Ladung **– 1** emittiert wird, und beim α - Ereignis ein Teilchen mit der Ordnungs- und Ladungszahl **+ 2** (und der Masse 4) den Atomkern verläßt, was wir nun als eine Form von **logarithmischer Kürzung** bezeichnen werden. Q.e.d.

Der β - Zerfall hat wegen der Abgabe eines Antineutrinos und wegen der sog. Verletzung der Parität (Nobelpreis), was hier nicht besprochen werden kann, immer für Diskussionen gesorgt. Dem α - Zerfall hingegen steht man völlig gleichgültig gegenüber. Man argumentiert einfach, daß das Heliumteilchen in sich so fest gebunden sei, daß es vom Atomkern bei Bedarf ausgestoßen werden kann, wie eine Gans goldene Eier legt.

Um diese überaus spannenden Überlegungen weiterzuführen, wollen wir die Theorie der Ladungsverteilung über die schon diskutierte nichteuklidisch komplexe Geometrie untersuchen. Wenn eine Idee nicht die Logik verletzt, besteht immer die Möglichkeit, daß sie aus sich selbst heraus existiert. Für Physiker war Ladung bisher nur dual vorstellbar. Ihr komplexe Eigenschaften zuzuordnen, wurde nicht in Erwägung gezogen.

*

Ich postulierte am Ende des 14. Kapitels, daß positive und negative Ladungen noch jeweils über einen imaginären Anteil verfügen müssen. Das Neutron besitzt somit eine positive und eine negative Ladung und zusätzlich die positiven und die negativen imaginären geometrischen Ladungsanteile ± i.

Nichteuklidisch komplexe Ladungsgeometrie des Neutrons

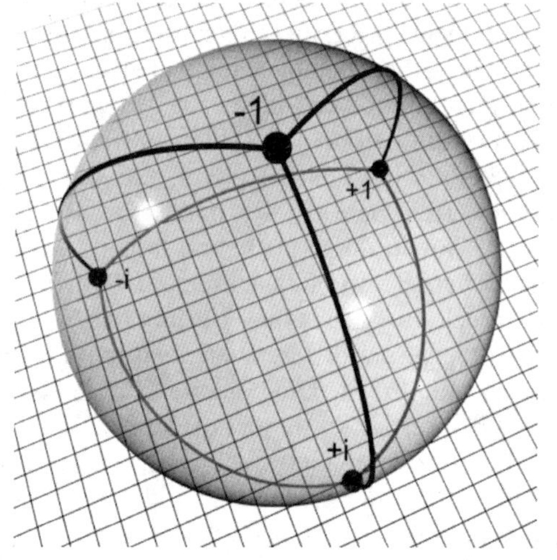

Abbildung 68

Abbildung 68 zeigt die 2 - dimensionale, komplexe, konvexe, nichteuklidische, **begrenzte** Ladungsgeometrie eines Neutrons mit Hilfe einer 3D-Graphik (Die mathematisch geschulten Leser werden sich darüber im Klaren sein, daß im Gegensatz dazu die herkömmliche euklidische komplexe Geometrie **unbegrenzt** ist.).

Da aus dieser Punktladungsgeometrie vier identische, gebogene, gleichseitige Dreiecke resultieren, kommt jedem einzelnen komplexen

Dreieck die Fläche **iπ** zu. Die Gesamtoberfläche beträgt **4iπ** ($r^2 = 1^2$). Wie kann sich nun ein Neutron in ein Proton umwandeln?

Dabei wird nicht nur ein Elektron emittiert, sondern die komplexen Anteile reagieren unter Abgabe eines masselosen, imaginären Teilchens, eines Antineutrinos. Genau das wird bei Neutronen, die einen Kernmeiler verlassen, beobachtet.

Die „Vierpunktgeometrie" verknüpft anscheinend so tiefgründig Raum, Zeit und Wurzelausdrücke der Zahl 1 miteinander, daß auf den elementaren Kernteilchen – Neutron und Proton – einer der Ladungspunkte nicht notwendigerweise die Vierpolgeometrie durch seine Anwesenheit erfüllen muß, sondern als **Elektron** die komplexe Kugelfläche verlassen kann. Anstelle der – 1 befindet sich jetzt dort die Zahl 0.

Nichteuklidisch komplexe Ladungsgeometrie des Protons

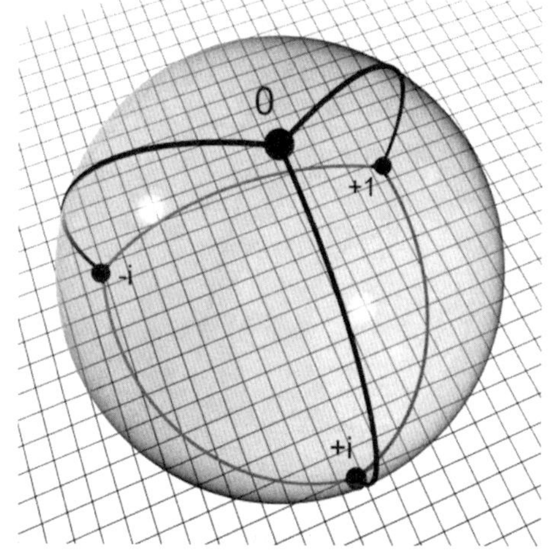

Abbildung 69

In der **euklidischen** komplexen Geometrie bildet die Zahl 0 die Schnittstelle von vier Teilachsen. Auf der Kugeloberfläche besitzt aber jeder Punkt nur drei Achsen, über die er mit den anderen drei Punkten in gleichen Abständen verknüpft ist. Somit wird das Proton wegen seiner nicht vorhandenen negativen Ladung zum positiven Elementarteilchen und damit von alleine mit seiner Ordnungszahl 1 zum Kernbaustein aller chemischen Elemente.

Das folgt schlüssig aus einer bisher unbekannten **nichteuklidi-**

schen komplexen Geometrie, bei der sich am Punkt 0 drei teilkreisförmige (transzendente) Linien treffen. Man erkennt in Abbildung 69, daß von dem Punkt 0 drei konvexe Linien mit dem Winkel 3 mal 120° ausgehen. Das vierte Dreieck liegt dann auf der Rückseite der Kugel.

*

In Abbildung 70 haben wir bei dem unteren der gleichseitigen, konvexen Dreiecke die Seitenhalbierenden kenntlich gemacht und sie dann miteinander durch Linien verbunden, wobei 4 neue Dreiecke entstehen.

Fraktale Geometrie des Neutrons (Teilaspekt)

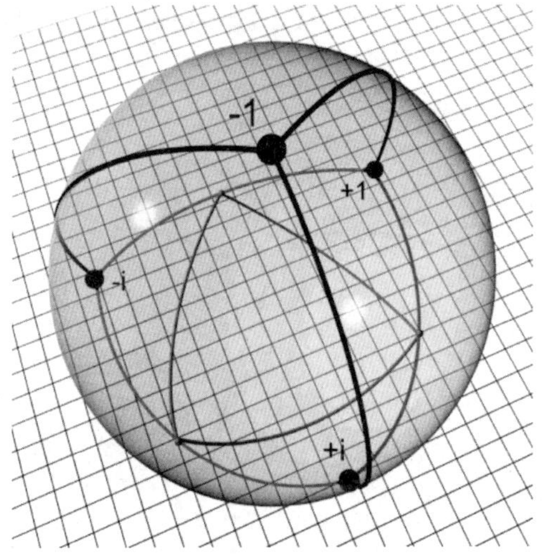

Abbildung 70

Das Bemerkenswerte an diesen konstruierten nichteuklidischen Dreiecken ist die Tatsache, daß es sich um 1 inneres konvexes imaginäres und 3 äußere, ebenfalls nichteuklidische, imaginäre Dreiecke handelt. Da wir in Kapitel 10 die fortlaufenden Exponenten 00, 0 1, 2, 3… mit der Sirpinski - Geometrie in Verbindung gebracht haben, wollen wir diese Überlegung jetzt weiterführen. Es ist nämlich ein Unterschied, ob man in einem Pascalschen Dreieck durch Anfärben umgedrehte Dreiecke erhält (für primzahlige Basiszahlen), und sich daran erfreut, oder den Nachweis erbringt, daß die dreidimensionale logarithmische Welt auf einer realexistierenden Geometrie aufbaut. Indem wir die Oberfläche einer Kugel in 4 konvexe, komplexe Dreiecke separiert haben, läßt sich sofort beweisen, daß die Sirpinski - Geometrie realexistiert und die Protonen und Neutronen mit ihren vier Wurzelausdrücken der Zahl 1 in Verbindung mit der Zahl 0 die Träger der imaginären und fraktalen Ladungsanteile sind.

Mir war es immer ein tiefes Anliegen herauszufinden, warum Neutron und Proton über Einzelladungen verfügen. Daß die Ladungen etwas mit dem rätselhaften Phänomen Zeit zu tun haben und in ihrer Ganzzahligkeit an Logarithmen gebunden sind, die auf der tiefsten Ebene auf der komplexen Kugeloberfläche verankert sind, löst bei mir selbst eine unvorstellbare Freude und Erleichterung aus.

Für die normalen Menschen kommt der Strom aus der Steckdose. Für E-Ingenieure, Physiker oder Elektrochemiker ist Strom ein Fließen von Elektronen. Man weiß, daß sie aus der Hülle der Atome kommen. Daß sie etwas mit dem Rätsel Zeit zu tun haben, können wir durch herkömmliche Forschungen nicht herausfinden, schon weil der Begriff $\sqrt{-1}$ für die o.g. Fachleute ein Hilfsbegriff ist, über den man nicht nachdenkt.

Ich wollte beweisen, daß Atomkerne logarithmischer Natur sind und von vierfacher Teilbarkeit. Die tiefsten Gründe dafür waren mir bisher verschlossen und lösen sich jetzt auf durch die Vierfachheit der nichteuklidischen Geometrie auf der Kugeloberfläche. Wir werden im Folgenden die Gründe dafür entschlüsseln, warum die Massenzahlen der Atome einer vierfachen Teilbarkeit unterliegen.

Die Überlegungen zur fraktalen komplexen Geometrie können wir hier nicht weiter fortführen, da der Stand der theoretischen Physik die fraktale Geometrie schon auf der euklidischen Ebene bisher gänzlich ignoriert hat, aber es muß betont werden, daß die Einführung einer nichteuklidischen Punktladungsgeometrie allein genügt, um die gesamte theoretische Physik des 20. Jahrhunderts zum Einsturz zu bringen.

*

Wer meine Autobiographie aufmerksam gelesen hat, weiß, daß ich bewußt ein Fach nicht studiert habe: Theoretische Physik. Auch die umfangreiche Literatur über Kern- bzw. Teilchenphysik ist zwar durch meine Hände gegangen, aber die Themen haben mich geistig nicht berührt. Eine Fülle von Nobelpreisen ist für das Fach Physik in erstaunlicher Anzahl – exponentiell steigend – für die Entdeckung oder Bestätigung neuer Teilchen vergeben worden. Mit dem Ausbau der „Quark - Theorie“ sind auch die letzten Kritiker konvertiert.

Ein wahrer Künstler erkennt auf Anhieb eine Fälschung, selbst wenn sie täuschend echt ist, und die Expertisen scheinbar stimmen, und auch noch die chemischen und physikalischen Standarduntersuchungen jedes Mißtrauen vereiteln. Der wahre Künstler spürt, daß etwas nicht stimmt. Der wahre Wissenschaftler weiß, *wieviel Mut, Ehrlichkeit und Entschlossenheit in den Zeiten der Herdentollheit notwendig sind, seinem inneren Ich treu zu bleiben* (Michel de Montaigne). Hier soll keine Abrechnung mit der modernen Physik erfolgen, das wird die Geschichte regeln.

Mit der Entdeckung des Exponenten 00 war die erste Voraussetzung dafür gegeben, das Neutrino mathematisch als ein Teilchen zu klassifizieren, das die Masse 0 besitzt. Als ich den logarithmischen Hintergrund der Pascalschen - und der Bernoullizahlen und der fraktalen Geometrie erfaßt hatte, führte diese zweite Voraussetzung direkt in die dritte: die primitiven Wurzeln modulo 19. Mit den Überlegungen zum Umkehrcharakter des quadratischen Reziprozitätsgesetzes und des reziproken Quadratgesetzes war die vierte Voraussetzung erfüllt, das Rätsel Proton - Neutron zu lösen, also die Frage, wie die Natur in den Atomkernen mit den Ladungen 0 und + 1 angelegt ist.

Bei der Untersuchung der vier Hauptquantenzahlen 1^2, 2^2, 3^2 und 4^2 war mir 1981 spontan klar geworden, daß sich die Quadratzahlen aus dem reziproken Quadratgesetz von Newton ergeben. Jetzt im Jahr 2004 konnte ich die beiden Lösungen + 1 und – 1 des quadratischen Reziprozitätsgesetzes für Primzahlen von der Form $4n \pm 1$ sofort mit den imaginären Anteilen $\pm i$ in Beziehung bringen. Hiermit bestätigt sich mein Verdacht, daß der Kern die Mathematik der Hülle steuert.

Die logarithmische Struktur der elektrischen Ladung von Neutronen und Protonen ist auf der Kernoberfläche selber verankert, weil die Ladung einer komplexen, nichteuklidischen, fraktalen Kugelgeometrie gehorcht und den Wert $4i\pi$ besitzt. Elektrische Ladung ist als reziproke Zeit logarithmisch

komplex
transzendent
nichteuklidisch
fraktal

Q.e.d.

Das Neutron existiert als Urteilchen, weil die trinitäre Unendlichkeit von Raum, Zeit und Zahlen räumliche Punkte braucht, die auf ihrer zweidimensionalen Oberfläche ihre komplexe Ladung tragen, wobei die Oberfläche das räumliche Element und die reziproke Zeit die Ladung darstellen, verknüpft mit dem Attribut der komplexen Geometrie. Diese beinhaltet die Wurzelausdrücke der Zahl 1 und den Begriff 0.

Um es noch einmal zu wiederholen: Da bisher noch nie ein Mensch eine Erklärung dafür hatte, warum es im Kern Neutronen, also neutrale Teilchen und positiv geladene Protonen gibt, entwickelte ich den Gedanken, daß die Trennung von Elektronen aus Neutronen durch mathematisch logische Begründung erfolgen muß.

Die Quark - Theorie, in den 70er Jahren noch belächelt wie der Urknall, besitzt einen erstaunlichen und zugegebenen Widerspruch. Obwohl die elektrische Elementarladung als Naturkonstante für unteilbar gehalten wird, sollen die Quarks Drittelladungen besitzen. Weil es aber keine geteilte elektrische Ladung geben kann, wird zugegeben, daß man die Quarks selbst mit noch so leistungsgesteigerten Teilchenbeschleunigern nie experimentell einzeln nachweisen könnte. Somit wird die Nichtnachweisbarkeit zum Beweis!

Europa investiert zur Zeit in Genf ein Vermögen in den leistungsstärksten Teilchenbeschleuniger. Dort wohnt ausgerechnet mein Zwillingsbruder. „Ist es denn Wahnsinn, so hat es doch Methode.“

*

Diese neuartige komplexe Geometrie verdankt ihre Entdeckung der einfachen Überlegung, daß die Zahl 0 in der kreuzförmigen komplexen Geometrie überhaupt nicht wahrgenommen wird. Sie wird nicht einmal eingezeichnet, weil stillschweigend in Kauf genommen wird, daß $+1-1=0$ ist.

Da die Zahl 0 als Erfindung und als nützlich gilt, weil sie zum Beispiel als Exponent den Wert 1 liefert, hat man sich über den elektrisch neutralen Begriff 0 wenig Gedanken gemacht und konnte somit auch nicht zum Wesen des neutralen Teilchens vorstoßen: dem Neutron. Wer aber das Neutron in seinem Wesen nicht verstanden hat, kann niemals zur Lösung der Frage gelangen, warum sich das Neutron in ein Proton verwandeln kann.

Im Falle eines Wasserstoffkerns, also eines Protons, ist die positive Ladung von einer vierdimensionalen Geometrie umgeben, innerhalb der sich ein Elektron auf der Atomhülle als reines Zeitteilchen – mathematisch strukturiert über vier Quantenzahlen – wie eine stehende Welle verhält. Weil Elektronen sich letztlich als reziproke Zeit erklären lassen, ist es leicht einzusehen, daß sie sich räumlich nicht fixieren lassen. Daraus folgt sofort eine Erklärung für die Heisenbergsche Unschärferelation. Q.e.d.

Johann Balmer hatte experimentell bei der Deutung der Linienspektren des Wasserstoffes das reziproke Quadratgesetz wiederentdeckt. Als Nils Bohr die Balmer - Formel theoretisch mit Hilfe des reziproken Quadratgesetzes über erlaubte Bahnen deuten konnte, war er auf krasse Ablehnung gestoßen, weil ein Hüllenelektron vom positiv geladenen Kern angezogen eigentlich in diesen hineinfallen müßte. Dabei sollte aus dem Proton ein Neutron entstehen, was aber nicht beobachtet wird. (außer beim Augereffekt). Warum dieser Fall nicht eintreten kann, ist niemals geklärt worden.

Da man längst experimentell in der Lage ist, Elektronen in Protonen hineinzuschießen, verhalten sich bestimmte Physiker wie Menschen, denen es scheinbar gelungen ist, die Naturgesetze zu überlisten. Es ist aber ein Kennzeichen bestimmter geistiger Erkrankungen, daß man etwas für natürlich hält, was in Wirklichkeit durch künstliche Einwirkung erfolgt ist.

*

Reziproker Raum, umhüllt von geometrisierter, reziproker und zahlenstrukturierter Zeit als Oberfläche, hat somit die Möglichkeit zwei Teilchen zu liefern: das Neutron mit der Ladung 0 und das Proton mit der Ladung +1. Das Proton ist nichteuklidisch ladungsmäßig so stabilisiert, daß es nur durch hochenergetischen Elektronenbeschuß mit der Ladung – 1 erlaubt, daß ein Elektron in den Kern eindringen kann. Die Energie muß aber gerade so hoch sein, daß das Antiteilchen, das Positron mit der Ladung + 1, entsteht und in Umkehrung den Kern verläßt.

Die beim β - Zerfall emittierten Elektronen oder Positronen stammen also nicht aus den Kernen selbst, sondern aus der Geometrie der Kernoberfläche. Es liegt aber auf der Hand, daß sie vorher da waren und nicht aus dem Nichts erscheinen. Hier wird nun das Phänomen der neutralen Ladung aus einer quadropolen Geometrie erklärt. Die komplexe, nichteuklidische (nichtrechtwinklige) Geometrie bietet eine Erklärung für die Existenz von freien Protonen, weil sie auch erhalten bleibt, wenn ein negativer Ladungsanteil die Kugeloberfläche des Neutrons verläßt, wie das beobachtet wird, durch Abgabe eines Elektrons. Daß die abgegebenen Elektronen energetisch nicht alle gleich sind, liegt in dem Naturell der statistischen Verteilung, denn

Verteilungen sind, wie wir gesehen haben, logarithmischer Natur.

Der imaginäre Anteil der negativen Ladung auf der Kugeloberfläche übernimmt einen Teil der abgegebenen Energie in Form von masselosen Neutrinos. Diese wiederum sind der imaginäre Anteil der elektrischen Ladung, dem kein Raum (Masse) zukommen kann. Q.e.d.

Warum haben dann Elektronen eine Masse? Der Dualismus der Elektronen, Teilchen – Welle, fordert, daß einerseits das Teilchen im freien Zustand einen gewissen, unvorstellbar kleinen, punktförmigen Raum einnehmen muß, als Welle aber nicht (Schwingungen werden physikalisch als reziproke Zeit berechnet.).

Zusammenfassend läßt sich Folgendes über die unterste Ebene materieller Punkte zeigen:

I) Die Unendlichkeit von Raum, Zeit und Zahlen bildet materielle Punkte, die den plus - minus - Begriff der Ladung innehaben. Gemeint ist das Neutron, das bisher im Sinne von Rutherford oberflächlicherweise nur als neutral erfaßt worden ist, aber nie logisch begründet wurde. Durch Zerfall in Protonen und Elektronen können nun Atome entstehen, die durch Kern und Hülle gekennzeichnet sind. Einmal getrennt, kann das Elektron nicht mehr in den Wasserstoffkern zurückfallen.

II) Protonen haben mit ihrer nichteuklidischen äußeren positiven komplexen Ladung nur die Möglichkeit, Elektronen auf ihrer zweidimensionalen komplexen euklidischen K-Schale einzufangen.

III) Der vierdimensionale Raum um das Proton ist euklidisch und nach innen hin komplex.

IV) Der dreidimensionale Raum, die Kugelform des Protons, ist nichteuklidisch und nach außen (auf seiner Oberfläche) nichteuklidisch komplex.

Auf der Stufe der molekularen Ebene, die für unsere eigene Körperchemie so entscheidend ist, kann das Proton als positives Teilchen H^+ bewegt werden, während die negative Ladung, das Elektron, sich zum Beispiel in einer OH^- - Gruppe verbirgt. Da Wasserstoffatome in biochemischen Vorgängen aber sogar in Form von Hydridionen H^- wirken und sich bewegen lassen, müßte Biochemikern die elementare Grundidee von den Wurzelausdrücken der Zahl 1 eigentlich bekannt sein. Die Rätselhaftigkeit der Natur ist ihnen aber fremd.

*

Nun besteht endlich die Möglichkeit, die Grundvoraussetzung für das Fusionieren zu schwereren Isotopen zu untersuchen. Protonen im Inneren der Sonne besitzen einen sehr hohen Impuls. Zwei Protonen wandeln ihre kinetische Energie beim Zusammenprall in reziproke Zeit um, also in Ladung. Weil die Bildung von Einzelladung gar nicht möglich ist, entstehen sowohl das Elektron e^- als auch das Positron e^+. Insgesamt ergibt sich folgende Gleichung:

$$\mathbf{p^+ + p^+ \rightarrow d^+ + e^+ + \nu} \qquad (d^+ = np^+)$$

Das entstandene Elektron e^- verbleibt auf der Kernoberfläche und trägt zur Bildung eines Neutrons bei.

Das Deuteriumisotop als Modell

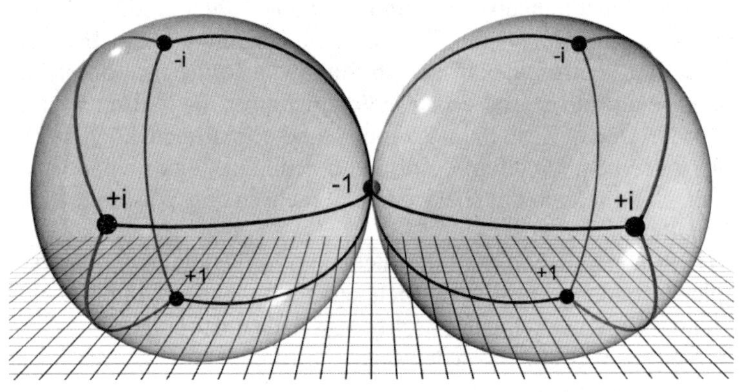

Abbildung 71

Die negative 1 ist in Abbildung 71 so gezeichnet, daß sie auf dem Punkt 0 des rechten Protons liegt und somit beide Teilchen bindet. Die – 1 wird damit zum „Austauschobjekt", das beiden Kernen gehört. Die komplexe, nichteuklidische Geometrie bietet nun die Voraussetzung, beide Kernteilchen miteinander zu einer Einzelfigur zu vereinigen, also ein Proton und ein Neutron miteinander zu einer räumlichen Kugel zu fusionieren.

Wir schneiden hier einen wunden Punkt der Kernchemie und Kernphysik an. Da höhere Atomkerne – tausendfach bewiesen – immer aus einer Anzahl von Protonen und einer dazu genau passenden Menge Neutronen bestehen müssen, sind natürlich viele Versuche unternommen worden, Kernmodelle zu entwickeln. Die einfachste und naivste Form bestand darin, etwa 9 weiße Tischtennisbälle mit 10 gelben zu verkleben und sich dann einzubilden, $_9$Fluor 19 gebastelt zu haben. Solche Versuche sind aber, milde ausgedrückt, einfältige Effekthascherei.

Trotzdem findet man z.B. immer wieder in Lehrbüchern das Modell des $_{92}$Uran 235 in Form einer zweifarbigen Kugel, die selbst aus 235 Kügelchen besteht und von einem Neutron getroffen in zwei kleinere Atome zerfällt und dabei drei überschüssige Neutronen abgibt, die die Kettenreaktion einleiten. Wir wollen diesem Unsinn nun ein Ende machen und das fusionierte Deuteriumteilchen als **eine** Kugel abbilden, die, wie sich aus Abbildung 72 ergibt, **einfach** positiv geladen ist.

Das Deuteriumisotop und seine komplexe Geometrie

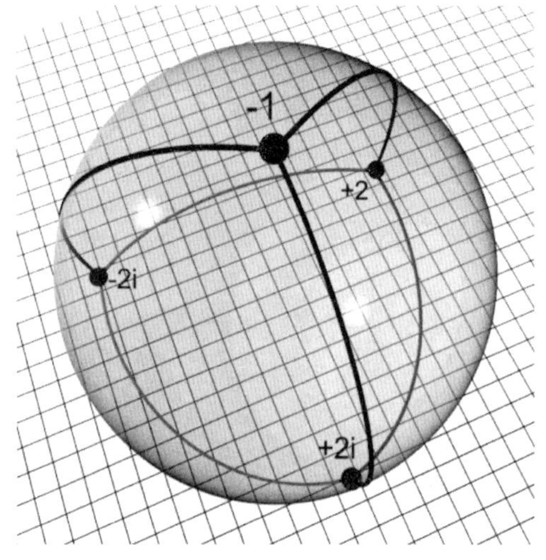

Abbildung 72

*

Zur Bildung eines Heliumkerns müßten zwei hochenergetische Deuteriumkerne fusionieren. Für die beobachtete freigewordene Fusionsenergie (s.u.) gab es bisher nicht den Ansatz einer Erklärung. Ohne auf die Bildung von Tritium und Helium 3 einzugehen, werden wir zeigen, daß die hohe Fusionsenergie bei der Bildung von Helium 4 ein räumliches Phänomen darstellt, über das bisher nicht nachgedacht worden ist.

Der entscheidende Fusionsvorgang einer Sonne besteht in der Umwandlung von 4 äußerst energiereichen Protonen in ein α - Teilchen $_2He^{2+}$ 4, das aus zwei Protonen und zwei Neutronen besteht. Dieses Teilchen wiegt weniger als die ursprünglichen 4 Protonen. Die Massendifferenz wandelt sich nach der Einsteingleichung $E = mc^2$ in elektromagnetische Energie um. Woher kommt nun die Massendifferenz?

Wenn man 4 Kugeln so zusammenpackt, daß drei von ihnen ein Dreieck bilden und die vierte obendraufgelegt wird, entsteht eine tetraedrische Figur, die dadurch gekennzeichnet ist, daß sie in der Mitte eine merkwürdige vierpolige, komplexe, nichteuklidische, konkave Form besitzt.

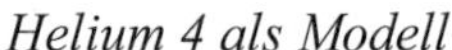

Helium 4 als Modell

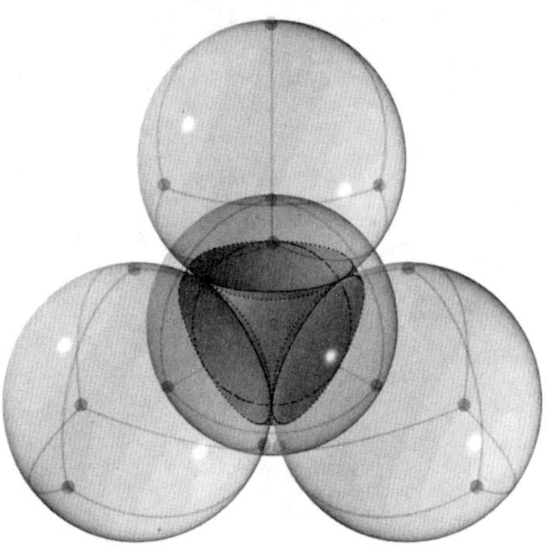

Abbildung 73

Abbildung 73 zeigt die drei unten liegenden Kugeln im Vordergrund. Die vierte obere Kugel ist dahinterliegend und wirkt deswegen perspektivisch kleiner. In diesem Fall ist das innen liegende räumliche Element nicht nach außen, sondern nach innen gewölbt (Abb. 74). Dieser Raum muß aber beim Zusammenschießen verlorengehen, da das Heliumteilchen mit Sicherheit innen keinen leeren Raum hat.

Der eingeschlossene innere Raum erhält seine Figur durch komplexe Oberflächensegmente nichteuklidischer Dreiecke, von den 4 ummantelnden Kugeln. Dadurch enthält diese Figur, wie in Abbildung 74 erkennbar, vier tetraederförmig angeordnete, komplexe, nichteuklidische, konkave, kreisförmige Kugelsegmente (wobei das vierte Kreissegment hinter den von vorne erkennbaren liegt). Diese übernehmen von den 4 Kugeln komplexe Ladungsanteile und natürlich die komplexen Wurzelausdrücke der Zahl 1. Damit ist die Voraussetzung gegeben, daß diese Figur Raum, Zeit und Zahlen verknüpft und die Vorgaben in sich birgt, sich in vierdimensionale elektromagnetische Strahlung zu verwandeln.

Komplexer, konkaver, nichteuklidischer Raum

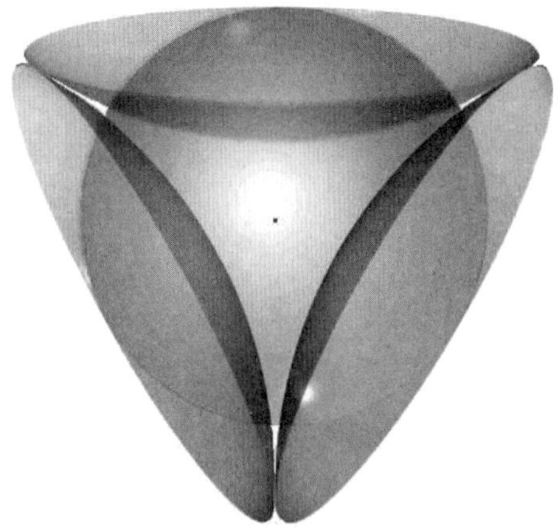

Abbildung 74

Wie im Falle des Deuteriums (Abb. 72) ist zu vermuten, daß der Heliumatomkern sich zu einem kugelförmigen, größeren Raum vereinigt. In Abbildung 75 haben wir die nichteuklidischen Ladungsanteile mit den komplexen Zahlen + 4i, – 4i, + 4 und – 2 kenntlich gemacht.

Die Massenzahl dieses Heliumisotops beträgt 4, während seine Ladung + 2 lautet. Das wirkt auf den ersten Blick verblüffend, aber eine Ladungsoberfläche, der zwei negative Einheiten fehlen (– 2), ist doppelt positiv geladen. In der Tat wird ja auch beobachtet, daß starke α - Strahler von ganz alleine Heliumgas erzeugen, weil die $_2He^{2+}$ - Kerne sich ihre beiden fehlenden Elektronen aus der Umgebung „besorgen" und auf ihrer K - Schale einfangen.

Wo aber ist dieser merkwürdige nichteuklidische konkave vierpolige Raum aus Abbildung 74 geblieben?

Insgesamt haben die 4 ursprünglichen Protonen in dem Fusionsereignis enormen Impuls mitgebracht. Die im Impuls befindliche reziproke Zeit hat über die Bildung von 2 Elektronen zu 2 Neutronen geführt, gleichzeitig sind die beiden Antiteilchen entstanden: 2 Positronen und damit einhergehend 2 Neutrinos. Der verschwundene Raum hat aber über den eingebrachten Impuls auch einen Ladungsanteil erhalten und wird jetzt nach der Einsteingleichung $m = E/c^2$ in elektromagnetische Energie zerstrahlen.

Helium 4 und seine komplexe Geometrie

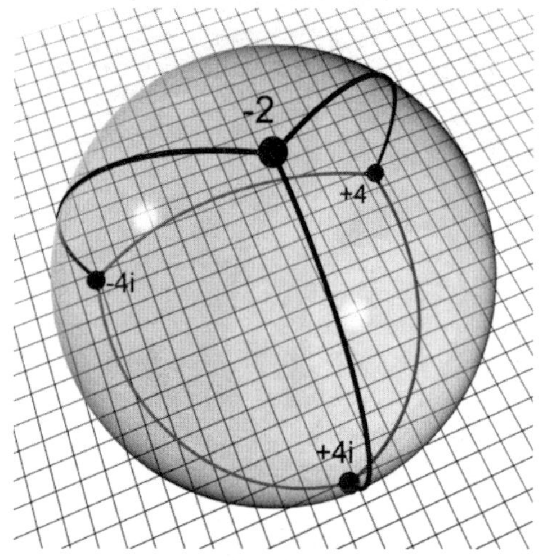

Abbildung 75

Man kann das leicht ausrechen. Das Atomgewicht des Heliums beträgt 4,0026, während die Summe der Atomgewichte von zwei Wasserstoffatomen (2 · 1,0078) und zwei Neutronen (2 · 1,0087) 4,0330 ergibt. Die Differenz entspricht einem Massendefekt von 0,0304. In die Einsteinformel eingesetzt, ergibt sich „ausgerechnet" der Wert von $2{,}73 \cdot 10^{19}$ erg je Grammatom Helium. Wenn man bedenkt, daß die Wirkung und der Drehimpuls physikalisch von der Dimension erg · sec sind, kann man hier nur verblüfft von „Zufall" reden, zumal die Hintergrundstrahlung des Weltraumes in Kelvin bei 2,73 Grad liegt.

Es ist wirklich ein erstaunliches Problem, daß der Massendefekt des entstandenen Heliumatoms nie mit der Tatsache in Verbindung gebracht worden ist, daß die 4 ursprünglichen Protonen, zu einem Heliumatom verschmolzen, weniger Raum einnehmen, so wie das beim Betrachten von Abbildung 73 und 75 deutlich gemacht ist.

Der verschwundene Raum und seine komplexe nichteuklidische Oberflächenladung ist aber ganz offensichtlich aufgelöst worden, in ein komplexes und transzendentes Ereignis. Dafür kommen nur elektromagnetische Wellen in Frage, was eben mit der Einsteingleichung auch tatsächlich beobachtet wird.

*

Wir haben in der dritten Auflage von Band I, auf Seite 424 f. die quadrierte Einsteingleichung $E^2 = m^2 \cdot c^4$ in drei reziproke Beziehungen zerlegt.

$$E^2 = \ldots \cdot \frac{1}{\sec^4}$$

$$m^2 = \ldots \cdot \frac{1}{cm^4}$$

$$c^4 = 3^4 = \frac{1}{0{,}01234\ldots}$$

Aus heutiger Sicht war die Postulierung, der Lichtgeschwindigkeit die Zahl 3 zuzuordnen (1981), eine sehr gewagte Hypothese. Als ich dann am 6. Dezember 1984 (Band I, S. 476) die arithmetische Bestätigung entdeckte, war ich mir sofort im Klaren darüber, daß das Gesetz der Perspektive, das reziproke Quadratgesetz, mit der Lichtgeschwindigkeit dahingehend verknüpft ist, daß erkennbar wird, wie sehr die Relativitätstheorie (1916), das Raum - Zeit - Kontinuum und die gekrümmten Räume geistige Entgleisungen darstellen, die unseren Hochmut und unsere Einfallslosigkeit reflektieren.

Einstein hatte die richtige Gleichung gefunden, aber seine Deutung, daß Masse gebundene Energie sei, war blanker Unsinn, wie die Zerlegung der quadrierten Einsteingleichungen in drei Produktglieder zeigt (s.o.). Wenn reziproker Raum Masse ist, muß man gleichwohl beachten, daß jedes Proton und Neutron, woraus jede Materie besteht, auch immer auf der Oberfläche reziproke Zeit in Form von Ladung trägt. Dazu kommt eine komplexe Geometrie der Zahl 1.

Die zerstrahlte Materie kann sich nur in Form einer vierdimensionalen elektromagnetischen Welle in die Unendlichkeit verdünnen.

Die damaligen Überlegungen rechtfertigen sich jetzt und zeigen, warum die Massendifferenz nur über den Lichtgeschwindigkeitsausdruck 3^4 ($c = 3 \cdot 1^2 \cdot 10^2 \cdot \ldots$) in Form von elektromagnetischer Energie vierdimensional nach dem **reziproken Quadratgesetz** ins Unendliche verlaufen kann. Q.e.d.

*

Aus den Darlegungen zur Ladungsgeometrie läßt sich nunmehr auch eine Überlegung abschließen, die die vierte Quantenzahl, den Drehimpuls von geladenen Teilchen, betrifft.

Ich habe im Band II auf Seite 57 ff. mit Abbildung 14, 15 und 16 den Spin von Proton, Neutron und Elektron auf eine Zentrierachse und eine geometrische Naturkonstante

$$\pm\frac{1}{2} \text{ und } \frac{4-\pi}{\pi}$$

zurückgeführt und somit den Drehimpuls als Summe der beiden dezimal verschobenen Brüche

$$0{,}5 + 0{,}02732$$

berechnet.

Mir fehlte damals der Beweis, daß der vierdimensionale und ebenso der dreidimensionale Raum in einem dezimalen Stellenwertsystem angelegt sind, einfach, weil die Mathematik, mit der sich die Unendlichkeit entfaltet, dies zwingend verlangt. Daß ich jetzt, am vorläufigen Ende meines Lebenswerkes wieder in diese Fragestellung eintauche, konnte ich nicht wissen, nur ahnen. Bevor wir diese Überlegungen weiterführen, wollen wir uns noch einmal mit der Frage beschäftigen, warum natürliche radioaktive Elemente α - und β - Teilchen ausstrahlen.

Der radioaktive Zerfall und das α - Teilchen mit seiner Ordnungs- und Ladungszahl + 2 sind von uns mit dem zweiten Ergänzungssatz des **quadratischen Reziprozitätsgesetzes** in Verbindung gebracht worden. Den β - Zerfall und die Ladungsdifferenz – 1 haben wir mit dem ersten Ergänzungssatz erklärbar gemacht. Dieses rechtfertigt sich jetzt durch die Erkenntnis, daß Protonen und Neutronen aus ihrer Existenz heraus logarithmischer Natur sind.

Protonen in einem Atomkern müßten sich eigentlich abstoßen. Da aber beobachtet wird, daß sich Protonen mit Neutronen in Atomkernen mit ungewöhnlicher Heftigkeit anziehen, hat man das Unerklärliche durch eine Wortschöpfung gedeutet. Nun zeigt sich, daß die Formulierung der „starken Kernkraft“ ein kümmerliches Hilfsmittel war, um etwas zu beschreiben, was man im Ansatz nicht verstanden hatte. Nur das „Gewissen der Physik“ war sich über die Vierzähligkeit der Kräfte in der Natur im Klaren.

Es ist ein Kennzeichen der Wissenschaftsgeschichte, daß bestimmte Entdeckungen von sog. Vorläufern vorbereitet werden. Pauli ist mit seiner Neigung zur Trinität und Quarternität von seinen Freunden und Feinden gleichermaßen belächelt worden. Im Vergleich zu der Vorgehensweise, wie ich die Drei- und Vierfachheit in der Natur auf eine mathematisch logische Grundlage gestellt habe, wirken seine Ideen eher naiv. Es muß aber betont werden, daß Vorläufer grundsätzlich nicht über die zeitgenössischen Forschungsergebnisse der späteren Entdecker informiert sein können und nur aus reiner Intuition die Wahrheit erahnen.

Kennzeichen des Standes der Physik der 50er Jahre war das Erfassen der sog. vier Kräfte in der Natur (Obwohl längst ein Nobelpreis vergeben worden war, die schwache Wechselwirkung und die elektromagnetische Kraft zu vereinheitlichen, und sich damit die Vierzähligkeit auf eine Trinität reduzierte, ist diese elementare Reduzierung bis heute nicht in die Lehrbücher der Physik vorgedrungen. Man traut der Sache nicht.).

Insgesamt werden die Kräfte der Natur auf vierfache Weise unterschieden:

Starke Kernkraft
Schwache Wechselwirkung (β - Zerfall)
Elektromagnetische Kraft
Gravitationskraft

Paulis Kollegen haben die **4** gar nicht wahrgenommen. Würden 5 Kräfte beobachtet, hätte kein Physiker das auffällig gefunden. Wir führen diese vier Kräfte jetzt auf zwei Geometrien zurück,

Die starke Kernkraft und die schwache Wechselwirkung basieren auf der nichteuklidischen komplexen Ladungsverteilung bei Protonen und Neutronen (Anders lassen sich Neutrino und Antineutrino überhaupt nicht erklären.). Ihr mathematischer Hintergrund ist der kleine Fermatsche Satz, der Primzahlen behandelt, die im Exponenten stehen. Er hat Euler, Legendre und Gauß dazu geführt, das quadratische Reziprozitätsgesetz zu entdecken, das nur zwei Lösungen hat, nämlich + 1 und – 1.

Ich vermute, daß Gauß lange vor mir die komplexe Geometrie auf der Kugeloberfläche entdeckt und bewußt darüber keine Notiz hinterlassen hat. Zu seiner Zeit ist die Natur der elektrischen Ladung und der Elektromagnetismus überhaupt erst entdeckt worden. Die elektromagnetische Kraft und die elektromagnetischen Wellen lassen sich genau wie die Gravitationskraft auf eine euklidische, quadratisch komplexe, vierdimensionale Geometrie zurückführen.

Hiermit klärt sich auch die Frage, warum sich Neutrinos, so wie elektromagnetische Wellen, mit Lichtgeschwindigkeit bewegen. Photonen sind komplexe elektromagnetische Ereignisse des vierdimensionalen Raumes, der die festgeschriebene Zahlenausdehnungskonstante (c = 3) besitzt (Band I, S. 481 f.). Da umgekehrt Neutrinos masselose imaginäre Teilchen sind, ist ihre Ausbreitungsgeschwindigkeit mit der Lichtgeschwindigkeit als Eigenschaft des vierdimensionalen Raumes identisch. Q.e.d.

Übrig bleibt die Frage, wie Atome mit Ordnungszahlen größer 2 gebaut sind. Dem aufmerksamen Leser wird nichtentgangen sein, wie in Abbildung 75 die Verhältnisse Massenzahl zu Ordnungszahl lauten, nämlich + 4i, – 4i, + 4 und – 2. Die Protonenzahl selber tritt nur als Differenz auf. **Beispiel**: Die beiden Isotope $_3$Li 6 und $_3$Li 7 besitzen die Punktladungen + 6i, – 6i, + 6 und – 3, bzw. + 7i, – 7i, + 7 und – 4, während für das letzte stabile Element $_{83}$Bi 209 die Vierpolgeometriezahlen + 209i, – 209i, + 209 und – 126 lauten. Die Ladungsdifferenz beträgt beim Lithium also + 3 und beim Wismut + 83.

Dieses Verhältnis von **3** Massen- zu **1** Ordnungszahl wird auch für höhere Elemente und ihre Isotope als Vierpolgeometrie erhalten bleiben. Wir erkennen jetzt, warum die vier radioaktiven Zerfallsreihen, aber auch die Elemente unterhalb des Wismuts und Bleis an die Massenzahlen 4n – 1, 4n + 0, 4n + 1 und 4n + 2 gebunden sind und haben somit das Grundproblem aus Kapitel 15 gelöst, warum die Isotopie ein logarithmisches Phänomen – mit vierfacher Teilbarkeit – ist.

Die Protonenzahlen, die hier nur noch als Differenzen auftreten, führen endlich aus dem Dilemma heraus, sich Protonen und Neutronen als bunte Mischung vorzustellen, die sich gegenseitig anziehen.

*

Die oben beschriebenen Vorstellungen, die vier Kräfte der physikalischen Welt auf zwei Geometrien zurückzuführen, lassen sich durch eine faszinierend einfache Überlegung beweisen.

Im Primzahlkreuz sind die fortlaufenden Zahlen $n = 1 \cdot 1^2$, $2 \cdot 1^2$, $3 \cdot 1^2$ usw. auf Zahlenkreisen geordnet, was ich mit der Entschlüsselung des Satzes von Wilson beweisen konnte (Seite 103 f.). Weil nach Euler gilt,

$$e^{i\pi} = -1$$

gehorcht das Primzahlkreuz der vierdimensionalen, komplexen, euklidischen Gleichung[1]

$$\textbf{I} \qquad \mathbf{n \cdot e^{4\pi i} = n \cdot (-1)^4 = n \cdot 1^2}$$

Bei der komplexen Geometrie auf der Kugeloberfläche mit den vier Punkten (Potenzen von i): +i, −1, −i, und +1 besteht diese aus vier imaginären, transzendenten Dreiecken. Dabei hat die gesamte Kugeloberfläche den logarithmischen Wert von

$$\textbf{II} \qquad \mathbf{4\pi i} \qquad (\text{Kugelradius: } r^2 = 1^2)$$

wobei dieser Wert in **I** als Exponent identisch mit der vierdimensionalen Atomhüllengleichung ist. Um es schärfer zu definieren: Der Wert $4\pi i$ ist ein Exponent und muß deshalb logarithmisch betrachtet werden! Allerdings ist dieser Wert dreidimensional, weil es sich um die Oberfläche eines Körpers handelt. Die mathematische Logik zwingt zu der Erkenntnis, daß eine solche Ladungsverteilung eine <u>nichteuklidische</u>, komplexe Geometrie besitzt.

Wir sind nunmehr in der Lage, den Wert des Drehimpulses von Proton, Neutron und Elektron zu behandeln (s.a. Band I, S. 253 f.). Er beträgt $\pm h/4\pi = \pm \frac{1}{2} \cdot h/2\pi$. Da die Plancksche Konstante h die Dimension einer Wirkung hat, ist es schon verblüffend, daß die Wirkung durch Division mit einer dimensionslosen Konstanten 4π ($r^2 = 1^2$) in einen Drehimpuls verwandelt wird. Dieses Dilemma hebt sich nunmehr auf, indem die dimensionslose Konstante als das vierfache der komplexen Einheitsladung erfaßt wird. Der Gedanke, daß Proton und Neutron sich selber drehen, muß gänzlich aufgegeben werden, was wir in Band I und II schon angedeutet haben.

Das Plancksche Wirkungsquantum wird durch den Kehrwert

$$\textbf{III} \qquad \frac{1}{4\pi i}$$

– also durch Division mit einer komplexen Kugeloberflächenladung –

---

[1] Band II, S. 87. Dort wird sie als das zweite Grundgesetz des vierdimensionalen Raumes eingeführt.

zum charakteristischen Spin umgewandelt, der über eine positive und eine negative Ausrichtung verfügt. Die elektrische Ladung sorgt für die zwei räumlichen Ausrichtungen.

$$\pm\frac{h}{4\pi i}$$

Da aber, wie wir bewiesen haben, Exponenten mathematisch über den kleinen Fermatschen Satz sowie über die Theorie der Bernoulli - Zahlen mit reziproken Zahlen verknüpft sind, haben **I** (hoch 4πi) und **III** (geteilt durch 4πi) die mathematische Korrelationen von Exponent und reziproker Zahl (Seite 84). Q.e.d.

Michael Felten und ich sind die beiden ersten Menschen, die die Eulerformel $e^{i\pi} = -1$ nicht als mathematische Entdeckung eingestuft haben. Uns war klar, daß der Bau der Atome aus Kern und Hülle durch diese Formel gesichert ist, was bedeutet, daß Euler durch einen Kunstgriff etwas finden mußte, was den Bauplan dieser Welt beinhaltet. Da wir die Zahl e mit der Stammzahl der Primzahlen ± 1 und der Zahl 0 mit der Atomhülle in Verbindung gebracht und weiterhin bewiesen hatten, daß iπ einen Logarithmus darstellt (Band II, S. 155), war der erste Schritt geleistet, der geheimnisvollsten aller Formeln auf die Spur zu kommen. Jetzt wo der logarithmische Ausdruck iπ der nichteuklidisch komplexen Geometrie des Neutrons zugeordnet werden muß, stellt sich die Verknüpfung von e und iπ als das Geheimnis heraus, das Atomkern und Elektronenhülle miteinander verknüpft. Plato hatte mit seiner Idee vom völlig verborgenen transzendenten Bauplan recht.

*

Der Beginn der Kernchemie und der parallel dazu entwickelten Atomphysik läßt sich auf einen „Zufall“ datieren. H. Becquerel hatte 1896 eine Flasche mit einem Uransalz versehentlich auf eine vor Licht geschützte unbelichtete Fotoplatte gestellt. Marie Curie gelang es daraufhin 1898 bei der Trennanalyse von Rückständen böhmischer Pechblende (aus denen das Element Uran abgetrennt worden war) in der zweiten Hauptgruppe ein bis dahin unbekanntes Element, nämlich $_{88}$Radium, in unwägbaren Mengen durch Mitfällen der anwesenden Bariumsalze zu isolieren und das neue Element durch Spektralanalyse zu beweisen (mit Eugène Demarçay). Den Rat, die Becquerelstrahlen zu untersuchen, soll sie von ihrem Mann Pierre Curie (damals Professor ohne Universitätsanstellung!) mit folgenden Worten erhalten haben: „Vielleicht ist das eine Aufgabe, die nur eine Frau lösen kann.“

Während die Entschlüsselungen der 4 Zerfallsreihen längst abgeschlossen und Chemie- und Physikstudenten in ihren Einzelheiten meist gänzlich unbekannt sind, gibt es zu der Glanzleistung von M. Curie in meinem Leben eine merkwürdige Parallelität.

Dreh- und Angelpunkt des sechsten Buches „Die Indices modulo 19“ ist das quadratische Reziprozitätsgesetz. Mit Tabelle 57 (Seite 259) und Tabelle 58 (Seite 279 f.) wurde mir klar, daß ich auf eine merkwürdige Potenzinvertierung modulo einer Primzahl gestoßen war. Die Gründe für meine so lange gesuchte logarithmische Entschlüsselung der Potenzwelt mittels Kongruenzen liegen aber einzig in einer Visualisierung des Problems durch eine Frau (vgl. Kap. 17).

Von der Herausgabe der „Disquisitiones“ bis zum heutigen Tag ist kein Mathematiker auf das oben erwähnte Potenzinvertierungsprinzip vorgestoßen. Ich hatte nur deswegen eine Chance, die Primzahlen – 1 und + 2 der beiden Ergänzungssätze mit dem α - und β - Zerfall in Verbindung zu bringen, weil eine Frau das Problem mittels Tabellen sichtbar gemacht hatte. Mir waren offensichtlich die Augen verbunden gewesen.

Mit Fragen, warum die Natur die Ordnungszahlen der natürlichen radioaktiven chemischen Elemente in vier Sorten einteilt, habe ich mich schon mit 29 Jahren beschäftigt. Es war auf der Insel Poros, als ich gegenüber meiner Frau eine ahnungsvolle Prophezeiung machte. „Helga, ich glaube, mein ganzes Leben bis jetzt war nur ein Warten auf die Kernchemie, ein Warten darauf, hinter das Geheimnis der Atomkerne zu kommen“ (Band I, S. 142). Kernchemiker/ -physiker erfassen im Ansatz nicht, daß sich Kernchemie ohne ganze Zahlen überhaupt nicht betreiben läßt.

Als ich 1982/83 die 4 mal (1 + 19) Kolonnen der Ordnungszahlen durch Abzählen und Interpretieren der Zahlen 4, 2, 6 und 3 entwickelt hatte, begann ich zu ahnen, daß es ein arithmetisches Gesetz geben muß, das die Zweierstöße bei der Bildung von Elementen und ihren Isotopen regelt.

Zehn Jahre später kam ich auf den Gedanken, das reziproke Quadratgesetz von Newton umzukehren und die Primzahlverteilung von Potenzen zur Basis 2 zu untersuchen. Dabei stieß ich natürlich auf das quadratische Reziprozitätsgesetz, das eine Primzahl kongruent einer Quadratzahl modulo einer zweiten Primzahl behandelt.

Als dann Michaels Ansichtskarte eintraf, sah ich meine Ahnungen bestätigt und begann damit, verschiedene Sätze der Zahlentheorie daraufhin zu untersuchen, ob sie für die Welt der *Anzahlen* (den 4 - dimensionalen Raum) oder der *Exponenten* (den 3 - dimensionalen Raum) relevant sind. Ich wußte die ganze Zeit, daß es notwendig ist,

Ruhe zu bewahren und auf den richtigen Zeitpunkt und Ort zu warten. Jede Form von Erfolg und Anerkennung wäre abträglich gewesen.

Der letzte Satz ist in sich ein Widerspruch. Wenn meine beamteten Kollegen verstehen würden, in welchem Maß ich Wahrheit und Wirklichkeit der physikalischen Welt aufgedeckt habe, müßte ich mir Sorgen machen, ob ich nicht in einem Dschungel von Irrtümern gelandet sein könnte.

Ich habe es an anderer Stelle schon sarkastischer formuliert. „Die“ haben noch nie etwas Neues verstanden. Und da wir noch nie aus der Geschichte etwas gelernt haben, wird es immer die Schriftgelehrten geben und dazu das gläubige oder gelangweilte Volk und den Einzelnen, den Revolutionär, bis zu dem Tag, an dem ich meine Arbeit abschließe und es ausspreche: *„Les jeux sont fait.“*

*

Wenn ich beweisen kann, daß das Zeitalter von „Zufall und Notwendigkeit“ vorbei ist, muß über die Frage diskutiert werden, ob es den von den Naturgesetzen losgelösten freien Willen im Sinne von Descartes überhaupt geben kann.

Da sich meine vielen Vorahnungen alle erfüllt haben, sehen sie wie ein Plan aus, wie ein Drehbuch, wie eine Regiearbeit. Als ich nämlich mit 15 Jahren den Entschluß faßte, Platons mathematischen Bauplan dieser Welt zu suchen, war auch dies Teil einer Bestimmung.

Ein Plan ist aber das Gegenteil von Zufall. Ich behaupte, daß der Beweis für den platonischen Bauplan zwingend verlangt, daß es überhaupt keinen Zufall gibt, daß der immer wieder dogmatisierte Dualismus von freiem Willen und umgekehrt naturgesetzlichen Abläufen in sich völlig falsch ist.

Der tiefe Dualismus des modernen Denkens besteht in der Distanz zwischen Mensch und Natur oder auf höherer Ebene zwischen Geist und Materie.

Die Entdeckung der Radioaktivität und die Entwicklung des modernen physikalischen Denkens war die zweite kopernikanische Falle, in der sich die Menschheit verstrickte. Gemeint ist einmal das närrische Festhalten an Bibeltexten und später am Gottesersatz: dem Götzen Zufall.

Marie Curie et al. beantworteten die Frage, wie die Atomkerne mit Ordnungszahlen größer 83 sich durch α - und β - Zerfall systematisch in stabile Isotope des Blei und Wismut herunter transformieren. (Die γ - Strahlen sind elektromagnetischer Art und gehorchen damit der Gleichung $mc^2 = h\nu$.)

Als ich in Physik- und Kernchemie Vorlesungen merkte, daß der α - und β - Zerfall nur eine Beobachtung ist und keine Erklärung bietet, begann mein ausgeprägtes Interesse für Geschichte. Ich hatte schlagartig begriffen, daß es überhaupt kein Zufall ist, daß mit den Vorräten an Uran- und Thoriummineralien den Wissenschaftlern von vornherein vorgegeben war, in das Geheimnis der Atome einzudringen, ohne einen Gedanken an die Folgen zu verschwenden.

1945 war Otto Hahn in England interniert und erfuhr aus dem Rundfunk, daß über Japan zwei Atombomben gezündet worden waren, worauf er den alleinigen Nobelpreis in Chemie für das Jahr 1945 zugesprochen bekam. Dabei waren die Bomben eigentlich für sein Vaterland Deutschland bestimmt gewesen.

Ich hatte als Student längst erfaßt, daß wir die Natur beherrschen wollen und überhaupt nicht daran gedacht haben, daß sie uns beherrscht. Und damit bin ich wieder bei René Descartes und der Formulierung, mit der der dritte Band begonnen hat: „Von diesem Moment an war die Wahrheit die Gefangene der menschlichen Vernunft."

Es ist vielfach behauptet worden, daß ohne Kopernikus, Descartes und Kant die Entwicklung des modernen Denkens nicht vorstellbar sei.

Die von Descartes entdeckte Scientia Mirabilis, aus der er folgerte, daß hinter der Natur eine mathematisch - mechanistische Struktur steckt, wurde von Kant noch übertroffen durch die Formulierung, daß eine Wissenschaft nur soweit wissenschaftlich ist, wie sie Mathematik ist (also Rechenkunst!).

Mit dieser Prämisse, Zahlen und Geometrie nur noch zum Vermessen zu verwenden, waren wir wirklich Gefangene der Vernunft, ohne daran zu denken, daß gegenwärtige Erkenntnis sich historisch rückblickend immer nur als Irrtum erwiesen hat. So gesehen war Kants „Kritik der reinen Vernunft" epochal, bis Becquerel zusammen mit den Curies den Nobelpreis für Physik erhielt. Jetzt begann die Vernunft zu zerfallen wie ein morsches Gebäude, denn sowohl für die Quantenmechanik als auch die Atomkerne fehlten nun Erklärungen, die mit der Logik vereinbar waren.

*

Richard Tarnas (auf Seite 186 und 209 zitiert) hat den Untergang des fehlgeleiteten abendländischen Geistes so kommentiert:

> „Denn wenn der menschliche Geist tatsächlich in gewisser Weise von der äußeren Welt grundsätzlich getrennt und ver-

schieden war, (…) dann hatte die wahrgenommene Welt letztlich nur den Status einer Interpretation des Geistes von der Welt. Der Geist konnte nur Phänomene erfahren, nicht Dinge an sich, nur Erscheinungen, keine unabhängige Wirklichkeit. (…) Die von der modernen Wissenschaft enthüllte Welt ist eine Welt ohne spirituellen Zweck, undurchschaubar, von Zufall und Notwendigkeit beherrscht, ohne innere Bedeutung."

Tarnas zieht noch nicht einmal in Erwägung, die Interpretation von Meßergebnissen der Apparaturen und Maschinen durch den immer wieder fehlgeleiteten menschlichen Verstand anzuzweifeln.

Da er, den ich als den letzten Platoniker bezeichnen möchte, das Handtuch wirft, wären wir anscheinend wirklich verloren, wenn ich nicht in einem 24jährigen strategischem Kampf rücksichtslos gedacht, gehandelt und das wahr gemacht hätte, was Oswald Spengler in seinem Werk „Der Untergang des Abendlandes" Band I, sechstes Kapitel: *Faustische und Apollinische Naturerkenntnis*, vorausgesehen hat[1]:

„Zuvor aber erwächst dem faustischen, eminent historischen Geist eine noch nie gestellte, noch nie als möglich geahnte Aufgabe. Es wird noch eine *Morphologie der exakten Wissenschaften* geschrieben werden, die untersucht, wie alle Gesetze, Begriffe und Theorien als Formen innerlich zusammenhängen und was sie als solche im Lebenslauf der faustischen Kultur bedeuten. (…)
Wir werden untersuchen, woher diese dem faustischen Geiste vorbestimmten Formen kommen, warum sie uns Menschen einer einzelnen Kultur im Unterschiede von jeder anderen kommen mußten, welcher tiefere Sinn darin liegt, daß die gewonnenen Zahlen gerade in dieser bildhaften Verkleidung in Erscheinung traten. (…)
Die einzelnen Wissenschaften, Erkenntnistheorie, Physik, Chemie, Mathematik, Astronomie, nähern sich einander mit wachsender Geschwindigkeit. Wir gehen einer vollkommenen Identität der Ergebnisse und damit einer Verschmelzung der Formenwelten entgegen, die einerseits ein auf wenige Grundformeln zurückgeführtes System von Zahlen

[1] Spengler, Oswald: Der Untergang des Abendlandes. Umrisse einer Morphologie der Weltgeschichte. München, 1988, 9. Auflage, S. 549 und 550. Ihn mehrfach zu lesen, ist (trotz seiner Fehler) ein Muß!

funktionaler Natur darstellt, andererseits als deren Benennung eine kleine Gruppe von Theorien bringt, die endlich als verschleierter Mythos der Frühzeit wiedererkannt und ebenfalls auf einige bildhafte Grundzüge, aber von physiognomischer[1] Bedeutung zurückgeführt werden können und müssen. Man hat diese Konvergenz nicht bemerkt, weil seit Kant und eigentlich schon seit Leibniz kein Gelehrter mehr die Problematik *aller* exakten Wissenschaften beherrschte."

Spengler hat zynisch bemerkt, daß in Kants „Kritik der reinen Vernunft" dem Wort Schicksal keine Bedeutung zukommt, weil der Katheterphilosoph den Begriff „Zeit" rein physikalisch behandelt. Spengler war wie ich autodidaktischer Historiker, aber den Fachkollegen dadurch ein Dorn im Auge, daß er die Gegenwart mit in die Historie einbezog. Seine einzigartige Hellsicht führt ihn zu der Erkenntnis: „Es wird noch eine *Morphologie der exakten Wissenschaften* geschrieben werden (...)." Sie ist geschrieben.

Spengler hat Plato, Goethe und Nietzsche verehrt und Darwinisten und Materialisten verachtet. Physiker, die das Geheimnis der Materie durch Aufeinanderschießen hochenergetischer Teilchen ergründen, durch immer größere astrophysikalische Meßapparaturen das Unbegreifliche in Wissen verwandeln wollen, oder Molekularbiologen, die in Bauplänen herumpfuschen, hätte er als Triebtäter bezeichnet, als solche, die genausogut Bücher verbrennen, Kunstwerke schänden oder Wehrlose quälen könnten. Ich muß ihn nach einem lebenslangen Beobachten, Lesen, Nachdenken und Erforschen historisch als einen Vorläufer betrachten.

Das heutige, kapitalistisch - materialistische, atheistische Abendland wird in dieser Form untergehen. Wir müssen, um nur ein ganz einfaches Beispiel zu nennen, die Wissenschaftler, die uns eine Kolonie auf dem Mars versprechen, endlich als Lügner bezeichnen, denn dort ist es so kalt wie am Südpol, und es gibt weder Atemluft noch Nahrung. Unsere Probleme sind hier auf der Erde. Der zukünftigen Weltraumfahrt kommt die Aufgabe zu, aus dem Abstand heraus die Situation auf der Erde klarer zu erkennen und die Probleme meistern zu lernen. Wir müssen das ganze System, wie Forschung betrieben wird, in Frage stellen.

---

[1] Die Morphologie, eine Wissenschaft, die mißt und Kausalbeziehungen entdeckt, nennt Spengler Systematik. Alles, was mit Geschichte, Leben und Schicksal zu tun hat, bezeichnet er als Physiognomik.

*

So endet denn mein vorläufiges Lebenswerk mit dem Dank an meine Tochter Vanessa, die mir 1981 (sie war erst 10 Jahre alt) den „Untergang des Abendlandes“ aus der Zweigstelle der Stadtbücherei Moorenstraße 5 (Düsseldorfer Universitätsklinik, wo ihre Mutter sterben mußte, wie es der Regieplan vorbestimmt hatte) ins ‘Denkzimmer’ auf der Bruhnstraße trug, mit den Worten: „Papa, Du liest doch so viele historische Bücher, dieses wirst Du vielleicht gut gebrauchen können.“

Es kam darauf an, die „vollkommene Überlegenheit“ gegenüber Armeen von ungebildeten Spezialisten und Dogmatikern zu entwikkeln. Es war entscheidend, die „Problematik *aller* exakten Wissenschaften zu beherrschen“, um an das antike Erbe anzuknüpfen und die einzigartigen Leistungen des christlichen Abendlandes zu analysieren, um endlich den verborgenen, von Plato vorgedachten Bauplan aufzudecken und im Sinne einer Pflichterfüllung aufzuarbeiten, wie es das uns bestimmende präexistierende Gesetz forderte.

Barbara Tuchman, die das Grundmodell aller Geschichten vom menschlichen Streit auf die Sage vom hölzernen Pferd zurückführte, hat es so formuliert: „Das ‘Schicksal’ (...) verkörpert die Erfüllung dessen, was der Mensch von sich selbst erwartet.“

Epilog

Der letzte Beweis

Mit dem Druck von „Das Primzahlkreuz“ Band III, sechstes Buch im Jahr 2004 trat für den Buchhandel und die Leser eine gewisse Schwierigkeit auf. Beide Interessengruppen waren von der Tatsache überfordert, dass der Band III mit dem Titel „Die 4 Pole der Ewigkeit“ aus zwei Büchern besteht. Ein Beispiel: J. Kepplers epochales Werk „harmonices mundi“ (Die Weltharmonik) besteht aus Libri V (5 Bücher). Das heißt aber, dass der Leser nur ein gedrucktes Buch in den Händen hält!

Nunmehr im September 2009 habe ich die Zeit, den Missstand zu beseitigen und das fünfte und sechste Buch in einem Band zu vereinigen. Gleichzeitig fehlte in der Ausgabe von 2004 ein Beweis. Mir war nämlich immer noch nicht gelungen, die Gründe dafür zu finden, warum die beiden Naturkonstanten ± ½ und 0,2732 ... bei der Aufaddierung um eine Dezimale zu dem Wert 0,52732 ... vereinigt werden müssen.

Erst 2007 gelang der Beweis.

*

Im Juni 2004 waren Erika und ich wieder einmal in Davos, eben zu einem Zeitpunkt, wo die Wiesen blühen und die Touristen fehlen. In dieser schönsten Jahreszeit sind die Pässe zwar noch unter meterhohem Schnee, aber man kann schon von Davos von 1600 Meter Höhe auf 2400 Meter steigen, in völliger Einsamkeit. Erika und ich wanderten Stunden die markierten Pfade hoch und diskutierten über die Konsequenzen, die sich mit Abschluss des 6. Buches ergeben hatten.

Ich hatte mir nie Gedanken gemacht, wie mein Leben weitergehen sollte, wenn ich meine Lebensaufgabe erfüllt haben würde; denn wie im Band I auf Seite 145 f. nachgelesen werden kann, lautete die Prophezeiung, dass ich die beiden physikalischen Naturkonstanten h und c entschlüsseln würde. Das reichte nun wirklich. Die Lösung impliziert, wie man aus dem 19. Kapitel entnehmen kann, dass die Kernchemie und die Atomphysik, beides Säulen des physikalischen Weltbildes des 20. Jahrhunderts, auf falschen mathematischen Annahmen beruhten.

Die Idee, nach dieser geistigen Leistung noch einen vierten Band zu schreiben, war von mir nie beabsichtigt. Ich hatte einfach nur vor, der glücklichste Mensch der Welt zu sein und mit Erika irgendwo hinzuziehen, wo das Leben noch preiswert ist und die Sonne scheint. Doch dann explodierte im Jahre 2005 ein Pulverfass, das mein ganzes Leben auf den Kopf stellen sollte, und ich jetzt hier und heute wieder in meiner alten Wohnung auf der Bruhnstraße in Düsseldorf lebe und froh sein kann, dass ich mit dem Leben davongekommen bin. Eben davon wird auch im Band IV „Xenos“ berichtet. Ich habe nämlich 2005 den Tod von Helga Plichta ein zweites Mal angezeigt!

*

Vier Attribute meines *sechsten* Sinnes kennen meine Leser schon: 1. Die göttliche Neugierde, 2. Das tiefe Misstrauen gegenüber zeitgenössischem dogmatischem Wissen, 3. Ahnung und Empfinden für Gefahren, 4. Visionäre Vorausschau für zukünftige Ereignisse. Leider habe ich auch einen eklatanten Mangel: Ich bin Menschen viel zu oft vertrauensvoll gegenüber.

So war meine dritte Ehe eine Flucht in der Hoffnung auf eine starke Frau – was für eine Fehleinschätzung. In Wirklichkeit war die Apothekenleiterin Frau Bergmannshoff-Plichta eine geldgierige Person mit einer Allgemeinbildung, die gegen Null strebt. Darüber hinaus hortete sie Schwarzgeld in solchen Mengen, dass die Steuergesetze dafür Gefängnis vorsehen. (Meine Bücher sind dadurch gekennzeichnet, dass ich nur über Fakten berichte, die ich beweisen kann.)

Das Angebot, eine vierte Ehe einzugehen mit Walburga Posch, hatte ich 1999 abgelehnt, weil ich im quadratischen Reziprozitätsgesetz angekommen nach einer Frau suchte, die das zahlentheoretische Empfinden besitzen sollte, mir bei dieser Aufgabe zu helfen. Cherchéz la femme. Damit war ich für Walburga nolens volens zu einem Todfeind geworden, was mir natürlich hätte klar sein müssen. Der Wechsel zu Erika hatte nämlich auch deswegen stattgefunden, weil Walburga Posch, zur Rektorin befördert, mir eiskalt erklärt hatte, dass sie sich vorzeitig pensionieren lassen wollte. Ihre Begründung, dass sie geistig erkrankt sei und somit Zeit hätte in Südspanien mit mir Bücher zu schreiben, führte zu Auseinandersetzungen, die die Trennung beschleunigten.

*

Ich begann 2004 mit der Planung, erneut eine große Anzahl von Patenten zu schreiben, um mir die notwendige Öffentlichkeit zu verschaffen.

Ich hatte Erika und mir zum Zeitpunkt meines Einzuges in München einen Lotus Elise S gekauft, der von seinem Design einer schwarzen Hornisse ähnelte, aber auch so wie das Insekt wegen seines Leichtgewichts von 700 kg fast Flugeigenschaften besaß. Dieses Auto hat uns beiden – als Cabrio eingesetzt – hauptsächlich in Bayern, Italien und der Schweiz viel Freude gemacht.

Die Stadt Davos hat für mein Leben eine besondere Bedeutung (Band I, S.250). Um diese Zeit sind die vielen Wiesen und Almen von unzähligen bunten langstieligen Blumen gefärbt, die dann, wenn Mitte Juli der Tourismus einsetzt, abgemäht sind. Erika und ich wanderten fast jeden Tag mit Rucksack und überwanden dabei mindestens 800 m Höhendifferenz, ohne lärmenden Touristen zu begegnen.

Da ich mein ganzes Leben gelesen und nachgedacht und dabei wie ein lebender Automat dazugelernt habe, begann ich zu diesem Zeitpunkt langsam und unauffällig in einen Schock ähnlichen Zustand zu verfallen. Ich sah visionär, wie sich denn mein Wissen zukünftig in die Tat umsetzen wird, erfasste aber unbewusst, dass eine tödliche Gefahr auf mich zukommen würde, weil ich etwas zu ahnen begann: Ich würde den Mord an Helga Plichta ein zweites Mal anzeigen.

1981 hatte ich Helgas Tod untersuchen lassen und es geschafft, mit dem Leben davonzukommen. Mir wurde zunehmend klarer, jetzt, *„wo ich alles herausgefunden hatte“* (Band I, S.146), warum eine Frau *„dafür“* hatte sterben müssen. Helgas Tod war ihr Schicksal und meine Vorherbestimmung. Ich weiß, dass ihr Sterben kein Zufall war, und ihr Tod über einen kausalen Zusammenhang in absehbarer Zeit eine Wirkung erzeugt, die das Abendland wie ein Erdbeben erschüttern wird.

Jedem Menschen ist das Bild vertraut, wie er sich gedanklich vorstellt, mit einer langen Eisenstange auf ein zugewachsenes Gebüsch zu schlagen, um zu beobachten, was denn für Geziefer und Ungeziefer aus dem Gewächs entweichen.

Um es näher zu erläutern: Ich hatte eine Ahnung davon, dass etwas in den letzten Jahren nicht stimmte. Die Intuition ist bei Forschern meines Naturells in der Regel überdurchschnittlich ausgeprägt.

Wenn ich nicht in München bei Erika eingezogen wäre, hätte ich das sechste Buch nicht geschrieben. Es war aber kein Zufall, dass ich Erika kennen gelernt hatte, und das Gleiche gilt für Stefan Queckbörner. Aber was war es dann? Absicht – n'est-ce pas !

*

Ich wurde bereits vor Davos von einer merkwürdigen Hautkrankheit gequält, die ich auch mit meinen dermatologischen Kenntnissen zuerst nicht klassifizieren konnte.

Gleichzeitig musste ich mir eingestehen, dass meine Sehfähigkeit inzwischen auf 30 % herabgesunken war. Ich hatte also nicht nur Leseschwierigkeiten, sondern auch das lebensgefährliche Unvermögen erlangt, Verkehrsschilder aus der Entfernung lesen zu können. Die Vorstellung, dass eine Entstellung der Gesichtshaut begleitet mit zunehmender Sehunfähigkeit auf mich zu kommen würde, traf mich wie ein Schock. Jetzt auf dem Gipfel meines Könnens (in excelsis) drohte der Absturz.

Das 6. Buch war inzwischen von Stefan und mir in einer Lichtsatzanstalt verfilmt und wurde im Herbst gedruckt. Gleichzeitig war ich von den beiden Leiden so irritiert, dass ich erst einmal einen Hautarzt aufsuchte.

Der Doktor diagnostizierte aus der Tatsache, dass mein Zwillingsbruder Paul von meinem Vater eine schwere Akne geerbt hatte, für mich eine sehr scheußliche Prognose, das Gegenteil einer Akne. Ein Gefühl von Panik überfiel mich, und ich willigte in den Plan ein, drei Monate mit hohen Dosen von Vitamin A Säure zu leben. Der Beipackzettel war etwa einen Meter lang und versprach schwere Depressionen bis hin zum Selbstmord. Das passte ja gut zu dem schleichenden Verlust meines Sehvermögens, dessen Ursache in jener unglücklichen Augenoperation lag, der ich mich in Marburg unterzogen hatte (Band I, S.216). Die Folge der Kryoskopie war ein Aufwellen der Netzhaut in Verbindung mit Überwachsungen. Hinzu kamen Trübungen der Linsen.

Ich bin in meinem Leben nie ernsthaft krank gewesen und hätte auch ohne Mut und Gesundheit die Suche nach dem Welträtsel niemals begonnen und durchgezogen. Es war mir unverständlich, warum ich jetzt auf dem Höhepunkt meines denkerischen Schaffens so bestraft werden sollte. Euler hat, wie mir bekannt war, noch fünf Jahre nach dem Verlust des Augenlichtes weiter publiziert, weil er seinem Kammerdiener vorher beigebracht hatte, wie man lateinisch korrekte mathematische Publikationen schreibt.

Ich verschwand im Bett. Die oben beschriebenen Nebenwirkungen waren fatal. Zwischen Erika und mir kam es zu einer merkwürdigen Abkühlung, für die es eine einfache Erklärung gibt. Eine Ärztin oder ein Arzt kümmert sich in der Regel um seine Patienten, während ihnen die Krankheiten in der eigenen Familie eher lästig sind. Da ich schon seit drei Jahren nach zwei schweren Fahrradstürzen unter einem Schmerzmittel stand, weil beide Schultern mich quälten, erhöhte ich die Dosis von Tramadol-Tropfen, um auch die Depressionen zu bekämpfen.

Zur Erklärung: Das Mittel Tramadol® ist eine Erfindung der Firma Grünenthal, die ich mit ihrem Depot-Megacillin und Contergan schon strafrechtlich in Band I und III auf das Schwerste beschuldigt habe. Ihr Schmerzmittel ist ein Pethidinderivat. Pethidin wurde von deutschen Chemikern als Morphiumersatz erfunden, weil im Weltkrieg Rohopium fehlte, aus dem Morphium gewonnen wird. In den letzten 20 Jahren sind sämtliche morphinähnliche Stoffe unter das Betäubungsmittelgesetz gestellt worden, nur Grünenthal hat es geschafft mit Tramadol, das nur der Rezeptpflicht unterliegt, weltweit Gewinne einzufahren, bis das Patent abgelaufen war. Pharmakologisch-pharmazeutisch ist Tramadol als Heroinersatzstoff (Diacethylmorphin) unwirksam und auch deswegen zugelassen worden. Als Schmerzmittel wird es in seiner Wirkung zehnmal so niedrig wie Morphium eingestuft, und das ist wissenschaftlicher Unsinn. Die Wirkung ist in Wirklichkeit zentralerregend, eine Eigenschaft, die bei Morphium i.v. hinreichend bekannt ist.

Um meine Depressionen zu bekämpfen, erhöhte ich also die Dosis von Tramadol, ein eindeutiger medizinischer Kunstfehler.

*

In der Weihnachtszeit war ich vom Schlimmsten geheilt und erleichtert, außerdem hielt ich nun das sechste Buch in meinen Händen. Es gab allerdings einige merkwürdige Ereignisse, die mich misstrauisch machten. In der Silvesternacht 2004/2005 wohnte ich genau fünf Jahre bei Erika in München-Bogenhausen auf der Laplacestraße 9.

Gegenüber befindet sich das astrophysikalische Institut, aus dem heraus ein Professor für Physik seit Jahren für das Bayerische Fernsehen erzählerisch Sendungen gestaltet, die etwa den Wahrheitsgehalt einer Predigt eines Bischofs in der Hochrenaissance beinhalten. Damals wie heute gab und gibt es keine Kritiker, die bemerkt haben könnten, dass Jesus nicht über das Wasser gelaufen ist, bzw., dass ein Astronaut eben nicht „zu Spaghetti zerhackt wird, wenn er in ein schwarzes Loch fällt“ (Stephen Hawking). Schwarze Löcher sind Absurditäten, die aus dem Munde eines begnadeten Schwätzers sehr wichtig erscheinen mögen. Mich hatte der Professor von gegenüber seit Jahren genervt, und jetzt war ich ausgerechnet dort – nur durch eine Straße getrennt – eingezogen. Erikas Wohnung befand sich rechts im Erdgeschoss und wirkte auf mich seltsam, weil zwei große Zimmer praktisch leer standen.

Bevor ich in der Silvesternacht bei ihr einzog, hatte sie drei Wochen vorher ihre ärztliche Schmerzakupunktur Praxis in eine der feinsten Gegenden Münchens verlegt, auf die Maria-Theresia-Straße.

Auch ein drittes Zimmer, das ihrer beiden Töchter, war bis auf die Möbel leer. Die beiden Mädchen waren vor meinem Einzug zu ihrem Vater gezogen. Mit Arztpraxis und zwei Töchtern im Alter von 17 und 20 Jahren wäre ich eben nicht in die Wohnung eingezogen. Außerdem gab es noch eine sehr große Küche und ein kleines Schlafzimmer, deren Fenster wegen ihrer Erdgeschosslage mit Eisen vergittert waren, wie Gefängniszellen.

Erika hatte nach dem Abitur in Wiesbaden das Elternhaus verlassen und in den USA ihren High-School Abschluss nachgeholt. Nach zwei Semestern Mathematik und Physik in Deutschland war ihr klar geworden, dass die Söhne der reichen Leute Medizin studieren und Golf spielen können, während unsere ungebildete naturwissenschaftliche „Elite“ vom Typ Brille, Glatze, Bart zehn Jahre damit vertrödelt, ein einzelnes Studium mit einem Doktorhut abzuschließen.

Erika war trotz ihres einjährigen Amerikaaufenthaltes schon mit 27 promoviert und vom Pummel zu einer schönen Frau erblüht. Statt in Medizin Karriere zu machen, heiratete sie sehr schnell einen gut aussehenden Linde-Ingenieur, der zwar in jeder Disziplin überaus sportlich, aber dessen berufliche Laufbahn eben deswegen stagnierte, weil er mit 42 Jahren noch unverheiratet war.

Nachdem Erika ihn kurz touchiert hatte, wurde sie schwanger, so dass sie – im dritten Monat in den Stand der Ehe eingeführt – erreichte, dass der fähige Linde-Angestellte zum Direktor befördert werden konnte. Das junge getraute Paar zog nach Thailand, wo Linde eine Offshore Erdgas-Förderung betrieb und mit einer japanischen Firma eine Gastrennanlage aufbaute.

Der Ingenieur wünschte sich eine Domina zur Frau und liebte Damenunterwäsche und zwar so sehr, dass er sie gerne selbst trug. Trotzdem wurde drei Jahre später die zweite Tochter geboren.

*

Erika ist vom Typ her eine Person, die durch zwei Eigenschaften geprägt ist. Sie bezeichnet sich selbst gerne kokett als androgyn, und sie kann schlecht verlieren. Als ich im Schach einmal „versehentlich“ gewann, warf sie in wilder Wut das Schachbrett mit seinen wunderschönen Figuren aus Elfenbein gegen eine Wand der Küche. Das wertvolle Spiel stammte aus China, und ich bemerkte gelassen, dass ihr Verhalten von kunsthistorisch gebildeten Menschen als Vandalismus bezeichnet würde. Kurzum, ich ließ elegante Möbel von Düsseldorf nach München schaffen.

Warum waren zwei Zimmer fast leer gestanden, wenn sich die Praxis und der Haushalt auf der Laplacestraße gut miteinander vertragen hatten? Warum war Erika geschieden, um ohne Lebensgefährten alleine zu leben? Sie feierte im darauf folgenden Mai ihren 50. Geburtstag. Die Einladungs-Postkarte wird den meisten angeschriebenen Gästen nicht gefallen haben, denn sie zeigte die Einladende von der Hüfte aufwärts nackt. Zudem fand die Jubelfeier weit von München am Rande der Alpen statt, wofür 5000 DM zur Verfügung standen.

Erika war zu ihrem 40. Geburtstag in New York bei einer beliebten Wahrsagerin gewesen, weil eine Frau über 40 sich in USA gewissermaßen als „entsorgt“ bezeichnen kann. Die alte Dame hatte nach Erikas Aussage für die Zukunft nichts Besonderes aus der Kiste der unendlich vielen Möglichkeiten hervorzaubern können, mit einer Einschränkung: „Sie werden irgend etwas mit der Schweiz zu tun bekommen.“ Da die 40-jährige die Schweiz kaum kannte, hatte sie mit der Aussage nicht viel anfangen können; was sie aber nicht wissen konnte, war die simple Tatsache, dass Paul und Christa Plichta seit 1971 in Genève wohnhaft sind. Während sie also aus Anlass des 50. Geburtstages über ihren 40. Geburtstag und die Schweiz plapperte, überfiel mich ein ungutes Gefühl, denn schon einmal hatten meine engsten Verwandten eine Ärztin gekauft, mit der ich in zweiter Ehe verheiratet war. Erika wollte schließlich meine vierte Frau werden.

Nach fünf Jahren Thailand war die Familie Kirgis für sechs Jahre nach New York versetzt worden. Erika hatte dort bei chinesischen Ärzten eine dreijährige Ausbildung in Schmerzakupunktur erhalten.

Die jungen Töchter sollten aber in Deutschland aufs Gymnasium gehen, weil der Besuch der High-School mit der Ausbildung an einem europäischen Gymnasium nicht verglichen werden kann, und so war denn die Familie nach München zurückgekehrt und hatte sich in einem weit entlegenen Stadtteil ein Haus gekauft.

So lebte die approbierte Ärztin über 40 in einem Haus mit einem Dackel und zwei ständig streitenden Kindern zusammen, um abends, wenn der Mann spät aus der Firma Linde zurückkehrte, die warme Mahlzeit zu servieren. Danach verschwand der Herr des Hauses hinter dem Fernseher, um sich eine der ständig laufenden Sendungen über sportliche Ereignisse anzusehen, obwohl seine Frau selbst Tennis und Golf spielte, einen Segelflugschein hatte und natürlich Drachen geflogen war. Hinzu kamen noch ein Segelschein, ein Jagdschein et cetera.

Gefangen in dieser unsportlichen Atmosphäre war sie denn dem feschen Charme eines groß gewachsenen Mannes erlegen, der mit einer Gräfin verheiratet war. Sie muss sehr naiv gewesen sein, anzunehmen, dass ein Mann sich überhaupt von einer Gräfin scheiden lassen würde, und war unter Zurücklassung aller persönlichen Sachen mit dem freiberuflichen Hasardeur nach Spanien durchgebrannt, bis hin nach Gibraltar.

Zurück blieben eine 14-jährige und eine 11-jährige Tochter, die beide das Tagesgymnasium des Europäischen Patentamtes besuchten. Auf dieses Gymnasium dürfen eigentlich nur die Kinder der beamteten ausländischen Patentmitarbeiter, aber die Firma Linde hatte die Sache geregelt. Die ältere ist blond und kommt auf den Vater, während die jüngere fast eine Kopie ihrer Mama ist. (Beide stehen im Gegensatz zu ihrer Mutter tiefen philosophischen Fragen vollkommen gleichgültig bzw. hilflos gegenüber.)

Plötzlich ins kalte Wasser geworfen, beendeten die Kinder ihren Streit und versuchten zusammen mit dem Vater, die ausgebüchste Mutter wieder nach München zurück zu locken – vergeblich. Die Ehe wurde geschieden und Erika erhielt nichts, da sie dummerweise vor Jahren einen Ehevertrag unterschrieben hatte. Ihr Mann war vermögend, während der „gräfliche" Schwengel sich von Erika 50.000 DM lieh, die er nie zurückzahlte. Der liebenswerte Schwindler muss in Spanien manches Stützbier getrunken haben, was Erika aber nicht davon abgehalten hat, wieder einmal nur mit Turnbeutel zu verschwinden, diesmal nach München zurück.

Zäh, wie sie ist, mietete sie eben auf der Laplacestraße eine Wohnung an, die sie dann in eine Arztpraxis verwandelte. Schwupps erschienen die Mädel und richteten sich ein Zimmer ein. Sie schliefen auf einer Schlafcouch und bewachten die Mutter daraufhin, dass niemals mehr ein Mann ihrer Mama einen Schaden zufügen könnte, so dass ihnen ihre Mutter schließlich alleine gehörte, bis Peter Plichta einzog.

*

Alles hatte damit begonnen, dass mir Walburga Posch 1998 einen Heiratsantrag gemacht, und ich diesen abgelehnt hatte. Da auch sie von ihrem Mann einen Ehevertrag akzeptiert hatte, war sie genau wie Erika eherechtlich betrogen worden. Erika und Walburga waren die wichtigsten Jahre ihres Lebens Hausfrauen und mit dem Aufziehen von Kindern beschäftigt gewesen.

Erikas Mann hatte nicht in das Versorgungswerk der Ärztekammer eingezahlt, und so würde sie im Alter eine sehr geringfügige Rente beziehen. Walburga durfte 9 Jahre als Grundschullehrerin in der Schule fehlen, um dennoch Beamtin auf Lebenszeit zu bleiben. Demzufolge würde die Pension deutlich schmaler ausfallen. Darüber hinaus hatte ihr Mann, ein Rechtsanwalt und Notar, sie um das schöne Haus in den österreichischen Alpen betrogen, weil er seine Frau unter ewigen Ausflüchten nicht ins Grundbuch hatte eintragen lassen.

Bei Walburga fand ich eine geschickte Lösung: Obwohl sie nie Prorektorin gewesen war, zwang ich sie dazu, sich auf die ausgeschriebene Stelle als Rektorin der katholischen Grundschule in Schwelm zu bewerben. Ich half ihr dabei, Kenntnisse des öffentlichen Rechts und Schulrechts zu lernen. Sie bestand die Prüfung mit „gut" und begann damit, – innerhalb von drei Jahren – die heruntergekommene Schule auf den Kopf zu stellen und die Personallage wieder ins Lot zu bringen. Mit ihrer sechsstimmigen Aufführung der „Vogelhochzeit" und ihrer gepowerten Aktivität kam sie natürlich in die Zeitung. Ihr größter Wunsch jedoch bestand darin, den Schuldienst an den Nagel zu hängen und mit mir nach Südspanien zu gehen.

Wenn ich eine Frau heirate, braucht diese nicht mehr zur Arbeit zu gehen. Um mich nun an sich und ihr Reihenhaus zu binden, warf sie ihre drei Kinder aus der Wohnung und baute diese für über 200.000 DM um, und zwar schwarz, und das als Beamtin. Jetzt hatte ich in Schwelm ein eigenes Zimmer und Bad mit Sauna und Walburga ein großes Büro. Sie lernte die Grundlagen der Chemie und der Zahlentheorie und begann, unter dem Titel „Plichta Innovation" Vorträge zu halten.

Auf einem dieser Seminare in Deutschland, Österreich und der Schweiz befand sich im November 1999 Dr. Erika Kirgis (s. S. 306).

Walburga war von der Überzeugung geprägt, dass ich ihr gehöre, und hätte gerne – nach Ausschaltung ihrer verheirateten Rivalin Bergmannshoff-Plichta – mit mir nach „Gottes geheime Formel" (1995) ganze Berge von Sachbüchern geschrieben, denn sie hatte einen fetzigen Schreibstil. Wenn ich ein Verhältnis mit einer anderen Frau begann, genügte meist ein Anruf von ihr, um die Verbindung hochgehen zu lassen. Ein Manko quälte sie jedoch: Sie musste jeden Morgen von 8 bis 13 Uhr in die Schule und konnte nur in den Schulferien mit mir Urlaub machen.

Da sich in unserem Bekanntenkreis eine Reihe von beamteten Lehrerinnen befanden, die sich durch handfesten Betrug für immer dienstunfähig gemeldet hatten, wurde ich ziemlich böse, als ich eines Tages bei einem Besuch in Schwelm ihr Klavier im Wohnzimmer stehen sah. Auf meine scharfe dezidierte Frage, warum das Klavier nicht mehr in der Schule stehe, sagte sie kurz und bündig und mit eiskalten Augen: „Da gehe ich nie wieder hin!"

Es war Sommer 2001, und ich hatte von der Firma Langen Müller Herbig in München einen Vertrag und einen Vorschuss über

50.000 DM für das Buch „Benzin aus Sand“ erhalten, da ich dem Inhaber Herrn Dr. Fleißner glaubhaft versichert hatte, wie teuer und aufwendig das Schreiben für den Autor und die beiden Co-Autoren sein würde. Seiner Verlagsleiterin, Frau Dr. B. Sinhuber stand dagegen der blanke Zorn im Gesicht. Ich mochte diese Frau nicht und so sollte diese Geschichte ein böses Nachspiel haben.

Walburga ließ sich nach den Sommerferien für den September 5000 DM von mir auszahlen, um nach einem einmonatigen unbezahlten Urlaub von der Schule dem Schulrat von Schwelm mitzuteilen, dass sie aus psychischen Gründen nicht mehr in der Lage sei, Kinder zu unterrichten.

*

Ich wollte seit meiner Jugend den Nachweis erbringen, dass unsere beamteten Hochschullehrer in Physik und Chemie eine verlogene Bande von Fachidioten sind. Während der letzten 26 Jahre von 1980 bis 2006 habe ich vielen von diesen handfesten Schurken mit meinen Büchern die Gelegenheit gegeben, sich endlich einmal weiterzubilden. Ich bin aber nicht so naiv anzunehmen, dass es in Deutschland einen C4-Professor gibt, der das Erreichte und Bewährte mit so kritischen Augen sieht, dass er sich einmal eine Auszeit von einem Jahr nimmt, um „Das Primzahlkreuz“ mit seiner Faktorverteilung mit den Fingern nachzurechnen und sich Gedanken zu machen, warum die Primzahlverteilung etwas mit der Zahl 24 zu tun hat.

Hätte ich das Ausmaß geahnt, wie verseucht dieser Staat ist, würde ich niemals stur wie ein Bär meine Aufgabe erfüllt haben. Ich würde längst an einem weißen Strand wohnen oder in den Dolomiten. Wenn nicht ein Schutzengel, klug und stark wie eben ein Bär, auf mich aufgepasst und dafür gesorgt hätte, dass ich noch am Leben bin, wäre die letztmalige Chance für die Menschheit, aus dem Sumpf von Lügen und Betrügen zu entkommen, vertan. „Der Untergang des Abendlandes“ hat mit dem Ersten Weltkrieg begonnen und strebt jetzt exponentiell mit Hilfe von immer schnelleren Mikroprozessoren in die babylonische Verwirrung und damit in den Untergang.

Um nun weiter die Frage zu untersuchen: Was ist passiert seit 2005, dem Jahr, als ein Chirurg für Augenmedizin mir wieder zu klarem Sehen verholfen hat, nachdem meine Tochter die Verbindung zwischen mir und dem Operateur initiierte.

Professor Kroll, ein indirekter Nachfolger von Professor Straub an der Augenklinik der Universität Marburg, hatte mich aus München auf Drängen meiner Tochter eingeladen. Als er einen Blick auf die

Dopplerphotographien der Netzhäute warf, wurde sein Gesichtsausdruck hart. Er schlug mit der Faust auf ein Regal: „Herr Plichta, ich übernehme die Verantwortung für die notwendige Operation und verspreche Ihnen eine Verbesserung Ihres Augenlichtes auf 50%."

Ich war ab dem vierzehnten Lebensjahr zunehmend kurzsichtig im Dioptrienbereich minus 4 zu 8. Die im Alter auftretende Weitsichtigkeit führte zu einem ganzen Gewuse von Brillen. Kaum etwas wird mit soviel Spott übergossen wie der Gelehrte, der ständig seine verschiedenen Brillen sucht. Inzwischen konnte ich nur noch mit einer großen Lupe lesen und musste mich stark beherrschen, das sechste Buch mit der notwendigen Gelassenheit zu schreiben, ohne das Datenverarbeiter-Team Kirgis / Queckbörner scharf anzufauchen.

Ich bin vom Typ her ein Leader, der mit scharfer Stimme alle zusammenbrüllen kann, was aber verhindert hätte, dass das „Primzahlkreuz" überhaupt entstanden wäre. Ausgehend von einem Atari mit einem Speicher von einem MB und einem 286er PC war ich 2003 bei einem „Sony" gelandet mit einer Taktfrequenz von 2,5 Gigahertz.

Die Fülle von Computerprogrammen, die ich in den letzten 20 Jahren habe kommen und gehen sehen, war eine Zerreißprobe für das Nervensystem. Neben Stefan Queckbörner hatte ich noch einen Profi-Computerexperten an der Hand, der endlich meine Internetseiten entwerfen sollte. Es handelte sich um den damaligen Freund von Erikas jüngster Tochter, einen hauptberuflichen Rettungs-Assistenten aus Regensburg. Manuel Vogelbacher und Stefan haben gemeinsam alle Schwierigkeiten von der subtilen Art der Computerheimtücke erfolgreich gelöst. Dass sich die beiden netten jungen Männer, die ich, wie das üblich ist in Deutschland, schwarz bezahlte, einmal in Diebe und Halunken verwandeln sollten, hatte ich nicht ahnen können.

Jetzt im Frühjahr 2005 wurde ich zuerst am linken Auge operiert. Die Ärzte entfernten aus dem Auge über 3 Löcher die Augenflüssigkeit und operierten mit mikroskopischen Brillen durch meine Pupille mit feinsten Instrumenten am Hintergrund meiner Netzhaut. Wenn dabei eine Blutung eintritt, wäre die Operation fehl gelaufen. Nach der Narkose wachte ich schreiend vor Schmerz auf und wurde Gott sei Dank sofort mit Morphium sediert.

Die erste Netzhautspiegelung noch im Krankenbett durch Professor Kroll fand mit einer augenärztlichen Haube statt, die dem Arzt erlaubte, mit Licht und mikroskopischen Linsen meine frisch operierte Netzhaut zu betrachten. Ich hatte dabei das schwer zu beschreibende Glück, den behandelnden Arzt mit dem linken Auge ziemlich scharf zu erkennen. Das Auge war mit Salzwasser gefüllt und die Löcher mit Cutgarn genäht. Der Kammerdruck würde von alleine steigen, so dass ich bei einem mit Prof. Kroll befreundeten Professor, der eine Privatklinik in München leitet, die häufig auftretenden Schwierigkeiten mit dem Kammerdruck und den Reizzuständen durch die Wundfäden in den Griff bekam. Mehrfach musste ich blitzschnell mit dem Zug nach Marburg reisen, bis ich von mit der Zeit mit immer genaueren Brillenlinsen für den Astigmatismus eine völlig neue Sehfähigkeit erlangte.

Am Ende hatte ich auf jedem Auge eine Sehfähigkeit von 80 %. Der Klinikdirektor und sein Patient schüttelten sich die Hand wie zwei Männer, die gemeinsam mit Strategie und Zähigkeit ein Gefecht gewonnen haben.

*

Ich hatte nicht nur das Augenlicht wieder erlangt, sondern sah gewissermaßen auch meine Welt mit anderen Augen. Gemeint sind damit vor allen Dingen Personen, die mich unmittelbar umgaben.

Während der vielen Marburger Wochen hatte ich in dem neu gebauten Haus von Vanessa und meinem Schwiegersohn Eckart häufig gewohnt. Ihr Mann war inzwischen Lehrstuhlinhaber für Neue Geschichte an der Universität Marburg geworden. Ihm war es gelungen, eine der letzten C4-Professuren in den Geisteswissenschaften in Deutschland zu erlangen.

Dr. Conze hatte früher – als Hauptmann der Reserve verabschiedet – mit summa cum laude in Erlangen promoviert und später in Tübingen als der jüngste Habilitand der Neuen Geschichte seine Antrittsvorlesung gehalten, der ich mit Erika und meiner ehemaligen Schwiegermutter zugehört hatte. Ausgestattet mit der Erfahrung, Lehrstuhlinhaber jeweils ein Semester zu vertreten, war er Mitglied der Düsseldorfer „Gerda Henkel-Stiftung" geworden, die nicht nur an der Universität Düsseldorf das Sagen hat.

Diese Stiftung fördert den akademischen Nachwuchs, den sie für würdig hält, mit Stipendien und kann dabei helfen, dass ihre jungen Mitglieder in die richtigen Positionen gelangen. Mir war die pfiffige Vorgehensweise meiner Tochter, ihren Mann in die Gerda Henkel-Stiftung zu bugsieren, eine Jubelfeier mit Champagner wert, denn ich habe meine Forschung ja selber nur durch Unterstützung durch eine „Henkel" leisten können.

Das neu gebaute Haus war zum größten Teil von mir bezahlt, einmal durch mein erspartes Geld und Auftun bestimmter Quellen, aber auch dadurch, dass Vanessa das Haus auf der Bruhnstraße geerbt hatte. Aus diesem Grund konnte sie die Bruhnstraße mit Hilfe der Deutschen Bank belasten, während ich dort inzwischen die vierte Hypothek zurückzahle. Zum damaligen Zeitpunkt war überhaupt noch nicht zu erkennen, dass ich einmal auf die Bruhnstraße zurückkehren würde.

*

Damals im Frühjahr 2005 bahnte sich für mich eine erste Chance an, in der akademischen Welt wieder eine entscheidende Rolle einzunehmen. Auch persönlich hat es Veränderungen gegeben. Erika und ich wohnten jetzt nicht weit entfernt von der Laplacestraße im feinsten Viertel von München-Bogenhausen auf dem Böhmerwaldplatz 5 + 7. Da diese beiden Primzahlen den Code der ± 1 einleiten, stellte ich mir die Frage, wie denn ein Haus eine doppelte Hausnummer haben kann. Ganz einfach: Das Grundstück gehörte der Familie Quandt, die BMW besitzen. Die hatten dort eigentlich wohnen wollen und hinter das genehmigte Bauvorhaben noch ein zweites Haus gestellt, das jetzt natürlich keine Feuerwehrzufahrt hat.

Zwei Häuser weiter wohnt Dr. Burda, Besitzer eines Lear-Jets. Um die Ecke wohnen die Himmlers und daneben steht das Haus von Eva Hitler, geb. Braun. Auf Herrn Burda werde ich noch zurückkommen, weil eine Freundin von mir, aufgewachsen 200 m weiter auf der Gaußstraße 2, mir den Vorschlag gemacht hatte, diesen „schillernden" kleingewachsenen „Großen" der deutschen Printmedien zu kontaktieren. Obwohl unsere Wohnung weit unter 100 qm mit erbärmlichem Gartengrundstück 2000 Euro Miete kostete, ließ Erika die verschmutzten Teppichböden rausreißen und alles in Bambus-Parkett auslegen. Immerhin war der Hausflur für 6 Mietparteien in hellem Marmor verkleidet. Da in München jeder Insider einen BMW „Mini" fährt, kauften wir gleich einen Cooper S hinzu.

Diese Einzelheiten könnten den Eindruck vermitteln, dass es den Lebensgefährten Erika und Peter nach fünfjähriger Belastung durch das sechste Buch glänzend ging. Tatsächlich verbrachte Erika täglich nur ein paar Stunden in ihrer Praxis und zündete sich dann etwa um 19 Uhr zuhause in der Küche oder an der Bar vom „Ritzi" ihre erste Zigarette an. Neben dem Aschenbecher stand das erste Glas Rotwein und vor mir ein Glas „Helles", was in München korrekt ausgesprochen werden muss, so wie es eben auch „eine Maß" heißt.

Durch einen merkwürdigen Umstand hatte mir ein Hamburger Bekannter in der Universitätsstadt Ilmenau in Thüringen zur Bekanntschaft mit dem C4-Professor für Chemie Dr. Peter Scharff verholfen, der als Prorektor den Versuch unternommen hatte, Mittel für eine zukünftige Silanforschung zu erhalten. (s. S.348). Inzwischen war

Herr Scharff zum Rektor der Universität avanciert, wo mein Vater sein Ingenieurs-Examen abgelegt hatte, was heute den Dipl.-Ing. FH bedeuten würde, wenn nicht die Ingenieurs-Schmiede zur Universität ernannt worden wäre.

Als Rektor konnte der Chemiker für mich von großer Bedeutung sein, denn ich plante, den Inhalt meiner drei Bände in einer Vorlesung erstmalig in einem unserer globalen Elfenbeintürme, die wir Universitäten[1] nennen, vorzutragen.

Erst einmal erhielt ich von seiner Magnifizenz eine formelle Einladung, in dem großen Hörsaal der Physiker einen Vortrag zu halten, in dem mir in sehr knapp bemessener Zeit die Möglichkeit geboten wurde, meine theoretischen, sprich naturphilosophischen Ergebnisse, mit Tageslicht-Beamer darzulegen. Am Ende des Vortrages sollten dem Lehrkörper und den Studenten die Gelegenheit gegeben werden, die sich anbahnende Zeit der Einstufen-Raketen kennen zu lernen. Mein Herz schlug vor Freude, dass ich jetzt doch noch die Gelegenheit erhalten sollte, zu Ehren meines Vaters dort erstmalig aufzutreten, wo dieser große Ingenieur und unvorstellbare Geizhals meine zukünftige Mutter nach allen Regeln der Kunst mit „Jeder" betrogen hatte. Mein Bruder würde vor Ärger erblassen.

*

Ich besprach die Problematik des Vortrages mit Erika und präferierte den Gedanken, wegen der knapp bemessenen Zeit von 1¼ Stunden einen Vortrag auf dem Computer vorzubereiten, zu überarbeiten und die dazu gehörigen Bilder und Formeln mit Stefan zu entwerfen.

Erika und ich hatten zu diesem Zeitpunkt begonnen, Patente anzumelden, wobei auch sie als Mitanmelderin benannt werden sollte[2]. Wir begannen also im Frühjahr 2005 eine Rede zu formulieren, die unsere Ansicht von den Universalien[3] und unser physikalisches Weltbild endlich einmal vom Kopf auf die Füße stellen würde.

Ich hatte es zu diesem Zeitpunkt geschafft, mit den größten Mathematikern der Weltgeschichte, Leibniz, Euler und Gauß die Personen namentlich zu nennen, die uns, ohne es zu ahnen, in die Sackgasse geführt haben. Besonders bei Leibniz wird immer wieder betont, dass es sich um den letzten Universalgelehrten gehandelt haben sollte. Die-

---

[1] lat.: Universitas Literarum: Gesamtheit der Wissenschaften

[2] Eine Liste aller meiner Patente/Anmeldungen mit den dazu gehörigen Aktenzeichen wird später abgedruckt.

[3] lat.: allgemein gültige Wissenschaften

se Fabel wird vor allen Dingen von solchen akademischen Nieten weiter verbreitet, die selbst gar nicht in der Lage sind, universell zu denken. Für mich ist es eine Selbstverständlichkeit, mich als Universalgelehrten zu bezeichnen, ohne den Ruhm Leibniz' zu schmälern.

Das Diktat meiner 13 Seiten für den Vortrag in Ilmenau wird mir für immer unvergessen bleiben. Ich habe nämlich beim Schreiben des sechsten Buches mehrfach erleben dürfen, dass Erika am Ende eines solchen Diktates aufstand und sich niederkniete, um eine meiner Hände zu ergreifen und sie zu küssen.

„Peter, ich danke Gott, dass er mir die Gelegenheit gegeben hat, dabei zu sein, wenn Du am Ende eines Beweises in bestechender Manier dein 'quod erat demonstrandum' diktierst."

Ich habe in solchen Fällen immer wieder gesagt:

„Erika, bedenke, ich bin nur ein Mensch und knie nicht vor mir, sondern erhebe Dich, aber ich danke Dir, dass Du mir die Ehre erweist, Dich so zu verhalten, dass ich erkenne, dass Du den Formalismus meiner Beweisdarlegung hinreichend verstanden hast. Ich selber habe Gott zu danken, dass bei der Formulierung meiner Beweise eine Person zu erkennen gibt, mich und mein Können zu verstehen und aus sich selbst heraus die Empfindung bezeugt, mir die notwendige Ehrerbietung zu zeigen."

Danach haben wir uns oft in den Arm genommen und den schöpferischen Moment angemessen gefeiert.

*

Wie jedes Jahr im Mai wollten wir auch 2005 mit dem Autoreisezug nach Italien fahren und zwar nach Neapel, denn diesmal war Sizilien dran, mit dem Lotus und Leichtgepäck. Ich verband den Aufstieg zum Ätna mit der Idee, von dort bei klarem Blick die Äolischen Inseln zu schauen bis hin zur nördlichsten, dem aktiven Vulkan Stromboli, der auf seiner Südseite das Örtchen Ginostra[1] beherbergt.

Erika und ich hatten vor Antritt der Reise meine 13-seitige Rede geschrieben. Hierzu mussten auch 83 Bilder entworfen werden, von denen noch die Rede sein wird. Ich hatte vor, diese Rede auf der Veranda der Bella Vista zum ersten Mal beim Schein einer Petroleumlampe vorzulesen, und zwar zu Ehren von Helga Plichta. Sie ist auf dem Nordfriedhof in Düsseldorf begraben.

---

[1] Im 18. Kapitel, S. 364 steht der Satz „Der Dank wird mit Gemeinheit, Verrat und Mord abgegolten werden." Wie merkwürdig sich diese Geschichte in meinem Leben so oft wiederholt hat.

Durch die Vorhersehung wurde 1999 dort auch Dr. Konrad Henkel beerdigt. Hätte dieser gemeine feige Mörder nur einen Funken Verstand gehabt, würde ihn das Blut von Helga Plichta (Band I, S. 111) gewarnt haben, sich mit mir anzulegen: „Über die Firma Henkel wird eines Tages ein furchtbares Gewitter kommen." Dieser Satz, der auf der Hochzeit meines Bruders die Gäste erschauern ließ, hat mich immer begleitet; nur wird immer fragwürdiger, ob ich gegen die Macht der Industrie, die Engstirnigkeit unserer führenden Wissenschaftler, ob ich gegen Gleichgültigkeit, Bestechlichkeit, Dummheit und Hass und Angst vor dem Neuen überhaupt eine Chance habe.

Da ich 2006 den „letzten Beweis" fand, möchte ich nunmehr den Band III mit diesem Beweis abschließen, wobei ich vorher eine Ode auf den Mond abdrucken möchte.

*

Wenn auf der nördlichen Erdkugel am Sternenhimmel die schmale glänzende Sichel des Mondes vor ihrem Untergang im Westen steht, oder der Vollmond von einer Fackel angezündet im Osten am Horizont gülden, leuchtend übergroß strahlt, wenn denn von Ort zu Ort – vielleicht einmal in einem Jahrhundert – gesteuert durch die Primzahl 19 für noch Hunderte von Millionen Jahren, nur bei Vollmond, tagsüber die Sonne etwa 3½ Minuten zur schwarzen Scheibe wird, wenn so oft der Mond den Liebenden wie eine gelbe Öllampe genügend Helligkeit gewährt, oder den Tapferen verhilft, ihr Ziel zu erreichen, verweile ich oft mit dem Blick zu meinem alten Bekannten, und die Mondsehnsucht in mir steigt empor, denn ich habe doch 1970 einen Fingerhut voll seines schwarzen Sandes berührt und – wie durch eine Ahnung gelenkt – mit seltsamem Staunen einen Fingerhaftabdruck der winzigen Kügelchen mit meiner Zunge berührt, wobei ich erfasste, dass der Stoff, der den Mond bedeckt, aus fast gleich großen, runden, schwarzen gläsernen, im Stereomikroskop zu Kugeln vergrößerten Objekten besteht, und dabei begriff ich damals schlagartig, dass nur ein Vollblutchemiker die Herkunft der schwarzen Mondwüsten erschmecken kann, und die Neugierde der ausgestorbenen Alchemisten stieg mir dabei vom Mund in den Sinn.

*

1981 war eine meiner ersten Überlegungen zur Theorie des Planetensystems, dass Erde und Mond Zwillingsplaneten sein müssen, weil sich aus der Länge des siderischen Monats von 27,32 Tagen als Kehrwert die Zahl 0,03660 ergibt, die exakt die Länge des Schaltjahrs von 366,0 Tagen widerspiegelt. Nur weil hier ein Dezimalbruch auftritt, hat sich diese einfache Wahrheit peinlicherweise in der Astronomie noch nicht durchgesetzt.

Das Planetensystem wird immer noch als zufällige Schöpfung betrachtet! Newton, Gauß und Laplace, wie konnten solche großen Astronomen so etwas glauben?

Ich führte zum selben Zeitpunkt in der Mathematik eine neue geometrische Naturkonstante 0,2732 ... ein, die das Verhältnis eines Viertelkreises zu seinem Viertel-Eck-(Kreis) beschreibt, wobei ich den Begriff „Eineck“ neuformulierte, was aus Abbildung 76 ersichtlich ist. Diese bisher übersehene mathematische und physikalische Naturkonstante ist transzendent. Sie ist in Band I auf S. 473 f. (dritte Auflage) zum ersten Mal abgeleitet und wird in Band II, S. 61 f. (dritte Auflage) dazu benutzt, die vierte Quantenzahl – den Drehimpuls –, das heißt den Spin von ± ½ mit dem Wert 0,02732 ... zu verknüpfen.

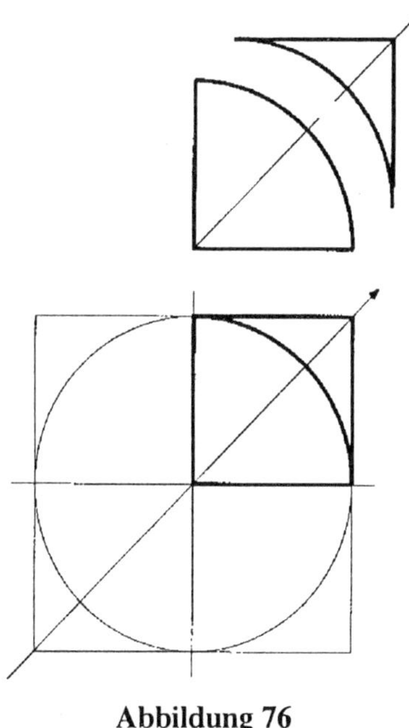

Abbildung 76

Das Thema setzt sich auf S. 402 fort, wobei ich zu diesem Zeitpunkt (im Jahre 2004) immer noch keine Erklärung hatte, warum der Dezimalbruch 0,02732 … um eine Zehnerdezimale verschoben ist, und gab den Auftrag zum Druck.

Ich habe damals Wert darauf gelegt, einwandfrei zu beweisen, dass die Ordnungszahlen der chemischen Elemente nur als **Potentialdifferenzen** auf der Oberfläche der Atomkerne auftreten[1].

*

Erst im Sommer 2007 fand ich die Begründung dafür, dass sich der Wert des Plankschen Wirkungsquantums aus einer reinen zahlengeometrischen Überlegung ableiten lässt, genau wie die Lichtgeschwindigkeit für den vierdimensionalen Raum (Band I, S. 476 bis 489). Aus dem Wert für die Lichtgeschwindigkeit ließ sich dann später im Band II, S. 197 bis 200 der Zahlenwert der Gravitationskonstanten ableiten.

Schon im Jahre 1990 hatte ich aus einer zahlentheoretischen Überlegung nachgewiesen, dass sich die Summe der Ziffern des ersten Quadranten eines Kreises zum Vollkreis wie die Zahlen 1 zu 10 verhalten (Band II, S. 135 f.).

$$12 + 1 + 2 + 3 + 4 + 5 + 3 = 30$$

$$\sum_{n=0}^{24} n = 300$$

Im Jahre 2004 habe ich diese Überlegung nicht eingesetzt und nutze sie erst jetzt dafür, endlich die Berechnung des Planckschen Wirkungsquantums h aus dem Wert des Drehimpulses für die Protonen, Neutronen, Elektronen und Neutrinos durchzuführen.

---

[1] In der Elektrophysik spricht man von Potentialdifferenzen, die den Begriff Spannung beinhalten. Auch dem Laien ist der Begriff ‚Faradayscher Käfig' bekannt, der experimentell zeigt, dass elektrische Spannungen immer auf der Oberfläche eines räumlichen Körpers liegen. Es ist eines der erstaunlichsten Phänomene der modernen Kern-Physik und -Chemie, dass die Ladungen von Protonen und Neutronen oder Atomkernen begrifflich nicht mit Potentialdifferenzen in Verbindung gebracht worden sind.

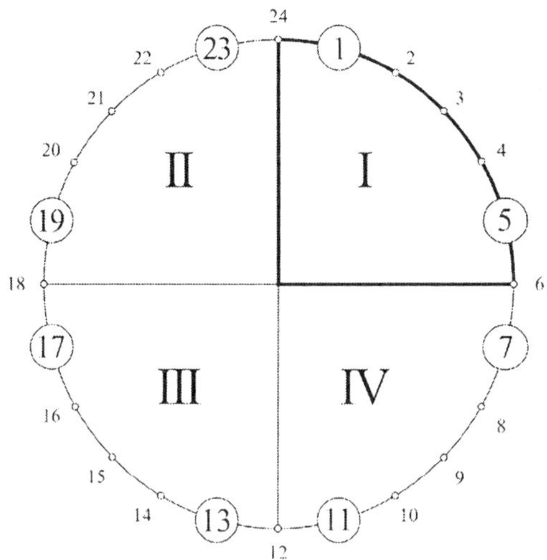

Abbildung 77

Beweis: Der Spinwert ± ½ bezieht sich auf einen Vollkreis s. o.. Das Verhältnis von der Fläche eines Einecks zu einem Viertelkreis bezieht sich jedoch auf den ersten Quadranten eines Kreises zu seinem umgebenden Quadrat s. o.. Da zwischen dem ersten Quadranten – dem ersten Viertelviereck (Kreissegment) – und dem Vollkreis aber ein Verhältnis von **1:10** besteht, muss der Wert 0,2732 … um eine Dezimale nach rechts verschoben werden. Die Berechnung liefert den Wert 0,02732 … . Somit ergibt sich für den Drehimpuls der Wert

$$½ + 0{,}02732 = 0{,}52732 \ldots$$

Multipliziert man mit **4π** (A. Sommerfeld), ergibt sich der dimensionslose Wert ('der Faktor') des Planckschen Wirkungsquantums

6,626 …

Es lässt sich also auch diese Naturkonstante – so wie im Falle der Ausrechnung der Lichtgeschwindigkeit – durch eine reine logische Überlegung berechnen. Dies war der langgesuchte Abschluss für den dritten Band. Aus der Erkenntnis, dass sich für Neutronen und Protonen die elektrische Ladung komplex auf der Oberfläche der Kernteilchen befindet, lässt sich die 4. Quantenzahl – der Spin ± ½ – endlich physikalisch aus der Zahlentheorie logisch erklären, was bisher nicht möglich war. Die Theorie vom drehenden Kernteilchen kann endlich abgelöst werden durch die Einsicht, dass die 4-Pol Ladung als reziproke Zeit links oder rechts frei drehbar ist. Q. e. d.

Die sogenannte Quarks-Theorie erledigt sich nun als physikalischer Unsinn, weil die Elementarladung von Proton und Neutron nicht in den Kernen liegt, sondern auf der Oberfläche mit der komplexen Geometrie **4πi**. Wie war es möglich, dass ein ganzes physikalisches Zeitalter widerspruchslos den Begriff einer drittel Einheitsladung global akzeptieren konnte?

*

Die Gleichung von A. Einstein 1906, M. Planck 1900 und V. de Broglie 1924

$$\mathbf{h\,\nu = m\,c^2}$$

war aber mit 29 Jahren die Formel, die ich während einer Vision als meine Lebensaufgabe gesehen habe. In Umkehrung dazu musste meine Frau Helga Plichta so jung sterben. Das waren das Schicksal und die Vorherbestimmung von Peter Plichta und seiner Frau Helga.

Das Primzahlkreuz
Band IV

Xenos

in Vorbereitung

(Es ist geplant am Ende des vierten Bandes ein Personen- und Sachregister einzubinden)

Peter Plichta

Das Primzahl-kreuz

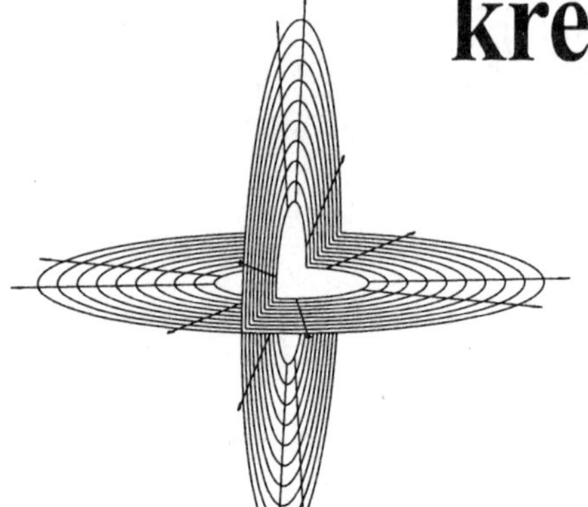

Band I
Im Labyrinth des Endlichen

Band II
Das Unendliche

Band III
Die 4 Pole der Ewigkeit
(5. und 6. Buch und Epilog)

Band I: Ganzleinen
10 Abb., 470 Seiten
3. Auflage
Preis: 22,00 Euro
ISBN 978-3-9802808-0-8

Band II: Ganzleinen
16 Abb., 207 Seiten
3. Auflage
Preis: 32,00 Euro
ISBN 978-3-9802808-1-5

Band III: Ganzleinen
50 Abb., 432 Seiten
5. Buch und 6. Buch und Epilog
2. Auflage
Preis: 29,00 Euro
ISBN 978-3-9802808-4-6

In jeder Buchhandlung erhältlich.
Auslieferer:
Großhandel oder
Quadropol Verlag GmbH
bei:
VAL-Silberschnur GmbH
Steinstr. 1
56593 Güllesheim

Te.: 0 26 87 - 92 90 01
Fax: 0 26 87 - 92 95 24

Quadropol-Verlag
Düsseldorf
www.plichta.de

Notizen

Notizen